Alfred Haack, Karl-Friedrich Emig

Abdichtungen im Gründungsbereich und auf genutzten Deckenflächen

Alfred Haack, Karl-Friedrich Emig

Abdichtungen im Gründungsbereich und auf genutzten Deckenflächen

2. Auflage

Unter Mitarbeit von
Jörg de Hesselle, Klaus Hilmer,
Ute Hornig, Christian Michalski

Prof. Dr.-Ing. Alfred Haack
STUVA
Mathias-Brüggen-Straße 41
D-50827 Köln

Dipl.-Ing. Karl-Friedrich Emig
Oberbaurat i. R.
Grüningweg 27 d
D-22119 Hamburg

Titelbild nach Abbildung von W. Muth in DBZ 1/71

Dieses Buch enthält 372 Abbildungen und 31 Tabellen

Bibliografische Information Der Deutschen Bibliothek
Die Deutschen Bibliothek verzeichnet diese Publikation in der Deutschen Nationalbibliografie;
detailliert bibliografische Daten sind im Internet über <http://dnb.ddb.de> abrufbar.

ISBN 3-433-01777-8

© 2003 Ernst & Sohn Verlag für Architektur und technische Wissenschaften GmbH und Co. KG, Berlin

Alle Rechte, insbesondere die der Übersetzung in andere Sprachen, vorbehalten. Kein Teil dieses Buches darf ohne schriftliche Genehmigung des Verlages in irgendeiner Form – durch Fotokopie, Mikrofilm oder irgendein anderes Verfahren – reproduziert oder in eine von Maschinen, insbesondere von Datenverarbeitungsmaschinen, verwendbare Sprache übertragen oder übersetzt werden.

All rights reserved (including those of translation into other languages). No part of this book may be reproduced in any form – by photoprint, microfilm, or any other means – nor transmitted or translated into a machine language without written permission from the publisher.

Die Wiedergabe von Warenbezeichnungen, Handelsnamen oder sonstigen Kennzeichen in diesem Buch berechtigt nicht zu der Annahme, daß diese von jedermann frei benutzt werden dürfen. Vielmehr kann es sich auch dann um eingetragene Warenzeichen oder sonstige gesetzlich geschützte Kennzeichen handeln, wenn sie als solche nicht eigens markiert sind.

Satz: K + V Fotosatz GmbH, Beerfelden
Druck: betz-druck GmbH, Darmstadt
Bindung: Großbuchbinderei J. Schäffer GmbH & Co. KG, Grünstadt

Printed in Germany

Vorwort

Die Aufgabe einer Abdichtung besteht darin, das Bauwerk vor Schäden infolge unbeabsichtigten Wassereintritts und Durchfeuchtung bzw. Wasserverlust, vor Gefährdung durch aggressive Wässer oder Böden sowie gegebenenfalls vor Chemikalienangriff zu schützen. Dabei unterscheiden sich die Anforderungen an Aufbau und Detailgestaltung der Abdichtung einerseits nach der Art der Beanspruchung durch das Wasser und andererseits durch die Art der geplanten Bauwerksnutzung. So kommt der zuverlässigen Funktion einer Abdichtung besondere Bedeutung bei Bauwerken zu, die nach ihrer Erstellung im Sickerwasser und insbesondere im Grundwasser für den dauernden Aufenthalt von Personen bestimmt sind; nur noch schwer oder überhaupt nicht mehr für nachträgliche Reparaturen zugänglich sind (überbaute Tunnel); oder der Aufnahme hochwertiger Anlagen und/oder feuchteempfindlicher Lagergüter dienen.

Andere Anforderungen an die Abdichtung stellen dagegen der Schutz eines Bauwerks gegen Bodenfeuchte und die Wasserundurchlässigkeit eines frei bewitterten Parkdecks, bei dem z. B. mit starken Temperaturschwankungen und mechanischen Schwingungen zu rechnen ist.

Zu grundlegenden Forderungen an die physikalischen, chemischen und technologischen Eigenschaften eines Abdichtungssystems können in Einzelfällen weitere Anforderungen wie spezielle Säurefestigkeit (Behälterbau), erhöhte Verformbarkeit oder besondere Druckfestigkeit (unter befahrenen Flächen) hinzukommen. In vollem Maße wird die Bedeutung der Abdichtung für das Gebäude erst bewusst, wenn man sich die Nutzungsdauer der im Erdreich liegenden Bauwerksteile vor Augen hält. So wird für Wohnbebauung im Allgemeinen eine Nutzungsdauer von 80 bis 100 Jahren angesetzt, bei hoch technisierten Industrieanlagen, Schwimm- und Sporthallen und im Kraftwerksbau mindestens 40 bis 50 Jahre.

Hinsichtlich der Gesamtheit aller Anforderungen ist Folgendes zu bedenken: Grundsätzlich ist ein Abdichtungssystem so zu wählen und zu planen, dass es entsprechend den von der geplanten Nutzung vorgegebenen Erfordernissen einerseits und den technischen und wirtschaftlich vertretbaren Möglichkeiten andererseits die optimale Lösung darstellt. Eine Voraussetzung für die richtige Auswahl ist die verbindliche Angabe von Planungskriterien durch den Bauherrn bzw. die von ihm eingeschalteten Sonderfachleute (Statiker, Bodengutachter, Hydrologe, Betoningenieur, Bauphysiker). Diese Angaben müssen sich auf den höchsten Wasserstand, die Pressung aus anstehendem Boden oder Baukörpern im Bau- und Endzustand, das Schwinden, die Bewegungen infolge von Temperatureinfluss sowie die Setzungen des Bauwerks oder einzelner Bauwerksteile erstrecken. Erst wenn diese Angaben und ergänzenden Erläuterungen zum Bauverfahren und Bauablauf vorliegen, können die konstruktiven Details des Bauwerks im Zusammenhang mit der Wahl des Abdichtungssystems und der zu verarbeitenden Stoffe festgelegt werden. Von daher gesehen haben die einzelnen, nachfolgend abgehandelten, stofflich verschiedenen Systeme durchaus ihre Berechtigung und ihre unterschiedlichen Anwendungsbereiche. Hierzu zählen neben den mit Bitumen verklebten Abdichtungen u. a. lose verlegte Kunststoff-Dichtungsbahnen, wasserundurchlässiger Beton, Dichtungsschlämmen oder auch aufgespritzte Beschichtungen, Bentonit- und Spachtelabdichtungen.

Bereits im frühen Stadium der Planung eines Bauvorhabens sollten alle Baumaßnahmen im Hinblick auf mögliche negative Auswirkungen für das jeweils ausgewählte Abdichtungssystem überprüft werden. Zur Beurteilung sollten Fachfirmen und auf diesem Gebiet erfahrene Ingenieure hinzugezogen werden, um Fehlentscheidungen von vornherein weitgehend auszuschließen.

Wegen der besonderen Bedeutung der Bauwerksabdichtung hinsichtlich der dauerhaften Funktion eines Gebäudes stellt sicherlich in vielen Fällen die billigste Lösung keineswegs zugleich auch die wirtschaftlichste dar. Vielmehr ist gerade in jüngster Zeit mehr und mehr die Erkenntnis gereift, dass sich eine wohl durchdachte Planung und ein nur geringer Mehraufwand beim Neubau auf längere Sicht positiv auswirken. Sie führen zu einer deutlich angehobenen Bauwerksqualität und damit zu einem verringerten Ausfallrisiko, gleichzeitig aber auch zu einem wesentlich kleineren Unterhaltungsaufwand.

Das Versagen einer Bauwerksabdichtung – sei es aufgrund von Planungsdefiziten, falsch eingesetzten Materialien oder Ausführungsmängeln – bewirkt immer bauliche und auch volkswirtschaftliche Schäden. Diese Schäden lassen sich weitgehend vermeiden, wenn bereits im frühen Planungsstadium eine fachtechnische Abstimmung zwischen allen Beteiligten erfolgt. Nur bei solch ganzheitlicher Betrachtungsweise lässt sich eine Optimierung in technisch-wirtschaftlicher Hinsicht erreichen.

Das vorliegende Buch, in dem über Jahrzehnte gesammelte Erfahrungen wiedergegeben werden, kann und soll hierzu einen Beitrag leisten. Es ist den Verfassern und dem Verlag zu danken, dass sie mit der Ausarbeitung nicht nur den Architekten und Bauingenieuren für Planung und Entwurf, sondern auch den Unternehmen für ihre Ausführung, den Bauherren für die Überwachung und Qualitätssicherung sowie nicht zuletzt den Auszubildenden für Studium und Beruf wichtige Erkenntnisse weitervermitteln.

Es ist besonders zu begrüßen, dass nach der ersten, schnell vergriffenen Auflage nunmehr eine vollständig überarbeitete und vielfältig ergänzte Neuauflage vorliegt. Sie trägt dem neuesten Stand der Technik Rechnung und berücksichtigt die jeweils letzten Ausgaben der technischen Regelwerke für die Bauwerksabdichtung. Sie geht darüber hinaus erstmals auch auf Fragen der Sanierung schadhafter Bauwerke durch Verpress- und Vergelungsarbeiten ein.

Prof. Ignatz Walter
Präsident des Hauptverbandes der Deutschen Bauindustrie

Die in diesem Buch textlich und bildlich dargestellten Lösungen und Beispiele entbinden den Leser nicht von der sorgfältigen Prüfung, ob die Randbedingungen auf sein jeweiliges Projekt übertragbar sind. Die Anwendung der dargestellten Lösungen berechtigt bei einem eventuellen Schadensfall zu keinerlei Regressansprüchen gegenüber den Verfassern. Andererseits gilt uneingeschränkt das Urheberrecht. Auch auszugsweise entnommene Textbeschreibungen und Darstellungen sind nur mit Quellenangabe zulässig.

Autoren

Prof. Dr.-Ing. Alfred Haack
Geschäftsführendes Vorstandsmitglied der Studiengesellschaft für unterirdische Verkehrsanlagen e. V. (STUVA), Köln; Lehrbeauftragter und Honorarprofessor an der TU Braunschweig für das Fachgebiet „Bauwerksschutz"

Dipl.-Ing. Karl-Friedrich Emig
Oberbaurat i. R., Hamburg, Sachverständiger für Bauwerksabdichtungen

Prof. Dr.-Ing. Klaus Hilmer
Leitender Baudirektor a. D., Nürnberg

Univ.-Prof. i. R. Dr. Dr.-Ing. habil. Christian Michalski, Rellingen

Dipl.-Ing. Jörg de Hesselle
Ingenieurbüro für Bauwerkserhaltung (IBE), Hennef; Freier Sachverständiger für Bauwerksabdichtung (BVFS)

Dr.-Ing. Ute Hornig
Gesellschaft für Materialforschung und Prüfungsanstalt für das Bauwesen Leipzig mbH, Abteilungsleiterin Bauwerksabdichtung

Wir haben alles gegeben.

Viel mehr als DIN 18195.

SUPERFLEX 10, SUPERFLEX 100, SUPERFLEX 100 S

- **Hochflexible 2-komp. Bitumendickbeschichtungen**
- **Übertreffen die Auflagen der DIN 18195 bei weitem**
- **Mehr Sicherheit für Architekten, Planer und Bauausführende**
- **Bauwerksabdichtung, die jeder Wasserbelastung standhält**
- **Praxiserprobt seit über 30 Jahren**

Info-Hotline: 0 23 63/399 399

HEIDELBERGER BAUCHEMIE GMBH
Postfach 11 65 · D-45702 Datteln
Tel. 0 23 63/3 99-0 · Fax 0 23 63/3 99-3 54
www.deitermann.de · info@deitermann.de

Inhaltsverzeichnis

A Baugrund und Dränung
Klaus Hilmer

1	Zusammenhang von Erscheinungsformen des Wassers und der Bauwerksabdichtung	1
1.1	Das Wasser im Boden	1
1.2	Lastfälle	4
1.3	Wasser und Abdichtung	5
2	Hydrogeologische Untersuchungen	7
2.1	Allgemeines	7
2.2	Vorerkundung	8
2.3	Baugrunduntersuchung	9
2.3.1	Boden als Baugrund	9
2.3.2	Grundwasserverhältnisse	9
2.4	Bestimmung der Durchlässigkeitsbeiwerte	13
2.5	Chemische Beschaffenheit des Wassers	13
3	Trockenhaltung des Gründungsbereiches durch Dränung (Fallbeispiele)	13
3.1	Planung und Ausführung	13
3.1.1	Dränanlagen vor Wänden	13
3.1.2	Dränanlagen unter Bodenplatten	17
3.1.3	Dränleitung und Schächte	20
3.2	Vorfluter	23
4	Kommentar zur DIN 4095: Dränung zum Schutz baulicher Anlagen	26

B Bitumenabdichtungen
Karl-Friedrich Emig, Alfred Haack

1	Sohlen, Wände und Decken im Gründungsbereich	57
1.1	Allgemeines	57
1.2	Anforderungen, Anordnung und bauliche Erfordernisse	57
1.2.1	Anforderungen	57
1.2.2	Anordnung	60
1.2.3	Bauliche Erfordernisse	61
1.3	Stoffe und Verarbeitung	64
1.4	Bemessung	71
1.4.1	Grundlagen	71

1.4.2	Abdichtungen gegen Bodenfeuchte	71
1.4.3	Abdichtungen gegen nichtdrückendes Wasser auf Deckenflächen und in Nassräumen	73
1.4.4	Abdichtungen gegen von außen- oder innendrückendes Wasser	75
1.5	Ausführungsbeispiele	79
1.5.1	Waagerechte Abdichtung in Wänden und Abdichtungsübergang Sohle–Wand	80
1.5.2	Senkrechte Wandabdichtung	88
1.5.3	Abschluss der Wandabdichtung im Sockel- und Wandbereich	93
1.5.4	Sohlen- bzw. Fußbodenabdichtung	95
1.5.5	Deckenabdichtung	99
1.5.6	Terrassen- und Balkonabdichtungen mit Türanschlüssen	103
1.5.7	Lichtschächte	106
1.5.8	Kelleraußentreppen	111
1.5.9	Stützwände	116
1.5.10	Lückenbebauung	117
1.5.11	Abdichtung vor Baugrubenwänden	119
1.6	Abdichtung über Bewegungsfugen	124
1.6.1	Allgemeines	124
1.6.2	Bewegungsfugen „Typ I"	129
1.6.2.1	Bodenfeuchte	129
1.6.2.2	Nichtdrückendes Wasser auf Deckenflächen	129
1.6.2.3	Von außen drückendes Wasser	130
1.6.2.4	Zeitweise aufstauendes Sickerwasser	131
1.6.2.5	Ausführung	131
1.6.3	Bewegungsfugen „Typ II"	136
1.6.3.1	Bodenfeuchte und nichtdrückendes Wasser	136
1.6.3.2	Von außen drückendes Wasser und zeitweise aufstauendes Sickerwasser	136
1.6.3.3	Ausführung	137
1.7	Durchdringungen	139
1.7.1	Allgemeines	139
1.7.2	Einbauteile	140
1.7.3	Durchdringungskörper	154
1.8	Schutz der Abdichtung	164
1.8.1	Schutzmaßnahmen	164
1.8.2	Schutzschichten	166
1.9	Wärmedämmung	171
2	Hofkellerdecken und Parkdecks	174
2.1	Allgemeines	174
2.2	Flächen	176
2.2.1	Beanspruchungen	176
2.2.2	Abdichtungsuntergrund	179
2.2.3	Entwässerung und Gefälle	183
2.2.4	Ausführung	187

2.3	Fugen	192
2.4	Durchdringungen	195
2.5	Schutzschichten und Schutzmaßnahmen	201
2.6	Wärmedämmung	201

C Bauwerksabdichtungen mit lose verlegten Kunststoff- sowie Elastomer-Dichtungsbahnen

Alfred Haack

1	Allgemeines	211
2	Flächen	212
3	Fugen	225
4	Durchdringungen	227
5	Schutzschichten und Schutzmaßnahmen	229

D Bauwerksabdichtungen mit Dichtungsschlämmen

Karl-Friedrich Emig

1	Allgemeines	231
2	Anwendungsbereich	233
3	Verarbeitung	234
3.1	Witterungseinflüsse und Untergrund	234
3.2	Arbeitsgeräte	234
3.3	Mischungsverhältnisse	235
3.4	Verarbeitungshinweise	235
3.5	Auftragsmenge	236
3.6	Nachbehandlung	236
4	Arbeitsschutzmaßnahmen und Gebindeentsorgung	236
5	Qualitätssicherung	237
6	Prüfvorschriften	237
7	Ausführung von Abdichtungen mit Dichtungsschlämmen	237
7.1	Fundamente oder Sohlplatten mit gemauerten oder betonierten Wänden	239
7.2	Kabel- und Rohrdurchführungen	244
7.2.1	Von vornherein eingeplante Durchführungen	246
7.2.2	Nachträglich eingebaute Durchführungen	247
7.3	Bewegungsfugen in Sohlen und Wänden	249
7.4	Nassräume und nachträgliche Innenabdichtungen von Kellersohlen und -wänden	253

E Spritz- und Spachtelabdichtungen
Alfred Haack

1	Allgemeines	257
2	Aufgespritzte oder gespachtelte kunststoffmodifizierte Bitumendickbeschichtungen (KMB)	258
2.1	Grundlagen	258
2.2	Abdichtung in der Fläche	258
2.3	Fugen und Durchdringungen	265
3	Aufgespritzte Kunststoffabdichtungen	267
3.1	Grundlagen	267
3.2	Flächen	268
3.3	Fugen und Durchdringungen	271

F Polyethylen-Noppenbahnen und Flächendränsysteme
Karl-Friedrich Emig

1	Vorbemerkung	275
2	Schutzschichten ohne bzw. mit Dränung	275
3	Dränschichten bei zweischaligen Baukörpern	280
4	Sauberkeitsschichten	284
5	Hinter- bzw. Unterlüftung von Innenflächen	284
6	Strukturmatten	287

G Wasserundurchlässiger Beton
Alfred Haack, Jörg de Hesselle, Ute Hornig

1	Allgemeines	291
2	Sohlen- und Wandflächen	293
3	Bauwerksfugen	295
3.1	Einfluss der Bauwerksgeometrie auf Art und Lage der Fugen	295
3.1.1	Arbeitsfugen	295
3.1.2	Fugen zur Aufnahme von Bewegungen	297
3.2	Fugenabdichtung	300
3.2.1	Grundlagen	300
3.2.2	Arbeitsfugen	303
3.2.3	Bewegungsfugen	309
3.2.4	Ausführungshinweise	316
4	Durchdringungen	320

5	Sonderlösungen mit Bentonitpanels	321
6	Nachträgliche Bauwerksabdichtung durch Gelinjektion	324
6.1	Allgemeines	324
6.2	Grundlagen	325
6.2.1	Vorbemerkung	325
6.2.2	Planung und Voruntersuchungen	326
6.2.3	Injektionsmaterialien	327
6.2.4	Injektionstechnik	331
6.2.5	Anwendungsgrenzen	332
6.3	Schleierinjektion	334
6.3.1	Prinzip	334
6.3.2	Injektionstechnologie	336
6.3.3	Besondere Anforderungen	337
6.4	Anwendungen	339
6.4.1	Vorbemerkung	339
6.4.2	Flächenabdichtung von undichten Bauwerken	339
6.4.3	Flächenabdichtung in der Konstruktion	340
6.4.4	Rissinjektionen	341
6.4.5	Spezialanwendungen	342
6.5	Qualitätssicherung und Umweltschutz	342

H   Begeh- und befahrbare Nutzbeläge

Christian Michalski, Alfred Haack, Karl-Friedrich Emig

1	Beläge aus Asphalt	345
1.1	Allgemeines	345
1.2	Die Komponenten des Asphalts	345
1.2.1	Bitumen	345
1.2.2	Mineralstoffe	348
1.3	Asphalte	349
1.3.1	Allgemeines	349
1.3.2	Einteilung der Asphalte	349
1.3.3	Walzasphalte	351
1.3.3.1	Asphaltbeton	351
1.3.3.2	Splittmastixasphalt	357
1.3.3.3	Praktische Aspekte bei der Anwendung von Walzasphalten	358
1.3.4	Gussasphalt	360
1.3.4.1	Herstellung, Einbau, Aufbau, Eigenschaften und Kenngrößen	360
1.3.4.2	Praktische Aspekte der Gussasphaltanwendung	369
1.3.5	Asphaltmastix (Mastix)	378
1.4	Fugen, Fahrbahnübergänge aus Asphalt, Nähte und Anschlüsse	378
1.4.1	Allgemeines	378
1.4.2	Fugen	379
1.4.3	Fahrbahnübergänge aus Asphalt	386

1.4.4	Anschlüsse	389
1.4.5	Nähte	389
2	Betonbeläge	390
2.1	Flächen	390
2.2	Gebäudefugen	401
3	Pflaster- und Plattenbeläge	408
3.1	Allgemeines	408
3.2	Stoffe	409
3.2.1	Betonsteinpflaster	409
3.2.2	Naturpflastersteine	411
3.2.3	Pflasterklinker	412
3.2.4	Platten	413
3.2.5	Bordsteine, Rinnen, Mulden und sonstige Betonerzeugnisse für Flächenbefestigungen	413
3.3	Aufbau der Pflaster- und Plattenbeläge	413
3.3.1	Ausführungsgrundlagen	413
3.3.2	Gefälle	415
3.3.3	Pflasterbettung und -verlegung	416
3.3.4	Pflasterfugen	425
3.3.5	Konstruktive Bewegungsfugen in Pflasterbelägen	428
3.4	Einbauteile	431
3.4.1	Entwässerung	431
3.4.2	Sonstige Durchdringungen	436

I Leitfaden für die Aufstellung von Leistungsbeschreibungen für Drän-, Abdichtungs- und Belagsarbeiten

Karl-Friedrich Emig, Alfred Haack

1	Bauaufsichtliche Aspekte	439
2	Sicherheit, Prüfung und Überwachung bei der Ausführung	440
3	Hinweise für die Erstellung einer Leistungsbeschreibung	441
3.1	Allgemeines	441
3.2	Beschreibung der Teilleistungen (Stichworte zur Aufstellung des Leistungsverzeichnisses)	444
3.2.1	Rohbauarbeiten	444
3.2.2	Abdichtung durch Dränung	445
3.2.3	Bitumenverklebte Abdichtungen	446
3.2.4	Abdichtungen mit lose verlegten Kunststoff-Dichtungsbahnen	447
3.2.5	Abdichtungen mit Dichtungsschlämmen	447
3.2.6	Spritz- und Spachtelabdichtungen	448
3.2.7	Noppenbahnen und Flächendränsysteme	448
3.2.8	Wasserundurchlässiger Beton	449
3.2.9	Begeh- und befahrbare Beläge	450

K	**Stichwortsammlung zur Erfassung und Dokumentation von Abdichtungsschäden (beispielhaft für eine mehrlagige, heiß verklebte Bitumenabdichtung)**
	Alfred Haack, Karl-Friedrich Emig

1	Allgemeine Projektangaben	453
2	Bodenverhältnisse	453
3	Wasserverhältnisse	454
4	Baugrube	456
5	Bauwerk	459
6	Konstruktive und bautechnische Fragen	463
7	Erforderliche Angaben zur Dokumentation von Abdichtungsschäden bei mehrlagigen, heiß verklebten Bitumenabdichtungen	466
8	Vertragliche Grundlagen	472
9	Teilnehmer an dem Orientierungsgespräch	474

L	**Begriffe, Stoffe, Anwendungstechnik**	475

M	**Literatur**	509

1	Kapitel A: Baugrund und Dränung	509
2	Kapitel B: Bitumenabdichtungen	512
3	Kapitel C: Bauwerksabdichtungen mit lose verlegten Kunststoff- sowie Elastomer-Dichtungsbahnen	522
4	Kapitel D: Bauwerksabdichtungen mit Dichtungsschlämmen	525
5	Kapitel E: Spritz- und Spachtelabdichtungen	529
6	Kapitel F: Polyethylen-Noppenbahnen und Flächendränsysteme	532
7	Kapitel G: Wasserundurchlässiger Beton	534
8	Kapitel H: Begeh- und befahrbare Nutzbeläge	542
9	Kapitel I: Leitfaden für die Aufstellung von Leistungsbeschreibungen für Drän-, Abdichtungs- und Belagsarbeiten	552
10	Kapitel K: Stichwortsammlung zur Erfassung und Dokumentation von Abdichtungsschäden	554
11	Kapitel L: Begriffe, Stoffe, Anwendungstechnik	555

Stichwortverzeichnis ... 557

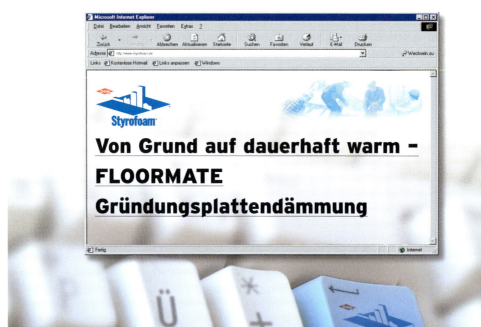

The fast way to key information
www.styrofoam.de

Schnell an aktuellste Informationen zu gelangen, ist heute Schlüssel zum Erfolg und up-to-date zu sein ist für Planer und Bauausführende gleichermaßen wichtig und zahlt sich aus. Wissenswertes zum Einsatz von FLOORMATE Extruderschaum zur Gründungsplattendämmung finden Sie jetzt im Internet. Klicken Sie rein in technische Daten, CAD-Details, Verlegehinweise, Aufbaubeispiele zu den verschiedenen Anwendungsbereichen – oder senden Sie uns ein Fax und Sie erhalten umgehend unsere aktuellen Unterlagen.

Dow Deutschland GmbH & Co. OHG
Am Kronberger Hang 4
65824 Schwalbach
Telefax: 01 80 / 2 00 02 13

*Marke – The Dow Chemical Company

Verwendete Abkürzungen

Al	Aluminium
aPP	Aktaktisches Polypropylen
BL	Bitumen-Latex
BSTV	Bürstenstreichverfahren
CR	Chloropren-Kautschuk/Polychloropren-Kautschuk
CSM	Chlorsulfoniertes Ethylen
Cu	Kupfer
D	Dichtungsbahn
DA	Deckaufstrich
DD	Dach-Dichtungsbahn
DS	Starre Dichtungsschlämme
E	Elastomer
ECB	Ethylencopolymerisat-Bitumen
EP	Epoxid (Epoxyd)
EPDM	Ethylen-Propylen-Diene-Kautschuk
EPS	Extrudiertes Polystyrol
ESt	Edelstahl
EVA	Ethylen-Vinyl-Acetat-Terpolymer
FS	Flexible Dichtungsschlämme
FSK	Flamm-Schmelz-Klebeverfahren
FV	Flämmverfahren
G	Glasgewebe
GA	Gussasphalt
GEV	Gieß- und Einwalzverfahren
GOF	Geländeoberfläche
GV	Gießverfahren
GW	Grundwasser
HGW	Höchstes Grundwasser
HHW	Höchstes Hochwasser
IIR	Butylkautschuk
J	Jute
KMB	Kunststoffmodifizierte Bitumendickbeschichtung
KSK	Kaltselbstklebende Bitumen-Dichtungsbahn
KSL	Kalksand-Lochsteine
KSV	Kalksand-Vollsteine
LB	Leistungsbeschreibung
Lg	Lage
LV	Leistungsverzeichnis
MG	Mörtelgruppe
NBR	Nitrilbutadien-Kautschuk

OF	Oberfläche
OKG	Oberkante Gelände
PB	Polymer-Bitumen
PC	Polymer-Concrete
PCC	Polymer-Cement-Concrete
PE	Polyethylen
PIB	Polyisobutylen
PS	Polystyrol
PUR	Polyurethan
PV	Polyestervlies
PVC-P	Polyvinylchlorid weich
PYE	Polymerbitumen – elastisch (SBS)
PYP	Polymerbitumen – plastisch (aPP)
SBR	Styrol-Butadien-Kautschuk
SBS	Styrol-Butadien-Styrol-Kautschuk
SG	Schaumglas
SV	Schweißverfahren (für Bitumen-Dichtungsbahnen)
THF	Tetrahydrofuran
TL	Technische Lieferbedingungen
V	Glas-Vlies
VA	Voranstrich
WS	Werkstoff
WUB	Wasserundurchlässiger Beton
WUB-KO	Wasserundurchlässige Betonkonstruktion
ZTV	Zusätzliche Technische Vertragsbedingungen

Zeichnerische Darstellung von Abdichtungs- und Belagsarbeiten

Allgemeine Darstellung einer Abdichtung Dichtungsschicht am Bauwerk

Voranstrich

Grundierung

Versiegelung oder Kratzspachtelung

Mörtelausgleich

Klebemasse zwischen zwei Bitumenbahnen oder Deckaufstrich

Spachtelmasse, Fugenverguss oder Fugenkitt

Nackte Bitumenbahn oder Dichtungsbahn

Selbstklebebahn mit Kaschierung aus Kunststofffolie

Bitumen-Dichtungs- oder -Schweißbahn mit Einlage aus Geweben

Bitumen-Dichtungs- oder -Schweißbahn mit Einlage aus Metallbändern

Dichtungsbahn mit Einlage aus Kunststofffolien

Metallkaschierte Schweißbahn mit Trägereinlage unter Asphaltbelägen

Metallfreie Schweißbahn mit Trägereinlage unter Asphaltbelägen

Zeichnerische Darstellung von Abdichtungs- und Belagsarbeiten

~~	Metallband (nackt)
	Besandete Dachbahn (Haftlage)
	Thermoplastische oder elastomere Dichtungsbahn
	Schutzbahn
	Dichtungsschicht aus Flüssigkunststoffen
	Geotextil (z. B. Filtervlies)
	Gussasphalt oder Walzasphalt
	Asphaltbeton
	Trennschicht, bestehend aus zwei Trennlagen
	Wärmedämmung
	PE-Noppenbahn
	Hydraulisch gebundene Dichtungsschlämme (DS oder FS)

A   Baugrund und Dränung

Klaus Hilmer

1   Zusammenhang von Erscheinungsformen des Wassers und der Bauwerksabdichtung

1.1   Das Wasser im Boden

Muth [A203] hat bereits 1977 den Versuch unternommen, den Zusammenhang zwischen Wasser und Boden darzustellen. Emig [A218] hat dies anschaulich in Bild A1 zusammengestellt. Die darin aufgeführten ortsüblichen Bezeichnungen sind in den Punkten 1 bis 7 weiter unten näher erläutert.

Die Wassermengen ergeben sich aus dem Niederschlag N, dem Abfluss A und der Verdunstung V:

$$N = A + V$$

Der Abfluss gliedert sich wieder auf in oberirdischen Abfluss A_o und unterirdischen Abfluss A_u:

$$A = A_o + A_u$$

Der unterirdische Abfluss ist wesentlich komplexer und differenzierter, wie Bild A1 zeigt. Zudem spielen das Rückhaltevermögen des Bodens und die spätere Abgabe von Wasser aus den verschiedenen Schichten eine große Rolle.

Im Folgenden werden die wichtigsten ortsüblichen Bezeichnungen der Erscheinungsformen des Wassers erläutert:

1. Oberflächenwasser
Dieses kann bei starken Niederschlägen (Platzregen) und vor allem bei Hanglagen, auf kurz geschnittener Grasnarbe und großem Einzugsgebiet sehr große Abflussmengen erreichen.

Bild A2 zeigt einen flach geneigten Golfplatz. Bei dem starken Gewitterregen im Juli 1992 wurden nach Angaben des Wetteramtes Nürnberg in dieser Gegend 100 l/m^2 Niederschlag gemessen. Da der Abflussbeiwert bei ca. 0,8 liegt, ergossen sich riesige Wassermassen in das ungeschützte Neubaugebiet und überschwemmten die Keller bis zur Decke (Bild A3).

Dieses Oberflächenwasser muss in der Regel durch geeignete Maßnahmen von Bauwerkswänden abgehalten werden. Dies kann geschehen durch Abfanggräben, Abfangdräns oder eine dichte Geländeoberfläche im Hinterfüllbereich in Verbindung mit Geländegefälle, das von der Bauwerkswand wegführt.

	Bodenart oder Schichtenfolge	Verhaltensweise des Wassers im Boden	Ortsübliche Bezeichnung der Erscheinungsform des Wassers (keine Normbezeichnung)	Bildliche Darstellung
1	Mutterboden	Niederschläge kurzzeitig aufstauend	Oberflächenwasser	① Oberflächenwasser
2	Sand oder Kies stark durchlässig	Schnell versickernd (Durchlässigkeit $k > 10^{-4}$ m/s)	Sickerwasser	② Sickerwasser
3	Schichtenwechsel zu geringer durchlässigen Bodenschichten	Aufstauend, aber dann langsam versickernd	Stauwasser	③ Stauwasser
4	Eingeschlossene Bodenschichten größerer Durchlässigkeit, meist geneigt	Rasche Wasserabgabe in Neigungsrichtung	Schichtenwasser	④ Schichtenwasser
5	Schluffige Sande schwach durchlässig	Langsam versickernd	Sickerwasser	⑤ Sickerwasser
6	Schluff oder Ton schwer durchlässig	Wasser haltend und kapillar aufsteigend	Kapillarwassersaum	⑥ Kapillarwassersaum
7	Ständig gefüllte Bodenporen	Geschlossener Wasserspiegel[1]	Grundwasser[1]	⑦ Grundwasser

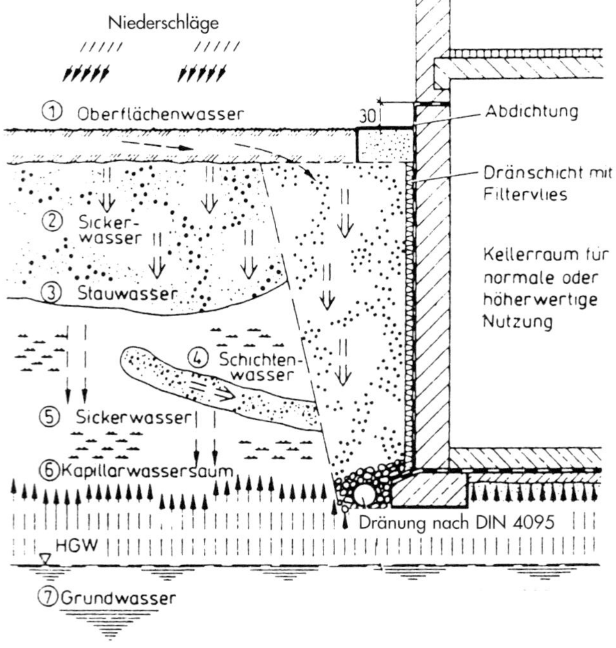

[1] Der höchste Grundwasserstand (HGW) ermittelt sich aus den langjährigen höchsten gemessenen Grundwasserständen oder den Fluss- bzw. Hochwasserständen.

Bild A1
Zusammenhänge zwischen Bodenarten, Verhaltensweise und Erscheinungsformen des Wassers nach Muth [A207]

1 Zusammenhang von Erscheinungsformen des Wassers und der Bauwerksabdichtung

Bild A2
Golfplatz

Bild A3
Wasserschäden im Keller

2. Haftwasser
In bindigen Böden kann Wasser als Haftwasser gebunden sein.

3. Kapillarwasser
In schluffigen Sanden, Schluffen und Tonen kann Wasser auch entgegen der Schwerkraft kapillar aufsteigen. Erst bei Durchlässigkeitsbeiwerten von $k > 10^{-4}$ m/s ist dieser Effekt aufgehoben.

4. Sickerwasser
Nicht oberflächig abfließendes Niederschlagswasser versickert oder verdunstet. Es gilt die Beziehung:
$$A_u = N - A_o - V$$
Dieses Sickerwasser kann nur in Sand- und Kiesböden mit einem großen Durchlässigkeitsbeiwert von $k \geq 10^{-4}$ m/s sofort in den tieferen Untergrund bis zum Grundwasser abfließen, ohne die Bauwerkswand zu beanspruchen.

In bindigen Böden fließt Sickerwasser u. U. sehr langsam und kann vorübergehend sogar aufstauen.

5. Stauwasser
Stauwasser kann sich auf einer gering durchlässigen Bodenschicht ausbilden, wenn das Sickerwasser aus sehr durchlässigen Deckschichten auf seinem Weg zum eigentlichen Grundwasserhorizont aufgestaut wird. Es versickert dann sehr langsam. Beim Bauwerk tritt in der Regel kurzzeitig drückendes Wasser auf.

6. Schichtwasser
Schichtwasser kann Stauwasser sein oder in sandigen Zwischenlagen in bindigen Böden sich sammelndes Sickerwasser.

7. Grundwasser
Über nahezu undurchlässigen Bodenschichten sammelt sich dann das versickernde Wasser und bildet das eigentliche Grundwasser.

1.2 Lastfälle

Erst wenn die Beanspruchung des Bauwerkes durch das Wasser und der Wasseranfall bekannt sind, kann der Planer in Zusammenarbeit mit dem Sonderfachmann Art und Ausführung der entsprechenden Abdichtung festlegen.

Dabei ist grundsätzlich zu unterscheiden zwischen Bauwerken, die ganz oder teilweise in das Grundwasser eintauchen, und solchen, die oberhalb des Grundwasserspiegels errichtet werden (Bild A4). Für die beiden Fälle (Bilder A4a und A4b) bestehen wesentliche Unterschiede hinsichtlich der Beanspruchungsintensität durch das Wasser.

Oberhalb des Grundwassers können in stark durchlässigen Böden [A13] Bodenfeuchte oder Sickerwasser auftreten. Beide Wasserformen üben keinen hydrostatischen Druck auf Abdichtung und Bauwerk aus.

1 Zusammenhang von Erscheinungsformen des Wassers und der Bauwerksabdichtung

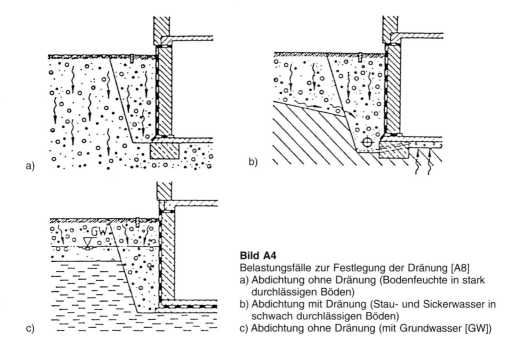

Bild A4
Belastungsfälle zur Festlegung der Dränung [A8]
a) Abdichtung ohne Dränung (Bodenfeuchte in stark durchlässigen Böden)
b) Abdichtung mit Dränung (Stau- und Sickerwasser in schwach durchlässigen Böden)
c) Abdichtung ohne Dränung (mit Grundwasser [GW])

In Hanglagen bzw. in schwach durchlässigen Böden ist mit Stau-, Kluft- oder Hangwasser zu rechnen, das wie Grundwasser zumindest zeitweise einen Wasserdruck aufbaut. Hier sind eine ausreichend bemessene, dauerhaft funktionsfähige Dränanlage (Bild A4b) und eine Abdichtung nach DIN 18195-4 vorzusehen. Durch die DIN 18195-6, Abschnitt 9 [A9], ist jetzt auch eine Abdichtung ohne Dränanlage möglich.

Dieser Aufteilung entsprechend werden die in der Abdichtungstechnik zu treffenden Maßnahmen eingestuft. In Zweifelsfällen empfiehlt sich der Einbau einer wasserdruckhaltenden Abdichtung. Letztere gelangt auch beim Schwimmbad- und Behälterbau zur Anwendung, wo der Wasserdruck von innen wirkt.

Emig [A218] hat in Bild A5 einen Zusammenhang zwischen den Erscheinungsformen des Wassers und der Abdichtung nach den anwendungstechnischen Normen dargestellt.

1.3 Wasser und Abdichtung

Die im Bauwerksbereich anstehenden Böden beeinflussen die Erscheinungsformen des Wassers und führen dann zu unterschiedlichen Beanspruchungen der Abdichtung im Gründungsbereich. Sie sind maßgebend für die Anforderungen an die Abdichtung sowie deren Anordnung und Aufbau. Diese grundlegenden Zusammenhänge von Boden und Wasser werden auch ausführlich von Muth [A207] und Hilmer [A215, A221] behandelt. In Bild A5 werden diese Grundlagen dargestellt, damit vom Planer die Erscheinungsformen des Wassers im Gründungsbereich (Oberflächen-, Sicker-, Stau-, Schichten- und

	1	2	3	4	5	6
1	Bauteilart	Wasserart	Einbausituation		Art der Wassereinwirkung	Art der erforderlichen Abdichtung [zutreffende(r) Norm/Normteil]
2	erdberührte Wände und Bodenplatten oberhalb des Bemessungswasserstandes	Kapillarwasser, Haftwasser, Sickerwasser	stark durchlässiger Boden[3] $k \geq 10^{-4}$ m/s		Bodenfeuchtigkeit und nichtstauendes Sickerwasser	DIN 18195-4
3			wenig durchlässiger Boden[8] $k < 10^{-4}$ m/s	mit Dränung[1]		
4				ohne Dränung[2]	zeitauf. aufst. Sickerwasser	DIN 18195-6 Abschnitt 9
5	waagerechte und geneigte Flächen im Freien und im Erdreich; Wand- und Bodenflächen in Räumen (Nassräumen)[3]	Niederschlagswasser, Sickerwasser, Anstaubewässerung[4], Brauchwasser	Balkone u.ä. Bauteile im Wohnungsbau, Nassräume[3] im Wohnungsbau[6]		nichtdrückendes Wasser, mäßige Beanspruchung	DIN 18195-5 Abschnitt 8.2
6			genutzte Dachflächen[5], intensiv begrünte Dächer[4], Nassräume (ausgen. Wohnungsbau)[6], Schwimmbäder[7]		nichtdrückendes Wasser, hohe Beanspruchung	DIN 18195-5 Abschnitt 8.3
7			nicht genutzte Dachflächen, frei bewittert, ohne feste Nutzschicht, einschl. Extensivbegrünung		nichtdrückendes Wasser	DIN 18531
8	erdberührte Wände, Boden- und Deckenplatten unterhalb des Bemessungswasserstandes	Grundwasser, Hochwasser	jede Bodenart, Gebäudeart und Bauweise		drückendes Wasser von außen	DIN 18195-6 Abschnitt 8
9	Wasserbehälter Becken	Brauchwasser	im Freien und in Gebäuden		drückendes Wasser von innen	DIN 18195-7

[1] Dränung nach DIN 4095. [2] Bis zu Tiefen von 3 m unter Geländeoberkante sonst Zeile 8. [3] Definition Nassraum s. DIN 18195-1, Abschnitt 3.30. [4] Bis ca. 10 cm Anstauhöhe bei Intensivbegrünungen. [5] Beschreibung s. DIN 18195-5, Abschnitt 7.3. [6] Beschreibung s. DIN 18195-5, Abschnitt 7.2. [7] siehe DIB 18130-1.

Bild A5
Zusammenhang zwischen den Erscheinungsformen des Wassers und der Abdichtung nach der anwendungstechnischen Norm DIN 18195-1 [A9]

Grundwasser einschließlich des Kapillarwassers) richtig angesprochen und den jeweiligen Abdichtungsbeanspruchungen zugeordnet werden können. Dieser grundsätzliche Zusammenhang zwischen der Erscheinungsform des Wassers und der Abdichtung wurde in Bild A5 um abdichtungstechnische Einzelheiten ergänzt.

Damit werden die unterschiedlichen Erscheinungsformen des Wassers den möglichen Abdichtungsausführungen mit und ohne Anordnung einer Dränung nach DIN 18195 [A9] – Bauwerksabdichtung – zugeordnet.

Nach den vorab dargestellten Zusammenhängen können die Beanspruchungsart der Abdichtung und ihr Aufbau stoffabhängig festgelegt werden. Hierfür stehen den Planern neben dem klassischen Abdichtungsstoff Bitumen auch Stoffe auf mineralischer Grundlage zur Verfügung, wie der wasserundurchlässige Beton und die starren sowie flexiblen Dichtungsschlämmen oder lose verlegte Kunststoffbahnen-Abdichtungen.

So tragen Planer und Ausschreibende einen großen Teil der Verantwortung für den erfolgreichen Schutz des Bauwerkes gegen Durchfeuchtung, indem sie die Abdichtung richtig bemessen, und zwar in Abhängigkeit von den örtlichen Wasserverhältnissen, den anstehenden Böden und den späteren Füllböden sowie der projektbezogenen Nutzung. Die richtige Bemessung einer Abdichtung umfasst neben allen bauwerksbezogenen Anforderungen vor allem ihre Anordnung sowie ihren richtigen Aufbau.

Darüber hinaus sollte der Ausschreibende aber auch erklären, ob die Möglichkeit einer fachgerechten Verarbeitung des zur Ausführung vorgesehenen Stoffsystems regional überhaupt gegeben ist.

2 Hydrogeologische Untersuchungen

2.1 Allgemeines

Da Schäden im Kellerbereich hauptsächlich in bindigen Böden auftreten und häufig als Folge einer unzureichenden Ansprache bzw. Einschätzung des Baugrundes anzusehen sind, muss dem Thema Baugrunderkundung sicher ein eigener Abschnitt gewidmet werden.

Erst wenn die Baugrund- und Grundwasserverhältnisse eindeutig bekannt sind, kann der Planer in Zusammenarbeit mit dem Baugrundsachverständigen bzw. den Sonderfachleuten für Abdichtungsfragen die notwendigen Abdichtungsmaßnahmen planen.

Die Aufgabe des Architekten ist es, dem Bauherren die erforderlichen Untersuchungen vorzuschlagen. Die neue DIN 4020 [A2] und die in Bearbeitung befindliche DIN 1054 [A1] unterscheiden hierbei je nach Schwierigkeitsgrad drei Kategorien:

Geotechnische Kategorien nach DIN 1054

Die Mindestanforderungen an Umfang und Qualität geotechnischer Untersuchungen, Berechnungen und Überwachungsmaßnahmen werden nach drei geotechnischen Kategorien (GK) abgestuft, die (1) ein geringes, (2) ein normales und (3) ein hohes geotechnisches

Risiko bezeichnen. Sie richten sich nach der zu erwartenden Reaktion des Bodens bzw. des Felses sowie nach dem geotechnischen Schwierigkeitsgrad des Tragwerks und seinen Einflüssen auf seine Umgebung.

- **GK 1:** Erd- oder Grundbauwerke, deren Standsicherheit und Gebrauchstauglichkeit, bzw. Baumaßnahmen, deren geotechnische Auswirkung aufgrund gesicherter Erfahrung beurteilt werden können. Im Zweifelsfall ist ein Sachverständiger für die einschlägigen geotechnischen Fragen hinzuzuziehen.

- **GK 2:** Erd- oder Grundbauwerke sowie geotechnische Maßnahmen, bei denen die Grenzzustände durch ingenieurmäßige rechnerische Nachweise untersucht werden müssen. Im Regelfall ist ein Sachverständiger für die Beurteilung der geotechnischen Größen und Berechnungsverfahren hinzuzuziehen.

- **GK 3:** Erd- und Grundbauwerke sowie geotechnische Maßnahmen mit hohem geotechnischen Risiko. Ein Sachverständiger ist für die einschlägigen geotechnischen Fragen in jedem Fall hinzuzuziehen.

Wegen der nicht zu unterschätzenden Schwierigkeit, die Wasserbeanspruchung bei erdberührten Bauwerken eindeutig festzulegen, sollte der Architekt im Regelfall immer Art und Beschaffenheit des Baugrundes bzw. die Grundwasserverhältnisse durch einen Baugrundsachverständigen beurteilen lassen.

2.2 Vorerkundung

Die Vorerkundung sollte nicht mit der Voruntersuchung gemäß DIN 4020 [A2] verwechselt werden. Bei der Vorerkundung sollen alle bereits vorhandenen Unterlagen zusammengetragen werden. Smoltczyk [A217] gibt in seiner Ausarbeitung „Baugrundgutachten" im Grundbautaschenbuch eine übersichtliche Zusammenstellung:

- Topographische Karten lassen bereits erste Rückschlüsse auf Größe, Form und Oberflächengestalt des Einzugsgebietes zu.

- Geologische Karten geben einen ersten Anhalt über die zu erwartenden Bodenverhältnisse. Für die Festlegung des Untersuchungsumfangs und die Art der Untersuchungsmethoden sind diese Karten eine wertvolle Hilfe.

- Hydrogeologische Karten mit eingetragenen Grundwasserständen sind seltener vorhanden und teilweise mit Vorsicht zu benutzen. Zuverlässiger sind langjährige Pegelmessungen. Leider gibt es nur wenige Städte, die ein ausgezeichnetes Grundwasserpegelnetz besitzen.

- Bereits vorhandene Baugrundgutachten, etwa in der näheren Umgebung der geplanten Baumaßnahme, ersparen den Bauherren oft erhebliche Kosten bei der Baugrunderkundung.

- Bohrprotokolle bereits vorhandener Bohrungen, z.B. bei Kanalisationsmaßnahmen, gestatten teilweise das Untersuchungsprogramm auf Schürfen und Sondierungen zu beschränken.

- Der wichtigste Teil der Vorerkundung ist die Ortsbegehung. Hier sollte man jedoch nicht nur den eigenen Standort im Auge haben, sondern die nähere Umgebung inspizieren und vor allem die Erkenntnisse aus der Nachbarbebauung nutzen.

Zur Festlegung der nachfolgend beschriebenen Baugrunduntersuchung ist eine Ortsbegehung unumgänglich.

2.3 Baugrunduntersuchung

2.3.1 Boden als Baugrund

Die Art und der Umfang der geotechnischen Untersuchungen des Baugrundes richten sich nach

- Art, Größe und Konstruktion der baulichen Anlage
- Geländeform und Baugrundverhältnissen
- Grundwasser
- Einflüssen aus der Umgebung oder auf die Umgebung
- Bauausführung

Der Baugrund wird in einfachen Fällen durch Schürfen und in schwierigen Fällen durch Bohrungen aufgeschlossen. DIN 4021 [A3] und DIN 4022 [A4] geben hierzu Hinweise.

Wird allein die ausgehobene Baugrube beurteilt, so kann dies zu großen Überraschungen und Fehlinterpretationen führen, zumal zu diesem Zeitpunkt Planung, Ausschreibung und Vergabe bereits abgeschlossen sind.

Die Bohrungen werden gemäß Bild A6 zeichnerisch dargestellt. In Ergänzung zu den Bohrungen werden auch Sondierungen gemäß DIN 4094 [A7] ausgeführt. Im Baugrundgutachten sollen dann die Ergebnisse ausgewertet und die Baugrundverhältnisse zusammenfassend dargestellt werden. Dabei soll der Bodenaufbau nur so differenziert beschrieben werden, wie es vom bodenmechanischen Standpunkt her notwendig ist, ansonsten aber so einfach wie möglich.

2.3.2 Grundwasserverhältnisse

Ziel der Bohrungen und Schürfen ist natürlich auch, die Grundwasserverhältnisse zu erkunden. Charakteristische Werte der Grundwasserstände sind vom Baugrundsachverständigen unbedingt anzugeben. Dabei interessieren gemäß DIN 4049 [A6] NGW (Niedrigster Grundwasserstand), MGW (Mittlerer Grundwasserstand) und HGW (Höchster Grundwasserstand).

Vor allem für die Planung und Bemessung der Abdichtung ist der HGW maßgebend. Im Bereich offener Gewässer (Bäche, Flüsse, Seen sowie Küstenbereiche) sind langjährig bekannte höchste Hochwasserstände (HHW) zu berücksichtigen.

Liegen in der näheren Umgebung Langzeitpegelmessungen vor, so ist es sinnvoll, diese zur Beurteilung der Grundwasserschwankungen und der Bestimmung der charakteristi-

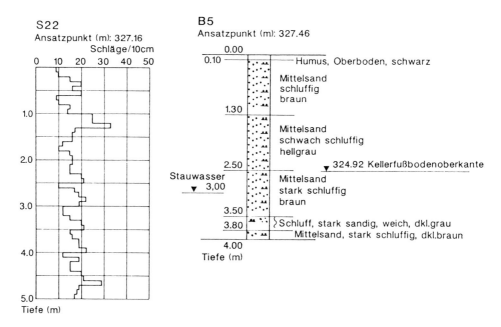

Bild A6
Rammsondierung – Bohrprofil

schen Werte heranzuziehen. Bei größeren Baugebieten wird man auch rechtzeitig ein Pegelnetz aufbauen können, sodass Messwerte über einige Jahre vorliegen. Bild A7 zeigt eine einjährige Messreihe. Hier wurden bereits jahreszeitliche Schwankungen von ca. 1,5 m registriert.

Aber nicht nur das eigentliche Grundwasser ist für die Beanspruchung der Kellergeschosse interessant. Auch Stau- und Schichtwasser in bindigen Böden können zu Wasserschäden führen, wenn dies nicht erkannt wird. Deshalb können trockene Baugruben (Bild A8) Bauherren und Planer zu Fehlschlüssen bei der Beurteilung der Wasserbeanspruchung verleiten.

Aber auch zu geringe Sicherheitszuschläge zu gemessenen Grundwasserständen führen oft zu Schäden in den Kellergeschossen. Bild A9 zeigt das Eindringen von Grundwasser durch die Bodenfugen einer Tiefgarage. Dabei wurde ein Grundwasserstand von 0,6 m über Oberkante Fußboden gemessen.

Es ist sicher eine schwierige Aufgabe für den Baugrundsachverständigen, hier unter Abwägung der wirtschaftlichen Gesichtspunkte und des Schadensrisikos den richtigen Weg zu finden.

2 Hydrogeologische Untersuchungen

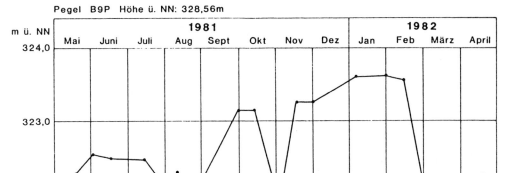

Bild A7
Grundwasserganglinie

Bild A8
Trockene Baugrube im Sommer

Bild A9
Grundwasserzutritt in einer Tiefgarage

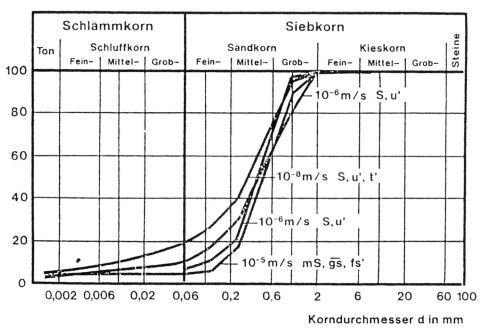

Bild A10
Durchlässigkeitsbeiwerte schwach schluffiger Sande

2.4 Bestimmung der Durchlässigkeitsbeiwerte

Geotechnische Untersuchungen der Grundwasserverhältnisse setzen immer auch die Abschätzung der Durchlässigkeit der einzelnen Bodenschichten voraus. Hierzu dienen gemäß DIN 4020 [A2] Feld- und Laborversuche.

Bei den Feldversuchen unterscheidet man zwischen Pumpversuchen, Wasserausspiegelungsversuchen, Wasserabpressversuchen und Schluckversuchen.

Im Labor kann der Durchlässigkeitsbeiwert k [m/s] nach empirischen Regeln aus der Korngrößenverteilung ermittelt werden. Zuverlässiger sind jedoch Durchlässigkeitsversuche gemäß DIN 18130-1 [A13].

Vor allem bei der Beurteilung des Bodens als Hinterfüllmaterial spielt der k-Wert eine besondere Rolle. Bild A10 zeigt, dass bereits geringe Schluffanteile den k-Wert der Sande stark reduzieren. Vor diesem Hintergrund wurde in DIN 18195-4 [A9] ein unterer Grenzwert von $k = 10^{-4}$ m/s für die Ausführung einer Abdichtung gegen Bodenfeuchte eingeführt.

2.5 Chemische Beschaffenheit des Wassers

Die chemische Beschaffenheit des Wassers muss bekannt sein oder durch eine Wasseranalyse erkundet werden, um das Entstehen von Kalkablagerungen oder Verockerungen erkennen zu können. Betonaggressives Wasser kann zu Kalkausspülungen aus dem Beton und damit zu Ablagerungen in der Dränleitung führen.

Sehr häufig ist die chemische Beschaffenheit des Grundwassers einer Gegend bekannt. Sehr häufig wechselt diese auch jahreszeitlich und örtlich, wie z.B. im Nürnberger Raum. Die neue DIN 4030 [A5] gibt Anhaltswerte für die Beurteilung der Grundwässer.

3 Trockenhaltung des Gründungsbereiches durch Dränung (Fallbeispiele)

3.1 Planung und Ausführung

3.1.1 Dränanlagen vor Wänden

Die vertikale Dränschicht besteht aus einer Sickerschicht und einer Filterschicht oder aus einer filterfesten Sickerschicht. Die Dränschicht hat die Aufgabe, das anströmende Sicker- oder Schichtwasser von der Wandfläche fernzuhalten und ohne Aufstau zur Dränleitung abzuleiten. Probst [A202] hat in seiner Schemaskizze sehr schön die einzelnen Stufen einer richtigen Wanddränung dargestellt (Bild A11):

– Wandabdichtung (z.B. geklebte Bitumenbahn)
– Schutzschicht (Sickerschicht, z.B. Dränsteine können auch gleichzeitig Schutzschicht sein)
– Filterschicht (z.B. Filtervlies)
– Hinterfüllung (sofern geeignet auch Baugrubenaushub)

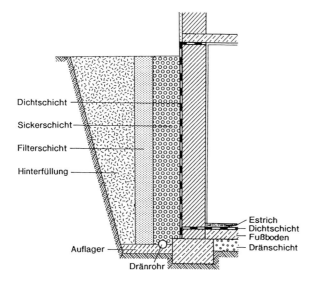

Bild A11
Querschnitt-Schemaskizze einer Dränung nach Probst [A202]

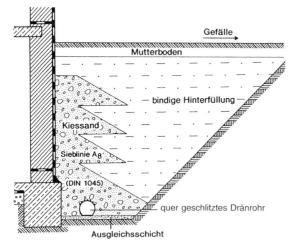

Bild A12
Lagenweiser Einbau eines Mischfilters

In früheren Jahren wurden vertikale Kiesschichten als Sickerschichten und Filterschichten aus Sand eingebaut. Hierzu wurden in der Regel Ziehbleche verwendet. Ein lagenweiser Einbau ist möglich (Bild A12). Da die Kosten für Material und Einbau hoch liegen und dieser sehr arbeitsintensiv und zeitraubend ist, wird diese Art der Dränschicht nur noch selten eingebaut.

Dränsteine mit vorgehängtem Filtervlies (Bild A13) sind eine heute bewährte Baumethode. Vor allem bei großem Wasseranfall leiten diese die anfallende Wassermenge sicher zum Dränrohr. Insbesondere gibt es bei diesem Baustoff kein Problem mit dem Nachweis des Dauerzeitstandverhaltens. Der Einsatz von Dränsteinen in unmittelbarer Berührung mit einer Weichabdichtung (Bitumen oder Kunststoff) setzt einen vollflächigen Kontakt voraus, d.h. ein rippenartiges Anliegen ist zu vermeiden.

3 Trockenhaltung des Gründungsbereiches durch Dränung (Fallbeispiele)

Bild A13
Dränsteine und Filtervlies

Bild A14
Dränplatten mit Filtervlies

Gerne verwendet werden auch Dränplatten aus Polystyrol oder Hartschaum. Diese Platten sind heute mit aufgeklebtem Filtervlies lieferbar. Die Dränplatten werden mit Bitumen punktförmig an die Kellerwand geklebt. Das Filtervlies kann, wie in Bild A14 ersichtlich, auch nachträglich vor dem Verfüllen der Baugrube an die Dränwand geheftet werden.

Die Vorteile der Dränplatten liegen in einer leichten Verarbeitbarkeit und dem relativ günstigen Preis. Beachtet werden müssen bei großem Wasseranfall und großen Einbautiefen der geringere Wasserabfluss infolge Stauchung und bei Polystyrolplatten das Zeitstandverhalten. Bei den tatsächlich anfallenden Wassermengen wird man diesen Gesichtspunkt nicht überbewerten müssen, wie die Messungen von Hilmer u. a. [A213] und Weißmantel [A220] gezeigt haben. Um jedoch gleichwertige Produkte auf dem Markt zu erhalten, verlangt die DIN 4095 [A8] für nichtmineralische, verformbare Dränelemente Nachweise für den gesicherten Abfluss unter Beachtung des Zeitstandverhaltens und der Druckbelastung.

Feuchteschäden an Gebäuden sind dem Verfasser u. a. dort bekannt geworden, wo bei stark bindigen Hinterfüllböden kein Filtervlies vor die Dränplatten eingebaut wurde. Bild A15 zeigt eine aufgegrabene Dränschicht, die stark verschlammt war. Die Abdichtung (Bitumenanstriche) gegen Bodenfeuchte war dort ebenfalls mangelhaft.

Häufig findet man auch so genannte Wellplatten als Dränschichten vor den Kellerwänden (Bild A16). Diese sind völlig ungeeignet. Sie können Schicht- und Stauwasser nicht ableiten. Im oberen Bereich fällt Hinterfüllboden hinter die Wellplatten und verschlammt die Dränleitungen. Schadensbeispiele werden im Buch „Schäden im Gründungsbereich" von Hilmer [A219] beschrieben.

Bild A15
Dränplatte ohne Filtervlies

3 Trockenhaltung des Gründungsbereiches durch Dränung (Fallbeispiele)

Bild A16
Wellplatten als Dränschicht (falsch!)

Bild A17
Horizontale Anordnung einer Dränmatte

In neuerer Zeit werden auch Dränmatten eingebaut. Bild A17 zeigt horizontal angeordnete Dränmatten. Diese bestehen aus einem Wirrgelege als Sickerschicht und einem Vlies als Filterschicht. Der Vorteil liegt in der einfachen Einbauweise. Das Langzeitverhalten von Dränmatten wurde von Muth u. a. [A208] untersucht.

3.1.2 Dränanlagen unter Bodenplatten

Flächendränschichten unter Bodenplatten sind nur dann sinnvoll, wenn ein Wasserandrang unter der Bodenplatte zu erwarten ist. Den Schutz des Kellerbodens gegen aufsteigende Feuchtigkeit erreicht man am sichersten durch eine richtig gewählte Abdichtung. Im nachfolgenden Beispiel musste die Tiefgarage eines Wohnblocks gegen Grundwasserspitzenwerte gesichert werden. Hierzu wurden Dränrohre in 6 m Abstand mit einem Gefälle von 0,5 % verlegt (Bild A18). Unter dem 0,15 m starken Flächendrän aus Kies der Körnung 4/8 mm wurde ein Filtervlies verlegt, um das Eindringen von Schluff zu vermeiden (Bild A19). Über den Flächendrän wurde eine Kunststofffolie gelegt, um das Einschlämmen von Zement aus dem Unterbeton zu verhindern (Bild A20). Bild A21 zeigt den Aufbau der Fußbodendränung.

Bild A18
Dränleitung unter einem
Tiefgaragenboden

Bild A19
Filtervlies, Dränleitung und Flächendrän

3 Trockenhaltung des Gründungsbereiches durch Dränung (Fallbeispiele)

Bild A20
Filtervlies, Dränleitung, Flächendrän, Schutzfolien und Unterbeton

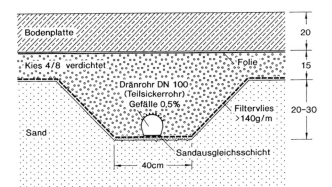

Bild A21
Schnittzeichnung

Bei kleineren Bauvorhaben (Einfamilienhäuser) genügt es, nur den Flächendrän ohne Rohrleitung vorzusehen. Dabei ist es wichtig, die Fundamentdurchbrüche ⌀ 100 mm bei sämtlichen Fundamenten nicht zu vergessen, damit das anfallende Grundwasser zu den Ringleitungen abfließen kann. Die Ringleitungen müssen so tief verlegt werden, dass der Flächendrän entwässert und ein unzulässiger hydrostatischer Druck auf die Bodenplatte verhindert wird.

Wenn unter der Bodenplatte kein Grundwasser bzw. Stauwasser zu erwarten ist, hat es sich bewährt, die Bodenplatte aus wasserundurchlässigem Beton zu erstellen. Dann kann auf die Flächendränschicht oder die so genannte kapillarbrechende Schicht verzichtet werden. So wurden in Nürnberg auf dem Keeperuntergrund Tiefgaragen oder, wie in Bild A22, Reihenhäuser gegründet. Je nach Raumnutzung ist eine zusätzliche Sohlenabdichtung trotz wasserundurchlässigen Betons erforderlich, weil dieser zwar wasserundurchlässig, aber nicht wasserdampfdicht ist.

Bild A22
Bodenplatte aus wasserundurchlässigem Beton

Das anfallende Stau- und Schichtwasser in den wieder verfüllten Arbeitsräumen wird über Ringdränleitungen zur Regenwasserleitung abgeführt. Bild A22 zeigt die Ringdränleitung mit den Kontroll- bzw. Spülrohren (DN ≥ 300) an den Eckpunkten.

3.1.3 Dränleitung und Schächte

Die meisten Schäden an Dränleitungen sind nach Schild [A204] bzw. Rogier [A205] auf eine zu hohe Lage der Dränrohre und eine ungeeignete filterinstabile Ummantelung zurückzuführen (Bild A23). Die richtige Anordnung der Dränleitung zeigt Bild A24.

Oft besteht die Sickerpackung nur aus einer wenige Zentimeter dicken Schotter- oder Grobkiesschicht. Der Anschluss der vertikalen Dränschicht fehlt oft ganz, sodass das anfallende Sickerwasser aus dem Wandbereich das Dränrohr nicht erreicht (Bild A25).

Häufig werden immer noch die gelben Schläuche verwendet. Diese wurden jedoch nur für den landwirtschaftlichen Wasserbau entwickelt (Bild A26) und sind nach Auffassung vieler Bausachverständiger bei der Gebäudedränung nicht zweckmäßig. Sie werden wie ein „Kuhschwanz" verlegt. Zur stabileren Lage müssen sie, wie der Prospekt zeigt, z.B.

3 Trockenhaltung des Gründungsbereiches durch Dränung (Fallbeispiele)

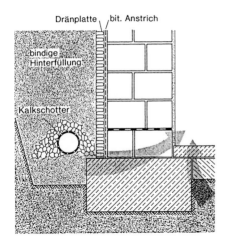

Bild A23
Schematische Darstellung des Schadensbildes infolge zu hoher Dränleitung und falschem Rohrfilter

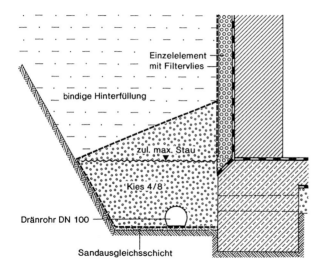

Bild A24
Schematische Darstellung einer korrekt angeordneten Dränleitung [A8]

mit Steinen fixiert werden. Außerdem ist eine einwandfreie Gefälleverlegung schwierig (Bild A27).

Eine Spülung mit einem Hochdruckspülgerät führt teilweise zur Zerstörung dieser Rohre, da diese nicht ausreichend mechanisch fest sind. Es sollen daher starre Rohre, am besten mit Fußauflager, Verwendung finden. Sie werden auf die Sohle des ausgehobenen Rohrgrabens gelegt. Die Sickerschicht besteht aus Kies 4/8. Zur Vermeidung der Einschlämmung von Feinteilen des Bodens wird das Gesamtsystem mit einem Filtervlies ummantelt (Bild A28).

Die Dränrohrsohle muss gemäß DIN 4095 [A8] an ihrem Hochpunkt $\geq 0,2$ m unter Oberfläche Rohbodenplatte liegen. Ein Gefälle von mindestens 0,5% wird in der DIN 4095 vorgeschrieben.

Bild A25
Dränschlauch mit Kalkschotterummantelung

Bild A26
Dränrohre für landwirtschaftliche Dränung

Bild A27
Verlegung eines flexiblen Dränrohres vor einer Noppen-Dränbahn

Bild A28
Ringdränleitung mit Kiespackung und Filtervlies

Bei Einfamilienhäusern kann auch bei entsprechender Tiefenlage der Dränleitung eine Verringerung des Gefälles zugelassen werden, da die Druckhöhe in der glatten Dränleitung ausreicht, um einen einwandfreien Abfluss zu gewährleisten.

Für die Auflagerung der Ringdränleitung wurden vom Verfasser mehrere Methoden überprüft. Dabei war das Herstellen eines Betonauflagers kostenintensiv. Ein schwaches Betonauflager bricht leicht. Günstiger ist die Auflagerung der Dränrohre direkt auf dem Filtervlies (Bild A29). Eine Sandausgleichsschicht unter dem Filtervlies ist bei unregelmä-

3 Trockenhaltung des Gründungsbereiches durch Dränung (Fallbeispiele)

Bild A29
Auflagerung des Dränrohrs auf Filtervlies

Bild A30
Spülrohr an einer Gebäudeecke

ßiger Grabensohle zweckmäßig. An den Eckpunkten der Gebäude werden in sinnvollen Abständen Kontroll- bzw. Spülrohre installiert (Bild A30).

Nachteilig ist, dass Kinder gern Steine oder Boden in die Spülrohre werfen und damit eine Spülung oder Wartung nicht möglich ist. Deshalb empfiehlt es sich, solche Spülrohre mit einem passgerechten Deckel zu verschließen.

3.2 Vorfluter

Vor der Planung einer Dränanlage ist in technischer wie in wasserrechtlicher Hinsicht zu klären, ob ein geeigneter Vorfluter vorhanden ist. Ohne diesen kann keine Dränanlage zur Sicherung des Kellergeschosses gegen Stau- und Sickerwasser ausgeführt werden. Es muss dann eine Abdichtung gegen drückendes Wasser gewählt werden.

Es gibt verschiedene Möglichkeiten der Vorflut:

1. Sickerschacht
Liegt in ausreichender Tiefe eine durchlässige Bodenschicht vor, so kann die Planung eines Sickerschachtes erfolgreich sein. Da die anfallenden Wassermengen bei Dränanlagen in der Regel gering sind, genügen Sickerschächte gemäß Bild A31.

2. Trennsystem
Das in der Dränanlage anfallende Sicker- und Stauwasser kann in der Regel auch mit einer wasserrechtlichen Erlaubnis in das vorhandene Trennsystem (Regenwasserleitung) eingeleitet werden. Hierbei müssen jedoch die Rückstausicherungen eingebaut und später gewartet werden.
In Mischsysteme darf nur in Ausnahmefällen und mit Zustimmung der Wasserwirtschaftsämter eingeleitet werden.

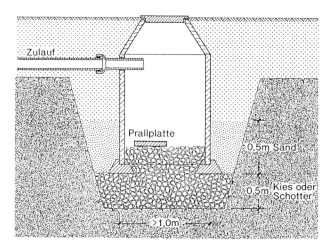

Bild A31
Sickerschacht

Bild A32
Bach als Vorfluter

3 Trockenhaltung des Gründungsbereiches durch Dränung (Fallbeispiele)

Bild A33
Weiher als Vorfluter

3. Bachlauf
Nahe gelegene Bachläufe können mit Zustimmung der Wasserwirtschaftsämter als Vorfluter gewählt werden (Bild A32). Dabei sollte der Einlauf über dem HHW liegen bzw. die Rückstauebene sollte unter Kellerfußbodenunterkante liegen, da die so genannten Rückstauklappen oft nicht funktionieren.

4. See
Das Bild A33 zeigt einen künstlichen Weiher, der als Vorflut für das anfallende Regen- und Dränwasser dient.

4 Kommentar zur DIN 4095

Dränung zum Schutz baulicher Anlagen. Planung, Bemessung und Ausführung (Ausgabe Juni 1990)

Zusammenfassung

Die im Juni 1990 neu erschienene Ausgabe der DIN 4095 wird vom Obmann des DIN-Ausschusses kommentiert. Insbesondere wird dabei auf die Stellen des Normtextes eingegangen, auf die vom Architekten und Planer bei der Anwendung besonders zu achten ist. Teilweise werden auch die Gedanken aufgezeigt, die zur vorliegenden Formulierung geführt haben.

Vorbemerkung

Zur Bearbeitung der Neufassung der DIN 4095 wurde im Juni 1982 in Nürnberg ein Arbeitsausschuss des Normenausschusses Bauwesen im DIN unter der Leitung des Verfassers neu konstituiert. An der Norm haben weiterhin mitgearbeitet: 6 Firmenvertreter, 6 Mitarbeiter von Hochschulen und Wissenschaftlichen Instituten, 5 Herren der Bauverwaltung und 6 Herren aus Verbänden. Die Bearbeitung im DIN oblag Herrn Dipl.-Ing. Kastorff.

Die erste Fassung der DIN 4095 wurde 1973 eingeführt und entsprach nicht mehr dem Stand der Technik. Die Entwicklung auf dem Baustoffsektor zeigte weiter, dass eine Berücksichtigung der neuen Dränbaustoffe, wie Dränmatten oder Geotextilien, in der DIN 4095 unumgänglich war.

Nach Erscheinen des Gelbdruckes im Juni 1987 und der Behandlung von insgesamt 79 Einsprüchen konnte die DIN 4095 im Juni 1990 im Weißdruck erscheinen. In diese Fassung wurden die vielen wertvollen Einsprüche und Anregungen sowie neue Forschungsarbeiten eingearbeitet. Vor allem wurden die Erkenntnisse aus den Abflussmessungen berücksichtigt, welche das Grundbauinstitut der LGA, Nürnberg, im Auftrag des Bundesministeriums für Raumordnung, Bauwesen und Städtebau durchführte. Dazu ist Ende 1990 ein Mitteilungsheft in der Veröffentlichungsreihe des Grundbauinstitutes der LGA als Heft 58 unter dem Titel „Baukostensenkung durch wirtschaftliche Bemessung von Dränanlagen" [A213] erschienen. Die Norm ist in erster Linie für Architekten und Planer gedacht. Sie ist, wie alle Normenwerke, ein Kompromiss der verschiedenen Erfahrungen. Ergänzend zur neuen DIN 4095 möchte ich als Obmann meinen persönlichen Kommentar zu den einzelnen Abschnitten veröffentlichen, der erläutern soll, worauf bei der Anwendung der Norm besonders zu achten ist.

1 Anwendungsbereich und Zweck

Die Norm gilt für die Dränung auf, an und unter erdberührten baulichen Anlagen als Grundlage für Planung, Bemessung und Ausführung. Sie gilt im Zusammenhang mit den Maßnahmen zur Bauwerksabdichtung.

Sofern bei erdüberschütteten Decken die Dränschicht auch zur Wasserbevorratung dient, ist sie nicht Gegenstand dieser Norm.

In dieser Norm werden Regelausführungen für definierte Voraussetzungen angegeben, für die keine weiteren Nachweise erforderlich sind (Regelfall). Für vom Regelfall abweichende Bedingungen sind besondere Nachweise zu führen (Sonderfall).

Kommentar zu 1:

Diese Norm gilt nicht für die Entwässerung von Straßen. Hierfür wurden die Richtlinien für die Anlage von Straßen RAS, Teil: Entwässerung (1987), von der Forschungsgesellschaft für Straßen- und Verkehrswesen veröffentlicht [A101]. Diese Norm gilt ebenfalls nicht für Bauzeitdränungen. Hierzu sei auf das Grundbau-Taschenbuch, Teil 2 (1996, Verlag Ernst & Sohn [A206]), verwiesen. Außerdem sind im Buch „Theorie und Praxis der Grundwasserabsenkung" von Herth/Arndt (1994, Verlag Ernst & Sohn) wertvolle Hinweise enthalten [A209].

Zur Dränung und Entwässerung von Böschungen wurde 1989 von der Forschungsgesellschaft für Straßen- und Verkehrswesen das „Merkblatt für die Kontrolle und Wartung von Entwässerungseinrichtungen zur Sicherung von Erdbauwerken" herausgegeben [A102].

Die Entwässerung und Dränung von Dämmen ist ein Spezialfall, der von Davidenkoff (1964) in seinem Werk „Deiche und Erddämme" (Werner-Verlag, Düsseldorf) behandelt wird [A201].

Detailangaben für Stützbauwerke findet der interessierte Leser in den ausführlicheren Schweizer Normen SNV 640389 „Entwässerung und Hinterfüllung" [A12] und SNV 640342 „Drainage" [A11]. Ebenfalls sei auf die DS 836, Teil „Entwässerungsanlagen", der Deutschen Bundesbahn verwiesen [A103].

Die Dränung im Deponiebau wird u. a. in den Empfehlungen des AK11 der DGEG [A106], in der TA Abfall [A107] und der TA Siedlungsabfall [A108] behandelt.

2 Begriffe

Im Sinne dieser Norm gilt:

Dränung
Dränung ist die Entwässerung des Bodens durch Dränschicht und Dränleitung, um das Entstehen von drückendem Wasser zu verhindern. Dabei soll ein Ausschlämmen von Bodenteilchen nicht auftreten (filterfeste Dränung).

Dränanlage
Eine Dränanlage besteht aus Drän-, Kontroll- und Spüleinrichtungen sowie Ableitungen.

Drän
Drän ist der Sammelbegriff für Dränleitung und Dränschicht.

Dränleitung
Dränleitung ist die Leitung aus Dränrohren zur Aufnahme und Ableitung des aus der Dränschicht anfallenden Wassers.

Dränschicht
Dränschicht ist die wasserdurchlässige Schicht, bestehend aus Sickerschicht und Filterschicht oder aus einer filterfesten Sickerschicht (Mischfilter).

Filterschicht
Filterschicht ist der Teil der Dränschicht, der das Ausschlämmen von Bodenteilchen infolge fließenden Wassers verhindert.

Sickerschicht
Sickerschicht ist der Teil der Dränschicht, der das Wasser aus dem Bereich des erdberührten Bauteiles ableitet.

Dränelement
Dränelement ist das Einzelteil für die Herstellung eines Dräns, z. B. Dränrohr, Dränmatte, Dränplatte, Dränstein.

Dränrohr
Dränrohr ist der Sammelbegriff für Rohre, die Wasser aufnehmen und ableiten.

Stufenfilter
Stufenfilter ist der Teil der Dränschicht, bestehend aus mehreren Filterschichten unterschiedlicher Durchlässigkeit.

Mischfilter
Mischfilter ist der Teil der Dränschicht, bestehend aus einer gleichmäßig aufgebauten Schicht abgestufter Körnung.
Anmerkung: Dieser kann auch die Funktion der Sickerschicht übernehmen.

Schutzschicht
Schutzschicht ist die Schicht vor Wänden und auf Decken, welche die Abdichtung vor Beschädigungen schützt.
Anmerkung: Die Dränschicht kann auch Schutzschicht sein.

Trennschicht
Trennschicht ist die Schicht zwischen Bodenplatte und Dränschicht, die das Einschlämmen von Zementleim in die Dränschicht verhindert.

Kommentar zu 2:

Bei den Begriffen wurde eine strenge Auswahl getroffen. Die Liste wurde bewusst kurz gehalten und auf die wesentlichen Begriffe beschränkt. Weitere Begriffe findet der interessierte Leser in der Vorschrift 107/86 „Bauwerksdränagen" (1987) der Staatlichen Bauaufsicht des Ministeriums für Bauwesen der DDR [A104] und im Katalog „Bauwerksdränagen/VEB BMK Chemie Halle" (1987), PWE/TIC 35 [A301].

3 Untersuchungen

3.1 Einzugsgebiet

Größe, Form und Oberflächengestalt des Einzugsgebietes sind durch Augenschein zu erfassen. Ergänzende Erhebungen, wie die Auswertung topographischer und geologischer Karten, sind zweckmäßig. Im Hanggelände bei Muldenlagen, Wasser führenden Schichten und Klüften, in Quellgebieten, bei Grundwasservorkommen sowie bei großflächigen Bauwerken sind weiter gehende Untersuchungen erforderlich (siehe Abschnitt 4.3).

Kommentar zu 3.1:

Dieser Abschnitt wurde sehr allgemein gehalten, da es sicher für alle am Bau Beteiligten sehr schwierig sein wird, das Einzugsgebiet zu erfassen. Dennoch ist es für den Planer unerlässlich, sich Gedanken darüber zu machen, wie er z. B. durch eine Geländegestaltung verhindert, dass Hangwasser (Oberflächenwasser) zum Bauwerksdrän abfließt. Durch eine entsprechende Bauwerkshinterfüllung kann er den Sickerwasserzufluss begrenzen.

3.2 Art und Beschaffenheit des Baugrundes

Art, Beschaffenheit und Durchlässigkeit des Baugrundes sind durch Bohrungen oder Schürfen zu erkunden (DIN 4021, DIN 4022-1 bis -3), sofern die örtlichen Erfahrungen keinen ausreichenden Aufschluss geben.

Kommentar zu 3.2:

In der zuverlässigen Beurteilung des Baugrundes liegt der Schlüssel zur richtigen Beurteilung der Wasserbeanspruchung erdberührter Bauteile. Hierzu wurden von Hilmer (1990) im Heft 2 der LGA-Rundschau einige Empfehlungen gegeben. Auch Emig weist in seinem Kapitel „Abdichtungsschäden" im Buch „Schäden im Gründungsbereich", herausgegeben von Hilmer (1991), ausdrücklich auf den engen Zusammenhang Boden – Wasser – Abdichtung hin [A218].

Wichtig ist, die genaue Schichtung des Baugrundes festzustellen. Selbst sandige Böden mit geringerem Schluffanteil können bei mitteldichter und dichter Lagerung geringere Durchlässigkeitsbeiwerte besitzen. Vor allem bei der Beurteilung als Hinterfüllungsma-

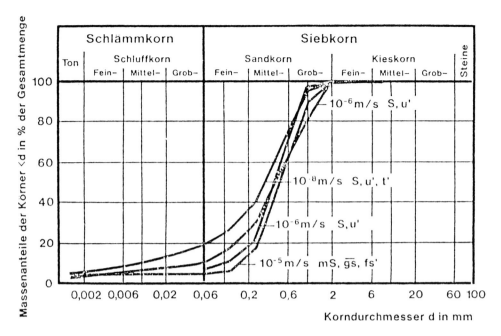

Bild 1 (Kommentar)
Durchlässigkeitsbeiwerte schwach schluffiger Sande

terial spielt dies eine besondere Rolle. Bild 1 (Kommentar) zeigt, dass bereits geringe Schluffanteile den *k*-Wert der Sande stark reduzieren. Deshalb wird zusätzlich empfohlen, exakte Körnungslinien der Bodenschichten zu erstellen.

3.3 Chemische Beschaffenheit des Wassers

Die chemische Beschaffenheit des Wassers muss bekannt sein oder durch eine Wasseranalyse erkundet werden, um das Entstehen von Kalkablagerungen oder Verockerungen erkennen zu können. Betonaggressives Wasser kann zu Kalkausspülungen aus dem Beton und damit zu Ablagerungen in der Dränleitung führen.

Kommentar zu 3.3:

Häufig ist die chemische Beschaffenheit des Grundwassers einer Gegend bekannt. Sehr häufig wechselt diese auch jahreszeitlich und örtlich, wie z. B. im Nürnberger Raum. Die neue DIN 4030 (Juni 1991) [A5] gibt Anhaltswerte für die Beurteilung der Grundwässer.

Bei stark kalkangreifenden Wässern ist Kalkschotter im Bereich der Dränanlage nicht zu verwenden. Eine Verkalkung ist bei Karbonathärten > 10° dH (> 100 mg CaO/l) gegeben. Diese tritt häufig bei Unstetigkeitsstellen der Leitung auf. Es kann jedoch auch zur Ver-

4 Kommentar zur DIN 4095

Bild 2 (Kommentar) Verkalkung eines Dränrohres (nach J. Brauns, B. Schulze (1989) [A212])

legung ganzer Rohrquerschnitte kommen (siehe Bild 2, Kommentar). Um diese Gefahr zu vermeiden, empfiehlt sich ein ständiger Einstau der Dränleitung.

Ein erhöhter Eisengehalt im Boden oder Grundwasser kann zur Verockerung führen. Bei mittlerer und starker Verockerungsneigung sollte keine Bauwerksdränung ausgeführt werden.

3.4 Vorflut

Es ist zu prüfen, wohin das Wasser abgeleitet werden kann, und zwar in baulicher und wasserrechtlicher Hinsicht.

Kommentar zu 3.4:

Der schwierige Abschnitt Vorflut wird unter Abschnitt 5.5 noch ausführlicher kommentiert.

3.5 Wasseranfall und Grundwasserstände

Der Wasseranfall an den erdberührten baulichen Anlagen ist von der Größe des Einzugsgebietes, Geländeneigung, Schichtung und Durchlässigkeit des Bodens und der Niederschlagshöhe abhängig.

Trockene Baugruben geben noch keinen Anhalt, ob Dränmaßnahmen erforderlich werden. Außerdem ist zu beachten, dass der Wasseranfall durch Regen, Schneeschmelze und

Grundwasserspiegelschwankungen beeinflusst wird und wesentlich größer sein kann, als beim Aushub beobachtet.

Bei erdberührten Wänden und Decken ist der zusätzliche Wasseranfall aus angrenzenden Einzugsgebieten, benachbarten Deckenflächen und Gebäudefassaden zu berücksichtigen. Der ungünstigste Grundwasserstand soll ermittelt werden, beispielsweise durch Schürfen und Bohrungen, aus örtlichen Erfahrungen bei Nachbargrundstücken oder durch Befragen von Ämtern.

Eine durch Dränung mögliche Beeinträchtigung der Grundwasser- und Untergrundverhältnisse der Umgebung ist zu prüfen. Der Wasseranfall ist von der Dränschicht und der Dränleitung aufzunehmen. Die von der Dränung aufzunehmende Abflussspende ist abzuschätzen. Vor erdberührten Wänden wird die Abflussspende q' in l/(s·m) auf die Länge der Wand bezogen. Auf Decken und unter Bodenplatten wird die Abflussspende q in l/(s·m^2) auf die zu dränende Fläche bezogen.

Kommentar zu 3.5:

Für die Bemessung einer Dränanlage ist die Kenntnis des Wasseranfalls erforderlich. Hierzu wurden erstmals von Hilmer/Weißmantel/Grimm (1990) in Heft 58 des Grundbauinstitutes der LGA Langzeitmessungen an verschiedenen Objekten mitgeteilt [A213]. Diese bestätigten einen Zusammenhang zwischen Regenspende und Dränwasserabfluss. Die bisherigen Messergebnisse bestätigten die Vermutung, dass die Dränwassermengen erheblich unter den Werten der Tabellen 8 und 10 liegen. Deshalb wurden diese Tabellen auch aus dem allgemeinen Teil der DIN 4095 herausgenommen und sind nur bei der Bemessung flächiger Dränelemente (Dränmatten, Dränplatten etc.) anzuwenden.

Im Regelfall ist keine Berechnung erforderlich. Bei größeren Bauvorhaben, bei Hanglagen etc. wird man die Zuflussmenge abschätzen bzw. durch Überschlagsrechnungen bestimmen. Auch die Vorschrift 107/86 der DDR [A104] gibt nur eine vage Auskunft: „Die Zuflussmenge zur Bauwerksdränage ist durch geeignete Verfahren zu ermitteln."

Wichtig für die Entscheidung, welche Abdichtungsmaßnahme gewählt wird, d. h. welcher Fall nach Abschnitt 3.6 der DIN 4095 vorliegt, ist die Kenntnis des höchsten Grundwasserstandes. Einfach ist die Festlegung dort, wo langjährige Grundwasserbeobachtungen vorliegen. Schwierig wird es, wo Pegelmessungen fehlen. Vor allem in bindigen Böden tritt immer die Frage des Bemessungswasserstandes auf. Hier sollte, wenn die örtlichen Erfahrungen nicht ausreichen, immer ein Baugrundsachverständiger eingeschaltet oder, als ungünstigster Fall, ein Anstieg bis Geländeoberkante zugrunde gelegt werden. Häufig kommt es auch erst nach längerer Zeit bei größeren Niederschlagsereignissen zu einem Aufstau in der wieder verfüllten Baugrube.

3.6 Fälle zur Festlegung der Dränmaßnahmen

Die Entscheidung über die Art und Ausführung von Dränung und Bauwerksabdichtung ist entsprechend den Ergebnissen der Untersuchungen nach den Abschnitten 3.1 bis 3.5 festzustellen. Für die Entscheidung, ob eine Dränung an der Wand erforderlich ist, ist von den Fällen nach Bild 1a bis 1c auszugehen.

Fall a) liegt vor, wenn nur Bodenfeuchte in stark durchlässigen Böden auftritt (Abdichtung ohne Dränung).

Fall b) liegt vor, wenn das anfallende Wasser über eine Dränung beseitigt werden kann und damit sichergestellt ist, dass auf der Abdichtung kein Wasserdruck auftritt (Abdichtung mit Dränung).

Fall c) liegt vor, wenn drückendes Wasser, in der Regel in Form von Grundwasser, ansteht oder wenn eine Ableitung des anstehenden Wassers über eine Dränung nicht möglich ist (Abdichtung ohne Dränung).

Bei Decken mit Gefälle liegt oberhalb des Grundwasserspiegels der Fall b) vor (Abdichtung mit Dränung).

Kommentar zu 3.6:

In der vorliegenden DIN 4095 wurde der Versuch unternommen, einen Konsens zwischen der neu zu bearbeitenden Abdichtungsnorm DIN 18195 und der Drännorm herzustellen. Emig (1991) hat dies in seinem Kapitel „Abdichtungsschäden" des oben bereits erwähnten Buches von Hilmer (Bilder A1 und A5) ebenfalls nochmals ausführlich dargestellt [A218].

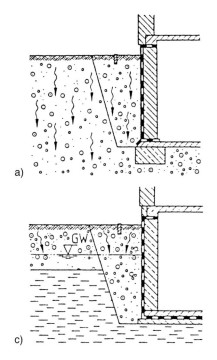

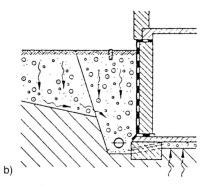

Bild 1 (Norm)
Fälle zur Festlegung der Dränung
a) Abdichtung ohne Dränung (Bodenfeuchte in stark durchlässigen Böden)
b) Abdichtung mit Dränung (Stau- und Sickerwasser in schwach durchlässigen Böden)
c) Abdichtung ohne Dränung (mit Grundwasser [GW])

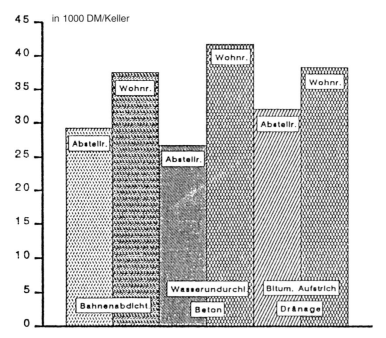

Beispielhafte Kostenzusammenstellung unterschiedlicher Abdichtungsmaßnahmen für einen vorgegebenen verschiedenartig genutzten Keller

Bild 3 (Kommentar)
Aus der Forschungsarbeit Wilmes u. a. (1990) „Kosten-Nutzen-Optimierung in der Bauteildichtung".
Aachener Institut für Bauschadenforschung und angewandte Bauphysik [A214]

Bevor man sich für eine Dränung und damit gegen eine Abdichtung gemäß DIN 18195-6 bzw. gegen eine wasserundurchlässige Betonwanne entscheidet, sollten alle Vor- und Nachteile der einzelnen Lösungsmöglichkeiten ausführlich zwischen Bauherren, Architekten, Tragwerksplanern und Baugrundsachverständigen diskutiert werden.

Wilmes u. a. [A214] haben in einer Forschungsarbeit „Kosten-Nutzen-Optimierung in der Bauteilabdichtung" (im Bild 3 Kommentar) aufgezeigt, dass die Kostenfrage bei qualitativ gleichwertiger Ausführung uninteressant ist. Wesentlich ausschlaggebender sind andere Gesichtspunkte.

Für eine Dränanlage sprechen:
– Das Wasser wird vom Gebäude fern gehalten.
– Die notwendigen Abdichtungsarbeiten können von der Baufirma ausgeführt werden.
– Bei schwierigen Gebäuden (mit komplizierten Grundrissen) ist eine Dränung einfacher auszuführen als eine Abdichtung nach DIN 18195-6 [A9].

Gegen eine Dränanlage sprechen:
– Geeignete rückstaufreie Vorfluter sind oft nicht vorhanden.
– Rückstausicherungen und Hebeanlagen sind problematisch und erfordern einen hohen Wartungs- und Betriebsaufwand.

- Der Untersuchungsumfang (Wasseranfall, Schichtung, Wasserstand, Laborversuche) kann größer werden.
- Schadensanfälligkeit (Verschlammen, Verockerung, Verkalkung).
- Ständige Wartung der Dränanlage.

4 Anforderungen

4.1 Allgemeines

Der Drän muss filterfest sein. Die anfallende Abflussspende q' in $l/(s \cdot m)$ muss in der Dränschicht drucklos abgeführt und vom Dränrohr bei einem Aufstau von höchstens 0,2 m, bezogen auf die Dränrohrsohle, aufgenommen werden.

Kommentar zu 4.1:

Im Gegensatz zur bisher gültigen Abdichtungsnorm 18195, Teil 5, lässt die DIN 4095 keinen höheren Aufstau als 0,2 m, bezogen auf die Dränrohrsohle, zu. Nach der Forderung gemäß Abschnitt 5.2.2 der DIN 4095 muss die Rohrsohle selbst am Hochpunkt 0,2 m unter Oberfläche Rohbodenplatte liegen. Damit darf der Rückstau die Rohbodenplatte nie übersteigen, auch nicht bei plötzlichem starkem Wasseranfall.

Im Gegensatz zur alten Fassung der DIN 4095 (Dezember 1973) wird in der vorliegenden neuen Ausgabe (Juni 1990) auf die Angabe von Filterregeln verzichtet. In diesem Zusammenhang wird deshalb auf die Veröffentlichung von Muth (1987) verwiesen [A210].

4.2 Regelausführung

Der Regelfall liegt vor, wenn die nach Abschnitt 3 erforderlichen Untersuchungen die in den Tabellen 1 bis 3 gestalteten Anforderungen erfüllen. Die Dränanlage ist dann nach Abschnitt 5 zu planen; besondere Nachweise sind nicht erforderlich.

Tabelle 1 (Norm)
Richtwerte vor Wänden

Einflussgröße	Richtwert
Gelände	eben bis leicht geneigt
Durchlässigkeit des Bodens	schwach durchlässig
Einbautiefe	bis 3 m
Gebäudehöhe	bis 15 m
Länge der Dränleitung zwischen Hochpunkt und Tiefpunkt	bis 60 m

Tabelle 2 (Norm)
Richtwerte auf Decken

Einflussgröße	Richtwert
Gesamtauflast	bis 10 kN/m²
Deckenteilfläche	bis 150 m²
Deckengefälle	ab 3%
Länge der Dränleitung zwischen Hochpunkt und Dacheinlauf/Traufkante	bis 15 m
Angrenzende Gebäudehöhe	bis 15 m

Tabelle 3 (Norm)
Richtwerte unter Bodenplatten

Einflussgröße	Richtwert
Durchlässigkeit des Bodens	schwach durchlässig
Bebaute Fläche	bis 200 m²

Direkte Einleitung von Oberflächenwasser (z.B. Regenfallleitungen, Hofsenkkästen, Speier) oder das aus angrenzenden steilen Hanglagen abfließende Wasser ist unzulässig.

Kommentar zu 4.2:

Die Regelausführung dient dazu, dem Architekten in einfachen Fällen die Planung einer Dränanlage zu ermöglichen. Die Beurteilung der Tabellenwerte sollte vor allem von Juristen und Sachverständigen nicht zu eng ausgelegt werden. Dies können nur Empfehlungen sein. Im DIN-Ausschuss wurde ausführlich über die Tabellenwerte diskutiert. Es wurde z.B. eine Einbautiefe bis 3 m gewählt, damit bei flächigen Dränelementen und größerer Einbautiefe der Erddruck berücksichtigt wird.

Die Gebäudehöhe wurde bis 15 m angenommen, damit der Wasseranfall bei Schlagregen auf die Fassade begrenzt wird.

In Tabelle 3 wurde die bebaute Fläche auf ca. 200 m² begrenzt. Dies entspricht größeren Einfamilienhäusern. Die Flächendränung von Großobjekten bedarf sicher einer Detailplanung. Wesentlich ist nach meiner Meinung der Absatz: „Direkte Einleitung von Oberflächenwasser (z.B. Regenfallleitungen, Hofsenkkästen, Speier) oder das aus angrenzenden steilen Hanglagen abfließende Wasser, ist unzulässig." Dieser Absatz müsste eigentlich unter „4.1 Allgemeines" stehen. Das anfallende Wasser sollte möglichst vom Gebäude fern gehalten werden. Dies gilt auch für den Sonderfall.

4.3 Sonderausführung

Wenn die örtlichen Bedingungen von denen in der Regelausführung genannten abweichen, können für den Entwurf und die Bemessung der Dränanlage folgende Untersuchungen erforderlich werden:

– Geländeaufnahme
– Bodenprofilaufnahmen
– Ermittlung des Wasseranfalls
– Statische Nachweise der Dränschichten und Dränleitungen
– Hydraulische Bemessung (Durchlässigkeitsbeiwert und Abflussspende) der Dränelemente
– Bemessung der Sickeranlage
– Auswirkung auf Bodenwasserhaushalt, Vorfluter, Nachbarbebauung

Kommentar zu 4.3:

Bei der Sonderausführung können für den Entwurf und die Bemessung der Dränanlage noch weitere Überlegungen und Untersuchungen erforderlich werden. Dies bedeutet nicht, dass alle hier aufgeführten Untersuchungen durchgeführt werden müssen. Für die Bestimmung des Wasseranfalls ist ein Baugrundsachverständiger einzuschalten.

5 Planung

5.1 Allgemeines

Die Dränanlage ist in den Entwässerungsplan aufzunehmen. Dabei ist zu unterscheiden zwischen Dränanlagen vor Wänden, auf Decken und unter Bodenplatten. Die Standsicherheit des Bauwerks darf durch Dränanlagen nicht beeinträchtigt werden.

Kommentar zu 5.1:

Die Dränanlage ist sorgfältig zu planen, und zwar nicht nur im Grundriss, sondern auch in repräsentativen Schnitten (wie z. B. Bild 4, Kommentar). Dabei sind gemäß Abschnitt 5.6 der DIN 4095 auch Detailangaben zu machen und die entsprechenden Maß- und Höhenangaben anzugeben.

5.2 Dränanlagen vor Wänden

5.2.1 Dränschicht

Die Dränschicht muss alle erdberührten Flächen bedecken und etwa 0,15 m unter Geländeoberfläche abgedeckt werden. Am Fußpunkt ist die drucklose Weiterleitung des Was-

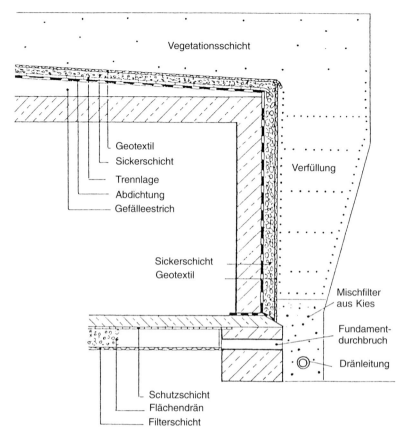

Bild 4 (Kommentar)
Bauteilangabe in Ausführungsplänen

sers bei mineralischer Ummantelung des Dränrohres durch mindestens 0,3 m Einbindung sicherzustellen. Die Dränschicht muss an Durchdringungen, Lichtschächten usw. dicht anschließen.

5.2.2 Dränleitung

Die Dränleitung muss alle erdberührten Wände erfassen. Bei Gebäuden ist sie möglichst als geschlossene Ringleitung (siehe Bild 2) zu planen.

Bei Verwendung von Kiessand, z. B. der Körnung 0/8 mm, Sieblinie A8 oder 0/32 mm, Sieblinie B32 nach DIN 1045, darf die Breite oder der Durchmesser der Wassereintrittsöffnungen der Rohre maximal 1,2 mm und die Wassereintrittsfläche mindestens 20 cm^2 je Meter Rohrlänge betragen. Bei Verwendung von gebrochenem Material muss die Eignung mit dem Rohrhersteller abgestimmt werden.

4 Kommentar zur DIN 4095

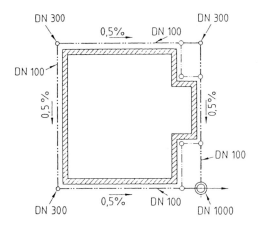

Bild 2 (Norm)
Beispiel einer Anordnung von Dränleitungen, Kontroll- und Reinigungseinrichtungen bei einer Ringdränung (Mindestabmessungen)

Die Dränleitung ist entlang der Außenfundamente anzuordnen. Die Auflagerung auf Fundamentvorsprüngen ist im Regelfall unzulässig. Bei unregelmäßigen Grundrissen ist ein größerer Abstand von den Streifenfundamenten zulässig, wenn die sickerfähige und filterfeste Verbindung zwischen senkrechter Dränschicht und Dränleitung sichergestellt ist. Die Rohrsohle ist am Hochpunkt mindestens 0,2 m unter Oberfläche Rohbodenplatte anzuordnen. In keinem Fall darf der Rohrscheitel die Oberfläche der Rohbodenplatte überschreiten. Der Rohrgraben darf nicht tiefer als die Fundamentsohle geführt werden; die Fundamente sind notfalls zu vertiefen oder der Rohrgraben ist außerhalb des Druckausbreitungsbereiches der Fundamente zu verlegen.

Spülrohre (mindestens DN 300) sollen bei Richtungswechsel der Dränleitung angeordnet werden. Der Abstand der Spülrohre soll höchstens 50 m betragen.

Für Kontrollzwecke dürfen anstelle der Spülrohre auch Kontrollrohre mit mindestens DN 100 angeordnet werden. Der Übergabeschacht soll mindestens DN 1000 betragen.

5.2.3 Ausführungsbeispiele

Mögliche Ausführungen von Dränanlagen vor Wänden sind in den Bildern 3 und 4 dargestellt. Andere Kombinationen von flächigen Dränschichten, Dränleitungen und filterfesten Umhüllungen der Dränleitungen sind möglich.

Kommentar zu 5.2:

Dränleitungen sollten nach meiner Erfahrung aus starren Rohren, am besten mit geschlossener Sohle, bestehen. Diese lassen sich besser verlegen, besser kontrollieren und besser spülen. Formstücke sind lieferbar. Eine Auflagerung auf einer Betonsohle ist möglich, aber nicht zwingend erforderlich. Für nicht zweckmäßig halte ich die Auflagerung auf

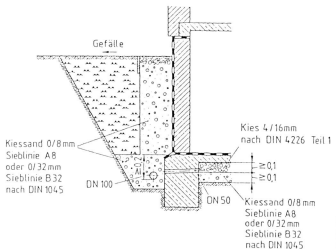

Bild 3 (Norm)
Beispiel einer Dränanlage mit mineralischer Dränschicht

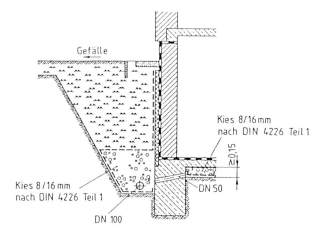

Bild 4 (Norm)
Beispiel einer Dränanlage mit Dränelementen

15 cm Kiessand gemäß Bild 3 der Norm. Das abzuleitende Schicht- und Stauwasser wird in der Kiessandschicht stehen, wie viele Aufgrabungen bestätigten. Eine Auflagerung, zumal der starren Rohre, auf einer dünnen Ausgleichsschicht ist sinnvoll.

Auch wäre in Bild 3 eine obere Versiegelung mit bindigem Bodenmaterial sinnvoll, damit nicht unnötig viel Oberflächenwasser in die Dränleitung gelangt.

Das Gefälle von 0,5% ist aus meiner Sicht im Regelfall nicht unbedingt erforderlich. Die horizontal verlegten Rohre müssen dabei nur so tief gelegt werden, dass der hydrostatische Rückstau am Hochpunkt unter der Oberfläche der Rohfußbodenplatte liegt. Spül- und Kontrollrohre sind nach sinnvoller Planung anzuordnen und nicht unbedingt nach jedem Richtungswechsel. Bei gegliederter Bauweise könnte diese Forderung zu unsinnig kurzen Abständen führen.

Bei Verwendung mineralischer Dränschichten, z. B. Kiessand 0/8 mm, Sieblinie A8 oder 0/32 mm, Sieblinie B32 nach DIN 1045, sollte der enthaltene Feinstkornanteil abgesiebt werden.

5.3 Dränanlagen auf Decken

5.3.1 Dränschicht

Die Dränschicht muss alle Decken und angrenzenden erdberührten Flächen (z. B. Brüstungen, aufgehende Wände) vollflächig bedecken; durch ihre Filterschicht ist sie gegen Einschlämmen von Bodenteilchen zu sichern. Bei Geotextilien muss die Stoßüberdeckung mindestens 0,1 m betragen.

5.3.2 Deckeneinläufe

Das aus der Dränschicht anfallende Wasser muss rückstaufrei abgeleitet werden. Für Anzahl und Durchmesser der Deckeneinläufe gelten DIN 1986-2 und DIN 18460. Zur Überprüfung und Wartung müssen Deckeneinläufe von oben zugänglich sein.

5.3.3 Dränleitungen

Dränleitungen sind nur vorzusehen, wenn bei Anwendung von Dacheinläufen ein kurzzeitiger Anstau des Wassers über die Dränschicht hinaus eintreten würde. Der Scheitel der Dränrohre soll dabei nicht über die Oberfläche der Sickerschicht herausragen. Bei dünnen Sickerschichten sind die Dränleitungen in vertieften Rinnen zu verlegen, zu denen die Deckenflächen mindestens 3% Gefälle haben müssen. Sammelleitungen sollen ein Gefälle von mindestens 0,5% besitzen. Zuleitungen zu ihnen dürfen gefällelos verlegt werden.

5.4 Dränanlage unter Bodenplatten

Die Dränmaßnahmen sind abhängig von der Größe der bebauten Fläche. Bei Flächen bis 200 m^2 darf eine Flächendränschicht ohne Dränleitungen zur Ausführung kommen. Die Entwässerung muss sichergestellt sein, z. B. durch Durchbrüche in den Streifenfundamenten mit ausreichendem Querschnitt (mindestens DN 50) und Gefälle zur äußeren Dränleitung.

Anmerkung 1: Mischfilter, z. B. Sieblinie A8 bzw. Sieblinie B32 nach DIN 1045, sind als Dränschicht allein unter Bodenplatten nicht zu empfehlen, da der Durchlässigkeitsbeiwert nur bei 10^{-4} m/s liegt.

Bei Flächen über 200 m^2 ist ein Flächendrän zu planen, der über Dränleitungen entwässert wird. Der Abstand der Leitungen untereinander ist zu bemessen. Kontrolleinrichtungen sind erforderlichenfalls anzuordnen.

Anmerkung 2: In Sonderfällen, bei sehr schwach bzw. schwach durchlässigem Untergrund, kann der Flächendrän entfallen.

Kommentar zu 5.4:

Auf eine genügende Anzahl von Fundamentdurchbrüchen ist zu achten, damit kein Stau unter der Bodenplatte auftritt. Die Dränleitung muss so verlegt und dimensioniert werden, dass ein Rückstau in den Flächendrän verhindert wird.

Bei Verwendung der aufgeführten Mischfilter unter Bodenplatten ist besonders der Feinkornanteil kritisch zu betrachten. Bei Verdichtung und einem Feinkornanteil nach DIN 1045 sinkt der Durchlässigkeitsbeiwert z. B. des B32 unter 10^{-4} m/s. Zudem beträgt die kapillare Steighöhe ca. 0,45 m, d.h. diese Dränschicht wirkt nicht mehr kapillarbrechend nach DIN 18195-4 und nicht mehr als Flächendrän nach DIN 18195-5 [A9]. Die Einsprüche zum Normentwurf DIN 4095 (1987) waren deshalb berechtigt. Deshalb auch die Änderung des Bildes 3 und die Anmerkung bei Abschnitt 5.4 der DIN 4095.

Herkunft	Mischung	k [m/s]	h_{ka} [cm]	d [t/m³]
Hütten 0/8	12,3%: 0/2 Felds. 70,2%: 0/2 gew. 17,5%: 2/8	$1,5 \cdot 10^{-4}$	21,0	1,77
Hütten 0/32	38,0%: 0/2 gew. 8,6%: 2/8 21,4%: 8/16 32,0%: 16/32	$2,2 \cdot 10^{-4}$	19,0	1,98
Grub 0/8	38,0%: 0/2 62,0%: 2/8	$1,6 \cdot 10^{-4}$	20,0	1,91
Grub 0/32	40,0%: 0/2 20,0%: 2/8 20,0%: 8/16 20,0%: 16/32	$2,3 \cdot 10^{-4}$	18,0	1,99
Eltmann 0/8	36,0%: 0/2 64,0%: 2/8	$2,8 \cdot 10^{-4}$	14,0	1,95
Eltmann 0/32	40,0%: 0/2 20,0%: 2/8 40,0%: 16/32	$1,7 \cdot 10^{-4}$	16,0	2,01
Deggendorf 0/8	40,0%: 0/4 60,0%: 4/8	$1,5 \cdot 10^{-4}$	38,0	2,00
Deggendorf 0/32	100%	$3,4 \cdot 10^{-5}$	36,0	2,09

Bild 5 (Kommentar)
Zusammenstellung von Durchlässigkeitsbeiwerten *k* und kapillarer Steighöhe h_{ka} für Böden A8 und B32

Das Grundbauinstitut der LGA hat aufgrund der Einsprüche zum Entwurf der DIN 4095 (1987) umfangreiche eigene Laborversuche durchgeführt. Dabei wurden aus verschiedenen Kieswerken Bayerns die lieferbaren Körnungen 0/8 und 0/32 untersucht. Es wurden die Durchlässigkeitsbeiwerte k bei verschiedenen Lagerungsdichten ermittelt. Das verwendete Wasser war dabei einmal belüftet und einmal entlüftet, um diesen Einfluss zu erkunden.

Außerdem wurde die kapillare Steighöhe h_{ka} bestimmt. In Bild 5 (Kommentar) sind die Versuchsergebnisse tabellarisch zusammengestellt. Diese Mischfilter wurden mit der einfachen Proctordichte eingebaut, und es wurde entlüftetes Wasser zur Bestimmung der k-Werte benutzt. Es wird deutlich, dass die k-Werte bei 1,5 bis $2,8 \times 10^{-4}$ m/s liegen. Bei belüftetem Wasser kann dieser Wert unter 10^{-4} m/s absinken.

Für den Anwender wird in Bild 6 (Kommentar) noch für die beiden Mischfilter A8 und B32 der Bodenbereich dargestellt, für diese filterstabil sind.

Ein wesentlicher Einspruch gegen die Mischfilter als Flächendrän unter Bodenplatten war die kapillare Steighöhe. Die eigenen Versuche bestätigten, dass diese bei den Körnungen A8 und B32 zwischen 15 und 38 cm liegt.

Die Anordnung von Dränleitungen unter Bodenplatten wird bei größeren Flächen erforderlich werden, wenn aufsteigendes Grundwasser abgeleitet werden muss.

Ein weiterer Sonderfall liegt bei sehr schwach bzw. schwach durchlässigem Untergrund und tiefer liegendem Grundwasserspiegel vor, d. h. der höchste mögliche Grundwasserspiegel muss unterhalb der Bodenplatte liegen. Nach meiner bisherigen Erfahrung kann dann der horizontale Flächendrän entfallen. Abdichtungen gegen aufsteigende Feuchtigkeit bzw. die Ausführung der Bodenplatte aus wasserundurchlässigem Beton sind selbstverständlich einzuplanen.

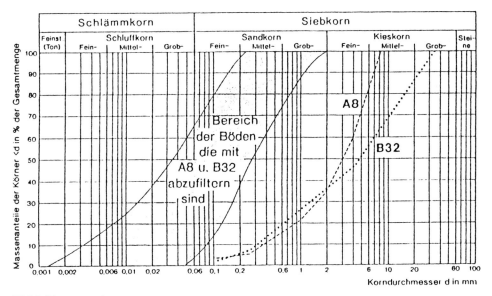

Bild 6 (Kommentar)
Filterstabilität bei Sieblinien A8 und B32

5.5 Vorflut

Voraussetzung für eine wirksame Dränung ist eine ausreichende Vorflut unter Berücksichtigung auch des höchsten Wasserstandes im Vorfluter. Es ist anzustreben, einen Anschluss in freiem Gefälle an einen offenen Vorfluter oder Regenwasserkanal zu schaffen, also möglichst ohne Pumpen auszukommen. Sind Pumpen notwendig, ist eine regelmäßige Wartung erforderlich.

Die Ableitung ist, falls notwendig, durch eine geeignete Vorrichtung, z. B. Rückstauklappe, gegen Stau aus dem Vorfluter zu sichern. Die Stausicherung muss zugänglich sein und gewartet werden. Das Wasser kann auch in einen wasseraufnahmefähigen Untergrund, beispielsweise über einen Sickerschacht, versickert werden (siehe Abschnitt 3.4).

Kommentar zu 5.5:

Eine ausreichende Vorflut ist die Voraussetzung für eine Dränanlage.

Die sicherste Ableitung erfolgt im freien Gefälle zu einem rückstaufreien Vorfluter. Die Voraussetzungen sind in den seltensten Fällen gegeben, deshalb wurden auch noch andere Möglichkeiten erwähnt.

Da der Anschluss an das Mischsystem nach den Abwassersatzungen verboten ist, darf nur an die Regenwasserkanalisation angeschlossen werden. Da die Regenwasserkanäle jedoch häufig zurückstauen, muss eine einwandfrei funktionierende Rückstausicherung angeordnet werden, die ständig gewartet werden muss. Auf diese Gefahren muss der Bauherr bei

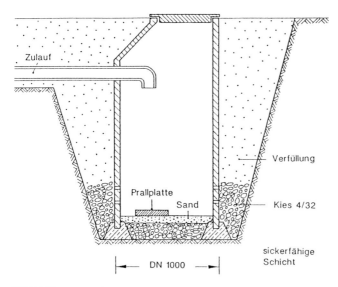

Bild 7 (Kommentar)
Beispiel eines Sickerschachtes für geringe Abflüsse

der Planung hingewiesen werden, damit er eventuell einer Wannenabdichtung den Vorzug gibt. Bei der Möglichkeit, das Dränwasser zu heben, muss die Hebeanlage ständig funktionieren, d.h. es muss für Stromausfall ein Notstromaggregat vorgehalten werden. Die Pumpe muss gewartet und eventuell eine Reservepumpe vorgehalten werden. Die Betriebskosten sind einzukalkulieren.

In Ausnahmefällen besteht auch die Möglichkeit der Versickerung. Dabei muss das anfallende Dränwasser in tieferen durchlässigen Schichten aufgenommen werden können. Da Schicht- und Stauwasser sich in bindigen Böden bildet, welche nahezu undurchlässig sind, wird auch die Versickerung problematisch. Bild 7 (Kommentar) zeigt einen Sickerschacht. Die Bemessung dieser Sickerschächte ist nach dem ATV-Arbeitsblatt A138 [A109] möglich. In der Literatur wird fälschlicherweise der Sickerschacht mit Kies verfüllt. Dies führt zu einer wesentlichen Verringerung des Stauraumes.

Tabelle 4 (Norm)
Angaben über Bauteile und Zeichen

Bauteil	Art	Zeichen
Filterschicht	Sand	
	Geotextil	
Sickerschicht	Kies	
	Einzelelement (z.B. Dränstein, -platte)	
Dränschicht	Kiessand	
	Verbundelement (z.B. Dränmatte)	
Trennschicht	z.B. Folie	
Abdichtung	z.B. Anstrich, Bahn	
Dränleitung	Rohr	
Spülrohr, Kontrollrohr	Rohr	
Spülschacht, Kontrollschacht, Übergabeschacht	Fertigteil	

5.6 Darstellung der Dränanlage

In den Bauplänen sind die Bauteile der Dränanlage darzustellen, siehe Bilder 2 bis 4 des Kommmentars. Die Bauteile sind mit den Sinnbildern nach Tabelle 4 darzustellen. Dabei sind Angaben über Lage, Art der Baustoffe, Dicke, Flächengewicht, Maße und Sohlenhöhen zu machen.

Kommentar zu 5.6:

Die Dränanlage ist in allen Details in der Ausschreibung aufzunehmen. Hierzu gibt das Standardleistungsbuch für das Bauwesen (LB 010 Dränarbeiten, Ausgabe Juli 1985) Hinweise. Planung, Ausschreibung und die spätere Bauüberwachung sind Leistungen des Architekten oder des eventuell beauftragten Sonderfachmannes.

6 Bemessung

6.1 Allgemeines

Je nach Wasseranfall und örtlichen Verhältnissen darf die Bemessung als Regelausführung (Regelfall) oder als Einzelnachweis (Sonderfall) durchgeführt werden.

Bei verformbaren Dränschichten sind für den Nachweis des Abflusses und der Wasseraufnahme die Dicke und der Durchlässigkeitsbeiwert des Dränelementes zugrunde zu legen, die sich unter Beachtung des Zeitstandverhaltens für eine Belastungszeit von 50 Jahren ergeben wird. Diese Werte sind in Abhängigkeit von der Druckbelastung anzugeben.

Kommentar zu 6.1:

Ausführlich wurde bereits auf die schwierige Ermittlung des Wasseranfalls in Abschnitt 3.5 des Kommentars hingewiesen.

Muth (1988) [A211] hat das Zeitstandverhalten von vielen Dränelementen untersucht. Da diese Materialkennwerte von Kunststoffen, im Gegensatz zu mineralischen Baustoffen, nicht konstant sind, sondern sich in Abhängigkeit von Belastung und Zeit ändern, sind hier vom Hersteller besondere Untersuchungen notwendig. Um die Dicke solcher Dränelemente nach 50 Jahren zu erhalten, wurden Kurzzeitversuche extrapoliert. Die Dicke muss wiederum bekannt sein, um die Abflussleistung, d. h. die Wirksamkeit dieser Dränelemente, zu bestimmen.

6.2 Regelfall

Liegt nach Abschnitt 4.2 ein Regelfall vor, ist für den Wasserabfluss bei nichtmineralischen verformbaren Dränelementen mit der Abflussspende q' vor Wänden bzw. q auf Decken oder unter Bodenplatten nach den Werten nach Tabelle 5 zu rechnen.

4 Kommentar zur DIN 4095

Tabelle 5 (Norm)
Abflussspende zur Bemessung nichtmineralischer, verformbarer Dränelemente

Lage	Abflussspende
vor Wänden	0,30 l/(s·m)
auf Decken	0,03 l/(s·m^2)
unter Bodenplatten	0,005 l/(s·m^2)

Tabelle 6 (Norm)
Beispiel für die Ausführung und Dicke der Dränschicht mineralischer Baustoffe für den Regelfall

Lage	Baustoff	Dicke in m (min.)
vor Wänden	Kiessand, z.B. Körnung 0/8 mm (Sieblinie A8 oder 0/32 mm, Sieblinie B32 nach DIN 1045)	0,50
	Filterschicht, z.B. Körnung 0/4 mm (0/4a nach DIN 4226 Teil 1) und Sickerschicht, z.B. Körnung 4/16 mm (nach DIN 4226 Teil 1)	0,10 / 0,20
	Kies, z.B. Körnung 8/16 mm (nach DIN 4226 Teil 1) und Geotextil	0,20
auf Decken	Kies, z.B. Körnung 8/16 mm (nach DIN 4226 Teil 1) und Geotextil	0,15
unter Bodenplatten	Filterschicht, z.B. Körnung 0/4 mm (0/4a nach DIN 4226 Teil 1)	0,10
	und Sickerschicht, z.B. Körnung 4/16 mm (nach DIN 4226 Teil 1)	0,10
	Kies, z.B. Körnung 8/16 mm (nach DIN 4226 Teil 1) und Geotextil	0,15
um Dränrohre	Kiessand, z.B. Körnung 0/8 mm (Sieblinie A8) oder 0/32 mm, (Sieblinie B32) nach DIN 1045	0,15
	Sickerschicht, z.B. Körnung 4/16 mm (nach DIN 4226 Teil 1) und Filterschicht, z.B. Körnung 0/4 mm (0/4a nach DIN 4226 Teil 1)	0,15 / 0,10
	Kies, z.B. Körnung 8/16 mm (nach DIN 4226 Teil 1) und Geotextil	0,10

Tabelle 7 (Norm)
Richtwerte für Dränleitungen und Kontrolleinrichtungen im Regelfall

Bauteil	Richtwert (min.)
Dränleitung	Nennweite DN 100 Gefälle 0,5%
Kontrollrohr	Nennweite DN 100
Spülrohr	Nennweite DN 300
Übergabeschacht	Nennweite DN 1000

Für die Dränschicht aus mineralischen Baustoffen ergeben sich für den Regelfall die Beispiele für die Ausführungen nach Tabelle 6.

Für Dränsteine aus haufwerksporigem Beton muss der Durchlässigkeitsbeiwert mindestens 4×10^{-3} m/s betragen.

Richtwerte für Dränleitungen und Kontrolleinrichtungen im Regelfall enthält Tabelle 7.

Kommentar zu 6.2:

Für die Bemessung nichtmineralischer, verformbarer Dränelemente kann die Abflussspende gemäß Tabelle 5 zugrunde gelegt werden. Diese Werte sind verhältnismäßig hoch, sie wurden aber im Hinblick auf die geringe Erfahrung und das nicht bekannte Zeitstandverhalten so gewählt. Dadurch ist eine ausreichende Sicherheit für die Bemessung der Dränelemente vorhanden. Der tatsächliche Wasseranfall ist wesentlich geringer, wie die Messungen von Hilmer u. a. (1990 [A213]) gezeigt haben. Dies ist bei Wasserrechtsverfahren, bei der Bemessung von Versickerungsanlagen etc. zu berücksichtigen.

Für mineralische Baustoffe gibt Tabelle 6 Ausführungsbeispiele. Dabei sei darauf hingewiesen, dass anstatt Kies 8/16 mm auch 4/8 mm sehr gut geeignet ist und sich unter Bodenplatten besser einbauen lässt. Auch sind geeignete Splittmischungen nach Absprache mit dem Rohrhersteller zulässig. Vorsicht ist nur bei Kalkschotter und aggressivem Wasser geboten.

6.3 Sonderfall

6.3.1 Abflussspende

Die Abflussspende für die Bemessung der flächigen Dränelemente darf nach den Tabellen 8 bis 10 geschätzt werden. Der entsprechende Bereich ist nach Bodenart und Bodenwasser bzw. Überdeckung festzulegen.

Tabelle 8 (Norm)
Abflussspende vor Wänden

Bereich	Bodenart und Bodenwasser Beispiel	Abflussspende q in $l/(s \cdot m)$
gering	sehr schwach durchlässige Böden [1] ohne Stauwasser kein Oberflächenwasser	unter 0,05
mittel	schwach durchlässige Böden [1] mit Sickerwasser kein Oberflächenwasser	von 0,05 bis 0,10
groß	Böden mit Schichtwasser oder Stauwasser wenig Oberflächenwasser	über 0,10 bis 0,30

[1] siehe DIN 18130-1

Tabelle 9 (Norm)
Abflussspende auf Decken

Bereich	Überdeckung Beispiel	Abflussspende q in $l/(s \cdot m^2)$
gering	unverbesserte Vegetationsschichten (Böden)	unter 0,01
mittel	verbesserte Vegetationsschichten (Substrate)	von 0,01 bis 0,02
groß	bekieste Flächen	über 0,02 bis 0,03

Tabelle 10 (Norm)
Abflusspenden unter Bodenplatten

Bereich	Bodenart Beispiel	Abflussspende q in $l/(s \cdot m^2)$
gering	sehr schwach durchlässige Böden [1]	unter 0,001
mittel	schwach durchlässige Böden [1]	von 0,001 bis 0,005
groß	durchlässige Böden [1]	über 0,005 bis 0,010

[1] siehe DIN 18130-1

6.3.2 Sickerschicht

Die Abflussspende q in $l/(s \cdot m)$ in der Sickerschicht ergibt sich aus der Dicke d der Schicht, ihrem Durchlässigkeitsbeiwert k und dem hydraulischen Gefälle i zu:

$$q = k \cdot i \cdot d$$

Für die Bemessung vor der Wand ist das hydraulische Gefälle zu $i=1$ anzusetzen, bei Decken ist das Deckengefälle maßgebend.

6.3.3 Dränleitung

Die erforderliche Nennweite für Dränleitungen mit runder Querschnittsform und einer Betriebsrauheit $k_b = 2$ mm darf z. B. nach Bild 5 ermittelt werden. Die Geschwindigkeit im Dränrohr bei Vollfüllung soll $v = 0,25$ m/s nicht unterschreiten.

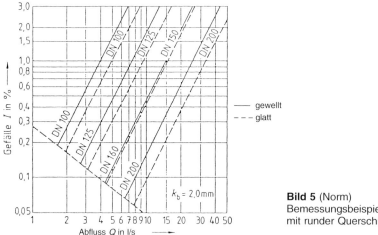

Bild 5 (Norm)
Bemessungsbeispiele für Dränleitungen mit runder Querschnittsform

6.3.4 Deckeneinläufe

Die Anzahl der Deckeneinläufe je Deckenfeld und deren Bemessung richten sich nach DIN 1986, Teil 2, mit einem Abflussbeiwert von 1,0.

6.3.5 Sickerschacht

Die Durchlässigkeit des anstehenden sickerfähigen Bodens ist in der Regel zu ermitteln. Bei größerem Wasseranfall ist der Sickerschacht mit einem ausreichenden Speicherraum zu planen.

Kommentar zu 6.3:

Für die Bemessung flächiger, verformbarer Dränelemente (z. B. Dränmatten) können die Tabellen 8 bis 10 angewendet werden. Sie gelten nicht für die Bemessung z. B. der Rohrleitungen oder Sickerschächte, da die Tabellen hierfür erfahrungsgemäß zu hohe Abflussspenden liefern.

7 Baustoffe

Die Eignung der Baustoffe muss nachgewiesen werden. Soweit DIN-Normen und Güterichtlinien vorhanden sind, müssen die Baustoffe diesen entsprechen. Beispiele für Baustoffe sind in Tabelle 11 festgelegt.

Tabelle 11 (Norm)
Beispiele von Baustoffen für Dränelemente

Bauteil	Art	Baustoff
Filterschicht	Schüttung	Mineralstoffe (Sand und Kiessand)
	Geotextilien	Filtervlies (z. B. Spinnvlies)
Sickerschicht	Schüttung	Mineralstoffe (Kiessand und Kies)
	Einzelelemente	Dränsteine (z. B. aus haufwerksporigem Beton) Dränplatten (z. B. aus Schaumkunststoff) Geotextilien (z. B. aus Spinnvlies)
Dränschicht	Schüttungen	Kornabgestufte Mineralstoffe Mineralstoffgemische (Kiessand, z. B. Körnung 0/8 mm, Sieblinie A8 nach DIN 1045 oder Körnung 0/32 mm, Sieblinie B32 nach DIN 1045)
	Einzelelemente	Dränsteine (z. B. aus haufwerksporigem Beton, ggf. ohne Filtervlies) Dränplatten (z. B. aus Schaumkunststoff, ggf. ohne Filtervlies)
	Verbundelemente	Dränmatten aus Kunststoff (z. B. aus Höckerprofilen mit Spinnvlies, Wirrgelege mit Nadelvlies, Gitterstrukturen mit Spinnvlies)
Dränrohr	gewellt oder glatt	Beton, Faserzement, Kunststoff, Steinzeug, Ton mit Muffen
	gelocht oder geschlitzt	allseitig (Vollsickerrohr) seitlich und oben (Teilsickerrohr)
	mit Filtereigenschaften	Kunststoffrohre mit Ummantelung Rohre aus haufwerksporigem Beton

Wirksame Öffnungsweite < 0,10 mm
Naue SECUTEX 351-4; Polyfelt TS 700; Hoechst TREVIRA SPUNBOND 13/150, 11/360; Rhone-Poulenc BIDIM B3, B4; Heidelberger Vlies HV 7220
Wirksame Öffnungsweite $0,10 \leq D_w \leq 0,12$ mm
Naue SECUTEX 151-1; Polyfelt TS 500, TS 600; Hoechst TREVIRA SPUNBOND 11/300; Rhone-Poulenc BIDIM B1
Wirksame Öffnungsweite $D_w \geq 0,13$ mm
Polyfelt TS 22; Hoechst TREVIRA SPUNBOND 11/180; Rhone-Poulenc BIDIM B2; Heidelberger Vlies HV 7270

Bild 8 (Kommentar)
Beispiele für Ausführungen von Geotextilien

Kommentar zu 7:

In der Tabelle 11 sind nur Beispiele aufgeführt. Neue geeignete Baustoffe sind zulässig, deren Eignung muss durch Prüfung nachgewiesen werden. Da in der Praxis der Wunsch geäußert wurde, einige Geotextilien aufzuführen, werden ohne Wertung und ohne Anspruch auf Vollständigkeit in Bild 8 (Kommentar) einige Beispiele genannt.

Eine Auswahl der wichtigsten Prüfungen ist in der DVWK-Schrift 76 (1986) „Anwendung und Prüfung von Kunststoffen im Erdbau und Wasserbau" enthalten [A105].

Anhand von Körnungslinien des anstehenden Bodens kann die wirksame Öffnungsweite D_w des Geotextils ermittelt werden. Außerdem sollte die mechanische Mindestfestigkeit gefordert werden, d.h. Klasse 1.

8 Bauausführung

8.1 Dränleitungen

Vor dem Verlegen von Dränleitungen ist ein stabiles Rohrleitungsplanum im vorgesehenen Gefälle herzustellen. Für Rinnensteine ist ein Betonauflager notwendig. Die Dränleitungen werden in der Regel, am Tiefpunkt beginnend, geradlinig zwischen den Kontrolleinrichtungen verlegt. Auf Decken beginnt die Verlegung in den Tiefpunkten unmittelbar auf der Abdichtung oder deren Schutzschicht. Die Überwachung und Reinigung der gesamten Dränleitung muss möglich sein. Daher sind bei stumpfen Stößen und Einmündungen Muffen oder Kupplungen zu verwenden. Die Dränleitungen sind gegen Lageveränderung zu sichern, z.B. durch gleichzeitigen beiderseitigen Einbau der Sickerschicht. Die erste Lage bis 15 cm über Rohrscheitel ist leicht zu verdichten. Darüber darf ein Verdichtungsgerät eingesetzt werden.

Kommentar zu 8.1:

Die Dränanlagen sollten nur von geschultem Personal ausgeführt werden. Die Rohre sind in einem Graben gemäß den Arbeitsschutzbestimmungen zu verlegen. Schluffe bzw. schluffige Sande sind besonders wasserempfindlich und sollten deshalb in der Grabensohle sofort nach Freilegung durch Folien oder Magerbeton geschützt werden. Die Gräben sind nach dem Verlegen sofort zu verfüllen. Es ist besonders darauf zu achten, dass im Arbeitsraum kein Bauschutt oder Restbeton abgelagert wird (siehe auch Abschnitt 8.4).

8.2 Sickerschicht

8.2.1 Allgemeines

Der Einbau der Sickerschicht ist vollflächig mit staufreiem Anschluss an die Dränleitung durchzuführen. Die Abdichtung darf nicht beschädigt werden.

8.2.2 Vor Wänden

Mineralstoffgemische (Sand/Kies) werden vor Wänden entweder im gesamten Arbeitsraum oder nur in Teilbereichen eingebaut. Entmischungen dürfen beim Einbau nicht auftreten. Entsprechend den Anforderungen an die Oberfläche ist zu verdichten.

Dränsteine sind vor Wänden im Verband so zu verlegen, dass die Kammern lotrecht ineinander übergehen. Für Anschlüsse oder Aussparungen sind Formsteine zu verwenden. Dränsteine dürfen nur bis zu standsicherer Höhe errichtet werden. Bei größeren Wandhöhen muss abschnittsweise beigefüllt werden.

Dränplatten sind vor Wänden mit versetzten Fugen lückenlos zu verlegen und punktweise mit einem geeigneten Kleber zu befestigen.

Dränmatten werden vor Wänden stumpf gestoßen oder mit Überdeckung verlegt und sind entweder auf Dauer (z. B. durch Kleben) oder bis zum Abschluss der Baugrubenverfüllung (z. B. durch vorübergehende Befestigung oberhalb der Abdichtung) zu befestigen. Befestigungen durch die Abdichtung müssen gegen nichtdrückendes Wasser dicht sein.

Die Überlappungen der Geotextilien sind gegen Abheben zu sichern. Ein sattes Anliegen am Bauwerk muss sichergestellt sein, was besonders an Knickpunkten zu beachten ist (z. B. durch Beschweren des Fußpunktes).

8.2.3 Auf Decken

Mineralstoffe sind auf Decken in erforderlicher Dicke einzubauen und leicht zu verdichten. Dränplatten und Dränsteine werden mit versetzten Stoßfugen lückenlos verlegt. Dränmatten werden dicht gestoßen und die Vliesüberlappungen gegen Abheben gesichert (z. B. durch Verklammern).

Randaufkantungen sind wie aufgehende Wände zu behandeln. Ist ein Traufstreifen nicht möglich, ist eine Sicherung gegen Verschmutzung vorzusehen.

8.2.4 Unter Bodenplatten

Das Planum ist eben unter Bodenplatten auszubilden und vor Aufweichen zu schützen. Geotextilien sind vollflächig und überlappt zu verlegen. Mineralstoffe sind in erforderlicher Dicke einzubauen und leicht zu verdichten.

8.3 Filterschicht

Die Filterschicht ist vollflächig und lückenlos auf und um die Sickerschicht bzw. das Dränelement zu verlegen. Bei Verwendung von Mineralstoffen darf keine Entmischung eintreten.

Filtervliese sind an den Stößen mindestens 0,1 m zu überlappen und durch Verklammern oder Verkleben miteinander zu verbinden.

8.4 Verfüllung

Die Verfüllung der Baugrube ist entsprechend den Anforderungen zu wählen und zu verdichten. Sie ist nach Einbau des Dräns umgehend vorzunehmen.

8.5 Prüfung

Die Dränanlage muss gegen Verschiebung, Beschädigung und Verschlammung geschützt werden. Nach der endgültigen Verfüllung der Baugrube muss die Funktionsfähigkeit der Dränleitungen, beispielsweise durch Spiegelung, überprüft werden. Das Prüfergebnis ist in einem Protokoll niederzuschreiben.

Kommentar zu 8.5:

Hier schreibt z. B. die Vorschrift 107/86 der DDR [A104] einen Qualitätssicherungs- und Kontrollplan vor. Dabei werden 15 Prüfungen verlangt. Dies zeigt, wie wichtig hier die sorgfältige Ausführung einer Dränanlage bewertet wird. Die wichtigsten Prüfungen sind nach meiner Meinung:

– Lage der Dränleitungen
– Filterkiesdicke und -material
– Eignung des Geotextils

Heute ist es völlig unproblematisch, die verlegten Dränleitungen zu kontrollieren. Bild 9 (Kommentar) zeigt eine Weitwinkelkamera, die einen Durchmesser von nur 51 mm auf-

Bild 9 (Kommentar)
Fahrbare Kamera

weist und zur Beleuchtung mit 4×3 Infrarotdioden bestückt ist. Sie kann in einer so genannten Rohrführung mithilfe eines elastischen Glasfaserstabes bereits in Rohren DN 80 eingesetzt werden und Rohrbögen von 90° in Rohren DN 100 durchfahren. Für gerade Rohre DN 100 bzw. für größere Durchmesser stehen verschieden große, elektrisch angetriebene Rohrschlitten zur Verfügung. Die Videoaufzeichnungen können dem Bauherrn übergeben werden.

Bild 10 (Kommentar)
Verwurzelte Dränleitung

Schlussbetrachtung

Zwei wesentliche Punkte fehlen leider in der neuen DIN 4095 (Juni 1990): die Hinweise für die Wartung sowie mögliche Schäden durch Bepflanzung im Nahbereich der Dränleitungen. Es gibt viele Schadensbeispiele von verwurzelten Dränleitungen (Bild 10, Kommentar).

Bäume sollten deshalb im Allgemeinen mindestens 6–8 m von der Dränleitung entfernt sein, Sträucher sind im Abstand von mindestens 3 m zu pflanzen. Der Abstand wird als waagerechte Entfernung von Rohrachse zur Pflanzenmitte verstanden.

Für die Wartung sind folgende wesentliche Punkte zu nennen:

- Die Dränleitung ist einmal jährlich auf ihre Funktionsfähigkeit zu überprüfen.
- Die Leitungen sind, falls erforderlich, durch eine Rohrreinigungsfirma zu spülen.
- Rückstauventile sind regelmäßig zu warten.
- Bei Hebeanlagen sind die Wartungsvorschriften des Herstellers zu beachten.

Geokunststoffe *von Naue Fasertechnik*
Wirtschaftlich. Sicher. Umweltschonend.

Dichten im Hochbau mit Bentofix® und Carbofol®

Dränen im Hochbau mit Secudrän® WD und Secudrän® XX

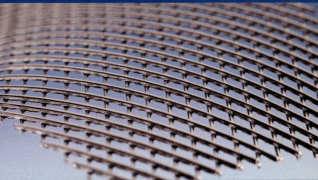

Konstruktiv
Komplett
Kompetent

NAUE FASERTECHNIK

Naue Fasertechnik
GmbH & Co. KG
Wartturmstraße 1
32312 Lübbecke
Telefon 0 57 41 / 40 08 - 0
Telefax 0 57 41 / 40 08 - 40
e-mail: info@naue.com
Internet: www.naue.com

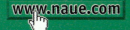

Informationen
über Bitumen
und seine Anwendungen
erteilt die

**ARBEITSGEMEINSCHAFT
DER BITUMEN-INDUSTRIE E.V.**

Steindamm 55, 20099 Hamburg
Telefon: (040) 2 80 29 39
Telefax: (040) 2 80 21 25
e-Mail: arbit@arbit.de
Internet: www.arbit.de

B   Bitumenabdichtungen

Karl-Friedrich Emig, Alfred Haack

1   Sohlen, Wände und Decken im Gründungsbereich

1.1   Allgemeines

Für die Abdichtung von Sohlen-, Wand- oder Deckenflächen können sowohl Bitumenabdichtungen (Bahnenabdichtungen, Beschichtungen) als auch kombinierte Kunststoff-Bitumenabdichtungen zum Einsatz kommen. Die Frage, welches Abdichtungssystem wann am günstigsten einzusetzen ist, hängt vorwiegend von der zu erwartenden mechanischen und/oder chemischen Beanspruchung ab. Die äußere Belastung durch den Wasserdruck ist hierfür nur sehr selten ausschlaggebend. Bei eventuellen schockartigen Bauwerksbeanspruchungen sollte aber grundsätzlich den kombinierten Kunststoff-Bitumenabdichtungen der Vorzug gegeben werden. Im Falle einer Beanspruchung der Abdichtung durch aggressives Grundwasser sind insbesondere kombinierte bitumenverklebte Abdichtungsaufbauten mit Kunststoff-Dichtungsbahnen oder Metallbändern z. B. aus Kupfer oder Edelstahl in die Überlegung einzubeziehen. Bei Gründungsarbeiten mit einer Druckluftwasserhaltung (Caissonarbeiten) erfordern die gasförmig beanspruchten Abdichtungen immer eine Metallbandeinlage.

Einzelheiten zu den Anforderungen an die bitumenverklebten Abdichtungen, ihre Anordnung und die generellen baulichen Erfordernisse sind in Abschnitt B1.2 zusammenfassend dargestellt.

Generell kann man davon ausgehen, dass sich die Kosten für eine mehrlagige Bitumenabdichtung je nach Schwierigkeitsgrad der Bauaufgabe auf 3 bis 5% der Rohbaukosten belaufen.

1.2   Anforderungen, Anordnung und bauliche Erfordernisse

1.2.1   Anforderungen

Um Abdichtungsschäden im Gründungsbereich zu vermeiden (Bild B1), müssen bestimmte Anforderungen erfüllt werden.

Eine Ausnahme bilden nur Abdichtungen gegen Bodenfeuchte, für die weder eine Schwindrissüberbrückung noch eine flächig zusammenhängende Abdichtungshaut vorgeschrieben ist. Daher kann diese Ausführungsart für den Gründungsbereich nur als bedingt anwendbar angesehen werden, insbesondere wenn die Abdichtung nur aus Anstrichstoffen besteht und in der Sohle nur eine kapillarbrechende Schicht angeordnet ist.

Bild B1
Abdichtungsschäden
a) Decken- und Wanddurchfeuchtung mit Korrosionsfolgeschäden im Bereich einer Kelleraußenwand
b) Wasser auf der Kellersohle infolge Wand- und Deckenundichtigkeit
c) Aussinterungen, Abplatzungen und Korrosionsschäden an einer Kellerdecke infolge Durchfeuchtung
d) Stalaktitenbildung unter einer Kellerdecke

1 Sohlen, Wände und Decken im Gründungsbereich 59

d)

Abdichtungen sollten die nachstehend stichwortartig aufgeführten Anforderungen erfüllen, wenn ein sicherer Schutz gegen Durchfeuchtung gegeben sein soll.

1. Sie sollen das zu schützende Bauteil vor dem Eindringen von Feuchtigkeit jeder Art sichern.

2. Sie müssen gegen natürliche und im Boden vorhandene oder durch Lösungen aus Beton oder Mörtel entstehende Wässer unempfindlich sein.

3. Sie dürfen durch Schwingungen, Temperaturänderungen oder Setzungen ihre Schutzwirkung nicht verlieren. Die hierfür erforderlichen Angaben sind dem Planer und Ausführenden der Abdichtungsarbeiten rechtzeitig von den Sonderfachleuten für Erd- und Grundbau sowie Statik zur Verfügung zu stellen.

4. Sie müssen widerstandsfähig sein gegen die zu erwartenden statischen und dynamischen Belastungen und Verformungen.

5. Eine ausreichende mechanische Festigkeit soll gegenüber allen zu erwartenden natur- oder nutzungsbedingten Temperaturen gegeben sein.

6. Sie müssen Risse in dem abzudichtenden Bauwerk, die durch Schwinden oder die bestimmungsgemäße Nutzung entstehen können, überbrücken. Zum Entstehungszeitpunkt darf der Riss aber nicht größer als 0,5 mm sein und im Bereich nichtdrückenden Wassers durch weitere Bewegungen die Breite von 2 mm und einen Versatz der Risskanten zueinander von 1 mm nicht überschreiten. Im Bereich drückenden Wassers darf die Rissbreite 5 mm annehmen und der Versatz der Risskanten zueinander bis auf 2 mm anwachsen.

7. Eine handwerklich gute Verarbeitung und Reparaturfähigkeit soll möglich sein.

8. Die Abdichtung muss sich den Bauwerksformen gut anpassen. Das Abdichtungsmaterial darf daher nicht zu steif sein.

9. Die Planung muss die Anforderungen aus der zum Zeitpunkt der Bauwerkserstellung vorgesehenen Nutzung und außerdem auch nahe liegende, eventuelle, spätere Veränderungen berücksichtigen. Denn einmal festgelegte und ausgeführte Abdichtungen können in entscheidenden Bereichen (Bodenflächen) gar nicht mehr und in den sonstigen Flächen nur mit sehr großem Aufwand verändert werden.

1.2.2 Anordnung

Eine nicht fachgerechte Abdichtungsanordnung führt zu Fehlstellen, z. B. durch Unter- oder Hinterläufigkeit von Abdichtungsenden, durch unzureichende Fugenausbildung oder Verstärkung sowie fehlende oder mangelhaft angeschlossene Flächenabdichtungen bei Durchdringungen.

Im Bereich von Bodenfeuchte muss infolge der nicht immer geschlossen umlaufenden Abdichtungen in allen Wänden mindestens eine waagerechte Abdichtung (Querschnittsabdichtung) angeordnet werden. Diese waagerechte Abdichtung kann entfallen, wenn die Außenabdichtung das Bauwerk ohne Unterbrechung umschließt und ausreichend hoch geführt wird (Bild B25). Die in der Normausgabe 1983 noch angegebene Höhenlage der unteren waagerechten Abdichtung von etwa 10 cm über Rohfußboden des Kellers war praxisfremd und ließ keine fachgerechten Anschlüsse für die Wand- und Fußbodenabdichtungen zu. Die Anordnung der Querschnittsabdichtung oberhalb der Fundamentfläche soll aufsteigende Feuchtigkeit während der Bauzeit weitgehend ausschließen und im Endzustand das Aufsteigen von Brauchwasser, z. B. in Waschküchen, verhindern. Da heute aber bei dem vorwiegenden Einsatz von Massivdecken der freie Zulauf von Regenwasser schon während der Bauzeit auf die Kellersohle weitgehend ausgeschlossen werden kann, sollte man zugunsten eines optimalen Endzustandes eine sichere Anschlussmöglichkeit für die Fußbodenabdichtung an die Außenabdichtung unmittelbar auf dem Streifenfundament schaffen.

Als Fußbodenabdichtung gegen Bodenfeuchte sind lose verlegte, teil- oder vollflächig verklebte Bitumen- oder Kunststoff-Dichtungsbahnen möglich. Ferner sind auch Gussasphaltschichten mit Mastixabdichtungen sowie kunststoffmodifizierte Bitumendickbeschichtungen und selbstklebende Bitumen- oder Elastomer-Dichtungsbahnen zugelassen. Für untergeordnete Zwecke, z. B. Garagen, wurden früher auch kapillarbrechende Schichten mit einem Durchlässigkeitsbeiwert $k \geq 10^{-4}$ m/s angeordnet. Bei nicht unterkellerten Gebäuden waren in solchen Fällen belüftete Zwischenräume unter den Fußböden als ausreichend angesehen worden.

Für die Abdichtung gegen nichtdrückendes und drückendes Wasser können Schäden nur dann ausgeschlossen werden, wenn bei der Anordnung der Abdichtung folgende zusätzliche Punkte berücksichtigt werden:

1. Die Abdichtung ist im Gründungsbereich in der Regel auf der dem Wasser zugekehrten Seite des Bauwerkes anzuordnen.

2. Sie muss den zu schützenden Baukörper vollflächig bedecken oder umschließen.

3. Die Wandabdichtung ist im Regelfall 15 cm über Geländeoberfläche als Spritzwasserschutz hochzuführen.

4. Im Grundwasserbereich ist bei stark durchlässigen Böden ($k > 10^{-4}$ m/s) die Abdichtung mindestens 30 cm über den langjährig ermittelten höchsten Grundwasserstand zu führen. Daran anschließend ist eine Ausführung gegen Bodenfeuchte oder nichtdrückendes Wasser zu wählen.

5. Im Grundwasserbereich ist bei wenig durchlässigen Böden ($k \leq 10^{-4}$ m/s) die Abdichtung bis zu einer Höhe von mindestens 30 cm über Gelände anzuordnen.

6. Abdichtungen aus nackten Bitumenbahnen R 500 N erfordern eine Einpressung von mindestens 0,01 MN/m² ohne Ansatz des Wasserdruckes. Alle sonstigen Bitumenbahnen oder kombinierten Abdichtungsaufbauten müssen mindestens eingebettet sein, d. h. in ihrer Lage sicher gehalten werden.

7. Aufkantungen an aufgehenden Bauteilen müssen bis mindestens 15 cm Höhe über die oberste Wasser führende Ebene, z. B. Belagsoberkante, reichen. Im Bereich von Türen oder bodenständigen Fenstern kann hiervon abgewichen werden, wenn durch besondere Maßnahmen die gleiche Schutzwirkung für das Bauwerk erzielt wird [B16].

8. Deckenabdichtungen sind bis mindestens 20 cm unter die Arbeitsfuge Decke–Wand hinunterzuführen. Der Abdichtungsabschluss ist gegen Unterläufigkeit zu sichern [B16].

9. Waagerechte und schwach geneigte Deckenflächen sind sowohl im Freien als auch unter Erdgleiche als hoch beanspruchte Flächen abzudichten [B16].

10. Bilden Dämmschichten die Unterlage für eine Abdichtung, so müssen diese ausreichend fest gelagert und druckfest sein. Nötigenfalls ist eine Dampfsperre anzuordnen.

1.2.3 Bauliche Erfordernisse

Abdichtungen aus Bitumenwerkstoffen oder Bitumenbahnen oder mit Bitumen verklebte Kunststoff-Dichtungsbahnen sind im weitesten Sinne als dehnfähig anzusehen. Ihre stofflichen Gegebenheiten bedingen allgemeine bauliche Erfordernisse bezüglich des Abdichtungsuntergrundes, des Bauwerkes und in Einzelfällen auch bestimmte konstruktive Maßnahmen, wenn im Gründungsbereich die Abdichtung auf Dauer funktionsfähig erhalten werden soll.

Im Bereich der Bodenfeuchte sind folgende Besonderheiten für die baulichen Erfordernisse gegeben. So dürfen im Wandbereich die waagerechten Auflagerflächen aus Mörtel der Mörtelgruppe II oder III nach DIN 1053 keine Unebenheiten aufweisen, damit die einlagigen Dichtungsbahnen nicht durchstoßen werden. Im Bereich von Schrägen, z. B. bei Hanglagen, sind die Auflagerflächen in den Wänden abzustufen oder abzutreppen.

Die senkrechten Wandflächen erfordern bei Deckaufstrichmitteln oder Spachtelmassen volle und bündig verfugte Mauerwerksflächen. Betonuntergründe müssen glatt sein und eine geschlossene Oberfläche aufweisen. Porige Untergründe sind, wie schon für Mauerwerk erwähnt, mit Mörtel der Mörtelgruppe II oder III zu ebnen und abzureiben.

Die Fußbodenflächen, sofern sie als Abdichtungsuntergrund dienen, müssen aus Beton oder standfestem Material hergestellt sein.

Für die Bereiche des nichtdrückenden und drückenden Wassers müssen die nachstehenden baulichen Erfordernisse eingehalten werden:

Bild B2
Unzureichender Abdichtungsuntergrund
a) Schlämpe
b) Zu große Grate und Absätze

1. Der Untergrund muss fest, eben und unverschieblich sein. Lose Teile sind vor dem Einbau zu entfernen (Bild B2a). Wärmedämmschichten, auf die die Abdichtung aufgebracht werden soll, dürfen sich nicht verschieben und müssen ausreichend stauch- und biegefest sein. Die Abdichtungsunterlage muss trocken sein. Nester, Grate (Bild B2b) und klaffende Risse sind vor dem Einbau zu beseitigen bzw. auszubessern [B16, B19, B22, B116].

2. Kehlen und Kanten in der Abdichtungsfläche sollten fluchtrecht ausgebildet werden und sind mit einem Radius von etwa 4 cm auszurunden oder mit einer Kantenlänge von 3 cm abzufasen [B16, B22, B116].

3. Müssen Druckkräfte auf die Abdichtungsebene aufgebracht werden, so ist konstruktiv dafür Sorge zu tragen, dass die Krafteinleitung rechtwinklig erfolgt. Der Abdichtungsaufbau, d. h. die Art der Einlagen und der Klebemassen, muss auf die aufzunehmende Flächenpressung abgestimmt sein, wie in der Arbeit von Braun, Metelmann, Thun und Vordermeier beschrieben [B202].

4. Die abzudichtenden Bauwerksflächen sollten möglichst wenige Vor- und Rücksprünge aufweisen. Das bedeutet, dass die erdberührten Flächen möglichst einfache Formen aufweisen.

5. In der Abdichtungsebene dürfen weder aus einzelnen Bauzuständen noch aus der späteren Nutzung oder aus einem im Gefälle angeordneten Baukörper planmäßige Kräfte wirken. Die Abdichtung ist in statischer Hinsicht als reibungslos anzusehen. Schubkräfte müssen daher konstruktiv, d.h. über Sporne, Nocken, Widerlager oder Telleranker, abgetragen werden [B205, B206].

6. Bei sprunghafter Änderung der senkrecht auf die Abdichtung wirkenden Flächenpressungen ist eine belastungsbedingte Rissbildung in den angrenzenden Bauteilen durch konstruktive Maßnahmen auszuschließen [B205, B206].

7. Gegen die fertig gestellte Abdichtung muss generell hohlraumfrei gemauert oder betoniert werden. Dies gilt besonders für das luftseitig angrenzende Bauteil, weil es zugleich als Stützebene für die mit Wasserdruck beaufschlagte Abdichtung dient [B16, B22, B205].

8. Beim Mauern sollte in keinem Fall eine Quetschfuge ausgeführt werden, denn es besteht die Gefahr, dass zahlreiche scharfkantig begrenzte Hohlräume in der Mörtelschicht verbleiben (Bild B3). Diese Mörtelfuge soll 4 cm dick und schichtweise mit Mörtel der Mörtelgruppe II hohlraumfrei verfüllt werden [B16] (Bild B98).

9. Wird gegen die Abdichtung betoniert, muss eine Nesterbildung verhindert werden. Hierfür ist zwischen dem nächstliegenden Bewehrungsstab (beispielsweise auch Verteiler) und der Abdichtung mindestens ein Abstand von 5 cm vorzusehen [B16]. In den Bereichen, in denen gegen die Abdichtung betoniert wird, empfiehlt es sich, die Verteilereisen innenliegend anzuordnen. Der Abstand der einzelnen Bewehrungsstäbe vor der Abdichtung sollte mindestens dem 1,5fachen Größtkorndurchmesser des Betons entsprechen. Bei zu geringem Abstand besteht die Gefahr von ausgedehnter Nesterbildung (Bild B95).

10. Muss bei einer Abdichtung auf einer Abdichtungsrücklage (Kapitel L), die im Endzustand den Erddruck abnimmt, z. B. Schlitzwände oder andere im Boden verbleibende Baugrubenwände bei fehlendem Arbeitsraum (Kapitel L), mit Schwind- und/oder Setzungsbewegungen des Bauwerkes gerechnet werden, ist eine Sollbruchfuge (Kapitel L) anzuordnen. Die konstruktive Ausbildung wird durch die Bewegungsgrößen bestimmt und ist in Abschnitt B1.5.11 gesondert behandelt [B113, B116, B206, B212, B215].

11. Ein unbeabsichtigtes Ablösen der Abdichtung von ihrer Unterlage ist durch konstruktive Maßnahmen auszuschließen. Ein solcher Vorgang ist gleichbedeutend mit dem Wegfall der Einpressung bzw. der hohlraumfreien Einbettung und bringt daher erhebliche Gefahren für die Abdichtung [B16].

Bild B3
Unzureichende Einbettung einer Bitumenabdichtung infolge Ausbildung einer Quetschfuge beim Schutzmauerwerk

12. Für eine dauernd wirksame Abführung des Wassers, insbesondere auf nahezu waagerechten Abdichtungsflächen, ist durch die Anordnung eines ausreichenden Gefälles zwischen 1 und 2% zu sorgen. Die Größenordnung des Gefälles ist abhängig von den Bautoleranzen der Abdichtungsunterlage [B16].

13. Entwässerungsabläufe müssen sowohl die Oberfläche des Bauwerks als auch die Oberfläche der Schutz- und Nutzschichten sicher erfassen und dem Wasser einen dauerhaft wirksamen Abfluss gewähren. Insbesondere im Gründungsbereich können in Einzelfällen daher Abläufe mit Anschlussflächen in mehreren Ebenen erforderlich werden [B16].

14. Bei Verwendung von Fertigteilplatten müssen die Fugen – sofern es sich nicht um Gebäudefugen handelt – kraftschlüssig mit Mörtel gefüllt werden. Siehe hierzu DIN 1045, Abs. 19.7.4 u. ff [B1]. Über den Fertigteilplattenfugen ist ein Schleppstreifen von mindestens 100 mm Breite anzuordnen.

Die weitergehenden baulichen Erfordernisse, die sich durch die Anordnung von Fugen im Gründungsbereich und von Durchdringungen sowie bei Schutzschichten ergeben, werden in gesonderten Abschnitten behandelt.

1.3 Stoffe und Verarbeitung

Bitumenabdichtungen gegen nichtdrückendes (Bodenfeuchte und nichtstauendes Sickerwasser) und drückendes Wasser bestehen aus Dichtungsbahnen oder Trägereinlagen wie nackte Bitumenbahnen oder Metallbänder*. In DIN 18195-2 (Stoffe) [B16] werden die

---

* In Kapitel L dieses Buches werden die verschiedenen Dichtungsbahnen und Klebemassen näher erläutert.

1 Sohlen, Wände und Decken im Gründungsbereich

wesentlichen Kennwerte genannt. Darüber hinaus hat Braun in übersichtlicher und leicht verständlicher Weise in seiner anwendungsbezogenen Baustoffkunde für Dach- und Bauwerksabdichtungen „Bitumen" [B222] alle notwendigen Einzelheiten erläutert.

Die vollflächige und hohlraumfreie Verklebung der Bahnen untereinander erfolgt mit Bitumen, das nach unterschiedlichen Verfahren heißflüssig eingebaut bzw. bei Schweißbahnen mit Propanbrennern aufgeschmolzen wird. Die eigentliche Dichtfunktion übernimmt in allen Fällen das Bitumen. Das gilt auch bei Verwendung in sich wasserdichter Trägereinlagen wie z. B. Metallbänder oder Kunststofffolien, wenn diese in den Überlappungen nicht miteinander verlötet bzw. verschweißt, sondern mit Bitumen verklebt sind. Die Trägereinlagen sind vor allem als Bewehrung zu betrachten. Sie stützen die Bitumenmassen im Bereich von Fugen und Bauwerksrissen. Ferner wirken sie stabilisierend im Hinblick auf ungewollte Fließerscheinungen insbesondere bei größeren Flächenpressungen. Je nach Anzahl und Art verleihen die Trägereinlagen außerdem der Abdichtung den Charakter einer Haut mit bestimmter Zugfestigkeit und Flexibilität.

Die Mehrlagigkeit dient in erster Linie einer erhöhten Sicherheit. Bitumen, Dichtungsbahnen und Trägereinlagen werden weitgehend von Hand eingebaut. Es kommt daher darauf an, mögliche Fehlstellen in der ersten Lage durch die Anordnung einer zweiten zu überdecken.

Das trifft auch für fehlerhafte Nähte zu, da die Bahnen der verschiedenen Lagen fachgemäß gegeneinander versetzt werden. Bei einem solchen Vorgehen ist praktisch auszuschließen, dass an ein und derselben Stelle alle Lagen jeweils für sich irgendeinen Einbaufehler und so in ihrer Gesamtheit als Abdichtungspaket eine Undichtigkeit aufweisen.

Die Sicherheit der mehrlagigen Bitumenabdichtung gegen Einbaufehler wird so in jedem Fall – fachgerechte Arbeit vorausgesetzt – immer über Eins liegen. Sie steigt mit der Anzahl der Lagen und der Anwendung qualitativ höherwertiger Einbauverfahren. Eine vollflächige Verklebung zwischen den Lagen und mit dem Bauwerk führt außerdem zu einer hohen Sicherheit gegen Umläufigkeit.

Der Untergrund zum Aufbringen einer Bitumenabdichtung sollte an der Oberfläche trocken sein. Ein Voranstrich ist im Allgemeinen nur an senkrechten und stark geneigten Flächen zur Haftverbesserung erforderlich. Werden Voranstriche auf Lösungsmittelbasis verwendet, muss für ausreichende Belüftung gesorgt sein.

In DIN 18195-3 (Verarbeitung der Stoffe) [B16] werden die einzelnen Einbauverfahren näher erläutert, die zur Verklebung der Abdichtungsbahnen mit- und untereinander erforderlich sind, wie das Bürstenstreich-, Gieß-, Gieß- und Einwalz-, Schweiß- und Flämmverfahren [B16]. Einzelheiten hierzu zeigt Bild B4. Die Bahnenbreite beträgt in der Regel 1,0 m. Beim Gieß- und Einwalzverfahren sollen auf senkrechten oder stark geneigten Flächen beim Handeinbau nur 0,5 bis 0,7 m breite Bahnen verarbeitet werden.

Ungefülltes Bitumen wird im Bürstenstreich-, Gieß- oder Flämmverfahren eingebaut. Härtere Bitumensorten gelangen in der wärmeren, weichere dagegen in der kälteren Jahreszeit zur Anwendung. Die höchste Temperatur im Kessel soll 230 °C nicht überschreiten, die niedrigste Temperatur am Einbauort darf die Werte der Tabelle 1 im Teil 3 der DIN 18195 [B16] nicht unterschreiten. Die Einbaumenge je Lage muss bei Einschluss der Nahtüber-

a)

b)

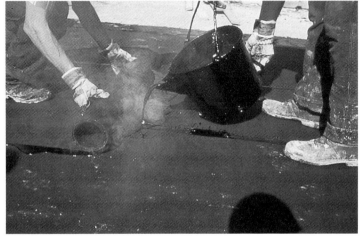

c)

1 Sohlen, Wände und Decken im Gründungsbereich

d)

e)

f)

Bild B4
Einbauverfahren für Bitumenabdichtungen
a) Bürstenstreichverfahren auf horizontaler Fläche
b) Bürstenstreichverfahren an Wänden
c) Gießverfahren
d) Gieß- und Einwalzverfahren
e) Schweißverfahren
f) Flämmverfahren

lappungen wie für den Deckaufstrich mindestens 1,5 kg/m² betragen, beim Gießverfahren mindestens 1,3 kg/m². Der Klebefilm muss daher mindestens 1,5 mm bzw. 1,3 mm, der Deckaufstrich mindestens 1,5 mm dick sein [B16, B116].

Für gefüllte Klebemasse ist das Gieß- und Einwalzverfahren vorgeschrieben. Sie sollte nach Möglichkeit fabrikgemischt auf die Baustelle geliefert und in einem Rührwerkskessel aufbereitet werden. Für den Einbau von Metallbändern ohne Deckschicht ist ihre Verwendung zwingend erforderlich und vorgeschrieben. Die Verarbeitung dieser Masse im Gieß- und Einwalzverfahren stellt die intensivste und hohlraumärmste Verklebung der Lagen mit- und untereinander dar. Die Einbaumenge am Bauwerk muss unter Einbeziehung der Nähte mindestens 2,5 kg/m² bei einem spezifischen Gewicht von $\gamma = 1{,}5$ g/cm³ betragen. Ändert sich das spezifische Gewicht infolge Umstellung von Art oder Anteil des Füllstoffgehalts, so ist die erforderliche Einbaumenge entsprechend umzurechnen.

Metallbänder zur Aktivierung des Wasserdrucks müssen als zweite Lage von der Wasserseite her gesehen eingebaut werden. Die gleiche Anordnung empfiehlt sich für Kunststoffbahnen. Alle Abdichtungen mit Ausnahme der aus Schweißbahnen erhalten in der Regel einen Deckaufstrich.

Die Bahnen werden an ihren Nähten (Längs- und Querseiten) um mindestens 8 cm überlappt. Bei nackten Metallbändern sollte die Überlappung an der Querseite mindestens 20 cm betragen, um ein Öffnen (Aufschnabeln) aufgrund der Federwirkung der Metallbänder auszuschließen. Für die Stöße und Anschlüsse aller Bitumenbahnen müssen 10 cm und für die der Metallbänder 20 cm Überlappung vorgesehen werden [B16, B116]. Alle Nähte, Stöße und Anschlüsse (Definition der Begriffe im Kapitel L) sind beim Einbau abschließend fest anzubügeln, sodass ein Öffnen nicht mehr gegeben ist. Im Regelfall dürfen die Überlappungen der Bahnen mehrerer Lagen mit Ausnahme bei Stößen nicht übereinander liegen.

Bei mehrlagigen Abdichtungen wird darum entsprechend der Lagenzahl ein Lagenversatz angeordnet. Eine zweilagige Abdichtung wird im Allgemeinen um eine halbe Bahn, eine dreilagige um eine drittel Bahn versetzt angelegt.

Neben den Abdichtungsaufbauten ausschließlich aus Bitumenbahnen und Metallbändern gelangen auch kombinierte Abdichtungen aus Kunststoff- und Bitumenbahnen zur Anwendung. Sie bestehen aus einer Lage Kunststoff-Dichtungsbahnen in Kombination mit einer oder zwei Lagen Bitumenbahnen. Ein solcher Aufbau mit zwei Lagen Bitumenbahnen ist nach DIN 18195-6 [B16] auch für wasserdruckhaltende Abdichtungen zugelassen. Die Beibehaltung des Mehrlagenprinzips mit vollflächiger Verklebung gewährleistet auch für dieses System eine Sicherheit über Eins.

Als Kunststoff-Dichtungsbahnen werden solche aus PIB nach DIN 16935 [B11], PVC-P nach DIN 16937 (schwarz eingefärbt!) [B12] oder ECB nach DIN 16729 [B10] verwendet. Sie müssen dauerhaft bitumenverträglich sein. Die Überprüfung dieser für den Bestand der kombinierten Abdichtung grundlegenden Eigenschaft erfolgt nach DIN 16726 [B9]. Die Bahnen werden im Allgemeinen mit ungefülltem Bitumen im Bürstenstreich-, Gieß- oder Flämmverfahren aufgeklebt. Die Mindestbreite der Nahtüberdeckungen beträgt stoffabhängig bei werkstoffgerechter und homogener Verschweißung 5 cm. Die Schweißbreite richtet sich nach Tabelle C2 in Abschnitt C2. Voraussetzung für eine einwandfreie Nahtverschweißung bei den Kunststoffbahnen ist das Freihalten der Fügeflächen von Bitumen.

Das erfordert geeignete Schutzmaßnahmen beim Einbau, z. B. das Abkleben der Schweißzonen mit Kunststoffklebebändern. Eine Prüfung der Schweißnähte auf Dichtigkeit und mechanische Festigkeit kann wegen des mehrlagigen Aufbaus entfallen. Kreuzstöße der Kunststoffbahnen sind zu vermeiden und in T-Stöße aufzulösen. Bei Nahtverklebung mit Bitumen (nicht zulässig bei PVC-P-Dichtungsbahnen) ist eine Überdeckung von 8 cm einzuhalten.

Ein kombinierter Abdichtungsaufbau aus Kunststoff-Dichtungsbahnen und Bitumenbahnen ist bei Beanspruchung durch Bodenfeuchte nicht vorgesehen. Bei mäßiger Beanspruchung im Sinne von DIN 18195-5 erfordern Abdichtungen mit Kunststoff-Dichtungsbahnen aus PIB oder ECB eine Trenn- und Schutzlage auf der KDB aus nackter Bitumenbahn R 500 N mit Klebe- und Deckaufstrich oder aus lose verlegter Polyethylenfolie. Bei hoher Beanspruchung im Sinne von DIN 18195-5 benötigt der kombinierte Abdichtungsaufbau eine untere Lage aus hochwertigen Bitumen-Dachdichtungsbahnen oder Bitumen-Schweißbahnen. Eine obere Schutzlage ist nicht erforderlich. Bei drückendem Wasser sind die Kunststoff-Dichtungsbahnen bei verklebter Verlegung zwischen zwei Lagen nackter Bitumenbahnen R 500 N anzuordnen. Die Abdichtung ist mit einem Deckaufstrich zu versehen.

Im Kaltselbstklebeverfahren eingebaute Bitumenabdichtungen sind in der Normfassung 2000 erstmals enthalten. Die Bahnen auf Bitumen- bzw. Elastomerbasis sind einseitig mit einer Kaltklebeschicht versehen. Die Anforderungen sind in DIN 18195-2, Tabelle 6 bzw. 10, geregelt. Diese Bahnen sind jedoch nur für den Einsatz im Bereich der Bodenfeuchte und des nichtdrückenden Wassers bei mäßiger Beanspruchung zugelassen. Sie können ein- oder mehrlagig eingebaut werden. Bei der Kaltverarbeitung wird die Dichtungsbahn unter Abziehen eines Trennpapiers oder einer Trennfolie flächig verklebt und angedrückt. An den Überlappungen muss der Andruck mit einem Hartgummiroller erfolgen. Die Überlappungsbreiten an Längs- und Quernähten sowie bei Stößen und Anschlüssen sind wie bei heiß verklebten Bitumenbahnen einzuhalten.

Erstmals sind in der Normausgabe des Jahres 2000 auch kunststoffmodifizierte Bitumendickbeschichtungen (KMB) für alle Bereiche der Wasserbeanspruchung zugelassen. Für ihren Einsatz muss der Abdichtungsgrund fest, tragfähig und frei von trennenden Substanzen (Trennmittel, Staub, Schmutz etc.) wie generell auch bei den bitumenverklebten Bahnenabdichtungen sein. Grundsätzlich ist ein Voranstrich auf den Untergrund aufzubringen.

Der Untergrund muss saugfähig sein. Er darf leicht feucht, aber nicht nass sein. Die Benetzungsprobe dient als Hinweis. Auf den Untergrund aufgetragenes Wasser muss sich innerhalb kurzer Zeit verteilen und darf nicht abperlen. Weitere Anforderungen an den Untergrund sind der Richtlinie [B125] zu entnehmen.

Innenecken und Wand-/Bodenanschlüsse sind als Hohlkehlen auszubilden. Diese sind mit Mörtel der Gruppe MG II oder MG III in einem Radius von 4 bis 6 cm (Flaschenhohlkehle) auszuführen. Alternativ kann, sofern im Merkblatt des Herstellers zugelassen, die Hohlkehle aus dem Abdichtungsmaterial hergestellt werden. Hierbei ist eine maximale Schichtdicke von 2 cm in der Kehle nicht zu überschreiten.

Bei Untergrund aus Mauerwerk sind nicht verschlossene Vertiefungen größer 5 mm wie beispielsweise Mörteltaschen oder Ausbrüche mit geeigneten Mörteln zu schließen. Offene Stoßfugen bis 5 mm und Oberflächenprofilierungen bzw. Unebenheiten von Steinen (z. B. Putzrillen bei Ziegeln oder Schwerbetonsteinen) müssen entweder durch Vermörtelung (Dünn- oder Ausgleichsputz), durch Dichtungsschlämmen oder durch eine Kratzspachtelung mit der Bitumendickbeschichtung egalisiert werden. Die Spachtelung muss vor dem nächsten Auftrag getrocknet sein. Gegebenenfalls ist vor dem Auftragen ein geeigneter Voranstrich – in Abhängigkeit vom gewählten System – aufzutragen.

Bitumendickbeschichtungen sind witterungsabhängig zu verarbeiten. Luft- und Untergrundtemperatur müssen bei der Verarbeitung der Abdichtungsstoffe mindestens +5 °C betragen. Regeneinwirkung ist bis zum Erreichen der Regenfestigkeit unzulässig. Wasserbelastung und Frosteinwirkung sind bis zur Durchtrocknung der Beschichtung auszuschließen. Die einzuhaltende Mindesttrockenschichtdicke beträgt bei nichtdrückendem Wasser 3 mm und bei zeitweise aufstauendem Sickerwasser oder bei drückendem Wasser 4 mm.

Die Verarbeitung hat je nach Konsistenz im Spachtel- oder im Spritzverfahren zu erfolgen. Kunststoffmodifizierte Bitumendickbeschichtungen sind in mindestens zwei Arbeitsgängen lastfallbedingt mit oder ohne Verstärkungseinlage auszuführen. Der Auftrag muss fehlstellenfrei, gleichmäßig und je nach Lastfall entsprechend dick erfolgen. Handwerklich bedingt sind Schwankungen der Schichtdicke beim Auftragen des Materials nicht auszuschließen. Die vorgeschriebene Mindesttrockenschichtdicke darf an keiner Stelle unterschritten werden. Dazu ist die erforderliche Nassschichtdicke vom Hersteller anzugeben. Diese darf an keiner Stelle um mehr als 100% überschritten werden (z. B. in Kehlen).

Im Bereich Boden-/Wandanschluss mit vorstehender Bodenplatte ist die kunststoffmodifizierte Bitumendickbeschichtung aus dem Wandbereich über die Bodenplatte bis etwa 100 mm auf die Stirnfläche der Bodenplatte herunterzuführen.

Bei Arbeitsunterbrechungen muss die kunststoffmodifizierte Bitumendickbeschichtung auf Null ausgestrichen werden. Bei Wiederaufnahme der Arbeiten wird überlappend weitergearbeitet. Arbeitsunterbrechungen dürfen nicht an Gebäudeecken, Kehlen oder Kanten erfolgen.

Müssen Bitumenabdichtungen instand gesetzt werden oder sind Anschlüsse an Altabdichtungen mit neuen Bahnenmaterialien auszuführen, muss die Verträglichkeit mit der Altabdichtung sichergestellt werden. Bis etwa Mitte der 20er-Jahre sind überwiegend teer- und pechhaltige Produkte verarbeitet worden. Auf die mögliche Unverträglichkeit von Teerpappen und Bitumenaufstrichen weist schon die alte DIN 4031 vom November 1959 in Absatz 4.3.2 hin. Heute sollte in solchen Fällen über eine labortechnische Untersuchung die Eignung der zur Anwendung kommenden Klebemasse geprüft und für den jeweiligen Einsatz speziell festgelegt werden. Derartige Vorgehensweisen haben sich für Anschlüsse an Teerpechabdichtungen in Berlin und Hamburg bewährt [B243, B244].

1 Sohlen, Wände und Decken im Gründungsbereich

1.4 Bemessung

1.4.1 Grundlagen

Für die Planung und Bemessung einer Abdichtung muss grundsätzlich zuerst die Frage nach der Art der Beanspruchung durch Wasser geklärt werden. Hinweise hierzu sind in Kapitel A dieses Buches dargestellt. Wenn die Voruntersuchung einen hydrostatischen Druck auf die Abdichtung erwarten lässt (Grundwasser, Stau- und Hangwasser, Behälterfüllung), beeinflusst die Eintauchtiefe maßgeblich den Aufbau der Abdichtung. Sie errechnet sich aus dem Bemessungswasserstand (siehe Kapitel L). Dieser entspricht bei stark durchlässigen Böden ($k > 10^{-4}$ m/s) nach Möglichkeit dem langjährig ermittelten höchsten Wasserstand. Bei wenig durchlässigen Böden ($k \leq 10^{-4}$ m/s) muss von der Geländeoberfläche als dem höchstmöglichen Wasserstand ausgegangen werden. Aus Sicherheitsgründen ist die wasserdruckhaltende Abdichtung stets mindestens 30 cm über den maßgebenden Wasserstand hochzuziehen. Weitere Einzelheiten hierzu beinhaltet Kapitel A.

Es ergeben sich aus der Art der Beanspruchung durch Wasser für die Bemessung zwei Hauptkriterien:

- Abdichtung gegen drückendes Wasser mit einer Eintauchtiefe >0 nach VOB-Teil C, DIN 18336 [B22] sowie DIN 18195-6 und -7 [B16].
- Abdichtung gegen nichtdrückendes Wasser mit einer Eintauchtiefe <0 nach VOB-Teil C, DIN 18336 [B22] sowie DIN 18195-4 und -5 [B16].

In beiden Fällen müssen zusätzlich die im Bau- oder Endzustand auftretenden mechanischen, thermischen und chemischen Einwirkungen auf die Abdichtung beachtet werden. Nur die Bewertung aller Einflüsse führt zu einer fachgerechten Bemessung, bei der die Stoffe, gegebenenfalls die Anzahl der Lagen und das Einbauverfahren aufeinander sowie auf die örtlichen Verhältnisse in richtiger Weise abgestimmt sind. Die Detailbearbeitung erfolgt auf der Grundlage der Normen und Richtlinien (z. B. [B16] und [B116]). Damit ergibt sich für die Planung einer Abdichtung das in Bild B5 dargestellte Ablaufschema.

1.4.2 Abdichtungen gegen Bodenfeuchte

Abdichtungen gegen nichtdrückendes Wasser in Form von Bodenfeuchte und nichtstauendem Sickerwasser werden in VOB Teil C, DIN 18336 [B22] und in DIN 18195-4 [B16] erfasst.

Gegen kapillar aufsteigende Feuchtigkeit werden in allen Wänden unmittelbar über der Gründungsebene waagerechte Abdichtungen aus mindestens einer Lage Bitumendachbahn, Bitumen-Dachdichtungsbahn, Bitumen-Dichtungsbahn oder Kunststoff-Dichtungsbahn angeordnet. Sie können in den Nähten, dürfen aber wegen der sich dadurch ergebenden Gleitgefahr nicht in der Fläche verklebt werden. Einzelheiten hierzu sind in DIN 18195-4 aufgezeigt [B16, B205, B206, B226] (vgl. auch die Ausführungen in Abschnitt B1.2).

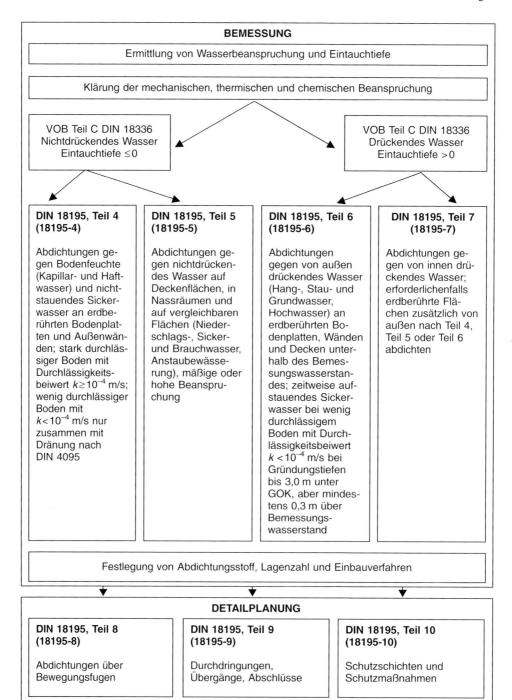

Bild B5
Ablaufschema für die Planung, Bemessung, Ausschreibung und Ausführung einer Bauwerksabdichtung nach DIN 18195:2000-08 [B221, B226]

1 Sohlen, Wände und Decken im Gründungsbereich

Im Bereich der Bodenfeuchte kommen auf waagerechten Flächen nackte Bitumenbahnen nur bei vollflächiger Verklebung mit der Unterlage sowie mit einem Deckaufstrich versehen und bei Vorhandensein der erforderlichen Mindesteinpressung in Betracht. Bitumendachbahnen, Bitumen-Dichtungsbahnen und Bitumen-Schweißbahnen können auch lose auf der Unterlage ausgerollt werden, sind aber in den Nähten und bei mehrlagiger Ausführung miteinander vollflächig zu verkleben. Kunststoff-Dichtungsbahnen aus PIB, PVC-P, EVA oder ECB sowie EPDM, mindestens 1,2 mm dick, werden lose verlegt oder aufgeklebt. Die Abdichtung ist mit einer Trenn- oder Schutzlage aus geeigneten Stoffen nach DIN 18195-2:2000-08 abzudecken. Ferner können Fußbodenflächen auch mit heiß zu verarbeitenden Spachtelmassen (Asphaltmastix) bei einer Mindestdicke von 7 bis zu maximal 15 mm, i. M. 10 mm dick abgedichtet werden.

Wandflächen müssen im Regelfall 30 cm, mindestens aber 15 cm über Gelände vor dem Eindringen von Wasser und Feuchtigkeit geschützt werden. Es muss ein Anschluss an die horizontalen Abdichtungen innerhalb der Wand sichergestellt werden. Durch wasserseitige Anordnung einer Kehle zwischen Wandfuß und Fundament ist ein schneller Abfluss des Wassers von der Wand zu gewährleisten. Die Wandflächen erhalten bei Verwendung von bitumenverklebten Abdichtungen einen Voranstrich. Nach Norm sind Abdichtungen aus Bitumenbahnen einlagig zugelassen. Kunststoff-Dichtungsbahnen können lose (ohne Voranstrich!) oder nach dem Flämmverfahren eingebaut werden. Kunststoffmodifizierte Bitumendickbeschichtungen (KMB) müssen auf Wandflächen in zwei Arbeitsgängen frisch in frisch aufgetragen werden. Die Trockenschichtdicke muss mindestens 3 mm betragen. Kaltselbstklebende Bitumen-Dichtungsbahnen (KSK) dürfen ebenfalls einlagig eingebaut werden. Abdichtungen aus mindestens zwei heißflüssig aufzubringenden Deckaufstrichen auf Voranstrich sollten nicht für unterkellerte Gebäude verwendet werden.

1.4.3 Abdichtungen gegen nichtdrückendes Wasser auf Deckenflächen und in Nassräumen

Abdichtungen gegen nichtdrückendes Wasser in Form von Sicker-, Niederschlags- und Brauchwasser oder bei Anstaubewässerung bis etwa 10 cm Höhe werden nach VOB-Teil C, DIN 18336 [B22] und nach DIN 18195-5 [B16] ausgeführt. Beide Normen unterscheiden zwischen mäßiger und hoher Beanspruchung (siehe hierzu Kapitel L: nichtdrückendes Wasser).

Zur Abdichtung von Parkdecks sind die Ausführungen im Abschnitt B2 zu beachten.

Aus der Vielzahl der möglichen Abdichtungsaufbauten gegen nichtdrückendes Wasser werden in Tabelle B1 beispielhaft nur solche aufgeführt, die häufig angewandt und in der Praxis ausreichend erprobt erscheinen. Dabei wird nicht auf Sonderfälle eingegangen, die sich z.B. bei der Abdichtung von Heizkanälen mit Temperaturen von 80 °C und mehr an der Abdichtung ergeben. Mechanische Beanspruchungen werden vor allem bei Bauwerken mit geringer Überschüttung den Abdichtungsaufbau beeinflussen. Hierfür kann der Einbau von Metallbändern mit gefüllter Klebemasse und geblasenem Bitumen erforderlich werden.

Tabelle B1
Bemessung einer Abdichtung gegen nichtdrückendes Wasser bei mäßiger und hoher Beanspruchung

Zeile	Abdichtungsstoffe	Zulässige Pressung der Abdichtung [MN/m^2]	Abdichtungsaufbau[1] bei mäßiger Beanspruchung	hoher Beanspruchung
0	1	2	3	4
1	Kunststoffmodifizierte Bitumendickbeschichtung (KMB)	0,06	2 Arbeitsgänge, ≥3 mm Trockenschichtdicke	nicht zugelassen
2	Nackte Bitumenbahnen	0,6	nicht zugelassen	3×R 500 N + DA
3	PIB-Dichtungsbahn		1×1,5 mm PIB mit PE oder 1×R 500 N + DA	1×Bit-DD oder Bit-S 1×1,5 mm PIB
4	Asphaltmastix (nur auf waagerechten oder schwach geneigten Flächen)[2]		einlagig i. M. 10 mm oder zweilagig i. M. 15 mm + jeweils 25 mm GA	einlagig i. M. 10 mm + mind. 25 mm GA und Nutzschicht[3]
5	Bitumen-Dichtungsbahnen oder	0,8	1×mit Glasgewebeeinlage	2×mit Glasgewebeeinlage
6	Dachdichtungsbahnen oder			
7	Bitumen-Schweißbahnen			
8	Bitumen-Dichtungsbahnen oder		1×mit Gewebe- oder Metallbandeinlage	2×mit Gewebe- oder Metallbandeinlage
9	Dachdichtungsbahnen oder			
10	Bitumen-Schweißbahnen			
11	ECB-Dichtungsbahn	1,0	1×1,5 mm ECB mit PE oder 1×R 500 N + DA	1×Bit-DD oder Bit-S 1×2,0 mm ECB
12	PVC-P-Dichtungsbahn bitumenbeständig (DIN 16937)		1×1,2 mm PVC-P + Schutzlage nach DIN 18195-2, Abschnitt 5.3	1×Bit-DD oder Bit-S 1×1,5 mm PVC-P
13	Metallbänder		nicht vorgesehen	1×Cu + 25 mm GA
14	Metallbänder			1×ESt + 25 mm GA

1   Sohlen, Wände und Decken im Gründungsbereich

Tabelle B1
(Fortsetzung)

Zeile	Abdichtungsstoffe	Zulässige Pressung der Abdichtung [MN/m²]	Abdichtungsaufbau[1] bei	
			mäßiger Beanspruchung	hoher Beanspruchung
0	1	2	3	4
15	Bitumen-Schweißbahnen nach ZTV-BEL-B 1 im unmittelbaren Verbund mit Gussasphaltschichten[3]	1,0	nicht vorgesehen	metallfreie Bitumen-Schweißbahn + 1×GA≥35 mm oder + 2×GA≥25 mm
16			nicht vorgesehen	metallkaschierte Bitumen-Schweißbahn + 1×GA≥35 mm oder + 2×GA≥25 mm

[1] Cu = Kupferriffelband; ESt = Edelstahl; GA = Gussasphalt; DA = Deckaufstrich; Bit-DD = Bitumen-Dachdichtungsbahn; Bit-S = Bitumen-Schweißbahn; Metallbänder sind mit gefüllter Klebemasse einzubauen.
[2] Nur anwendbar, wenn Durchdringungen, Übergänge und Anschlüsse aus Bitumenbahnen oder anderen geeigneten bitumenverträglichen Bahnen oder Bändern hergestellt werden.
[3] Nur auf waagerechten oder schwach geneigten Flächen (z. B. Parkdecks nach Abschnitt B2).

Der zulässige Flächendruck bei mehrlagigen Abdichtungen ist abhängig von der Einlage in den einzelnen Bitumenbahnen. Die nach Norm zulässige Pressung beträgt bei nackten Bitumenbahnen 0,6 MN/m², bei Bahnen mit Glasgewebeeinlagen 0,8 MN/m² und bei den Bahnen mit sonstigen Gewebeeinlagen bzw. bei Metallbändern 1,0 MN/m² [B16, B116, B222]. Für kunststoffmodifizierte Bitumendickbeschichtungen beträgt die zulässige Flächenpressung 0,06 MN/m².

1.4.4 Abdichtungen gegen von außen oder innen drückendes Wasser

Die Ausführung von Abdichtungen gegen drückendes Wasser ist geregelt in VOB-Teil C, DIN 18336 [B22] und in DIN 18195 [B16]. Letztere unterscheidet zwischen dem von außen (Teil 6) und dem von innen drückenden Wasser (Teil 7). Für die Bemessung einer Abdichtung nach Teil 6 sind die Eintauchtiefe (Kapitel L) in das Grundwasser und die senkrecht auf die Abdichtungsebene wirkende Pressung maßgebend, bei einer Abdichtung nach Teil 7 die größte Füll- und Stauhöhe. Die Bereiche für die Eintauchtiefe sind in drei Stufen gegliedert, und zwar bis 4 m, von 4 bis 9 m und über 9 m. Die zulässige Druckbelastung ist von der Qualität der Einlagen und dem Abdichtungsaufbau abhängig. Im Zusammenhang mit der Bemessung mehrlagiger Bitumenabdichtungen berücksichtigt DIN 18195 [B16] außerdem auch die unterschiedlichen Einbauweisen wie das Bürstenstreich-, Gieß-, Flämm- und das Gieß- und Einwalzverfahren in Verbindung mit ungefüllter oder gefüllter Klebemasse (Erläuterungen hierzu siehe im Kapitel L).

Tabelle B2
Bemessung einer Abdichtung gegen von außen drückendes Wasser (Zeilen 1 bis 29) bzw. gegen zeitweise aufstauendes Sickerwasser (Zeilen 30 bis 36) gemäß DIN 18195-6:2000-08

Zeile	Eintauchtiefe unter Bemessungswasserstand	Zulässige Pressung der Abdichtung	Mindestlagenanzahl	Abdichtungsaufbau[1]	Ausführung nach DIN 18195-6, Abschnitt
–	m	MN/m²	–	–	–
0	1	2	3	4	5
Abdichtungsaufbauten gegen von außen drückendes Wasser					
1	≤4	0,6	3	nackte Bitumenbahnen R 500 N	8.2
2		0,6	3	PIB 1,5 mm zwischen R 500 N[3] nackten Bitumenbahnen 2×	8.6
3		0,8	2	Bitumen-Schweißbahnen (Glas)[2]	8.5
4		1,0	3	2×nackte Bitumenbahnen im BStV oder GV + 1×Kupferband 0,1 mm im GEV	8.3.1
5		1,0	2	Bitumen-Schweißbahnen (Gewebe oder Polyestervlies)[2]	8.5
6		1,0	3	PVC-P (16937) 1,5 mm zwischen 2×nackten Bitumenbahnen R 500 N[3]	8.6
7		1,0	3	ECB 2,0 mm zwischen 2× nackten Bitumenbahnen R 500 N[3]	8.6
8		1,5	4	2×nackte Bitumenbahnen R 500 N im BStV oder GV + 2×Kupferband 0,1 mm im GEV	8.3.2
9	>4 ≤9	0,6	3	nackte Bitumenbahnen R 500 N im GEV	8.2
10		0,6	4	nackte Bitumenbahnen R 500 N im BStV oder GV	8.2
11		0,6	3	PIB 2,0 mm zwischen 2×nackten Bitumenbahnen R 500 N[3]	8.6
12		0,8	3	Bitumen-Schweißbahnen (Glas)[2]	8.5
13		1,0	3	2×nackte Bitumenbahnen R 500 N im BStV oder GV + 1×Kupferband 0,1 mm im GEV	8.3.1
14		1,0	3	2×nackte Bitumenbahnen R 500 N + 1×Kupferband 0,1 mm im GEV	8.3.1

1 Sohlen, Wände und Decken im Gründungsbereich

Tabelle B2
(Fortsetzung)

Zeile	Eintauch-tiefe unter Bemes-sungswas-serstand	Zulässige Pressung der Ab-dichtung	Mindest-lagen-anzahl	Abdichtungsaufbau[1]	Ausführung nach DIN 18195-6, Abschnitt
–	m	MN/m²	–	–	–
0	1	2	3	4	5
15	>4 ≥9	1,0	3	Bitumen-Schweißbahnen (Gewebe oder Polyestervlies)[2]	8.5
16			2	1×Bitumen-Schweißbahn mit Gewebe- oder PV-Einlage + 1×Bitumen-Schweißbahn mit Kupferbandeinlage[2]	8.5
17			3	PVC-P (16937) 2,0 mm zwischen 2×nackten Bitumenbahnen R 500 N[3]	8.6
18			3	ECB 2,5 mm zwischen 2×nackten Bitumenbahnen R 500 N[3]	8.6
19		1,5	4	2×nackte Bitumenbahnen R 500 N im BStV oder GV + 2×Kupferband 0,1 mm im GEV	8.3.2
20	>9	0,6	4	nackte Bitumenbahn R 500 N im GEV	8.2
21			5	nackte Bitumenbahn R 500 N im BStV oder GV	8.2
22			3	PIB 2,0 mm zwischen 2×nackten Bitumenbahnen R 500 N[3]	8.6
23			4	3×nackte Bitumenbahnen R 500 N im BStV oder GV + 1×Kupferband 0,1 mm im GEV	8.3.1
24			3	2×nackte Bitumenbahnen + 1×Kupferband 0,1 mm im GEV	8.3.1
25		1,0	3	2×Bitumen-Schweißbahnen mit Gewebe- oder PV-Einlage + 1×Bitumen-Schweißbahn mit Kupferbandeinlage[2]	8.5
26			3	PVC-P (16937) 2,0 mm zwischen 2×nackten Bitumenbahnen R 500 N[3]	8.6
27			3	ECB 2,5 mm zwischen 2×nackten Bitumenbahnen R 500 N[3]	8.6

Tabelle B2
(Fortsetzung)

Zeile	Eintauchtiefe unter Bemessungswasserstand	Zulässige Pressung der Abdichtung	Mindestlagenanzahl	Abdichtungsaufbau[1]	Ausführung nach DIN 18195-6, Abschnitt
–	m	MN/m²	–	–	–
0	1	2	3	4	5
28	>9	1,5	4	2×nackte Bitumenbahnen R 500 N im BStV oder GV + 2×Kupferband 0,1 mm im GEV	8.3.2
29			4	2×nackte Bitumenbahnen R 500 N + 2×Kupferband 0,1 mm im GEV	8.3.2

Abdichtungsaufbauten gegen zeitweise aufstauendes Sickerwasser
Voraussetzungen nach DIN 18195-6:2000-08, Abschnitt 7.2.2:
a) Gründungstiefe nur bis 3,0 m unter GOK
b) wenig durchlässiger Boden ($k \leq 10^{-4}$ m/s) ohne Dränung nach DIN 4095
c) mindestens 30 cm über Bemessungswasserstand

Zeile	Eintauchtiefe unter Bemessungswasserstand	Zulässige Pressung der Abdichtung	Mindestlagenanzahl	Abdichtungsaufbau[1]	Ausführung nach DIN 18195-6, Abschnitt
30	0	0,3	2	Kunststoffmodifizierte Bitumendickbeschichtung in zwei Arbeitsgängen mit Verstärkungslage; Trockenschichtdicke ≥4 mm	9.1
31		0,6	1	PIB 1,5 mm im BStV, GV oder FV	9.4
32		0,8	2	Bitumen- oder Polymerbitumenbahnen (Glas) im BStV, GV oder FV	9.3
33		1,0	1	Polymerbitumen-Schweißbahnen	9.2
34			2	Bitumen- oder Polymerbitumenbahnen mit Gewebe- oder Polyestervlieseinlage im BStV, GV oder FV	9.3
35			1	EVA oder PVC-P 1,5 mm im BStV, GV oder FV	9.4
36			1	ECB oder EPDM 2,0 mm im BStV, GV oder FV	9.4

[1] BStV = Bürstenstreichverfahren; GV = Gießverfahren; GEV = Gieß- und Einwalzverfahren; FV = Flämmverfahren; PV = Polyestervlies.
[2] Statt der Bitumen-Schweißbahnen können auch Bitumen-Dichtungsbahnen eingesetzt werden. Ein kombinierter Abdichtungsaufbau von Bitumen-, Schweiß- und Bitumendichtungsbahnen ist möglich.
[3] Statt der PVC-P-Dichtungsbahnen können auch EVA- und statt der ECB- auch EPDM-Dichtungsbahnen jeweils gleicher Dicke eingesetzt werden.

Die nach DIN 18195-6 [B16] geforderte Mindesteinpressung von 0,01 MN/m^2 wurde auf die Rohfilzeinlagen der nackten Bitumenbahnen beschränkt. Bei ihnen beträgt die zulässige Pressung 0,6 MN/m^2. Die anderen bitumenverklebten Abdichtungen dürfen je nach Art der Trägereinlagen bis zu Grenzwerten zwischen 0,8 und 1,5 MN/m^2 belastet werden. Ein Aufbau aus nackten oder sonstigen Bitumenbahnen und mindestens zwei Metallbandeinlagen z. B. kann bis zu 1,5 MN/m^2 Pressung aufnehmen. Bei höheren Belastungen, z. B. beim Abtragen von Stützenlasten, sind Sondermaßnahmen zu treffen und erforderlichenfalls rechnerisch nachzuweisen [B202]. Gegebenenfalls sind bereichsweise Stahlbleche anzuordnen, wobei die Weichabdichtung über eine Los- und Festflanschkonstruktion nach Teil 9 der DIN 18195 angeschlossen wird. Kombinierte Abdichtungen aus nackten Bitumenbahnen und PIB-Dichtungsbahnen sind für eine Druckbelastung bis 0,6 MN/m^2 geeignet, solche mit PVCP- oder ECB-Dichtungsbahnen bis 1,0 MN/m^2. Die Kunststoff-Dichtungsbahnen sind je nach Stoffart, Eintauchtiefe und Druckbelastung 1,5 oder 2 mm dick zu wählen.

Für den neu in die Norm aufgenommenen Lastfall des zeitweise aufstauenden Sickerwassers nach DIN 18195-6, Abschnitt 9, sind neben Bitumen-Dachdichtungsbahnen bzw. Bitumen-Schweißbahnen sowie Kunststoff- und Elastomer-Dichtungsbahnen auch Abdichtungen mit kunststoffmodifizierten Bitumendickbeschichtungen (KMB) zulässig. Letztere sind in zwei Arbeitsgängen mit dazwischen liegender Verstärkungslage bei einer Trockenschichtdicke von mindestens 4 mm einzubauen.

Eine zusammenfassende Übersicht empfehlenswerter Abdichtungsaufbauten für die Bemessung einer Abdichtung gegen von außen oder innen drückendes Wasser gibt Tabelle B2.

1.5 Ausführungsbeispiele

Für die in Bild B6 angegebenen Punkte (siehe Abschnitte B1.5.1 bis B1.5.6) und des Weiteren für Abdichtungen an Lichtschächten und Kelleraußentreppen (siehe Abschnitte B1.5.7 und B1.5.8), Stützwänden (siehe Abschnitt B1.5.9), bei Lückenbebauungen und Sollbruchfugen (siehe Abschnitte B1.5.10 und B1.5.11), über Fugen (siehe Abschnitt B1.6) sowie bei Durchdringungen (siehe Abschnitt B1.7), aber auch für den erforderlichen Schutz der Abdichtung (siehe Abschnitt B1.8) sowie für Wärmedämmung (siehe Abschnitt B1.9) werden im Folgenden bewährte Ausführungsbeispiele dargestellt und beschrieben.

Alle hier dargestellten Prinzipskizzen müssen für die konkrete Ausführung überprüft und auf die jeweilige Bauwerkssituation abgestimmt werden. Denn nur in Ausnahmefällen können allgemein gültige Darstellungen den speziellen Anforderungen für die Bauausführung genügen. Die Ausführungsbeispiele gehen von einer geböschten Baugrube oder einem Baugrubenverbau mit ausreichendem Arbeitsraum von mindestens 0,8 m Breite aus. Fehlender Arbeitsraum erfordert Sondermaßnahmen, die in Abschnitt B1.5.11 behandelt werden.

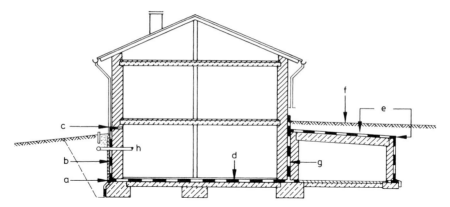

a Waagerechte Abdichtung in Wänden
   und Abdichtungsübergang Sohle – Wand
   siehe Abschnitt B1.5.1
b Senkrechte Wandabdichtung
   siehe Abschnitt B1.5.2
c Abschluss der Wandabdichtung im Sockel-
   und Wandbereich
   siehe Abschnitt B1.5.3
d Sohlen- bzw. Fußbodenabdichtung
   siehe Abschnitt B1.5.4
e Deckenabdichtung, erdüberschüttet
   und Übergang zur Wand im Erdreich
   siehe Abschnitt B1.5.5
f Abdichtungsanschlüsse bei Terrassen
   und Balkonen
   siehe Abschnitt B1.5.6
g Abdichtungen im Bereich von Bewegungsfugen siehe Abschnitt B1.6
h Durchdringungen siehe Abschnitt B1.7

Bild B6
Übersicht und Hinweise auf nachfolgend dargestellte Ausführungsbeispiele

1.5.1 Waagerechte Abdichtung in Wänden und Abdichtungsübergang Sohle–Wand

Im Bereich der Bodenfeuchte ist im Gründungsbereich gegen aufsteigende Feuchtigkeit eine waagerechte Abdichtung (Querschnittsabdichtung) in den Wänden anzuordnen. Ihre Lage wird für unterkellerte Gebäude im Teil 4 der DIN 18195 [B16] und in Fachbüchern [B205, B217] im Allgemeinen über OF Fußboden angegeben. Hiermit soll auch das Aufsteigen von Feuchtigkeit verhindert werden, die innerhalb eines Gebäudes auftreten kann, z. B. durch Niederschläge während der Bauzeit oder durch nicht vorhandene Bodenabläufe im Gebrauchszustand, z. B. auch Reinigungswasser. Es empfiehlt sich, die waagerechte Abdichtung unmittelbar auf dem Streifenfundament anzuordnen und Anschlüsse, wie in den Bildern B7 und B8 dargestellt, auszuführen. Wesentlich ist, dass das Sickerwasser durch leichtes Abschrägen der Fundamentvorderfläche oder durch Anordnen einer wasserseitigen Hohlkehle unbehindert und schnell abfließen kann. Generell darf außer im Überlappungsbereich keine Verklebung der waagerechten Abdichtung im Wandbereich erfolgen. Nur so ist ein Gleiten der Kelleraußenwand auf der waagerechten Abdichtung infolge des Erddruckes auszuschließen. Ferner müssen die Ausführungen in Abschnitt B1.2 beachtet werden.

Abdichtungen gegen nichtdrückendes bzw. drückendes Wasser erfordern für den Sohlen-Wandanschluss entweder die Ausbildung eines Kehlenstoßes mit der Verfingerung der Sohlen- und Wandabdichtung in der Kehle auf einer Abdichtungsrücklage mit evtl. nachfolgen-

1 Sohlen, Wände und Decken im Gründungsbereich

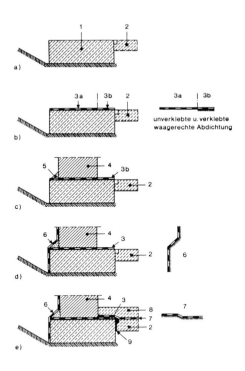

1 Streifenfundament
2 Rohbetonsohle
3 Waagerechte Abdichtung im Wandbereich
4 Aufgehendes Wandmauerwerk
5 Kehle aus PCC-Mörtel,
  angeputzt und abgeschrägt oder mit einem
  Radius von 4 cm ausgerundet
6 Wandabdichtung über die Hohlkehle auf die
  Fundamentstirnfläche greifend,
  vollflächig verklebt
7 Sohlenabdichtung, im Bereich des Anschlusses
  auf dem Streifenfundament verklebt, im Sohlenbereich wahlweise lose aufgelegt oder verklebt
8 Estrich auf der Sohlenabdichtung
  erforderlichenfalls auf Trennlage
9 Fuge zwischen Streifenfundament und
  Rohbetonsohle, bei zu erwartenden Setzungen
  mit Fugenkammer versehen

Bild B7
Übergang Sohle–Wand mit angeputzter
Hohlkehle [B223]

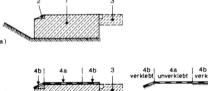
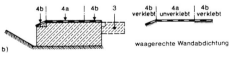
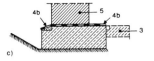
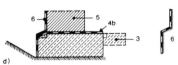
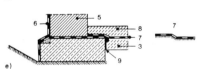

1 Streifenfundament
2 Aussparung zum Anputzen einer Schräge für
  den Übergang zwischen Wand und Fundamentvorderfläche
3 Rohbetonsohle
4 Waagerechte Wandabdichtung unter der aufgehenden Kelleraußenwand
  4a) Im Wandbereich lose aufgelegt
  4b) Seitlich der Außenwände vollflächig verklebt
5 Aufgehendes Wandmauerwerk
6 Außenabdichtung der Wandfläche auf der
  Schrägen und der Stirnfläche
7 Sohlenabdichtung, im Bereich des Anschlusses
  auf dem Streifenfundament verklebt, im Sohlenbereich wahlweise lose aufgelegt oder verklebt
8 Estrich auf der Sohlenabdichtung erforderlichenfalls auf Trennlage
9 Fuge zwischen Streifenfundament und Rohbetonsohle, bei zu erwartenden Setzungen mit
  Fugenkammer versehen

Bild B8
Übergang Sohle–Wand mit verklebtem
Anschluss der Wandabdichtung [B223]

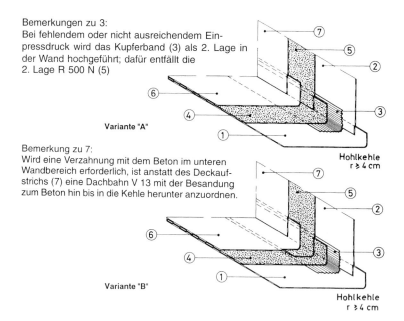

Bemerkungen zu 3:
Bei fehlendem oder nicht ausreichendem Einpressdruck wird das Kupferband (3) als 2. Lage in der Wand hochgeführt; dafür entfällt die 2. Lage R 500 N (5)

Variante "A"

Bemerkung zu 7:
Wird eine Verzahnung mit dem Beton im unteren Wandbereich erforderlich, ist anstatt des Deckaufstrichs (7) eine Dachbahn V 13 mit der Besandung zum Beton hin bis in die Kehle herunter anzuordnen.

Variante "B"

1 1. Sohlenlage R 500 N ohne Voranstrich im GV
2 1. Wandlage R 500 N auf Voranstrich im GV
3 Verstärkung Cu 0,1 in gefüllter Klebemasse
4 2. Sohlenlage R 500 N im GV
5 2. Wandlage R 500 N im GV
6 3. Sohlenlage R 500 N im GV mit Deckaufstrich
7 3. Wandlage R 500 N im GV mit Deckaufstrich (DA nicht dargestellt)

Bild B9
Übergang von der Sohlen- zur Wandabdichtung als Kehlenstoß [B113]

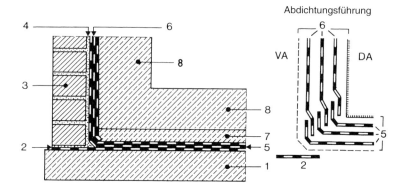

1 Unterbeton
2 Gleitschicht auch im Bereich der Mörtelkehle
3 Wannenmauerwerk (Abdichtungsrücklage)
4 Wandputz
5 Sohlenabdichtung (VA, 3 × R 500 N + DA)
6 Wandabdichtung (VA, 3 × R 500 N + DA), mit der Sohlenabdichtung verfingert
7 Schutzbeton der Sohlenabdichtung
8 Betonkonstruktion (Sohle, Wand)

Bild B10
Schnitt durch die Sohle und das Wannenmauerwerk für den Abdichtungsanschluss Sohle–Wand (Kehlenstoß) bei ausreichender Einpressung [B223]

1 Sohlen, Wände und Decken im Gründungsbereich

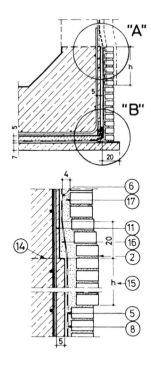

1 Unterbeton B 15 ≥ 7 cm dick
2 feste Wandschutzschicht, 1/2 Stein dick, KSL 12 MG II, im Sohlbereich als Wanne Fugenanordnung siehe Abschnitt B1.5.9
3 Gleitschicht aus 1 Lg. R 500 N
4 Kehle r = 4 cm
5 Putz MG II, 1 cm dick
6 Abdichtung gemäß Leistungsverzeichnis
7 Gerifeltes Kupferband 0,1 mm, 30 cm breit, soweit erforderlich
8 Im unteren Wandbereich (Wanne) zum Beton hin Haftlage aus besandeter Dachbahn
9 Schutzbeton B 15, 5 cm dick
10 Ortbetonleiste als Abstandshalter; Detail "B" siehe Bild B 12
11 Bewehrung mit innen liegenden Verteilern
12 5 cm Überdeckung, nur im Bereich der unteren Wandabdichtung mit Flächenabstandshalter
13 Sorgfältige Verdichtung des Betons zwischen Abdichtung und Stahleinlagen
14 Arbeitsfuge
15 h = Kehranschluss, Lagenzahl × 10 *) cm; Anschlusslänge bei geriffeltem Kupferband 20 cm, abzubrechendes Mauerwerk auf 0,5 m Höhe mit MG III putzen
*) nach DIN 18195 auch mind. 8 cm zulässig
16 Putzausgleich, MG III
17 4 cm Mörtelfuge MG III, schichtweise einstampfen

Bild B11
Abdichtungsrücklage aus Mauerwerk–Wanne [B113]

dem Kehranschluss (Definition siehe Kapitel L, Übersichtsskizze siehe Bild B13) entsprechend den Bildern B9 bis B12 oder die Ausführung eines rückläufigen Stoßes nach den Bildern B14 und B15 (Übersichtsskizze) in zwei zeitlich versetzten Bauphasen. Die getrennten Bauphasen für den rückläufigen Stoß ergeben sich aus den baulichen Gegebenheiten, da die Wandabdichtung erst nach dem Herstellen der konstruktiven Außenwand aufgeklebt und mit der Sohlenabdichtung verbunden werden kann. Welche Form des Anschlusses zu wählen ist, wird im Regelfall von der Bauweise und Art des Gebäudes und den örtlichen Platzverhältnissen abhängen. Einzelheiten sowohl für die Rohbau- als auch für die Abdichtungsarbeiten sind der Literatur, insbesondere [B113, B116, B203 bis B205, B221, B223, B226] zu entnehmen.

Der Kehlenstoß (Bilder B9 bis B12) muss so ausgebildet werden, dass kleinere Bewegungen (≤5 mm) nach Fertigstellung des Bauwerks schadlos aufgenommen werden können. Es kommt daher im Wesentlichen auf folgende Punkte an. Zur Vermeidung eines scharfkantigen Übergangs von einer Abdichtungsebene zur anderen ist die Kehle mit 4 cm Radius auszurunden. Die Verfingerung des Stoßes muss in der Wandfläche liegen, um hier ein Gleiten in den Überdeckungen zu ermöglichen. Die Überdeckungen sollten nach oben gestaffelt enden, damit sich ein stetig verlaufender Übergang einstellt. Als zweite Lage von außen wird eine mindestens 30 cm breite Verstärkung aus geriffeltem Kupferband empfohlen, wenn sonst die Einpressung der nackten Bitumenbahnen nicht sicher gewährleistet werden kann.

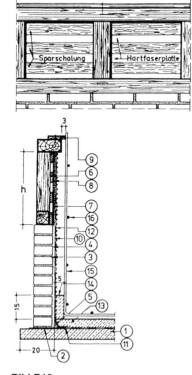

Bild B12
Abdichtungsrücklage mit Schalkasten;
Prinzip [B113]

1 Unterbeton, soweit erforderlich bewehren
2 Gleitschicht b = 20 cm
3 Wandmauerwerk 1/2 Stein dick, KSL 12, MG II (Wanne), mindestens 12 cm
4 1 cm Wandputz MG II
5 Kehle r = 4 cm
6 Sparschalung
7 Hartfaserplatte, gewässert, eng genagelt
8 0,5 cm Putz MG III oder 1 Lage R 500 N als Schutzlage mit Metallklammern anheften
h = Höhe des unteren Wandabdichtungsanschlusses (Kehranschluss)
– bei Schutzschicht aus Bitumen-Dichtungsbahn: Anzahl der Lagen × 10*) cm + 10 cm
– bei Schutzmauerwerk: Anzahl der Lagen × 10*) cm
– Anschlusslänge bei gerifffeltem Kupferband: 20 cm
*) nach DIN 18195 auch mind. 8 cm zulässig
9 Abstandshalter
10 Abdichtung
11 geriffeltes Kupferband 0,1 mm dick, 30 cm breit (Kantenausbildung), soweit erforderlich
12 Haftlage aus besandeter Dachbahn (z. B. V 13)
13 Schutzbeton B 15 ≥ 5 cm dick, Rundkorn ≤ 8 mm
14 Ortbetonleiste als Abstandshalter
15 Bewehrung
16 Verteiler innen

Schalkasten Rückansicht, Länge des Schalkastens = 4,00 m

Bei einem Kehlenstoß muss unbedingt bedacht werden, dass zur Ausführung der Wandabdichtung auf einer Abdichtungsrücklage insbesondere bei höheren Wänden erhebliche Absteifungen erforderlich sind. Daher wird im Regelfall bei höheren Wänden die Einbauart so umgestellt, dass die Wandabdichtung weiter oben von außen auf die fertige Bauwerkswand aufgebracht werden kann. Hier kehrt sich dann die Einbaufolge der Lagen um. Dieser Anschluss wird daher als Kehranschluss bezeichnet (Bild B11). Bei seiner Ausführung wird im Regelfall der Anschlussbereich bei einer gemauerten Wandrücklage durch Stemmarbeiten freigelegt (Bild B11). Um Beschädigungen durch diese Stemmarbeiten zu vermeiden, hat sich in vielen Fällen der Schalkasten (Bilder B12 und B13) bewährt. Durch mehrfachen Einsatz ist diese Hilfskonstruktion wirtschaftlicher als abzubrechendes Wandmauerwerk. Schäden können sich durch zu frühes Entfernen des Schalkastens ergeben, wenn Oberflächenwasser an der Außenwand herabfließt und hinter die Abdichtung dringen kann. Hier reichen schon geringe Niederschlagsmengen, um zu einer Beulenbildung bei nicht abgesteiften und eingepressten Abdichtungen zu führen. Die Absteifung muss daher unbedingt bis zum Zeitpunkt der Weiterführung der Wandabdichtung erhalten bleiben. Für die Standsicherheit des Schalkastens und seiner Absteifung ist die Rohbaufirma bis zum Ausbau bei Beginn der Wandabdichtungsarbeiten verantwortlich.

1 Sohlen, Wände und Decken im Gründungsbereich

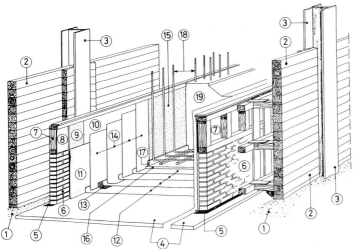

1 Baugrubensohle (Planum)
2 Bohlwand
3 Bohlträger
4 Unterbeton, erforderlichenfalls auf Sandschicht, 7 bis 10 cm dick
5 Gleitschicht, 1 Lage R 500 N
6 Abdichtungsrücklage und Putz MG II, 1 cm dick mit Absteifung
7 Schalkasten mit Absteifung
8 Hartfaserplatte des Schalkastens
9 Zementputz auf Hartfaserplatte
10 1 Lage R 500 N als Schutzlage für den Kehranschluss
11 Voranstrich auf der Wand unterhalb des Kehranschlusses
12 4-lagige Sohlenabdichtung im Gießverfahren
13 Kehlenverstärkung aus Cu 0,1 mm, 30 cm breit
14 4-lagige Wandabdichtung im Gieß- und Einwalzverfahren
15 Haftlage, besandete Dachdichtungsbahn V 13
16 Schutzbeton der Sohle, d = 5 cm dick
17 Schutzbetonleiste in der Kehle, gleichzeitig Abstandshalter
18 Sohlen- und Wandbewehrung
19 konstruktiver Sohlenbeton

Bild B13
Abdichtungsrücklage mit Mauerwerk und Schalkasten; Bauausführungsprinzip

Beim Kehranschluss müssen die Maße für die Anschlüsse nach Norm mit mindestens 8 cm, wesentlich besser aber mit 15 cm, und die richtige Höhenlage der einzelnen Bahnenenden beachtet werden. Im Bereich des Kehranschlusses sollte immer außen eine Schutzbahn und innen eine besandete Haftbahn zum Beton hin angeordnet sein. Auch die unteren Wandflächen der Abdichtung sind mit einer Haftlage zu versehen und müssen nach Abnahme der Bewehrung durch die Abdichtungsfirma überprüft werden. Fehlt die Haftbahn, kann sich die Abdichtung beim Abnehmen des Schalkastens vom Beton lösen. Außerdem verringert die Haftbahn die erwähnte Gefahr der Hinterläufigkeit.

Einen weiteren großen Vorteil stellt das Aufbringen der weiter nach oben anschließenden Wandabdichtung von außen auf das fertige Bauwerk dar. Jetzt kann der Abdichter die Qualität des Abdichtungsuntergrundes vor Beginn seiner Arbeiten beurteilen und so die Abdichtung zuverlässig hohlraumfrei einbauen.

Die gegenüber einer Mauerwerksrücklage sehr viel günstigere Lösung mit dem Schalkasten beinhaltet gleichzeitig die Möglichkeit einer sicheren und ausreichenden Betondeckung. Dazu wird die Bewehrung ohne Abstandshalter unten durch eine Ortbetonleiste

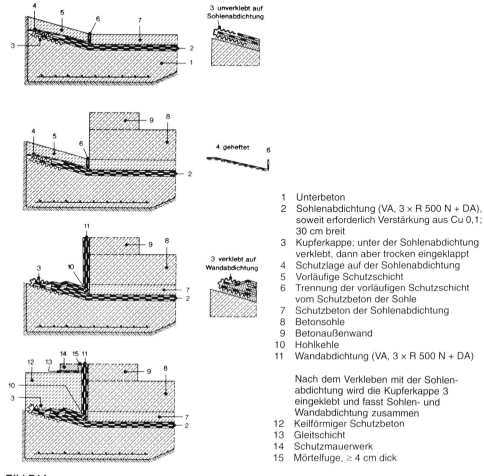

Bild B14
Schnitt durch den „rückläufigen Stoß" im Bau- und Endzustand für den Abdichtungsanschluss Sohle–Wand bei Einsatzbereich über 1,80 m unter Geländeoberfläche. Bei nicht ausreichender Einpressung sind ≥2 Dichtungsbahnen anstelle der 3 Lagen R 500 N anzuordnen [B223]

und oben durch ein Drängbrett fixiert. Damit werden auf der Abdichtungsseite Fehlstellen (Nester) beim Betonieren praktisch ausgeschlossen.

Der rückläufige Stoß (Bilder B14 und B15) als weitere Anschlussmöglichkeit einer Sohlenabdichtung an die Wandabdichtung liegt außerhalb der Bauwerksgrundfläche. Dies kann bei einer Lückenbebauung sehr nachteilig sein. Denn ein Neubau kann in solchen Fällen nicht als Grenzbebauung erfolgen, weil er sich nicht unmittelbar über den auskragenden „Rückläufigen Stoß" des Altbaus absetzen darf. Daraus ergibt sich in der Praxis ein Gebäudeabstand einschließlich eines Sicherheitszuschlags von mindestens 1,5 m und damit ein entsprechender Raumverlust. Wegen der gestaffelten, nach Norm mindestens 8 cm, besser aber 15 cm breiten Überlappungen erfordert der rückläufige Stoß bei vier

1 Sohlen, Wände und Decken im Gründungsbereich

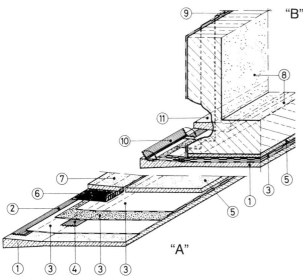

A Bauzustand
Sohlenabdichtung mit vorläufigem Schutzbeton

B Endzustand
Wandabdichtung, mit der Sohlenabdichtung verklebt, einschließlich endgültigem Schutzbeton

Entfernen des vorläufigen Schutzbetons (7) und der Trennlage (6), Anputzen der Hohlkehle vor dem Schutzbeton (5)

1 Unterbeton
2 Cu-Kappe, 30 cm breit, Randbereich 15 cm nicht verklebt für späteres Umklappen (siehe 10)
3 Sohlenabdichtung im GV mit Deckaufstrich (DA nicht dargestellt)
4 Verstärkung Cu 0,1, in gefüllter Klebemasse unter Gebäudeaußenkante, soweit erforderlich
5 Schutzbeton bis Gebäudeaußenkante
6 Trennlage, z. B. PE
7 vorläufiger Schutzbeton
8 Konstruktionsbeton
9 Wandabdichtung auf VA im GEV mit Deckaufstrich (DA nicht dargestellt)
10 Cu-Kappe einkleben
11 endgültiger Schutzbeton

Bild B15
Übergang Sohlen–Wandabdichtung mit rückläufigem Stoß [B113]

und mehr Lagen einen Arbeitsraum von über 70 cm Breite für die auskragende Dichtungsunterlage. Trägerbohlwände bieten bei Neubauten in diesem Zusammenhang die Möglichkeit einer Arbeitsraumverbreiterung durch Verbohlen hinter dem äußeren Trägerflansch. Bei Ausführung des rückläufigen Stoßes ist darauf zu achten, dass die Anschlüsse nicht durch herabfallendes Baumaterial oder Schutt beschädigt werden. Unsachgemäß aufgebrachter vorläufiger Schutzbeton sowie das Fehlen der Trennschicht und der Fuge führen beim Freilegen der Anschlüsse zu Schwierigkeiten. Zum Schutz der Dichtungsbahnen an ihren Stirnseiten ist der Einbau einer Kappe aus Kupferriffelband erforderlich, deren oben liegender Teil zunächst nur lose aufgelegt und erst nach Anschluss der Wandabdichtung vollflächig aufgeklebt wird. Eine besondere Gefährdung des rückläufigen Stoßes ergibt sich, wenn er im Bauzustand nicht ständig sicher trocken gehalten werden kann. Unter der Außenkante der Bauwerkswand sollte die Sohlenabdichtung nach Möglichkeit mit 0,1 mm dickem Kupferriffelband – 30 cm breit – verstärkt werden. Im auskragenden Anschlussbereich ist der Unterbeton zu verstärken und zu bewehren, um bei Bauwerkssetzungen in jedem Fall ein Abreißen des Stoßes auszuschließen.

Die zum Bauwerk hin geneigte Oberfläche des Unterbetons stellt ein Gleiten des Schutzbetonkeils und des Schutzmauerwerks zum Bauwerk hin sicher. Unvermeidlich ist der rückläufige Stoß, wenn die Bauwerksaußenwände aus Fertigteilen erstellt werden.

Übergänge vom rückläufigen Stoß zum Kehlenstoß sind bei Beachtung besonderer Vorkehrungen handwerklich einwandfrei zu lösen und werden in [B226] ausführlich beschrieben.

1.5.2 Senkrechte Wandabdichtung

Mögliche fachlich richtige Aufbauten von Wandabdichtungen für die unterschiedlichsten Beanspruchungen, einschließlich der nur für untergeordnete Anforderungen einzusetzenden heißflüssig aufzubringenden Deckaufstriche, zeigen die Bilder B16 bis B20. Auf die jeweils zulässigen Abdichtungsstoffe und ihre Kombinationsmöglichkeiten wurde in Abschnitt B1.4 sowie in den Tabellen B1 und B2 eingegangen. Der Planer sollte folgende wesentliche Punkte nicht außer Acht lassen:

- Ein Voranstrich ist an Wänden immer erforderlich.
- Nackte Bitumenbahnen erfordern einen Deckaufstrich und eine Mindesteinpressung von 0,1 MN/m^2, die in der Regel erst ab 1,8 m unter Gelände gegeben ist.
- Ein mehrlagiger Einsatz von Schweißbahnen sollte im Wandbereich wegen der Gefahr möglicher Kanülenbildung vermieden werden. Stattdessen sind Bitumen-Dachdichtungsbahnen und Dichtungsbahnen, mit Bitumenklebemasse eingebaut, wesentlich besser geeignet und sicherer.
- Die Bahnen erhalten einen abschließenden Deckaufstrich.

Alle Wandabdichtungen erfordern mindestens eine Einbettung und eine Schutzschicht, wie in den Abschnitten B1.3 und B1.8 erläutert. Als Schutzschicht im Wandbereich gelten auch Dichtungsbahnen nach DIN 18190-4, sofern reiner Verfüllsand ohne Verunreinigung lagenweise eingebaut wird, um so eine Beschädigung der Abdichtung sicher zu vermeiden. Ferner können verrottungsfeste und bitumenverträgliche Platten, aber vor allem auch

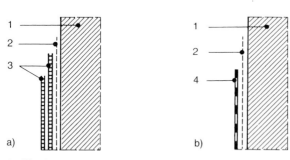

1 Wandmauerwerk, wasserseitig voll und bündig verfugt
2 Bitumenvoranstrich (VA)
3 Heißflüssiger Bitumendeckaufstrich
4 Wandabdichtung aus Bitumenschweißbahn V 60 S4

Bild B16
Flächenabdichtung gegen Bodenfeuchtigkeit [B223], a) und b) bei geringwertiger Nutzung (praktisch ohne Rissüberbrückungsfähigkeit), c) bei normaler und höherwertiger Nutzung

1 Sohlen, Wände und Decken im Gründungsbereich

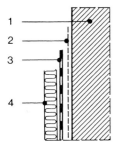

1 Wandmauerwerk, wasserseitig voll und bündig verfugt
2 Bitumenvoranstrich (VA)
3 Wandabdichtung aus Bitumenschweißbahn G 200 S4
4 Schutz- oder Wärmedämmplatte, erforderlichenfalls mit Dränwirkung

Bild B17
Flächenabdichtung im Bereich des nichtdrückenden Wassers bei mäßiger Beanspruchung und Rissüberbrückung bis 2 mm [B223]

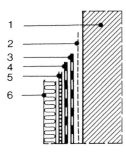

1 Wandmauerwerk, wasserseitig voll und bündig verfugt
2 Bitumenvoranstrich (VA)
3 Bitumendichtungsbahn, z. B. PV 200 D
4 Bitumendachdichtungsbahn, z. B. G 200 DD
5 Bitumendeckaufstrich (DA)
6 Schutz- oder Wärmedämmplatte, erforderlichenfalls mit Dränwirkung

Bild B18
Flächenabdichtung im Bereich des nichtdrückenden Wassers bei hoher Beanspruchung und Rissüberbrückung bis 2 mm [B223]

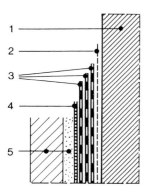

1 Wandmauerwerk, wasserseitig voll und bündig verfugt
2 Bitumenvoranstrich (VA)
3 drei Lagen nackte Bitumenbahnen (R 500 N)
4 Bitumendeckaufstrich (DA)
5 Schutzmauerwerk mit Mörtelfuge ≥ 4 cm dick

Bild B19
Flächenabdichtung im Bereich des von außen drückenden Wassers bis 4 m Eintauchtiefe und Rissüberbrückung bis 5 mm, bei einer Einpressung über 0,01 MN/m^2, sonst zwei Dichtungsbahnen [B223]

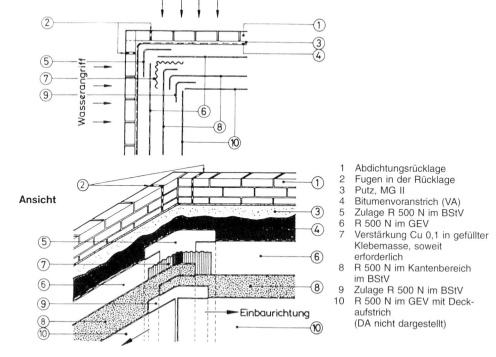

Bild B20
Einbau einer Wandabdichtung einschließlich einer senkrechten Kehle von der Innenseite her [B113]

Dämmplatten, die neben der Wärmedämmwirkung in besonderen Fällen auch die Aufgabe der Dränung übernehmen können, als Schutzschicht zum Einsatz kommen.

Ergänzend zu den nach DIN 18336 [B22] und DIN 18195 [B16] herzustellenden Abdichtungen werden die speziellen Spritz- und Spachtelabdichtungen in Abschnitt E im Einzelnen behandelt. Weitere mögliche Abdichtungsaufbauten sind in den Tabellen B1 und B2 in Abschnitt B1.4 aufgeführt [B16, B22, B116, B205, B217, B221, B225, B226].

Den Einbau der Flächenabdichtung von der Bauwerksinnenseite her, wie es z.B. für einen Kehlenstoß (Bild B9) erforderlich ist, zeigt einschließlich einer dabei häufig angeordneten Kupferriffelbandverstärkung im Eckbereich das Bild B20. Diese Einbauweise, wie auch die in Bild B21 dargestellte, sind nicht zwingend vorgeschrieben. Beide Lösungen sind als bewährte und praxisgerechte Ausführungen zu bezeichnen. Sie berücksichtigen im Übrigen die unterschiedlichen Einbauverfahren.

Im Gegensatz zu Bild B20 erfolgt der Einbau der Wandabdichtung in Bild B21 von außen her, d.h. oberhalb des Kehranschlusses. Auch hier wird unter Einbeziehung einer senkrechten Kante der Verlauf der einzelnen Abdichtungslagen im Einzelnen dargestellt. Wie

1 Sohlen, Wände und Decken im Gründungsbereich

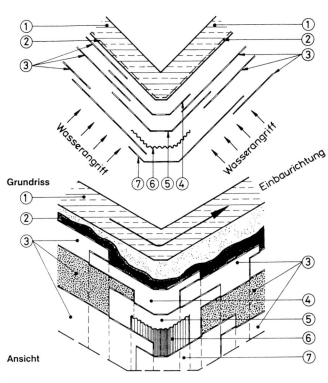

1 Wandbeton
2 Bitumenvoranstrich (VA)
3 Wandabdichtung R 500 N im GEV mit Deckaufstrich
4, 5, 7 über die Bauwerkskante zu führende Abdichtungslagen im BStV
6 Verstärkung Cu 0,1 in gefüllter Klebemasse, soweit erforderlich

Bild B21
Einbau einer Wandabdichtung von außen auf das Bauwerk einschließlich Eckausbildung [B113]

schon für die Lösung nach Bild B20 ausgeführt, muss die Art des Einbauverfahrens beachtet werden, denn im Bereich der senkrechten Kehle oder Kante kann infolge des Bahnversatzes nicht immer das handwerklich sicherere Gieß- (GV) oder Gieß- und Einwalzverfahren (GEV) angewendet werden. Es muss vielmehr auch auf das Bürsten- und Streichverfahren (BStV) zurückgegriffen werden. Diese Zwänge sind bei den Darstellungen in den Bildern B20 und B21 berücksichtigt.

Die Anordnung von Wärmedämmplatten, z. T. auch mit Dränwirkung, hat sich vor allem im Kellerbereich von Einzel- und Reihenhäusern immer mehr durchgesetzt. Die Dicke der so genannten Perimeterdämmung muss nach DIN 4108 (Wärmeschutz im Hochbau) [B6] berechnet werden. Eine solche Wärmedämmung ist überall dort einzusetzen, wo von der geplanten Nutzung her ein Wohnklima erreicht werden soll. Die Wärmedämmung schützt zugleich die Abdichtung, führt das Wasser bei richtiger Plattenwahl [B308] ab und sichert die erforderliche Dämmwirkung. Im Erdbereich müssen die Dämmplatten fäulnis- und bitumenbeständig sein. Sie werden mit Haftzement oder lösungsfreiem Spezialkleber an die Abdichtung geklebt. Beim Verlegen der Platten und beim Verfüllvorgang ist darauf zu achten, dass die Platten auch im oberen Wandbereich vollflächig anliegen. Sonst wird Sand bzw. Bodenmaterial in den Spalt zwischen Dämmplatte und Hauswand eingespült und die Dämmwirkung teilweise aufgehoben. Weitere Einzelheiten für den unterschied-

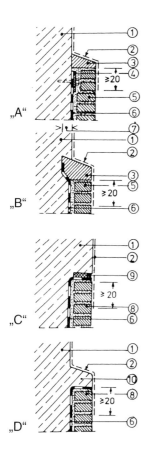

1 Außenwand
2 Abdichtung nach LV; DIN 18195-4 oder -5
3 Betonabdeckung
4 Klemmschiene gem. LV; 50 mm×5 mm, Schlüsselschrauben Durchmesser 8 mm, Abstand ≤200 mm
5 Schutzmauerwerk KSL 12, MG II
6 Abdichtung nach LV; DIN 18195-5 oder -6
7 Einzug ≥2 cm; nur zulässig, wenn Betonstahlüberdeckung ≥4 cm und keine Veränderung der Bewehrung erforderlich
8 Abdichtungsrücklage aus KSL 12, MG II, standfest abgesteift und mit Mörtel MG II luftseitig geputzt
9 komprimierbare Schutzeinlage
10 Wandkonsole

Die obere Abdichtung (2) muss mindestens 20 cm über das obere Ende der Abdichtung (6) geführt werden und wird von außen aufgebracht.

„A" und „B" – von außen geklebte Abdichtungen

„C" und „D" – von innen geklebte Abdichtungen

Bild B22
Abdichtungsübergänge [B226]

lichen Einsatz von Hartschaumplatten nach DIN 18164-1 [B13] und Platten aus Schaumglas nach DIN 18174 [B14] sind den Abschnitten B1.9 und B2.6 oder Braun [B222] und den entsprechenden Abschnitten des „abc der Bitumenbahnen" [B224] sowie den jeweiligen Herstellerinformationen [B308, B309] zu entnehmen.

In Bild B22 sind verschiedene Lösungen für den Übergang von einer Abdichtung gegen drückendes oder nichtdrückendes Wasser zu einer solchen gegen Bodenfeuchte nach DIN 18195-4 [B16] dargestellt [B221, B226]. Die Hautabdichtung wird dabei ähnlich gesichert wie im Bereich von Abdichtungsabschlüssen. Die Beispiele „A" und „B" unterscheiden sich von den Beispielen „C" und „D" in der Einbaufolge. Während in den ersten beiden Fällen die Abdichtung auf das zuvor erstellte Bauwerk aufgebracht und dann erst das Schutzmauerwerk erstellt wird, ist im Fall „C" bzw. „D" zuerst das Mauerwerk als Abdichtungsrücklage vorhanden. Der Einbau der Abdichtung erfolgt anschließend.

Weitere Ausführungen zur Abdichtung von Stützwänden sind in Abschnitt B1.5.9, zur Abdichtung bei Lückenbebauung und bei Sollbruchfugen in den Abschnitten B1.5.10 und B1.5.11 enthalten.

1 Sohlen, Wände und Decken im Gründungsbereich

1.5.3 Abschluss der Wandabdichtung im Sockel- und Wandbereich

Der Abschluss der Wandabdichtung muss entsprechend den Ausführungen in Abschnitt B1.2 immer ≥15 cm über Gelände liegen. Oberhalb und unterhalb der Kellerdecke können in Abhängigkeit von deren Höhenlage auch zwei waagerechte Abdichtungen in der Wand angeordnet werden. Sie werden aber durch die Norm DIN 18195-4:2000-08 nicht mehr zwingend gefordert. Vom Prinzip her sind die unterschiedlichen Ausführungen, z.B. geputzte Sockelfläche, gemauerter Sockel oder das Absetzen der Verblendung auf Fertigteilen bei einer Außendämmung, in den Bildern B23 bis B25 dargestellt. Diese Abschlüsse müssen bauwerksspezifisch für die jeweilige Abdichtungsart geplant werden. Viele Abdichtungsschäden finden ihre Ursache an diesen Punkten, weil dort die Abdichtung nicht dauerhaft und sicher abgeschlossen ist.

Ein besonderes Augenmerk ist auf die Abschlüsse im Sockelbereich zu richten. In dieser Hinsicht muss unbedingt sichergestellt sein, dass das an der Fassade ablaufende Wasser nur auf oder vor die Wandabdichtung laufen kann. Nur so ist eine Hinterläufigkeit an jeder Stelle sicher auszuschließen. Außerdem kann auf diese Weise das Eindringen von Leck- oder Fassadenwasser im Fugenbereich vermieden werden. Letzteres muss auch dann ausgeschlossen sein, wenn sich ein kurzfristiger Wasserstau am Gebäude ergibt. In

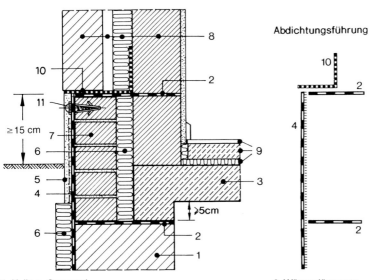

1 Kelleraußenwand
2 Waagerechte Wandabdichtung; nach DIN 18195-4: 2000-08 nur im Übergang Sohle/Wand zwingend vorgeschrieben
3 Stahlbetondecke
4 Wandabdichtung
5 Sockelputz auf Putzträger oder auf Spezialwärmedämmplatte als Putzträger
6 Wärmedämmung
7 Sockelmauerwerk, voll und bündig verfugt
8 Aufgehendes Außenmauerwerk mit Wärmedämmung, Luftschicht und Verblendschale
9 Fußbodenaufbau
10 Abdichtung gegen das Eindringen von Kondenswasser
11 Klemmschiene

Bild B23
Abdichtungsabschluss eines wärmegedämmten Wandsockels [B223]

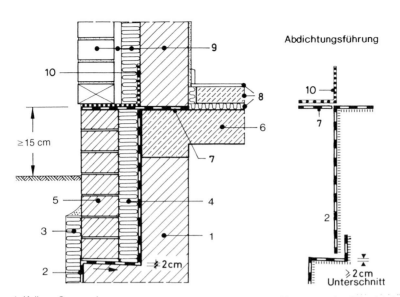

1 Kelleraußenwand
2 Abdichtung
3 Kombinierte Wärmedämmung und Dränung
4 Kerndämmung
5 Vormauerwerk
6 Stahlbetondecke
7 waagerechte Wandabdichtung; nach DIN 18195-4:2000-08 nur im Übergang Sohle/Wand zwingend vorgeschrieben
8 Fußbodenaufbau
9 Aufgehendes Mauerwerk mit Wärmedämmung, Luftschicht und Verblendschale
10 Abdichtung gegen das Eindringen von Kondenswasser

Bild B24
Abdichtungsabschluss eines wärmegedämmten Wandsockels aus Vormauersteinen [B223]

Längsrichtung muss die Dichtungsbahn zum Schutz gegen eindringendes Kondenswasser wasserdicht gefügt sein, um eine Umläufigkeit auszuschließen. Im Sockelbereich können gemäß Bild B23 auch spezialbeschichtete Dämmplatten zum Einsatz kommen, die fabrikfertig mit einer 10 mm dicken kunststoffmodifizierten Mörtelschicht geliefert werden [B308].

Nach den Normen sollen die Wandabdichtungen mindestens 15 cm über OK Gelände geführt werden. Praktisch lässt sich jedoch dieses Maß in vielen Fällen nicht einhalten. Daher wird empfohlen, ein Maß von mindestens 10 cm anzustreben, sofern eine feste Schutzschicht die Abdichtung schützt und die Fuge zwischen Beton und Mauerwerkskopf abgedeckt bzw. die Abdichtung mittels Klemmschiene oder Klemmleiste (vgl. Kapitel L) verwahrt ist.

Werden bei Stützwänden Fertigteile zur Abdeckung eingesetzt (Bild B26), muss darauf geachtet werden, dass das durch die Stoßfugen dringende Wasser schadlos abgeführt wird. Das kann z. B. durch eine unter den Fertigteilen angeordnete Abdichtung erfolgen. Die Abdeckplatten sollten an ihren überstehenden Rändern eine Wassernase aufweisen und verankert sein (vgl. Bild B53). Diese Ausführung sollte vor allem auch dann angewandt werden, wenn die Abdeckung durch eine Rollschicht erfolgt, wie in Bild B27 dargestellt [B113].

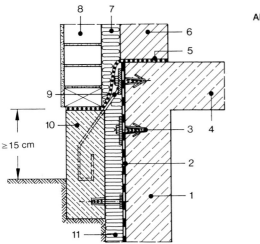
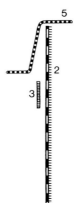

1 Kelleraußenwand
2 Kellerabdichtung
3 Klemmschiene, möglichst ≥ 15 cm über OF Gelände
4 Stahlbetondecke
5 waagerechte Abdichtung unter der Außenwand und Dämmung sowie Verblendung
6 Wandmauerwerk
7 Kerndämmung
8 Verblendung oder Vormauerung mit Putz
9 Verankerung des Fertigteils für die Verblendung in der Stahlbetondecke
10 Fertigteil aus Stahlbeton mit unterem höhenverstellbarem, auf die Abdichtung aufgeklebtem Abstandshalter
11 Dämmplatte im Kellerbereich, gleichzeitig Schutzschicht

Bild B25
Abdichtungsabschluss mit Fertigteil bei einer Außendämmung [B223]

Wichtig für alle Ausführungsarten ist neben dem Hochführen der Abdichtung über OK Gelände bei Lösungen gemäß den Bildern B26c und B26d das Übergreifen des Konstruktionsbetons um mindestens 7 cm über die Abdichtung in Form einer Wassernase. Damit werden Schäden vermieden, die durch Hinterläufigkeit oder durch Wasserangriff an der Stirnseite der Abdichtung entstehen können.

1.5.4 Sohlen- bzw. Fußbodenabdichtung

Die verschiedenen Abdichtungsaufbauten im Sohlen- und Fußbodenbereich ergeben sich aus den Tabellen B1 und B2 des Abschnittes B1.4 sowie aus den Bildern B28 bis B31. Eine besondere Art der Sohlenabdichtung stellte bis zur Neuausgabe der DIN 18195-4 im Jahr 2000 im Bereich der Bodenfeuchte die kapillarbrechende Schicht dar (Bild B28). Sie sollte nur bei untergeordneten Räumen angewandt werden. Hierfür ist die Erkenntnis wichtig, dass nur mindestens 15 cm dicke Sand/Kiesschichten mit einem Durchlässigkeitswert von $k \geq 10^{-4}$ m/s das Aufsteigen von Feuchtigkeit unterbinden. Bei Sandschichten mit kleineren Durchlässigkeitswerten ist mit Durchfeuchtungen zu rechnen. Steht erst Feuchtigkeit an der Unterfläche der Rohbetonsohle an, wird immer Wasserdampf durch den Beton hindurchdiffundieren. Das Raumklima wird dann infolge des Wassertransportes auch durch Bauteile aus WU-Beton negativ beeinflusst, wie Cziesielski ausgeführt hat [B232].

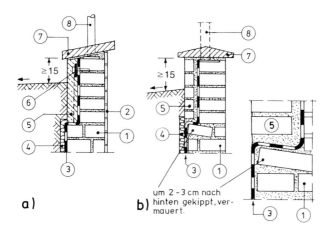

1 Stützwand, Mauerwerk oder Beton
2 Putz oder Wandverkleidung
3 Wandabdichtung mit erforderlicher Schutzlage
4 Schutz- und/oder Dränplatte, soweit erforderlich
5 Betonschutzschicht mit Bewehrung oder Schutzmauerwerk mit Mörtelfuge
6 Klemmschiene ≥ 50 mm × 5 mm, Schlüsselschraube ≥ 8 mm Durchmesser, a ≤ 200 mm
7 Abdeckplatte, verankert
8 Geländer mit Ankerplatte
9 Gleitschicht

Bild B26
Abdichtungsabschlüsse bei Stützmauern oder einseitig freistehenden Wänden [B113, B223]

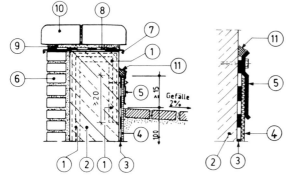

1 Fugenabschlussband; die Abdichtung rückseitig ≥ 20 cm überlappend
2 Betonstützwand
3 Stützwandabdichtung
4 Bautenschutzplatte, 8 mm dick, stumpf gestoßen, bis 1 m unter Gelände führen und in der Klemmleiste verankern
5 Klemmprofil h ≥ 150 mm hoch, mit Schrauben, Durchmesser 8 mm, nicht rostend, a ≤ 200 mm
6 Verblendmauerwerk
7 zwei Kupferblechstreifen 0,6 mm dick, jeweils als Tropfnase
8 Abdichtung, z. B. PV 200 S5 besandet
9 PCC-Mörtelschicht
10 Rollschicht, verankert
11 Versiegelung

Bild B27
Abdichtung eines Stützwandkopfes [B113]

1 Sohlen, Wände und Decken im Gründungsbereich

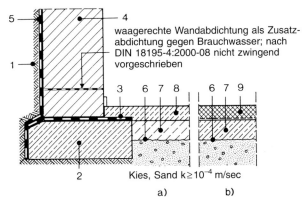

1 Füllboden
2 Fundament
3 Waagerechte Wandabdichtung
4 Kellerwand
5 Senkrechte Wandabdichtung
6 Trennlage
7 Rohbetonsohle
8 Estrich
9 Gussasphalt auf Trennlage

Bild B28
Sohle ohne Abdichtung bei anstehendem Kies oder Sand und geringwertiger Raumnutzung mit Fußbodenbelag aus a) Zementestrich, b) Gussasphalt

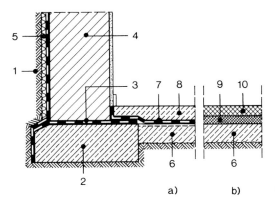

1 Füllboden
2 Fundament
3 Waagerechte Wandabdichtung
4 Kellerwand
5 Senkrechte Wandabdichtung mit Schutzschicht
6 Rohbetonsohle
7 Lose verlegte oder verklebte Sohlenabdichtung
8 Zementestrich
9 Mastix auf Trennlage
10 Gussasphaltschutzschicht

Bild B29
Sohlenabdichtung ohne Dämmung im Bereich des nichtdrückenden Wassers mit Schutzschichten aus a) Zementestrich, b) Gussasphalt

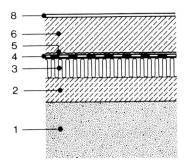

1 Erdreich
2 Unterbeton
3 Wärmedämmung aus Schaumglas
4 Abdichtung
5 Trennlage
6 Stahlbetonsohle
7 Druckverteilende Betonplatte, bewehrt
8 Fußbodenbelag

Bild B30
Sohlenabdichtung oberhalb der Wärmedämmung [B223]

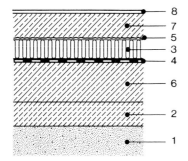

1 Erdreich
2 Unterbeton
3 Wärmedämmung aus Schaumglas
4 Abdichtung
5 Trennlage
6 Stahlbetonsohle
7 Druckverteilende Betonplatte, bewehrt
8 Fußbodenbelag

Bild B31
Sohlenabdichtung unterhalb der Wärmedämmung [B223]

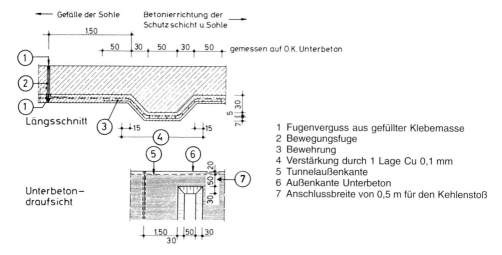

1 Fugenverguss aus gefüllter Klebemasse
2 Bewegungsfuge
3 Bewehrung
4 Verstärkung durch 1 Lage Cu 0,1 mm
5 Tunnelaußenkante
6 Außenkante Unterbeton
7 Anschlussbreite von 0,5 m für den Kehlenstoß

Bild B32
Quernocke in einer Sohlenfläche ohne Wärmedämmung [B113]

Aufgrund der heute üblicherweise höherwertigen Nutzung der Kellerräume ist diese Ausführung nicht mehr in die Neuausgabe der Norm aufgenommen worden.

Auf der Rohbetonsohle aufgebrachte Abdichtungen erfordern eine Schutzschicht, z. B. Estrich oder Gussasphalt. Diese Schicht ist ungeeignet zur Aufnahme von Wasserdruck. Daher darf bei Abdichtungen im Bereich nichtdrückenden Wassers (Bild B29) kein Aufstau über OF Rohbeton erfolgen.

Sohlenabdichtungen im Bereich des nichtdrückenden oder drückenden Wassers erfordern konstruktiv bemessene Sohlplatten oder Fußbodenbeläge, die auch einen eventuellen hydrostatischen Druck aufnehmen können. Dämmstoffe müssen so druckfest sein, dass infolge der Zusammendrückung durch die maximal zu erwartende Auflast keine Beschädigung der Abdichtung eintreten kann. Die Aussagen zur Wärmedämmung in den Wänden gelten für die Sohlen sinngemäß, wie es auch in den Abschnitten B1.9 und B2.6 näher erläutert

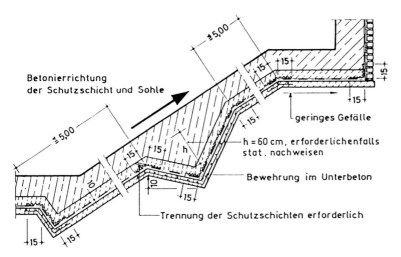

Bild B33
Quernocke in geneigter Fläche, z. B. Treppen oder Rampen [B113]

wird. Je nach Anordnung der Wärmedämmung unter- oder oberhalb der Abdichtung ergeben sich konstruktiv sehr unterschiedliche Ausführungen für den Sohlenaufbau. Beispiele hierzu sind in den Bildern B30 und B31 dargestellt.

Wird bei Kellerräumen im Bereich des nichtdrückenden Wassers oder des von außen drückenden Wassers keine Wärmedämmung erforderlich, so liegt die Abdichtung nach Tabelle B1 oder Tabelle B2 auf einem Unterbeton. Sie muss dann für die Bewehrungsarbeiten durch eine 5 bis 10 cm dicke Beton-Schutzschicht geschützt werden. Darauf ist dann die statisch bemessene Bauwerkssohle anzuordnen (Bilder B32 und B33).

Im Bereich von geneigten Sohlflächen muss ein Abgleiten des Baukörpers auf der Abdichtung durch konstruktive Maßnahmen, z. B. Nocken, sicher ausgeschlossen werden. Hierfür ist an den sich ergebenden Kanten und Kehlen unter Einhaltung der nachzuweisenden Kantenpressung eine Verstärkung aus Kupferbändern 0,1 mm dick einzubauen. Sollten Fugen in den geneigten Sohlflächen liegen, sind Nocken etwa 1,50 m oberhalb des Tiefpunktes anzuordnen. Damit wird ein Abgleiten des Sohlbetons beim Betonieren vermieden. Weitere Einzelheiten sind im Heft 61 der ARBIT-Schriftenreihe ausführlich dargestellt [B226].

1.5.5 Deckenabdichtung

Die Abdichtung waagerechter Flächen ist nach den Ausführungen in den Abschnitten B1.2 und B1.4 immer als hoch beanspruchte Abdichtung gegen nichtdrückendes Wasser anzusehen. Die Bilder B34 und B35 zeigen bewährte Lösungen mit unterschiedlichen Dichtungs- und Schutzschichten auf. Weitere Einzelheiten hierzu sind in Abschnitt B1.2 angegeben. Wichtig zur Vermeidung von Schäden ist das schindelartige Übergreifen der Deckenabdichtung um mindestens 20 cm über die Arbeitsfuge Decke/Wand auf die Wandabdichtung, insbesondere wenn Letztere nur als Abdichtung gegen Bodenfeuchte ausgebildet ist oder eine

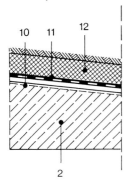
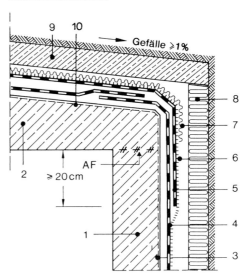

1 Außenwand
2 Deckenkonstruktion
3 Bitumenvoranstrich auf der Wand
4 Wandabdichtung
5 Deckenabdichtung mehrlagig
6 Deckaufstrich
7 Trennlage – wenn erforderlich
8 Perimeterwärmedämmung
 (erforderlichenfalls auch im Deckenbereich)
9 Betonschutzschicht
 (erforderlichenfalls verankert, z.B. bei Fahrverkehr zum Verfüllen)
10 Bitumenvoranstrich bzw. Grundierung auf der Decke
11 Bitumenschweißbahn nach ZTV-BEL-B 1
 (siehe auch Abschnitt B 2)
12 Gussasphalt

Bild B34
Deckenabdichtung erdüberschütteter Flächen mit Anschluss an die Wandabdichtung und Schutzschichten aus Beton oder Gussasphalt im Bereich nichtdrückenden Wassers [B223]

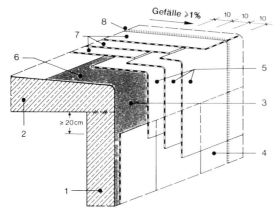

1 Außenwand
2 Deckenkonstruktion
3 Bitumenvoranstrich (VA)
4 Wandabdichtung (Dichtungsbahn)
5 3-lagige obere Wandabdichtung aus nackten Bitumenbahnen bei
 Auflast $\geq 0{,}01$ MN/m^2, sonst zwei Lagen Dichtungsbahnen bis 20 cm über Arbeitsfuge Decke/Wand
6 Bitumenvoranstrich, nur im Deckenrandbereich (VA)
7 3-lagige Deckenabdichtung aus nackten Bitumenbahnen (R 500 N)
8 Bitumendeckaufstrich (DA)

Bild B35
Übergang Wand–Decke von einer dreilagigen Decken- auf eine einlagige Wandabdichtung [B223]

1 Sohlen, Wände und Decken im Gründungsbereich

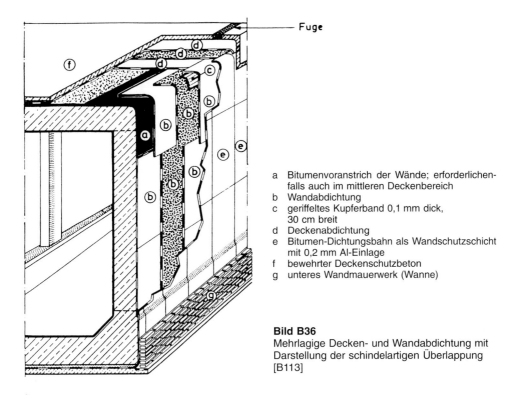

a Bitumenvoranstrich der Wände; erforderlichenfalls auch im mittleren Deckenbereich
b Wandabdichtung
c geriffeltes Kupferband 0,1 mm dick, 30 cm breit
d Deckenabdichtung
e Bitumen-Dichtungsbahn als Wandschutzschicht mit 0,2 mm Al-Einlage
f bewehrter Deckenschutzbeton
g unteres Wandmauerwerk (Wanne)

Bild B36
Mehrlagige Decken- und Wandabdichtung mit Darstellung der schindelartigen Überlappung
[B113]

geringere Lagenzahl als die Deckenabdichtung aufweist. Oftmals stauen sich zeitweise Niederschläge an diesem Punkt auf und führen zur Unterläufigkeit der Flächenabdichtung und damit zu regelrechten Durchfeuchtungen im Bereich der Arbeitsfuge (AF).

Die Deckenfläche sollte an ihrer Oberfläche ein Gefälle zur einwandfreien und schnellen Entwässerung aufweisen. Bei einer Deckenneigung von mehr als 1% muss allerdings die Gleitsicherung der Abdichtung und der Schutzschicht geprüft und u.U. durch konstruktive Maßnahmen sichergestellt werden. Hierbei sind nicht nur der Verfüllvorgang, sondern auch eventuelle spätere Auflasten zu bedenken. Sinngemäß kann daher, wie in Bild B32 für die Sohle bereits dargestellt, die Anordnung von Deckennocken [B113, B206] erforderlich werden. Diese müssen aber so angeordnet werden, dass Sickerwasser jederzeit problemlos in Gefällerichtung abfließen kann und ein Wasserstau sicher vermieden wird.

Werden auch Wandabdichtungen mehrlagig ausgeführt, so sind deren Lagen nach dem Schindelprinzip jeweils um 10 cm (nach Norm mindestens 8 cm) mit den Lagen der Deckenabdichtung zu überlappen. Ein Deckaufstrich schließt den Abdichtungsaufbau in Decke und Wand ab. Geschützt wird die Abdichtung durch eine Schutzschicht nach Abschnitt B1.8 (Bild B36).

Sind auch Deckenflächen nach DIN 4108 [B6] gegen Wärmeverluste zu dämmen, so sind hierfür die Angaben zur Dämmung im Wand- und Sohlenbereich sinngemäß zu beachten (vgl. auch Abschnitt B1.9). Als Ersatz einer waagerechten Schutzschicht können Dämm-

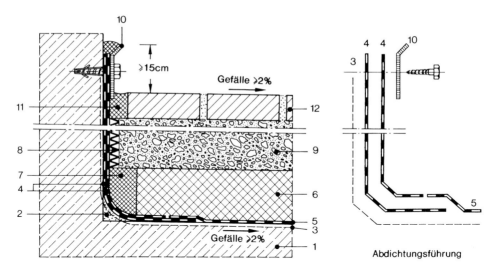

1 Stahlbetonkonstruktion
2 Kehlenausrundung, r ≥ 4 cm
3 Bitumenvoranstrich oder Epoxidharzgrundierung
4 2-lagiger Wandanschluss
5 1-lagige Schweißbahn auf der Deckenfläche nach ZTV-BEL-B 1
6 Gussasphaltschutzschicht
7 Bitumenvergussfuge, soweit erforderlich
8 Bautenschutzplatte
9 Bodenauffüllung
10 Klemmprofil verdübelt, ≥ 150 mm hoch
11 Fugenausbildung zwischen der Pflasterung und der aufgehenden Wandabdichtung
12 Plattenbelag

Bild B37
Abdichtungsanschluss an aufgehende Wand ohne Trennfuge bei gepflasterter Nutzfläche [B223]

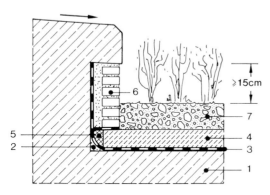

1 Stahlbetonkonstruktion
2 Kehlenausbildung, r ≥ 4 cm
3 Abdichtung
4 Schutzbeton, erforderlichenfalls auf Trennlage
5 Vergussfuge
6 Schutzmauerwerk auf Gleitschicht
7 Bodenauffüllung

Bild B38
Abdichtungsanschluss an aufgehende Wand ohne Trennfuge bei bepflanzter Überschüttung [B223]

platten nur dann eingesetzt werden, wenn sie generell gegen Abgleiten gesichert und ausreichend druckfest im Hinblick auf die Aufschüttung sind.

Abdichtungsabschlüsse – insbesondere bei Einzel- und Reihenhäusern sowie bei höhenversetzten Hochbauten – lassen oftmals die Grundlagen einer fachgerechten Verwahrung, wie in Abschnitt B1.2 gefordert, vermissen. Solche Abschlüsse von der Decke an direkt an-

1 Sohlen, Wände und Decken im Gründungsbereich

schließende, aufgehende Wände ohne abtrennende Bauwerksfuge zeigen die Bilder B37 und B38. Hierbei wurden unterschiedliche Beläge, Schutzschichten und Überschüttungen berücksichtigt. Abdichtungsabschlüsse über Fugen unmittelbar in der Kehle zwischen Decke und aufgehenden Wandflächen sind in Abschnitt B1.6 behandelt.

Weitere Detailpunkte zu den Abdichtungsanschlüssen sind im „abc der Bitumenbahnen" dargestellt [B224].

1.5.6 Terrassen- und Balkonabdichtungen mit Türanschlüssen

Zu den häufigsten Fehlerquellen im Zusammenhang mit Abdichtungsabschlüssen zählen Terrassen- oder Balkontüren. Ergänzend zu den Ausführungen in den Abschnitten B1.2 und B1.5.3 bis B1.5.5 zeigen die Bilder B39 bis B41 Ausführungsmöglichkeiten ohne und mit Wärmedämmung in den angrenzenden waagerechten Außenflächen, aber auch fachgerechte Lösungen bei nur 5 cm Höhendifferenz zwischen innerem Fußboden und äußerer Belagshöhe (Bild B41) [B224]. Die Bleche und Rinnenabdeckungen sollten korrosionsbeständig sein. Die Auflagerwinkel bzw. Rinnenbleche dürfen die Abdichtung nicht beschädigen. Die Rinne muss über ein Längsgefälle von mindestens 0,5% verfügen und der Abfluss normgerecht (DIN 19599) [B28] angeschlossen sein. Eine ausreichende Reinigungsmöglichkeit für die Rinne und deren Ablauf ist vorzusehen.

Abweichend von der in Bild B41 dargestellten Rinnenlösung bieten jetzt verschiedene Rinnenhersteller [B310] komplette Spezialrinnenelemente an. Bei minimalen Bauhöhen ab 58 mm wird durch die dazugehörigen gelochten Winkelprofile die Perlkiesbettung des Plattenbelages begrenzt (Bild B42).

Nahezu stufenfreie Eingänge werden immer häufiger gefordert, z. B. bei Krankenhäusern, Behindertenwohnungen oder allgemein bei stolperfreien Fluchtwegen. Außer den oben

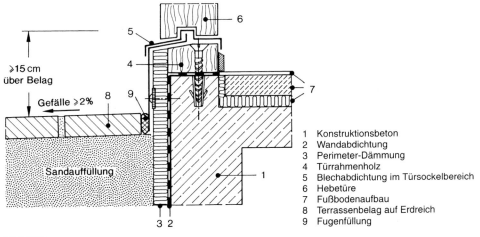

Bild B39
Terrassentür mit Abdichtungsabschluss [nach B224]

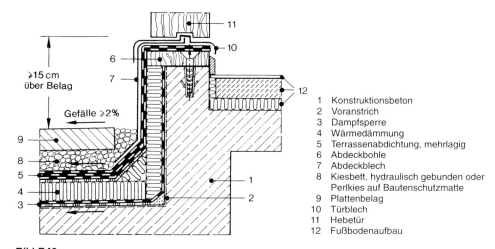

Bild B40
Terrassentür mit Abdichtungsabschluss bei wärmegedämmten Terrassenflächen;
in Anlehnung an [B224]

1 Konstruktionsbeton
2 Voranstrich
3 Dampfsperre
4 Wärmedämmung
5 Terrassenabdichtung, mehrlagig
6 Abdeckbohle
7 Abdeckblech
8 Kiesbett, hydraulisch gebunden oder Perlkies auf Bautenschutzmatte
9 Plattenbelag
10 Türblech
11 Hebetür
12 Fußbodenaufbau

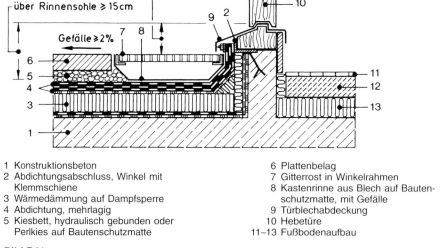

1 Konstruktionsbeton
2 Abdichtungsabschluss, Winkel mit Klemmschiene
3 Wärmedämmung auf Dampfsperre
4 Abdichtung, mehrlagig
5 Kiesbett, hydraulisch gebunden oder Perlkies auf Bautenschutzmatte
6 Plattenbelag
7 Gitterrost in Winkelrahmen
8 Kastenrinne aus Blech auf Bautenschutzmatte, mit Gefälle
9 Türblechabdeckung
10 Hebetüre
11–13 Fußbodenaufbau

Bild B41
Terrassentür mit Abdichtungsabschluss und Rinne auf wärmegedämmter Decke;
in Anlehnung an [B224]

dargestellten konstruktiven Lösungen können hier ergänzende planerische Maßnahmen hilfreich sein. Dazu zählen beispielsweise das Zurücksetzen der Türen, die Anordnung der Austritte auf der wetterabgewandten Seite oder die Überdachung der Türen. Derartige Vorkehrungen können den Wasseranfall im unmittelbaren Türbereich minimieren. Generell muss das Gefälle vom Haus weg weisend angeordnet sein und sollte mindestens 2% betra-

1 Sohlen, Wände und Decken im Gründungsbereich

Bild B42
Spezialrinne für Terrassenentwässerung [B310]

gen. Die Türen selbst müssen regensicher ausgelegt und von der Zargenkonstruktion her korrosionsfest ausgeführt sein. Dann kann auch der anstehende Wind die Feuchtigkeit nicht in die Innenräume treiben.

Bei wärmegedämmten Terrassen mit massiven Brüstungen, die über Wohnräumen angeordnet sind, wird das Zusammendrücken der Dämmplatten bei den darüber angeordneten Abdichtungen oftmals nicht ausreichend beachtet. Infolge hoher Auflasten tritt im Laufe der Zeit eine zunehmende Stauchung bei Hartschaum-Wärmedämmplatten ein, die zum Versagen der Abdichtung insbesondere an Aufkantungen sowie An- und Abschlüssen führen kann. Denn die vom Hersteller benannte Belastbarkeit der Wärmedämmung gilt bei Hartschaumplatten nach DIN 18164 [B13] nur unter Berücksichtigung einer 10%igen Stauchung. Schon dieses Maß kann für die Abdichtung schädlich sein. Um diese Problempunkte weitgehend auszuschalten, werden außer den Einbauteilen nach Bild B43 auch solche nach Bild B44 empfohlen [B313]. Die für den Hochbau amtlich durch das Institut für Bautechnik zugelassenen speziellen Einbauteile werden sowohl für oberflächenebene Betondecken als auch für solche mit Deckenversatz hergestellt. Sie ermöglichen einen einwandfreien Abdichtungsabschluss hinter der Verblendung an dem tragenden Mauerwerk entsprechend DIN 18195-9 [B16]. Die Bilder B43 und B44 zeigen einen derartigen Anschluss. Hierbei sollten dehnfähige Bahnen (z.B. PYE-PV-Bahnen) eingesetzt werden.

Sind auskragende Deckenteile im Hochbau wie Terrassen oder Balkone abzudichten, so darf die Wirksamkeit der Wärmedämmung nicht beeinträchtigt oder gar unterbrochen werden. Denn Kältebrücken zeichnen sich nicht nur optisch ab, sondern tragen wesentlich auch bei zur Verschlechterung des Raumklimas bis hin zur Schimmelpilzbildung.

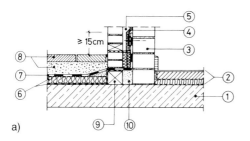

1 Konstruktionsbeton
2 Fußbodenaufbau mit Trittschall-Dämmung
3 Tragende Innenschale
4 Wärme-Dämmschicht
5 Luftschicht
6 Wärmedämmung mit Dampfsperre
7 Abdichtung mind. 2-lagig und Schutzlage, Abdichtungsabschluss 15 cm über dem Plattenbelag
8 Plattenbelag ≥5 cm dick in ≥4 cm dickem Perlkiesbett
9 tragendes Wärmedämmelement [B313] unter Vormauerschale

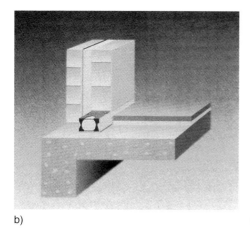

Bild B43
Abgedichtete und gedämmte Terrasse mit tragendem Wärmedämmelement [B313] für die Vormauerschale
a) System
b) Einbauzustand
c) Wärmedämmelement

1.5.7 Lichtschächte

Wassereintritte und Durchfeuchtungen im Bereich von Lichtschächten zeigt bereits Schild [B203] auf. Immer wiederkehrende Fehler sind fehlende Planungen und bei der Ausführung nicht eingebaute oder verstopfte, d.h. nicht ausreichend gewartete Abläufe und unzureichende Lichtschachthöhen in Bezug auf das angrenzende Gelände. Aber auch ein Oberflächengefälle zum Lichtschacht hin oder Differenzhöhen <30 cm zwischen Lichtschachtboden und Unterkante des Kellerfensters sind Mängel. Denn selbst bei gut durchlässigen Sandböden um und unter dem Lichtschacht vermindern auf Dauer der sich ansammelnde Staub und Schmutz, aber auch herabfallendes Laub die Wasserdurchlässigkeit des Bodens an der Schachtsohle. Daher kann ein Aufstau und damit für kurze Zeit eine Druckwasserbeanspruchung auf längere Sicht nicht ausgeschlossen werden. Hiermit muss auch bei einem Baukörper im Bereich von Bodenfeuchte und nichtdrückendem Wasser gerechnet werden.

Bei der Bodenverfüllung unter höher liegenden, festen, mit dem Haus verbundenen Lichtschachtsohlen sind sehr oft Hohlräume vorhanden, in denen sich das Wasser aus dem

1 Sohlen, Wände und Decken im Gründungsbereich

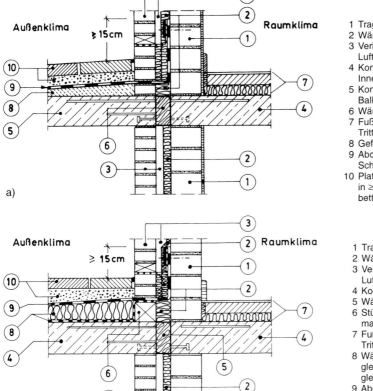

Bild B44
Sonderelemente für Betondecken bei gedämmten Wänden, die eine sichere Abdichtungsführung ermöglichen [B313]
a) Außenklima unter der Kragplatte
b) Raumklima unter der Kragplatte

Lichtschacht aufstaut, um dann erst langsam zu versickern (Bild B45). Daher sollte ein Durchstoßen der Abdichtung für die Befestigung von Lichtschacht-Fertigteilen oder Kragträgern entweder vermieden werden oder ein ordnungsgemäßes Eindichten solcher Befestigungspunkte erfolgen. Die Befestigung von polyesterverstärkten Lichtschächten sollte möglichst hoch, immer aber mindestens 30 cm über dem Ablauf liegen. Im Übrigen sollten diese Befestigungen und Auflagerflächen durch ein komprimierbares Dichtungsband, z.B. Illmod o. glw., gesichert werden (Bild B46). Denn auch seitlich wird sonst Sand in den Lichtschacht eingespült und vermindert die Ablauffähigkeit. Kellerfenster erfordern ebenfalls einen umlaufend sicheren Abdichtungsanschluss, z.B. durch Klemmschienen oder Verwahrung in der Verblendung. Eine Hinterläufigkeit der Abdichtung führt nämlich auch hier zur Durchfeuchtung von Wänden [B308, B313].

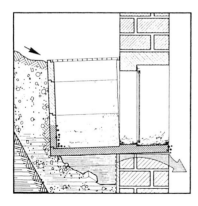
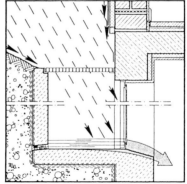

Bild B45
Fehlerhafte Lichtschachtausfüllungen [B203]
Mängel:
- unzureichende Verfüllung
- klaffende Fuge Hauswand/Lichtschacht
- Oberflächengefälle zum Schacht
- fehlende Stauhöhe von ≥30 cm bis UK Fenster
- fehlendes Sohlengefälle im Lichtschacht

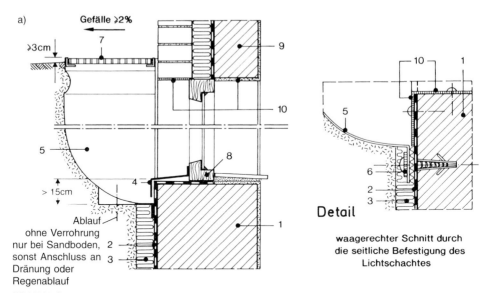

Bild B46 a)

1 Außenwand
2 Wandabdichtung
3 Schutzplatte oder Wärmedämmung
4 Blechabdeckung
5 Polyesterverstärkter Lichtschacht
6 Befestigung des polyesterverstärkten Fertigteiles und Abdichtung mit komprimierbarem Dichtungsband
7 Gitterrostabdeckung
8 Kellerfenster
9 Wandmauerwerk mit Kerndämmung und Verblendung
10 Putz bzw. Abdeckplatte oder Verblendung im Kellerfensterbereich

1 Sohlen, Wände und Decken im Gründungsbereich

Bild B46
Lichtschacht aus glasfaserverstärktem Polyester
a) System [B223]
b) Fehlerhafter Wandanschluss
c) Detail zu b)

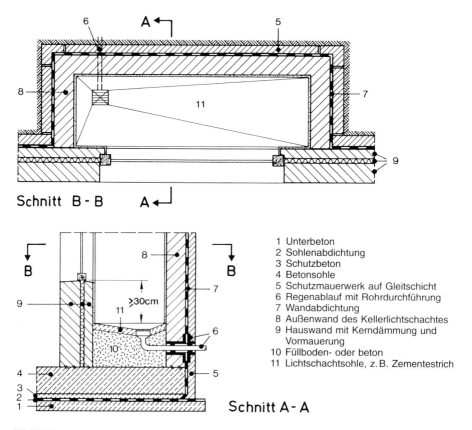

Bild B47
Lichtschacht im Bereich von außen drückenden Wassers [B223]

1 Unterbeton
2 Sohlenabdichtung
3 Schutzbeton
4 Betonsohle
5 Schutzmauerwerk auf Gleitschicht
6 Regenablauf mit Rohrdurchführung
7 Wandabdichtung
8 Außenwand des Kellerlichtschachtes
9 Hauswand mit Kerndämmung und Vormauerung
10 Füllboden- oder beton
11 Lichtschachtsohle, z. B. Zementestrich

Tief liegende Schächte zum Belichten und Belüften von Innenräumen sind oftmals auch gegen von außen drückendes Wasser zu sichern. In solchen Fällen können Sohle und Wände des Lichtschachtes nach Bild B47 abgedichtet werden. Einzelheiten hierzu ergeben sich für die Planung nach Abschnitt B1.2 und für die Ausführung nach den vorhergehenden Abschnitten. Das innerhalb des Lichtschachtes anfallende Wasser muss aber über Abläufe und Leitungen gefasst und mithilfe einer eingedichteten Rohrdurchführung nach Abschnitt B1.7 zur außerhalb des Gebäudes verlaufenden Grundleitung geführt werden. Aber auch eine nach innen geführte Entwässerungsleitung mit Anschluss an die Hausentwässerung ist denkbar. Bei all diesen Ausführungen mit Anschluss an das Hauptentwässerungssystem muss die Möglichkeit eines Rückstaus geprüft werden. Müssen Sicherungen gegen einen eventuellen Rückstau vorgesehen werden, sind pflegearme und einfache Systeme in jedem Fall hoch mechanisierten und pflegebedürftigen Ausführungen vorzuziehen.

1 Sohlen, Wände und Decken im Gründungsbereich

1.5.8 Kelleraußentreppen

Für Kelleraußentreppen werden im Regelfall Abdichtungsfragen in der Planung und Ausführung nicht gesondert behandelt. Dies führt dann häufig zu den von Schild [B203] aufgeführten Fehlern, entsprechend den Bildern B48a bis B48d. Zugegebenermaßen sind die Aufwendungen für Bitumenabdichtungen von Kelleraußentreppen unverhältnismäßig hoch. Sie führen daher bei begrenzten oder falsch eingesetzten Baugeldern oft zu nicht fachgerechten Ausführungen, oder die Abdichtungen entfallen ganz. In solchen Fällen sollte man besser Ausführungen aus wasserundurchlässigem Beton in die Überlegung einbeziehen. Dies gilt vor allem dann, wenn tief liegende Wasserstände eine sichere Entwässerung der unteren Podestplatte erwarten lassen und die Wandflächen des Treppenschachtes auf der Luftseite unverkleidet bleiben.

Grundsätzlich sind bei einer bitumenverklebten Abdichtung des Bauwerkes die Sohle und Umfassungswände der Kelleraußentreppe entsprechend der Wasserbeanspruchung mit einzubeziehen. Das untere Treppenpodest muss mit einem Ablauf versehen werden, der an das Abflusssystem unter Berücksichtigung eines evtl. möglichen Rückstaus anzuschließen ist, in keinem Fall an das Dränsystem (vgl. DIN 4094, Kommentar zu Abschnitt 4.2; Abschnitt A4). Hierbei ist zu bedenken, dass dieser Ablauf mindestens 15 cm unter der Kellersohle liegt, d. h. in der Regel den tiefsten Anschlusspunkt des Entwässerungssystems darstellt. Wird eine möglichst geringe Höhendifferenz am Kelleraustritt angestrebt, so bietet sich eine Lösung gemäß Bild B41 an. Die Durchdringungen der Abdichtung sind fachgerecht mit der Flächenabdichtung zu verbinden, wie in Abschnitt B1.7 ausführlich beschrieben. Bild B49 zeigt eine umlaufend abgedichtete Kelleraußentreppe mit durchgehender, aber tiefer als die Kellersohle liegender Sohlplatte der Kellertreppe. In der Sohle muss ein Versatz oder ein ausreichend steifer Estrich zur Gleitsicherung der Umfassungswände bezogen auf den äußeren Erddruck vorgesehen sein. Die Treppenstufen legen sich auf eine Untermauerung, d. h., sie binden nicht in die Bauwerksaußenwand ein und liegen auch nicht auf einer schrägen Laufplatte. Schräge Laufplatten, auf dem Füllboden des Arbeitsraumes gegründet, führen leicht zu Setzungen und zu Abrissen im Bereich des Überganges von der Treppensohle zur Hauswand und sollten nicht ausgeführt werden. Die Kellerwand des Hauses muss gegen Feuchtigkeit aufgrund von Schnee, Schmelzwasser und Regen auf den Treppenstufen bis ≥ 30 cm über Trittstufenhöhe geschützt werden. Aber auch unterhalb der Treppe darf die Abdichtung der Kelleraußenwand als Schutz gegen Durchfeuchtung nicht fehlen.

Generell ist ein mechanischer Schutz der Abdichtung erforderlich. Damit ergibt sich zwangsläufig eine Abdichtung der Gebäudewand, z. B. aus Wasser abweisendem Putz mit Putzträger und Beschichtung oder eine Abdichtung hinter der Vormauerung oder eine wasserdicht verfugte Verblendung. Im Schnitt A–A des Bildes B49 sind Einzelheiten und die Anordnung der Abdichtung dargestellt. Die Fugen zwischen Treppenstufe und aufgehenden Wänden müssen wasserdicht verfugt werden.

Bild B50 zeigt den Querschnitt einer Außentreppe im Sohlenbereich mit Einzelfundamenten anstelle der durchgehenden Fundamentplatte in Bild B49. Diese Situation ist häufig gegeben bei einem nachträglichen Treppenanbau. Hier sollte besonders darauf geachtet werden, dass der Wasserstand bzw. die maximale Aufstauhöhe ausreichend tief liegen

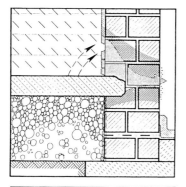

a) Einbindende Stahlbetonstufen oder Platten führen bei Setzungen zu Rissen und geben dem Wasser den Weg frei, insbesondere bei sich einstellenden Rissen im Außenputz.

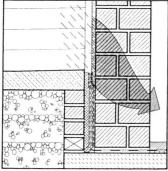

b) Nicht ausreichend hochgeführte Abdichtungen führen zur Durchfeuchtung der Wände, vor allem im Winter durch den sich zwangsläufig ansammelnden Schnee und das daraus resultierende Schmelzwasser.

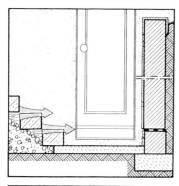

c) Bei auftretendem Stauwasser hinter oder unter den Stufen kann Sickerwasser über die Trittstufenflächen auf das untere Podest laufen.

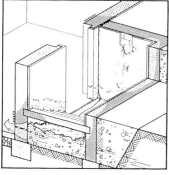

d) Bei fehlender Wandabdichtung unterhalb der Stufen drückt das Wasser durch die unteren Kellerwände in das Innere des Hauses.

Bild B48
Darstellung möglicher Schadensursachen bei Kelleraußentreppen nach Schild [B203]

1 Sohlen, Wände und Decken im Gründungsbereich

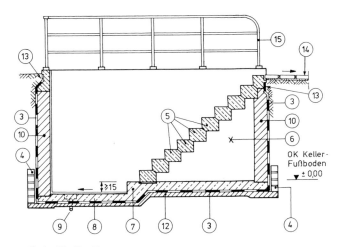

Schnitt B-B

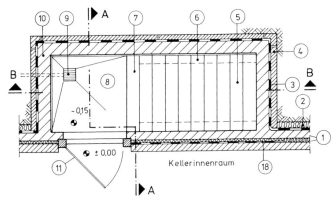

Grundriss

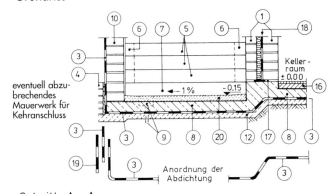

Schnitt A-A

Bild B49
Kelleraußentreppe mit durchgehender Sohlplatte und umlaufender Abdichtung [B223]
Erläuterungen siehe S. 114

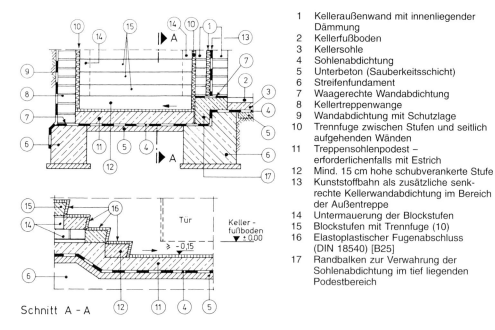

Bild B50
Querschnitt einer von der Hauswand getrennten Außentreppe mit Streifenfundamenten [B223]

oder die Fugenbereiche entsprechend den möglichen Bewegungen im Bereich der Hauswand verstärkt werden. Der Abdichtungsanschluss muss im Sohlenbereich für die tiefer liegende Podestplatte auf dem Streifenfundament hergestellt werden. Die bewehrte Sohlplatte ist wegen ihrer aussteifenden Funktion mit Pressfugen zwischen Treppenwange und Kellerwand zu betonieren. Die Blockstufen sind auf einer Untermauerung aufgesetzt und durch eine Fuge von den Wänden zu trennen. Die Fugen sollten nach den Vorgaben der DIN 18540 [B25] elastisch verschlossen werden. Die Gebäudewand im Treppenbereich ist, wie schon zu Bild B49 beschrieben, gegen Durchfeuchtung zu sichern.

Erläuterungen zu Bild B49:

1 Kelleraußenwand
2 Wandabdichtung des Kellers mit Dränschicht
3 Sohlen- und Wandabdichtung der Kelleraußentreppe einschließlich der festen oder gleichwertigen Schutzlage im Wandbereich (DIN 18195-10) [B16]
4 Unteres Wannenmauerwerk für Kehranschluss
5 Blockstufen
6 Untermauerung der Blockstufen
7 Erste mind. 15 cm hohe Stufe in der Sohlplatte
8 Untere Podest- oder Sohlplatte
9 Ablauf – mit Abflussrohr und Anschluss an die Entwässerungsleitung
10 Außen- oder Wangenmauerwerk
11 Kelleraußentür ≥ 15 cm oberhalb der Podestplatte (Estrich)
12 Unterbeton (Sauberkeitsschicht)
13 Umlaufende Klemmschiene für Abdichtung (vgl. Bild B26), evtl. mit Höhenversatz zum Anschluss an die umlaufende Sockelabdichtung des Hauses
14 Plattenbelag mit Gegengefälle
15 Geländer mit Ankerplatten
16 Kellerfußboden
17 Waagerechte Abdichtung in der Kelleraußenwand
18 Kunststoffbahn als zusätzliche Kelleraußenwandabdichtung im Bereich der Außentreppe
19 Schutzlage im Bereich des Kehranschlusses
20 Gefällestrich

1 Sohlen, Wände und Decken im Gründungsbereich

Eine Sohlenabdichtung kann bei Kelleraußentreppen sicherlich immer dann entfallen, wenn im Gründungsbereich eine ≥15 cm dicke Sand-Kiesschicht mit einem Durchlässigkeitsbeiwert von $k > 10^{-4}$ m/s ansteht oder eingebracht wird und das Grundwasser ausreichend tief, d.h. im Regelfall 0,3 m unter Fundament, ansteht. Dabei muss der darunter liegende Boden das auf der Podestplatte anfallende Wasser sicher und ausreichend schnell aufnehmen. Die Wände der Kelleraußentreppe sollten aber immer so abgedichtet werden, dass freiliegende Treppenwangen baulich und optisch keinen Schaden nehmen können, wie z.B. durch Ausblühen von Putzen oder Abplatzen von Wandverkleidungen.

Unabhängig von der Wasserbeanspruchung muss bei allen nicht fest mit einem Bauwerk verbundenen und umfassend eingedichteten Außenanlagen das Einspülen von Sand infolge von Oberflächen- und Sickerwasser verhindert werden. Hierbei ist es ohne Bedeutung, ob die Wände der Kelleraußentreppen gemauert oder aus Beton hergestellt sind. Entscheidend ist allein das Vorhandensein der Trennfuge. Sie muss die unabhängige Bewegung der voneinander getrennten Baukörper sicherstellen, ohne dass die Bauwerksabdichtung im Gründungsbereich beschädigt wird. Eine gute und preiswerte Möglichkeit hierfür zeigt Bild B51 mit Polymerbitumen-Dichtungsstreifen auf.

Sichere Abdichtungsabschlüsse für einseitig freistehende Treppenaußenwände sind auf den Bildern B26 und B27 dargestellt. Auch hier sollte der Kopf bis mindestens 30 cm über Gelände geführt werden und die Geländeoberfläche ein Gefälle vom Bauwerk weg aufweisen.

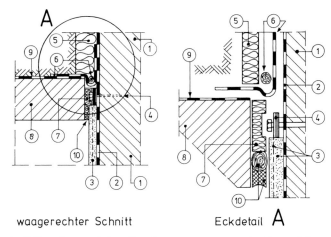

waagerechter Schnitt   Eckdetail A

1 Kelleraußenwand ohne Kerndämmung
2 Wandabdichtung des Kellers
3 Putz mit Putzträger
4 Umlaufende Klemmschiene auch zur Putzträgerverankerung
5 Wärmedämmung-, Drän- und Schutzlage
6 Streifen aus Polymerbitumen-Dichtungsbahn mit Schaumgummiprofil
7 Fugeneinlage zwischen Kellertreppen-Umfassungswand und der Kelleraußenwand
8 Kellertreppen-Umfassungswand
9 Abdichtung der Kellertreppen-Umfassungswand mit Schutzlage
10 Elastoplastischer Fugenabschluss (DIN 18540) [B25] mit Unterfüllschnur

Bild B51
Sicherung einer stumpf gegen die Kelleraußenwand angrenzenden Treppenumfassungswand bei durchgehender Trennfuge im Bereich von nichtdrückendem Wasser [B223]

1.5.9 Stützwände

Die Abdichtung von Stützwänden gegen nichtdrückendes Wasser wird häufig vernachlässigt und führt dann zu Unansehnlichkeiten und meist auch zu Schäden in der Ansichtsfläche. In Bild B52 wird deshalb eine einwandfreie Abdichtung angegeben, wobei bewusst auf Bitumenaufstriche verzichtet wurde. Nach den Ausführungen in DIN 18195-1, Abschnitt 4 [B16] muss eine Stützwand abdichtungstechnisch mit einer Ausführung verglichen werden, wie sie bei Hanglage eines Bauobjektes erforderlich wird. Eine Ausnahme ist nur bei Sandböden mit einer Wasserdurchlässigkeit von $k \geq 10^{-4}$ m/s und ausreichender Mächtigkeit gegeben. Es sollte wegen möglicher Haarrissbildung eine Abdichtung mit kunststoffmodifizierten Bitumendickbeschichtungen (KMB) oder eine Hautabdichtung nach Tabelle B1 für mäßige Beanspruchung vorgesehen werden.

Gleichzeitig ist ein zuverlässiger Abdichtungsabschluss dargestellt. Das einfache Hochziehen und freie Endenlassen der Abdichtung auf der Wand führen mit Sicherheit auf Dauer zu einer Hinterläufigkeit und zum Abklappen der Abdichtung. Auch sollten die Bahnen immer über OK Geländeauffüllung enden und auf der Rückseite am Fuß der Stützwand bis mindestens 0,30 m unter die vorderseitige Geländeoberkante geführt werden. Der Abdichtungsabschluss sollte auch am Fußpunkt mithilfe einer Klemmschiene erfolgen. Weitere Abdichtungsabschlüsse für den Stützwandkopf zeigen die Bilder B26 und B27.

Da mit Bewegungen der Stützmauern gerechnet werden muss, sind Fugen anzuordnen. Dabei unterscheidet man zwischen Raum- und Scheinfugen [B111, B113, B218]. Die

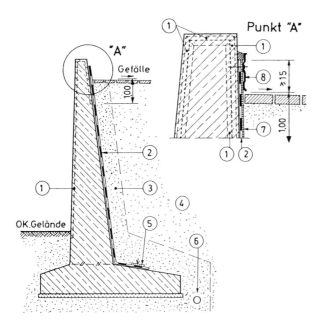

1 Fugenabschlussband, luftseitig, grau, erforderlichenfalls bitumenverträglich
2 Flächenabdichtung nach Tabelle B1
3 bei nichtdrückendem Wasser: Sandverfüllung mit einer Wasserdurchlässigkeit $\geq 10^{-4}$ m/s, bei Wandhöhen bis 4 m $\geq 0{,}6$ m Dicke, über 4 m $\geq 1{,}0$ m Dicke
4 Füllboden
5 Klemmschiene 50 mm × 5 mm, Schrauben: Durchmesser 8 mm, $e \leq 200$ mm
6 Dränung nach DIN 4095, soweit erforderlich
7 Bautenschutzplatte, stumpf gestoßen und verklebt, bis 1,0 m unter GOF
8 Klemmprofil $h \geq 150$ mm als mechanischer Schutz und zum Anklemmen der Abdichtung, oben abgespritzt

Bild B52
Stützwandabdichtung mit Bitumen; System [B113, B226]

1 Sohlen, Wände und Decken im Gründungsbereich

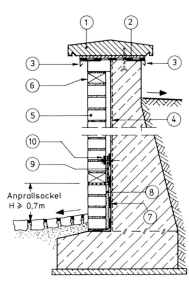

1 Abdeckplatte auf PC-Mörtelschicht, verankert
2 Abdichtung 1 Lage PV 200 S4
3 Kupferblech 150/0,6 in Bitumenklebemasse verlegt
4 Ankerschienen nach ZTV-K88 [B101]
5 Verblendmauerwerk gem. LV
6 offene Stoßfugen a≤0,5 m zur Hinterlüftung
7 Abdichtung 1 Lage PV 200 S4
8 Mörtelschicht im Anprallbereich
9 Kunststoffdichtungsbahn
  d≥1 mm, b≥25 cm; Quernähte verschweißt
10 Klemmschiene
  50×5 mm, Sechskantschrauben
  Durchmesser 8 mm, a≤200 mm

Bild B53
Verblendete Stützwand aus WU-Beton mit abgedichtetem Anprallsockel [B113]

Abdichtung über Raumfugen regelt DIN 18195-8 [B16]. Die Abdichtung über Scheinfugen ist zweilagig durch 30 cm breite Streifen aus Polymerbitumen-Schweißbahnen mit Polyestervlies-Einlagen zu verstärken. Für die Sichtflächen eignen sich in den Fugen betonfarbene Fugenabschlussbänder oder komprimierbare offenporige, mit wasserdichtenden Stoffen getränkte Schaumprofile [B314].

Der geringe Mehraufwand für eine ordnungsgemäße Abdichtung ermöglicht eine dauerhaft saubere Ansichtsfläche der Stützwand und verhindert Wasser- und Frostschäden. Die Art der Schutzschicht ist abhängig von den Verfüllmaterialien und deren Einbauweise.

Werden Stützwände aus wasserundurchlässigem Beton hergestellt und an der Sichtseite verblendet, muss bei einer mit Luftschicht gemauerten Verblendung für ausreichende Belüftung und Fußpunktentwässerung gesorgt werden. Im Bereich von Verkehrsflächen ist dann in der unteren Zone der Wand eine Anprallsicherung erforderlich, wie in Bild B53 dargestellt. Diese Teilfläche muss abgedichtet werden. Denn ein WU-Beton ist zwar wasserundurchlässig, aber nicht undurchlässig für den Wasserdampfdruck, wie in Abschnitt G1 ausgeführt. Daher sollten ohne Luftschicht verblendete Stützwände aus WU-Beton erdseitig immer eine vollflächige Abdichtung nach Bild B52 erhalten [B113].

1.5.10 Lückenbebauung

Werden Neubauten unmittelbar neben der vorhandenen Bebauung errichtet, ist eine Bewegungsfuge zwischen beiden Baukörpern auszubilden. Der Neubau muss eine eigene, allseitig umlaufende Abdichtung auch zum Altbau hin entsprechend der hydrostatischen Beanspruchung erhalten. Schon geringe Wassermengen können sich in dem schmalen Fugen-

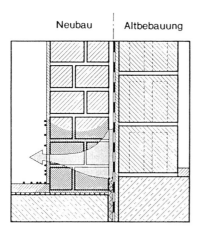

Bild B54
Durchfeuchtung eines Neu- oder Anbaus infolge der fehlenden eigenen Abdichtung [B203]

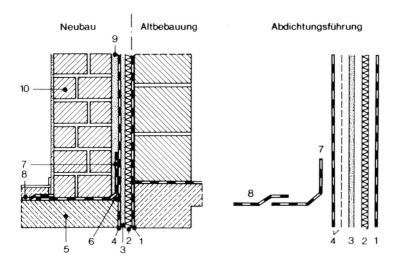

1 Wandabdichtung der Altbebauung
2 Dämmung bzw. Auffutterung einer Zwischenlage; zugleich Gleitfuge zur Aufnahme von Setzungen des Neubaus
3 Abdichtungsuntergrund, vorzugsweise Putz MG II
4 Neue Wandabdichtung auf Voranstrich
5 Neubaufundamentsohle
6 Kehlenausbildung
7 Anschluss der waagerechten Wandabdichtung des Neubaus
8 Sohlenabdichtung Neubau
9 Mörtelschicht ≥ 4 cm dick
10 Mauerwerk der Trennwand des Neubaus, mindestens 1 Stein dick

Bild B55
Fugenabdichtung bei späterer Nachbarbebauung mit getrennten Wandabdichtungen [B223]

spalt zu einer sehr hohen und hydrostatisch wirksamen Wassersäule aufstauen und zu Durchfeuchtungen führen (Bild B54). Die in Bild B55 dargestellte Abdichtungsführung gewährleistet einerseits die unabhängige Bewegungsmöglichkeit eines jeden Baukörpers und andererseits die jeweilige in sich geschlossene Abdichtung der Gründungskörper.

Weiter gehende Einzelheiten zur Fugenausbildung im Gründungsbereich ergeben sich z. B. auch mit Abdichtungsrücklagen aus den Abschnitten B1.5.9 und B1.6.

1.5.11 Abdichtung vor Baugrubenwänden

Gesonderte Sollbruchfuge

Grundsätzlich wird angestrebt, die Wandabdichtung von außen auf das Bauwerk aufzubringen. Dafür ist aber ein Arbeitsraum von mindestens 70 cm Breite – bei fester Schutzschicht sogar von 80 cm Breite – erforderlich. Bei der teilweise recht engen Bebauung in den Innenstädten sowie bei oftmals dicht an den Baugruben liegenden Leitungen der Ver- und Entsorgung ist es nicht immer möglich, einen solchen Arbeitsraum zu gewährleisten. In diesem Fall werden die Baugrubenwände so ausgebildet, dass die Abdichtung auf eine besonders vorbereitete Abdichtungsrücklage (Kapitel L) aufgebracht und das Bauwerk in ganzer Höhe gegen die Abdichtung betoniert werden kann. Man spricht bei dieser Konstruktion von der so genannten „Berliner Bauweise", sofern die Bohlträger wieder gezogen werden sollen. Dann muss vor den baugrubenseitigen Trägerflanschen ein Ziehblech angeordnet werden.

Um bei Setzungen die Abdichtung nicht zu beschädigen, ist eine Sollbruchfuge auszubilden. Hierfür wird bei Erwartung größerer Setzungen (>5 mm) und/oder größerer Schwindmaße gegenüber dem Baugrubenverbau (>3 mm) unabhängig von der Abdichtung eine separate Flächendränung bei etwa ebenen Wandflächen an der Verbohlung befestigt. Die Ebenflächigkeit der Wand muss innerhalb der Sollbruchfuge eine zwängungsfreie Bauwerkssetzung ermöglichen.

Die Flächendränung kann z.B. aus 0,5 mm dicker PE-Noppenfolie mit etwa 8 mm Noppenhöhe und einer R 500 N oder aus einer Dränmatte mit einseitig aufkaschierter Kunststoffbahn bestehen. Sie muss durch den Unterbeton bis in die Grobsandschicht führen, da nur auf diese Weise das durch die Verbohlung sickernde Wasser zuverlässig und nicht rückstauend abgeleitet wird. Die auf der Trenn- und Dränschicht zu befestigende nackte Bitumenbahn R 500 N ermöglicht den Gleitvorgang und verhindert beim Einbau der Abdichtungsrücklage deren Verzahnen mit der Dränschicht.

Die Abdichtungsrücklage muss möglichst ebenflächig sein. Sie besteht aus geputztem Mauerwerk KSL 12. Vor den Bohlträgern wird bei besonders beengten Platzverhältnissen ein Putz mit Putzträger angeordnet. Steht dagegen mehr Platz zur Verfügung, kann die Abdichtungsrücklage gemauert oder auch aus Beton hergestellt werden. Der Abdichtungsübergang zum Arbeitsraum wird dadurch gelöst, dass man die Abdichtungsanschlüsse mit entsprechenden Anschlusslängen in den Arbeitsraum hineinführt. Weitere Einzelheiten sind dem Schrifttum [B215 und B226] zu entnehmen.

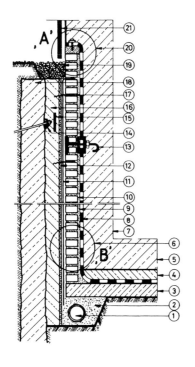

1. Ringdränung
2. Filter nach DIN 4095 [A8]
3. Unterbeton
4. Schutzbeton
5. Sohlenbeton
6. Punkt „B", siehe Detail
7. Wandbeton
8. Abdichtung auf Voranstrich
9. 10 mm Putz, MG II
10. Rücklagenmauerwerk
11. PE-Trennlage, falls erforderlich
12. Gleit- und Sollbruchfuge bei Setzungen > 5 mm und/oder Schwindmaß > 3 mm
13. Telleranker, im Regelfall 1 Stück auf 4 m^2
14. Baugrubenverankerung
15. Prallplatte
16. Ausgleichsschicht, wasserdurchlässig
17. Drahtanker
18. Schlitz- oder Bohrpfahlwand
19. Spritzwasserschutz aus Grobkies
20. Punkt „A", siehe Detail
21. Fassade

Gilt für Setzungen > 5 mm und/oder Schwindmaß > 3 mm sowie auch bei anderen Baugrubenwänden ohne Arbeitsraum

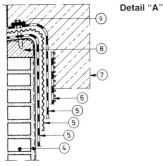

Detail "A"   **Detail "B"**

1. Schlitz- oder Bohrpfahlwand
2. Ausgleichsschicht, wasserdurchlässig
3. Gleit- und Sollbruchfuge mit PE-Noppenbahn und PE-Trennlage bei Setzungen >5 mm und/oder Schwindmaß >3 mm
4. Rücklagenmauerwerk mit 10 mm Putz, MG II
5. R 500 N / Cu 0,1 / R 500 N } Abdichtung im GEV auf Voranstrich
6. Haftlage V 13 – Besandung zum Beton
7. Wandbeton
8. Betonabschluss
9. Klemmschiene

Bild B56
Abdichtung ohne Arbeitsraum mit gesondertem Rücklagenmauerwerk; Prinzip [B113]

1 Sohlen, Wände und Decken im Gründungsbereich

Verbleiben die Bohlträger im Boden und sind die Wandflächen sehr unregelmäßig, so kann durch Vorbetonieren einer Betonausgleichsschicht mit unterschiedlicher Dicke eine Rücklage für die kombinierte Gleit- und Sickerschicht hergestellt werden. Hiergegen ist dann die durchgehende Abdichtungsrücklage zu mauern. Solche Ausführungen erfordern ≥15 cm Platz vor dem Trägerflansch. Sinngemäß gelten diese Aussagen auch für Baugrubenwände aus Bohrpfählen, Schlitz- oder Spundwänden [B113, B116, B204, B206, B215, B226]. In Bild B56 wird schematisch eine Lösung dargestellt, bei der der Baukörper bis über die Geländeoberfläche reicht. Dabei kommt es entscheidend darauf an, dass über geeignete Maßnahmen jegliche Differenzverschiebungen zwischen dem gesonderten Rücklagenmauerwerk und dem Baukörper ausgeschlossen werden. Relativsetzungen zwischen Bauwerk und Baugrabenverbau müssen unbedingt auf die getrennte Gleit- und Sollbruchfuge (Bild B57) beschränkt bleiben. Dies erfordert u. U. die Anordnung von Tellerankern und/oder ein Überkragen des Konstruktionsbetons am oberen Abdichtungsende.

Muss entgegen Bild B56 aber eine Decke unter Gelände, z. B. bei einem Versorgungstunnel, abgedichtet werden, so ist die Ausführung nach Bild B58 konstruktiv und abdichtungstechnisch vorbildlich gelöst [B113, B116, B226]. Die OK Decke ist vom Rohbauunternehmer an der Abdichtungsrücklage anzuzeichnen; die darüber hinausgehende Anschlussfläche der Wandabdichtung ist zum Verfingern mit der Deckenabdichtung nur mit ungefüllter Klebemasse einzubauen; Sicherung der Abdichtung oberhalb der umzuklappenden Fläche erfolgt wie in Bild B56.

Bild B57
Abdichtung ohne Arbeitsraum mit gesondertem Rücklagenmauerwerk; Bauausführung

Kombinierte Sollbruchfuge

Bei Erwartung kleinerer Setzungen (≤5 mm) oder Schwindmaße (≤3 mm) kann, anders als in den Bildern B56 bis B58 dargestellt, anstatt einer getrennten eine kombinierte Sollbruchfuge ausgebildet werden. Dabei wird die Gleit- und Dränschicht unmittelbar in Verbindung (d. h. kombiniert) mit dem Abdichtungspaket aufgebracht. Dementsprechend entfällt die besonders vorbereitete Abdichtungsrücklage aus Mauerwerk oder bewehrtem Beton.

Beispielhaft ist in Bild B59 eine Lösung für den Baugrubenverbau aus Bohrpfahlwänden aufgezeigt. Auf einen Ausgleichsbeton zur Egalisierung der Zwickel zwischen den einzelnen Pfählen wird zunächst ein Bitumen-Voranstrich aufgetragen. Es folgt der Einbau der Gleit- und Dränschicht, z. B. aus einer Noppenschweißbahn (Bild B60). Hierfür können aber auch Lochglasvlies-Bitumenbahnen eingesetzt werden. Bei einer solchen Lösung muss allerdings darauf geachtet werden, dass das Gesamtgewicht des Abdichtungspakets auch bei langen Standzeiten und sommerlichen Temperaturen zuverlässig aufgenommen wird. Andernfalls besteht die Gefahr des Abrutschens (Bild B61).

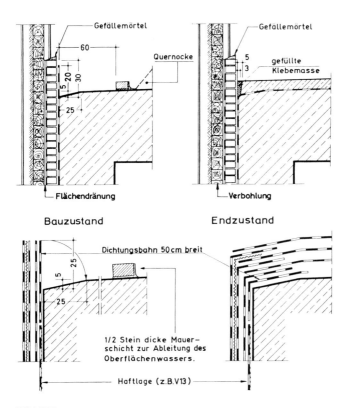

Bild B58
Abdichtung ohne Arbeitsraum mit gesondertem Rücklagenmauerwerk – Übergang Wand/Decke [B131]; Beispiel für eine vierlagige Wand und eine dreilagige Deckenabdichtung

1 Sohlen, Wände und Decken im Gründungsbereich

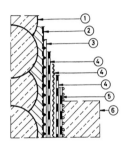

1 Bohrpfahlwand
2 Ausgleichsschicht und Abdichtungsrücklage mit Voranstrich
3 Sollbruchfuge, z. B. Noppenschweißbahn oder Lochglasvlies-Bitumenbahn auf Voranstrich
4 R 500 N ⎫ Abdichtung im
  CU 0,1 ⎬ GEV auf
  R 500 N ⎭ Sollbruchfuge
5 Haftlage V 13, Besandung zum Beton
6 Wandbeton

**Waagerechter Schnitt durch Baugrubenwand
Sollbruchfuge - Abdichtung - Bauwerk**

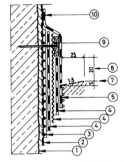

7 spätere Oberfläche der Rohbetondecke
8 Mindesmaß für das Verfingern der Abdichtungen
9 Sicherung der Wandabdichtung mithilfe eines Schalbretts auf der Metallbahn
10 Schutzlage zur Sicherung gegen Niederschläge

Gilt für Setzungen ≤5 mm und/oder Schwindmaß ≤3 mm sowie auch bei anderen Baugrubenwänden ohne Arbeitsraum

Senkrechter Schnitt mit der Sicherung der Wandabdichtung oberhalb des späteren Bauwerk

Bild B59
Abdichtung ohne Arbeitsraum mit kombinierter Sollbruchfuge; Prinzip [B113, B221]

Unmittelbar darauf werden die verschiedenen Lagen des Abdichtungspaketes aufgebracht. Als zweite Lage von der Wasserseite her empfiehlt sich bei einer Abdichtung aus nackten Bitumenbahnen zur Aktivierung des Wasserdrucks der Einbau eines Metallriffelbandes. Luftseitig wird das Abdichtungspaket mit einer zusätzlich angeordneten Haftlage aus besandeter Bitumendachbahn zur Verzahnung mit dem später eingebrachten Konstruktionsbeton versehen. Diese Haftlage darf in keinem Fall als Abdichtungslage gezählt werden. Bei ihr können folglich auch Nahtüberdeckungen entfallen.

Zur Sicherung der Wandabdichtung oberhalb des späteren Bauwerks werden die Abdichtungslagen einschließlich der Gleit- und Dränschicht auch mechanisch an der Rücklage befestigt. Damit wird ein Abrutschen des Paketes während der u. U. mehrwöchigen Bauphase ohne flächenhafte Abstützung von der Luftseite her zuverlässig ausgeschlossen. Zur Ausbildung der Deckenkante und der verschiedenen sonstigen Vorkehrungen im Übergang von der Wand- zur Deckenabdichtung wird auf die Erläuterungen zu Bild B58 verwiesen.

Bild B60
Abdichtung ohne Arbeitsraum mit kombinierter Sollbruchfuge; Einbau einer Noppenschweißbahn

Bild B61
Abgerutschte Abdichtung auf kombinierter Sollbruchfuge aus Lochglasvlies-Bitumenbahn

1.6 Abdichtung über Bewegungsfugen

1.6.1 Allgemeines

Im Regelfall sollen in baulich angeordneten Fugen gezielt Setzungs-, Dehn-, Schwind- und Drehbewegungen von Bauwerksteilen erfolgen. Solche meist kombinierten Bewegungen sind nur dann ausgeschlossen, wenn durch konstruktive Maßnahmen einzelne Bewegungen verhindert werden, z. B. durch fugenlose Gründungsplatten oder großflächige Verzahnungen. Die jeweils möglichen mechanischen Beanspruchungen müssen im Fugenbereich nicht nur konstruktiv beachtet, sondern auch abdichtungstechnisch berücksichtigt werden. Hierbei muss bedacht werden, dass nicht nur Dehnungen und Setzungen die Fugenabdichtung beanspruchen, sondern vor allem Bewegungen parallel zur Fugenachse. Diese „Verschiebungen" führen zu Knautscherscheinungen und erfordern häufig den Einsatz von Kunststoffbändern im Fugenbereich, da Metalleinlagen den Anforderungen nicht immer genügen.

Über Fugen kommen daher vor allem Bitumenbahnen mit Einlagen aus Polyestervliesen sowie Verstärkungen aus Metallbändern, Elastomerbahnen und Profilbändern aus hochpolymeren Werkstoffen (z. B. PVC-P und ECB) zur Anwendung. Als Bemessungsgrund-

1 Sohlen, Wände und Decken im Gründungsbereich

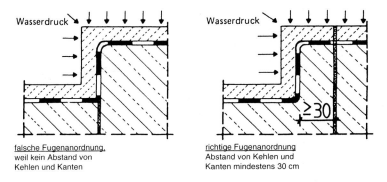

Bild B62
Falsche und richtige Fugenanordnung bei Kehlen und Kanten [B206]

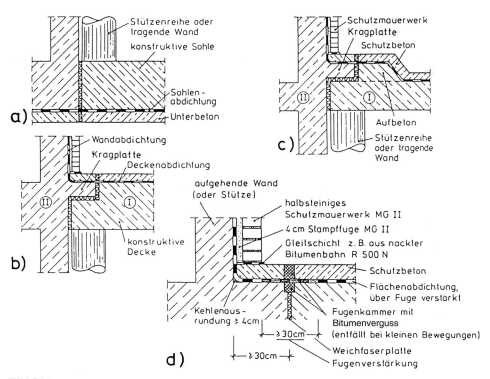

Bild B63
Generelle Anordnung einer Gebäudefuge – vorwiegend im Tief- und Ingenieurbau
Lösungsbeispiele für die Verlagerung einer Gebäudefuge aus dem Kehlenbereich; Prinzip
[B204, B206, B218]

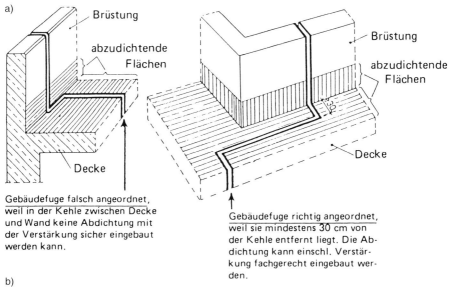

Bild B64
Fugenanordnung im Brüstungsbereich
a) Falsche und richtige Fugenführung; Prinzip [B204]
b) Fuge verläuft durch einen Gebäudeeckpunkt und teilweise in der Kehle

lage und bauliche Erfordernisse sind die zu erwartenden Beanspruchungen der Abdichtungen im Fugenbereich anzusehen. Hierzu zählen die konstruktive Fugenausbildung, die Beweglichkeit im Fugenbereich, die Schnittwinkel von Fugen zueinander, der Mindestabstand von 30 cm für Einbauten, Aufkantungen etc. zur Fuge, um die Abdichtung über der Fuge fachgerecht einbauen zu können. Ferner ist die richtige Lage von Fugen zu Kanten, Kehlen und Ecken entsprechend den Bildern B62 bis B65 zu beachten. Die Fugenaus-

1 Sohlen, Wände und Decken im Gründungsbereich

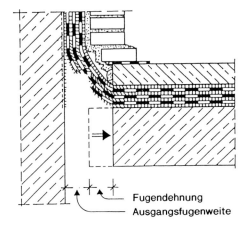

Bild B65
Mechanische Überbeanspruchung der Abdichtung über einer falsch angeordneten Gebäudefuge (Prinzip) [B204]

bildung in angrenzenden Schichten muss unter Berücksichtigung der Abdichtungsverformung an gleicher Stelle liegen. Die Verträglichkeit von Fugenfüllstoffen mit den sie berührenden Materialien ist sicherzustellen.

Bei bestimmten Bauwerken ist von der Nutzung her oder aus architektonischen Gründen ein Fugenabstand zur aufgehenden Wand konstruktiv nicht von vornherein möglich. Bild B63 gibt in diesem Zusammenhang zwei Beispiele, wie man trotzdem abdichtungstechnisch zu einwandfreien Lösungen gelangen kann [B204, B206, B218]. Bei dicken Decken kann man die Fuge in der Deckenkonstruktion problemlos verziehen, sodass für die Abdichtung die Abstandsforderung von 30 cm erfüllt ist. Wenn das von der Dicke der Konstruktion her nicht machbar ist, besteht eine andere Möglichkeit. Bei ihr wird auf die Konstruktion ein Aufbetonkeil aufgesetzt. Dieser Keil muss ausreichend Haftung zum Rohbeton aufweisen. Sind Verkehrsflächen auf der Decke geplant, erhält man mit diesem Keil zugleich eine Randkappe, die ohnehin nach Möglichkeit angeordnet werden sollte.

Riskant ist ein Fugenverlauf auf eine Gebäudeecke zu und dann weiter entlang einer Gebäudekehle. In Bild B64 ist ein solcher Fall schematisch und an einem Praxisbeispiel dargestellt. Das Problem bei einer derart falschen Fugenführung liegt in der damit verbundenen übermäßig erhöhten mechanischen Beanspruchung der Fugenabdichtung. Sie erfährt in der Kehle vor allen Dingen in der ersten, d.h. untersten Lage eine unverhältnismäßig starke Dehnung mit der großen Gefahr des Zerreißens (Bild B65). Je nach dem verwendeten Material und der Größe der Verformungen im Fugenbereich muss bei solch regelwidriger Fugenführung über kurz oder lang mit derartiger Beschädigung und in der Folge natürlich mit Undichtigkeiten gerechnet werden [B204, B206, B218].

Im Bereich nichtdrückenden Wassers kann in all den Fällen, in denen eine ausreichende Klebefläche für die Abdichtung einschließlich ihrer Verstärkung nicht in ein und derselben Ebene gegeben ist, auch eine Hilfskonstruktion nach Bild B66 angeordnet werden. Unbedingt anzustreben ist in diesem Zusammenhang ein rechtzeitiges Einsetzen des Winkelstützbleches in die Massivdecke, damit die Deckenoberkante mit der Oberfläche des waagerechten Stützblechschenkels bündig abschließt. Das spätere Aufdübeln ist möglich, erfordert aber eine keilförmige Anspachtelung der ≥10 mm dicken Profilkanten. Generell

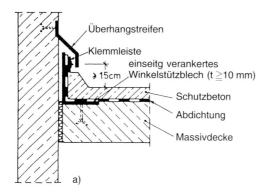

Bild B66
Fugenanordnung mithilfe eines Winkelstützbleches
a) Prinzip [B204]
b) Anordnung eines Winkelstützbleches vor einer aufgehenden Wand (Vormauerstein zum Höhenvergleich)

kommt es auch beim Einsatz eines Winkelstützbleches darauf an, Bewegungen parallel zur Fugenachse bei der Konstruktion und Ausführung zu beachten. Anstelle eines Winkelstützbleches kann auch ein fabrikgefertigtes Wandanschluss-Fugenprofil eingesetzt werden.

Zusammenfassend zeigen die vorstehenden Beispiele, dass vom Prinzip her viele Möglichkeiten gegeben sind, diese Problemstellung mit dem Ziel einer fachgerechten Fugenanordnung zu lösen. Dies gilt beispielsweise auch für Parkdecks (Abschnitt B2). Dort werden weitere Einzelheiten mit Beispielen für die Ausführungen behandelt.

Grundsätzlich werden im Bereich der Bauwerksabdichtung zwei Fugentypen unterschieden:

Typ I: Für langsam ablaufende, einmalige oder selten wiederholte Bewegungen, z. B. Setzungen oder jahreszeitliche Längenänderungen, d. h. also in der Regel unter Gelände.

Typ II: Bei schnell ablaufenden und/oder häufig wiederholten Bewegungen, z. B. aus Verkehr und/oder ständige, d. h. tägliche Temperaturänderungen im Regelfall oberhalb des Geländes.

1.6.2 Bewegungsfugen „Typ I"

1.6.2.1 Bodenfeuchte

Fugenbewegungen bis 5 mm Gesamtverformung

Die Abdichtung wird über den Fugen wie in der Fläche ausgeführt, aber bewegungsabhängig mehrlagig verstärkt. Nur im Bereich der Bodenfeuchte sind für Fugenbewegungen bis zu 5 mm Gesamtverformung einlagige, 30 cm breite Dichtungs- oder Schweißbahnen mit Metall- oder Gewebeeinlagen zugelassen [B16].

Bei kunststoffmodifizierten Bitumendickbeschichtungen (KMB) werden zur Abdichtung der Bewegungsfugen bitumenverträgliche Fugenbänder aus Kunststoff-Dichtungsbahnen mit Vlies- oder Gewebekaschierung an beiden Rändern zur Verankerung in der KMB-Flächenabdichtung eingesetzt.

Flächenabdichtungen aus kaltselbstklebenden Bitumen-Dichtungsbahnen (KSK) erfordern über den Fugen eine mindestens 300 mm breite materialgleiche Verstärkung.

Fugenbewegungen über 5 mm Gesamtverformung

Bahnenabdichtungen sind über den Fugen wie bei Beanspruchung durch nichtdrückendes Wasser (Abschnitt B1.6.2.2) auszuführen. Für Abdichtungen mit KMB sind über den Fugen Sonderkonstruktionen erforderlich.

1.6.2.2 Nichtdrückendes Wasser auf Deckenflächen

Fugenbewegungen bis 5 mm Gesamtverformung

Bahnenabdichtungen gemäß Tabelle B1 sind sowohl bei mäßiger als auch bei hoher Beanspruchung über der Fuge durchzuführen und nötigenfalls durch geeignete Maßnahmen (z. B. Stützbleche oder halbharte Kunststoffe) gegen Einsinken in den Fugenspalt zu sichern. Erforderlichenfalls sind Schleppstreifen von mindestens 100 mm Breite z. B. aus Kunststoffvliesen oder Polyethylen-(PE-)Folien unter der Abdichtung anzuordnen (Bild B124). Die Abdichtung ist mit mindestens 300 mm breiten Streifen des gleichen Materials zu verstärken.

Abdichtungen mit Asphaltmastix sind über der Fuge zu unterbrechen und bei mäßiger Beanspruchung durch mindestens eine, bei hoher Beanspruchung mindestens zwei 500 mm breite Bitumen- oder Polymerbitumenbahnen mit Polyestervlies- oder Gewebeeinlage zu ersetzen. Über der Fuge ist zusätzlich ein mindestens 100 mm breiter Schleppstreifen anzuordnen. In der Gussasphaltschicht ist die Fuge zu vergießen.

Bei Abdichtungen mit Bitumen-Schweißbahnen in Verbindung mit Gussasphalt ist die Abdichtung über der Fuge durch eine zweite Lage desselben Bahnentyps, 1000 mm breit, zu verstärken. Die Gussasphaltschicht kann ohne Unterbrechung durchgezogen werden. Bei Fugen in lastverteilenden Betonschichten über Wärmedämmschichten ist unter der Abdichtung ein Schleppstreifen von mindestens 100 mm Breite anzuordnen.

Abdichtungen mit kunststoffmodifizierten Bitumendickbeschichtungen (KMB) sind wie im Bereich der Bodenfeuchte (Abschnitt B1.6.2.1) auszuführen.

Fugenbewegungen über 5 mm Gesamtverformung

Bitumenverklebte Bahnenabdichtungen sind über den Fugen eben durchzuziehen und durch mindestens zwei mindestens 300 mm breite Streifen stoffkonform zu verstärken, z. B. mit

- Bitumen- und Polymerbitumenbahnen mit Polyestervlieseinlage, mindestens 3,0 mm dick
- Kunststoff-Dichtungsbahnen, mindestens 1,5 mm dick
- Kupferband, mindestens 0,2 mm dick
- Edelstahlband, mindestens 0,05 mm dick

Erforderlichenfalls sind Schleppstreifen von mindestens 200 mm Breite unter der Abdichtung anzuordnen.

Die erforderliche Anzahl der Verstärkungsstreifen und ihre Breite in Abhängigkeit von der Fugenbewegung sowie die Größe der erforderlichen Fugenkammer ergeben sich aus Tabelle B3. Die Verstärkungsstreifen sind so anzuordnen, dass sie voneinander jeweils durch eine Abdichtungslage oder durch eine Zulage getrennt sind. Werden Metallbänder an den Außenseiten der Abdichtung angeordnet, so sind sie jeweils durch eine weitere Zulage zu schützen.

Bei wärmegedämmten Bauteilen im Freien sind die Bewegungen senkrecht zur Abdichtungsebene auf 20 mm zu begrenzen. Der Nutzbelag ist so auszubilden, dass die Abdichtung unmittelbar im Fugenbereich mechanisch nicht belastet wird.

Bei Flächenabdichtungen aus Bitumen-KSK-Bahnen ist die Abdichtung über den Fugen durch zwei zusätzliche, mindestens je 300 mm breite Streifen aus Bitumen-KSK-Bahn zu verstärken, wobei jeweils ein Streifen oberhalb und unterhalb der eigentlichen Flächenabdichtung anzuordnen ist.

Für Abdichtungen mit KMB sind über den Fugen Sonderkonstruktionen erforderlich.

1.6.2.3 Von außen drückendes Wasser

Die Flächenabdichtung ist über den Fugen durchzuziehen und durch mindestens zwei mindestens 300 mm breite Streifen zu verstärken, z. B. aus

- Kupferband, mindestens 0,2 mm dick
- Edelstahlband, mindestens 0,05 mm dick
- Kunststoff-Dichtungsbahnen, mindestens 2,0 mm dick

Für die Anzahl, die Größe und die Anordnung der Verstärkungen sowie die Fugenkammern gilt Tabelle B3.

1 Sohlen, Wände und Decken im Gründungsbereich

Tabelle B3
Verstärkungsstreifen und Fugenkammern für den Fugentyp I nach DIN 18195-8 [B16]

Bewegung zur Abdichtungsebene ausschließlich		Kombinierte Bewegung	Verstärkungsstreifen		Fugenkammer in waagerechten und schwach geneigten Flächen	
senkrecht mm	parallel mm	mm	Anzahl Stück	Breite mm	Breite [1] mm	Tiefe mm
10	10	10	2	≥300	–	–
20	20	15	2	≥500	100	50 bis 80
30	30	20	3	≥500		
40	–	25	4	≥500		

[1] Gesamtbreite einschließlich Fugenbreite.

Werden nur zwei Verstärkungsstreifen eingebaut, so müssen sie immer aus Metallband bestehen, an den Außenseiten der Abdichtungen angeordnet und jeweils durch eine Zulage aus Bitumenbahnen geschützt werden. Weitere Verstärkungsstreifen dürfen auch aus Kunststoff-Dichtungsbahnen bestehen. Ihre Dicke muss den für die Flächenabdichtung verwendeten Kunststoffbahnen in Abhängigkeit von der Eintauchtiefe nach DIN 18195-6 entsprechen.

1.6.2.4 Zeitweise aufstauendes Sickerwasser

Abdichtungen mit Bitumen- oder Polymerbitumenbahnen sind über der Fuge durchzuziehen und durch eine Zulage desselben Bahnentyps, mindestens 300 mm breit, zu verstärken. Abdichtungen aus Kunststoff- bzw. Elastomer-Dichtungsbahnen, vollflächig verklebt, sind über den Fugen ebenfalls durchzuziehen und im Fugenbereich durch einen Streifen aus Polymerbitumenbahnen mit Polyestervlieseinlage, mindestens 300 mm breit, zu verstärken.

Abdichtungen mit kunststoffmodifizierten Bitumendickbeschichtungen (KMB) sind wie im Bereich der Bodenfeuchte (Abschnitt B1.6.2.1) auszuführen.

1.6.2.5 Ausführung

Bei größeren Bewegungen im Bereich der Bodenfeuchte und grundsätzlich im Bereich der nichtdrückenden und drückenden Wasserbeanspruchung sind die Flächenabdichtungen nach Bild B67 in Abhängigkeit von der mechanischen Beanspruchung zu verstärken. Ferner sind auf waagerechten und schwach geneigten Flächen bei mehr als 10 mm kombinierter Bewegung Fugenkammern anzuordnen. Damit werden innerhalb der flächigen Abdichtungen lotrechte Bewegungen bis zu 40 mm, waagerechte bis zu 30 mm und kombinierte Bewegungen bis zu 25 mm aufgenommen. Hierzu müssen auf der Flächenabdich-

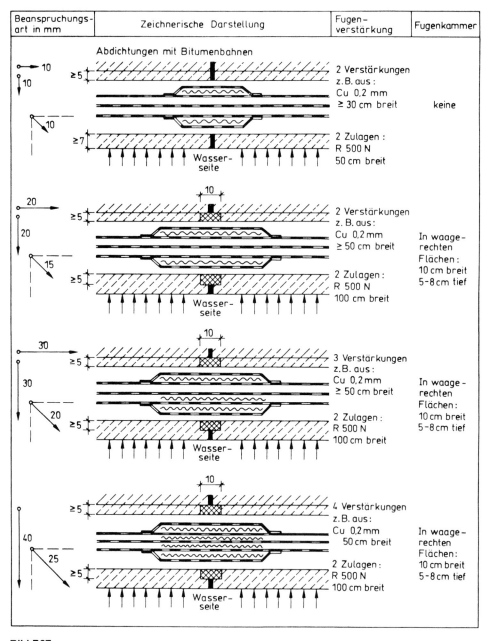

Bild B67
Beanspruchungsart, Fugenverstärkung und Fugenkammern für Fugentyp I nach DIN 18195-9
bei Bewegungen über 5 mm [B16, B206, B221]

1 Sohlen, Wände und Decken im Gründungsbereich

tung mindestens zwei Verstärkungen aus Metallbändern, z. B. Cu 0,2 mm, und äußere Zulagen aus R 500 N eingesetzt werden. Bei mehr als zwei Verstärkungen können auch Kunststoffe innerhalb der Abdichtung eingebaut werden [B16, B116, B206, B213].

Größere Bewegungen als in Bild B67 dargestellt erfordern Flanschkonstruktionen mit speziellen Kunststoff-Fugenbändern [B116, B204, B206, B212, B213, B221].

Nach der VOB – DIN 18336 – Ausgabe 2000 [B22] sind bei Beanspruchung durch Bodenfeuchte und nichtdrückendes Wasser beidseitig der Abdichtung angeordnete und 30 cm breite Polymerbitumen-Schweißbahnen PYE-PV 200 S5 als alleinige Maßnahme zulässig. Dies ist sicherlich eine gute Lösung für kombinierte Bewegungen bis 10 mm. Denn der Einbau von Kupferriffelbändern 0,2 mm dick im Gieß- und Einwalzverfahren erfordert große handwerkliche Erfahrung und den Einsatz von Rührwerkskesseln zum Erwärmen der gefüllten Klebemasse, die für den Einbau von Metallbändern nach der Norm vorgeschrieben ist. Diese Art der Ausführung ist besonders für den Gründungsbereich von Ein- und Mehrfamilienhäusern eine völlig ausreichende und willkommene Vereinfachung für die Praxis.

Die Metallbandverstärkung nach Bild B67 und Tabelle B3 dient zur Aufnahme der mechanischen Beanspruchung und soll gleichzeitig das Eindrücken der Flächenabdichtung in

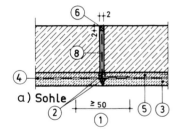

Die oberhalb und unterhalb der Abdichtung angeordneten Verstärkungen aus Kupferriffelband erhalten zusätzlich je 1 Lage aus nackter Bitumenbahn R 500 N, b = 1,00 m zum Beton hin als Zulage.

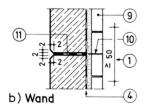

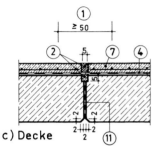

1 Verstärkung durch 2 Lagen geriffeltes Kupferband 0,2 mm dick, je ≥ 50 cm breit
2 gefüllte Bitumenklebemasse
3 Unterbeton, 7 cm dick
4 Abdichtung
5 Sohlenschutzbeton, mindestens 5 cm dick
6 ölbeständiger Fugenverguss nach DIN 18540 (sinngemäß) der oberen Sohlenfuge, soweit nutzungsbedingt erforderlich [B25]
7 Deckenschutzbeton, 10 cm dick, bewehrt
8 Abkleben der Sohlenfuge mit einer 2-lagigen Abdichtung und einer Kantenverstärkung aus 0,1 mm dickem Kupferband mit Anschluss an die Sohlen- und Wandabdichtung nach Bild B69
9 feste Schutzschicht
10 1 Lage nackte Bitumenbahn R 500 N
11 Fugenfüllplatte

Bild B68
Lage der Fugenabdichtung in Sohle, Wand und Decke
[B113, B226]

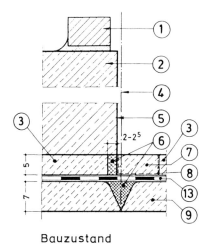 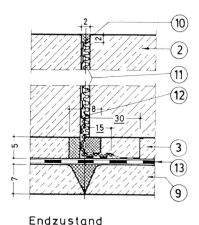

Bauzustand   Endzustand

1 Vorübergehende 1/2 Stein dicke Abmauerung mit geputzter Kehle
2 Sohlenbeton
3 endgültiger Schutzbeton
4 Achse Blockfuge
5 Betonkante
6 gefüllte Bitumenklebemasse
7 vorläufiger Schutzbeton; zum Einbau der Fugenabklebung entfernen, $l \sim 0{,}3$ m
8 Trennlage (PE oder gleichwertig)
9 Unterbeton
10 gefüllte Bitummenklebemasse, in den Wänden oder Vouten 10 cm hoch verspachteln; soweit nutzungsbedingt erforderlich ölbeständiger Fugenverguss
11 im Sohlen-, Wand- und Deckenbereich 2 cm dicke Fugenfüllplatte (nicht brennbar nach DIN 4102)
12 1 Lage gerieftes Kupferband, 0,1 mm dick, 30 cm breit, und 2 Lagen nackte Bitumenbahnen R 500 N im Gieß- und Einwalzverfahren einkleben
13 Abdichtung

Bild B69
Ausbildung der Bewegungsfuge im Sohlenbereich [B113, B226]

den Fugenspalt infolge Wasserdruck verhindern. Nur so kann auf Dauer ein Überdehnen der Bitumenabdichtung ausgeschlossen werden. Die zeichnerische Darstellung des Bildes B67 gibt den Inhalt der Tabelle B3 für die Fugenverstärkung nach DIN 18195 [B16] wieder. Die Metallbandverstärkungen sind aus 0,2 mm dickem, kalottengerieftem Kupferband. Sie müssen mit gefüllter Klebemasse eingebaut werden. Die außenliegenden Zulagen aus nackten Bitumenbahnen R 500 N dienen zur Abdeckung gegenüber den angrenzenden Betonflächen. Damit wird sichergestellt, dass kein frischer Mörtel oder Beton mit dem Metall unmittelbar in Berührung kommt. Die in jedem Fall äußere Anordnung der Verstärkung erwies sich als optimal bei den Versuchen der Studiengesellschaft für unterirdische Verkehrsanlagen (STUVA) zur Festlegung der Normengrenzwerte für Fugenbewegungen. Erst bei mehr als zwei Verstärkungseinlagen für kombinierte Bewegungen über 15 mm bis maximal 25 mm werden die dritte und vierte in das Abdichtungspaket eingearbeitet. Die Fugenfüllung erfolgt im Allgemeinen mit einer 2 cm dicken, fäulnisbeständigen und nicht brennbaren Weichfaserplatte.

Im Zuge der Stahlbetonarbeiten ist die Ausbildung von dreieckigen oder rechteckigen Fugenkammern mit abgerundeten Kanten für die Haltbarkeit der Abdichtung von großer Wichtigkeit (Bilder B68 und B69). Diese Kammern, mit gefüllter Klebemasse vergossen,

1 Sohlen, Wände und Decken im Gründungsbereich

ermöglichen einen größeren Dehnweg. Sie verhindern bei Bewegungen das scharfkantige Abknicken der Abdichtung und damit mechanische Überbeanspruchungen. Dreilagige Fugenverstärkungen haben in Hamburg auf Dauer mehr als 30 mm Relativsetzungen ohne Schäden überbrückt.

Im Bereich fester Wandschutzschichten müssen sich die nach der DIN 18195-8 und -10 [B16] geforderten Fugen mit denen in der Tunnelkonstruktion decken. Die in die Fuge der Schutzschicht eingelegte nackte Bitumenbahn R 500 N muss auch im Bereich der 4 cm Mörtelfuge vorhanden sein (Bild B68b). Nur so kann bei eventuellen Bewegungen eine Beschädigung der Abdichtung durch scharfkantige sägezahnartige Abbrüche der Schutzschicht vermieden werden.

Besteht für eine Abdichtung aus Bitumen die Gefahr einer Ölverunreinigung auf der Sohle, so müssen die Fugen auch an der Sohlenoberfläche mit einer Fugenkammer ausgebildet werden. Für den Verguss dieser Fugenkammer im konstruktiven Sohlenbeton sind dann ölresistente Vergussmassen und die Einzelheiten der DIN 18540 [B25] sinngemäß zu beachten.

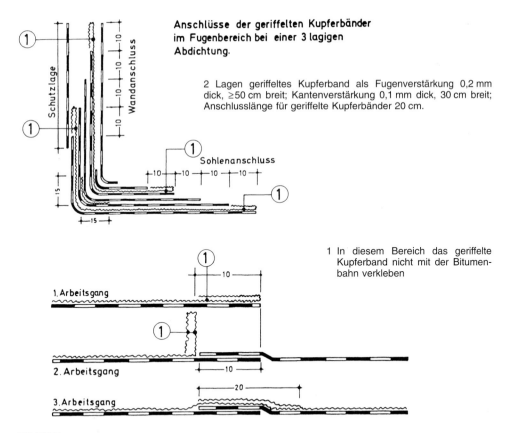

Bild B70
Arbeitsablauf beim Anschluss innerhalb einer Fugenverstärkung aus geriffeltem Kupferband; System [B113]

Im Bereich der Sohle sollten die Fugen an den Stirnflächen der Bauabschnitte besonders abgeklebt werden. Dadurch wird die Feuchtigkeit, ob sie vom Betonieren, vom Regen oder aus Undichtigkeiten stammt, immer kontrollierbar in einem Bereich gehalten. Zur Ausführung sind mehrere Arbeitsgänge erforderlich, die klar aus Bild B69 für den Bauzustand und Endzustand zu erkennen sind. Weitere Einzelheiten hierzu sind den Ausführungen aus der ARBIT-Schriftenreihe, Heft Nr. 61 zu entnehmen [B226].

Für den Einbau der Abdichtung über einer Bauwerksfuge sind folgende generelle Regelungen zu beachten: Die Überdeckungen für nackte Bitumenbahnen R 500 N und für Dichtungsbahnen sind in der Norm [B16] an der Längsseite und an der Querseite mit mindestens 8 cm, für Anschlüsse mit mindestens 10 cm festgelegt. Anders ist es bei nackten Metallbändern. Hier wurde die Überdeckung an der Längsseite mit 10 cm, an der Querseite jedoch mit 20 cm vorgegeben.

Aufgrund dieser unterschiedlich großen Nahtüberdeckungen der Bitumenbahnen und der Metallbänder erscheint es sinnvoll, die Ausführung der Anschlüsse für die Fugeneinlagen aus 0,2 mm dicken geriffelten Kupferbändern in Bild B70 gesondert darzustellen. Das Kupferband muss 10 cm über das Ende der zuvor aufgeklebten nackten Bitumenbahn hinausgeführt und erst dort abgeschnitten werden. Danach wird das Band um 10 cm zurückgeklappt. Im Anschlussbereich der darunterliegenden Trägereinlage wird es auf 10 cm Länge nicht verklebt (1. Arbeitsgang). Die folgenden Arbeitsgänge 2 und 3 sind im Einzelnen Bild B70 zu entnehmen. Weitere Erläuterungen zum Einbau von Kupferbändern über Fugen sind in der Schriftenreihe der ARBIT, Heft Nr. 61 enthalten [B226].

1.6.3 Bewegungsfugen „Typ II"

1.6.3.1 Bodenfeuchte und nichtdrückendes Wasser

Unter Berücksichtigung der Größe und Häufigkeit der Fugenbewegungen sowie der Art der Wasserbeanspruchung und der Nutzung ist die Art der Abdichtung im Einzelfall festzulegen, z. B. durch Unterbrechen der Flächenabdichtung und schlaufenartige Anordnung geeigneter Abdichtungsstoffe, mithilfe vorgefertigter Fugenkonstruktionen mit integrierten Kunststoff- oder Elastomer-Dichtungsprofilen oder mithilfe von Los- und Festflanschkonstruktionen und Einbau von Fugenbändern. Für Dichtungsprofile und nicht genormte Fugenbänder müssen bauaufsichtliche Prüfzeugnisse vorliegen.

Abdichtungen mit kunststoffmodifizierten Bitumendickbeschichtungen erfordern Sonderkonstruktionen, die im Einzelnen festzulegen sind.

1.6.3.2 Von außen drückendes Wasser und zeitweise aufstauendes Sickerwasser

Die Abdichtung über den Fugen ist grundsätzlich mit Sonderkonstruktionen, z. B. mit Los- und Festflanschkonstruktionen nach DIN 18195-9, erforderlichenfalls in Doppelausführung, herzustellen.

1.6.3.3 Ausführung

Für Fugentyp II ist die Flächenabdichtung im Gegensatz zu Fugentyp I grundsätzlich zu unterbrechen [B16]. Als Ersatz für die Flächenabdichtung ist hier durch schlaufenartige Anordnung von flexiblen Abdichtungsstoffen z. B. auch mithilfe von Los- und Festflanschkonstruktionen und Dichtungsbändern die Bewegungsgröße und -häufigkeit in Abhängigkeit von der Art der Beanspruchung durch das Wasser im Fugenbereich zu berücksichtigen. Regelausführungen, wie beim Typ I (Abschnitt B1.6.2) werden für den Typ II nicht vorgegeben, weil die Vielfalt der möglichen Stoffe und die überaus unterschiedlichen Beanspruchungen eine Regelausführung nicht zweckmäßig erscheinen lassen.

Für den Bereich des nichtdrückenden Wassers ist beim Fugentyp II sowohl das Einkleben bis 10 mm Gesamtverformung (Bild B114) als auch das Einflanschen von Fugenbändern zulässig. Im Gegensatz dazu müssen im Bereich des drückenden Wassers immer Los- und Festflanschkonstruktionen zur Anwendung kommen, erforderlichenfalls als Doppelflansche. Wesentlich für die Dichtfunktion ist die dauerhaft dichte Quernahtausbildung der Dichtungsbänder. Sie muss bei thermoplastischen Bändern durch Schweißen und bei Elastomer-Bändern durch Vulkanisation erfolgen, in beiden Fällen keinesfalls durch Klebung.

Entscheidend für die Auswahl der Abdichtungsstoffe über Fugen kann die Erkenntnis sein, dass bei den im Grundriss abgeknickten und nicht gradlinig verlaufenden Fugen mit einer zweifachen Beanspruchung der Abdichtung infolge einer Horizontalbewegung gerechnet werden muss. Tritt in einem Fugenteil die Beanspruchung rechtwinklig zur Fugenachse auf, so ergibt sich in dem abgeknickten Bereich eine Beanspruchung parallel zur Fuge.

Wenn konstruktiv möglich, sollten generell, insbesondere aber auch auf begeh- und befahrbaren Deckenflächen die Fugenabdichtungen etwas aus der Ebene der benachbarten, wasserführenden Flächen angehoben werden. Außerdem sind eingeklebte Polymerbitumenbahnen möglichst zweilagig anzuordnen. Sie sollten auf jeder Seite der Fuge mindestens 25 cm breit eingeklebt werden. Unmittelbar über der Fuge bleiben beide Lagen, wie in Bild B71 dargestellt, unverklebt [B117, B206, B217].

Kunststoff-Dichtungsbänder mit mindestens 3 mm Dicke sowie vorgefertigte Schlaufenprofile [B302, B306] können einlagig eingebaut werden. Mit polymermodifiziertem Bitumen eingeklebt, ergeben sie eine sichere Ausführung. Für Ecken und Abwinklungen sind dabei vorgefertigte Formteile einzusetzen, um Beschädigungen infolge von Knautschbewegungen und Fehler bei Baustellenverbindungen zu vermeiden. Verbindungen von Fugenbändern müssen stoffgerecht erfolgen und sind bei Ausführung vor Ort nur rechtwinklig zur Fugenachse zugelassen.

Werden für bestimmte Bewegungsfugen sehr häufige und schnelle Bewegungen erwartet, muss auch die Möglichkeit der späteren Auswechselbarkeit von Fugenbändern in die Planung einbezogen werden. Ein Beispiel hierzu zeigt Bild B72. Hierbei werden die Fugenbänder oder das Bahnenmaterial zwischen Los-Festflanschen wasserdicht eingeflanscht. Die Konstruktionen sollten – wenn immer möglich – auch nach Baufertigstellung zugänglich bleiben. Einzelheiten zu den Einbauteilen werden in Abschnitt B1.7 (Durchdringungen) behandelt [B220, B221, B225, B226].

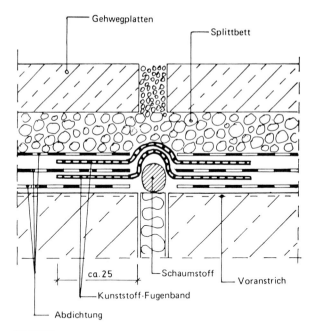

Bild B71
Dehnungsfugen mit geringen Bewegungen bis 10 mm Gesamtverformung in einer begehbaren Fläche mit eingeklebten hochpolymeren Fugenbändern [B117]

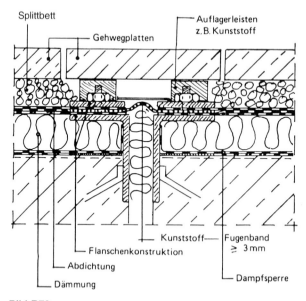

Bild B72
Dehnungsfuge einer genutzten Dachfläche mit Wärmedämmung und einer zugänglichen Übergangskonstruktion aus Los- und Festflanschen mit einem Kunststoff-Fugenband [B117, B206, B217]

Fabrikfertige Sonderkonstruktionen zum Teil mit doppelter Abdichtungsführung [B306, B307, B317] stehen in breiter Palette für Abdichtungen über Fugen des Fugentyps II zur Verfügung (vgl. auch Bilder B113, B117 und B118). Sowohl innenliegende als auch frei bewitterte und begeh- oder befahrbare Übergangskonstruktionen werden von Spezialherstellern angeboten. So können über Fugen im Hochbaubereich nach gewissenhafter Auswahl und bei abgeknicktem oder ausgerundetem Fugenverlauf in Grund- oder Aufriss funktionsgerechte Konstruktionen erstellt werden. Sie sollten aber immer nachstehende Anforderungen erfüllen:

1. Die Fugenkonstruktion muss sicher im Beton verankert sein.
2. Ein fester stählerner Klebeflansch ≥ 100 mm Breite nach DIN 19599 [B28] ist zum Anschluss an die Flächenabdichtung den Klebeflanschen aus Kunststoffbahnen unbedingt vorzuziehen.
3. Los-Festflanschkonstruktionen nach den Bildern B77 und B78 und Tabelle B6 bieten die sichersten Anschlussmöglichkeiten für den Bereich des nichtdrückenden und drückenden Wassers.
4. Die Metallprofile der Konstruktion müssen die an sie zu stellenden Anforderungen in thermischer, mechanischer und chemischer Hinsicht in vollem Umfang erfüllen.
5. Alle Metallteile und Verbindungsmittel müssen bei frei bewitterten Übergängen korrosionsbeständig sein.
6. Elastomer-Fugenbänder sind im Vergleich zu den Fugenbändern aus Thermoplasten in den überwiegenden Fällen widerstandsfähiger. Formteile für L-, T- und Kreuzstöße müssen werksgefertigt sein.
7. Die Fugenbänder müssen eine Mindestdicke von 3 mm, besser aber 4 mm, haben und sind an allen Stößen stoffgerecht zu fügen, in keinem Fall zu kleben.
8. Die Fugenbänder müssen auswechselbar sein und wasserdicht an die Stahlteile anschließen.
9. Baustellenstöße sind nur rechtwinklig zur Fugenachse zulässig.
10. Bei Gründächern mit planmäßiger Anstaubewässerung sind die Fugenkonstruktionen nach DIN 18195-8 für drückendes Wasser zu bemessen, sofern die Flanschkonstruktion nicht oberhalb der Anstaubewässerung liegt.

1.7 Durchdringungen

1.7.1 Allgemeines

Mithilfe von Einbauteilen werden die unterschiedlichsten, in sich aber wasserdichten Durchdringungskörper an die Flächenabdichtungen angeschlossen (Kapitel L). Diese Anschlüsse sind nachfolgend auf der Grundlage von DIN 18195-9 für die verschiedenen hydrostatischen Beanspruchungen dargestellt [B16, B201, B205, B215] und kommentiert. Die Erläuterungen beruhen auf den von den Verfassern langjährig gesammelten Erfahrungen beim Hamburger Tunnelbau, bei nationalen sowie internationalen Bauvorhaben und schließlich auf Versuchen in Zusammenarbeit mit der Studiengesellschaft für unterirdische Verkehrsanlagen e.V. (STUVA) in Köln. Die so gewonnenen Erkenntnisse bilden auch die Basis für die weiter unten angeführten Beispiele zum Gründungsbereich von Hochbauten.

Ganz allgemein ist im Zusammenhang mit Durchdringungen zu beachten, dass nicht die Größe des Bauvorhabens selbst bei Durchdringungen der entscheidende Maßstab ist, sondern vor allem die Beanspruchung durch das Wasser und weiterhin der Einfluss aus thermischer, chemischer oder mechanischer Belastung.

An die Materialien und deren Verarbeitung bei allen Durchdringungen sollten grundsätzlich sehr hohe Anforderungen gestellt werden. Denn wenn die in den überwiegenden Fällen nach dem Einbau der Abdichtung nicht mehr zugängliche Stahlkonstruktion Fehler aufweist, sind für das Bauwerk generell Undichtigkeiten meist vorprogrammiert.

1.7.2 Einbauteile

Art und Größe der Einbauteile zur Verbindung der Flächenabdichtung mit Durchdringungen sind abhängig von der Beanspruchung durch das Wasser. Gleiches gilt für Abdichtungsübergänge oder die Verbindung zweier unterschiedlicher Abdichtungsarten durch Doppelflanschkonstruktionen. Die Einsatzmöglichkeiten der verschiedenen Einbauteile sind der Tabelle B4 zu entnehmen.

Einbauteile werden im Regelfall aus Stahl oder Gußeisen hergestellt. Sie müssen beständig sein gegen die möglicherweise auf sie einwirkenden Stoffe. Dies gilt in besonderem Maße für korrosionsgefährdete Teile, z. B. Abläufe. Hier kann der Einsatz nicht rostender Materialien oder ein entsprechender Korrosionsschutz erforderlich werden.

Die mit der Abdichtung in Berührung kommenden Flächen der Einbauteile müssen oberflächenglatt sein und dürfen keine Grate aufweisen.

Die Außenkanten von Einbauteilen, wie Klebeflansche, Manschetten oder Los- und Festflansche, müssen mindestens 150 mm von Bauwerkskanten und -kehlen sowie mindestens 500 mm von Bauwerksfugen oder anderen Einbauteilen entfernt angeordnet werden. Diese Maße müssen aus einbautechnischen Gründen für den Abdichtungsanschluss eingehalten werden, um auf der Baustelle eine einwandfreie Ausführung überhaupt zu ermöglichen.

Abdichtungen müssen auf Einbauteilen glatt und vollflächig in einer Ebene eingebaut werden. Sie dürfen an angrenzenden senkrechten Flächen weder abgekantet noch hochgeführt werden, sofern sie dort nicht gesondert angeklemmt werden.

Im Einzelnen werden nachstehend die verschiedenen Einbauteile näher beschrieben.

Schellen

Schellen sollten grundsätzlich aus Metall bestehen und mindestens 25 mm breit sein. Können wegen zu großer Durchmesser keine einteiligen endlosen Schraubschellen eingesetzt werden, sind zwei mehrteilige Schellen erforderlich. Diese müssen bezüglich ihrer

Tabelle B4
Zulässige Anschlüsse an Einbauteile oder Durchdringungen in Abhängigkeit von der hydrostatischen Beanspruchung

Zeile	Art der Beanspruchung durch Wasser		Einbauteil		Anwendungsvorschrift
			bei einer Flächenabdichtung aus:	mögliche konstruktive Ausbildung	
0	1		2	3	4
1	Bodenfeuchte		Aufstriche, KMB[1)]	Spachtelbare Stoffe, Manschetten	DIN 18195-9, Abschnitt 6.1.1 [B16] Ril 835, Abs. 170 u. 177 [B116]
			Bahnenabdichtungen	Schellen, Manschetten, Klebeflansche, Anschweißflansch	
2	nichtdrückendes Wasser	mäßige Beanspruchung	Spritz- und Spachtelabdichtung (Flüssigkunststoff, KMB[1)], Asphaltmastix)		DIN 18195-9, Abschnitt 6.1.2 [B16]
			Bahnenabdichtungen		
3		hohe Beanspruchung	Spritz- und Spachtelabdichtung (Flüssigkunststoff, Asphaltmastix)	Klebeflansche; Anschweißflansche, Manschetten, Schellen; Los- und Festflansche in Verbindung mit Manschetten	oder DIN 19599, Tabelle 1 [B28] bzw. ZTV-BEL B 3/95, Absatz 5.7 [B104] Ril 835, Abs. 170 u. 177 [B116]
			Bahnenabdichtungen	Los- und Festflansche; auf waagerechten Flächen auch Klebeflansche[2)]	
4	von außen oder innen drückendes Wasser, zeitweise aufstauendes Sickerwasser		Bahnenabdichtungen	Los- und Festflansche	DIN 18195-9, Abschnitt 6.1.3 [B16] Ril 835, Abs. 170 u. 177 [B116]
			KMB[1)]	Los- und Festflansche in Verbindung mit Manschetten	

[1)] KMB = Kunststoffmodifizierte Bitumendickbeschichtung.
[2)] Bei begeh- und befahrbaren Flächen nur zulässig für Bauhöhen der Einbauteile bzw. Durchdringungen bis Oberkante Belag.

Spannstellen gegeneinander versetzt angeordnet sein, damit auch jede Faltenbildung beim Anschrauben sicher vermieden wird. Schellen müssen mehrmals nachzuspannen sein, um den Fließeigenschaften von Bitumenmassen entgegenwirken zu können. Hierbei ist auf den zulässigen Anpressdruck der Abdichtung zu achten, um ein Abschnüren mit Sicherheit auszuschließen. Schellen dienen auch zum Anschluss vorgeformter Dichtungsmanschetten, wie sie zum Teil bereits fabrikmäßig angeboten werden.

Schellen eignen sich besonders gut für den Abdichtungsanschluss bei runden Einbauten oder Bauteilen. Bei größeren Schellenbreiten, z. B. 100 mm oder mehr, können mehrere Spann-Schraubverbindungen nebeneinander erforderlich werden, um ein Verkanten auszuschließen und ein sicheres Anpressen zu gewährleisten.

Klebeflansch

Ein Klebeflansch (Bild B73) stellt wegen der fehlenden mechanischen Fixierung des Abdichtungsendes einen deutlich anfälligeren Abdichtungsabschluss dar als die Los- und Festflanschkonstruktion. Er darf deshalb nur für den Bereich des nichtdrückenden Wassers eingesetzt werden, z. B. bei Abläufen oder Anschlüssen von Übergangskonstruktionen, die keinerlei Stau- oder Wasserdruck ausgesetzt sind. Durch die nachfolgend eingebaute Schutzschicht und einen Fugenverguss muss sichergestellt werden, dass eine Unterläufigkeit, z. B. an Überlappungen, oder ein Ablösen der Abdichtung, bei handwerklich einwandfreier Arbeit, nicht eintreten kann. Aber schon bei möglichen Bewegungen im Flanschbereich und wenn niedrige Temperaturen nicht auszuschließen sind, sollte man – wenn möglich – den Klebeflansch meiden.

Auch bei Einhaltung der nach DIN 19599 [B28] sowie DIN 18195-9, Abschnitt 7.2 [B16] festgelegten Mindestbreiten von 100 mm können Fehlstellen beim Einbau, z. B. im Über-

Bild B73
Klebeflansch

Tabelle B5
Mindestwerte von Flanschbreiten [mm] nach DIN 19599, Tabelle 1 [B28]

Pressdichtungsflansch		Klebeflansch
Festflansch	Losflansch	
70	60	100

lappungsbereich, nicht mit Sicherheit ausgeschlossen werden. Denn beim Rückversatz einer zweilagigen Abdichtung stehen bei 100 mm Flanschbreite je Lage nur 40 bis 45 mm für den Anschluss zur Verfügung, da die Breite für den Fugenverguss mit 10 bis 15 mm noch abzurechnen ist.

Dieser Verguss soll ein Aufsaugen von möglicher Feuchtigkeit über die Stirnfläche der Bahn sicher ausschließen. Die verbleibende Anschlussbreite von 40 bis 45 mm setzt dann eine qualitativ hohe handwerkliche Leistung sowie eine sorgfältige Bauaufsicht voraus. Beispielhaft sei ein Klebeflansch für den Anschluss einer Übergangskonstruktion gezeigt (Abschnitt B2.3, Bild B113). Hier wird mit einem Verstärkungsstreifen der Anschluss der Flächenabdichtung vorbereitet. Gleiches gilt bei den Abläufen in den Bildern B120 und B121. Die vorab ohne jeden Stoß eingeklebten Manschetten sichern eine ausreichend große Anschlussverbreiterung und Verstärkung für die Flächenabdichtung. In DIN 19599 [B28] werden, wie aus Tabelle B5 ersichtlich, die Klebeflanschanschlüsse für mit Bitumen verklebte Abdichtungen in gleicher Größe vorgegeben wie in DIN 18195-9 [B16].

Nagelbänder

Zur Randbefestigung jeglicher Abdichtungen sind Nagelbänder nicht zugelassen, wie in DIN 18195-9, Abschnitt 6.2.2, ausdrücklich vermerkt.

Klemmschiene

Klemmschienen sind Rechteckprofile aus Metall und müssen Abdichtungsabschlüsse gegen Hinterläufigkeit und an aufgehenden Bauteilen hochgeführte Abdichtungen zusätzlich gegen Abgleiten sichern.

Im Gegensatz zum Klebeflansch wird bei Klemmschienen die Abdichtung infolge der Schraubverbindung anfänglich fest eingepresst und auf Dauer zumindest fest eingebettet (Bild B74). Eventuelle Wasserwege werden schon beim Einbau der Klemmschienen durch die Überpressung von Unebenheiten des Deckaufstriches und durch Anziehen der Bolzenmuttern gedichtet.

Für Abdichtungsabschlüsse sind daher bei nichtdrückender Wasserbeanspruchung Klemmschienen voll und ganz ausreichend. Mithilfe von Dübeln und Schrauben wird die Abdichtung an die Beton- oder Mauerwerksrücklage angepresst. Klemmschienen sind generell mit Sechskantschrauben $\geq$ M8 in Dübeln mit einem Abstand von 150 bis 200 mm zu befestigen. Bei geeigneter Profilgebung mit mindestens gleicher Biegesteifigkeit können bei kleinerem Schraubenabstand auch Schrauben M6 verwendet werden. Mit den Schrauben

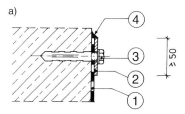

1 Abdichtung
2 Klemmschiene ≥50×5 mm
3 Schlüsselschraube ≥8 mm, Lochdurchmesser 10 mm, Abstand ≤200 mm
4 Bitumenabspritzung

Bild B74
Klemmschiene nach DIN 18195-9 [B16] als Abdichtungsabschluss
a) Prinzip
b) Bauausführung

≥M8 im Abstand von ≤200 mm sind diese Abschlüsse immer dann als eine gute und sichere Lösung anzusehen, wenn sich auch kurzzeitig kein Wasserdruck aufbauen kann. Ein plangemäßes Überlaufen von Wasser über die Klemmschiene darf ebenfalls nicht gegeben sein.

Im Klemmbereich der Schiene sollten die Längsnähte der Bahnen ausgeklinkt oder abgespachtelt werden. Nur so wird auf ganzer Länge ein sattes Anliegen der Schiene sichergestellt.

Die Montage erfolgt im so genannten Durchsteckverfahren. Die Schienen, meist 3 m lang, werden zunächst an den Enden festgesetzt. Die weiteren Löcher werden durch die in den Schienen fabrikmäßig vorgegebenen Bohrungen hindurch in den Abdichtungsuntergrund gesetzt. Anschließend werden dann die Sechskantschrauben mit den Dübeln hindurchgesteckt. Das Anziehen erfolgt vorwiegend mit Schlagschrauber. Die Abmessungen für Klemmschienen ergeben sich aus DIN 18195-9 [B16]. Sie betragen in der Regel bezüglich der Breite ≥45 mm und der Dicke 5 bis 7 mm.

Infolge des Anpressdruckes über die Schrauben und die Klemmschienen wird bei fachgerechtem Einbau eine Unterläufigkeit und auch ein Ablösen der Abdichtung von der Abdichtungsrücklage vermieden. Solche Klemmschienen werden im Wesentlichen bei den Abdichtungsabschlüssen oberhalb des Geländes eingesetzt, z.B. bei Hochbauwerken.

Muss bei Abdichtungsabschlüssen aber mit einem eventuellen Stauwasser gerechnet werden, reicht eine Anpressfläche von weniger als 20 mm seitlich des Bohrloches kaum aus. Um auch dann noch eine Unterläufigkeit sicher zu vermeiden, müssen Los- und Festflanschkonstruktionen zum Einsatz kommen, wie weiter unten dargestellt. Neben den größeren Abmessungen der Stahlteile ist dann auch ein planebener Untergrund im Flanschbereich sichergestellt und damit eine bessere Klemmwirkung gegeben.

Klemmprofile

Klemmprofile bestehen aus stranggepresstem Aluminium oder mehrfach gekanteten nichtrostenden Metallprofilen. Sie sind in Abhängigkeit von ihrer geplanten Funktion zu dimensionieren und zu befestigen. Ihre Einzellänge sollte 3 m nicht überschreiten. Sollen sie außer der Randfixierung gleichzeitig auch die Hinterläufigkeit unterbinden, müssen sie für eine durchgehende Anpressung ausreichend biegesteif sein; das Widerstandsmoment des Profils muss dann im Klemmbereich mindestens dem einer Klemmschiene entsprechen.

Im Bereich von Terrassen und begehbaren oder befahrbaren Flächen werden die Abdichtungsverwahrungen an aufgehenden Gebäudeteilen häufig mittels Klemmprofilen gesichert. Derartige Profile übernehmen nicht nur die Funktion des eigentlichen Abdichtungsabschlusses, d. h. Ausschluss von Hinterläufigkeit, sondern schützen darüber hinaus auch die Abdichtung gegen mechanische Beschädigungen oder negative Witterungseinflüsse. Zu diesem Zweck ist die Profilbreite über den vorgeschriebenen Mindestwert von 45 mm für die nötige Klemmwirkung (Klemmschiene) auf 150 mm vergrößert (Bilder B75 und B76). Vorteilhaft ist es in diesem Zusammenhang, wenn der untere Profilteil um ca. 10 mm aus der Klemmebene herausgekröpft ist. Dann kann eine Bautenschutzmatte, ohne die Klemmwirkung im oberen Profilteil einzuschränken, mit gehalten werden. Weitere Beispiele enthalten Bild B115 sowie [B220].

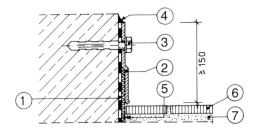

1 Abdichtung
2 Klemmprofil $\geq 150 \times 2$ mm
3 Schlüsselschraube ≥ 8 mm, Lochdurchmesser 10 mm, Abstand ≤ 200 mm
4 Bitumenabspritzung
5 Bautenschutzmatte ≥ 8 mm dick als Schutzschicht
6 Nutzschicht z. B. Pflaster oder Plattenbelag
7 Füllboden und Belagsbettung

Bild B75
Klemmprofil nach DIN 18195-9 [B16] als Abdichtungsabschluss

Wird der obere Rand des Klemmprofils nicht durch einen Überhangstreifen oder die Wandbekleidungen vor der Bewitterung geschützt, ist er durch Abkanten so zu gestalten, dass eine Dichtstofffase von mindestens 10 mm Breite und 6 mm Dicke eingebracht werden kann (Bild B27) oder durch vorkomprimierte Bänder für eine zusätzliche Abdichtung gesorgt wird. Abdichtungsabschlüsse müssen bezüglich der oberen Abspritzung der Klemmschiene bzw. des Klemmprofils und auf die Vollzähligkeit der Bolzen hin überprüft werden. Derartige Abspritzungen sind vom Material her gesehen in keinem Fall ohne regelmäßige Pflege und Nachbearbeitung über Jahre funktionsfähig. Wird in diesem Bereich die Hinter- oder Unterläufigkeit nicht sicher ausgeschlossen, ist das Auftreten eines Schadens nur eine Frage der Zeit.

Bild B76
Klemmprofil; Bauausführung

Los- und Festflanschkonstruktionen

Die Anschlüsse von Abdichtungen an Durchdringungen bzw. deren Einbauteile werden in DIN 18195-9 in Abhängigkeit von der Beanspruchung durch das Wasser geregelt [B16, B214, B221, B226].

Bei mit Bitumen verklebten Abdichtungen werden für die Flansche Mindestabmessungen gefordert, wie sie in Bild B77 sowie den Tabellen B6a und B6b für die Los- und Festflanschkonstruktionen sowohl in Einzel- als auch Doppelausführung angegeben sind.

Darüber hinaus sind die folgenden Richtwerte zu beachten:

Flanschkonstruktion

Stahlgüte: YRG 2 und DIN EN 10027 T 1
Wenn möglich feuerverzinkt, sofern nicht durch Abdichtungen oder Beton gegen Korrosion geschützt. Unzugängliche und korrosionsgefährdete Konstruktionen sind aus Edelstahl WSt-Nr. 1.4301 bzw. WSt-Nr. 1.471 herzustellen, gemäß DIN 17440

Schweißnähte: Zulassung gem. DIN 18800, T. 7, Zif. 6.2.
Es ist immer einen 2-lagige Ausführung durch zugelassene Schweißer erforderlich, eine Prüfung auf Wasserdichtigkeit in der Werkstatt mit Protokoll kann vereinbart werden. Ein großer Eignungsnachweis wird bei dynamischer Belastung z. B. aus Schienen oder Schwerlastverkehr und nicht einbetonierten Stahlteilen im Regelfall erforderlich. Festflanschstöße sind voll durchzuschweißen und auf der Abdichtungsseite planzuschleifen.

1 Sohlen, Wände und Decken im Gründungsbereich

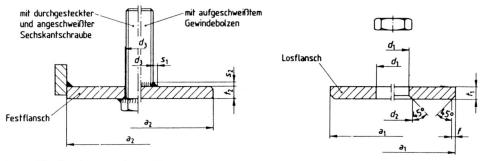

Los- und Festflanschkonstruktion aus Flacheisen

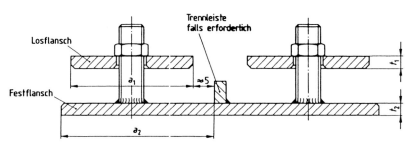

Los- und Festflanschkonstruktion in Doppelausführung für Übergänge

Bild B77
Los- und Festflanschkonstruktion nach DIN 18195-9 [B16]

Hinweise zu Fest- und Losflanschen:	Konstruktive Einzelheiten hierzu sind in den nachstehenden Grundsätzen detailliert aufgeführt.

Schweißbolzen und Schraubenmuttern

Stahlgüte:	Entsprechend der Flanschkonstruktion jedoch immer Festigkeitsklasse 4.8, gemäß DIN 267 Bl. 3.
Bolzen:	im Regelfall M20×60 mit durchgehendem Gewinde; Einzelheiten für Edelstahlbolzen regelt die Zulassung Z-30.3-6 vom DIBt Berlin vom August 1999.
Einbau:	Bolzenschweißung mit Pistole; Durchbohren und nachträgliches Verschweißen nur in Ausnahmefällen. Anziehmomente siehe Tabelle B6b.
Prüfung:	Drehmomentenschlüssel. Regelanziehmomente nach Tabelle B6b zuzüglich mindestens 30 Nm.
Gewindeschutz:	Wachsfilm und PVC-Schutzhülse, in der Werkstatt aufgebracht.

Tabelle B6a
Regelmaße in Millimeter (mm) für Los- und Festflanschkonstruktionen [1)]

	Art des Maßes	Bitumenverklebte Abdichtung		Elastomere Klemm-fugenbänder	Kunststoff-Dach- und -Dichtungsbahnen lose verlegt	
		nicht-drückendes Wasser	drückendes Wasser		nicht-drückendes Wasser	drückendes Wasser
0	1	2	3	4	5	6
	Losflansch					
1	Breite a_1	≥60	≥150	≥100	≥60	≥150
2	Dicke t_1	≥6	≥10	≥10	≥6	≥10
3	Kantenabfassung	etwa 2	etwa 2	etwa 2	etwa 2	etwa 2
	Festflansch					
4	Breite a_2	≥70	≥160	≥110	≥70	≥160
5	Dicke t_2	6, ≥t_1	10, ≥t_1	10, ≥t_1	6, ≥t_1	10, ≥t_1
	Schrauben bzw. Bolzen					
6	Durchmesser d_3	≥12	≥20	≥20	≥12	≥20
	Schweißnaht bei Gewindebolzen					
7	Breite s_1	etwa 2	etwa 2	etwa 2	etwa 2	etwa 2
8	Höhe s_2	etwa 3,2	etwa 5	etwa 2	etwa 3,2	etwa 5
	Schrauben-/ Bolzenloch					
9	Durchmesser d_1	14	22	22	14	22
	Erweiterung bei Gewindebolzen					
10	Durchmesser d_2	d_1+ 2×s_1	d_1+ 2×s_1	d_1+ 2×s_1	d_1+ 2×s_1	d_1+ 2×s_1
11	Schrauben- bzw. Bolzenabstand untereinander	75 bis 150	75 bis 150	75 bis 150	75 bis 150	75 bis 150
12	Schrauben- bzw. Bolzenabstand vom Ende des Losflansches	≤75	≤75	≤75	≤75	≤75

[1)] Hinweis: Bei Abweichungen von Regelmaßen ist darauf zu achten, dass die spezifischen Klemmpressungen erhalten bleiben (Losflanschbreite, Bolzendurchmesser). Die Abreißfestigkeit des Bolzens ist mit der erforderlichen Sicherheit zu berücksichtigen.

1 Sohlen, Wände und Decken im Gründungsbereich   149

Tabelle B6b
Netto-Pressfläche in Quadratmillimeter (mm^2) und Anziehmomente in Nm[1]

Für Bolzenabstand (mm)		150	150	150
Losflanschbreite (mm)		60	100	150
Resultierende Netto-Pressfläche (mm^2)[2]		etwa 8250	etwa 14 000	etwa 21 500
0	1	2	3	4
1	Abdichtungen im Flanschbereich aus:			
1	Abdichtungen im Flanschbereich aus:	Erforderliche Anziehmomente[3] (Baustellenwerte) für dreimaliges Anziehen in Nm		
2	R 500 N	12	–	50
3	PIB mit Bitumen verklebt	12	–	50
4	Bitumenbahnen und Polymer-Bitumenbahnen nach Tabelle 4 aus DIN 18195-2:2000-08, mit Trägereinlage aus Glasgewebe	15	–	65
5	Bitumenbahnen und Polymer-Bitumenbahnen nach Tabelle 4 aus DIN 18195-2:2000-08, mit Trägereinlage aus Polyestervlies oder Kupferband	20	–	80
6	R 500 N + 1 Cu	20	–	100/80/80
7	ECB-Bahnen, PCV-P-Bahnen, Elastomerbahnen und EVA-Bahnen nach Tabellen 5 und 7 aus DIN 18195-2:2000-08, mit Bitumen verklebt	20	–	80
8	R 500 N + 2×Cu	30	–	120/100/80
9	Kunststoff-Dichtungsbahnen nach Tabellen 5 und 7 aus DIN 18195-2:2000-08, lose verlegt	30	–	100
10	Elastomer-Klemmfugenbänder	40	105	165

[1] Hinweise:
  1. Bei Abweichungen von Regelmaßen ist darauf zu achten, dass die spezifischen Klemmpressungen erhalten bleiben (Losflanschbreite, Bolzendurchmesser). Die Abreißfestigkeit des Bolzens ist mit der erforderlichen Sicherheit zu berücksichtigen.
  2. Bolzenabstände <150 mm, Randabstände <75 mm, erfordern geringere, rechnerisch nachzuweisende Anziehmomente.
  3. Die Flanschdicken sind bei Pressungen über 1,0 MN/m^2 rechnerisch zu ermitteln und konstruktiv zu prüfen.
[2] Fläche abzüglich 2 mm Fase an Längs- und Querbreiten sowie Lochdurchmesser bei 150 mm Bolzenabstand.
[3] Errechnet nach DIN 18800-7:1983-05, Abschnitt 3.3.3.2, Tabelle 1.

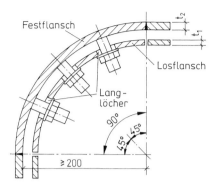

Bild B78
Eckausbildung einer Los-Festflanschkonstruktion
[B16]

Grundsätze

Solche Los- und Festflansch-Klemmkonstruktionen werden immer dann voll funktionsfähig, d. h. wasserdicht sein, wenn die nachfolgenden stichwortartigen Grundsätze beachtet werden:

1. Einhaltung der genormten Abmessung für alle Flanschteile.
2. Planebener Einbau der Festflansche in der Abdichtungsebene.
3. Abstand der Flansche von Kehlen, Kanten und Fugen ≥ 30 cm, besser 50 cm zum Einbau der Abdichtung.
4. Ausrundung von Kehlen und Kanten bei Richtungsänderung der Abdichtungsebene über 45° durch Formteile der Flanschkonstruktionen mit Mindestradien von 200 mm in Abhängigkeit vom Abdichtungsmaterial (Bild B78).
5. Keine scharfen Kanten und Grate an den der Abdichtung zugekehrten Stahlflächen.
6. Losflanschlänge ≤ 1500 mm, besser 900 mm.
7. Kein Blattrost auf den Flanschkonstruktionen.
8. Einbrennen des Voranstrichs bei Bitumenabdichtungen durch Erwärmen der Stahlflächen vor dem Auftragen.
9. Abdichtungslagen im Flanschbereich stumpf stoßen und durch eine zusätzliche Lage, wenn möglich Metallband aus Kupfer, verstärken.
10. Bolzenlöcher mit Locheisen nach Schablone stanzen.
11. Keine Falten und Beulen in der Abdichtung im Flanschbereich einbauen; sie lassen sich auch durch Anpressung der Losflansche nicht sicher verdrücken.
12. Losflansche sollten über den Schweißnähten der Festflansche gestoßen werden.
13. Blechstreifen, 0,2 mm dick und 20 mm breit, unter Losflanschstoß anordnen, um ein Abfließen des Bitumens zu verhindern, sofern Losflanschabstand ≥ 4 mm.
14. Gewindebolzen mit Schweißpistole aufschweißen und prüfen. Das Durchbohren von Festflanschen und nachträgliche Einschweißen von Stahlbolzen ist im Regelfall zu vermeiden. Wird es in Ausnahmefällen doch erforderlich, so muss jeder Bolzen einzeln auf der Baustelle auf Dichtigkeit geprüft werden.

1 Sohlen, Wände und Decken im Gründungsbereich

Bild B79
Ausführungsbeispiele von Los-Festflanschkonstruktionen
a) Mehrfach abgewinkelte Flanschkonstruktion
b) Eckausbildung

15. Gewindeschäfte müssen in der Werkstatt leicht eingewachst und sofort durch Plastikhülsen auf ganzer Schaftlänge geschützt werden, bis der Einbau der Abdichtung erfolgt.
16. Das Anziehen der Bolzenmutter muss mehrfach (dreimal) mit einem Drehmomentenschlüssel erfolgen, letztmalig kurz vor dem Einbetonieren.
17. Das Anziehmoment ist abhängig vom Abdichtungsmaterial, Bolzendurchmesser und der Flanschbreite. Die maximal zulässige Pressung des Abdichtungsaufbaus im Flanschbereich richtet sich nach den Angaben in der Norm (siehe Tabelle B6b).

18. Bei Kunststoff-Abdichtungen oder bei Klemmfugenbändern ist die Notwendigkeit von Zulagen zu prüfen. Die Bolzenmuttern müssen mehrfach nachgezogen werden. Das erforderliche Anziehmoment ist mit einem Drehmomentenschlüssel aufzubringen und richtet sich nach den Angaben des Herstellers der Dichtungsmaterialien.

19. Der Festflansch ist auf ganzer Länge stets auf ein und derselben Seite der Abdichtung anzuordnen, d.h., ein Festflanschwechsel ist nicht zulässig.

Aber auch für die bei Richtungsänderungen der Flanschkonstruktionen notwendigen Mindestradien von 200 mm und für die konstruktiven Bolzenanordnungen sind die Grundlagen in DIN 18195-9 [B16] vorgegeben. Wie in Bild B78 dargestellt, sind im Losflanschbogen Langlöcher mit Unterlegscheiben anzuordnen, weil sonst die Losflanschstücke nicht zu montieren sind.

Wesentlich ist die Anordnung eines Bolzens in der Winkelhalbierenden und mindestens eines weiteren Bolzens je Seite im Losflanschbogen (Bild B79b). Durch diese klaren Vorgaben werden zweifelsfrei alle sonstigen davon abweichenden Ausführungen – auch bei der Anwendung von fabrikgefertigten Abdichtungsformteilen – von vornherein infrage gestellt. Sie müssen zumindest für den Bereich des drückenden Wassers als nicht fachgerecht verworfen werden.

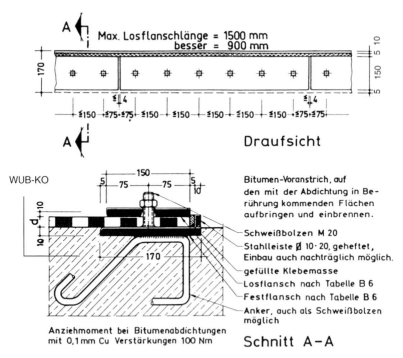

Bild B80
Abdichtungsabschluss durch eine Klemmkonstruktion aus Los- und Festflansch im Bereich des drückenden Wassers [B113, B226] an eine Konstruktion aus wasserundurchlässigem Beton gemäß DIN 1045 mit Rißbreitenbeschränkung und konstruktiver Sicherung gegen Unterläufigkeit des Festflansches [B1, B113, B226]

1 Sohlen, Wände und Decken im Gründungsbereich

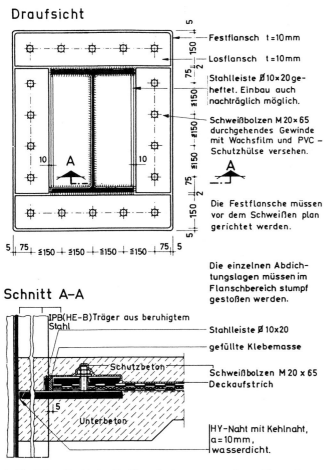

1. Die Schweißnaht des Festflansches muss von unten prüfbar sein. Anschließend muss der Hohlraum satt mit Beton unterstopft werden.
2. Lagenzahl siehe Leistungsverzeichnis. Verstärkungen mit geriffeltem Kupferband 0,1 mm dick, je ≥50 cm breit. Die Lagen im Flanschbereich sind stumpf zu stoßen. Die Muttern müssen dreimal angezogen werden, letztmalig vor dem Einbau des Schutzbetons.

Bild B81
Abdichtungsanschluss durch eine Los- und Festflanschkonstruktion an einem im Bauwerk integrierten Stahlträger (Mittelrammträger) [B113, B226]

Die in diesem Zusammenhang zu beachtenden weiteren Einzelheiten sowohl zur Materialauswahl als auch zur konstruktiven Ausführung dieser für die Funktion einer Abdichtung entscheidenden Einbauteile sind im Heft 61 der ARBIT-Schriftenreihe und in diversen anderen Veröffentlichungen ausführlich beschrieben worden [B201, B206, B215, B218, B221, B226].

Beispielhaft zeigt Bild B80 Schnitt und Draufsicht für einen linienförmigen Abschluss einer Bitumenabdichtung auf einer weiterführenden WU-Betonfläche ohne gesonderte Trennfugenausbildung im Grundwasser. Derartige Wechsel von Abdichtungssystemen sind bei einer fugenlosen durchgehenden Bauwerksfläche keine Regelausführung. Sie erfordern im Bereich der Betonbauteile bauwerksspezifische Sicherungen gegen Unterläufigkeit der Flanschkonstruktion, z.B. durch Verlängerung des Festflansches und Einbinden in den WU-Beton, Beachtung der erforderlichen Rissbreitenbegrenzung, der Wasserdampfdiffusion und Maßnahmen zur Einhaltung des geforderten Raumklimas.

Bild B81 zeigt den Anschluss an einen Mittelrammträger [B226]. In Bild B81 müssen die Festflansche vor dem Anschweißen an das Stahlprofil plan gerichtet werden. Die Schweißnaht muss von unten prüfbar sein. Abschließend muss der Hohlraum satt mit Beton unterstopft werden. Die Lagenzahl der Abdichtung ist abhängig von der Eintauchtiefe mit Verstärkungen aus geriffeltem Kupferband 0,1 mm dick, je ≥50 cm breit. Die Lagen im Flanschbereich sind stumpf zu stoßen. Die Muttern müssen dreimal angezogen werden, letztmalig vor dem Einbau des Schutzbetons.

1.7.3 Durchdringungskörper

In der Abdichtungstechnik werden für bestimmte, immer wiederkehrende konstruktive Bauaufgaben spezielle Durchdringungskörper erforderlich und von der Industrie auch angeboten [B301 bis B304, B310, B311]. Hierzu zählen z.B. die weiter unten näher beschriebenen Rohr- und Kabeldurchführungen entsprechend den Bildern B83 bis B89 sowie Brunnentöpfe nach den Bildern B90 bis B92. Die Abdichtungsanschlüsse erfolgen dabei mithilfe von Einbauteilen nach Abschnitt B1.7.2, Tabelle B4. Als kleinste Durchdringung ist konstruktiv der Telleranker nach den Bildern B93 und B94 behandelt. Er dient zur gegenseitigen Verankerung der die Abdichtung begrenzenden Schichten aus Mauerwerk oder Beton.

Die stahlbautechnischen Anforderungen in Abschnitt B1.7.2 gelten für die Herstellung der Anschlüsse am Durchdringungskörper vollinhaltlich.

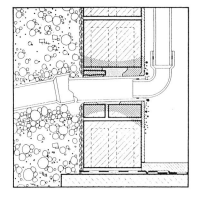

Bild B82
Fehlerhafte Rohrdurchführung [B203]

1 Sohlen, Wände und Decken im Gründungsbereich

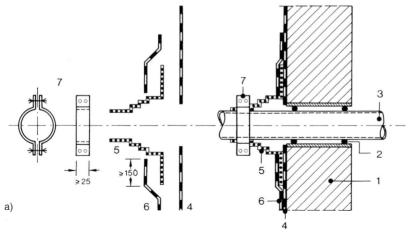

1 Außenwand
2 Rollringdichtung
3 Medienrohr
4 Wandabdichtung
5 Manschette, Kunststoff
6 Verstärkung im Anschlussbereich
7 Schelle, mehrteilig oder Bandschelle

Bild B83
Abdichtungsanschluss eines Medienrohres mit Manschette und Schelle
a) Prinzip [B223]
b) Bauausführung

Rohr- und Kabeldurchführungen

Rohr- oder Kabeldurchführungen sind für jedes Bauvorhaben vom Einfamilienhaus bis zum industriellen Großbauvorhaben eine zwingende Notwendigkeit. Derartige Durchführungen stellen für die Abdichtung besondere Anforderungen [B16, B221, B225, B226] und bilden eine häufige Schadensursache. Man sollte aus grundsätzlichen Erwägungen daher im Planungsstadium bemüht sein, solche Durchführungen oberhalb des Grundwassers anzuordnen.

Bei Rohr- und Kabeldurchführungen im Bereich von nichtdrückendem Wasser, d. h. der Bodenfeuchte oder des Sicker- und Oberflächenwassers, z. B. bei Wohnhäusern oder Gebäuden mit Kellern, können Manschetten mit Schellen oder auch Klebeflansche sowie Anschweißflansche zum Einsatz kommen (vgl. hierzu Tabelle B4). Die Andichtung kann unmittelbar an das durchzuführende Rohr oder Kabel erfolgen, sofern keine Bewegungen die Dichtigkeit des Anschlusses gefährden. Man sollte aber bedenken, dass schon beim Verfüllen der Baugrube Bewegungen am Bauwerk und damit Undichtigkeiten u. U. nicht auszuschließen sind. So zeigt Bild B82 die Folgen einer ungenügenden Verdichtung oder Verfüllung des Arbeitsraumes mit Bauschutt auf. Daher muss sich jeder Planer überlegen, wie er Kabel und Rohre durch eine Abdichtung hindurch so sicher ins Bauwerk führt, dass sich auch bei nachfolgenden Erdarbeiten keine Schäden bei an sich fachlich einwandfreier Ausführung der Abdichtung einstellen können. Dieses ist immer dann gegeben, wenn ein Mantelrohr fachgerecht an die Abdichtung angeschlossen wird und schädliche Setzungen unmittelbar auf das Medienrohr ausgeschlossen sind. In Bild B83 ist eine Rohr- oder Kabeldurchführung skizziert, bei der mithilfe einer Kunststoffmanschette und Schelle das Medienrohr fachgerecht eingeklebt ist.

Sicherheitsbewusste Konstrukteure sehen jedoch bei hoch beanspruchten Flächenabdichtungen im Sickerwasserbereich in der Regel Rohr- oder Kabeldurchführungen vor, wie sie für den Bereich des drückenden Wassers zwingend vorgeschrieben sind.

Bei tiefer liegenden Kellern vor allem in städtischen Bereichen sowie im Industriebau werden solche Rohr- und Kabeldurchführungen auch in Grundwasserbereichen nie zu vermeiden sein. In diesen Fällen müssen dann zwei Bedingungen erfüllt werden. Erstens muss die Flä-

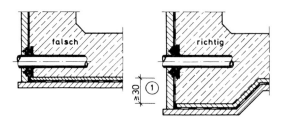

Bild B84
Anordnung einer Rohr- oder Kabeldurchführung [B113]

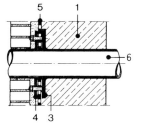

1 Außenwand
2 Medienrohr
3 Festflansch
4 Losflansch, mehrteilig
5 Bahnenabdichtung
6 Mantelrohr
7 Stopfbuchse, luftseitig, nachspannbar

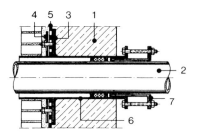

Bild B85
Rohrdurchführung mit Los- und Festflanschkonstruktion [B113, B226]

chenabdichtung fachgerecht angeschlossen werden können, und zweitens muss zwischen Mantel- und Medienrohr ein Nachdichten oder ein Auswechseln der durchzuführenden Rohre oder Kabel, unabhängig von der Bauwerksabdichtung, jederzeit möglich sein. Damit kommt nur eine vorgefertigte Konstruktion mit einem Mantelrohr für den Einsatz infrage.

Die Flächenabdichtung wird dabei mit Los- und Festflanschkonstruktionen entsprechend der Beanspruchung durch das Wasser angeschlossen. Damit für den Abdichter ein fehlerfreier Anschluss der Flächenabdichtung möglich ist, muss der Abstand der Festflanschaußenkante von Kehlen und Kanten mindestens 30 cm entsprechend Bild B84 betragen. Ferner müssen in der Ansicht kreisrunde Losflansche mindestens zweiteilig ausgebildet werden, damit ein vollflächiges Anpressen der Abdichtung überhaupt möglich wird.

a)

b)

Bild B86
Beispiel einer Rohrdurchführung mit Los- und Festflansch sowie mit Stopfbuchse, Einbauteil vor Betonieren der Wand
a) Einzeldurchführungen
b) Gruppendurchführung

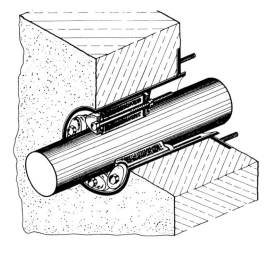

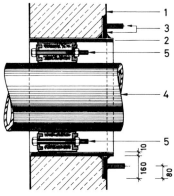

1 Außenwand, ohne Abdichtung dargestellt
2 Mantelrohr mit Festflansch
3 Festflansch 160 × 10 mm mit Gewindebolzen, Durchmesser 20 mm, a ≤ 150 mm, Losflansch – nicht dargestellt – 150 × 10 mm
4 Medienrohr
5 nachspannbare elastomere Ringraum-Dichtung

Bild B87
Ringraum-Dichtung, System Link-Seal
[B113, B303]

Für die weitere Andichtung der durchzuführenden Rohre oder Kabel sollten Systeme zur Anwendung kommen, die luftseitig jederzeit nachgespannt werden können, aber mit dem Mantelrohr fest verbunden sind (Bilder B85b und B86). Andere Rohrdichtungen erfordern ein innenseitig glattes Mantelrohr. Der sich ergebende Zwischenraum zwischen dem Mantelrohr und dem durchzuführenden Medienrohr kann hier mit einer Kette von Dichtungselementen fachgerecht abgedichtet werden, z. B. nach dem System der Link-Seal-Dichtung, wie in Bild B87 dargestellt.

Kabel- und Rohrdurchführungen sollten zu Gruppendurchführungen zusammengefasst werden, wenn sie auf eng begrenztem Raum in größerer Anzahl auszuführen sind. Auf diese Weise erreicht man im Allgemeinen für den Abdichter erheblich günstigere Verhältnisse für die Abdichtungsanschlüsse. Damit verringert sich auch das Fehlerrisiko bei der Ausführung der ohnehin schwierigen Detailarbeiten.

Bild B88a zeigt im Einzelnen die Lösung für eine Gruppenrohrdurchführung aus Stahl. Die verschiedenen Mantelrohre werden in eine gemeinsame Festflanschplatte eingeschweißt. Für die Schweißarbeiten gelten die Ausführungen in Abschnitt B1.7.2. Die Ein-

1 Sohlen, Wände und Decken im Gründungsbereich 159

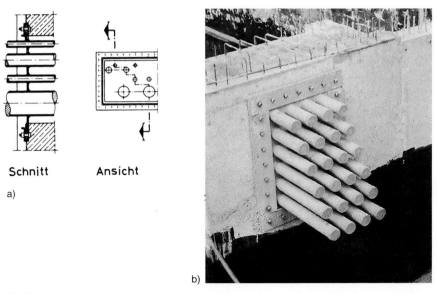

Bild B88
Kabel- oder Rohrdurchführungen auf gemeinsamer Festflanschplatte
a) Gruppendurchführung aus Stahl; Prinzip [B113]
b) Bauausführung für Kabel

dichtung der Kabel oder Medienrohre erfolgt mit Stopfbuchsen oder Gewinderingen, der Anschluss an die Abdichtung mit Los- und Festflanschkonstruktion.

Um ihr Ausquetschen zum Mittelbereich der Festflanschplatte hin auszuschließen, wird die in den Bildern B80 und B81 aufgezeigte Stahlleiste umlaufend angeordnet.

Für Kabeldurchführungen werden auf dem Markt verschiedene serienmäßig gefertigte Systeme angeboten [B301, B304]. Das in Bild B88b dargestellte Beispiel wird vielfach im Bereich der Telekom AG verwendet. Das System in Bild B89 eignet sich auch für den Einsatz bei höheren Wasserdrücken, z.B. beim Kraftwerksbau. Das Eindichten der Kabel erfolgt mit Pack- und Füllstücken aus Gummimaterial, die infolge keilförmiger Ausbildung mit Spannscheiben untereinander und gegen die Kabelummantelungen dicht verpresst werden. Der Anschluss an die Abdichtung wird als Stahlrahmen mit Los- und Festflanschkonstruktion nach Abschnitt B1.7.2 ausgeführt. Auch feuersichere und gasdichte Ausführungen stehen fabrikmäßig zur Verfügung [B304].

Brunnentöpfe

Eine spezielle Art der Rohrdurchführungen sind Brunnentöpfe nach Bild B90. Früher aus Gussstahl gefertigt, werden sie heute aus schweißbarem Stahl für nahezu jeden Durchmesser hergestellt. Sie werden vorwiegend in Bauwerkssohlen angeordnet und mit Los- und Festflanschkonstruktionen an die Flächenabdichtungen angeschlossen. Diese runden und im Durchmesser teilweise über 1000 mm großen Stahlrohre dienen zur Durchführung von

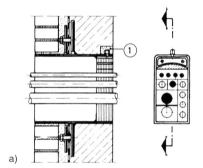

① Schaumstoff
Eindichten der Kabel mit Pack- und Füllstücken wie beim RBG-System oder bei gleichwertigen Ausführungen. Anschluss an die Abdichtung durch Stahlrahmen mit Los- und Festflanschkonstruktion

a)

b)

Bild B89
Kabeldurchführung, System Bratberg
a) Gruppendurchführung mit Passstücken; Prinzip [B113]
b) Bauausführung

Pumpenrohren, Baugrubenträgern, aber auch als Kopfausbildung und Verankerung von Bohrpfählen (Bild B91).

Gemeinsam gilt für alle Brunnentöpfe, dass nach dem Ziehen der Pumpenrohre oder Träger bzw. nach dem Herstellen der Bohrpfahlköpfe ein Deckel wasserdicht das stählerne Mantelrohr verschließen muss. Seit mehreren Jahren hat sich das wasserdichte, mindestens zweilagige Verschweißen dieser Deckel – wie Bild B90d zeigt – durchgesetzt. Nach Einbau des Deckels wird dann die Aussparung für den Brunnentopf in der Sohle geschlossen.

Weitere Anschlussmöglichkeiten ergeben sich mit Los- und Festflanschkonstruktionen nach Abschnitt B1.7.2 und Bild B90b oder mit endlosen Mannlochringen aus Elastomer-Dichtstoff SBR nach Bild B90c.

1 Sohlen, Wände und Decken im Gründungsbereich

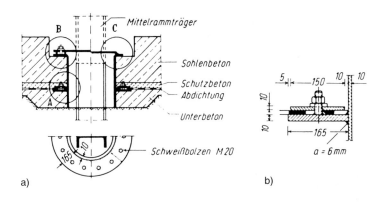

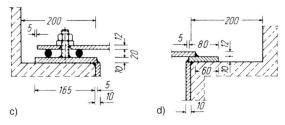

Bild B90
Brunnentopf in geschweißter Ausführung [B113, B218, B221, B226]
a) Übersicht mit Aufsicht auf Detail A
b) Anflanschung einer Bitumenabdichtung (Detail A)
c) Deckeldichtung mit Elastomerschnüren (Detail B)
d) Deckeldichtung durch Schweißung (Detail C)

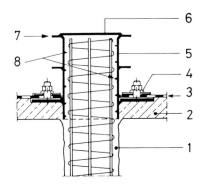

1 Bohrpfahl, bewehrt
2 Unterbeton
3 Abdichtung
4 Los- und Festflanschkonstruktion
5 Brunnentopfwandung
6 Deckel des Brunnentopfes
7 äußere ringförmige Knaggen zur Verankerung mit dem Konstruktionsbeton
8 innere angeschweißte Knaggen zur Verankerung des Bohrpfahles

Bild B91
Brunnentopf zur Verankerung eines Bohrpfahls und gleichzeitigen Anschluss an die Flächenabdichtung [B218, B221]

Bild B92
Brunnentopf im Bereich von Mittelrammträgern während des Baugrabenaushubs

Diese Art, großflächige Durchdringungen der Sohlenabdichtungen mithilfe von Brunnentöpfen zu dichten, hat sich vielfach bewährt. Auch im Wohnungsbau finden Brunnentöpfe überall dort Anwendung, wo punktuelle Grundwasserabsenkungen die Trockenhaltung der Baugrube sicherstellen. Für die Ausführung sind folgende Punkte – über die bereits für Klemmkonstruktionen genannten hinaus – zu beachten:

1. Prüfung aller Schweißnähte auf Dichtigkeit auch im Bereich des Deckels.

2. Bei einer Ausbildung des Brunnentopfes als Pfahlkopf muss eine ausreichende Verbindung zum tragenden Beton bzw. zur Pfahlbewehrung gegeben sein, z.B. für eine Zug-Druckbeanspruchung.

3. Brunnentöpfe für Baugrubenträger sind rechtzeitig vor Einbau der Queraussteifung anzusetzen und mit fortschreitendem Aushub mit abzusenken (Bild B92). Denn in der Baugrube verschweißte Rohre sind nicht immer einwandfrei zu dichten. Es empfiehlt sich daher, Baustellenschweißnähte zu überprüfen. Fehlstellen an Brunnentöpfen würden auf kürzestem Weg das Wasser ins Bauwerksinnere führen.

Telleranker
Telleranker haben die Aufgabe, Unterbeton, Mauerwerk oder Betonschutzschichten so mit dem Konstruktionsbeton zu verbinden, dass eine Einbettung der Abdichtung dauerhaft gewährleistet wird. Hierzu wird im Allgemeinen bei bewehrten Betonbauteilen für jeweils 4 m^2 ein Telleranker eingesetzt, bei Mauerwerk für jeweils etwa 3 m^2. Telleranker sind mit ihren Abmessungen in der DIN 18195-9 [B16, B113] genau festgelegt. Sie müssen nach dem Bild B93 hergestellt sein und sind als kleinste Los- und Festflanschkonstruktionen anzusprechen. Die Flanschdicke beträgt mindestens 10 mm. Der Festflansch muss mit dem Ankerteil, das als Platte oder Haken ausgebildet sein kann, wasserdicht verschweißt sein. Die

1 Sohlen, Wände und Decken im Gründungsbereich

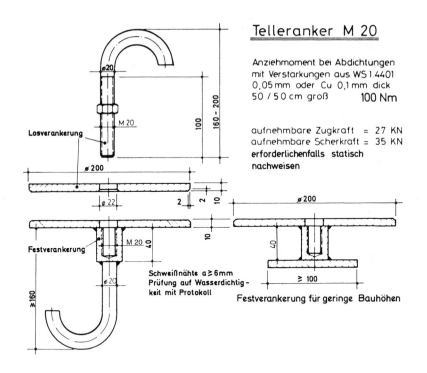

Bild B93
Abmessungen für Telleranker nach DIN 18195-9 [B16, B112, B113, B116]

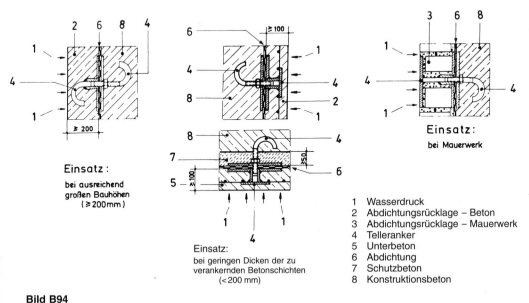

Bild B94
Telleranker für unterschiedlich dicke Betonbauteile bzw. bei Mauerwerk [B112, B113, B116]

Schweißnähte müssen mindestens zweilagig ausgeführt sein und auf Wasserdichtigkeit geprüft werden. Die Los- und Festflansche sind Scheiben von 200 mm Durchmesser. Werden quadratische oder rechteckige Festflansche verarbeitet, so muss die kleinste Seitenlänge mindestens 10 mm größer als der Durchmesser des runden Losflansches sein. Nachdem die Abdichtung eingeklebt worden ist, wird der in der nachfolgend zu erstellenden Beton- oder Mauerschicht zu verankernde Haken eingeschraubt. Zuvor muss der Losflansch auf den Haken aufgesteckt und die Mutter zum Anpressen des Losflansches aufgeschraubt worden sein.

Telleranker für unterschiedlich dicke Betonbauteile oder auch für Mauerwerk als Abdichtungsrücklage zeigt Bild B94.

Die anschließenden Folgearbeiten zur Einbettung der Abdichtung (Schutzbeton, Konstruktionsbeton oder Mauerwerk) sind möglichst bald auszuführen. Aus Versuchen ist bekannt, dass ein Handwerker mit einem Schraubenschlüssel ohne zusätzlichen Hebelarm ein Drehmoment von etwa 100 Nm aufbringen kann. Dies entspricht einer Anpressung von mehr als 1,2 MN/m^2. Grundsätzlich sollten darum im Bereich der Telleranker die Bitumen-Abdichtungen mit 0,1 mm dicken Kupferbändern, 50 cm×50 cm groß, verstärkt werden.

Bei starrer Wandrücklage und dem Schwindmaß des Konstruktionsbetons kann bei Tellerankern nie von einer Einpressung, sondern immer nur von einer Einbettung gesprochen werden. Dennoch sind darauf begründete Abdichtungsschäden im Bereich von Tellerankern derzeit nicht bekannt.

Für die Ausführung der Abdichtung im Bereich von Tellerankern muss beachtet werden, dass die Festflanschoberfläche bündig mit der Betonfläche abschließt, auf die die Abdichtung aufgeklebt wird. Alle Stahlkanten der Flansche, insbesondere das Bolzenloch, müssen auf der Abdichtungsseite abgefast sein. Die Voranstriche auf den einzuklebenden Stahlteilen müssen durchgetrocknet sein. Hierzu werden die Flansche unmittelbar vor dem Aufbringen des Voranstrichmittels erwärmt. Dies ist vor allem bei niedrigen Außentemperaturen notwendig. In solchen Fällen spricht man von einem Einbrennen des Voranstrichs.

Für die Herstellung der Stahlbauteile gelten die Ausführungen in Abschnitt B1.7.2. Über die Prüfung der Schweißnähte im Herstellungswerk auf Wasserdichtigkeit muss ein Protokoll angefertigt werden.

Bei Bauwerkserweiterungen und insbesondere bei Grundinstandsetzungen müssen Telleranker oftmals auch nachträglich eingesetzt werden. Teilweise müssen dabei die Festflansche auf vorhandenen Abdichtungen verankert werden. Hierfür haben die Verfasser Versuche durchgeführt. Mit Klebedübeln konnten Gewindestangen wasserdicht verankert werden und somit über Losflanschplatten druckwasserdichte Anschlüsse nachträglich hergestellt werden [B112].

1.8 Schutz der Abdichtung

1.8.1 Schutzmaßnahmen

Schutzmaßnahmen müssen auf die Dauer des betreffenden Bauzustands (z.B. Arbeitsunterbrechung) und auf die zu erwartende Beanspruchung der Abdichtung abgestimmt sein. Auf der ungeschützten Abdichtung dürfen keine Lasten wie Baustoffe oder Geräte gelagert werden. Sie sollte nicht mehr als unbedingt nötig und nur mit geeigneten Schuhen begangen werden [B16].

Zur Vermeidung eines Ablösens der Abdichtung bei Arbeitsunterbrechungen an senkrechten Flächen sollte das Abfließen von Oberflächenwasser aus dem Bereich höher gelegener Deckenflächen durch Abmauern mit einem halben Stein (Bild B58 in Abschnitt B1.5.11) verhindert werden. Aus dem gleichen Grund dürfen die Sicherung von Anschlüssen (z. B. der Schalkasten beim Kehranschluss; Bild B12) und eine evtl. dazu erforderliche Aussteifung erst unmittelbar vor der Weiterführung der Abdichtungsarbeiten entfernt werden. Sie müssen die Anschlüsse zuverlässig vor Beschädigungen und schädlicher Wasseraufnahme schützen.

Allgemein sind gegen schädigende Beanspruchungen der Abdichtung durch Grund-, Stau- und Oberflächenwasser während der Bauzeit ausreichende Maßnahmen zu treffen. In diesem Zusammenhang ist z. B. darauf zu achten, dass in jedem Bauzustand eine ausreichende Auflast auf der Abdichtung gegenüber einem möglichen Auftrieb erhalten bleibt. Ferner ist sicherzustellen, dass keine schädigenden Stoffe wie z. B. Schmier- und Treibstoffe, Lösungsmittel und Schalungsöl auf die Abdichtung einwirken können. Wenn vor einer freiliegenden senkrechten oder stark geneigten Abdichtung z. B. Bewehrung eingebaut wird, sollte die Abdichtung mit einem Zementschlämmanstrich versehen werden, um mechanische Beschädigungen erkennen zu können. Kalkmilch ist hierfür ungeeignet, da sie eine Trennung zwischen Beton und Abdichtung bewirkt.

Wenn vor senkrechten oder stark geneigten fertigen Abdichtungen luftseitig Stahleinlagen, auch z. B. Montage- und Verteilereisen, verlegt werden, muss der lichte Abstand zwischen diesen und der Abdichtung mindestens 5 cm betragen, wie Bild B95 zeigt. Verteilereisen sollen luftseitig zur Hauptbewehrung, d. h. nicht zur Abdichtung weisend, eingebunden werden. Abstandshalter dürfen sich nicht schädigend in die Abdichtung eindrücken, sondern müssen flächenhaft aufliegen. Der Beton ist zwischen den Stahleinlagen und der Abdichtung so zu verdichten, dass keine Nester entstehen.

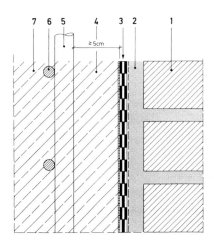

1 Abdichtungsrücklage, z. B. Wannenmauerwerk
2 Putz
3 mehrlagige Abdichtung:
VA + 3 Lg. R 500 N + DA
4 Betondeckung ≥ 5 cm
5 statische Bewehrung
6 Verteiler – innenliegend, um eine Nesterbildung zu vermeiden
7 Konstruktionsbeton

Bild B95
Gemauerte Abdichtungsrücklage mit einer von der Luftseite her vorab eingebauten Bitumenabdichtung und ≥5 cm großer Betondeckung [B223]

Wenn auf der wasserabgewandten Seite einer senkrechten Abdichtung konstruktives Mauerwerk erstellt wird, ist ein in der Regel 4 cm breiter Zwischenraum zur Abdichtung zu belassen, der schichtweise beim Hochmauern mit Beton – mindestens der Güte B 10 aus Zement und Rundkorn bzw. Edelsplitt – oder plastischem Mauermörtel der Mörtelgruppe MG II zu füllen und vorsichtig, aber gut mit einer Holzleiste zu verdichten ist. Das Mauerwerk muss mindestens ein Stein dick sein. Eine solche Ausführung zeigt Bild B98.

Wenn Teile der Baugrubenumschließung durch Ziehen von Bohlträgern später ausgebaut werden, ist durch Stahlbleche (Ziehbleche) o. Ä. sicherzustellen, dass Schutzschicht und Abdichtung keine Schäden erfahren. Verbleiben die Baugrubenumschließungen ganz oder teilweise im Boden, so muss sich das Bauwerk einschließlich der Schutzschicht unabhängig davon bewegen können.

Senkrechte und stark geneigte Abdichtungen sind gegen Wärmeeinwirkung wie Sonneneinstrahlung zu schützen, wenn dadurch erhöhte Abrutschgefahr besteht. Hierfür eignen sich ein Zementschlämmanstrich, das Abhängen mit Planen oder eine Wasserberieselung der betroffenen Flächen.

1.8.2 Schutzschichten

Bleibende Schutzschichten müssen den Erddruck flächenhaft auf die Abdichtung übertragen und die Abdichtung dauerhaft vor schädigenden Einflüssen statischer, dynamischer und thermischer Art sichern. Sie können in Einzelfällen zugleich auch Nutzschichten darstellen. Lasten oder lose Massen dürfen auf die Schutzschichten nur dann aufgebracht werden, wenn diese belastbar und erforderlichenfalls gesichert sind. Beim Herstellen von Schutzschichten darf die Abdichtung nicht beschädigt werden; jegliche Verunreinigung ist vorher sorgfältig zu entfernen. Schutzschichten sind unverzüglich im Rahmen des Bauablaufs herzustellen.

Wenn durch bauliche Gegebenheiten der Erddruck von der Abdichtung ferngehalten wird, sodass eine dauerhafte Einbettung nicht gewährleistet ist, sind auf den Einzelfall abgestimmte Maßnahmen zur Sicherung der Einbettung der Abdichtung zu ergreifen. Bei Abdichtungen, die eine Einpressung erfordern, muss diese durch Aktivierung des Wasserdrucks sichergestellt sein. Entsprechende Maßnahmen sind in Abschnitt B1.5.11 erläutert.

Die Stoffe der Schutzschichten müssen mit der Abdichtung auf Dauer verträglich und gegen die sie angreifenden Einflüsse mechanischer, thermischer und chemischer Art widerstandsfähig sein. Angewendet werden z. B. Mauerwerk, Ortbeton, Mörtel, Keramik- und Betonplatten, Kunststoffschaumplatten, Bautenschutzplatten, Gussasphalt sowie Bitumen-Dichtungsbahnen mit Metallbandeinlagen.

Bewegungen und Verformungen von Schutzschichten dürfen die Abdichtung nicht beschädigen. Erforderlichenfalls sind waagerechte oder schwach geneigte Schutzschichten von der Abdichtung durch Trennschichten zu trennen und in ihrer Fläche durch Fugen aufzuteilen. Außerdem sind sie an Aufkantungen und Durchdringungen der Abdichtung mit ausreichend breiten Fugen zu versehen. Alle Fugen sind in geeigneter Weise zu verfüllen.

1 Sohlen, Wände und Decken im Gründungsbereich

Bei der Ausführung von Schutzschichten sind unabhängig von der Wasserbeanspruchung folgende Punkte zu beachten:

1. Über Bauwerksfugen sind in Schutzschichten an gleicher Stelle mit mindestens gleicher Breite Fugen mit Einlagen oder Verguss anzuordnen. Ausgenommen hiervon sind Schutzschichten aus Bitumen-Dichtungsbahnen.
2. Nachträglich hergestellte senkrechte Schutzschichten müssen abschnittsweise hinterfüllt oder abgestützt werden.
3. Wenn senkrechte Schutzschichten gleichzeitig als Abdichtungsrücklage dienen, ist in jedem Bauzustand für Standsicherheit zu sorgen.
4. Schutzschichten auf geneigten Abdichtungsflächen sind vom tiefsten Punkt nach oben und in solchen Teilabschnitten auszuführen, dass sie auch vor genügender Erhärtung nicht rutschen.
5. Um etwaige, die Abdichtung schädigende Bewegungen oder Verformungen auszuschließen, ist die Schutzschicht im Bereich eines Neigungswechsels durch Fugen aufzulösen, z. B. beim Übergang von waagerechten oder schwach geneigten zu senkrechten oder stark geneigten Flächen bei Böschungslängen ≥ 2 m.

Nachfolgend werden für die verschiedenen Arten der Schutzschichten die wichtigsten Grundsätze zu Planung und Ausführung wiedergegeben:

a) Schutzschichten aus Halbstein-Mauerwerk nach DIN 1053 sind in Mörtel der Mörtelgruppe II bzw. III (DIN 18550, [D21]) herzustellen. Sie werden vor allem als senkrechte Schutzschichten ausgeführt und sind von anders geneigten durch Fugen mit Einlagen zu trennen (Bilder B10, B11, B12). Eine Aufteilung durch lotrechte Fugen im Abstand von höchstens 7 m und eine Trennung der Ecken vom Flächenbereich sind vorzunehmen (Bilder B96 und B97). Beim Herstellen des Schutzmauerwerks vor Aufbringen der Abdichtung (Abdichtungsrücklage) muss die Einlage in der Trennfuge auf dem Unterbeton sowohl Mauerwerk als auch Kehlenbereich erfassen. Freistehende, gemauerte Schutzschichten dürfen mit höchstens 12 cm dicken und 24 cm breiten Vorlagen verstärkt werden. Das Mauerwerk muss mit einem glatt abgeriebenen, etwa 1 cm dicken Putz der Mörtelgruppe PII versehen werden. Die Kehle im Übergang von der Sohle zur Wand ist mit etwa 4 cm Halbmesser auszubilden. Alle Ecken, Kanten und sonstigen Kehlen sind zu runden bzw. abzuschrägen. Beim Herstellen des Schutzmauerwerks nach Aufbringen der Abdichtung ist zwischen Mauerwerk und Abdichtung eine hohlraumfrei ausgefüllte, in der Regel 4 cm dicke Mörtelfuge in Mörtelgruppe II herzustellen (Bild B98).
Schutzschichten aus Trockenmauerwerk, z. B. Dränsteine in Verbindung mit einer Dränung nach DIN 4095, dürfen nur mit einer Zwischenlage aus Filtervlies nach DIN 18195-2, mindestens 300 g/m^2, ausgeführt werden.

b) Schutzschichten aus Ortbeton müssen nach DIN 1045 hergestellt werden und mindestens die Güte B 10, bei Anordnung von Bewehrung B 25 mit der erforderlichen Betondeckung aufweisen. Die Zuschlagstoffe dürfen nur aus Rundkorn oder Edelsplitt (doppelt gebrochenes Korn) bestehen. Waagerechte und $\leq 1:3$ geneigte Schutzschichten müssen mindestens 5 cm, stärker geneigte, nicht senkrechte Schutzschichten (z. B. auf

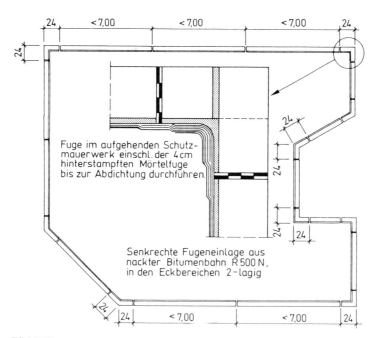

Bild B96
Fugen zur Aufteilung der gemauerten Schutzschichten im unteren Wandbereich (Wanne) [B113, B226]

Bild B97
Fugenausbildung beim Herstellen eines halbsteinigen Schutzmauerwerks

1 Sohlen, Wände und Decken im Gründungsbereich

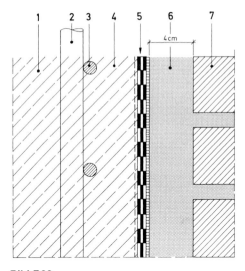

1 Konstruktionsbeton
2 Statische Bewehrung
3 Verteiler – außenliegend
4 Betondeckung ≥ 4 cm nach DIN 1045 [B1] oder ZTV-K [B101]
5 mehrlagige Abdichtung VA +3 Lg. R 500 N + DA
6 Mörtelfuge 4 cm
7 Schutzschicht

Bild B98
Von außen auf das fertige Bauwerk aufgeklebte Bitumenabdichtung mit 4 cm dicker Mörtelfuge und gemauerter Schutzschicht [B223]

Treppenläufen) sollten bewehrt und ≤ 10 cm dick sein. Die Bewehrung ist ggf. nachzuweisen. Senkrechte Schutzschichten sollten mindestens 5 cm und höchstens 10 cm dick ausgeführt werden. Eine Aufteilung durch lotrechte Fugen im Abstand von höchstens 7 m und eine Trennung vom Unterbeton sowie der Ecken vom Flächenbereich sind vorzunehmen.

c) Schutzschichten aus Mörtel dürfen nur auf nicht begeh- oder befahrbaren, stärker als 1:3 geneigten oder gewölbten Flächen verwendet werden. Sie müssen mindestens 2 cm dick sein und der Mörtelgruppe II oder III nach DIN 18550 [D21] entsprechen. Putz aus Mörtelgruppe PIII kann mit Drahtgewebe bewehrt werden. Bei hohen Wänden ist ein Ausknicken der Mörtelschutzschicht zu verhindern.
Begehbare Schutzschichten auf waagerechten oder schwach geneigten Flächen sind als Zementestrich nach DIN 18560 auf Trennschicht nach DIN 18195-2 oder Dränschicht herzustellen.

d) Schutzschichten aus Platten auf waagerechten oder schwach geneigten Flächen müssen frei von Plattenbruchstücken sein. An senkrechten und stark geneigten Flächen sind sie erforderlichenfalls gegen Ausknicken zu sichern. Beim Verlegen von Betonplatten bzw. Betonfertigteilen vor Aufbringen der Abdichtung (Abdichtungsrücklage) sind die Platten unverschieblich anzuordnen und die Fugen mit Mörtel der Mörtelgruppe III bündig zu schließen. Beim Verlegen von Betonplatten nach Aufbringen der Abdichtung ist eine vollflächige Lagerung in Mörtel der Mörtelgruppe II oder III erforderlich. Die Gesamtdicke der Schutzschicht muss hierbei mindestens 5 cm betragen, die des Mörtelbetts mindestens 2 cm. Nötigenfalls sind die Fugen zu verfüllen.
Bei Terrassen- oder ähnlichen Abdichtungen mit Neigungen bis zu 3% können die Platten auch unvermörtelt in einem Kies der Korngröße 4/8 verlegt werden. Die Dicke des

Kiesbetts muss mindestens 3 cm betragen. Keramik- und Werksteinplatten müssen den jeweiligen besonderen Beanspruchungen, z. B. chemischer und mechanischer Art, genügen. Das Plattenmaterial, das Mörtelbett und die Fugenverfüllung sind hierauf abzustimmen.

e) Schutzschichten aus Kunststoffschaumplatten, z. B. zur Wärmedämmung, sind auf die zu erwartenden chemischen, physikalischen und mechanischen Belastungen abzustimmen. Die Platten werden in der Regel mit Bitumen aufgeklebt und müssen daher entsprechend temperaturbeständig sein. Sie sollten Stufenfalze aufweisen und weitgehend hohlraumfrei an der Abdichtung anliegen. Bei nackten Bitumenbahnen müssen die Kunststoffschaumplatten den Erddruck vollflächig übertragen.

f) Schutzschichten aus Bautenschutzplatten sind mit dem Untergrund punktweise zu verkleben. Im Kehlen- und Kantenbereich müssen die Platten gestoßen werden, da die Rückstellkraft sonst zu Hohlstellen führen kann. In der Fläche sind sie stumpf und eng aneinander liegend zu stoßen. Die hochdruckgepressten, vorwiegend mit Polyurethan gebundenen Gummigranulatplatten sind in sich nicht wasserdicht. Sie werden als Platten- und Rollenware in verschiedenen Dicken hergestellt. Für Schutzschichten der Abdichtung sollte die Mindestdicke 8 mm betragen. Sie bieten arbeitstechnische Vorteile infolge weitgehender Witterungsunabhängigkeit bei der Verlegung und große mechanische Widerstandsfähigkeit auch bei geringen Bauhöhen [B316].

g) Schutzschichten aus Gussasphalt müssen dem Verwendungszweck und der Beanspruchung entsprechend zusammengesetzt und eine Nenndicke von mindestens 2,5 cm aufweisen. Wenn der Gussasphalt unmittelbar auf eine Bitumenschicht aufgebracht wird, ist eine Trennschicht anzuordnen. Bei Einbau auf blanken Metallbändern, auf Mastix-

Bild B99
Kantengeschütztes Rüttelgerät

Erdberührte Wärmedämmung mit FOAMGLAS®

FOAMGLAS® ist der Sicherheits-Dämmstoff aus natürlichen Rohstoffen für die lastabtragende Dämmung im Erdreich, der auch nach Jahrzehnten voll funktionsfähig bleibt. Selbst im Sicker- und Grundwasser ist FOAMGLAS® allgemein bauaufsichtlich zugelassen. Die hohe Druckfestigkeit erlaubt eine schlanke Konstruktion mit niedriger Biegespannung, die erhebliche Kosten spart. FOAMGLAS® verhindert Wärmelecks, senkt die Energiekosten, verbessert das Raumklima und schafft neue Nutzungsmöglichkeiten. Was will man mehr. Am besten Sie informieren sich gleich.

Für alle, denen innovatives Bauen und wirtschaftliche Planung viel Wert sind.

Dämmung erdberührter Wände mit FOAMGLAS®-Platten auf WU-Beton

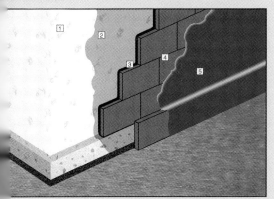

1. WU-Beton
2. Voranstrich PC® EM
3. Bitumenkaltkleber PC® 56 WU
4. FOAMGLAS®-Platten
5. Deckabstrich mit PC® 56 WU

FOAMGLAS®-Platten unter lastabtragenden Gründungsplatten aus WU-Beton

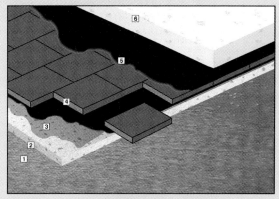

1. Erdreich
2. Abgebundene Betonsauberkeitsschicht
3. Voranstrich PC® EM
4. FOAMGLAS®-Platten in Heißbitumen
5. Heißbitumen-Deckabstrich
6. Gründungsplatte WU-Beton

Kompaktbauweise für hochwertige genutzte weiße Wannen

Der Bitumen-Kaltkleber PC® 56 WU ist entwickelt worden zur Verklebung von Schaumglas mit Beton-Bauteilen von weißen Wannen, von Schaumglas mit Schaumglas an den Hirnflächen der Dämmplatten und als Deckabstrich für Schaumglasoberflächen. Der Kleber besteht im wesentlichen aus einer polymervergüteten, wässerigen Bitumenemulsion, die nach dem Vermischen der beiden Komponenten in relativ kurzer Zeit durch Wasserabgabe und hydraulische Abbindung verfestigt. Wie durch Untersuchungen an der Universität Dortmund nachgewiesen wurde, können mit Hilfe von PC® 56 WU auf Beton aufgeklebte Schaumglasplatten sich öffnende Risse im Beton überbrücken. Verwendet man dazu den Kleber PC® 56 WU, so erreicht man, dass bei einer Rissbildung – bei Einhalten einer maximalen Rissweite von 0,2 mm im WU-Beton – die Schaumglasdämmschicht mit dem Kleber den Riss mit einer dreifachen Sicherheit wasserundurchlässig überbrückt. Dadurch kann die Dichtigkeit gegen flüssiges Wasser an solchen Rissen erhalten werden.

FORDERN SIE DAS KOMPLETTE GUTACHTEN AN!

DEUTSCHE FOAMGLAS® GmbH
...dstr. 27 – 29 · 42781 Haan · Telefon-Hotline (0 18 05) 20 20 28 · Fax (0 21 29) 1671 · Internet: www.foamglas.de

Neuheiten in der Tragsicherheitsbewertung

Klaus Steffens
Experimentelle Tragsicherheitsbewertung von Bauwerken
Grundlagen und Anwendungsbeispiele
2002. 252 Seiten,
368 Abbildungen, 4 Tabellen
Br., € 65,- */ sFr 113,-
ISBN 3-433-01748-4

Die experimentelle Tragsicherheitsbewertung von Bauwerken in situ ist in Methodik und Technik entwickelt, erprobt und eingeführt. Mit Belastungsversuchen an vorhandenen Bauteilen und Bauwerken lassen sich ergänzend zu analytischen Verfahren bedeutende Erfolge bei der Substanzerhaltung und Ressourcenschonung erzielen. Das Buch vermittelt durch die exemplarische Darstellung von 70 Anwendungsbeispielen aus allen Bereichen des Bauwesens einen Einblick in die enorme Anwendungsbreite des Verfahrens.

Dirk Werner
Fehler und ihre Vermeidung bei Tragkonstruktionen im Hochbau
2002. 412 Seiten
zahlreiche Abbildungen
Gb., € 85,-* / sFr 142,-
ISBN 3-433-02848-6

Um Fehler bei der Planung und Ausführung künftig vermeiden zu helfen, sind in diesem Buch Fallbeispiele analysiert. Es werden typische Fehler im Beton-, Stahlbeton- und Spannbetonbau sowie im Stahlbau, Stahlverbundbau, Mauerwerksbau und Holzbau zusammengetragen, standsicherheitsrelevante Punkte beleuchtet und Schlussfolgerungen für die Planung und Ausführung gezogen. Erweiterbare Checklisten für die Überwachung von Arbeiten an tragenden Konstruktionen ergänzen das Buch und sind als Hilfsmittel für die Bauüberwachung gedacht.

Ernst & Sohn
Verlag für Architektur und
technische Wissenschaften GmbH & Co. KG

Für Bestellungen und Kundenservice:
Verlag Wiley-VCH
Boschstraße 12
69469 Weinheim
Telefon: (06201) 606-152
Telefax: (06201) 606-184
Email: service@wiley-vch.de

www.ernst-und-sohn.de

* Der €-Preis gilt ausschließlich für Deutschland

abdichtungen oder auf Spezialschweißbahnen im Sinne von ZTV-BEL-B 1 [B104] entfällt die Trennschicht. Einzelheiten zu begeh- und befahrbaren Nutzbelägen sind in Kapitel H zusammengefasst.

h) Schutzschichten aus Bitumendichtungsbahnen [B16, B113, B226] dürfen nur an senkrechten Flächen und nur unterhalb des zu erwartenden Aufgrabungsbereichs (z. B. Leitungsverlegungen), d. h. 3 m unter Geländeoberfläche, angeordnet werden. Ihre Lage muss durch vollflächige Einbettung dauerhaft gesichert sein. Es sind Dichtungsbahnen mit Metallbandeinlagen zu verwenden. Ihre Nahtüberdeckung an den Längs- und Querseiten sollte mindestens 5 cm betragen. Die Verfüllung des Arbeitsraums muss lagenweise mit einer vom Verdichtungsgerät abhängigen Schichtdicke, im Regelfall etwa 30 cm, erfolgen. Das Verfüllmaterial sollte bis zu einem Abstand von mindestens 50 cm zur Abdichtung aus Füllsand bestehen. Am Verdichtungsgerät müssen die scharfen Kanten der Rüttelplatte gesichert sein, wie Bild B99 zeigt. Andere gleichwertige Verdichtungsverfahren sind zulässig.

1.9 Wärmedämmung

Der Einsatz von Wärmedämmstoffen wurde vom Grundsatz her bereits im Zusammenhang mit den jeweiligen Flächenabdichtungen in den Abschnitten B1.5.2 sowie B1.5.4 bis B1.5.6 angesprochen. Für den Parkdeckbereich wird diese Thematik in Abschnitt B2.6 noch näher erläutert.

Stofflich gesehen werden als Perimeterdämmungen vorwiegend extrudierte Hartschaumstoffe nach DIN 18164 [B13] und Schaumglasstoffe nach DIN 18174 [B14] eingesetzt. Die Dämmstoffe dürfen kein Wasser aufnehmen, müssen entsprechend dem jeweiligen Verwendungszweck standfest und formbeständig sein sowie widerstandsfähig gegenüber den sie berührenden Stoffen. Sie müssen über eine bauaufsichtliche Zulassung verfügen.

Extrudierte Schaumstoffe können wie bei dem Fabrikat Perimate DI-System [B308] mit eingefrästen Dränrillen und aufkaschiertem Filtervlies versehen sein. Eine solche Lösung ist in Bild B100 dargestellt und setzt sich speziell bei Wärmedämmungen im Erdbereich beim Wohnungsbau durch. Sie erfordert im Gründungsbereich unmittelbar nach Verlegung eine Hinterfüllung mit Sandboden. Nur so ist ein Abgleiten der oberhalb eingebauten Platten sicher auszuschließen. In den nachfolgenden Punkten zählt der Hersteller die technischen Vorteile des Systems für den Wohnungsbau auf:

- Installation der Dämmung und Drainage in einem Element und somit niedrige Montagekosten.
- Das Aushubmaterial kann ohne zusätzliche Maßnahmen wiederverwendet werden, da das aufkaschierte Geotextil filterstabil ist.
- Wärmebrücken im Bereich des Kellers werden vermieden. Keine Kondensationsprobleme in der Kellerwand.
- Die Feuchtigkeitsabdichtung wird auch während der Bauzeit und beim Verfüllvorgang des Arbeitsraumes vor mechanischen Verletzungen geschützt.
- Wasserdruck auf die Feuchtigkeitsabdichtung wird vermieden.
- Allseits umlaufender Stufenfalz – dadurch einfache, lückenlose Montage.

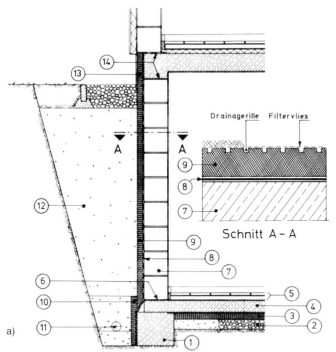

1 Fundemant
2 Sauberkeitsschicht oder Kies
3 Extrudierte Polystyrol-Dämmplatten für Bodenflächen*)
4 Bodenplatte mit Kehle
5 Sperrschicht und Fußboden
6 Waagerechte Abdichtung in der Wand mit Anschluss an die Wandabdichtung
7 Außenmauerwerk oder Beton
8 Abdichtung nach DIN 18195-4 oder -5 [B16]
9 Polystyrolhartschaumplatte mit Dränagerillen und Filtervlies*)
10 Extrudierte Polystyrol-Dämmplatten für erdberührte Flächen*)
11 Dränrohr mit Filter nach DIN 4095
12 Bodenverfüllung des Arbeitsraumes
13 Extrudierte Polystyrol-Dämmplatten mit Spezialoberflächenbeschichtung*)
14 Waagerechte Sperrschichten

*) z.B. der Fa. DOW-Chemical Company

Bild B100
Perimate DI-Dämmung für Kelleraußenwände [B308]
a) Senkrechter Schnitt; Prinzip
b) Bauausführung

1 Sohlen, Wände und Decken im Gründungsbereich

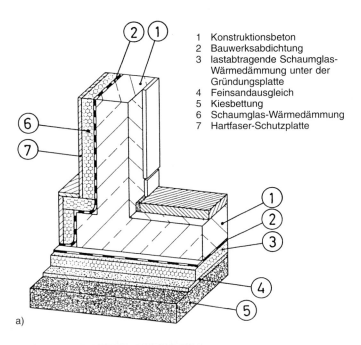

1 Konstruktionsbeton
2 Bauwerksabdichtung
3 lastabtragende Schaumglas-Wärmedämmung unter der Gründungsplatte
4 Feinsandausgleich
5 Kiesbettung
6 Schaumglas-Wärmedämmung
7 Hartfaser-Schutzplatte

a)

b)

Bild B101
Prinzipielle Anordnung einer Schaumglas-Perimeterdämmung [B309]
a) Senkrechter Schnitt; Prinzip
b) Bauausführung

- Feuchtigkeitsunempfindlich, daher dauerhaft wärmedämmend.
- Widerstandsfähig gegenüber Erddruck und Erdsubstanzen.
- Hohe Abflusskapazität auf Dauer gewährleistet.
- Sichere Sockelausführung durch werkseitig aufgebrachten kunststoffmodifizierten Grundputz.

Werden höhere Anforderungen an die Formstabilität des Dämmstoffes gestellt, sollten Schaumglasplatten eingesetzt werden. Sie sind nach Zulassungsbescheid vom Institut für Bautechnik in Berlin geeignet für den Einsatz auch in Bereichen mit ständig oder lang anhaltend drückendem Grundwasser [B118] und als lastabtragende Wärmedämmung unter Gründungsplatten außerhalb (wasserseitig) der Abdichtung [B119]. Sie sind mit einer Schutzschicht gegen mechanische Beschädigung insbesondere während der Baugrubenverfüllung zu versehen (Bild B101). Weitere Einzelheiten enthalten die Produktinformationen [B309].

2 Hofkellerdecken und Parkdecks

2.1 Allgemeines

Die Bedeutung der Hofkellerdecken, Parkdecks, Parkhäuser und Tiefgaragen in unseren Städten wird in vollem Umfang erst ersichtlich, wenn man über ihre verschiedensten Standorte nachdenkt. So findet man derartige Anlagen im Zusammenhang mit Einkaufszentren, Theatern, Opernhäusern, größeren Verwaltungs- oder Behördengebäuden, zentralen Wohnanlagen, Park-and-ride-Anlagen an S- und U-Bahn-Stationen oder an größeren Bahnhöfen, Verwaltungszentren der Industrie, Bankzentralen, Großhotels usw. Außerdem sind in den größeren Städten häufig öffentliche Tiefgaragen oder Parkhäuser im und um das Zentrum verteilt angeordnet.

Bisher gibt es nach Auskunft des Bundesverbandes der Park- und Garagenhäuser, Wiesbaden, in Deutschland keine bundesweit geführte zentrale Statistik über den Bestand an Parkhäusern und Parkdecks. Der Verband geht davon aus, dass in der Bundesrepublik über 1000 Parkhäuser und Tiefgaragen mit mehr als jeweils 100 Stellplätzen bestehen. Er nimmt ferner an, dass diese Großanlagen im Durchschnitt 400 bis 500 Stellplätze aufweisen. Damit sichern diese Großgaragen eine Stellplatzkapazität für über eine halbe Million Pkws [B210].

Die Erfahrungen verschiedener Großbetreiber besagen, dass solche Parkdeckanlagen eine Nutzungsdauer von nur 15 bis 20 Jahren haben. Nach etwa 10 bis 15 Jahren muss bei einem Großteil der Parkhäuser und Parkdecks mit hohem Kostenaufwand der Belag erneuert werden. Die Nutzungsdauer kann sicherlich auf 25 bis 30 Jahre verlängert werden, wenn man zu einer merklichen Einschränkung der Streusalzbelastung kommt. In dieser Hinsicht ist insbesondere die Bauwerksabdichtung von großer Bedeutung. Sie hat bei Tiefgaragen in vielen Fällen zunächst einmal die Aufgabe, die Parkplätze vor Grundwasser oder auch Niederschlagswasser zu schützen. Sie muss aber außerdem im Hinblick auf das Stichwort „Tausalz" zum Erhalt der Bausubstanz beitragen.

Die Bedeutung der vorstehend angesprochenen Fragenkomplexe wird nicht zuletzt auch aus einigen Kostenüberlegungen erkennbar. Die Stellplatzkosten variieren naturgemäß

2 Hofkellerdecken und Parkdecks 175

Tabelle B7
Mittlere Stellplatzkosten (Stand 2000) je Pkw-Einheit für verschiedene Anlagentypen

Anlagentyp		Mittlere Herstellkosten	Mittlerer Flächenanteil je Stellplatz	Anmerkungen
		TDM	m²	
ebenerdig		3–5	25–27	gepflastert oder asphaltiert
P + R		10–15	27–28	Untergeschoss halb abgesenkt, Obergeschoss halb herausgehoben
Hochgarage, Parkpalette		15–20	20	teiloffene Wände
Tiefgarage über GW		20–30 [1)]	20	
Tiefgarage in GW		25–40 [1)]	20	

[1)] Ohne Technik (Lüftung), Leit- und Lichtzeichenanlagen.

stark in Abhängigkeit von der Art der Parkplatzanlage. Tabelle B7 gibt hierzu Anhaltswerte, wobei die Angaben jeweils ohne Grunderwerb, also nur für die reine Bauerstellung gelten. Selbstverständlich können vor allem bei den Hoch- und Tiefgaragen die Stellplatzkosten stark von den Werten der Tabelle B7 abweichen. Bei den Kostenabschätzungen müssen nämlich mehrere Einflussgrößen beachtet werden, wie z.B. die Lage der Garage im städtischen Umfeld, die erforderlichen Verbaumaßnahmen zur Sicherung der Baugrube bzw. der Nachbarbebauung, die generelle Größe der Anlage (Kleinanlagen sind relativ teurer), die Art des anstehenden Bodens usw.

Befasst man sich nun näher mit der Abdichtung von Parkdecks, so stellt sich für den Bereich der Bitumenabdichtung die Frage nach den hierbei zu beachtenden Vorschriften. Seit Inkrafttreten der ZTV-BEL-B [B104] im August 1987 wird in den meisten Fällen für die Abdichtung nicht wärmegedämmter Flächen auf dieses Regelwerk zurückgegriffen. Vor allem die in Teil 1 behandelte einlagige, vollflächig mit dem entsprechend vorbehandelten Untergrund verbundene Schweißbahnabdichtung hat sich seit mehr als 20 Jahren in Deutschland vielfach bewährt. Von daher gesehen ist es richtig, die an sich für Brückenbauweise erarbeitete Vorschrift auch auf Parkdecks anzuwenden. Dies gilt umso mehr, als die tragende Betonkonstruktion zahlreicher Parkdecks ähnlichen Witterungsverhältnissen ausgesetzt ist, wenn es sich nämlich um seitlich offene Strukturen bzw. frei bewitterte, nicht überdachte Parkdeckflächen handelt. Parkdecks sind darüber hinaus aber häufig dadurch gekennzeichnet, dass sie im Vergleich zu Brücken zwar im Allgemeinen einer geringeren Verkehrsbelastung unterliegen, aufgrund der feingliedrigen Struktur aber deutlich größere Bauteilverformungen erfahren. Darüber hinaus erfordern sie häufig in erheblich größerem Umfang die Ausbildung zum Teil schwieriger Details. Hierzu können beispielsweise Wand- und Brüstungsanschlüsse, Übergänge zu Tür- und Treppenanlagen, Durchdringungen nicht nur für Abläufe, sondern auch für Beleuchtungseinrichtungen, Lüftungs- und Entwässerungsleitungen zählen. Ein besonderes Thema bildet schließlich die Wärmedämmung im Zusammenhang mit oftmals unter dem Parkdeck vorzufindenden Verkaufs- oder Ausstellungsflächen, Wohn- oder Büroräumen und dergleichen. Zur Detailgestaltung derartiger Punkte reichen die Regelungen der ZTV-BEL-B nicht aus. Hier muss auf DIN 18195 [B16] zurückgegriffen werden. Die Norm behandelt in ihren verschiedenen Teilen Fragen des generellen Abdichtungsaufbaus (Teil 5), der Fugenausbildung (Teil 8), der An- und Abschlüsse sowie der Durchdringungen (Teil 9) und schließlich der Schutzschichten und Schutzmaßnahmen (Teil 10).

Die sich aus der aufgezeigten Situation bei Parkhäusern und Parkdecks ergebende Notwendigkeit, zwei sich auf den ersten Blick überschneidende Regelwerke aus völlig verschiedenen Bereichen des Ingenieurbaus anwenden zu müssen, ist vielen Planern entweder nicht bekannt oder verwirrt sie. In dieser Frage sollen nachstehende Ausführungen einen Beitrag leisten zu einem besseren Verständnis der Zusammenhänge. Sie sollen die sinnvolle gegenseitige Ergänzung beider Vorschriften verdeutlichen, um so den Themenkreis der Abdichtung von Parkdecks künftig gemeinsam mit allen Beteiligten besser angehen zu können.

2.2 Flächen

2.2.1 Beanspruchungen

Die Abdichtung eines Parkdecks unterliegt verschiedenartigen physikalisch-chemischen Einflüssen [B211, B220]. Dazu zählen die mechanischen, thermischen und chemischen Beanspruchungen. Im Einzelnen ist darunter Folgendes zu verstehen:

Mechanische Beanspruchungen

Bei den mechanischen Beanspruchungen ist zu unterscheiden zwischen dem ruhenden Verkehr im Bereich der Stellflächen und dem Fahrverkehr mit seinen dynamischen Auswirkungen. Außerdem sind Bauteilverformungen zu beachten, die mit dem Fahrverkehr selbst nichts zu tun haben. Sie können aus dem Baugrund kommen oder aus temperaturbedingten Längenänderungen der Bauwerke, aus Durchbiegung infolge Eigengewicht und unterschiedlicher Stützweiten bei gleicher Bauhöhe usw.

Auch anfallendes Oberflächen-, Reinigungs- und von den Fahrzeugen herrührendes Schleppwasser kann eine mechanische Beanspruchung bewirken, wenn nicht von vornherein durch ein ausreichendes Gefälle größeren Wasseransammlungen und damit einer Stauwasserbildung vorgebeugt wird.

Der ruhende Verkehr besteht bei den hier betrachteten Hofkellerdecken und Parkdecks in der Regel aus Pkws. Für ihn ist normgemäß ein zulässiges Gesamtgewicht von 2,5 t anzunehmen. Wenn eine Überfahrt beispielsweise durch Transporter möglich sein soll, muss

Brückenklasse 6 nach DIN 1072 [B3] zugrunde gelegt werden. Wenn darüber hinaus eine Feuerwehrzufahrt zu berücksichtigen ist, was bei Parkdecks durchaus der Fall sein kann, muss man mindestens Brückenklasse 12 ansetzen oder für große Feuerwehrfahrzeuge, Müllfahrzeuge, Möbeltransporter etc. sogar Brückenklasse 30 nach DIN 1055 [B2].

Eine entscheidende Frage im Hinblick auf die Abdichtung betrifft zunächst die zu erwartende Flächenlast. Der 2,5-t-Pkw bringt eine Einzelradlast für das Hinterrad von 7,5 kN, ein 30-t-SLW, also das Feuerwehrfahrzeug, demgegenüber eine Hinterradlast von 50 kN. Die Aufstandsfläche ist beim Pkw für dieses Rad mit 20 cm×20 cm festgelegt und für den SLW mit 20 cm×40 cm. Daraus ergeben sich, wenn man die dynamische Verkehrslast unter Einrechnung des Schwingbeiwertes $\varphi = 1,4$ ([B2], Blatt 3) berücksichtigt, Flächenpressungen beim Pkw in der Größenordnung von 0,2 N/m². Selbst beim SLW, d.h. beim schweren Feuerwehrfahrzeug, liegt dieser Wert nicht über 0,5 MN/m². Das bedeutet, dass die üblichen Abdichtungsstoffe für die Flächenabdichtung im Sinne von Teil 2 der DIN 18195 [B16] problemlos eingesetzt werden können.

Zu den ruhenden Verkehrslasten kommen die dynamischen Belastungen aus dem Fahrverkehr. Dies betrifft beispielsweise die Überfahrten von den häufig brückenartig ausgebildeten Rampen zu den Parkdecks. Dabei kommt es zu Schwingungen, insbesondere wenn die Rampenübergänge kragarmartig konstruiert sind. Solche Beanspruchungen treten aber auch bei Fertigteilkonstruktionen auf, vor allem, wenn abschließend keine lastverteilende und Fugen überbrückende Ortbetonplatte auf den Fertigteilen angeordnet wird. Nach DIN 1045, Abs. 13.4 [B1] muss durch geeignete Maßnahmen sichergestellt werden, dass in den Fugen bei Decken aus nebeneinander liegenden Fertigteilen keine Durchbiegungsunterschiede aus unterschiedlicher Belastung der einzelnen Fertigteile entstehen. Die Schwingungen liegen überwiegend im Frequenzbereich von 1 bis 2 Hz mit Amplituden von durchaus 1 bis 2 mm. Im Einzelfall hängen die Werte natürlich von der konstruktiven Gestaltung der Bauteile ab.

Es ist sehr wichtig, die genannten mechanischen Beanspruchungen im Auge zu behalten, vor allem, wenn man die Fugenabdichtungen überdenkt und plant. Hier wurden in der Vergangenheit sehr oft Fehler begangen. Nach relativ kurzer Zeit war die Abdichtung aufgrund der nicht ausreichend beachteten Schwingungen im Fugenbereich abgerissen und wie mit einem Messer durchschnitten. Dies hatte naturgemäß erhebliche Undichtigkeiten zur Folge.

Thermische Beanspruchungen

Ebenso wie die mechanischen Beanspruchungen sind beim Entwurf einer Parkdeckabdichtung auch die thermischen Einflüsse zu beachten. Bei ihnen muss man in zeitlicher Hinsicht zwischen verschiedenen Veränderungsintervallen unterscheiden. Erhebliche Temperaturstürze innerhalb Stundenfrist können auftreten, wenn z.B. im Hochsommer nach längerer Sonnenbestrahlung Schauer oder Hagelschlag auf ein freiliegendes Parkdeck einwirken. In einem solchen Fall muss man für die Abdichtungsebene von einem Temperaturabfall bis durchaus 15 K innerhalb einer Stunde ausgehen.

Zwischen Tag und Nacht ist eine Temperaturdifferenz von etwa 20 K anzunehmen und auf das ganze Jahr bezogen eine Temperaturdifferenz bis zu 80 K (Tabelle B8). Die

Tabelle B8
Auf die Abdichtung von Parkdecks einwirkende Temperaturänderungen in Deutschland

Häufigkeit	Maximale Temperaturschwankung [K]	Ursache
Stündlich	15	Schauer, Hagelschlag
Täglich	20	Tag, Nacht
Jährlich	80	Sommer, Winter

Brückenbauvorschriften DIN 1072 [B3] gehen für Lagerteile und Übergangskonstruktionen vergleichsweise von 90 K Temperaturdifferenz aus, nämlich von −40 °C im Winter und +50 °C im Sommer. Bei der Abdichtungsplanung muss man 80 K Temperaturschwankung ansetzen, um sie insbesondere im Bereich von Fugen richtig zu planen und richtig auszulegen.

Chemische Beanspruchungen

Als Drittes sind die chemischen Beanspruchungen zu nennen, und zwar in erster Linie das Tausalz, aber auch Schmier- und Kraftstoffe. Es ist zwar zutreffend, dass der Gussasphaltbelag in dieser Hinsicht wenig Empfindlichkeit und Sensibilität zeigt, weil es nicht zu einem Stoffaustausch in tiefer gelegenen Ebenen kommt. Aber auch in dieser Frage muss man an die Fugen denken. Im Fugenbereich können Schmierstoffe und Kraftstoffe je nach Ausbildung der Fuge unmittelbar auf die Fugenabdichtung gelangen. Der Gussasphalt bildet hier keine Schutzschicht, denn er ist ja über der Fuge unterbrochen.

Vielfach wird im Zusammenhang mit der Tausalzbeanspruchung argumentiert, dass heutzutage nicht mehr in den Städten mit Tausalz gestreut würde. Dies ist unzutreffend. Nach wie vor werden aus Sicherheitsgründen alle durch Städte und Gemeinden führenden Bundesfernstraßen mit Salz eisfrei gehalten. In den 60er-Jahren belief sich die Streusalzbelastung auf derartigen Straßen auf bis zu etwa 50 t pro Kilometer und Jahr, heutzutage immerhin noch auf ca. 15 bis 25 t pro Kilometer und Jahr [B233]. Dabei beträgt die Streusalzmenge bei kritischer Wetterlage etwa 100 g/m^{2}d. Viele Städte setzen außerdem Tausalz auf Busspuren, im Bereich von Bus- und Straßenbahnhaltestellen sowie auf stark belebten Kreuzungen ein. Zudem wird Salz auch den abstumpfenden Streumitteln beigemischt, um diese streufähig zu halten und die Bildung von Eisklumpen im Streugut zu vermeiden. Schließlich wird der Einsatz von Tausalzen besonders auf steilen, frei bewitterten und nicht beheizten Rampen von Parkdeckanlagen nicht immer vermeidbar sein. Damit ist für die Parkdeckabdichtungen unbedingt eine Tausalzbeanspruchung anzunehmen. Sie ergibt sich aus dem Abschmelzen der tausalzbeladenen Schnee- und Eisbrocken, die sich bei winterlichen Wetterlagen in den Radkästen bilden und bald nach Abstellen der Fahrzeuge abtauen. Naturgemäß tritt diese Beanspruchung vor allem für überdachte Stellflächen und in Tiefgaragen ein (Bild B102), auch wenn der Parkflächenbetreiber selbst überhaupt keine Tausalze einsetzt.

Von den vorstehenden Überlegungen ausgehend sind bei der Bemessung einer Parkdeckabdichtung für den Flächenbereich ohne Wärmedämmung die ZTV-BEL-B [B104] heran-

Bild B102
Aus dem Radkasten gelöster Schnee- und Eisbrocken eines in einer Tiefgarage abgestellten Pkw

zuziehen, bei geplanter Wärmedämmung DIN 18195 [B16]. Für die Ausbildung der Details gilt im Allgemeinen unabhängig vom Abdichtungsaufbau DIN 18195.

Von DIN 18195 ist zunächst Teil 2 (Stoffe) von Interesse und damit in Verbindung auch Teil 3 (Anforderungen an den Untergrund und Verarbeitung der Stoffe). Für die bauliche und abdichtungstechnische Auslegung sind besonders wichtig Teil 4 (Abdichtungen gegen Bodenfeuchte und nichtstauendes Sickerwasser an Bodenplatten und Wänden) und Teil 5 (Abdichtungen gegen nichtdrückendes Wasser auf Deckenflächen und in Nassräumen). Darüber hinaus sind Teil 8 (Abdichtungen über den Bewegungsfugen) und Teil 9 (Durchdringungen, Übergänge und Abschlüsse) von Bedeutung. Schließlich ist noch Teil 10 (Schutzschichten und Schutzmaßnahmen) zu beachten. Bei Tiefgaragen kann natürlich auch der Teil 6 (Abdichtungen gegen von außen drückendes Wasser und aufstauendes Sickerwasser) von Interesse sein, wenn nämlich das Bauwerk ganz oder teilweise im Grundwasser liegt [B16].

Bei der Bemessung einer Parkdeckabdichtung ist eine „hohe Beanspruchung" im Sinne von DIN 18195-5, Abschnitt 7.3, zugrunde zu legen (siehe Kapitel L unter „nichtdrückendes Wasser"). Hierauf wird auch in [B247] verwiesen.

2.2.2 Abdichtungsuntergrund

Die Betonoberfläche bei nicht wärmegedämmten Parkdecks mit einer Abdichtung nach ZTV-BEL-B, Teil 1 [B104] muss eine bestimmte Rauigkeit einhalten. Sie darf weder überschritten noch nennenswert unterschritten (kein Kellenglattstrich!) werden. Für die Beurteilung der richtigen Oberflächenrauigkeit hat sich ein einfaches, 1982 von der Bundesanstalt für Materialprüfung (BAM) in Berlin definiertes Prüfverfahren als geeignet erwiesen. Bei

a)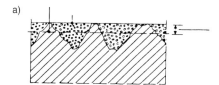

Rautiefe
Die Rauhtiefe ist der Abstand der oberen Begrenzung von der jeweiligen Massenausgleichslinie.

Die maximale **Oberflächenrauigkeit** von Betonflächen muss nach dem Entfernen von Schlämme und anderen losen Bauteilen und dem erfolgten Nachweis der Haftzugfestigkeit von $\geq 1{,}5\text{ N/mm}^2$ geprüft werden. Beim Einbau von Schweißbahnen darf die Rauigkeit nicht mehr als 1,5 mm betragen.
Die Überprüfung der Rautiefe t (mm) auf der Baustelle erfolgt bei Betonoberflächen mithilfe der so genannten Sandfleckmethode.

Für die Prüfung werden benötigt:

 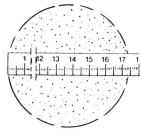

1. Trockener Quarzsand, Körnung 0,2–0,5 mm
2. Gefäß mit einem Hohlraum 25 000–35 000 mm³ (z. B. Schnapsglas)
3. Zollstock

Prüfverfahren: Die mithilfe des Gefäßes (Schnapsglas) abgemessene Menge des Sandes V (mm³) wird etwa kreisrund auf die Betonoberfläche verteilt und der Durchmesser (d) gemessen. Ist der, in Abhängigkeit vom Inhalt des Gefäßes, gemessene Durchmesser (d) kleiner als der Mindestdurchmesser $D_{1,5}$ (bezogen auf 1,5 mm Rautiefe), so ist die Oberflächenrauigkeit des Betons zu groß und die Betonfläche muss nachgearbeitet werden.

Gefäßinhalt	[mm³]	25 000	30 000	35 000
Mindestdurchmesser $D_{1,5}$	[mm]	145	159	172
Größtdurchmesser $D_{0,3}$	[mm]	325	357	385

b)

Bild B103
Prüfung der Rautiefe von Betonoberflächen
a) Prinzipielle Darstellung
b) Praktische Ausführung

der so genannten Sandfleckmethode (oder Sandflächenmethode) nach ZTV-BEL-B, TP und TL-BEL EP [B104] wird ein kleines Gefäß (z. B. Schnapsglas) mit 25 bis 35 cm³ Volumen randvoll mit trockenem Quarzsand der Körnung 0,2 bis 0,5 mm gefüllt. Der Inhalt wird auf der Betonoberfläche ausgeleert und etwa kreisrund verteilt. Das Verteilen kann mit einem beliebigen Gegenstand erfolgen, der eine feste, gerade Kante von 20 bis 25 cm Länge aufweist (Lineal, Zollstock, feste Pappe etc.). Diese Kante wird so lange kreisförmig über den Sandhaufen gestreift, bis sie praktisch nur noch über die Spitzen der Betonoberfläche schleift und eine weitere Ausdehnung des Sandflecks nicht mehr zu erwarten ist. Der gemessene mittlere Durchmesser d darf nicht kleiner sein als der Mindestdurchmesser $D_{1,5}$ gemäß Tabelle in Bild B103, weil sonst eine zu große Rauigkeit vorliegt. Die Verhältnisse in Bild B104 entsprechen einer Rautiefe von mehr als 1,5 mm. Für das Aufbringen der Dichtungsschicht darf die Rautiefe aber auch nicht zu gering sein, um eine gewisse Griffigkeit sicherzustellen. Legt man beispielsweise eine Mindestrautiefe von 0,3 mm zugrunde, so errechnet sich der Größtdurchmesser $D_{0,3}$ nach dem Formelansatz aus dem SIVV-Lehrgangs-Handbuch (Schützen, Instandsetzen, Verbinden und Verstärken von Betonbauteilen) des Deutschen Betonvereins e.V., Ausgabe März 1990. Danach ergibt sich die Rautiefe Pt (mm) für das Sandvolumen V (cm³) und den Sandfleckdurchmesser d (cm) zu:

$$R_t \text{ (mm)} = \frac{40\ V\ (\text{cm}^3)}{d^2\ (\text{cm})}$$

Die Ergebnisse sind ebenfalls in Bild B103a aufgeführt.

Die Abreißfestigkeit in der Betonoberfläche ist auf mindestens 1,5 N/mm² festgelegt [B104] und *vor* Aufbringen der Grundierung, Versiegelung oder Kratzspachtelung stichprobenartig zu überprüfen (Bild B105). Damit wird sichergestellt, dass die Abdichtung, insbesondere bei Einsatz von Schweißbahnen, auf Kernbeton und nicht auf Schlämpe aufgebracht wird.

Bild B104
Zu große Rautiefe durch Grate und Vorsprünge in der Betonoberfläche

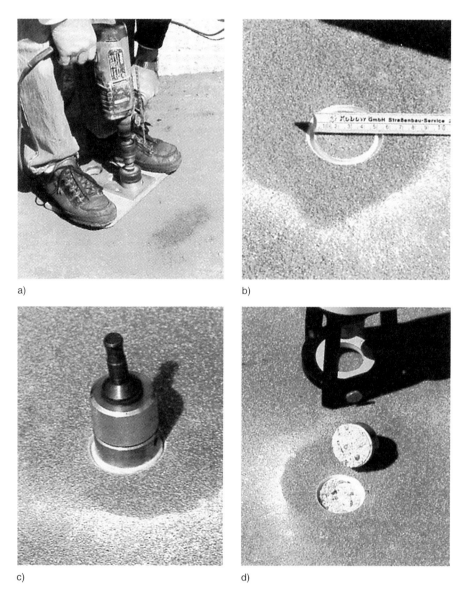

Bild B105
Prüfung der Haftzugfestigkeit auf der Betonoberfläche (Strabag Sonderbau Hamburg)
a) Ringbohrung zur Begrenzung der Prüffläche
b) Ausgebohrte Prüffläche von 5 cm Durchmesser
c) Aufgeklebter Prüfstempel
d) Abgezogener Prüfstempel mit Fuß des Prüfgeräts

Bild B106 zeigt einen sehr schlechten Abdichtungsuntergrund. Hier muss der Abdichter, wenn er fachlich korrekt vorgeht, Bedenken im Sinne der VOB [B22] anmelden. Er darf auf einer solchermaßen mit loser Zementschlämpe überzogenen Fläche nicht mit den Abdichtungsarbeiten beginnen. Vielmehr muss der Abdichtungsuntergrund bei vorhandener Schlämpe oder bei Betongraten Verschmutzungen und Resten von Nachbehandlungsmitteln etc. durch Sand- oder Kugelstrahlen, gegebenenfalls auch durch Klopfen, Fräsen oder Hochdruckwasserstrahlen, unter bestimmten Umständen (Verunreinigung mit Mineralölprodukten) auch durch Flammstrahlen abtragend vorbereitet werden, sodass letztendlich ein einwandfreier Kernbeton vorliegt (vgl. Petri in [B211] und Stenner in [B245]).

Ein anderer unzulässiger Zustand des Abdichtungsuntergrundes ist in Bild B104 zu erkennen: Hier liegt eine zu große Rautiefe vor. Sie erfordert eine Vorbehandlung durch Epoxidharzmassen (Kratzspachtelung: ZTV-BEL-B) [B104] oder in Sonderfällen eine Ausgleichsspachtelung mit hochgefüllter, ausreichend standfester Bitumen-Spachtelmasse. Einzelheiten hierzu enthält der Beitrag von Petri in [B211].

Das Alter des Betons sollte mindestens 21 Tage betragen, damit er ausreichend fest und durchgetrocknet ist.

Kanten und Kehlen sollen fluchtrecht verlaufen und gefast (Einlegen von Dreikantleisten in die Schalung) bzw. gerundet sein. Die Fasung sollte etwa 3 cm, der Ausrundungshalbmesser mindestens 4 cm betragen.

Normgemäß (DIN 18195-5) [B16] muss eine Abdichtung für Parkdecks oder befahrbare Dachflächen Risse überbrücken können, die zum Zeitpunkt ihres Auftretens nicht breiter als 0,5 mm sind und sich nachträglich nicht weiter als bis auf 2 mm öffnen. Der Versatz der Risskanten in der Abdichtungsebene muss auf höchstens 1 mm beschränkt bleiben. Unter Berücksichtigung der dynamischen Beanspruchung lassen die TL-BEL-B Teil 1, Tabelle 3 [B104] für den Abdichtungsuntergrund eine Rissweite von 1 mm zu. Die Vermeidung größerer Risse erfordert eine ausreichende Bewehrung und je nach Nutzung der unter der Decke befindlichen Räume auch eine ausreichende Wärmedämmung sowie eine geeignete Fugenaufteilung.

2.2.3 Entwässerung und Gefälle

Eine zentrale Bedeutung kommt auch der Entwässerung einer Parkdeckfläche zu. Eine unzureichende Entwässerung widerspricht nicht nur den technischen Regelwerken. Sie führt außerdem zu Pfützenbildung (Bild B107) und im Winter durch Eisbildung zu Gefahren für den Fahrzeugverkehr, aber auch für die Fahrzeugnutzer, z. B. beim Ein- und Aussteigen. Schließlich kann Eisbildung Frostaufbrüche im Fahrbelag verursachen.

Es ist unbedingt zu empfehlen, das auf dem Parkdeck oder einer Hofkellerdecke anfallende Wasser von den aufgehenden Gebäudeteilen, d. h. z. B. von den Treppenhäusern oder von aufgehenden Bürogeschossen oder den Brüstungen, wegzuleiten. Die Abläufe sollen nicht in diesem Bereich liegen.

Die Parkdeckflächen müssen entsprechend DIN 18195-5, Abschnitte 6.5 und 6.7 [B16] eindeutig entwässert werden. Eine Fuge sollte deshalb immer aus der wasserführenden

Bild B106
Unzureichend fester Betonuntergrund

Bild B107
Pfützenbildung auf einem Parkdeck mit unzureichendem Gefälle

2 Hofkellerdecken und Parkdecks 185

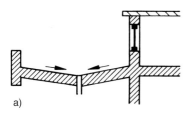

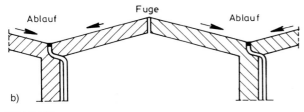

Bild B108
Prinzipielle Gefälleausbildung bei der Abdichtung eines Parkdecks oder einer befahrbaren Decke
a) Fortleiten des Wassers von den Brüstungen und aufgehenden Gebäudeteilen
b) Anordnung der Gebäudefugen in einer Firstlinie

Ebene herausgehoben werden und nie in einer Kehle liegen (Bild B108). Die Größe des Gefälles ist entscheidend von der Art und Beschaffenheit der zu entwässernden Oberfläche abhängig (Tabelle B9). Bei Parkdecks kann diese z. B. aus Pflaster oder einem Betonplattensystem bestehen. Verbundpflaster oder ein Waschbetonplattenbelag weisen sehr viele Fugen und Unebenheiten in der Feinstruktur auf, in denen sich Wasser sammeln kann. Das bedeutet bei unzureichender Entwässerung im Winter Glatteisgefahr. Bei einem solchen Belag sollte daher ein Gefälle von mindestens 2,5% angeordnet werden. Wenn die Oberfläche dagegen aus Gussasphalt besteht, der auf einem frei bewitterten Deck abgesplittet ist, kann bereits von einer gleichmäßigeren Feinstruktur ausgegangen werden. Die Zahl der Fugen ist gegenüber dem Pflaster- oder Plattenbelag ganz erheblich reduziert. Folglich kann auch das Mindestgefälle kleiner gewählt werden, nämlich mit 2%. Noch günstiger liegen die Verhältnisse bei einem abgesandeten Gussasphalt für Innenbeläge oder überdachte Parkdecks bzw. bei einer Betonoberfläche. Hier reicht ein Mindestgefälle von 1,5% (Tabelle B9).

Die Rinnen (Wasserläufe) sollten als Pendelrinnen mit mindestens 0,5% Längsgefälle ausgebildet werden und die Abläufe bei diesem Längsgefälle nicht weiter als 20 m auseinander liegen. Bei dieser Gefällevorgabe erhält man eine Differenzhöhe von 5 cm. In der Praxis wird sehr häufig von diesen Empfehlungen abgewichen mit dem eingangs aufgezeigten Risiko der Pfützen- und Eisbildung.

Die Frage, ob Einzelabläufen oder so genannten Linienentwässerungen der Vorzug zu geben ist, müssen Bauherr, Planer und Statiker beantworten. Einzelabläufe lassen sich zweifelsfrei im Rahmen der Gesamtkonstruktion leichter anordnen und anschließen. Damit verbunden sind aber Kehlen und Grate in der Gussasphalt-Oberfläche jeweils mit einem Fugenverguss. Dieses optisch unruhige Bild und der verminderte Fahrkomfort infolge des ständigen Auf und Ab der Fahrbahnoberfläche stellen einschließlich des Mehraufwandes für die Gefälleherstellung Nachteile bei der Anordnung einer Punktentwässerung dar.

Die Linienentwässerung z. B. in der Parkdeckmitte vermittelt ein großzügiges, gleichmäßiges Bild (Bild B109). Das weitgehend gleichgerichtete Gefälle kann bereits im Rohbeton auch bei Fertigteilbauweise ohne besondere zusätzliche Maßnahmen hergestellt werden. Es entfällt dann der Gefällebeton oder die Gussasphalt-Gefälleschicht.

Im Zusammenhang mit dem Gefälle für die Entwässerung der Parkdeckfläche ist grundsätzlich zu empfehlen, bereits die Rohbaukonstruktion entsprechend geneigt auszubilden. Sollte dies im Einzelfall nicht möglich sein und auf Gefällebeton zurückgegriffen werden müssen, so ist hierfür bei geringeren Dicken als 5 cm ein kunststoffmodifizierter Mörtel zu verwenden. Ein ausschließlich zementgebundener Mörtel muss wegen der Ausbruchgefahr eine Mindestdicke einhalten. Außerdem ist bei Gefällebeton auf ausreichenden Haftverbund zur Betonunterlage zu achten [B107]. Generell ist aber auf die mit Gefällebeton im Allgemeinen verbundenen, erheblichen Nachteile der Leckwasserverschleppung im Falle eines örtlichen Abdichtungsschadens hinzuweisen. In der Ebene Gefällebeton/Rohbeton verteilt sich nämlich das eindringende Leckwasser unkontrolliert über große Flächen. Dies erschwert Sanierungen erheblich oder schließt sie u. U. sogar gänzlich aus. Für den Regelfall ist daher vor der Anwendung von Gefällebeton zu warnen.

Tabelle B9
Mindestgefälle der Parkdeckflächen in Abhängigkeit von der Fahrbahnart (vgl. DIN 18318 [B203])

Merkmal	Bereich	Mindestwert (%)
Quergefälle, Abweichungen maximal 0,4%	Natursteinpflaster	3,0
	Pflaster aus Betonsteinen, Schlackensteinen oder Straßenklinker	2,5
	Plattenbeläge	2,0
	Gussasphalt, gesplittet	2,0
	Gussasphalt, abgesandet	1,5
	Beton, abgescheibt oder Besenstrich	1,5–2,0
Längsgefälle	Entwässerungsrinne	0,5

Bild B109
Oberste Parkdeckfläche mit Linienentwässerung, Parkhaus Flughafen Hamburg
(Planungsgemeinschaft Dipl.-Ing. Wetzel/Dr.-Ing. Funk)

2.2.4 Ausführung

Auf die nach Abschnitt B2.2.2 geprüfte Betonoberfläche ist mindestens eine Kunststoffgrundierung aus Epoxidharz (EP) lösemittelfrei und in einer Menge von 300 bis 500 g/m^2 in einem Arbeitsgang aufzubringen, wenn eine Dichtungsschicht aus Schweißbahnen mit Gussasphalt eingebaut werden soll.

Im Gegensatz zu den früher üblichen Bitumenvoranstrichen auf Lösemittelbasis, die vorwiegend der Staubbindung dienten und nur bedingt als Haftungshilfe anzusehen waren, verschließt die lösemittelfreie EP-Grundierung nach ZTV-BEL-B, Teil 1 [B104] (Bild B110) weitgehend die Betonporen. Damit wird ein Aufsteigen und Nachdrängen von Porenwasser aus dem Betongefüge der Unterkonstruktion weitgehend vermieden. Gleichzeitig kann man davon ausgehen, dass bei eventuellen Fehlstellen aggressives Wasser (Tausalz) wesentlich schwerer in das Betongefüge eindringen und dieses zerstören kann. Im Übrigen neigt das EP nach dem Erhärten nicht mehr zu einer Blasenbildung unter Temperatureinfluss, wie es sich beim Bitumenvoranstrich oftmals ergeben hat, wenn die nicht verdunsteten Anteile des Lösemittels beim Erwärmen zu einer Volumenvergrößerung, d. h. zu Blasen, geführt haben.

Das zu verarbeitende Reaktionsharz muss für die Grundierung, Versiegelung oder Kratzspachtelung unter Asphaltbelägen auf Betonbrücken zugelassen sein. Der Hersteller muss hierfür ein Grundprüfungszeugnis vorweisen. Denn die Temperaturen beim Aufschweißen der Bahnen betragen für ungefähr 1 Minute etwa 400 °C auf der Harzoberfläche. Schon aus diesem Grund ist nicht jedes Harz für diesen Einsatz geeignet.

Bild B110
Aufbringen einer Epoxidharz-Grundierung
a) Verteilen mit Moosgummischieber
b) Auftrag mit Lammfellrolle

Für die Verarbeitung von EP müssen bestimmte Regeln und Randbedingungen eingehalten werden [B104, B245, B246]. Hierzu zählen:

– Eigenfeuchtigkeit des Betons ≤4 Masse-% oder nach Angaben des Kunststoffherstellers
– kein Einbau bei Regen, Nebel oder Taubildung
– relative Luftfeuchtigkeit nicht über 75%
– Oberflächentemperatur mindestens +8 °C
– Oberflächentemperatur höchstens +40 °C
– Oberflächentemperatur des Betons mindestens um 3 K über dem Taupunkt

- Schutz der Grundierung vor schädlichen Einflüssen bis zur Erhärtung des EP
- Verarbeitung der Kunststoffe nur durch ausreichend geschultes Personal
- Rautiefe der grundierten Flächen maximal 1,5 mm (gemäß ZTV-BEL-B 1, Abs. 5.2.3) [B104].

Alle diese Punkte führen zwangsläufig in großen Bereichen Deutschlands dazu, dass die zu grundierenden Flächen sehr häufig eingezeltet oder eingehaust werden müssen und das Vorhalten und Betreiben einer Beheizung im Leistungsverzeichnis vorgesehen werden muss. Hierbei wird es sich immer als vorteilhaft erweisen, wenn diese Leistungen als Bedarfspositionen auch dem Wettbewerb unterliegen. Es bietet sich entweder eine Pauschale an, oder der Vordersatz im Leistungsverzeichnis (LV) muss mindestens einer Tagesleistung entsprechen. Innerhalb des LV-Textes muss ein Hinweis erfolgen, dass die Arbeiten oder Leistungen nur ausgeführt werden dürfen, wenn sie erforderlich und mit der Bauleitung des Auftraggebers ausdrücklich unmittelbar vor Bauausführung abgestimmt sind.

Der Einbau des Harzes soll für die Grundierung flutend erfolgen (Bild B110). Die Verteilung kann zunächst mit Gummischiebern erfolgen und ist abschließend mit einer Lammfellrolle so vorzunehmen, dass eine Pfützenbildung vermieden wird. In die dann noch frische Grundierung ist ein Quarzsand der Körnung 0,2 bis 0,7 mm in einer Menge von 500 bis 800 g/m^2 einzustreuen. Nach Erhärten des Harzes ist das nicht eingebundene Quarzsand-Material zu entfernen. Das Abstreuen mit Quarzsand darf nicht zu früh erfolgen, damit die einzelnen Körner nicht zu weit in das noch weiche EP einsinken. Denn eine zu glatte EP-Oberfläche ist für jede Art der Abdichtung, also auch für die Schweißbahnen, unzuträglich, weil in dieser Ebene die Schubkräfte aus dem Fahrbahnbelag in die Rohbaukonstruktion übertragen werden müssen.

Der vom Grundsatz her nicht mehr erwünschte und für eine Abdichtung nach ZTV-BEL-B [B104] nicht vorgesehene Bitumenvoranstrich wird in Sonderfällen, z. B. bei Sanierungen oder schlechten Witterungsverhältnissen, für Arbeiten auf ausdrücklichen Wunsch des Auftraggebers nicht immer zu umgehen sein. In diesen Fällen muss der Auftraggeber vor allem im Zusammenhang mit frei bewitterten, nicht überdachten Flächen auf die damit verbundenen Risiken der Blasenbildung hingewiesen werden. Außerdem sollten nur Voranstriche zum Einsatz kommen, deren Lösemittel im Einzelfall auch sicher und rasch verdunsten. Dies ist z. B. bei Voranstrichen auf Xylolbasis im Gegensatz zu solchen auf der Basis niedrig siedender Testbenzine der Fall. Ferner sollten die Voranstriche haftverbessernde Zusätze enthalten.

Wenn in besonderen Fällen ein weitgehendes dampfdichtes Verschließen der Betonoberfläche als Abdichtungsuntergrund erforderlich ist, wird anstelle der Grundierung eine Versiegelung mit lösemittelfreiem Epoxidharz ausgeführt. Zu diesem Zweck wird in einem ersten Schritt das Harz in einer Menge von mindestens 300 g/m^2 wie für die Grundierung aufgebracht. Die Abstreuung erfolgt dann aber mit einem groberen Quarzsand der Körnung 0,7 bis 1,2 mm. Nach Aushärten dieses ersten Harzauftrags wird das nicht fest haftende Abstreugut entfernt, und es schließt sich ein zweiter an, wobei die Auftragsmenge dann etwa mindestens 600 g/m^2 beträgt. Diese Versiegelungsschicht wird nicht nochmals abgestreut. Vielmehr kann davon ausgegangen werden, dass das grobere Abstreumaterial großenteils noch aus der Versiegelungsschicht ragt, sodass eine ausreichende Rauigkeit für das Aufbringen der Schweißbahnen gegeben ist.

Wenn wegen zu großer Rautiefe oder nach einer abtragenden Vorbereitung, z. B. durch Kugelstrahlen, Klopfen oder Fräsen (vgl. Abschnitt B2.2.2), bei Vertiefungen bis 0,5 cm ein Oberflächenausgleich vorzunehmen ist, wird eine Kratzspachtelung erforderlich. Dabei gelangt ein Mörtel aus lösemittelfreiem Epoxidharz und Sand mit abgestufter Sieblinie im Mischungsverhältnis 1:3 bis 1:4 zum Einsatz. Vor Auftrag der Kratzspachtelung ist eine lösemittelfreie EP-Grundierung im Airless-Spritzverfahren oder durch Rollen aufzubringen. Darauf folgt dann die Kratzspachtelung frisch in frisch. Die Kratzspachtelung ist mit trockenem Quarzsand 0,2/0,7 abzustreuen, sodass eine Oberflächenstruktur wie bei einer Grundierung entsteht. Nach Erhärten der Kratzspachtelung ist das nicht eingebundene Quarzsand-Material zu entfernen.

Bild B111
Einbau von Schweißbahnen mit mehrflammigem Batteriebrenner

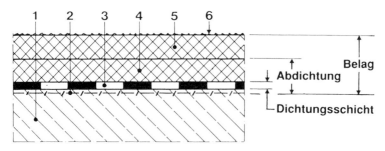

1 Konstruktionsbeton
2 Epoxidharz-Grundierung
3 Dichtungsschicht der Fläche
4 Gussasphalt-Schutzschicht
5 Gussasphalt-Deckschicht
6 Abstreumaterial

Bild B112
Prinzipieller Abdichtungsaufbau nicht wärmegedämmter Flächen mit zweilagigem Gussasphalt [B104]

Soll die Kratzspachtelung zugleich die Aufgabe einer Versiegelung übernehmen, dann ist mit trockenem Quarzsand 0,7/1,2 abzustreuen, loser Sand nach dem Erhärten der Kratzspachtelung zu entfernen und abschließend lösemittelfreies Reaktionsharz in einer Menge von mindestens 600 g/m^2 aufzubringen.

Die Rautiefe der fertigen Kratzspachtelung darf nicht größer als 1,0 mm sein. Großflächige Vertiefungen über 0,5 cm sind nach ZTV-SIB 90 [B107] auszugleichen.

Im Rahmen der eigentlichen Abdichtung nicht wärmegedämmter Parkdeckflächen können nur Schweißbahnen zum Einsatz kommen, die den technischen Lieferbedingungen TL-BEL-B, Teil 1 [B104] entsprechen. Nur bei ihnen ist eine Gewähr dafür gegeben, dass die Dichtungsschicht im Zusammenhang mit der Gussasphalt-Schutzschicht (vgl. Abschnitt H1) den statischen und dynamischen Beanspruchungen genügen kann. Die Bahnenhersteller müssen die Einhaltung aller Anforderungen über ein Grundprüfungszeugnis nachweisen (ZTV-BEL-B1, Punkt 6.2). Es werden metallfreie oder metallkaschierte Bitumen-Schweißbahnen verarbeitet. In den letzten Jahren haben sich die metallfreien Bitumen-Schweißbahnen mehr und mehr durchgesetzt. Die Schweißbahnen werden mithilfe mehrstrahliger Brenner (Bild B111) aufgebracht. Die zur Abdichtung gehörende Gussasphalt-Schutzschicht (Bild B112) darf nicht mit Einbautemperaturen über 250 °C verarbeitet werden, um die Schweißbahnen nicht zu schädigen. Frei bewitterte Gussasphaltflächen erfordern im Regelfall immer einen zweilagigen Belagsaufbau. Nur so ist eine ausreichende Qualitätssicherung und eine Reparaturmöglichkeit auf Dauer sichergestellt.

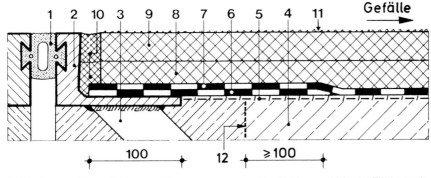

1 Elastomeres Fugendichtungsprofil – auswechselbar
2 Stählernes Randprofil der Übergangskonstruktion
3 Verankerungt (Flacheisen)
4 Konstruktionsbeton
5 Epoxidharz-Grundierung
6 Verstärkungsstreifen, nicht kaschiert
7 Dichtungsschicht der Fläche nach ZTV-BEL-B 1, [B104]
8 Gussasphalt-Schutzschicht
9 Gussasphalt-Deckschicht
10 Anschlussfuge, Fugenverguss zweilagig
11 Abstreumaterial
12 Begrenzung des nachträglichen Betonvergusses für das Fugenprofil

Bild B113
Beispiel einer wasserdichten Übergangskonstruktion mit stählernem Klebeflansch; System einer Werkskonstruktion [B220]

2.3 Fugen

Grundsätzlich sind zur Anordnung von Fugen in der Konstruktion eines Parkdecks die Ausführungen in Abschnitt B1.6 zu beachten. Ergänzend erscheint folgender Hinweis besonders wichtig:

Abdichtungen in befahrenen Flächen erfordern im Fugenbereich generell eine Unterbrechung. Dies gilt insbesondere bei den relativ biegeweichen Konstruktionen, wie sie häufig bei Parkdecks oder Parkpaletten in Fertigteilbauweise anzutreffen sind. Hier muss in der Regel entsprechend DIN 18195-8 [B16] von schnell ablaufenden oder häufig wiederholten Bewegungen (Fugentyp II) ausgegangen werden. Die Fuge selbst muss dann mit einem speziellen Kunststoffband oder -profil abgedichtet werden. Für die Verbindung dieser Bänder oder Profile mit der Flächenabdichtung können spezielle Einbauteile erforderlich sein (Bild B113). Werden diese Bänder oder Profile dagegen in die Flächenabdichtung eingeklebt (Beispiele siehe Bilder B114 und B115), empfiehlt sich die Verwendung kunststoffmodifizierter Bitumenklebemassen.

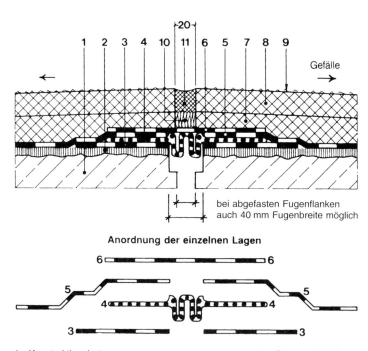

1 Konstruktionsbeton
2 PCC-Aisgleichsschicht
3 Schweißbahn-Zulage
4 Elastomer-Fugenbandprofil (System Mapotrix)
5 Dichtungsschicht der Fläche
6 Schutzstreifen, lose verlegt
7 Gussasphalt-Schutzschicht
8 Gussasphalt-Deckschicht
9 Abstreumaterial
10 Unterfüllstoff
11 Fugenverguss

Bild B114
Beispiel eines wasserdicht eingeklebten Elastomer-Fugenbandprofils
(System „Mapotrix®" [B220, B306])

2 Hofkellerdecken und Parkdecks

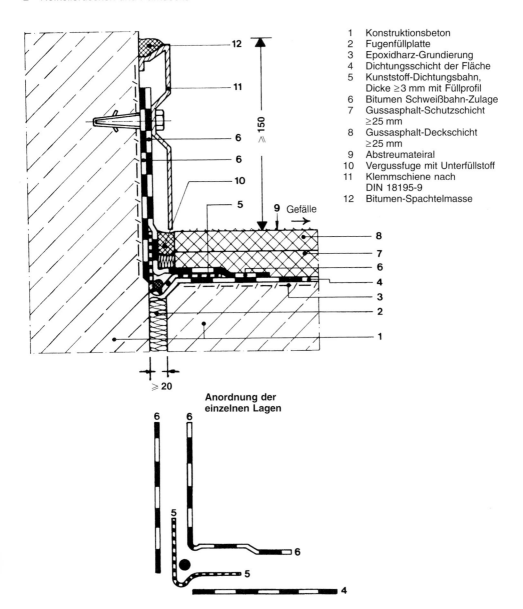

1 Konstruktionsbeton
2 Fugenfüllplatte
3 Epoxidharz-Grundierung
4 Dichtungsschicht der Fläche
5 Kunststoff-Dichtungsbahn, Dicke ≥3 mm mit Füllprofil
6 Bitumen Schweißbahn-Zulage
7 Gussasphalt-Schutzschicht ≥25 mm
8 Gussasphalt-Deckschicht ≥25 mm
9 Abstreumateiral
10 Vergussfuge mit Unterfüllstoff
11 Klemmschiene nach DIN 18195-9
12 Bitumen-Spachtelmasse

Bild B115
Abdichtungsabschluss an aufgehende Wand mit Trennfuge und eingeklebter Kunststoff-Dichtungsbahn bei Fugenbewegung bis 10 mm [B220]

Bild B116
Unzureichende Rohbaugenauigkeit im Bereich einer Parkdeckfuge

Der Schnittwinkel von Fugen untereinander und mit Kehlen oder Kanten soll unabhängig vom Fugentyp I oder II möglichst 90° betragen. Die technisch einwandfreie Ausführung der Abdichtung über einer Fuge setzt auch voraus, dass die beiden aneinander grenzenden Bauteile nicht von vornherein eine die üblichen Rohbautoleranzen weit übersteigende gegenseitige Abstufung in der Fuge aufweisen (Bild B116). In einem solchen Fall müsste das tiefer liegende Fugenufer mithilfe einer keilförmigen Anrampung (Neigungsverhältnis Stufenhöhe zu Basislänge nicht größer als 1:3) vorab höhenmäßig angepasst werden.

In Bild B117 besteht die Fugenabdichtung aus einer oder zwei Lagen Kunststoff-Dichtungsbahnen, die nach entsprechender Vorbereitung mit Spezialkleber auf den Stahlprofilen aufgeklebt sind. Für den Anschluss der Flächenabdichtung ist eine weitere Kunststoff-Dichtungsbahn mittels Spezialkleber eingebaut und zwischen Dichtungsschicht und Zulage aus Schweißbahnen eingeklebt. Die stählerne Fugenkonstruktion ist objektspezifisch einschließlich Verankerung vom Statiker nachzuweisen. Diese Lösung lässt sich prinzipiell auch im Bereich wärmegedämmter Parkdecks anwenden.

Eine besondere Situation ist in Bild B118 dargestellt. Hier geht es um den Übergang von einer nicht wärmegedämmten Rampe mit unmittelbar befahrenem Beton auf ein wärmegedämmtes Parkdeck mit Druckverteilungsplatte und Gussasphalt-Fahrbelag auf Trennlage. Mechanische Beanspruchungen und Bewitterungseinflüsse wirken auf das in Nutzebene angeordnete obere Band ein. Damit wird das eigentliche Dichtungsband in der Abdichtungsebene weit geringer beansprucht als bei sonstigen fabrikgefertigten Fugenkonstruktionen.

2 Hofkellerdecken und Parkdecks

Anordnung der einzelnen Lagen

×××× **Spezialkleber für Kölner Dicht"**

1 Konstruktionsbeton oder Druckverteilungsplatte mit EP-Grundierung
2 Verankerung mit Senkkopfschrauben
3 Stahlprofil auf PCC-Ausgleich
4 Zulage im Flanschbereich
5 Kunststoff-Manschette mit dem Stahlprofil verklebt und in die Abdichtung eingebunden
6 Abdichtung der Fläche
7 Gussasphalt-Schutzschicht
8 Gussasphalt-Deckschicht mit Abstreuung
9 Hochpolymere Fugendichtung auf dem Stahlflansch verklebt
10 Schlepp-Platte, einseitig fest

Bild B117
Beispiel einer Flanschkonstruktion mit eingeklebter Fugenabdichtung
(System „Kölner Dicht®" [B307])

2.4 Durchdringungen

Zahlreiche Betriebs- und Sicherungseinrichtungen von Parkdecks erfordern im Zusammenhang mit ihrer Befestigung eine Durchdringung der Flächenabdichtung. Hierzu zählen beispielsweise Ein- und Ausfahrschranken, Parkscheinautomaten, Beleuchtungsmasten, Geländerpfosten, Verkehrszeichen, Reklameschilder oder Leuchttransparente, Fahnenstangen und Schutzplanken, aber auch Abläufe, Regenfallrohre sowie Entlüftungsrohre.

Durchfeuchtungen bis hin zu Tropfwasser mit der Folge von Stalaktitenbildung sind im Bereich von Durchdringungen bei Parkdeckbelägen häufig die zwangsläufige Folge fehlender oder unzureichender Abdichtungsanschlüsse. Formal sind die Einzelheiten für fachgerechte Anschlüsse in DIN 18195-9 [B16] sowie in DIN 19599, Tabelle 1 [B28] geregelt und einschließlich der erforderlichen Einzelabmessungen nach Tabelle B5 vorgeschrieben.

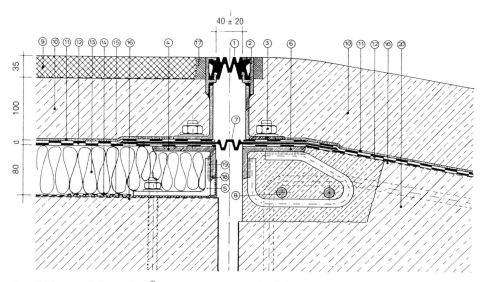

1 Dichtungsprofil MAPOTRIX®
2 Stahlprofil
3 Stehbolzen M 16×40, e = 150 mm
4 Festflansch 100/50/10 aufgeständert
5 Stützwinkel e = 450 mm, mit Klebeanker auf Rohdecke
6 Festflansch 150/50/10 mit Ankerbügel
7 Dehnfugenband MAPOTRIX®-verklebt
8 Zusatz-Bewehrung, Durchmesser 16 mm
9 Gussasphalt-Deckschicht auf Glasvliestrennlage
10 Schutz- und Druckbeton
11 Trennlage: geschäumte Folie
12 Abdichtung nach DIN 18195-5 [B16]
13 Wärmedämmung
14 Bitumen-Dampfsperre – verklebt
15 Resistit-Dampfsperre – verklebt
16 Voranstrich
17 Bitumen-Fugenverguss
18 Winkelblech
19 Höhenverstellung durch örtliche Anschweißung
20 Konstruktionsbeton

Bild B118
Beispiel einer Fugenabdichtung im Anschluss einer Rampe an eine wärmegedämmte Parkdeckfläche (System „Mapotrix®" [B306])

Die Stahlteile, ihre Verbindungsmittel sowie die Schweißnähte sind statisch nachzuweisen. Generelle Erläuterungen hierzu sind in Abschnitt B1.7 enthalten.

Bild B119 zeigt schematisch den fachgerechten Anschluss einer Rohrdurchführung an die Flächenabdichtung. Dabei sind folgende Punkte zu beachten:

- Das Mantelrohr muss eine Höhe von mindestens 15 cm über Belag aufweisen und reicht bis zur Unterfläche der Stahlbetondecke, d. h., Belag, Dichtungsschicht und Konstruktionsbeton werden durchdrungen. Der wasserdicht angeschweißte Klebeflansch muss mindestens 100 mm breit und bei Neubauten oberflächenbündig eingebaut sein. Bei nachträglichem Einbau ist der Klebeflansch aufzudübeln und die Flanschdicke mit Epoxidharzmörtel keilartig anzugleichen.

- Mit einer zusätzlichen Manschette – einlagig aus nicht kaschierter Schweißbahn – erfüllt man die Forderung der ZTV-BEL-B 1, Abschnitt 3.5 [B104] sinngemäß, wonach die Dichtungsschicht unmittelbar auf den Flansch aufzubringen ist. Mithilfe einer Schablone ist das Mantelrohr in der Manschette auszuschneiden und die Manschette

2 Hofkellerdecken und Parkdecks

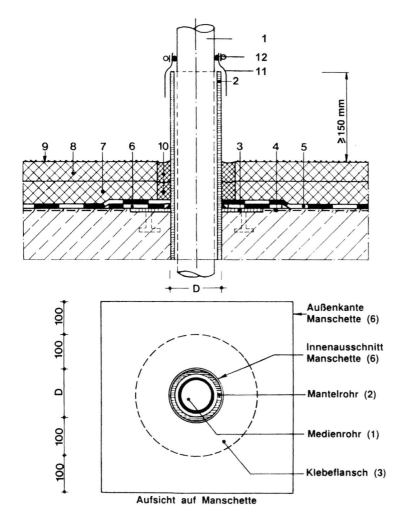

1 Medienrohr
2 Mantelrohr, ≥150 mm über OK-Deckschicht
3 Klebeflansch, b≥100 mm, mit Mantelrohr wasserdicht verschweißt
4 Epoxidharz-Grundierung
5 Dichtungsschicht der Fläche
6 Waagerechte Manschette aus Schweißbahn
7 Gussasphalt-Schutzschicht, d≥25 mm
8 Gussasphalt-Deckschicht, d≥25 mm
9 Abstreumaterial
10 Abschlussfuge, Fugenverguss, zweilagig
11 Überhangmanschette mit Dichtstreifen
12 Schelle

Bild B119
Abdichtungsanschluss an eine Rohrdurchführung (z. B. Regenfallrohr oder Entlüftung [B220])

örtlich anzupassen. Die Breite der Manschette ergibt sich aus dem äußeren Flanschdurchmesser zuzüglich 2×10 cm Anschlussbreite zu jeder Seite. Denn die als Manschette eingebaute Bitumenbahn sollte an jeder Stelle noch mindestens 10 cm breit über die Außenkante des Klebeflansches reichen, um die auch nach eventuell erforderlichem Ausgleich mit PCC-Mörtel noch verbleibenden Unebenheiten im Übergang zur Deckenfläche abdecken zu können. Nur so ist bei kreisrunden Flanschen auf der Baustelle eine zuverlässige Verklebung mit den Bahnen der Fläche sicherzustellen.

Grundsätzlich ist der Anschluss der Flächenabdichtung an Durchdringungen auch über Kunststoffmanschetten möglich, die, wie in Bild B117 dargestellt, mithilfe von Spezialklebern entsprechend System „Kölner Dicht®" [B307] auf den stählernen Klebeflansch aufgeklebt werden.

Die Gussasphalt-Schutz- und -Deckschicht (Abschnitt H1 bzw. H2) wird bis auf die 1,5 cm breite Fuge an das Mantelrohr herangezogen. Diese Anschlussfuge ist mit Bitumenwerkstoff zu verfüllen (z. B. Schmelzband) oder abzuspritzen. Bei einer zweilagigen Ausführung des Gussasphalts, wie in Bild B119 vorgesehen, kann die Schutzschicht auch bis an die Rohrhülse herangeführt werden, da keinerlei Bewegung zwischen Einbauteil und Stahlbetondecke zu erwarten ist.

Die Fugenverfüllung vor der Gussasphalt-Deckschicht muss geringfügig unter der Oberfläche des Gussasphalt-Belages abschließen, damit sie sich bei Erwärmung und daraus resultierender Ausdehnung der Vergussmasse nicht unnötig aus der Fuge quetscht. Die Aufheizung durch das Mantelrohr kann bei direkter Sonnenbestrahlung bis zu 80 °C betragen und sollte nicht unterschätzt werden.

Entwässerungseinrichtungen müssen an die Flächenabdichtung sicher und wasserdicht angeschlossen werden. Hierbei gelten auch für Parkdeckflächen die Abmessungen für Klebeflanschbreiten von mindestens 100 mm nach DIN 19599 [B28] oder die Los- und Festflanschabmessungen nach DIN 18195-9 [B16]. Die Maßvorgaben nach ZTV-K 96 [B101] mit nur 80 mm sind unzureichend und können zur Einschränkung der Gewährleistung führen. Die Frage der Flanschbreiten sollte jeder Abdichter darum vor Beginn der Abdichtungsarbeiten klären. Denn gerade die Abläufe können zu schwerwiegenden Problempunkten des gesamten Systems werden, vor allem, wenn bei Verstopfungen z. B. durch Laub oder Staub eine Druckwasserbeanspruchung entsteht. Zur Vorbeugung gegen solche Missstände sollte stets eine ausreichende Wartung vertraglich vereinbart werden. Generell müssen Abläufe besonders kritisch bezüglich ihrer höhenmäßigen Anordnung und ihrer Lage im Grundriss beurteilt werden. Schon beim Rohbau werden solche Punkte oft fachlich unzureichend geplant und ausgeführt. Hierzu zählen vor allem auch zu kleine Aussparungen im Absenkungsbereich der Abläufe (Bild B120).

Die Art der Abläufe richtet sich nach der geplanten Nutzung des Parkdecks. So ist zu unterscheiden zwischen schweren Abläufen (Bild B120), die auch für das Überfahren durch Feuerwehr und andere Lastkraftfahrzeuge zugelassen sind, und leichten Abläufen (Bild B121), die lediglich Pkw-Verkehr erlauben.

Grundsätzlich sollten alle Abdichtungsanschlüsse der Abläufe durch nicht kaschierte Schweißbahnmanschetten verstärkt werden. Hierbei sind für die schwere Ausführung Einbauteile mit Los- und Festflanschen bzw. Klemmflanschen solchen Abläufen vorzuziehen,

2 Hofkellerdecken und Parkdecks

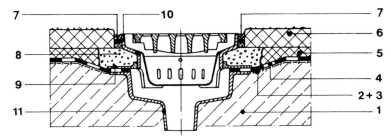

Querschnitt eines Ablaufes HSD 2 mit Abdichtungsanschluss

Detail der Klemmkonstruktion

Anordnung der einzelnen Lagen

1   Konstruktionsbeton
2   Epoxidharz-Grundierung
3   Manschette aus Schweißbahn
4   Dichtungsschicht der Fläche
5   Gussasphalt-Schutzschicht
6   Gussasphalt-Deckschicht mit Abstreuung
7   Anschlussfuge
8   Dränschicht
9   Spannring mit Sickerschlitzen
10 Ablauf-Oberteil
11 Ablauf-Unterteil

Bild B120
Anschluss einer Entwässerungseinrichtung an die Parkdeckabdichtung Ablauf HSD 2 (schwere Ausführung). a) Prinzip [B220]; b) Ausführung

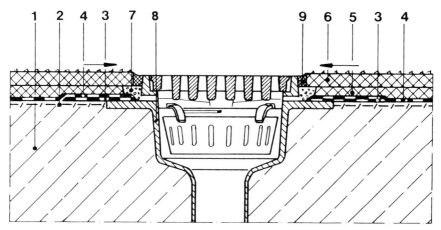

Querschnitt eines Ablaufes B 125 mit Abdichtungsanschluss

Anordnung der einzelnen Lagen

1 Konstruktionsbeton
2 Epoxidharz-Grundierung
3 Manschette aus Schweißbahn
4 Dichtungsschicht der Fläche
5 Gussasphalt-Schutzschicht

6 Gussasphalt-Deckschicht mit Abstreuung
7 Dränschicht
8 Ablaufkörper mit Sickerschlitzen und Klebeflansch
9 Anschlussfuge

Bild B121
Anschluss einer Entwässerungseinrichtung an die Parkdeckabdichtung
(Ablauf B125, leichte Ausführung, [B220])

die nur Klebeflansche aufweisen. Für die leichte Ausführung werden für 50 mm Belagdicke derzeit nur Klebeflansche angeboten.

Zu einem funktionsgerechten Ablauf gehört die sichere Ableitung von Oberflächenwasser sowohl von der Ebene der Dichtungsschicht als auch während der Bauphase von der Gussasphalt-Schutzschicht. Dafür müssen alle Abläufe über so genannte Sickerschlitze verfügen, die beim Einbau und später während der Parkdecknutzung ständig funktionsfähig gehalten werden müssen. Seit über 15 Jahren werden daher um die Abläufe nach den Vorschriften Sicker- oder Dränflächen angeordnet, die eine Mindesthöhe von 100 mm erfordern. Daher müssen sie ausreichend tief in die Rohbetondecke eingelassen werden. Gerade auch bei abgesenkten Abläufen muss auf eine oberflächenebene Anschlussfläche neben den Flanschen geachtet werden, die mindestens 50 mm breit sein sollte. Denn beim Aus- oder Einrichten der so genannten HSD-Abläufe, d.h. bei höhen- und seitenverstellbaren sowie drehbaren Ablaufoberteilen, könnte sonst der über den Rand des Festflansches gedrehte Losflansch des Ablaufkörpers die Abdichtung beschädigen. Einzelheiten hierzu sind aus dem Detail des Bildes B120 erkennbar.

Die Anschlusspunkte bei den Klebeflanschen der leichten Ausführung sind in gleicher Weise auszubilden. Hier wird der Ablauf jedoch nicht in der Rohdecke abgesenkt. Dennoch darf auch hier auf die Dränschicht in der Gussasphalt-Schutzschicht und auf die Sickerschlitze nicht verzichtet werden (Bild B121).

Ist für die Entwässerung anstelle von Abläufen der Einbau von Rinnen vorgesehen, sollten die ausführungstechnischen Einzelheiten aus Abschnitt H3.4.1 beachtet werden. Aufschlussreiche Hinweise und Beispiele sind auch in [B220, B310, B311] enthalten.

2.5 Schutzschichten und Schutzmaßnahmen

Grundsätzlich sind auch Abdichtungen von Parkdecks und Hofkellerdecken vor mechanischer Beschädigung und schädlichen Witterungseinflüssen zu schützen. Während der Bauausführung sind entsprechende Schutzmaßnahmen zu treffen. Die hierbei generell zu beachtenden Gesichtspunkte sind in Abschnitt B1.8 abgehandelt.

Bei nicht wärmegedämmten Parkdecks und Hofkellerdecken wird in Verbindung mit Schweißbahnabdichtungen nach ZTV-BEL-B Teil 1 [B104] Gussasphalt als Schutzschicht eingesetzt. Einzelheiten hierzu sind in Abschnitt H1 erläutert.

Oberhalb der Abdichtung von wärmegedämmten Flächen angeordnete Druckverteilungsplatten aus Stahlbeton sind auf die Nutzung abgestimmt statisch zu bemessen. Direkt befahrene Betonbeläge werden in Abschnitt H2 beschrieben und Pflasterbeläge in Abschnitt H3.

2.6 Wärmedämmung

Der gesamte Fahrbelagaufbau oberhalb des Rohbetons einschließlich Wärmedämmung hat bei Parkdecks über Räumen mit höherwertiger Nutzung im Einzelnen die Aufgabe der Dämmung, der Abdichtung, der Druckverteilung und der Deckschicht zu erfüllen.

Im Regelfall kann man davon ausgehen, dass auf den Konstruktionsbeton etwa 300 g/m^2 Bitumenvoranstrich auf Lösemittelbasis durch Streichen, Rollen oder Spritzen aufzubringen sind.

Auf den vollständig, mindestens 24 Stunden lang durchgetrockneten Voranstrich wird dann die Dampfsperre vorwiegend aus Bitumenbahnen mit Metallbandeinlage eingebaut. Einzelheiten hierzu regeln die Flachdachrichtlinien [B117]. Dort finden sich Angaben über die Verklebung mit dem Untergrund, die Nahtausbildung, den Anschluss an Durchdringungen, die Art der zulässigen Bahnen und den Ausschluss von Bahnen mit Rohfilzeinlage sowie das Hochziehen von Dampfsperren am Rand der Parkdeckfläche bis über die Wärmedämmung. Die Nahtüberlappung der Dampfsperrbahnen kann ein vollflächiges Aufliegen der Wärmedämmplatten beeinträchtigen. Diesbezüglich muss ein sattes, vollflächiges Einschwimmen der Schaumglasplatten Abhilfe schaffen. Oberhalb der Wärmedämmung ist die Anordnung einer Lage Asphaltmastix als Oberflächenausgleich und unmittelbar funktionsfähige Notdichtung sinnvoll (Bild B122) [B219].

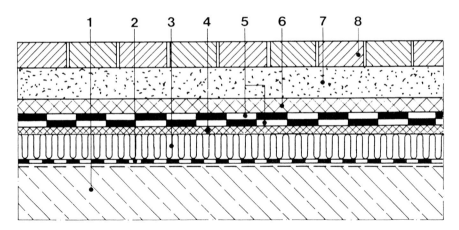

1 Konstruktionsbeton
2 Voranstrich
3 Wärmedämmung
4 Mastix- oder Bitumendeckaufstrich
5 Zweilagige Abdichtung nach DIN 18195-5 [B16]
6 Gussasphalt-Schutzschicht
7 Pflastersplitt
8 Pflaster- oder Betonformsteine

Bild B122
Prinzip einer wärmegedämmten Parkdeckfläche mit mehrlagiger Abdichtung unter Gussasphalt-Schutzschicht und Pflaster (nach [B219])

Dicke und Art der Wärmedämmung ergeben sich aus der Wärmeschutzberechnung. Der Dämmstoff muss außerdem für die jeweilige Parkdeckbelastung und die vorgesehene Abdichtung geeignet sein (DIN 18195-5, Abschnitt 6.4) [B16]. Hierbei muss beispielsweise zwischen Hartschaumplatten (DIN 18164-1 [B13]) mit einer Rohdichte von mindestens 30 kg/m^3 und Schaumglas (DIN 18174 [B14]) mit einer Rohdichte zwischen 100 und 165 kg/m^3 und einer Druckfestigkeit zwischen 0,5 (Typ WDS) und 0,7 MN/m^2 (Typ WDH) hinsichtlich des unterschiedlichen Druckverformungsverhaltens sorgfältig differenziert werden. Dämmstoffe mit geringeren Rohdichten weisen unzureichende mechanische Festigkeit und Formstabilität auf. Bei Hartschaumplatten ist vor allem im Zusammenhang mit den Abdichtungsanschlüssen eine stoffbedingte und nach den Regelwerken zulässige Stauchung bis zu 10% der Ausgangsdicke zu berücksichtigen. Eine Wärmedämmung aus Hartschaumplatten soll – sofern der Hersteller keine anderen Forderungen stellt – mindestens punktweise verklebt werden, vollflächig aufliegen und so verlegt sein, dass die Stoßfugen versetzt angeordnet sind. Schaumglas ist vollflächig in Bitumen einzubetten. Außerdem sind die Fugen lückenlos mit Bitumen bis Plattenoberfläche zu vergießen (Bild B123), damit ein Klappern, d.h. eine Bewegung unter dynamischer Belastung mit Bruch- und Zermahlungsfolge, ausgeschlossen ist. Ferner wird die Art des Dämmstoffes auch von der Temperaturbelastung bestimmt, d.h. von der Lage und dem Einbauverfahren der Abdichtung.

Einzelheiten zu den Fragen der thermischen Belastung von Dichtungsbahnen und Dämmstoffen werden von Braun [B222] ausführlich behandelt.

Bild B123
Fugenvergießen bei einer Wärmedämmung aus Schaumglasplatten

Wärmegedämmte Parkdecks unterscheiden sich generell hinsichtlich der Lage der Abdichtung in Bezug auf die Druckverteilungsplatte:
– Abdichtung auf der Druckverteilungsplatte
– Abdichtung unter der Druckverteilungsplatte

Hierzu ist im Einzelnen anzumerken:

Abdichtung auf der Druckverteilungsplatte

Die Ausführung mit Anordnung der Abdichtung auf der Druckverteilungsplatte wird von der Beratungsstelle für Gussasphaltanwendung empfohlen [B216, B238]. Die Stahlbetondruckplatte, wie in Bild B124 dargestellt, soll durch entsprechende Lastverteilung die Zusammendrückung der Wärmedämmung gering halten und eine feste Unterlage für die Abdichtung darstellen. Die Ortbetonplatte ist auf zwei lose verlegten Trennlagen, z. B. aus einer Lage PE, 0,2 mm dick, und aus einer Lage PE-Schaumstoff, 4 mm dick, auf der Wärmedämmung einzubauen. Die Platte sollte mindestens 10 cm dick und aus Beton B25 oder höherwertig mit einer statisch nachzuweisenden Bewehrung sowie einer Betonoberfläche nach Abschnitt B2.2.2 hergestellt werden. Die Seitenlängen der Betonplatten können 2,5 bis 5 m betragen und sollten auf die zulässige Verformbarkeit der Wärmedämmung abgestimmt sein. Eine erforderlichenfalls einzubauende Verdübelung, einseitig mit einem Bitumengleitfilm versehen, soll den Schaukeleffekt beim Überrollvorgang begrenzen. Berechnungsmodelle für die Druckverteilungsplatten stehen bei den Herstellern der Wärmedämmstoffe zur Verfügung (siehe z. B. [B315]), sind aber inzwischen auch verschiedentlich in der Fachliteratur abgehandelt worden [B228, B229, B231, B239]. Über den mit einem Fugenfüllstoff versehenen Plattenfugen ist ein lose verlegter Schleppstreifen von

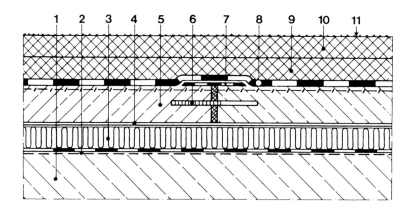

1 Konstruktionsbeton
2 Voranstrich und Dampfsperre
3 Wärmedämmung
4 Trennlage: 2×PE 0,2 mm dick
5 Druckverteilungsplatte, ≥B 25, ≥10 cm dick
  (statischer Nachweis)
6 Verdübelung, einseitig mit Gleitfilm versehen
7 Schleppstreifen, lose verlegt, ≥100 mm breit
8 Dichtungsschicht der Fläche einschl. EP-Grundierung
9 Gussasphalt-Schutzschicht
10 Gussasphalt-Deckschicht
11 Abstreumaterial

Bild B124
Prinzip einer wärmegedämmten Parkdeckfläche mit Abdichtung nach ZTV-BEL-B Teil 1 [B104] auf der Druckverteilungsplatte (nach [B216, B238])

mindestens 100 mm Breite anzuordnen (DIN 18195-8, Abschnitt 7.3.1.2 [B16]). Die Dichtungsschicht kann aus Schweißbahnen nach ZTV-BEL-B Teil 1 [B104] aufgebaut sein. Die Gussasphalt-Schutz- und -Deckschichten müssen den Ausführungen in Abschnitt H1 bzw. H2 entsprechen.

Dieser Aufbau weist folgende Vorteile auf:
– keine erhöhte Temperaturbelastung des gesamten Abdichtungsaufbaus infolge eines möglichen Wärmestaus durch die Wärmedämmung wegen der dazwischen liegenden Druckverteilungsplatte;
– sicheres Abtragen der Nutzlasten durch nutzungsbezogene Bemessung der Betonplatte;
– optimale Voraussetzung eines fachgerechten Abdichtungsuntergrundes aus Beton (Abschnitt B2.2.2);
– sichere und wirtschaftliche Dichtungsschicht nach ZTV-BEL-B, Teil 1 (Abschnitt B2.2.4) [B104];
– Schutz- und Deckschicht aus Gussasphalt mit den beschriebenen Eigenschaften (Abschnitt H1 bzw. H2).

Immer häufiger sind in innerstädtischen Bereichen die frei bewitterten Parkflächen auch optisch ansprechend, z.B. durch Pflaster, zu gestalten und der angrenzenden Bebauung anzupassen (Bild B125). Wird die Abdichtung dann beispielsweise nach DIN 18195-5 [B16] mehrlagig ausgeführt, müssen Schleppstreifen, einseitig geheftet, über den Fugen der Druckverteilungsplatte angeordnet sein. Zwischen der Abdichtung aus fabrikbeschichteten Dichtungsbahnen und der oberen Betonschutzschicht ist eine Trennlage anzuordnen. Dadurch soll eine Gleitmöglichkeit zwischen Beton und Bitumenbahnen ermöglicht werden.

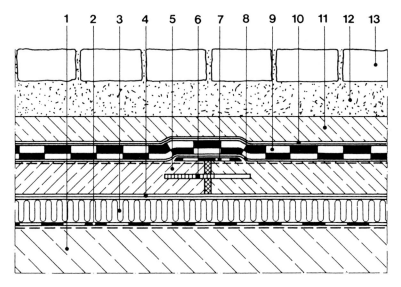

1 Konstruktionsbeton
2 Voranstrich und Dampfsperre
3 Wärmedämmung
4 Trennlage: 2×PE 0,2 mm dick
5 Druckverteilungsplatte, ≥B 25, ≥10 cm dick (statischer Nachweis)
6 Verdübelung, einseitig mit Gleitfilm versehen
7 Schleppstreifen, lose verlegt, ≙ 100 mm breit
8 Trennlage V13, lose verlegt, Nähte verklebt
9 Zweilagige Abdichtung nach DIN 18195-5 [B16]
10 Trennlage: 2 Lagen PE 0,2 mm dick
11 Betonschutzschicht
12 Pflasterkies
13 Pflaster

Bild B125
Prinzip einer wärmegedämmten Parkdeckfläche mit mehrlagiger Abdichtung nach DIN 18195 auf der Druckverteilungsplatte [B16, B216, B238]

Denn schädliche Einflüsse aus Bewegungen parallel zur Abdichtungsebene sind durch geeignete Maßnahmen auszuschließen. Das Pflaster wird in Pflasterkies bzw. Splitt verlegt. Dieses Bettungsmaterial bietet den Vorteil einer innigeren Verzahnung. Ferner wird die Gefahr des Zuschlämmens der Dränschicht um die Abläufe infolge des minimalen Feinkornanteiles vermindert. Denn auch bei dieser Bauweise müssen alle Abdichtungsebenen, wie z. B. Dampfsperre, Abdichtung, Schutzbetonschicht und Pflaster, über mehrteilige Abläufe sicher entwässert werden.

Abdichtung unter der Druckverteilungsplatte

Die mehrlagige Bitumenabdichtung auf der Wärmedämmung nach Bild B126 mit einer darüber angeordneten Druckverteilungsplatte aus Stahlbeton muss abdichtungstechnisch für eine hohe Belastung nach DIN 18195-5 [B16] bemessen werden. Auf der Wärmedämmung ist eine vollflächig, lose verlegte Trennlage anzuordnen, z. B. aus einer Lage V 13. Diese Bahn ist an den Nähten zu verkleben [B117]. Sie dient der eigentlichen Abdichtung als Unterlage und der Wärmedämmung als Hitzeschutz und eventuell zum Dampfdruckausgleich während des Einbaus der Abdichtungslagen.

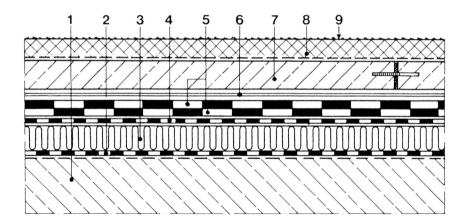

1 Konstruktionsbeton
2 Voranstrich und Dampfsperre
3 Wärmedämmung
4 Trennlage: V 13, lose verlegt, Nähte verklebt
5 Zweilagige Abdichtung nach DIN 18195-5 [B16]; erforderlichenfalls einschließlich Deckaufstrich
6 Trennlage: zwei Lagen PE 0,2 mm dick
7 Druckverteilungsplatte, ≥B 25; ≥10 cm dick (statischer Nachweis), erforderlichenfalls mit Dübeln
8 Gussasphalt-Deckschicht auf Glasvliestrennlage
9 Abstreumaterial

Bild B126
Prinzip einer wärmegedämmten Parkdeckfläche mit mehrlagiger Abdichtung nach DIN 18195-5 [B16] unter der Druckverteilungsplatte

Für die Abdichtung können nur Dichtungs- oder Dachdichtungsbahnen mit unverrottbaren Einlagen, vorzugsweise aus Glasgewebe oder Polyestervliesen, verarbeitet werden. Rohfilzeinlagen oder nackte Bitumenbahnen R 500 N sind wegen der fehlenden Einpressung und der damit verbundenen Fäulnisgefahr als alleiniger Abdichtungsaufbau ausgeschlossen. Aber auch hochpolymere Abdichtungen können eingesetzt werden, sofern die Materialkennwerte und die Verarbeitung den einschlägigen Vorschriften entsprechen. Ein Deckaufstrich schließt das Abdichtungspaket ab, es sei denn, die oberste Lage besteht aus Schweißbahnen. Auf die Abdichtung werden zum zwängungsfreien Gleiten der Stahlbetondruckplatte zwei Trennlagen, z.B. aus PE 0,2 mm dick, mit 20 cm Überlappung lose verlegt. Die Stahlbetonplatte ist wie weiter oben für die Abdichtung auf der Druckverteilungsplatte beschrieben herzustellen.

Der Vorteil dieser Bauweise liegt in der möglichen Vielfalt der auf der Stahlbetonplatte aufzubauenden Deckschichten. Hier könnte Pflaster im Mörtel- oder Splittbett aufgebaut werden oder – wie Bild B126 zeigt – ein Gussasphalt 0/11 auf Trennlage. Ein Gussasphalt-Fahrbelag schützt den Beton vor chemischen und mechanischen Angriffen, insbesondere vor Tausalzen. Aber auch andere Arten des Nutzbelages können auf der Druckverteilungsplatte hergestellt werden, z.B. auch eine Begrünung.

Eine andere Form der Druckverteilung zeigt Bild B122. Hier wird die Gussasphalt-Schutzschicht der unmittelbar auf der Wärmedämmung angeordneten Abdichtung auch zur Druckverteilung herangezogen. Diese Funktion setzt eine Dicke von mindestens 35 mm voraus. Ein solcher Aufbau ist aber nur bei leichtem Fahrverkehr, d.h. für Pkws mit einem zulässigen Gesamtgewicht bis zu 2,5 t, zu empfehlen. Ferner muss in der Abdichtungsebene ein ausreichendes Gefälle von 2,5% gegeben sein.

Nach Bild B122 wird die Wärmedämmung – wie vorab schon erwähnt – zunächst mit einem abschließenden Deckaufstrich oder einer mindestens 10 mm dicken Mastixschicht versehen. Für ein derartiges Vorgehen muss die Wärmedämmung ausreichend temperaturbeständig sein. Vorteile der Mastixausführung (Bild B127) sind eine sofort wirksame Vordichtung (Notabdichtung) durch Oberflächenschluss, die baldige Begehbarkeit der Fläche, ein weitgehender Ebenheitsausgleich sowie ein optimaler Abdichtungsuntergrund für das Aufbringen von Schweißbahnen.

Auf dieser Unterlage können z.B. als untere Lage eine Schweißbahn PYE-PV 200 S5 und darauf eine Schweißbahn nach ZTV-BEL-B Teil 1 [B104] aufgeschweißt werden. Die Schutzschicht aus Gussasphalt 0/11 nach Abschnitt H1 mit geringer Eindringtiefe, hoher Steifigkeit und 35 mm Dicke dient gleichzeitig als Druckverteilungsplatte. Die darüber in Pflasterkies verlegten Betonformsteine schützen den Gussasphalt vor kritischer Temperaturbelastung und sichern so die erforderliche Steifigkeit des Gussasphaltes [B219].

Besonderes Augenmerk ist bei diesen Aufbauten auf die Entwässerung zu legen, damit abschlämmbare Bestandteile aus dem Pflastergrund bzw. Splitt die Abläufe nicht verstopfen.

In Sonderfällen kann eine Druckverteilungsplatte aus Stahlbeton oberhalb der Abdichtung auch direkt befahren werden (Bild B128). Spezialfirmen führen diese Art des Parkdeckaufbaus mit oben liegender Druckverteilungsplatte bei mindestens 10 cm Dicke auch ohne zusätzlichen Fahrbelag aus, sofern in der Abdichtungsebene und in der Fahrbetonoberfläche ein Gefälle von mindestens 1,5% vorliegt. In diesem Zusammenhang ist darauf hin-

Bild B127
Aufbringen einer Mastix-Schicht als Ausgleich und Vordichtung auf einer Wärmedämmung aus Schaumglas; Beispiel Parkhaus Neunkirchen (Ausführung Reinartz-Asphalt GmbH, Aachen; vgl. auch Bild B122)

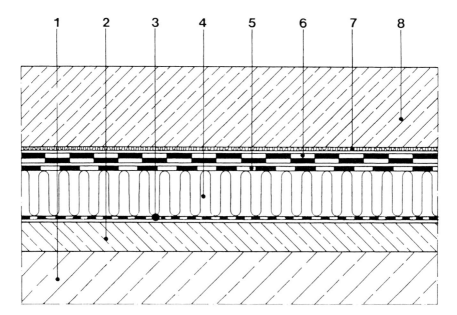

1 Konstruktionsbeton
2 Gefällebeton; ≥2,0% Gefälleneigung
3 Voranstrich und Dampfsperre
4 Wärmedämmung (Schaumglas)
5 Trennlage: V 13, lose verlegt, Nähte verklebt
6 Zweilagige Abdichtung nach DIN 18195-5 [B16]; erforderlichenfalls einschließlich Deckaufstrich
7 Trennlagen: 1 Lage PE 0,2 mm und 1 Lage PE-Schaumstoff, 4 mm dick
8 Direkt befahrener, druckverteilender Schutzbeton ≥B 25; d≥10 cm, zweilagig bewehrt, Plattenseitenlänge 2 bis 4 m

Bild B128
Prinzip einer wärmegedämmten Parkdeckfläche mit mehrlagiger Abdichtung nach DIN 18195-5 [B16] unter der direkt befahrenen Druckverteilungsplatte aus Stahlbeton [B220]

zuweisen, dass in der Vergangenheit zahlreiche Fälle mit größeren Schäden auf ungeschützten, unmittelbar befahrenen Betonflächen vieler Parkhäuser hinreichend bekannt wurden. Ursachen hierfür sind oftmals ein unzureichendes Gefälle, unsachgemäße statische und betontechnologische Ausführungen sowie eine nicht ausreichende Nachbehandlung des Fahrbetons. Neuere Entwicklungen haben bei fachgerechter Ausführung spezieller Betonbeläge das Schadensrisiko erheblich herabgesetzt und lassen wirtschaftliche Lösungen erkennen. Dabei kommt es auf eine besonders sorgfältige Fertigung der befahrenen Betonoberfläche an. Eingesetzt werden hierfür Flügelglätter und die Vakuumtechnik. Die Betonplatten müssen eine Betongüte von mindestens B25 aufweisen und sind in der Regel bewehrt. Um Schwindrisse zu vermeiden, werden die Platten in einer Rastergröße von $2\,m \times 2\,m$ bis maximal $4\,m \times 4\,m$ hergestellt. Ein besonderes Problem stellen die zahlreichen Fugen zwischen den Fahrbetonplatten dar. Sie müssen einerseits möglichst oberflächenbündig versiegelt sein, andererseits muss das in die Fugen eindringende Wasser schnell und drucklos auf der Abdichtung den Abläufen zugeführt und dort ohne Staubildung abgeleitet werden. Aus diesem Grund bedarf gerade dieses Fugensystem einer regelmäßigen Wartung.

Bei Nutzung allein durch Pkws kann im Allgemeinen eine Verdübelung zwischen den Platten entfallen. Wenn jedoch auch Schwerlastverkehr (z.B. Feuerwehrzufahrt) zu berücksichtigen ist, empfiehlt sich die Anordnung einer Plattenverdübelung bei einer den statischen Erfordernissen angepassten, größeren Plattendicke. Selbstverständlich müssen Gebäudefugen im Plattenraster übernommen werden. Generell ist der direkt befahrene Beton tausalzbeständig und abriebfest auszubilden. Es handelt sich dementsprechend um einen Beton mit besonderen Eigenschaften im Sinne der DIN 1045 [B1].

Auf's Dach gefahren

Ein Dach soll oft nicht nur ein Dach, sondern auch eine Nutzfläche sein. Ob zur Schaffung von effizientem Parkraum oder als Landefläche für Helikopter – ein Parkdach ist immer mehr als nur ein Dach und muß extremen Ansprüchen genügen.

Diese Ansprüche reichen von der Forderung nach absoluter Dichtigkeit und hoher Wärmedämmung bis hin zu ausreichender Schalldämmung.

Es versteht sich von selbst, daß derartig hohe Ansprüche nur von spezialisierten Firmen mit einem Top - Know - how realisiert werden können.

Eine solche Spezialfirma ist **MAX DE BOUR**, die durch jahrelange Erfahrung im Parkdachbau ein fundiertes und gesichertes Know-how entwickeln konnte. Besonders interessant für den Kunden ist, daß er alles aus einer Hand bekommt: von der Planung bis zur Ausführung, von der Gefälleherstellung bis zur Oberflächengestaltung.

Da man bei **MAX DE BOUR** nichts dem Zufall überläßt, setzt man auch bei der Ausführung der Parkdächer konsequent auf Qualität und damit nur auf gut ausgebildete Fachleute vor Ort.

MAX DE BOUR verarbeitet für seine Parkdächer ausschließlich erprobte, hochwertige und ökologisch vertretbare Werkstoffe. So verfügen alle Parkdächer über ein exakt berechnetes Gefälle, damit das Wasser nur den Weg in die Abläufe nehmen kann. Eine optimale Wärmedämmung wird durch die Verwendung von Schaumglas erreicht, die Abdichtung erfolgt durch mindestens zwei Lagen Elastomer-Bitumen und der Fahrbelag wird grundsätzlich auf Betonbasis hergestellt.

Auf Wunsch lassen wir Ihnen detaillierte Unterlagen zukommen ...

... und fahren Ihnen dann auch gerne mal auf Ihr Dach!

Dächer zum Leben

Telefon: 040/656 907-01 · Telefax: 040/656 44 84
mdb@maxdebour.de · www.maxdebour.de
Gustav-Adolf-Straße 36 · 22043 Hamburg

C Bauwerksabdichtungen mit lose verlegten Kunststoff- sowie Elastomer-Dichtungsbahnen

Alfred Haack

1 Allgemeines

Abdichtungen aus lose verlegten Kunststoff- sowie Elastomer-Dichtungsbahnen zählen zu den dehnfähigen, so genannten weichen Abdichtungen.* Die anwendungstechnischen Grundlagen sind in DIN 18195 [C7] sowie in den Regelwerken der Deutschen Bahn AG Ril 835 und Ril 853 [C101, C102] dargestellt. Wichtige Erkenntnisse hierfür wurden durch umfangreiche Versuchsreihen zur Nahtprüfung bei einlagigen Kunststoffbahnen-Abdichtungen [C201], zum mechanischen Verhalten von PVC-Abdichtungen [C204] sowie generell zur losen Verlegung von Kunststoff- und Elastomer-Dichtungsbahnen [C207] bei der Studiengesellschaft für unterirdische Verkehrsanlagen – STUVA – erarbeitet. Darüber hinaus stehen Verlegehinweise des DUD, Darmstadt [C214], spezielle Verlegeanleitungen seitens der Hersteller- und Lieferfirmen für ihre Produkte [C301 bis C303] sowie Fachveröffentlichungen zur Verfügung, aus denen erprobte und in der Praxis bewährte Detaillösungen zu entnehmen sind [C104, C205, C207, C212, C213, C215].

Grundsätzlich gelten für lose verlegte Kunststoff- und Elastomer-Dichtungsbahnen die gleichen Planungs- und Anwendungskriterien wie für die Weichabdichtungen aus Bitumenwerkstoffen. So sind z.B. die Einflüsse aus den im Gründungsbereich anstehenden Boden- und Wasserverhältnissen zu berücksichtigen. Hierauf ist in Kapitel A von Hilmer ausführlich eingegangen worden (vgl. aber auch [C212]). Nicht zuletzt wirkt sich aber auch die geplante Nutzung des abzudichtenden Bauwerks auf die Auslegung (Bemessung, Einbauart, Stoffwahl) der Abdichtung aus. Gerade in der Frage der Bauwerksnutzung sind eventuelle später mögliche Änderungen von vornherein im Auge zu behalten.

Für die lose Verlegung kommen zurzeit (2001) in erster Linie folgende thermoplastische Stoffe in Betracht:

- weichmacherhaltiges Polyvinylchlorid (PVC-P) als Dach- oder Dichtungsbahnen; DIN 16734 [C4], DIN 16735 [C5] bzw. DIN 16938 [C6];
- Ethylen-Copolymerisat-Bitumen (ECB) als Dach- und Dichtungsbahnen; DIN 16729 [C3];
- Ethylen-Vinyl-Acetat-Terpolymer(EVA)-Bahnen, bitumenverträglich, nach DIN 18195-2, Tabelle 7;
- Polyethylen niedriger Dichte (PE-LD) oder sehr niedriger Dichte (PE-VLD), zur weiteren Verbesserung der mechanischen Eigenschaften häufig zusätzlich speziell modifiziert.

---

* Mehrere DIN-Normen [C1 bis C6 sowie C9 bis C11] behandeln die verschiedenen Materialien der Dichtungsbahnen.

Von den Elastomer-Dichtungsbahnen werden vor allem solche auf der Basis von Ethylen-Propylen-Diene-Kautschuk (EPDM) als Dichtungsbahnen angewandt. In vereinzelten Fällen gelangen auch im Gründungsbereich Elastomerbahnen auf der Basis von Chloropren-Rubber (CR) oder Isobutylen-Isopren-Rubber (IIR) nach DIN 7864 [C1] zur Anwendung, sie werden im Allgemeinen aber mehr auf Dächern eingesetzt. Im Bereich erdberührter Flächen muss bei ihrem Einsatz besonderes Augenmerk auf die stoffgerechte Nahtverbindung gerichtet werden. Denn die hochwertige Flächeneigenschaft dieses Materials muss auch an jedem Anschlusspunkt möglichst uneingeschränkt sichergestellt sein.

Im Folgenden sollen technische Details für Planung und Ausführung von Bauwerksabdichtungen mit lose verlegten Kunststoff- bzw. Elastomer-Dichtungsbahnen näher dargestellt werden (vgl. hierzu auch [C207 und C212]).

2   Flächen

Abdichtungen aus lose verlegten Kunststoff- bzw. Elastomer-Dichtungsbahnen sind normmäßig für den Bereich nichtdrückenden Wassers in DIN 18195-4 und -5 (mäßige und hohe Beanspruchung) geregelt. Für die lose Verlegung im Bereich drückenden Wassers dürfen nach DIN 18195-6 [C7] nur PVC-P-Dichtungsbahnen bis 4 m Eintauchtiefe eingesetzt werden. Die lose Verlegung von Kunststoff-Dichtungsbahnen als Maßnahme gegen von innen drückendes Wasser im Schwimmbad- und Behälterbau ist unter der Voraussetzung einer ausreichenden Absicherung gegen Einbaufehler (Nahtprüfung, Nahtsicherung) ebenfalls als genormte Lösung in DIN 18195-7 [C7] anerkannt. Damit ergeben sich je nach Wasserbeanspruchungsart die in Tabelle C1 zusammengestellten Normaufbauten.

Kennzeichnend für eine lose verlegte Kunststoff- bzw. Elastomer-Dichtungsbahnen aus PIB, PVC-P, ECB, EVA bzw. EPDM ist der werkstoffbezogene Einbau zusammen mit einer homogenen Fügung der Kunststoff- bzw. Elastomer-Dichtungsbahnen ohne Zuhilfenahme von Bitumen. Sie erfordert je nach Materialzusammensetzung und -verarbeitung am Bauwerk eine sorgfältig abgestimmte Planung rohbau- und abdichtungstechnischer Einzelheiten. Dies gilt in gleicher Weise auch für Abdichtungen aus PE-Dichtungsbahnen.

Die Kunststoff- bzw. Elastomer-Dichtungsbahnen werden lose und einlagig verlegt, d. h. mit der abzudichtenden Bauwerksfläche nicht vollflächig verklebt. Darin besteht der grundlegende Unterschied zu den in Kapitel B erläuterten mehrlagigen Abdichtungssystemen. Die einlagige Ausführung bietet nicht von vornherein eine Sicherheit gegen Perforation und fehlerhafte Nahtverbindung. Dieser Nachteil gegenüber mehrlagigen Abdichtungen muss durch zusätzliche Maßnahmen ausgeglichen werden. Dazu zählt z. B. der Einsatz größerer Bahnendicken. Sie können aber je nach Werkstoff u. U. eine zu große Steifheit bewirken und damit zu Schwierigkeiten beim Anpassen der Abdichtung an die Bauwerksflächen und hinsichtlich der Fügetechnik führen. Die für die lose Verlegung bestimmten Dichtungsbahnen selbst müssen im Herstellwerk sorgfältig auf Fabrikationsfehler wie Lunker, Löcher und Schwachstellen überprüft werden. Die Einhaltung der normmäßig festgelegten Eigenschaften muss durch Eigen- und Fremdüberwachung sichergestellt sein.

Das Fügen der Nähte geschieht im Allgemeinen bei den thermoplastischen Kunststoff-Dichtungsbahnen mittels Heißluft- oder Heizkeilschweißung (Bilder C1 und C2) bei mindestens

Tabelle C1
Regelaufbauten für Abdichtungen mit lose verlegten Kunststoff- bzw. Elastomer-Dichtungsbahnen bei unterschiedlichen Beanspruchungen [C7]

Zeile	Beanspruchung	Zulässige Pressung der Abdichtung [MN/m^2]	Eintauchtiefe [m]	Abdichtungsstoff	Bahnendicke [mm]	Schutzlage
0	1	2	3	4	5	6
1	nichtdrückendes Wasser nach DIN 18195-4 oder DIN 18195-5 mäßige Beanspruchung	0,6	0	PIB (DIN 16935), nur Bodenplatte	1,5	oben
2		1,0	0	PVC-P (DIN 16734, DIN 16735, DIN 16938); EVA (DIN 18195-2, Tabelle 7); EPDM (DIN 7864-1)	1,2	oben
3		1,0	0	ECB (DIN 16729)	1,5	oben und unten
4	nichtdrückendes Wasser nach DIN 18195-5 hohe Beanspruchung	0,6	0	PIB (DIN 16935)	1,5	oben
5		1,0	0	PVC-P (DIN 16734, DIN 16735, DIN 16938) EVA (DIN 18195-2, Tabelle 7) EPDM (DIN 7864-1)	1,5	oben und unten
6		1,0	0	ECB (DIN 16729)	2,0	oben und unten
7	von außen drückendes Wasser nach DIN 18195-6	1,0	4	PVC-P (DIN 16734, DIN 16735, DIN 16938) mit Abschottung für max. 100 m^2	2,0	oben und unten

Tabelle C1
(Fortsetzung)

Zeile	Beanspruchung	Zulässige Pressung der Abdichtung [MN/m²]	Eintauchtiefe [m]	Abdichtungsstoff	Bahnendicke [mm]	Schutzlage
0	1	2	3	4	5	6
8	von innen drückendes Wasser z.B. bei Behältern oder Schwimmbecken (DIN 18195:1989-07)	1,0	≤9	PVC-P (DIN 16938)	1,5	−[1]
9				ECB	2,0	−[1]
10			>9	PVC-P (DIN 16938)	2,0	−[1]
11				ECB	2,0	−[1]

[1] Schutzlagen oder Schutzschichten sind je nach den bauwerksspezifischen Gegebenheiten anzuordnen.

Bild C1
Heißluft-Schweißautomat (Fabrikat Leister) zur Erstellung einer prüffähigen Doppel-Überlappnaht

3 cm breiten Überlappungen. Bei PIB- und PVC-P-Bahnen wird außerdem bis zu etwa 2 mm Dicke in einigen Fällen die Quellschweißung bei 5 cm breiten Überlappungen angewendet (Bild C3). Die Wiederschweißbarkeit im Falle einer Reparatur ist umstritten und abhängig von der witterungsbedingten Diffusion des Quellschweißmittels. An den Quernähten der Bahnen empfiehlt sich stoffunabhängig eine größere Überdeckung. Kreuzstöße sollten grundsätzlich in T-Stöße aufgelöst werden. Bei T-Stößen muss die Kapillare, die sich bei Bahnen bis zu 2 mm Dicke mit normalerweise nicht besonders vorbereiteten Schweißnahtkanten zwischen der zuerst und der zuletzt eingebauten Bahn einstellt, sorgfältig mit der heißen Schweißdüse verspachtelt oder bei PVC-P mit angelöstem Grundmaterial nachträglich injiziert werden. Dickere Bahnen erfordern im Überdeckungsbereich der Fügenähte ein vorheriges Anschrägen an ihren Kanten. Die Schweißbreiten regeln sich verfahrens- und stoffabhängig nach Tabelle C2. Elastomer-Dichtungsbahnen werden nach Werksvorschrift gefügt.

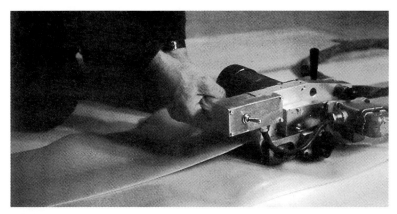

Bild C2
Einsatz eines Heizkeil-Schweißautomaten (Fabrikat Sarnafil GmbH) zur Erstellung einer prüffähigen Doppel-Überlappnaht

Bild C3
Herstellen einer Überlappnaht mittels Quellschweißung

Bild C4
Reißnadelprüfung

Tabelle C2
Verfahrens- und stoffabhängige Mindest-Fügebreiten der Nähte (DIN 18195-3 [C7])

Verfahren	Werkstoff[1]	Einfache Naht [mm] mindestens	Doppelnaht, je Einzelnaht [mm] mindestens
Quellschweißen	EVA PIB PVC-P Elastomer	30 30 30 30[2]	– – – –
Warmgasschweißen	ECB EVA PVC-P Elastomer	30 20 20 30/80[2]	20 15 15 15/–
Heizelementschweißen	ECB EVA PVC-P Elastomer	30 20 30 30	15 15 15 15
Werkseitige Beschichtung in Fügenaht	Elastomer	80[2]	–

[1] Kurzzeichen nach DIN 7728-1.
[2] Nach Werksvorschrift.

Generell sollte bei lose verlegten Abdichtungen die Zahl der Baustellennähte gering gehalten werden. Nach Möglichkeit ist die Fertigung größerer Planen aus mehreren Bahnen in der Fabrik oder Werkstatt anzustreben. Die dabei ausgeführten Nähte schließen im Gegensatz zu Baustellennähten Fehler infolge Nässe, Staub oder Spannungsschwankungen bei der Stromversorgung der Schweißgeräte in der Fügezone weitgehend aus.

Von entscheidender Bedeutung im Hinblick auf die erwähnte, wegen der einlagigen und losen Verlegung notwendige Erhöhung der Sicherheit sind besondere Maßnahmen an den Baustellennähten erforderlich. So ist ihre lückenlose Prüfung gemäß DIN 18195-3 [C7] als zwingend anzusehen. Dabei kommt es auf eine Aussage sowohl über die Wasserundurchlässigkeit als auch über die mechanische Beanspruchbarkeit der Naht an. Es werden verschiedene Prüfmethoden angewendet [C7, C205, C207]:

– optische Prüfung durch Inaugenscheinnahme;
– Reißnadelprüfung durch Abtasten der Schweißnahtkante mit einer Reißnadel (Bild C4);
– Anblasprüfung durch Anblasen der Nahtkante mit der Heißluftdüse (Bild C5);
– Vakuumprüfung, bei der eine mit speziellem Gummiprofil dicht auf den zu prüfenden Abdichtungsbereich gesetzte durchsichtige Glocke bis auf einen festgelegten Unterdruck vakuumiert wird (Bild C6);
– Druckluftprüfung bei schlauchartig ausgebildeten Doppelnähten (Bild C7).

Generell ist zu empfehlen, vor Beginn der Abdichtungsarbeiten Einzelheiten der Prüfung und Überwachung hinsichtlich Art, Umfang und Vergütung vertraglich zu vereinbaren. Dabei ist auch festzulegen, unter welchen Bedingungen eine Prüfung als bestanden ange-

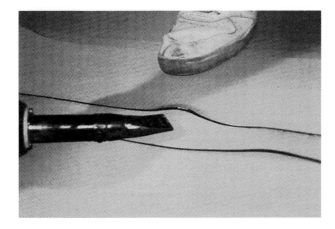

Bild C5
Anblasprüfung

Bild C6
Vakuumprüfung mithilfe einer 3/8-Prüfglocke beim Zusammentreffen dreier Abdichtungsebenen

sehen wird und in welcher Art gegebenenfalls eine Mängelbeseitigung zu erfolgen hat. Die rechtzeitige, sorgfältige Aushandlung dieser Fragen erspart Bauherrn und Ausführenden unangenehme Auseinandersetzungen und Rechtsstreitereien.

Über die Nahtprüfung hinaus ist normalerweise keine Nachbehandlung der Schweißnähte erforderlich. Bei von Hand geschweißten Nähten kann zusätzlich eine Nahtsicherung erfolgen, um so durch unabhängig voneinander ausgeführte Arbeitsgänge wenigstens in diesem kritischen Bereich eine größere Sicherheit zu erzielen. Die Nahtsicherung kann bei PVC-P beispielsweise in Form einer zusätzlich an der Nahtkante aufgespritzten Raupe aus angelöstem Grundmaterial erfolgen. Dies gilt insbesondere für gewebeverstärkte Dichtungsbahnen wegen der Gefahr einer Wasseraufnahme infolge Dochtwirkung. Bei abwei-

Bild C7
Druckluftprüfung einer Doppelnaht

chender Einfärbung kann bei einer optischen Überprüfung eine lückenhafte Raupenführung schnell überprüft und erkannt werden. Beim Schwimmbadbau wird bei sichtbar verlegten Dichtungsbahnen allerdings eine abweichende Einfärbung der Nahtsicherung im Allgemeinen nicht toleriert.

ECB- und PE-Bahnen ermöglichen zur Nahtsicherung entweder ein nachträgliches Abspachteln der Nahtkanten mit der Heißluftdüse oder in Sonderfällen das Abdecken der Nahtkante durch eine zusätzlich mittels Handextruder aufgebrachte Schweißraupe (Bild C8).

Die Forderung einer Nahtprüfung kann bei komplizierten Bauwerksformen mit häufig abgewinkelten Flächen (Bild C9) die Einsatzmöglichkeiten lose verlegter Kunststoff-Dichtungsbahnen durchaus einschränken. Die Nahtprüfung ist aber grundsätzlich für alle am Bauwerk Beteiligten zwingend notwendig.

Bei der einlagigen Verarbeitung ist vor allem auf begehbaren Flächen die Perforationsgefahr der Abdichtungshaut zu beachten. Zum Schutz gegen diese Beanspruchung sind geeignete Schutzbahnen zumindest oberhalb der Dichtungsbahn anzuordnen (vgl. Tabelle C1, Spalte 6). Ihre Aufgabe besteht darin, punktuelle Überbelastungen bis hin zur Perforation, beispielsweise infolge einzelner Grobsand- und/oder Kieskörner, für die Dichtungsbahn auszuschließen. Außerdem sollte ihre Festigkeit so ausgelegt sein, dass Risse oder kleine Fehlstellen (Nester) in den angrenzenden Betonflächen bei Beanspruchung durch drückendes Wasser ohne Beschädigung der Dichtungsbahnen dauerhaft überbrückt werden. Auf das gründliche Reinigen der in sich ebenen und nesterfreien Abdichtungsflächen darf auch bei Anordnung von Schutzbahnen nicht verzichtet werden. Als Schutzbahnen eignen sich vor allem Kunststoffvliese auf Basis von Polyester (PES), Polypropylen (PP) oder Polyethylen (PE) mit einem Flächengewicht von 300 g/m^2 und mehr.

Lose verlegte Kunststoff-Dichtungsbahnen erfordern keinen trockenen Untergrund. Ihre dauerhafte Funktion setzt keine Einpressung voraus. Es muss sichergestellt sein, dass eine Faltenbildung auch nachträglich nicht auftritt. Die erwähnten Schutzbahnen aus Kunststoffvliesen oder dünnerem Dichtungsbahnen-Material, bei PVC-P aus härter eingestelltem

2 Flächen

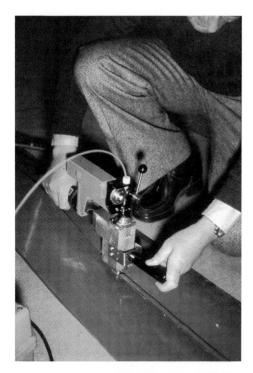

Bild C8
Nahtsicherung mittels Extrusionsschweißwulst

Bild C9
Verlegung einer PVC-P-Abdichtung im Untergeschoss eines Bankgebäudes als Schutz gegen drückendes Wasser

Grundmaterial, übernehmen keinerlei Dichtwirkung. Sie ersetzen keineswegs die festen Schutzschichten im Sinne von Teil 10 der DIN 18195 [C7]. Die in Sohle oder Decke unten liegenden Schutzbahnen oder -tafeln können unverschweißt überlappt werden. Die oberen Schutzbahnen müssen dagegen überlappend und durchgehend gefügt verlegt werden. Nur dadurch werden das Eindringen von Beton bzw. Zementschlämme zwischen Dichtungsbahn und Schutzbahn und die damit verbundene Perforations- und Kerbgefahr zuverlässig vermieden. Außerdem ist ein Abheben der Schutzbahnen durch Windböen auf diese Weise ausgeschlossen.

Die fehlende vollflächige Verklebung bringt bei Undichtigkeit den nicht unerheblichen Nachteil der Umläufigkeit mit sich. Hier kann bis zu einem gewissen Grad Abhilfe durch Anordnung eines Abschottungssystems geschaffen werden, durch das die Abdichtung in einzelne geschlossene Felder unterteilt wird (Bild C10). Dabei wird die Dichtungsbahn auf einbetonierte Kunststoffprofilbänder geschweißt oder mit luftseitig aufgearbeiteten Stegen versehen.

Der Aufbau der Sohlen-, Wand- und Deckenabdichtung mit Verstärkungen an Ecken, Kanten und Kehlen wird bei Kunststoffbahnen-Abdichtungen durch die Verlegeanleitung des Bahnenherstellers erläutert. Das gilt auch für die prinzipielle Gestaltung von Detailfragen wie das homogene Verbinden der Bahnen, das Einbinden in Klemmflansche oder die mechanische Befestigung.

Auf Sohlen- und Deckenflächen werden die Schutz- und Dichtungsbahnen in der Regel ohne Befestigung mit dem abzudichtenden Bauteil lose ausgerollt. Im Wandbereich ist da-

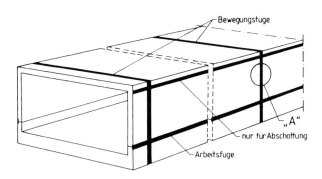

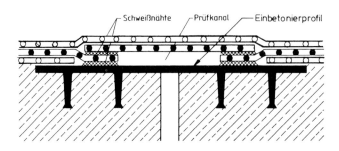

Bild C10
Beispiel für die Abschottung in einem Leitungskanal bei offener Bauweise [C101]

gegen aus einbautechnischen Gründen und zur Abtragung des Eigengewichts der Abdichtung eine stellenweise Verbindung mit dem Bauteil erforderlich. Art und Abstand dieser Zwischenbefestigungen sind so zu wählen, dass die Abdichtung keinen schädlichen Faltenwurf aufweist. In senkrechter Richtung sollte der Abstand nach DIN 18195-7, im Abschnitt über „lose verlegte Abdichtungen" [C7], im Allgemeinen nicht mehr als 4 m betragen. Einzelheiten sind auf das Bahnenmaterial, den Abdichtungsaufbau, den Bauablauf und die Verhältnisse an der abzudichtenden Fläche abzustimmen. So können sich beispielsweise beim stellenweise Befestigen mit Kontaktkleber bei einer längeren Standzeit und/oder einem feuchten Untergrund Schwierigkeiten ergeben. Mechanische Befestigungsmethoden sind im Hinblick auf die mögliche Gefahr einer Perforation oder eines Einreißens der Dichtungsbahn sorgfältig zu prüfen. Bild C11 zeigt Beispiele für geeignete Lösungen. Bei angeschossenen Befestigungselementen sollten die Nagelköpfe entweder durch Laschen oder Schutzbahnen überdeckt oder in tiefgezogenen Formteilen versenkt angeordnet werden, sodass die Dichtungsbahn in keinem Fall unmittelbar mit ihnen in Berührung kommt. Mechanische Befestigungen, die die einlagige Abdichtungshaut durchdringen, sind unbedingt abzulehnen. Das nachträgliche Aufschweißen eines Flickens stellt immer eine mögliche Fehlerquelle dar.

Bei Kunststoff- bzw. Elastomer-Dichtungsbahnen liegen bezüglich der Stöße und Anschlüsse wegen der losen und einlagigen Verlegung grundsätzlich andere Verhältnisse vor als bei den bitumenverklebten mehrlagigen Abdichtungen (siehe Abschnitt B1.3). Ein wesentlicher Unterschied besteht z. B. darin, dass Kunststoff-Dichtungsbahnen im Gegensatz zu den Bitumen-Dichtungsbahnen aus jeder Ebene in eine andere umgeklappt werden können. Die Ausbildung eines rückläufigen Stoßes ist daher in der Regel nicht erforder-

	Befestigungsort	Befestigungselement	Einbauzustand
0	1	2	3
1	einbetonierte Kunststoffprofile		
2	nachträglich angeschossene Scheiben aus	Kunststoff  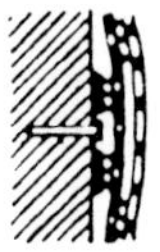	
3		Metall mit Kunststoffbeschichtung  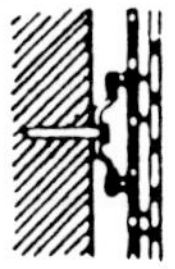	

Bild C11
Empfehlenswerte Beispiele für die streifen- oder punktförmige mechanische Befestigung von lose verlegten Kunststoff- bzw. Elastomer-Dichtungsbahnen im Wandbereich [C207]

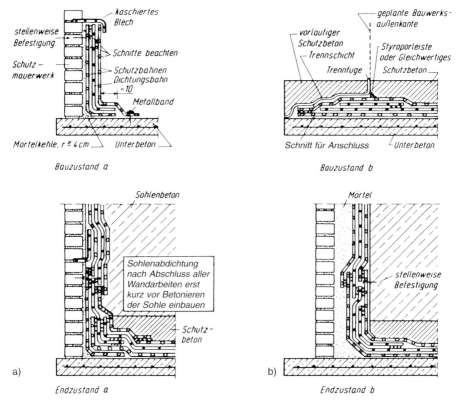

Bild C12
Übergang von der Sohlen- zur Wandabdichtung bei lose verlegten Kunststoff- bzw.
Elastomer-Dichtungsbahnen [C212]
a) Kehle bei Einbau der Abdichtung von innen
b) Kante bei Einbau der Abdichtung von außen

lich. Zwar wird bei der Fertigteilbauweise auch eine Kunststoffabdichtung zunächst in der Sohlenebene seitlich über die Außenkante der Bauwerksgrundfläche hinausgezogen (Bild C12b). Nach Fertigstellung des Bauwerks kann die gesicherte Abdichtung jedoch an die Wandfläche hochgeklappt und dort befestigt werden. An Gebäudeecken sind dabei ggf. besondere Maßnahmen zu treffen. Ein zusätzlich eingebauter Dichtungsbahnstreifen ist im Kehlen- bzw. Kantenbereich des Übergangs von der Sohlen- zur Wandabdichtung zu empfehlen. Außerdem sollte ein scharfkantiger Übergang zwischen beiden Ebenen durch Einbau einer weichen Leiste (z. B. Styropor) in die Schalung vermieden werden.

Für den Kehranschluss zeigt Bild C13 eine Lösungsmöglichkeit auf. Die Abdichtung wird zur Fixierung und Sicherung auf das Wannenmauerwerk geklappt. Um das Eindringen von abfließendem Oberflächenwasser und Schmutz zwischen Abdichtung und Konstruktionsbeton zu verhindern, kann ein Profilband (z. B. außenliegendes Arbeitsfugenband) zusätzlich eingebaut werden. Dieses sichert zugleich die Lage der Schutz- und Dichtungsbahnen und schützt die Abdichtung im Bereich der Arbeitsfuge. Zur Fortführung der Abdichtung

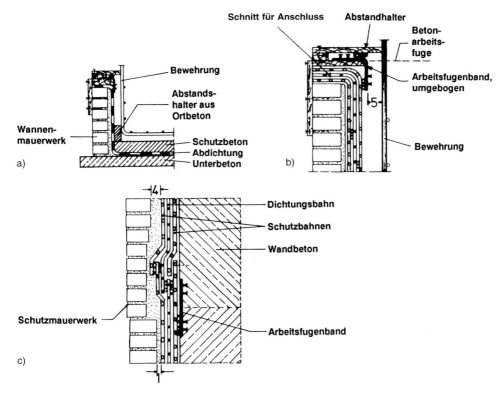

Bild C13
Kehranschluss bei einer lose verlegten Kunststoff- bzw. Elastomer-Dichtungsbahnen [C212]
a) Übersicht
b) Bauzustand/Sicherung des Anschlusses
c) Endzustand

müssen die einzelnen Bahnen oberhalb des Profilbandes entsprechend dem späteren Anschluss geschnitten werden. Die Betondeckung muss im Bereich des Profilbandes so groß sein, dass eine Nesterbildung unterhalb desselben mit Sicherheit ausgeschlossen wird.

Für den Übergang von der Wand- zur Deckenabdichtung (Bild C14) werden bei vorhandenem Arbeitsraum die Wandbahnen für den so genannten Kantenstoß (siehe Bild C14a) auf die Deckenfläche gezogen. Das wirkt sich günstig auf die Abtragung des Eigengewichts aus. Die Befestigung an einem zuvor montierten, einseitig kaschierten Blech oder einem einbetonierten halben Arbeitsfugenband verhindert das Eindringen von Schmutz und Wasser zwischen Abdichtung und Bauwerk (Bild C14a). Wenn dagegen der Arbeitsraum fehlt, kann die Wandabdichtung für die Ausführung eines umgelegten Stoßes (Bild C14b) etwa 25 cm über die geplante Deckenebene hinausgeführt und an ihrem oberen Ende mechanisch befestigt werden. Dabei bietet die dargestellte Sicherung der Bahnenden Schutz gegen Eindringen von Wasser bzw. Schmutz zwischen die Bahnen. Später werden die Bahnen unterhalb der Befestigungslinie abgetrennt und auf die fertige Decke geklappt. Im Kantenbereich sollte bei beiden Stößen die Abdichtung verstärkt werden.

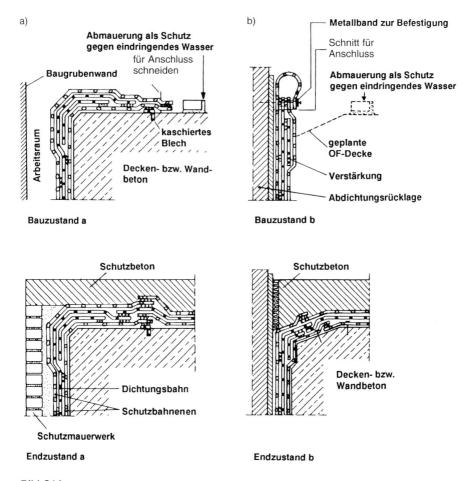

Bild C14
Übergang von der Wand- zur Deckenabdichtung bei lose verlegten Kunststoff- bzw. Elastomer-Dichtungsbahnen [C212]
a) Kantenstoß (bei vorhandenem Arbeitsraum)
b) Umgelegter Stoß (bei fehlendem Arbeitsraum)

Bei Unterbrechung der Abdichtungsarbeiten im Sohlen-, Wand- oder Deckenbereich werden die Schutz- und Dichtungsbahnen um mindestens 5 cm gestaffelt liegen gelassen. Die Anschlüsse müssen vor mechanischer Beschädigung geschützt werden.

Bei einer lose verlegten einlagigen Kunststoff- bzw. Elastomer-Dichtungsbahnen ist die Verwahrung wegen der grundsätzlich gegebenen Hinterläufigkeit von entscheidender Bedeutung für die Wirksamkeit der gesamten Abdichtung. Das gilt insbesondere dann, wenn der Wasserstand in Sonderfällen, z.B. bei Hochwasser, für Stunden oder Tage in langjährigen Beobachtungszeiträumen die Endigung überschreiten kann. Hier ist von der mechanischen Befestigung mithilfe von Aluminiumbändern, einer umgeschlagenen Dichtungsbahn und dem Eindichten mit elastischem Kitt dringend abzuraten. Dagegen lässt die in

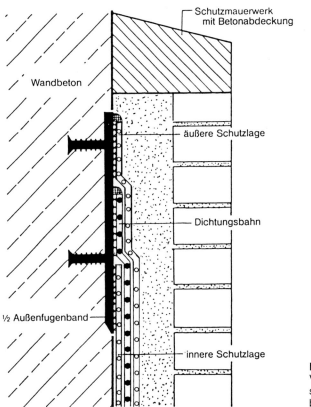

Bild C15
Verwahrung einer losen Kunststoff- bzw. Elastomer-Dichtungsbahnen [C301]

Bild C15 dargestellte Lösung mit einem einbetonierten Fugenband oder eine gleichwertige Ausführung mit zuvor montierten kunststoffbeschichteten Blechen oder speziellen Klemmprofilen einen dichten Anschluss erwarten. Zu empfehlen ist auch für die Kunststoff- bzw. Elastomer-Bahnenabdichtung das Einziehen in eine Nische entsprechend den Lösungen für die mehrlagigen Bitumenabdichtungen in Bild B22 in Abschnitt B1.5.3.

3   Fugen

Die in Abschnitt B1.6 aufgeführten grundsätzlichen Überlegungen zur Anordnung und Abdichtung von Bauwerksfugen gelten prinzipiell auch für lose verlegte Kunststoff- bzw. Elastomer-Dichtungsbahnen. Folgerichtig ist auch bei ihnen zwischen Fugen Typ I und Fugen Typ II im Sinne von DIN 18195-8 [C7] zu unterscheiden.

Einlagige, lose verlegte Kunststoff- bzw. Elastomer-Dichtungsbahnen sollten im Fugenbereich immer verstärkt werden. Alle Einzelheiten der Fugenausbildung sind nach dem neuesten Erkenntnisstand in Zusammenarbeit mit dem Bahnenhersteller festzulegen (Verlegeanweisungen). Im Regelfall werden Fugen Typ I durch einseitig kunststoffbeschichtete Bleche (Fugenblech) überbrückt. Wesentlich sicherer ist aber der Einsatz von auf-

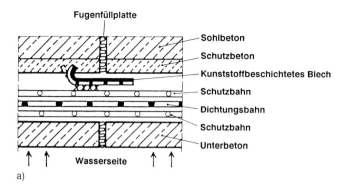

a)

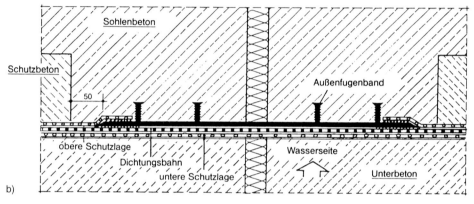

b)

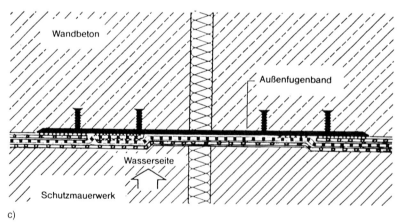

c)

Bild C16
Fugenausbildung bei Fugentyp I
a) Sohlenbereich mit Stützung durch kunststoffbeschichtetes, 0,5 mm dickes und 20 cm breites Blech [C212]
b) Sohlenbereich mit Stützung durch einbetoniertes Fugenband [C301]
c) Wandbereich mit Stützung durch einbetoniertes Fugenband [C301]

geschweißten Einbetonierprofilen an senkrechten, schrägen und waagerechten Flächen (Bild C16). Bei größeren Bewegungen und Fugen Typ II dürfen keine Fugenbleche eingesetzt werden, wie in Bild C16a dargestellt. Stattdessen sind mindestens 24 cm breite Kunststoff-Fugenbänder oder 50 cm breite Dichtungsbahnstreifen als Verstärkung und ggf. auch Fugenkammern anzuordnen [C207] oder Sonderkonstruktionen auszuführen [C212] (siehe Bilder C16b und C16c).

4 Durchdringungen

Durchdringungen bestehen bei lose verlegten Kunststoff- bzw. Elastomer-Dichtungsbahnen im Regelfall aus Stahl- oder biegesteifen Kunststoff-Konstruktionen, die in sich dicht sein müssen. Ständig freiliegende Stahlteile sind vor Korrosion zu schützen. Der Anschluss der Abdichtung kann bei Bodenfeuchte und Sickerwasser mithilfe von Klebeflanschen, Schellen, Klemmringen oder Klemmschienen (Tabelle C3, Spalte 2), aber auch durch Los- und Festflansche (Tabelle C3, Spalte 3) oder durch direktes Anschweißen der Dichtungsbahn an ein Kunststoffrohr gleicher Stoffbasis erfolgen. Bei drückendem Wasser muss grund-

Tabelle C3
Abmessungen für Klemmschienen sowie Los- und Festflansche bei lose verlegten Kunststoff- bzw. Elastomer-Dichtungsbahnen

Zeile	Bauteil	Klemm-schienen	Los- und Festflansche	
		Beanspruchung durch nichtdrückendes Wasser[1]	Beanspruchung durch nichtdrückendes Wasser[1]	Beanspruchung durch drückendes Wasser[4]
		[mm]	[mm]	[mm]
0	1	2	3	4
1	Dicke des Losflansches	5–7	≥6	≥15 (10)
2	Breite des Losflansches	≥45	60	60–80 (150)
3	Lochdurchmesser im Losflansch	≥10	≥14	≥22 (22)
4	Bolzendurchmesser[2]	≥8	≥12	≥20 (20)
5	Bolzenabstand (Achsmaß)[2,3]	150–200	75–150	50–150 (75–150)
6	Dicke des Festflansches	–	≥6	≥15 (10)
7	Breite des Festflansches	–	70	70–90 (160)

[1] Die in Spalte 2 aufgeführten Abmessungen sind DIN 18195-9 [C7] entnommen.
[2] Der Bolzendurchmesser kann in Sonderfällen in Abhängigkeit vom Bolzenabstand und der nachzuweisenden Flanschpressung verändert werden.
[3] Bolzen sind im Regelfall mittig vom Los- und Festflansch anzuordnen.
[4] Die Klammerwerte in Spalte 4 basieren auf dem Diskussionsstand zum Gelbdruck der DIN 18195-9, Tabelle 1 (Februar 2002).

sätzlich eine Los- und Festflanschkonstruktion nach Tabelle C3, Spalte 4, angewendet werden. Sie bewirkt ein wasserdichtes Einklemmen der lose verlegten Abdichtung. In Planung und Ausführung müssen die Flanschteile auf die jeweilige Beanspruchung und das eingesetzte Abdichtungsmaterial abgestimmt sein.

Generell sind die Planungskriterien zu beachten, wie sie bereits in Abschnitt B1.7 erläutert worden sind.

Für lose verlegte Kunststoff- bzw. Elastomer-Dichtungsbahnen sind die Abmessungen für Los- und Festflanschkonstruktionen nach Tabelle C3, Spalten 3 und 4, zu empfehlen. Insbesondere im Hinblick auf die erforderlichen Anziehmomente bei 150 mm großen Bolzenabständen und bei dem unterschiedlichen Fließverhalten der verschiedenen Kunststoffe müssen diese Angaben nur dann vom Bahnenhersteller verbindlich vorgegeben bzw. bestätigt werden, wenn Abweichungen zu den Normwerten angedacht werden.

Durchdringungen werden von Herstellern und Ausführenden unterschiedlich gehandhabt. In den Verlegeanweisungen fehlen oftmals Angaben über die Mindestabmessungen der Einbauteile. Stattdessen werden Lieferanten für Rohrdurchführungen, Telleranker u.a. benannt, die für ihre Konstruktion die Gewährleistung übernehmen müssen. Vielfach werden die Detailpunkte auch von den technischen Büros der Bahnenhersteller objektbezogen bearbeitet.

Schutzbahnen und -platten dürfen nicht zusammen mit der Dichtungsbahn eingeflanscht werden. Sie sind häufig in sich nicht wasserdicht, zu steif für ein Verschließen von Kapillaren an der Oberfläche der Stahlflansche und in der Regel nicht wasserdicht miteinander verschweißt. Sie müssen daher außerhalb der Flansche enden. Das Einklemmen der üblicherweise 1,5 bis 3 mm dicken Dichtungsbahnen führt ohne zusätzliche Maßnahmen in der Regel nicht zu einem wasserdichten Anschluss. Vielmehr wird von den Bahnenherstellern das Zulegen von ein oder zwei Dichtungsbahnstreifen und/oder das Einbetten der Dichtungsbahnen zwischen zwei mindestens 3 mm dicken Elastomerbahnen (z.B. auf Chloroprenbasis) empfohlen. Die zugelegten Dichtungsbahnstreifen werden überwiegend lose verlegt, in Sonderfällen mit der Dichtungsbahn verschweißt oder vollflächig verklebt. Die Elastomerbeilagen können zumindest flanschseitig, oft aber auch auf beiden Seiten Spezialklebeaufstriche erhalten. Im Flanschbereich sollten die Dichtungsbahnen, die Zulagen und Beilagen möglichst nicht gestoßen werden. Dies ist im Regelfall auch möglich, da die Materialien für die Zulagen aus ≥1000 mm breiten Bahnen gefertigt werden. Sind Stöße bei den Zulagen infolge zu großer Abmessungen nicht zu umgehen, müssen diese mit Schmiegeschnitt versehen, stoffgerecht gefügt sowie unter Umständen mehrlagig und in den Stößen versetzt angeordnet werden.

Die Losflansche bestehen im Allgemeinen aus Flachstahl. Der Bolzenabstand liegt zwischen 50 und 150 mm. Die Löcher in der Abdichtung sollten etwa 2 mm größer als der Bolzendurchmesser sein und mit Locheisen gestanzt werden. Es wird eine mittlere Einklemmungsspannung von mindestens 2,5 N/mm^2 empfohlen. Die erforderlichen Anziehmomente sind DIN 18195-9, Tabelle 2 [C7] zu entnehmen.

Einzelheiten zur Planung von Rohr- und Kabeldurchführungen sind auf der Grundlage der Ausführungen in Abschnitt B1.7 auf den jeweiligen Abdichtungswerkstoff abzustimmen und projektspezifisch festzulegen.

5 Schutzschichten und Schutzmaßnahmen

Bei lose verlegten Kunststoff- bzw. Elastomer-Dichtugnsbahnen kann grundsätzlich auf Schutzschichten im Sinne von DIN 18195-10 [C7] nicht verzichtet werden. Die Schutzbahnen, -vliese oder -tafeln bilden hierfür keinen ausreichenden Ersatz.

Die Stoffe der Schutzschichten müssen mit der Abdichtung verträglich und gegen die sie angreifenden Einflüsse mechanischer, thermischer und chemischer Art widerstandsfähig sein. Angewendet werden z.B. Mauerwerk, Ortbeton, Mörtel, Keramik- und Betonplatten, Bautenschutzplatten sowie Kunststoffschaumplatten.

Bewegungen und Verformungen von Schutzschichten dürfen die Abdichtung nicht beschädigen. Erforderlichenfalls sind in waagerechten oder schwach geneigten Flächen die Schutzschichten auf Trennschichten anzuordnen, um bei größeren temperaturbedingten Bewegungen die Abdichtung nicht zu beschädigen. Deshalb sind die Schutzschichten in ihrer Fläche auch durch Fugen aufzuteilen. Außerdem sind sie an Aufkantungen und Durchdringungen der Abdichtung mit ausreichend breiten Fugen zu versehen. Alle Fugen sind in geeigneter Weise zu verfüllen. Im Übrigen treffen die Ausführungen über die Schutzschichten in Abschnitt B1.8 sinngemäß auch für die Abdichtungen aus lose verlegten Kunststoff- bzw. Elastomer-Dichtungsbahnen zu. Dies gilt auch für die dort dargestellten Maßnahmen zum vorübergehenden Schutz der Abdichtung während der Bauausführung bzw. der verschiedensten Bauzustände.

GAT Gußasphalttechnik GmbH
Die Spezialisten für Gußasphalt

Neubau und Sanierung von Brücken- und Parkdeckbelägen in Verbindung mit Abdichtungen nach ZTV-BEL-B.
Gußasphaltestriche mit und ohne Wärmedämmung
Gussasphalt-Industrie- und Tiefgaragenbeläge,
Kunststoffbeschichtungen

Rahlau 36, 22045 Hamburg
Tel. 040/66978610   Fax 040/66978612   Mobil 0172/5246572
Homepage: www.gussasphalttechnik.de
e-Mail: gat@gussasphalttechnik.de

D   Bauwerksabdichtungen mit Dichtungsschlämmen

Karl-Friedrich Emig

1   Allgemeines

Für den Schutz von Bauwerken und Gebäudeteilen, sowohl bei Alt- als auch bei Neubauten, gegen Bodenfeuchte, nichtdrückendes Oberflächen- und nichtstauendes Sickerwasser (Bilder D1 und D2) und zur Abdichtung von Nassräumen gelangen seit mehr als 40 Jahren auch mineralische (zementgebundene) starre Dichtungsschlämmen zum Einsatz. Neben den traditionellen starren Dichtungsschlämmen aus Zement und Feinsanden wurde in den späten 70er-Jahren damit begonnen, flexible Dichtungsschlämmen mit hohem Kunststoffdispersionsanteil zu entwickeln. Diese überbrücken unbeschadet auch im Untergrund nachträglich entstehende feine Risse, sofern sie keiner nennenswerten weiteren Rissöffnung unterliegen. Die zulässige Rissweite ist mit 0,25 mm festgesetzt [G108]. Starre Dichtungsschlämmen sind dagegen nicht in der Lage, irgendwelche nachträglich im Untergrund auftretenden Risse schadlos zu überstehen. Deshalb erfolgt ihr Einsatz überwiegend zur Abdichtung von Bauteilen, bei denen das Schwinden weitgehend abgeklungen ist.

Die für Bauwerksabdichtungen maßgebende DIN 18195 [D17] führt als Abdichtungsstoffe Bitumenwerkstoffe, Kunststoff-Dichtungsbahnen und Metallbänder an. Wasserundurchlässiger Beton nach DIN 1045 [D5] und Dichtungsschlämmen sind in dieser Norm nicht

Bild D1
Abdichtung einer Kelleraußenwand mit Dichtungsschlämmen [D306]

Bild D2
Horizontale Abdichtung aus Dichtungsschlämme im Bereich der Anschlussbewehrung zwischen Kellersohlenplatte und Stahlbetonaußenwand
[D307]

erfasst. Deshalb wurde Mitte der 70er-Jahre beim Institut für Bautechnik (heute: Deutsches Institut für Bautechnik, DIBt) in Berlin begonnen, für die Dichtungsschlämmen spezielle Prüfgrundsätze zu erarbeiten, die auch konstruktive Ausführungsdetails mit einschlossen [D203]. Diese Prüfgrundsätze [D103, D104] bildeten die Grundlage für die Erteilung von allgemeinen bauaufsichtlichen Zulassungen für die Hersteller und Vertreiber von starren Dichtungsschlämmen (DS) und flexiblen Dichtungsschlämmen (FS) bis zum Ende des Jahres 1988. Im Zuge der Liberalisierung der Bauvorschriften entfielen fortan die Zulassungen im Abdichtungsbereich und damit auch für die Dichtungsschlämmen. Der Industrieverband Bauchemie und Holzschutzmittel e.V. (heute: Deutsche Bauchemie e.V.) hat daraufhin bereits im Jahr 1988 und in einer überarbeiteten Fassung im März 1992 diese Prüf- und Baugrundsätze im Wesentlichen übernommen und in einem Merkblatt allgemein gültig abgehandelt [D102].

Mit der nationalen Umsetzung der EG-Bauproduktenrichtlinie ist der Feuchteschutz wieder in den bauaufsichtlich relevanten Bereich gerückt. Entsprechend fordert die vom Deutschen Institut für Bautechnik geführte Bauregelliste seit 1997 ein allgemeines bauaufsichtliches Prüfzeugnis als Verwendbarkeitsnachweis für nicht genormte Abdichtungsstoffe und Abdichtungssysteme. Für die hierzu zählenden Dichtungsschlämmen haben die vom DIBt anerkannten Materialprüfanstalten inzwischen einheitliche Prüfgrundsätze erarbeitet [D107]. Nachdem auf diese Weise die stofflichen Anforderungen an Dichtungsschlämmen wieder bauaufsichtlich geregelt sind, werden die Ausführungs- und Planungsdetails in einschlägigen Richtlinien näher behandelt [D108, D109].

Von besonderer Bedeutung ist der Hinweis im Vorwort zu DIN 18195:2000-08, nach dem bei einer grundlegenden Überarbeitung dieser Normenreihe die generelle Aufnahme von mineralischen Dichtungsschlämmen zur Beratung ansteht.

2 Anwendungsbereich

Einsatz und Anwendungsbereich einer Dichtungsschlämme werden im zugehörigen allgemeinen bauaufsichtlichen Prüfzeugnis beschrieben und müssen vom Hersteller in Produktbeschreibungen und technischen Merkblättern angegeben werden. Dichtungsschlämmen können beispielsweise eingesetzt werden:

- als Abdichtung gegen Bodenfeuchte im Sinne DIN 18195-4 [D17],
- als Abdichtung gegen nichtdrückendes Oberflächen- und nichtstauendes Sickerwasser im Sinne DIN 18195-4 und -5 [D17],
- zur Abdichtung von Nassräumen im Sinne DIN 18195-5,
- zur nachträglichen Abdichtung von Kellerinnenflächen,
- zur Abdichtung von Spritzwasserbereichen,
- im Behälterbau,
- als waagerechte Abdichtung in oder unter Wänden.

Speziell modifizierte Dichtungsschlämmen können sogar bei Vorhandensein aggressiver Medien im Sinne von DIN 4030 [D10] bei schwachem oder auch starkem Angriffsgrad verwendet werden. Dies gilt insbesondere bezüglich freier Kohlensäure und Sulfate.

Grundsätzlich sollten für den erfolgreichen Einsatz von Dichtungsschlämmen immer nachfolgend angeführte Untergründe vorhanden sein:

- gefügedichter Beton, mindestens der Festigkeitsklasse B15 nach DIN 1045 [D5], der fest und in der Oberfläche frei von Nestern, Graten und Zementschlämmen ist;
- Mauerwerk aus Steinen nach DIN 105 [D1] und DIN 106 [D2] sowie Steinen aus gefügedichtem Beton nach DIN 398 [D4] und DIN 18153 [D16] mindestens der Festigkeitsklasse 6 (75), unbedingt vollfugig vermauert mit Mörtel der Mörtelgruppe IIa nach DIN 1053 [D7], Fugen bündig abgestrichen und nass abgequastet; Mischmauerwerk ist als Untergrund für Dichtungsschlämmen im Einzelfall auf Eignung zu prüfen;
- mindestens 10 mm dicker Putz nach DIN 18550 [D21] Mörtelgruppe III, ausgeführt als geglätteter Kellenputz oder als geriebener Putz mit einwandfreiem Verbund zum Untergrund;
- Untergründe an Altbauten, wenn diese vollfugig, frei von größeren Lunkern, Graten und losen Teilen, in sich tragfähig, verformungsfest und feuchtestabil sind.

Untergründe geringerer Festigkeit, z.B. Porenbetonblocksteine und Porenbetonplanblocksteine nach DIN 4165 [D12] bzw. Porenbetonbauplatten und Porenbetonplanbauplatten nach DIN 4166 [D13], Putze der Klasse PII nach DIN 18550 [D21] oder alte Putze, sollten nur mit flexiblen Dichtungsschlämmen behandelt werden. Nur flexible Dichtungsschlämmen sind in der Lage, die bei solchen verformungsweicheren Konstruktionen nicht auszuschließenden Haarrisse (bis 0,25 mm) schadlos aufzunehmen bzw. zu überbrücken.

Konstruktive Fugen und Untergründe mit zu erwartenden Rissweiten über 0,25 mm dürfen nicht mit Dichtungsschlämmen abgedichtet werden.

Hinsichtlich Planung und Ausführung bestimmter Abdichtungsdetails wird auf die bereits erwähnten Richtlinien [D108, D109] verwiesen.

3 Verarbeitung

Nur eine fachgerechte und saubere handwerkliche Verarbeitung der Dichtungsschlämmen sichert den gewünschten Abdichtungserfolg. Hierzu sollten die nachstehenden sechs Punkte vom Verarbeiter unbedingt beachtet werden.

3.1 Witterungseinflüsse und Untergrund

Für die Verarbeitung starrer und flexibler Dichtungsschlämmen werden bestimmte Witterungsbedingungen vorausgesetzt. So dürfen bei Temperaturen unter +5 °C Dichtungsschlämmen nicht verarbeitet werden. Gegen erhöhte Temperaturen, Sonneneinstrahlung, starken Wind, Regen und Frost sind für frisch aufgetragene Dichtungsschlämmen geeignete Schutzmaßnahmen zu treffen. Trockener und stark saugender Untergrund ist ausreichend vorzunässen oder mit systemkonformen Grundierungen vorzubehandeln.

3.2 Arbeitsgeräte

Misch- und Arbeitsgeräte müssen auf die zu bearbeitenden Flächen abgestimmt sein. Zwangsmischer und mechanische Rührwerke sind zum Mischen einzusetzen. Zum Auftragen der Schlämme eignen sich Spritzgeräte, Besen, Bürsten/Quaste (Bild D3), Rollen sowie Zahn- und Glättkellen (Bild D4). Dementsprechend wird vom Spritzen, Streichen oder Spachteln der Dichtungsschlämmen gesprochen.

Bild D3
Auftrag einer Dichtungsschlämme mit dem Quast im Wandbereich [D305]

Bild D4
Ausbilden einer Hohlkehle und Auftrag der Dichtungsschlämme mit Glättkelle [D307]

3.3 Mischungsverhältnisse

Bei starren Dichtungsschlämmen wird auf der Baustelle zu dem angelieferten Trockengemisch Leitungswasser nach den Erfordernissen der jeweiligen Verarbeitungstechnik (Spritzen, Streichen, Spachteln) und den Vorgaben des Herstellers zugegeben.

Bei den zweikomponentigen flexiblen Dichtungsschlämmen wird das Mischungsverhältnis Trockenkomponente zu Flüssigkomponente vom Hersteller vorgegeben. Die Verwendung von abweichenden Teilmengen und die Zugabe von Wasser zur Korrektur der Verarbeitungskonsistenz sind nur in Abstimmung mit dem Hersteller und nur in engen Grenzen zulässig.

Die Komponenten verschiedener Fabrikate dürfen weder bei den starren noch bei den flexiblen Dichtungsschlämmen miteinander gemischt werden.

3.4 Verarbeitungshinweise

In der Verarbeitungsanleitung des Herstellers werden Hinweise gegeben, wie die Untergründe vorzubehandeln sind. Hierzu zählt an erster Stelle eine saubere Auftragsfläche. Denn jede Verunreinigung – auch z. B. Staubablagerungen – stellt eine Trennschicht dar. Ferner ist auf die, je nach Verarbeitungstemperatur, zur Verfügung stehende Verarbeitungszeit zu achten. Die jeweilige Mischungsmenge ist darauf und auf die in dieser Zeit zu beschichtende Fläche abzustimmen. Generell sind angebrochene Gebinde am gleichen oder am nächsten Tag aufzubrauchen. Ähnlich wie bei Zementen ist eine längere Lagerung offener Gebinde wegen der Gefahr vorzeitiger Teilreaktionen des hydraulischen Bindemittels mit der Luftfeuchtigkeit riskant.

3.5 Auftragsmenge

Starre und flexible Dichtungsschlämmen erfordern je nach Beanspruchungsgrad (Bodenfeuchte, Sickerwasser, drückendes Wasser bei Behältern) eine Trockenschichtdicke von mindestens 2 mm, die im Allgemeinen nur durch mehrere Arbeitsvorgänge (mindestens zwei Lagen) zu erreichen ist. Die in den Verarbeitungsanleitungen der einzelnen Dichtungsschlämmenhersteller vorgegebenen Auftragsmengen sind, je nach Anwendungsbereich, einzuhalten; auf die konstruktive Ausführung, z. B. die erforderliche Ausbildung von Hohlkehlen (siehe hierzu Abschnitt D7), ist zu achten.

3.6 Nachbehandlung

Dichtungsschlämmen bedürfen wegen ihres Gehaltes an Zement einer Nachbehandlung, besonders zum Schutz vor frühzeitiger Austrocknung und Frosteinwirkung. Bis zur und während der Verfüllung der Baugrube im Fundamentbereich sind sie vor mechanischer Beschädigung zu schützen (Bild D5).

Bild D5
Riskanter Verfüllvorgang mit einem seilgeführten Baggergreifer vor ungeschützter Schlämmenabdichtung

4 Arbeitsschutzmaßnahmen und Gebindeentsorgung

Die Hinweise der Hersteller im Sicherheitsdatenblatt und der Bauberufsgenossenschaften im Gefahrstoffinformationssystem (GISBAU) zum Arbeits- und Umweltschutz sind zu beachten:

Im Allgemeinen sind zum Schutz der Haut Gummihandschuhe zu tragen. Aus Gründen des Umweltschutzes ist außerdem eine fachgerechte Entsorgung vor allem angebrochener

Gebinde sicherzustellen. So sind zur Verwertung der Gebinde diese restlos zu entleeren. Der ibh-Sachstandsbericht „Verwertung von Verpackungen" hat hierzu schon frühzeitig nähere Erläuterungen gegeben [D106]. Aktuelle Angaben zur fachgerechten Entsorgung restentleerter Verpackungen sind den Herstellerunterlagen sowie der Internetseite *http://www.deutsche-bauchemie.de* unter dem Stichwort „Verpackung und Entsorgung" zu entnehmen.

Nicht restentleerte Gebinde dürfen nur gemäß der Abfallschlüssel des Herstellers durch die hierfür zuständigen Stellen entsorgt werden.

5 Qualitätssicherung

Die generelle Verwendbarkeit und Eignung der einzelnen Dichtungsschlämmen wird durch das allgemeine bauaufsichtliche Prüfzeugnis nachgewiesen. Die gleich bleibende Qualität der Dichtungsschlämmen wird in Anlehnung an DIN 18200 oder DIN ISO 9000 [D15] durch eine regelmäßige werkseigene Produktionskontrolle (WEP) sichergestellt. Die ordnungsgemäße Durchführung der WEP wird im Rahmen einer Fremdüberwachung durch eine vom DIBt anerkannte Materialprüfanstalt auf der Grundlage der allgemeinen Prüfgrundsätze kontrolliert.

Der Umfang der Prüfungen ist in Abschnitt D6 zusammengestellt, wobei besonderes Gewicht auf Wirksamkeit und Dauerhaftigkeit der Abdichtungen gelegt wird.

6 Prüfvorschriften

Die Prüfgrundsätze für die Erteilung von allgemeinen bauaufsichtlichen Prüfzeugnissen wurden von den durch das Deutsche Institut für Bautechnik (DIBt), Berlin, anerkannten Materialprüfanstalten erarbeitet [D107] und sind der nachfolgenden Übersichtstabelle zu entnehmen.

Die vorstehende Tabelle D1 lässt einen sehr großen Prüfaufwand für die starren ebenso wie für die flexiblen Dichtungsschlämmen erkennen. Dies ist erforderlich, damit dem Verarbeiter und dem Bauherrn stets ein gleichmäßig hoher Qualitätsstand der Ausgangskomponenten aus der laufenden Produktion entsprechend den geprüften und festgelegten Eignungsprüfungen gewährleistet werden kann. Nur auf diese Weise ist die materialtechnische Voraussetzung für einen sicheren und funktionsfähigen Feuchteschutz gegeben.

7 Ausführung von Abdichtungen mit Dichtungsschlämmen

Häufig wiederkehrende Ausführungsbeispiele und funktionsentscheidende Details werden im Allgemeinen seit Jahrzehnten im Bauwesen in so genannten Richtzeichnungen für den Planer und Ausführenden dargestellt. In solchen Richtzeichnungen wurden auch für die starren und flexiblen Dichtungsschlämmen im Rahmen der bauaufsichtlichen Zulassungen [D203] die konstruktiven Erfordernisse für ein sicheres Bauen mit Dichtungsschlämmen

Tabelle D1
Prüfgrundsätze für die Erteilung von allgemeinen bauaufsichtlichen Prüfzeugnissen für mineralische Dichtungsschlämmen für Bauwerksabdichtungen [D107]

lfd. Nr.	Prüfung	Prüfbereich [1]	Dichtungsschlämmen nicht rissüberbrückend [2]	Dichtungsschlämmen rissüberbrückend [3]	Streubreite	Mindestanforderung
1.1	Kornzusammensetzung	WEP+Erstprüfung	X	X	±5%, absolut	–
1.2	Glühverlust, Trockenkomp.	WEP+Erstprüfung	–	X	±10%, relativ	–
1.3	Festkörpergehalt, Flüssigkomp.	WEP+Erstprüfung	–	X	±3%, absolut	–
2.1	Luftgehalt des Frischmörtels	WEP+Erstprüfung	X	X	±2%, absolut	–
2.2	Rohdichte des Frischmörtels	WEP+Erstprüfung	X	X	±0,05 g/cm^3	–
2.3	Ausbreitmaß (Konsistenz)	WEP+Erstprüfung	X	X	±2 cm	–
3.1	Druckfestigkeit	WEP+Erstprüfung	X	–	±15%	–
3.2	Biegezugfestigkeit	WEP+Erstprüfung	X	–	±20%	–
3.3	Schwinden nach 90 d	allg. bauaufs. Prüfz.	X	–		≤2,5 mm/m
3.4	Zugfestigkeit/-dehnung	allg. bauaufs. Prüfz.	–	X		>0,4 N/mm^2 bzw. 8%
3.5	Rissüberbrückung	allg. bauaufs. Prüfz.	–	X		>0,4 mm
3.6	Wasserundurchlässigkeit	allg. bauaufs. Prüfz.	X	X		wasserundurchlässig
3.7	Haftzugfestigkeit	allg. bauaufs. Prüfz.	X	X		≥0,5 N/mm^2
3.8	Gesamtgehalt an Halogenen	allg. bauaufs. Prüfz.	X	X	–	≤0,05 Gew.%

[1] WEP = werkseigene Produktionskontrolle.

7 Ausführung von Abdichtungen mit Dichtungsschlämmen   239

mit den Vorgaben der Antragsteller koordiniert [D302 bis D308]. Gleichzeitig konnten so die generellen Grundsätze für die Planung und Ausführung von Abdichtungen gegen Bodenfeuchte und Sickerwasser aus der Norm für Bauwerksabdichtung DIN 18195 [D17] aufgenommen und für die Anwendung von Dichtungsschlämmen integriert werden. Heute kann daher in den angegebenen Einsatzbereichen bei der Verarbeitung geprüfter Dichtungsschlämmen von einer sicheren und zuverlässigen Abdichtung ausgegangen werden, sofern für die Planung und Ausführung auch die Richtlinien [D108 und D109] sowie die nachstehenden Hinweise beachtet werden.

Diese bis Mitte der 80er-Jahre allgemein erarbeiteten planerischen Grundlagen sind seinerzeit im Merkblatt des ibh [D102] übernommen worden. In den folgenden Abschnitten werden beispielhaft Anwendungen für Dichtungsschlämmen aufgezeigt und anhand von zeichnerischen Darstellungen erläutert. Die angeführten Beispiele sind als Richtsystem anzusehen und müssen in jedem Einzelfall projektspezifisch auf ihre jeweilige Anwendbarkeit überprüft werden. Weitere ausführungstechnische Hinweise enthalten die Richtlinien der Deutschen Bauchemie e.V. [D108 und D109] und die Produktinformationen bzw. Werkblätter einzelner Dichtungsschlämmenhersteller [D302 bis D307].

7.1 Fundamente oder Sohlplatten mit gemauerten oder betonierten Wänden

In den Bildern D6 und D7 wird die Kellerwandabdichtung, der wohl häufigste Einsatzbereich der starren (DS) und flexiblen (FS) Dichtungsschlämmen, dargestellt. Für die richtige handwerkliche Ausführung einer Abdichtung aus Dichtungsschlämmen bildet die Einhaltung aller Einzelheiten in den Abschnitten D2 (Anwendungsbereich) und D3 (Verarbeitung) eine Grundvoraussetzung.

Der Planer muss bei einer Abdichtung aus mineralischen Dichtungsschlämmen für einen geeigneten Untergrund Sorge tragen. Hierzu zählen vor allem rissfreie und rissfrei bleibende Sohl- und Wandflächen beim Einsatz starrer Dichtungsschlämmen oder maximale Rissbreiten von 0,25 mm beim Einsatz von flexiblen Dichtungsschlämmen. Von dieser Tatsache ausgehend, sollten heute vorwiegend flexible (FS) Dichtungsschlämmen eingesetzt werden. Denn im Regelfall kann kein Planer von auf Dauer rissfreien Sohl- und Wandflächen ausgehen.

Planerisch sind sowohl bei gemauerten als auch bei betonierten Außenwänden bestimmte, nachstehend näher erläuterte Punkte besonders zu beachten.

Die waagerechten Wandabdichtungen oberhalb der Kellersohle und unterhalb der Kellerdecke sind nach DIN 18195-4, Abschnitte 6 und 7 [D17] auch beim Einsatz von Dichtungsschlämmen vorzusehen.

Sie müssen kapillarbrechend sein und stellen einen Schutz gegen aufsteigende Feuchte dar, insbesondere im unteren Wandbereich auch bei einem Wasseranfall von innen (überlaufende Behälter, Waschmaschinen, Reinigungswasser u.a.). Entscheidend ist hier ein zuverlässig zu gewährleistender Anschluss an die äußere vertikale Wandabdichtung und ggfs. raumseitig auch der Anschluss an die Sohlenabdichtung im Keller. Die in

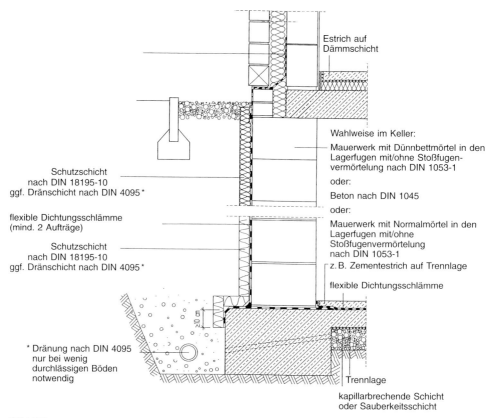

Bild D6
Anordnung der Abdichtung aus Dichtungsschlämme beim Lastfall Bodenfeuchte und nichtstauendes Sickerwasser [D108, D109]

DIN 18195 [D17] und anderen Bauvorschriften formal geforderte Lage, etwa 10 cm über OF fertigem Kellerfußboden, führt häufig zu ausführungstechnischen Schwierigkeiten und ist praxisfremd. Die entsprechenden Anforderungen nach DIN 18195-4, Abschnitt 6 [D17] sind heute als nicht mehr ausreichend anzusehen. Hier heißt es nämlich, „... die Fußbodenabdichtung ist an die waagerechte Wandabdichtung heranzuführen". Diese Formulierung ist unzureichend, denn sie lässt nicht zweifelsfrei die Erfordernis der Dichtigkeit erkennen. Diesem Sachverhalt Rechnung tragend, zeigt Bild D6 eine Lösung auf, die bei einem Hausbau handwerklich und abdichtungstechnisch einwandfreie Ausführungen ermöglicht. Sie deckt behördliche Auflagen ab und ist vom Kostenaufwand her kaum bemerkbar, wenn sie rechtzeitig in der Planung berücksichtigt wird.

In Bild D6 schließt die Schlämme der waagerechten Wandabdichtung in der Hohlkehle an die Außenabdichtung an. Auf der Kellerinnenseite ist ein Anschluss an die Fläche jederzeit möglich. Führt man außerdem die Dichtungsschlämme auf der Innenseite auch noch etwa einen Stein oder etwa 10 cm hoch in eine zweite waagerechte Wandabdichtung (zeichnerisch nicht dargestellt), ist eine doppelte Sicherheit gegeben vor allem dann, wenn

7 Ausführung von Abdichtungen mit Dichtungsschlämmen

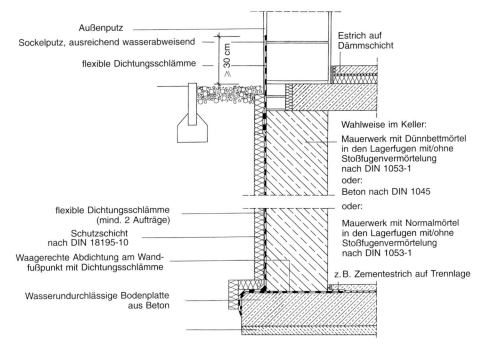

Bild D7
Anordnung der Abdichtung aus Dichtungsschlämme beim Lastfall zeitweise aufstauendes Sickerwasser oder drückendes Wasser, Sockelanschluss bei einschaligem Mauerwerk [D108, D109]

das mehrlagige Auftragen der Dichtungsschlämmen beachtet wird. Solche Ausführungen sind bei gemauerten Wänden immer möglich, man muss sie nur in der Ausschreibung klar fordern und beschreiben. Als Schutzschicht ist eine Perimeterdämmung oder alternativ eine Dränmatte dargestellt.

In Bild D7 ist eine Kellerwandabdichtung aus Dichtungsschlämme gegen zeitweise aufstauendes Sickerwasser oder drückendes Wasser auf Betonuntergrund dargestellt. Als Schutzschicht ist wie in Bild D6 eine Perimeterdämmung vorgesehen. Außerdem muss je nach Nutzung eine waagerechte Wandabdichtung angeordnet werden, um aufsteigende Feuchte infolge Wasserdampfdruckdiffusion auszuschließen. Dann ist darauf zu achten, dass die Dichtungsschlämme die Bewehrungsstäbe voll umschließt, wie es Bild D2 zeigt.

Im Übergang vom Fundament bzw. von der Sohlplatte zur äußeren, vertikalen Wandabdichtung muss immer eine Hohlkehle ausgebildet werden (siehe Bilder D6 bis D8). Dabei ist eine flexible Dichtungsschlämme in jedem Fall vorzuziehen. Damit ist dieser kritische Punkt konstruktiv und abdichtungstechnisch sicher geplant. In der Praxis kann über die auszubildende Hohlkehle die untere waagerechte Wandabdichtung an die äußere Flächenabdichtung sicher angeschlossen werden (siehe Bild D8).

Für eine funktionstüchtige Wandabdichtung aus Dichtungsschlämmen ist bei der Ausführung unbedingt auf die Einhaltung der Anforderungen an den Untergrund zu achten.

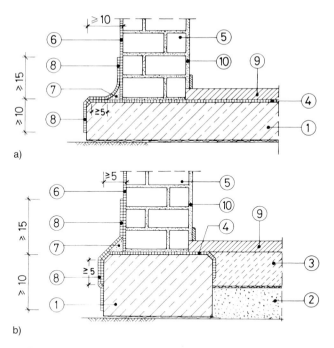

1 Fundamentsohle oder Streifenfundament auf Baufolie
2 Anstehender Boden mit Wasserdurchlässigkeitsbeiwert $k \geq 10^{-4}$ m/s
3 Unterbetonplatte auf Baufolie
4 Dichtungsschlämme auf der Sohlplatte oder dem Fundament
5 Wandmauerwerk
6 Dichtungsschlämme auf der senkrechten Außenwand
7 Hohlkehle oder Mörtelkeil mit Dichtungszusatz auf dem Untergrund für die Dichtungsschlämme
8 Dichtungsschlämme-Anschlussstreifen von der Sohlen- zur Wandabdichtung, mindestens 10 cm breit über die Kehlen- oder Mörtelkeilkanten führen
9 Verbundestrich
10 Wandinnenputz mit Sockelleiste

Bild D8
Kehlenausbildung (System)
a) Fundamentüberstand ≥ 10 cm mit Hohlkehle
b) Fundamentüberstand ≥ 5 cm mit Mörtelkeil

Die Sauberkeit der Auftragsfläche, eine entscheidende Frage für die Haftung der Dichtungsschlämmen, wird häufig nicht ausreichend ernst genommen. Staub von der Baustelle oder Bodenverschmutzung, z.B. aus eingebrochenen Böschungen, sowie Reste von Schalungsöl bei Betonwänden können leicht den Gesamterfolg infrage stellen. Bei Arbeitsunterbrechungen bieten versetzte Endungen (Überlappungen) für die verschiedenen Arbeitsgänge entsprechend dem Lagenversatz bei sonstigen mehrlagigen Abdichtungssystemen größere Sicherheiten als das stumpfe Aneinanderstoßen der Beschichtungen aus Dichtungsschlämmen.

Auch auf die Ebenflächigkeit von Wänden sollte man vor allem bei Mauerwerk achten. Denn Mörtelreste, die aus Stoß- und Lagerfugen hervorragen, stellen Schwachstellen beim

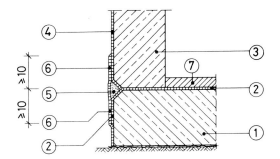

1 Sohlplatte auf Baufolie, Sohlenstirnfläche oben abgefast
2 Dichtungsschlämme auf Sohle und Sohlenstirnfläche
3 Wandbeton, in der Arbeitsfuge mit außenseitig abgefaster Kante
4 Dichtungsschlämme auf der Betonaußenwand bis in die Abfasung geführt
5 Mörtel mit Dichtungszusatz zur Verfüllung der außenliegenden Nut in der Arbeitsfuge
6 Dichtungsschlämmen-Anschlussstreifen für den Übergang von der Sohlen- zur Wanddichtungsschlämme; bis mindestens 10 cm oberhalb und unterhalb der Fasenverfüllung führen

Bild D9
Sohlen-Wand-Übergang bei außen bündiger Ausbildung von Sohle (Fundament) und Wand

Auftragen der Dichtungsschlämmen dar. Gerade über Spitzen und Graten müssen die vorgegebenen Mindestdicken ebenfalls vorhanden sein, wenn man Schwachstellen von vornherein vermeiden will. Das lässt sich handwerklich aber über scharfkantigen Unebenheiten nicht bewerkstelligen.

Die Mörtelkehle für eine Abdichtung aus Dichtungsschlämmen kann abgeschrägt in Form eines Keils oder als Flaschenkehle mit einem Radius von $R \geq 4$ cm ausgeführt werden. Ihre Aufgabe ist das sichere Ableiten von Sickerwasser in die angrenzenden Bodenschichten. Über eine solche Hohlkehle ist die Dichtungsschlämme bis auf das Fundament zu ziehen. Entsprechend Bild D8 wird sie auf dem waagerechten Dichtungsschlämmenauftrag der Sohle oder des Fundaments und den senkrechten der Wand aus einem Mörtel der Mörtelgruppe MG II oder MG III hergestellt. Dabei empfiehlt sich der Zusatz von Dichtmitteln zum Kehlenmörtel. Im Anschluss an die Erstellung der Mörtelkehle soll die vertikale Abdichtung aus Dichtungsschlämmen der Außenwand so mittels eines gesondert aufgetragenen Anschlussstreifens über die Mörtelkehle gezogen werden, dass sie in einer Breite von mindestens 5 cm die vorhandene und bereits abgebundene waagerechte Abdichtung aus Dichtungsschlämmen der Sohle überlappt. Reicht der waagerechte Fundamentvorsprung dafür in seiner Breite nicht aus, muss die Dichtungsschlämme auf die senkrechte Fundamentfläche geführt und entsprechend überlappt werden, wie es in Bild D8b dargestellt ist.

Auf diese Art kann man bei geringfügigem und kurzzeitigem Wasseraufstau eine Unterläufigkeit ausschließen. Fehlt aber infolge außenbündiger Fundament- und Wandflächen die sichere Auflagerungsmöglichkeit der Mörtelkehle, muss die in erster Linie auf Druck beanspruchte Arbeitsfuge auf andere Art und Weise bauwerksspezifisch gesichert werden. Eine Lösung mit entsprechend geführten Beschichtungen aus flexiblen Dichtungsschlämmen beim Neubau zeigt Bild D9. Andere Möglichkeiten hierzu sind mit den Ausführungen im Kapitel A (Baugrund und Dränung) oder in Kapitel G (Wasserundurchlässiger Beton) aufgezeigt.

Wenn in einem Schadensfall eine zusätzliche Sicherung des Übergangs Sohle–Wand durch eine Mörtelkehle oder durch ein Arbeitsfugenband oder eine andere gleichwertige Sicherung fehlt, so liegt zweifelsfrei ein Planungs- und Ausführungsmangel vor. Denn der an der Dichtungsschlämme abfließende Wasserfilm sammelt sich dann auf dem Fundamentvorsprung in dem beim Mauern heruntergefallenen und meist nicht entfernten Mörtel vor der untersten Lagerfuge, und eine Durchfeuchtung ist somit zwangsläufig zu erwarten.

Der Spritzwasserschutz ist in DIN 18195-4, Abschnitt 6 [D17] gefordert und kann optimal mit einer Dichtungsschlämme hergestellt werden. Wichtig ist jedoch die Anordnung einer Fuge zu dem darüberliegenden Wandaußenputz oder der Verblendung und deren spätere Verfüllung mit elastischen Fugenmaterialien nach DIN 18540 [D20] (Bild D7). Wegen des Materialwechsels ist nämlich an dieser Stelle immer mit einer Rissbildung zu rechnen. Von der Fassade ablaufendes Niederschlagswasser würde durch diesen Riss unmittelbar hinter die Spritzwasserdichtung in das Mauerwerk gelangen können. Es versteht sich von selbst, dass die Fugenversiegelung regelmäßig überprüft und gewartet werden muss. Die Höhe des Spritzwasserschutzes muss nach DIN 18195 [D17] mindestens 15 cm betragen, aber immer auch bis OF Kellerdecke reichen.

Fußbodenabdichtungen mit Dichtungsschlämmen werden vorwiegend in Keller- und Lagerräumen eingesetzt. Konstruktiv überwiegt der Einsatz im Zusammenhang mit einem Verbundestrich. Der Estrich dient dann gleichzeitig als Schutz der Dichtungsschlämmen, kann aber auch zur Aufnahme von Horizontalkräften bei gemauerten Wänden herangezogen werden. Dies setzt allerdings einen entsprechend geplanten Bauablauf voraus, bei dem die Baugrubenverfüllung erst nach Aushärten des Verbundestrichs erfolgt. Aber auch ein Plattenbelag ist, in einem Mörtelbett verlegt, ein wirksamer Dichtungsschlämmenschutz.

Wichtig ist die Anordnung von Fugen und ihre richtige Lage, z. B. zwischen Fundamenten und dazwischen liegenden Sohlplatten. Letztere sind meist aus schwach- oder unbewehrtem Beton erstellt. Gegenüber bewehrtem Beton führt das zu einem anderen, in der Regel erhöhten Schwindverhalten. Die Flächen neigen leichter zur Rissbildung. Insbesondere reißen bei nicht fachgerechter Verfüllung und nicht ausreichend bewehrten Sohlplatten diese unkontrolliert und ergeben Rissweiten, die leicht über 0,25 mm liegen. Darum sollten die Anforderungen der DIN 18195 [D17] und der DIN 4095 [D11] bezüglich kornabgestufter, kapillarbrechender Filterschichten besonders im Zusammenhang mit Dichtungsschlämmen Berücksichtigung finden.

7.2 Kabel- und Rohrdurchführungen

Durchdringungen sollten, soweit möglich, immer oberhalb eines evtl. zu erwartenden zeitweise aufstauenden Sickerwassers angeordnet werden. Andernfalls führen konstruktive und handwerkliche Mängel unmittelbar zu Wassereintritten, d.h. zu Schäden. Dies ist bei der Abdichtung mit Dichtungsschlämmen in besonderem Maße der Fall, weil die Abdich-

7 Ausführung von Abdichtungen mit Dichtungsschlämmen

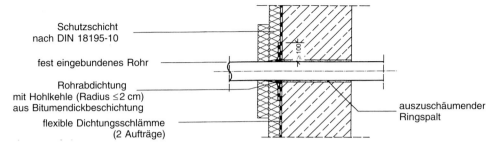

- Schutzschicht nach DIN 18195-10
- fest eingebundenes Rohr
- Rohrabdichtung mit Hohlkehle (Radius ≤2 cm) aus Bitumendickbeschichtung
- flexible Dichtungsschlämme (2 Aufträge)
- auszuschäumender Ringspalt

Bild D10
Planmäßige Maueröffnung für eine Rohr- oder Kabeldurchführung [D108]

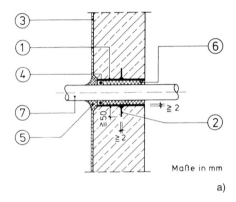

a)

1. Mantelrohr, ≥2 mm dick, lichter Durchmesser = Medienrohrdurchmesser + 2×2 cm zum Ausschäumen
2. Wasserdicht angeschweißter Kranz, ≥2 mm dick, 50 mm breit
3. Bauwerkswand aus Stahlbeton bzw. Mauerwerk mit Schlämmenabdichtung
4. Rollring oder Verstemm-Dichtung zwischen Medien- und Mantelrohr bzw. Blechmanschette
5. Fugendichtstoff, geeignet für Verarbeitung im Erdreich
6. Ausschäumung des Hohlraumes zur flexiblen Lagesicherung des Medienrohres
7. Medienrohr – starres oder flexibles Rohr bzw. Kabel
8. Blechmanschette, ≥1 mm dick und 10 cm breit, befestigt
9. Manschette aus Bitumenbahn PYE-PV 200 S5, ca. 25 cm breit

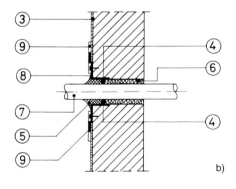

b)

Bild D11
Rohr- oder Kabeldurchführung (System) bei mit Dichtungsschlämmen abgedichteten Wandflächen; ohne Darstellung der Schutzschichten
a) Planmäßig eingebautes Mantelrohr
b) Nachträgliche Abdichtung einer Kernbohrung mit Blechmanschette

tung der Fläche nur unter Zuhilfenahme elastischer oder plastischer Stoffe abdichtungstechnisch einwandfrei mit den Einbauteilen verbunden werden kann.

7.2.1 Von vornherein eingeplante Durchführungen

Hierbei ergeben von vornherein eingeplante Rohr- oder Kabeldurchführungen mithilfe von Mantelrohren sicherere Dichtungsanschlüsse als die nachträglich hergestellten Durchführungen mithilfe von Kernbohrungen. Die gewählte Art der Durchführung muss immer eine gewisse Bewegungsmöglichkeit für die in das Bauwerk zu führenden Leitungen gewährleisten. Setzungen im Arbeitsraum des Bauwerks oder generell das Verfüllen von Rohr- oder Leitungsgräben, wobei das Füllmaterial in der Praxis oft mit Schutt und Bauabfällen durchsetzt ist, können erhebliche Scher- und Biegebeanspruchungen für die Medienrohre ergeben. Ein Abreißen oder Abbrechen der Leitungen ist immer dann zu befürchten, wenn das starre Einbinden eine Anpassung an die sich bildende Setzungsmulde nicht zulässt (vgl. auch Bild B82).

Die jeweilige Beanspruchung des Gebäudes durch das Wasser bestimmt die Art und Ausführung der Rohr- und Kabeldurchführung sowie den Anschluss an die Dichtungsschlämme. Die Dichtung der Hohlkehle im Übergang von Medienrohr zur Außenwandfläche kann bei Bodenfeuchte, nichtstauendem bzw. zeitweise aufstauendem Sickerwasser und bei Bewegungen des Medienrohres in der Wandebene bis 5 mm durch eine Hohlkehle aus kunststoffmodifizierter Bitumendickbeschichtung oder einer anderen geeigneten, dauerhaft beständigen Dichtmasse nach Bild D10 erfolgen. Der Ringspalt ist auszuschäumen, um

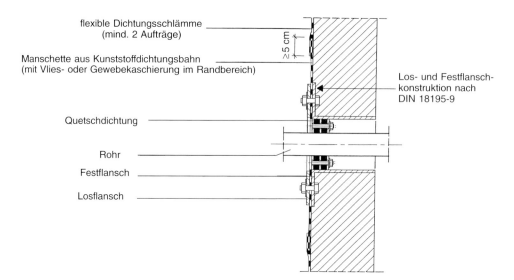

Bild D12
Planmäßige Rohrdurchführung durch Kelleraußenwand im Bereich von drückendem Wasser [D108]; ohne Darstellung der Schutzschichten

eine Beweglichkeit des Medienrohres insbesondere während des Verfüllvorgangs im Arbeitsraum zu gewährleisten.

Für größere Bewegungen bis etwa 10 mm empfiehlt es sich, bei planmäßigen Durchführungen Mantelrohre mit angeschweißtem Kranz einzubauen (siehe auch Abschnitt B1.7.3). Die Dichtung des Ringspalts zwischen Medienrohr und Mantelrohr kann durch Rollgummi, verstemmbare Elastomer-Bänder oder Ringraumdichtungen erfolgen (Bild D11a).

Um eine Wanddurchfeuchtung durch eventuelles Ansammeln von Wasser am außenseitigen Ende der Durchdringung zu vermeiden, ist der Raum zwischen Medienrohr und Wandöffnung mit einem Fugendichtstoff zu schließen. Dieser muss für den Einsatz im Erdreich ausdrücklich geeignet sein. Das trifft aber für die meisten Stoffe nach DIN 18540 nicht zu. Die Kombination von Ringdichtung und Fugenfüllstoff ergibt dann eine zuverlässige Abdichtung.

Um das Medienrohr in der vorgesehenen Lage zu halten, ist der Zwischenraum zum Mantelrohr z. B. mit Polyurethan auszuschäumen. Dieser Schaum ist auch im Sickerwasserbereich keinesfalls als alleiniger Dichtstoff ausreichend. Die Ausschäumung muss aus den oben genannten Gründen eine gewisse Beweglichkeit der Ver- und Entsorgungsleitungen sicherstellen.

Im Bereich von drückendem Wasser ist die Anordnung einer Ringraumdichtung möglich, sofern ein Mantelrohr mit einer Los- und Festflanschkonstruktion ausgebildet ist (Bild D12).

7.2.2 Nachträglich eingebaute Durchführungen

Sehr häufig müssen Leitungen auch nachträglich in mit Dichtungsschlämmen abgedichteten Wänden wasserdicht eingebaut werden. Solche Durchbrüche müssen immer mit einem Kernbohrgerät hergestellt werden. Stemmarbeiten sind für die angrenzenden Bereiche infolge der zu erwartenden Risse abzulehnen. In das so durch Kernbohrung geschaffene Loch sollte bei einer gemauerten Wand von außen her ein winkelartiger Klebeflansch aus etwa 1,0 mm dickem Blech eingepasst und befestigt werden (Bild D11b). Auf den speziell angefertigten winkelartigen Klebeflansch wird eine Manschette aus Bitumen- oder Kunststoff-Dichtungsbahn aufgeklebt zur Überbrückung der Fuge zwischen Klebeflansch und Wandfläche. Die Andichtung des Medienrohres erfolgt wie zuvor für die von vornherein eingeplante Rohrdurchführung beschrieben. Wegen der angeschnittenen Fugen kann im Mauerwerk nur in Sonderfällen eine Ringraumdichtung eingebaut werden, nachdem vorab die Innenfläche der Kernbohrung ausreichend tief mit Dichtungsschlämmen beschichtet worden ist. Hierfür ist ein Vollstein die Voraussetzung und im Übrigen die Erfüllung der sonstigen Anforderungen an den Untergrund dieser Abdichtung aus Dichtungsschlämmen. Die dann einzubauende Ringraumdichtung muss vollflächig auf der Dichtungsschlämme aufliegen.

Bei gesundem, wasserundurchlässigem Beton reicht im Allgemeinen der Einsatz einer Ringraumdichtung gemäß Bild B87 in der Kernbohrung völlig aus. Es muss dann allerdings wiederum die Abdichtung aus Dichtungsschlämme in die Kernbohrung hereingezogen werden. Das Mantelrohr aus Bild B87 entfällt bei dieser Lösung.

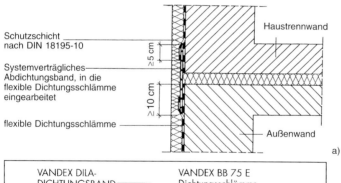

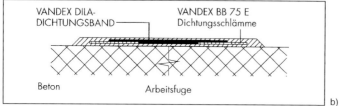

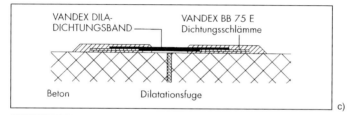

Bild D13
Abdichtung von Bauwerksfugen mit speziellen Fugendichtungsbändern aus 1,5 mm dickem Elastomermaterial im Dehnbereich und dem zur seitlichen Verankerung eingearbeiteten alkalibeständigen Polyestergittergewebe-Streifen
a) Prinzip für eine Haustrennwand [D108]
b) Querschnitt Arbeitsfuge [D307]
c) Querschnitt Bewegungsfuge [D307]
d) System [D307]
e) Ausführung [D307]

Auch bei nachträglichem Einbau können die in Abschnitt B1.7.3 näher beschriebenen, vorgefertigten winkelartigen Elastomer-Manschetten mit Schellen nach Bild B83 an das Medienrohr angeklemmt werden; sie führen zu dichten Anschlüssen.

7.3 Bewegungsfugen in Sohlen und Wänden

Bauvorhaben mit einer Abdichtung sowohl aus starren als auch aus flexiblen Dichtungsschlämmen erfordern in besonderen Einzelfällen die Anordnung von Bewegungsfugen. Hierfür muss schon bei der Planung in Abhängigkeit von der Fugenbewegung und den Sohlen- und Wandbaustoffen eine Detaillierung erfolgen. Es muss unter Umständen aber auch der Bauablauf beidseitig der Bewegungsfuge Berücksichtigung finden, wie etwa bei zeitlich versetzt auszuführenden Bauabschnitten. Dies ist vor allem dann zu bedenken, wenn Einzelhäuser in Reihen unmittelbar, nur durch eine Fuge getrennt, aneinander gebaut werden. Generell muss in diesem Zusammenhang die Durchführbarkeit solcher Konstruktionen geprüft und insbesondere eine mögliche Setzung im Hinblick auf die Nachbarbebauung bedacht werden.

In solchen Fällen ist zu empfehlen, keine Einzel- oder Streifenfundamente anzuordnen, sondern generell eine durchgehende Stahlbetonplatte zur Gründung vorzusehen, allein schon zur Minderung der Rissgefahr und der Fugenanzahl. Der Fugenverlauf sollte immer gradlinig festgelegt sein. Die Frage, ob dann für die Sohlplatte WU-Beton nach Kapitel G zur Ausführung kommt oder ein Beton ohne besondere Anforderungen mit einer später aufzubringenden Dichtungsschlämme, ist für die Fugenabdichtung dann unwesentlich, wenn die Wände aus Mauerwerk erstellt werden. Denn dann können keine innen oder außenliegenden Fugenbänder in Sohle und Wänden angeordnet werden, wie es bei reinen Betonkonstruktionen sicher richtig und wirtschaftlich ist.

Bei flach gegründeten Bauwerken mit durchgehender Sohlplatte aus WU-Beton können Fugen in den Wänden mit Bewegungen von maximal 5 mm mittels Streifen von Kunststoffbahnen abgedichtet werden. Der Kunststoffbahn-Streifen sollte dabei im Fugenbereich geschlauft, mit eingeklebtem Schaumstoffrundprofil verlegt werden. Eben, nicht geschlauft verlegte Fugenbänder müssen seitlich z. B. mithilfe von Gittergewebsstreifen in der Abdichtung aus Dichtungsschlämmen verankert sein. Hierzu sind spezielle Fugenbänder entwickelt worden, die nach Herstellerangabe [D307] bis 10 mm Dehnung aufnehmen können. Einzelheiten sind aus Bild D13 ersichtlich. Die Fügetechnik erfolgt mit Spezialklebern bei 50 mm Überlappungsbreite. Die Kanten der Fuge sind bandseitig zu fasen. Die seitliche Verankerung des ca. 30 cm breiten Dichtungsbandes kann mittels Reaktionsharz-Klebstoff erfolgen. Die Klebebreite sollte auf jeder Seite mindestens 10 cm betragen. Das Dichtungsband muss mindestens 20 cm auf die Stirnfläche der Bodenplatte reichen und dort verklebt werden. Diese Verklebung allein reicht nicht bei Beanspruchung durch drückendes oder zeitweise aufstauendes Wasser. In diesem Fall muss zusätzlich eine Klemmschiene 150×10 mm und 500 mm lang angeordnet werden, um eine Hinterläufigkeit auszuschließen. Die Schutzschicht aus Perimeterdämmung kann über der Fuge durchlaufen.

Eine kombinierte Lösung im Fugenbereich durch Einsatz von Außenfugenbändern und einer Flächenabdichtung mit Dichtungsschlämmen ist abdichtungstechnisch abzulehnen.

250　　　　　　　　　　　D　Bauwerksabdichtungen mit Dichtungsschlämmen

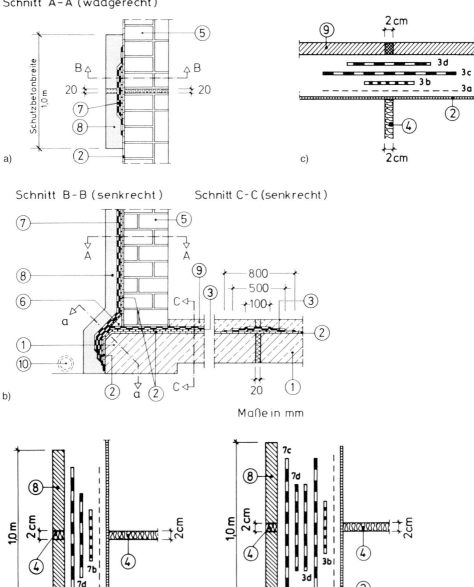

Bild D14　(Legende siehe S. 251)

Denn ein rissfreier Anschluss von PVC-P- oder Elastomermaterial an die Abdichtung aus Dichtungsschlämme der Fläche kann nur wieder durch zusätzliche Maßnahmen, z. B. durch Spachtelungen oder geklebte Streifen, sichergestellt werden.

Werden die Sohlen aus Stahlbeton und die Wände aus Mauerwerk erstellt, ist eine Fugenabdichtung aus Polymer-Bitumenbahnen mit Polyestervlieseinlage möglich, sofern die Bewegungen der Baukörper gegeneinander 10 mm nicht überschreiten (Bild D14).

Die Abdichtung einer solchen Fuge ist aufwendig und erfordert geschultes Personal. Ihr Einbau erfolgt mit Bitumen-Schweißbahnen fachgerecht auf abriebfestem und ebenem Untergrund in folgenden Schritten:

1. Aufbringen der Abdichtung aus Dichtungsschlämmen auf der beidseitig der Fuge hergestellten Stahlbetonsohle bis an die Bewegungsfuge heran bzw. aus Vereinfachungsgründen darüber hinweg.
2. Einbau der Abdichtung auf den gesäuberten und getrockneten Sohlenbeton:
   - Bitumenvoranstrich, gut 80 cm breit
   - Schleppstreifen aus Polyethylen 0,3 mm dick, 10 cm breit, als Trennlage über der Fuge zur Verbreiterung des Dehnbereiches der Schweißbahnen
   - 2 Lagen Polymer-Bitumenschweißbahnen mit 200 g/m^2 Polyestervlieseinlage (PYE-PV 200 S 5), 50 bzw. 80 cm breit, 5 mm dick. Die Art der Bitumenbahn entspricht den Vorgaben der VOB DIN 18336 [B22]. Ihre Breite wird aber hier mit 50 bzw. 80 cm empfohlen, da es sich nicht um Verstärkungen wie bei einer Bitumenabdichtung handelt, sondern um die eigentliche Abdichtung über der Fuge einer mit Dichtungsschlämmen abgedichteten Fläche.

Die Abdichtung der Sohlfugen muss nach Bild D14b unter der Außenwand hindurch bis auf die Stirnseite der Fundamentplatte geführt werden. Sie endet mit Anschlussbreiten von

---

Bild D14
Abdichtung von Bewegungsfugen mit Bitumen-Schweißbahnen bei einer Abdichtung von Sohle und Wänden mit Dichtungsschlämmen
a) Schnitt A–A (waagerecht)
b) Schnitt B–B (senkrecht) (links) und Schnitt C–C (senkrecht) (rechts)
c) Anordnung der Lagen in Schnitt C–C
d) Anordnung der Lagen in Schnitt A–A
e) Anordnung der Lagen in Schnitt a–a

1 Stahlbeton-Fundament oder Stahlbetonsohlplatte
2 Abdichtung aus Dichtungsschlämme, mind. 2-lagig
3 Abdichtungsaufbau über der Fuge im Sohlenbereich
  a Voranstrich
  b Trennlage aus 0,3 mm PE, 10 cm breit
  c PYE-PV 200 S5, Breite 80 cm
  d PYE-PV 200 S5, Breite 50 cm
4 Fugenfüllstoff, fäulnisbeständig
5 Wandmauerwerk auf der Außenseite, Fugen glatt gestrichen oder geputzt
6 Mörtelkeil oder Hohlkehle
7 Abdichtungsaufbau über der Fuge im Wandbereich
  a Voranstrich
  b Trennlage aus 0,3 mm PE, 10 cm breit
  c PYE-PV 200 S5, Breite 80 cm
  d PYE-PV 200 S5, Breite 50 cm
8 Schutzschicht aus Mauerwerk oder Beton, 1 m breit
9 Verbundestrich, Fugenfüllung auf Nutzung abgestimmt
10 Dränung nach DIN 4095 [D11], soweit erforderlich

jeweils etwa 10 cm für den späteren Anschluss der einzelnen entsprechenden Lagen aus der Fugenabdichtung der Wand.

Das Wandmauerwerk wird im Sohlfugenbereich auf den Bitumenbahnen der Sohle aufgesetzt und an seiner Außenfläche mit starrer bzw. flexibler Dichtungsschlämme abgedichtet. Die senkrechte Mauerwerksfuge wird wie im Sohlenbereich mit nicht verrottbarem, standfestem Fugenfüllstoff verfüllt. Anschließend wird auf der Außenseite der Mörtelkeil oder die Kehlenausrundung mit einem Radius von ≥ 40 mm im Übergangsbereich Wand–Fundament analog zu Bild D8 hergestellt und bis unmittelbar an die Fuge herangeführt.

Die waagerechte Wandabdichtung ist im Fugenbereich so auszuführen wie in den angrenzenden Bereichen der Fläche (vgl. Bild D6). An dieser Stelle muss auch sichergestellt sein, dass kein Wasser diese Feuchtesperre umlaufen kann.

Die Wandfugenabdichtung (Bild D14a) ist wie vorab für die Sohle beschrieben auszuführen. Der Anschluss an die Fugenabdichtung der Sohle erfolgt lagenweise auf der senkrechten Stirnseite des Fundaments. Hierbei ist anzustreben, dass die obere, 80 cm breite Schweißbahn aus der Wand über alle Lagen auf die Stirnfläche der Fundamentplatte vollflächig geführt wird. Dies wirkt dann als zusätzlicher Schutz bei eventuell zeitweise aufstauendem Wasser.

Eine feste Schutzschicht nach DIN 18195-10 [D17] ist für die Bitumenabdichtung im Fugenbereich etwa 1,0 m breit erforderlich. Diese Schutzschicht soll den Erddruck auf die Abdichtung übertragen und stellt gleichzeitig den mechanischen Schutz der Bitumenbahnen beim Verfüllvorgang des Arbeitsraumes dar. Es empfiehlt sich ein mindestens 1/2-Stein-dickes Mauerwerk aus KSL 12 und MG II mit einer 4 cm dicken Mörtelstampffuge zur Bitumenabdichtung hin. Über der konstruktiven Bewegungsfuge ist eine 2 cm breite Fuge in der Schutzschicht anzuordnen und fäulnisbeständig zu verfüllen (Schnitt A–A). Vorgefertigte Platten, auch solche aus Hartschaum, sind als Schutzschicht im Allgemeinen wenig geeignet. Sie kommen nur dann in Betracht, wenn durch Mörtel ein vollflächiges Ausfüllen aller Unebenheiten auf der Oberfläche der Bitumenbahnen sicher gewährleistet wird. Flexible Bautenschutzplatten sind jedoch geeignet, da sie infolge des Anpressdrucks sich den Unebenheiten der Abdichtung anpassen. Generell kann die Schutzschicht im Wandbereich auch aus Beton hergestellt werden.

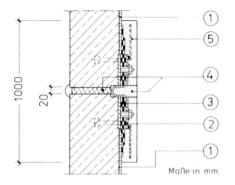

1 Abdichtung mit Dichtungsschlämme auf Behälterwand
2 Los- und Festflanschkonstruktion nach DIN 18195-9 [D17]
3 Mehrlagige, aufgeklebte Manschette aus PYE-PV 200 S5 auf der Dichtungsschlämme, im Flanschbereich stumpf gestoßen mit mittig angeordneter geschlaufter Kunststoff-Dichtungsbahn
4 Fugenfüllung, fäulnisbeständig, standfest und nicht schrumpfend, in der Bauwerksfuge und der Fuge der Schutzschicht
5 Schutzschicht nach DIN 18195-10, bewehrt [D17]

Bild D15
Beispiel zur Abdichtung einer Bewegungsfuge in einem Behälter bei Bewegungen über 10 mm

Werden größere Bewegungen als 10 mm im Fugenbereich z. B. aufgrund möglicher Versackungen oder Verdrehungen erwartet, sind bauwerksspezifische Überlegungen erforderlich. Dies gilt z. B. auch bei Druckwasser im Behälterbau. Neben dem Einbauen von Fugenbändern werden dann Los-Festflansch-Konstruktionen auf der Grundlage der DIN 18195-9 [D17] erforderlich. Auch das ibh-Merkblatt [D102] geht auf diesen Anwendungsfall ein und zeigt entsprechend Bild D15 eine solche Konstruktion im Normalschnitt auf. Es wird in einem solchen Fall immer erforderlich sein, Detailpläne für den Übergang von der Sohle zur Wand aufstellen zu lassen. Hierbei muss auf die erforderlichen Mindestradien von 200 mm und weitere Detailfragen durch einschlägig erfahrene Ingenieure unter Einbeziehung aller nötigen Anschlüsse an die Abdichtung aus Dichtungsschlämmen eingegangen werden. So ist z. B. ein Losflanschwechsel von der Bauwerksinnenseite zur Bauwerksaußenseite auszuschließen, da er nahezu immer zu Undichtigkeiten führt.

7.4 Nassräume und nachträgliche Innenabdichtungen von Kellersohlen und -wänden

In vermehrtem Maße werden heute beim Ausbau von Kellergeschossen die Innenflächen der Sohlen und Wände nachträglich mithilfe von Dichtungsschlämmen gegen eindringende Feuchte geschützt. Da sehr häufig keine gleich bleibende Steinqualität der Wände vorhanden ist, ja z. T. Mauerwerksfugen nicht voll verfüllt sind, muss dabei ein besonderes Augenmerk auf den Untergrund gerichtet werden. So ist beispielsweise oftmals die Fuge mit der unteren waagerechten Wandabdichtung nicht vollflächig verfüllt. Sie muss daher gesondert behandelt werden (Bild D9). Gleiches gilt für Risse und Ausplatzungen, aber auch für das Entfernen alter Estriche und ungeeigneter Putze oder Tapeten (Kleister!) sowie das Schließen von Kiesnestern. Diese vorbereitenden Arbeiten sollten immer in gesonderten Leistungspositionen erfasst werden.

Auf den Sohlflächen muss der Beton frei von allen Verunreinigungen und Fremdteilen sein. Eine ausreichende Festigkeit und Haftung müssen sicher gewährleistet sein. Dazu müssen vor allem Öl- und Farbreste, die oftmals tief in das nicht sehr dichte Betongefüge der Sohlen eingedrungen sind, entfernt werden. Dabei kann es auch erforderlich sein, einen Betonersatz im Sinne von ZTV-SIB 90 [D101] auszuführen.

Im Einzelnen sind folgende vorbereitenden Arbeiten durchzuführen:

a) Abzudichtende Flächen vorbereiten, d. h., vorhandene Putze (sofern nicht auf Zementbasis) und Anstriche entfernen,
b) Risse erweitern und in Abhängigkeit von der Feuchte unter Druck verpressen, z. B. auf der Basis von Polyurethan; Kiesnester öffnen und verspachteln,
c) Arbeitsfugen und ruhende Risse (Altrisse) keilförmig erweitern auf 2 bis 4 cm Breite und 2 bis 4 cm Tiefe, dann mit schnell abbindendem Mörtel schließen,
d) untere waagerechte Wandabdichtung an der Innenseite keilförmig auf etwa 2×2 cm erweitern und mit schnell abbindendem Mörtel verschließen.

Bild D16 zeigt den Aufbau und beschreibt den Arbeitsablauf beim nachträglichen Einbau einer Innenabdichtung.

254   D Bauwerksabdichtungen mit Dichtungsschlämmen

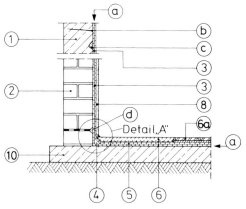

1 Betonwand-Oberfläche vorbereiten
2 Mauerwerk-Oberfläche vorbereiten
3 Dichtungsschlämme mindestens 2-lagig und 2 bis 4 mm dick (Trockenschichtdicke) auftragen; Dichtungsschlämme von den Wänden mindestens 30 cm breit auf die Sohle führen, saubere Kehlenausbildung Wand-Sohle beachten
4 Einbau der Dichtungskehle nach Erhärten des ersten Dichtungsschlämmenauftrags
5 Einbau der Sohlenabdichtung aus Dichtungsschlämme wie an der Wand nach vorhergehender Vorbereitung
6 Bodenbelag als Schutz- und gleichzeitig Nutzschicht im Randbereich auf Trennlage, um übermäßige Rissbeanspruchung zu vermeiden (DIN 18560) [D22]
6a Bodenbelag als Schutz- und gleichzeitig Nutzschicht mit festem Verbund; die mögliche Rissbildung in der Dichtungsschlämme infolge des Verbundes beachten
7 Trennlage aus PE-Folie
8 Keller-Wandputz – nach ausreichender Erhärtung der Dichtungsschlämme und des Spritzwurfes einbauen; in speziellen Fällen kann ein Sanierputz sinnvoll sein (Luftfeuchtigkeit, Raumklima beachten!); in Nassräumen auch Fliesenbelag denkbar
9 Trennfuge zwischen Wandputz und Nutzschicht des Kellerfußbodens nach DIN 18540 [D20] herstellen und elastisch verfüllen
10 Kellerfußbodenplatte

Vorbereitende Arbeiten:
a abzudichtende Flächen vorbereiten, d.h. vorhandene Putze (sofern nicht auf Zementbasis) und Anstriche entfernen
b Risse erweitern und in Abhängigkeit von der Feuchte unter Druck verpressen, z.B. auf der Basis von Polyurethan; Kiesnester öffnen und verspachteln
c Arbeitsfugen und ruhende Risse (Altrisse keilförmig erweitern auf 2 bis 4 cm Breite und 2 bis 4 cm Tiefe, dann mit schnell abbindendem Mörtel schließen
d untere waagerechte Wandabdichtung an der Innenseite keilförmig auf etwa 2×2 cm erweitern und mit schnell abbindendem Mörtel verschließen

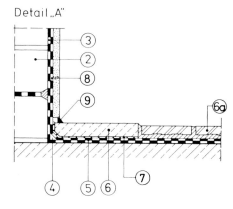

Bild D16
Nachträgliche Innenabdichtung von Kellersohlen und Wänden mit Dichtungsschlämmen

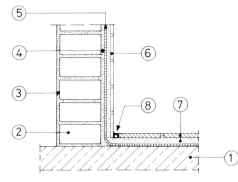

1 Stahlbetondecke
2 Innenmauerwerk
3 Innenputz – normaler Wohnbereich
4 Putz im Nassraum MG III
5 Abdichtung aus Dichtungsschlämme im Sohlen- und Wandbereich
6 Wandplatten, z.B. Mörtelbett oder geklebt
7 Fußbodenplatten in Mörtelbett
8 Fugenabdichtung nach DIN 18540 [20]

Bild D17
Übergang einer Abdichtung aus Dichtungsschlämme im Fußboden-Wandbereich von Nassräumen

7 Ausführung von Abdichtungen mit Dichtungsschlämmen

In privat genutzten Nassräumen werden Dichtungsschlämmen in einem immer größeren Maße eingesetzt (Bild D17). Sie erfüllen bei richtiger Planung und Verarbeitung in vollem Maße die an sie gestellten Anforderungen. Hier sollten aber wegen der zu erwartenden wechselnden Temperaturbeanspruchungen und den damit zwangsläufig verbundenen Bewegungen nur flexible Dichtungsschlämmen eingesetzt werden. Ferner müssen die zu beschichtenden Wandflächen nicht nur den Bereich der Zapfstellen, sondern auch die Spritzwasserzonen umfassen. Nach DIN 18195-5 [D17] sind die betreffenden Wandabdichtungen in Nassräumen mindestens 20 cm über die jeweilige Wasserentnahmestelle und die Sohlenabdichtung im Bereich nicht gedichteter Wände mindestens 15 cm in die Wandebene hochzuführen [D17]. Außerdem sollten Planer und Ausführende beachten, dass der üblicherweise eingesetzte Innenputz u.U. Gipsanteile enthält und als Untergrund einer Dichtungsschlämme unzureichend ist. Eine Ausnahme bilden Putze der Klasse PII nach DIN 18550 [D21]. Am sichersten erscheint für die abzudichtenden Wandflächen als Untergrund für die Dichtungsschlämmen ein 10 mm dicker Zementmörtel-Putz.

Fußbodenflächen erfordern in der Regel, sofern Abläufe angeordnet sind, einen Gefälleestrich. Besser, aber schwerer auszuführen ist die Gefälleausbildung unmittelbar in der Rohbetonfläche. Der Gefälleestrich erfordert Kunststoffzusätze nach ZTV-SIB 90 [D101]. Denn Estriche mit Dicken unter 5 cm ohne Zusätze werden rissig und zerbrechen. Infolge der nicht auszuschließenden Rissbildung stellen sie keinen ausreichenden Untergrund für eine Dichtungsschlämme dar.

Nach Auftragen der Dichtungsschlämme entsprechend Bild D16 sind die waagerechten und senkrechten Nutzschichten fachgerecht einzubauen. Hierbei muss am Fußpunkt die Fuge flexibel nach DIN 18540 [D20] ausgebildet werden. Dabei dürfen nur Fugenfüllstoffe eingesetzt werden, die für Nassräume ausdrücklich zugelassen sind.

Die Abdichtungen aus Dichtungsschlämme werden in der Regel an stählerne Einbauteile, wie z.B. Abläufe, durch Aufkleben von Manschetten angeschlossen. Die Manschette dichtet dann den Haarriss zwischen Dichtungsschlämme und Flansch und lässt das Sickerwasser aus Fugen der Nutzfläche schadlos an die Sickerschlitze der Abläufe gelangen.

Das Quellband der neuen Generation

- Mit allgemeinem bauaufsichtlichem Prüfzeugnis
- Auch für Wasser-Wechselzonen geprüft
- Für Trinkwasser geeignet

wagener Bauartikel GmbH Tel.: 0421/542040 Fax: 0421/540735   info@swellstop.de   www.swellstop.de

NASSE WÄNDE, FEUCHTE KELLER?

Analysieren · Sanieren · Wohlfühlen

- Sorgfältige Ursachenanalyse.
- ISOTEC- Außen-u. Innenabdichtung.
- Dauerhafter Feuchtigkeitsschutz.
- Qualitätssicherung TÜV Rheinland.

ISOTEC-Fachbetrieb
Henry Hildebrand

Tel. 09 11-8 00 06 06
www.isotec.de

E   Spritz- und Spachtelabdichtungen

Alfred Haack

1   Allgemeines

Es besteht kein Zweifel, dass das Aufspritzen oder Aufspachteln einer formschlüssigen und nahtlosen, dauerhaft funktionsfähigen Abdichtung generell große Vorteile bietet. An ein solches Abdichtungssystem sind aber in gleicher Weise hohe Anforderungen zu stellen wie an die Hautabdichtungen auf Bitumenbasis (Kapitel B) oder aus Kunststoff-Dichtungsbahnen (Kapitel C). So müssen Spritz- und Spachtelabdichtungen in erster Linie beständig gegen die zu erwartenden Wasserbeanspruchungen in mechanischer und chemischer Hinsicht sein. Sie müssen außerdem mit allen angrenzenden Baustoffen oder Bodenmaterialien verträglich sein. Bei Freibewitterung müssen sie auch UV-beständig und ausreichend temperaturfest sein. Im Zusammenhang mit begehbaren oder befahrbaren Flächen ist darüber hinaus der Anforderungskatalog nach Abschnitt B2.1 zu erfüllen. Weiterhin ist generell ein guter und dauerhafter Haftverbund sicherzustellen, um jegliche Unterläufigkeit auszuschließen. Dies setzt allerdings eine hohe Dehnfähigkeit und die Eigenschaft der Überbrückung von Rissen im Abdichtungsuntergrund voraus. Schließlich muss eine aufgespritzte bzw. aufgespachtelte Abdichtung reparierfähig und im Falle einer aufgespritzten Kunststoffabdichtung bei systematischem Wegfall einer abdeckenden Schutz- und Nutzschicht, d. h. bei unmittelbarer Nutzung, wartungs- und pflegeleicht sein. Im Zusammenhang mit Verkehrsflächen ist bei direkter Nutzung einer aufgespritzten Kunststoffabdichtung, die zugleich als Verschleißschicht dient, eine ausreichende Sicherheit gegen Abrieb unverzichtbar, gleichermaßen aber auch gegen Rutschgefahr. In diesem Zusammenhang sind die Anforderungen an Oberflächenschutzsysteme OS-F der ZTV-SIB 90 [E103] bzw. OS 11 und OS 12 der Richtlinien des Deutschen Ausschusses für Stahlbeton [E104] zu beachten. Die letztgenannte Vorschrift aus dem Jahr 1990 befindet sich in Überarbeitung und wird neu herausgegeben. Ansonsten ist im Hinblick auf die üblichen Verschleißschichten aus Verbundpflaster oder Gussasphaltbelägen eine langfristige Gebrauchstauglichkeit der Abdichtung anzustreben. Gussasphaltbeläge setzen für die Bauphase eine entsprechende kurzzeitige Temperaturbeständigkeit der Beschichtung bis zu etwa 250 °C voraus. Bei Erdüberschüttung kommt die Erfordernis der Wurzelfestigkeit hinzu, damit die zusätzliche Anordnung entsprechend ausgelegter Wurzelschutzbahnen entfallen kann. Dies gilt auch im Hinblick auf extensiv begrünte Dachflächen. Bei intensiver Begrünung einer Dachfläche kann dagegen zumindest bei aufgespritzten Bitumenabdichtungen auf die Anordnung von Wurzelschutzbahnen nicht verzichtet werden.

Die Vorteile einer Spritz- oder Spachtelabdichtung sind in erster Linie in dem praktisch nahtlosen Überzug der abzudichtenden Flächen einschließlich geometrisch komplizierter Teilbereiche sowie An- und Abschlüsse zu sehen. Die bei Bitumenabdichtungen durch die Mehrlagigkeit und bei lose verlegten Kunststoffbahnenabdichtungen durch die lückenlose

Nahtprüfung gewonnene Sicherheit gegen Einbaufehler lässt sich bei Spritz- und Spachtelabdichtungen durch mindestens zwei voneinander unabhängige Auftragsvorgänge ebenfalls erreichen. Voraussetzung hierfür ist allerdings, dass die verschiedenen nacheinander frisch in frisch durchgeführten Arbeitsgänge auch jeweils vollflächig vorgenommen werden. In dieser Hinsicht förderlich ist eine farbliche Differenzierung zwischen den verschiedenen Auftragslagen und das kreuzweise Wechseln der Auftragsrichtung von Lage zu Lage. Eine Schichtentrennung ist dabei für den Fertigzustand unbedingt zu vermeiden.

Je nach der Art der verwendeten Stoffe ist zwischen aufgespritzten oder gespachtelten, in der Regel kunststoffmodifizierten Bitumendickbeschichtungen (KMB) einerseits und aufgespritzten oder manuell aufgetragenen Kunststoffabdichtungen andererseits zu unterscheiden. Beide Systeme werden im Folgenden näher erläutert.

2 Aufgespritzte oder gespachtelte kunststoffmodifizierte Bitumendickbeschichtungen (KMB)

2.1 Grundlagen

Neben den in DIN 18195 [E4] erfassten Abdichtungssystemen auf Bitumenbasis wurden in den letzten zwei Jahrzehnten auch kalt verarbeitbare Beschichtungssysteme auf Bitumenbasis entwickelt. Es handelt sich hierbei um ein-, zwei- oder mehrkomponentige kunststoffmodifizierte Bitumenemulsionen. Derartige Emulsionen werden seit mehr als 20 Jahren in der Praxis eingesetzt. Als so genannte Dickbeschichtungen werden sie gegen Bodenfeuchte, nichtdrückendes Wasser und zeitweise aufstauendes Sickerwasser seit über 10 Jahren mit Erfolg eingesetzt. Ihre Eignung und Funktionsfähigkeit ist über umfangreiche Stoff- und Systemprüfungen durch amtlich anerkannte Prüfinstitute nachgewiesen.

Die kunststoffmodifizierten Beschichtungsmassen müssen entsprechend DIN 18195-2, Tabelle 9 [E4] nachstehende Anforderungen erfüllen.

2.2 Abdichtung in der Fläche

Bauwerksabdichtungen mit kalt verarbeitbaren, kunststoffmodifizierten Bitumendickbeschichtungen auf Basis von Bitumen-Emulsionen werden häufig im Tiefbau eingesetzt. Vor allem für den Schutz von Stützwänden, bei Widerlagern einschließlich der Flügelwände von Brücken, aber auch bei Kellergeschossen von Wohngebäuden finden diese Systeme Anwendung [E209 bis E212]. Darüber hinaus werden derartige Systeme auch zur Abdichtung von Balkonen, Laubengängen und ähnlichen Außenflächen im Wohnungsbau sowie von Außenwänden bei Tiefgaragen eingesetzt. Innerhalb von Wohngebäuden dienen sie im Fußboden- und Wandbereich der Abdichtung von Nassräumen, Duschen und Bädern zum Schutz gegen Brauchwasser.

Für die Verarbeitung sind bestimmte Witterungsverhältnisse zu beachten. So muss die Temperatur der Umgebungsluft und des abzudichtenden Untergrundes mindestens +5 °C betragen. Wasser- und Regeneinwirkung sind während der Verarbeitung und des Aushärtens zu vermeiden (ausreichende Regenfestigkeit erforderlich). Es ist auch dafür zu sor-

2 Aufgespritzte oder gespachtelte kunststoffmodifizierte Bitumendickbeschichtungen

Tabelle E1
Kunststoffmodifizierte Bitumendickbeschichtungen (KMB)
Anforderungen an kaltverarbeitbare, kunststoffmodifizierte, ein- oder zweikomponentige Beschichtungsstoffe auf Basis von Bitumenemulsionen [E4]

Nr.	1	2	3	4
	Zusammensetzung und Eigenschaft [1]	Prüfwert/ Anforderung [3]	Prüfverfahren nach	Abweichend jedoch
1	Zusammensetzung der Flüssigkomponente			
1.1	Festkörpergehalt als Massenanteil in % [2]	Wert ist anzugeben Grenzabweichung ±5%	EN ISO 3251	bei einer Temperatur von 105 °C ±5 K bis zur Gewichtskonstanz
1.2	Aschegehalt als Massenanteil in %, bezogen auf Festkörper [2]	Wert ist anzugeben Grenzabweichung ±2%	DIN 52005	Probevorbereitung: DIN EN ISO 3251 bei einer Temperatur von 475 °C ±25 K bis zur Gewichtskonstanz
1.3	Bindemittelgehalt als Massenanteil in % einschließlich nicht verdampfbarer organischer Anteile, bezogen auf Festkörper [2]	≥35%	errechnet aus 1.1 und 1.2	
1.4	Schichtdickenabnahme bei Durchtrocknung (%) [2]	Wert ist anzugeben Grenzabweichung ±5%		
2	Eigenschaften der Trockenschicht			
2.1	Dichte des Festkörpers [2]	Wert ist anzugeben Grenzabweichung ±0,1 g/cm^3	DIN 52123 Anhang A	
2.2	Wärmestandfestigkeit [2]	≥+70 °C	DIN 52123	Vor der Prüfung ist der Probekörper 28 d bei 20 °C/65% relativer Luftfeuchte zu trocknen. Trockenschichtdicke: min. 3 mm
2.3	Kaltbiegeverhalten [2]	≤0 °C	DIN 52123	Vor der Prüfung ist der Probekörper 28 d bei 20 °C/65% relativer Luftfeuchte zu trocknen. Trockenschichtdicke: min. 3 mm

Tabelle E1
(Fortsetzung)

Nr.	1	2	3	4
	Zusammensetzung und Eigenschaft[1]	Prüfwert/ Anforderung[3]	Prüfverfahren nach	abweichend jedoch
2.4	Wasserundurchlässigkeit	Schlitzbreite: 1 mm Wasserdruck: 0,075 N/mm², 24 h	DIN 52123, Schlitzdruckprüfung	Vor der Prüfung ist der Probekörper 28 d bei 20 °C/65 % relativer Luftfeuchte zu trocknen. Trockenschichtdicke: min. 4 mm
2.5	Rissüberbrückung	≥2 mm; Rissversatz etwa 0,5 mm; Rissweite zum Zeitpunkt des Entstehens: ≤0,5 mm	E DIN 28052-6	Prüftemperatur: +4 °C ohne Druckwasserversuch, alternativ kann der Riss auch zentrisch erzeugt werden
2.6	Druckbelastung	0,06 MN/m² Für Abdichtungen nach DIN 18195-6: 0,3 MN/m²		

[1] Die Einhaltung der festgelegten Eigenschaften ist durch die Erstprüfung einer bauaufsichtlich anerkannten Prüfstelle nachzuweisen.
[2] Für diese Eigenschaften ist eine werkseigene Produktionskontrolle durchzuführen. Dies gilt auch für die Verstärkungseinlage. Während der Produktionszeit hat die Prüfung mindestens einmal wöchentlich zu erfolgen.
[3] Die bei der Erstprüfung ermittelten Werte sind vom Hersteller anzugeben. Bei der werkseigenen Produktionskontrolle dürfen die Prüfwerte maximal um die in dieser Tabelle angegebenen Grenzabweichungen von den Werten der Erstprüfung abweichen.

Die Verstärkungseinlage ist zu beschreiben: Art der Verstärkungseinlage, Flächengewicht, Zug-/ Dehnungswerte, Maschenweite (soweit Gewebe).

gen, dass die frische, noch nicht ausreagierte Beschichtung nicht durch Frost beansprucht wird. Schließlich sind bezüglich der Luftfeuchtigkeit und der Taupunkttemperatur die entsprechenden Verarbeitungs- und Ausführungshinweise der Produkthersteller zu beachten [E301 bis E303].

Als Abdichtungsuntergrund sind alle mineralischen Bauteile z. B. aus Beton nach DIN 1045 [E1], Mauerwerk nach DIN 1053 [E2], Putz der Mörtelgruppe PII bzw. PIII nach DIN 18550 [E6] oder Estrich nach DIN 18560 [E7] geeignet. Mauerwerk muss voll und bündig verfugt sein. Nicht vermörtelte Stoßfugen, z. B. bei großformatigen Steinen, erfordern eine Kratz- bzw. Füllspachtelung aus einem kunststoffmodifizierten Mörtel oder dem Material der kunststoffmodifizierten Bitumendickbeschichtung (KMB). Generell muss der Abdichtungsuntergrund fest, ausreichend statisch tragfähig, staubfrei und frei von Graten, Nestern und Verunreinigungen sein. Seine Vorbereitung sollte nach den Regelungen der ZTV-SIB 90 [E103] erfolgen.

2 Aufgespritzte oder gespachtelte kunststoffmodifizierte Bitumendickbeschichtungen

a)

b)

Bild E1
Aufspachteln einer kalt verarbeitbaren, kunststoffmodifizierten Bitumendickbeschichtung auf einer gemauerten Kellerwand [E303]
a) Gesamtansicht
b) Einbauvorgang

Bild E2
Aufspritzen einer kalt verarbeitbaren, kunststoffmodifizierten Bitumenemulsion (Dickbeschichtung) bei einer Stützwand [E303]

Die Verarbeitung der Beschichtungsstoffe erfolgt je nach Materialkonsistenz im Streich-, Roll-, Spachtel- (Bild E1) oder Spritzverfahren (Bild E2). Zum Mischen von zwei- oder mehrkomponentigen Stoffen eignen sich vor allem langsam laufende Rührwerkzeuge. Die von den Produktherstellern vorgegebenen Mischzeiten sind unbedingt zu beachten. Das gilt in gleicher Weise für die Technischen Merkblätter, generellen Verarbeitungshinweise und Ausführungsanweisungen der Produkthersteller.

Zur Haftverbesserung ist allgemein die Anordnung eines Bitumenvoranstrichs oder einer Kunstharzgrundierung notwendig. Dadurch werden auch nach einer gründlichen Reinigung immer noch vorhandene restliche Staub- und Schmutzablagerungen gebunden, die sich sonst haftmindernd auswirken würden. Zur mechanischen Verstärkung der Beschichtung, zu deren Verbesserung hinsichtlich der Rissüberbrückungseigenschaften und zur besseren Schichtdickenkontrolle können Trägereinlagen aus Glas- oder Polyestervlies, oder auch aus entsprechenden Geweben, angeordnet werden. Diese Verstärkungen werden zwischen den aufeinander folgenden Arbeitsgängen in die jeweils noch frische, nicht abgebundene Beschichtungslage angeordnet.

Die Auftragsmenge richtet sich nach der zu erwartenden Wasserbeanspruchung und nach der Saugfähigkeit des Abdichtungsuntergrundes. Stark profilierter Untergrund erfordert größere Verbrauchsmengen. Sie liegen im Allgemeinen bei zwei Beschichtungsvorgängen in der Größenordnung von insgesamt 4 bis 6 kg/m². Das entspricht bei einer angenommenen Dichte der Emulsion von ca. 1000 kg/m³ einer Nassschichtdicke von etwa 4 bis 6 mm. Unterstellt man ferner ein Volumenfestkörpergehalt von etwa 75%, so ergibt sich die Trockenschichtdicke zu ungefähr 3 bis 4 mm. Für die abdichtungstechnische Funktionsfähigkeit ist die Trockenschichtdicke maßgeblich, die im Einzelnen aus den Herstellerunterlagen zu entnehmen ist. Sie muss mindestens 3 mm bei Abdichtungen gegen Bodenfeuchte und nichtstauendes Sickerwasser nach DIN 18195-4 sowie gegen nichtdrückendes Wasser nach DIN 18195-5 betragen und mindestens 4 mm bei Abdichtungen gegen zeitweise aufstauendes Sickerwasser nach DIN 18195-6, Abschnitt 9 [E4].

Der Beschichtungsauftrag muss fehlstellenfrei und gleichmäßig erfolgen. Handwerklich bedingt sind Schwankungen der Schichtdicke beim Auftragen des Materials nicht auszuschließen. Dazu ist die erforderliche Nassschichtdicke vom Hersteller anzugeben. Diese darf an keiner Stelle um mehr als 100% überschritten werden (z. B. in Kehlen).

Die fertige Abdichtung erfordert eine Schutzschicht, die dauerhaft vor schädigenden Einflüssen statischer, dynamischer und thermischer Art schützt. Linien- oder punktförmige Belastungen sind unbedingt zu vermeiden. Wellplatten oder profilierte Dränmatten, Wirrvliese und dergleichen sind daher als Schutzschicht nicht geeignet. Bei Terrassen- und Balkonabdichtungen dienen Estrich bzw. Mörtelbett oder Sandschüttung mit Plattenbelag zugleich als Nutzschicht, wobei zwischen Abdichtung und Belag eine Trennlage z. B. aus 2 PE-Folien anzuordnen ist.

Schutzschichten dürfen generell nicht in die frische, noch nicht abgebundene Abdichtungsschicht verlegt werden. Schubbeanspruchungen auf die Abdichtung sind durch Anordnung von Trenn- und Gleitschichten oder durch die Ausbildung statisch nachgewiesener Nocken zu vermeiden. Bei Terrassen- und Balkonabdichtungen scheiden Beläge auf Stelzlagern wegen der damit verbundenen Punktbelastung in jedem Fall aus.

Einige wichtige anwendungstechnische Hinweise geben die Richtlinien [E101]. Die Beschichtung ist in mindestens zwei Arbeitsgängen frisch in frisch aufzutragen. Die Abdichtung muss in der Lage sein, Risse im Untergrund z. B. infolge Schwinden schadlos bis zu einer Rissbreite von 2 mm zu überbrücken bei einem Rissversatz von etwa 0,5 mm. Die Rissweite zum Zeitpunkt der Rissentstehung darf einen Wert von 0,5 mm nicht überschreiten (vgl. Tabelle E1).

Ausführungstechnische Einzelheiten sind beispielhaft aus den Bildern E3 bis E5 ersichtlich. Dabei wird unterschieden nach der Beanspruchung durch Bodenfeuchte, nichtdrückendes Wasser bzw. zeitweise aufstauendes Sickerwasser.

Im Bereich Boden/Wandanschluss mit vorstehender Bodenplatte ist die kunststoffmodifizierte Bitumendickbeschichtung aus dem Wandbereich über die Bodenplatte bis etwa 100 mm auf die Stirnfläche der Bodenplatte herunterzuführen.

Bei Arbeitsunterbrechung muss die kunststoffmodifizierte Bitumendickbeschichtung auf Null ausgestrichen werden. Bei Wiederaufnahme der Arbeiten wird überlappend weitergearbeitet. Arbeitsunterbrechungen dürfen nicht an Gebäudeecken, Kehlen oder Kanten erfolgen.

Gewebeverstärkungen sind bei Abdichtungen gegen nichtdrückendes Wasser im Kehlen- und Kantenbereich anzuordnen, bei Abdichtungen gegen zeitweise aufstauendes Sickerwasser dagegen ganzflächig zwischen den beiden Beschichtungslagen.

Generell sind Prüfungen nach DIN 18195-3 [E4] durchzuführen. Sie umfassen vor allem die Kontrolle der Nassschichtdicke. Hierzu sind mindestens 20 Messungen je Ausführungsobjekt bzw. mindestens 20 Messungen je 100 m^2 vorzunehmen. Bei zwei Aufträgen mit Verstär-

264 E Spritz- und Spachtelabdichtungen

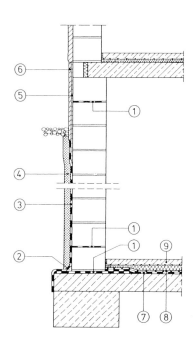

1 Horizontalabdichtung aus bitumenverträglichen Dichtungsbahnen bzw. Dichtungsschlämmen
2 Hohlkehle nach Vorgabe des Produktherstellers
3 Wandabdichtung
4 Schutzschicht z.B. aus Dränplatten oder Bautenschutzplatten
5 Abdichtung im Spritzwasserbereich mit Dichtungsschlämme
6 Außenputz oder Sockelbekleidung
7 Bodenabdichtung
8 Trennlage
9 Estrich auf Dämmschicht

Bild E3
Beispiel einer Abdichtung von Außenwänden und Bodenplatten gegen Bodenfeuchte [E101]

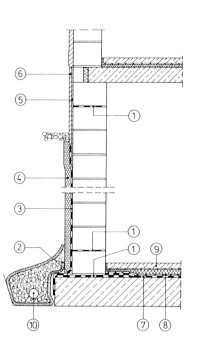

1 Horizontalabdichtung aus bitumenverträglichen Dichtungsbahnen bzw. Dichtungsschlämmen
2 Hohlkehle nach Vorgabe des Produktherstellers
3 Wandabdichtung
4 Drän- und Schutzschicht
5 Abdichtung im Spritzwasserbereich mit Dichtungsschlämme
6 Außenputz- oder Sockelbekleidung
7 Bodenabdichtung
8 Trennlage
9 Estrich auf Dämmschicht
10 Dränung nach DIN 4095

Bild E4
Beispiel einer Abdichtung von Außenwänden und Bodenplatten gegen nichtdrückendes Wasser [E101]

2 Aufgespritzte oder gespachtelte kunststoffmodifizierte Bitumendickbeschichtungen

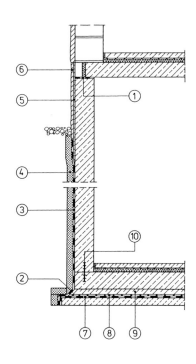

1 Horizontalabdichtung aus bitumenverträglichen Dichtungsbahnen bzw. Dichtungsschlämmen
2 Hohlkehle nach Vorgabe des Produktherstellers
3 Wandabdichtung
4 Schutzschicht z.B. aus Dränplatten oder Bautenschutzplatten
5 Abdichtung im Spritzwasserbereich mit Dichtungsschlämme
6 Außenputz oder Sockelbekleidung
7 Bodenabdichtung
8 Trennlage
9 Schutzbeton
10 Arbeitsfugenband

Bild E5
Beispiel einer Abdichtung von Außenwänden und Bodenplatten gegen zeitweise aufstauendes Sickerwasser [E101]

kungseinlagen sind beide Schichtdicken gesondert zu kontrollieren. Für nachträgliche Prüfungen an der fertig gestellten Abdichtung kann die Trockenschichtdicke durch V-förmiges Ausschneiden der Beschichtung (Keilschnittverfahren) festgestellt werden.

2.3 Fugen und Durchdringungen

Arbeitsfugen können ohne besondere zusätzliche Maßnahmen mithilfe einer Beschichtung aus kalt verarbeitbaren kunststoffmodifizierten Bitumenemulsionen abgedichtet werden. Dehnungsfugen erfordern dagegen besondere Vorkehrungen. Einige Produkthersteller empfehlen die Ausbildung der Fugenabdichtung nach den Regeln der DIN 18195 [E4] oder in der gleichen Weise wie für mineralische Dichtungsschlämmen (vgl. Abschnitt D7.3). Andere Produkthersteller geben für die Abdichtung von Dehnungsfugen in horizontalen Sohlen- und Deckenflächen z.B. von Tiefgaragen und Tunnelbauwerken folgende Hinweise [E302]:

Bei kleinen Bewegungen (bis 5 mm) erhält die Fuge entsprechend Bild E6 ein spezielles Abdichtungsband aus bitumenverträglicher Kunststoff-Dichtungsbahn (mindestens 1,2 mm dick), das an beiden Längsrändern ober- und unterseitig über eine Vlieskaschierung zum Einarbeiten in die KMB verfügt. Wasserseitig werden die Flanken der Dehnungsfuge ebenso wie die angrenzenden Flächen mit einem Voranstrich versehen. Es folgt der Einbau eines Unterfüllprofils und die oberflächenbündige Verfüllung des Fugenspalts mit Bitumenspachtelmasse. Nach ausreichendem Abtrocknen dieser Spachtelmasse wird die KMB-Flächenabdichtung bis an die Fugenflanken herangezogen. Das spezielle Abdichtungsband wird in die noch frische KMB-Masse eingearbeitet. Anschließend wird beiderseits der Fuge, ohne

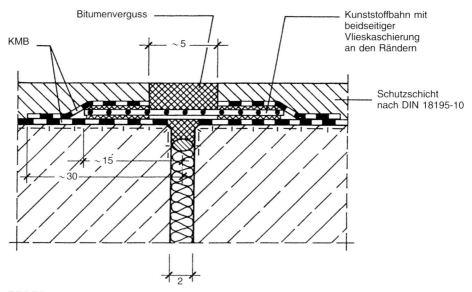

Bild E6
Beispiel für die Abdichtung einer Dehnungsfuge in horizontalen Sohlen- oder Deckenflächen (Mindestmaße)

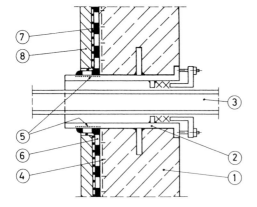

1 Konstruktionsbeton
2 Mantelrohr mit Ringflansch und Stopfbuchse
3 Ver- oder Entsorgungsrohr bzw. Kabel
4 Grundierung/Voranstrich
5 mit Sandpapier aufgeraute Anschlussfläche, erforderlichenfalls Abdichtung in diesem Bereich mit Gewebeeinlage verstärken
6 Dickbeschichtung der Fläche
7 Trennlage
8 Schutzschicht, z.B. Dränplatte oder Bautenschutzplatte

Bild E7
Rohrdurchführung (Prinzip)

den Fugenspalt zu überdecken, ein jeweils etwa 30 cm breiter Streifen aus KMB zur Verstärkung und für den Anschluss des speziellen Abdichtungsbandes eingebaut. Die abschließende Schutzschicht kann aus Dränplatten oder Bautenschutzplatten bestehen. Je nach verwendetem Material ist über der Dehnungsfuge auch in der Schutzschicht eine Fuge anzuordnen, die wiederum mit Bitumenspachtelmasse zu verfüllen ist.

Größere Bewegungen (über 5 mm) erfordern eine Ausbildung der Abdichtung über der Fuge nach DIN 18195-8:2000-08 [E4].

Rohrdurchführungen können nach dem in Bild E7 dargestellten Prinzip abgedichtet werden. Das Mantelrohr ist mit einem Ringflansch im Beton oder Mauerwerk zu verankern. Der Ringspalt zwischen diesem Mantelrohr und der Ver- oder Entsorgungsleitung bzw. dem Kabel ist mithilfe einer Stopfbuchse abzudichten. Nach dem sauberen Einputzen des Mantelrohres ist der Rohransatz mit Sandpapier aufzurauen, um eine bessere Haftung zu erzielen. Es folgt der Einbau der Grundierung bzw. des Voranstrichs und schließlich das Auftragen der Dickbeschichtung. Die Dickbeschichtung wird einige Zentimeter auf den Rohransatz gezogen, wobei im Übergang von der Bauwerksfläche eine Kehle mit 2 bis 3 cm Halbmesser (Löffelkehle) auszubilden ist. Empfehlenswert ist im Anschlussbereich eine Verstärkung der Beschichtung durch Anordnung einer Gewebeeinlage mit abschließender Sicherung durch eine breite Schelle. Als Abschluss wird wiederum eine Schutzschicht z. B. aus Dränplatten oder Bautenschutzplatten angeordnet.

Beim Anwendungsfall nach DIN 18195-6:2000-08, Abschnitt 9 (zeitweise aufstauendes Sickerwasser) sind Rohrdurchführungen mit Los- und Festflansch zu verwenden. Als Anschlussbahnen müssen Manschetten aus Kunststoff-Dichtungsbahnen mit beidseitiger Vlieskaschierung im Randbereich verarbeitet werden.

Andere Einbauteile sind in ähnlicher Weise an die Dickbeschichtung anzuschließen. Wo dies aus technischen oder stofflichen Gründen nicht möglich sein sollte, sind die anwendungstechnischen Regelungen der DIN 18195-9 unter Verwendung von bahnenartigen Abdichtungsstoffen nach Teil 2 der gleichen Norm [E4] einzusetzen.

3 Aufgespritzte Kunststoffabdichtungen

3.1 Grundlagen

Bei den aufgespritzten Kunststoffabdichtungen handelt es sich um Systeme auf der Basis von Reaktionsharzen, die in der Regel bei Umgebungstemperaturen von +8 °C bis +40 °C in flüssigem Zustand verarbeitet werden und durch Zugabe von Reaktionsmitteln zu einer festen, meist hochdehnfähigen Masse polymerisieren. Die Verarbeitung bei Nässe, Taubildung oder Nebelnässe ist nicht zulässig. Im Wesentlichen gelangen bei den aufgespritzten Kunststoffabdichtungen Polyurethane (PUR), Epoxide (EP), ungesättigte Polyester (UP) und Methacrylate (MA) zum Einsatz.

Die in Abschnitt E1 zusammengestellten allgemeinen Anforderungen gelten uneingeschränkt auch für die aufgespritzten Kunststoffabdichtungen. Bei ihnen kommt es zusätzlich darauf an, dass sie dauerhaft beständig sind gegen Mikroben und Pilzbefall. Sie sollten außerdem weichmacherfrei und lösemittelfrei sein, um chemische Langzeitreaktionen und Unverträglichkeiten mit angrenzenden anderen Baustoffen von vornherein weitgehend auszuschließen.

Die aufgespritzten Kunststoffabdichtungen zeichnen sich im Allgemeinen durch hohe Elastizität und Dehnfähigkeit aus. Dies bewirkt eine gute Rissüberbrückungsfähigkeit bei Rissweiten bis zu 2 mm. Die für den Gebrauchszustand zulässige Temperaturspanne reicht bei den üblicherweise eingesetzten Flüssigkunststoffen von etwa −20 °C bis +80 °C.

a) b)

Bild E8
Aufspritzen einer Flüssigkunststoffabdichtung
a) Deckenfläche
b) Schwierige geometrische Details

Die Einsatzgebiete der aufgespritzten Kunststoffabdichtungen sind sehr breit gefächert. Sie reichen vom Dach bis zu Behältern, Nassräumen, Tunnel- und Trogbauwerken sowie Brückentafeln und Parkdecks (Bild E8).

Es dürfen nur solche Stoffe zur Anwendung gelangen, die eine Grundprüfung im Sinne der ZTV-BEL-B 95, Teil 3 [E102] aufweisen und die in der vom Bundesministerium für Verkehr herausgegebenen Liste der geprüften Stoffe geführt werden.

3.2 Flächen

Ausführungstechnische Einzelheiten zu aufgespritzten Kunststoffabdichtungen werden vor allem in der ZTV-BEL-B, Teil 3 [E102] geregelt. Diese vom Bundesministerium für Verkehr für den Brückenbau ausgearbeitete Vorschrift wurde 1995 überarbeitet und aktualisiert.

Die Voraussetzungen für den Einbau aufgespritzter Kunststoffabdichtungen an den Untergrund sind ähnlich geregelt wie in Abschnitt B2 für die einlagig ausgeführten Abdichtungen mit Bitumenschweißbahnen beschrieben. Der Betonuntergrund muss fest und frei von Graten sein. Seine Oberflächenhaftzugfestigkeit muss mindestens 1,5 N/mm^2 betragen. Die Oberfläche muss außerdem trocken sein. Die Restfeuchte im Beton darf Werte von 4 bis 5 Masse-% nicht überschreiten. Der zulässige Wert wird von den Stoffherstellern systemspezifisch angegeben. Die Einhaltung dieses Wertes entscheidet weitgehend über Haftung und das richtige Ausreagieren des Flüssigkunststoffes. Als Baustellenprüfung kann die Erwärmung der Betonoberfläche mit einem Heißluftgerät angesehen werden. Es darf bei ausreichend trockenem Beton keine deutlich sichtbare Aufhellung der Betonoberfläche im Strahlbereich eintreten. Außerdem dürfen keine Verunreinigungen durch Fette oder Öle vorliegen. Die Oberflächenrauigkeit sollte einen Wert zwischen 1,5 und 2,5 mm aufweisen.

Sofern diese Randbedingungen für den Abdichtungsuntergrund nicht von vornherein erfüllt sind, muss dieser entsprechend vorbereitet werden. Schlämpe und lose Teile sind abtragend durch geeignete Verfahren wie Nassstrahlen, Kugelstrahlen oder Fräsen zu entfernen. Im Einzelnen wurde hierauf bereits in Abschnitt B2 eingegangen (vgl. auch [E208]). Die Regelungen der ZTV-SIB 90 [E103] bzw. der Richtlinien des Deutschen Ausschusses für Stahlbeton [E104] sind zu beachten. Nach dem Entfernen der losen oder verunreinigten Teile ist die Betonoberfläche ebenso wie bei zu großer Rautiefe mit einer Kratzspachtelung zu versehen. Hierfür werden lösungsmittelfreie Epoxidharze nach TL-BEL-EP [E102] im Gemisch mit feuergetrockneten Quarzsanden eingesetzt. Das Mischungsverhältnis Harz/Quarzsand beläuft sich auf etwa 1 : 3.

Wenn die Oberflächeneigenschaften des Betonuntergrundes den gestellten Anforderungen von vornherein genügen, reicht das Aufbringen einer ein- oder mehrlagigen Grundierung. Hierfür gelangen ebenfalls lösungsmittelfreie Epoxidharze zur Anwendung. Sie werden wie in Abschnitt B2 beschrieben mit der Rolle aufgetragen oder aufgespritzt. Dabei ist zu beachten, dass die Oberflächentemperatur des Betonuntergrundes nicht unter $+8\,°C$ und nicht über $+40\,°C$ liegen darf. Die relative Luftfeuchtigkeit darf während der Grundierungsarbeiten nicht über 75% betragen. Außerdem muss die Oberflächentemperatur des Betonuntergrundes mindestens 3 K über dem Taupunkt liegen. Die Kontrolle zur Einhaltung der letztgenannten Forderung erfolgt mithilfe einer entsprechenden Tabelle aus der ZTV-BEL-B Teil 1, Anhang 2, Abschnitt 1 [E102]. Die erste Lage der Grundierung wird in einer Menge von 300 bis 500 g/m^2 aufgetragen und vor dem Aushärten des Reaktionsharzes mit einer Quarzsandabstreuung versehen. Hierzu gelangt feuergetrockneter Quarzsand der Körnung 0,1/0,5 mm oder 0,2/0,7 mm zum Einsatz. Nach dem Ausreagieren der ersten Lage der Grundierung ist loser, überschüssiger Quarzsand sorgfältig zu entfernen. Anschließend wird die zweite Lage Grundierung ohne weitere Quarzsandabstreuung eingebaut. Auf die ausreagierte zweite Grundierungslage wird dann die Flüssigkunststoffabdichtung aufgebracht.

Die Verarbeitung der Reaktionsharze für die aufgespritzte Kunststoffabdichtung darf nur im Bereich bestimmter Umgebungstemperaturen erfolgen. Für ungesättigte Polyesterharze liegen die zulässigen Verarbeitungstemperaturen nach Angaben der Stoffhersteller zwischen $+5\,°C$ und $+30\,°C$. Polyurethansysteme lassen sich problemlos zwischen $+10\,°C$ und $+40\,°C$ verarbeiten. In beiden Fällen ist wiederum der Taupunkt zu beachten. Die Verarbeitungstemperatur muss mindestens 3 K über dem Taupunkt liegen. Vor allem im Zusammenhang mit Polyurethanen ist außerdem auf die Einhaltung von Grenzwerten bezüglich der relativen Luftfeuchte zu achten. Diese darf im Allgemeinen nicht über 85% betragen.

Der Aufbau der Flächenabdichtung richtet sich nach der nutzungsbedingten Belastung und dem Belagsaufbau oberhalb der Flüssigkunststoffabdichtung. Beispiele hierfür sind in den Bildern E9a und E9b aufgezeigt. Die Sollschichtdicke der Flächenabdichtung ist entsprechend Anhang 2.2 der ZTV-BEL-B, Teil 3 [E102] zu ermitteln. Sie liegt in der Regel zwischen 2,6 und 4,0 mm, an keiner Stelle unter 2,0 mm bzw. über 6,0 mm. Die Vorgaben für die Mindestschichtdicke sind unbedingt zu beachten.

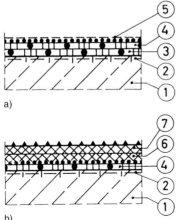

1 Konstruktionsbeton
2 Grundierung/Kratzspachtelung
3 Flüssigkunststoffabdichtung nach ZTV-BEL-B, Teil 3 [E102]
4 Flüssigkunststoffabdichtung nach ZTV-BEL-B, Teil 3 [E102] mit oberseitiger Quarzsandabstreuung
5 Versiegelung
6 Gussasphalt-Schutzschicht
7 Gussasphalt-Deckschicht mit Abstreusplitt

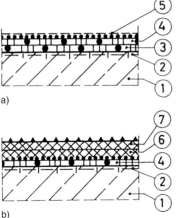

Bild E9
Flüssigkunststoffabdichtung auf nicht wärmegedämmten Verkehrsflächen (in Anlehnung an [E307])
a) Direkt befahrene Beschichtung bei Fußgänger- und leichtem Pkw-Verkehr
b) Mit Gussasphalt geschützte Beschichtung bei schwerem Kfz-Verkehr

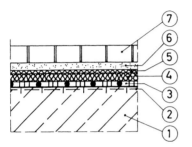

1 Konstruktionsbeton
2 Grundierung/Kratzspachtelung
3 Flüssigkunststoffabdichtung nach ZTV-BEL-B, Teil 3 [E102]
4 Wärmedämmung
5 Filtervlies
6 Pflastergrand, 3 bis 5 cm
7 Verbundpflaster, mind. 8 cm

Bild E10
Flüssigkunststoffabdichtung auf wärmegedämmter Verkehrsfläche (in Anlehnung an [E307])

Bei nicht wärmegedämmten Verkehrsflächen ist zwischen direkt befahrenen Beschichtungen und solchen mit einer oben liegenden Schutzschicht zu unterscheiden. In beiden Fällen wird zunächst auf den vorbereiteten Betonuntergrund eine ein- oder mehrlagige Grundierung aus lösungsmittelfreiem Epoxidharz aufgebracht. Wenn die Beschichtung direkt befahren werden soll (Bild E9a), wird die Flüssigkunststoffabdichtung zweilagig ausgeführt. Die obere Lage erhält eine abschließende Quarzsandabstreuung und eine Versiegelung. Ein solcher Aufbau sollte nur im Zusammenhang mit Fußgänger- und leichtem Pkw-Verkehr zur Anwendung gelangen. Bei schwerem Kfz-Verkehr ist stattdessen in jedem Fall eine Schutz- und Nutzschicht oberhalb der Flüssigkunststoffabdichtung anzuordnen und im Hinblick auf Kurvenfahrten sowie Brems- und Beschleunigungsvorgänge eine ausreichend haftende Abstreuung im Übergang von der Beschichtung zur Schutz- und Nutzschicht aufzubringen. Die Nutzschicht kann beispielsweise aus Gussasphalt (Bild E9b) mit oberseitiger Splittabstreuung oder aus Verbundsteinpflaster auf Gussasphaltschutzschicht bestehen. In diesen Fällen reicht eine in einem Arbeitsgang aufgebrachte einlagige Flüssigkunststoffabdichtung mit oberseitiger Quarzsandabstreuung aus.

Wärmegedämmte Verkehrsflächen erfordern ebenfalls nur eine einlagige, unmittelbar auf den Betonuntergrund aufgebrachte Flüssigkunststoffabdichtung mit vorlaufender Grundierung (Bild E10). Oberhalb der Dichtungsschicht folgen die Schichten des weiteren Belagaufbaus. Über der Wärmedämmung sollte eine Trennlage z. B. aus Filtervlies angeordnet werden. Für die Pflasterbettung eignet sich vor allem Splitt der Körnung 2/5 mm. Ein solches Bettungsmaterial birgt erheblich geringere Risiken im Hinblick auf das Auswaschen von Feinstteilen und das damit verbundene Zusetzen von Entwässerungseinrichtungen. Das Verbundpflaster muss bei Pkw-Nutzung eine Dicke von mindestens 8 cm aufweisen. Einzelheiten zur Auslegung des Pflasters sind in Abschnitt H3 beschrieben.

Das für eine einwandfreie Entwässerung benötigte Gefälle der Verkehrsflächen richtet sich nach der Art der Verschleißschicht. Es sollte bei einer direkt befahrenen Beschichtung ebenso wie bei einer Verschleißschicht aus abgesplittetem Gussasphalt mindestens 2%, bei dem Verbundpflaster mindestens 2,5% betragen (vgl. auch Abschnitt B2).

3.3 Fugen und Durchdringungen

Im Bereich von Dehnungsfugen wird die Flüssigkunststoffabdichtung im Allgemeinen durch eine zweite Lage verstärkt. Die Dicke dieser Verstärkung ist vor allem bei direkt befahrenen Flächen von wesentlicher Bedeutung. Sie sollte gleich groß gewählt werden wie für die durchgehende Dichtungsschicht, um Belagsschäden auszuschließen. Der Verstärkungsstreifen in einer Breite von beispielsweise 30 cm wird vorab aufgetragen. Zu seiner Stützung wird in den Fugenspalt ein Unterfüllprofil angeordnet (Bild E11). Die Grundierung bzw. Kratzspachtelung reicht von der Fläche bis in den oberen Fugenspalt.

Vor dem Abbinden des Verstärkungsstreifens wird die durchgehende Abdichtungslage frisch in frisch aufgespritzt. Sie weist ebenso wie der Verstärkungsstreifen eine Dicke von 3 mm auf.

Aufgrund von Eignungsprüfungen für die Fugenabdichtung im Bereich der Hofkellerdecken des Berliner Kongresszentrums erwies sich die Ausbildung einer Fugenkammer oberhalb der Flüssigkunststoffabdichtung als vorteilhaft [E202]. Die Fugenkammer wurde durch die Anordnung von 5 cm breiten und 3 cm hohen Formglas-Elementen gebildet. Es

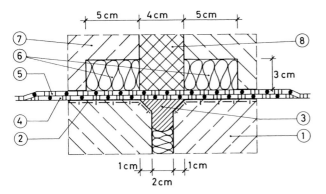

1 Konstruktionsbeton
2 Grundierung/Kratzspachtelung
3 Unterfüllprofil als Rücklage
4 aufgespritzte Verstärkung nach ZTV-BEL-B, Teil 3 [E102], 30 cm breit
5 Flüssigkunststoffabdichtung nach ZTV-BEL-B, Teil 3 [E102]
6 Fugenkammer aus Foamglas
7 Schutzbeton
8 Fugenverschluss aus hoch gefüllter Bitumenmasse

Bild E11
Prinzipieller Fugenaufbau bei einer Flüssigkunststoffabdichtung [E202]

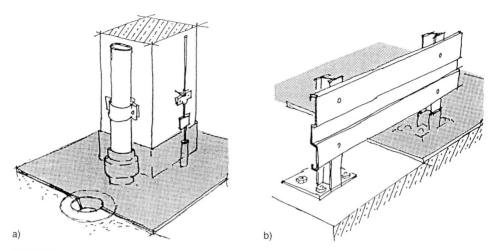

Bild E12
Eindichten von Durchdringungen mittels Flüssigkunststoffabdichtung [E207]
a) Regenfallrohr, Blitzableiter, Ablauf
b) Leitplanke auf einem Parkdeck

folgte dann der Einbau der Betonschutzschicht. Oberhalb der Deckenfuge wies auch die Betonschutzschicht einen Fugenspalt auf, der mit einem Fugenverguss verfüllt wurde.

Durchdringungen können problemlos in eine aufgespritzte Flüssigkunststoffabdichtung einbezogen werden. Beispiele hierfür zeigt Bild E12, in Teil a) für ein Regenfallrohr, einen Blitzableiter und einen Bodenablauf sowie in Teil b) für den Fuß einer Leitplanke auf einem Parkdeck. Die Voraussetzung für eine derartige Eindichtung ist eine gründliche Reinigung und Vorbereitung des Spritzuntergrundes. Metallische Anschlussflächen dürfen keine Korrosionserscheinungen aufweisen. Kunststoffflächen sind vorweg aufzurauen. Beim Eindichten z. B. von Rohren, die aus der Abdichtungsfläche hervorragen, wird eine wesentliche Verbesserung erzielt durch das Einarbeiten einer Gewebeeinlage und die Anordnung von Schellen nach dem Ausreagieren des Kunststoffes. Für Abschlüsse auf Betonuntergrund, z. B. am oberen Ende der nach DIN 18195-5 [E4] geforderten 15 cm hohen Aufkantung an aufgehenden Bauteilen, erweist sich das Einschneiden einer etwa 3 mm tiefen und ebenso breiten Nut als vorteilhaft. Sie dient als Verwahrung und Verankerung der aufgespritzten Kunststoffabdichtung und unterbindet zugleich in optimaler Weise deren Hinterläufigkeit.

Bei Parkdecks lassen sich Brüstungen und Anfahrschwellen problemlos in die Flächenabdichtung integrieren (Bild E13). Bei entsprechender Vorbereitung können auch die Fußpunkte der Geländerstützen in die Flüssigkunststoffabdichtung einbezogen werden. Die Randfugen zwischen der Deckenplatte und den Brüstungsfertigteilen werden analog zu Bild E10 in ihrem oberen Bereich mit einem Unterfüllprofil verfüllt und zunächst mit einem Verstärkungsstreifen überspritzt. Die Fugen in den Brüstungen erfordern ebenfalls vorab eine Verfüllung mit einem Schaumprofil. Denkbar ist aber auch eine Lösung, bei der die Spritzabdichtung in den jeweiligen Fugenspalt hineingezogen wird und die eigentliche Abdichtung durch ein geschlossenzelliges elastomeres Schaumprofil erfolgt. Hierbei

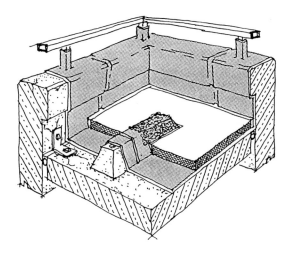

Bild E13
Einbeziehung von Brüstungen und oberseitig abgestreuten Anfahrschwellen eines Parkdecks in eine Flüssigkunststoffabdichtung [E207]

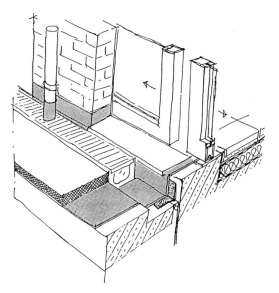

Bild E14
Abschluss einer Flüssigkunststoffabdichtung auf einer Hofkellerdecke im Bereich einer Schiebetür mit davor liegender Entwässerungsrinne [E207]

muss aber sichergestellt werden, dass beim Einstemmen des Schaumprofils die Beschichtung im Anschlussbereich nicht beschädigt wird.

Bild E14 zeigt den Anschluss einer Flüssigkunststoffabdichtung auf einer Hofkellerdecke im Übergang zu einem aufgehenden Gebäudeteil. Dargestellt ist der Anschluss an eine niveaugleiche Hubschiebetür. Die Flüssigkunststoffabdichtung wird hierbei bis unter die Türkonstruktion gezogen und auf der Gebäudeinnenseite verwahrt. Als Schutzschicht dient ein mit Polyurethankleber aufgebrachtes korrosionsgeschütztes Blech. An der gemauerten Türleibung und im anschließenden Wandbereich wird die Spritzabdichtung um die in DIN 18195-5 geforderten 15 cm hochgezogen. Das Mauerwerk ist in diesem Bereich vor-

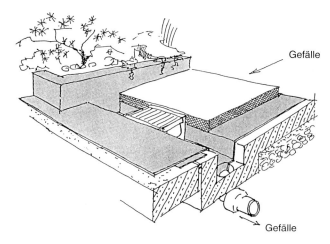

Bild E15
Ausbildung einer Entwässerungsrinne und Abdichtung eines Pflanzbeckens mithilfe einer Flüssigkunststoffabdichtung
[E207]

ab vollflächig zu putzen, zumindest aber in den Fugen oberflächenbündig zu verschließen. Dies gilt auch für das im Bild E14 ebenfalls erkennbare Regenfallrohr. Zum Schutz des niveaugleichen Türeingangs gegen das Eindringen von Niederschlagswasser ist unmittelbar vor dem Eingangsbereich eine Rinne angeordnet. Die hierfür erforderliche Vertiefung ist insgesamt in die Flüssigkunststoffabdichtung einbezogen. Die Übergangsfuge zwischen der Hofkellerdecke und dem angrenzenden Gebäude wird wieder entsprechend Bild E11 mit einem Verstärkungsstreifen ausgebildet.

In Bild E15 wird die Integration einer Entwässerungsrinne in die Flächenabdichtung aufgezeigt. Auch hier ist der Verstärkungsstreifen über der Dehnungsfuge erkennbar. Das angrenzende Pflanzbecken wird unmittelbar in die Flächenabdichtung einbezogen. Dies gilt auch für den Trichter des Ablaufs zur Entwässerung der Rinne.

COLBOND
GEOSYNTHETICS

Enkadrain

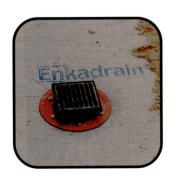

Wasser kann im Hoch-und Tiefbau sowohl in der Bau- als auch in der Betriebsphase ein großes Problem darstellen. 70% aller Gebäudeschäden werden durch Wasser verursacht. Die Hälfte davon sind Folgen mangelhafter Abdichtung und fehlender Dränung.

Die herkömmliche Dränung besteht aus einer Schicht körnigen Materials, die in vielen Fällen mehr als 30 cm dick ist. Doch eine solche Dränung wirkt nicht gleichmäßig, und die Dränleistung wird mit der Zeit durch Verschleiß der angrenzenden Bereiche oder Verschlammung des Materials selbst geringer. Enkadrain ist eine Familie geosynthetischer Produkte, die in dieser Hinsicht wesentliche Vorteile bietet.

Alle Enkadrain-Produkte haben nur ein geringes Gewicht, sie sind reißfest, flexibel, problemlos in der Handhabung und in einem einzigen Arbeitsgang schnell zu installieren. Sie verfügen über eine hohe Ableitkapazität pro Volumeneinheit und bieten auch langfristig ein Höchstmaß an beständiger, einheitlicher Leistung. Jede Variation basiert auf dem Konzept eines dreidimensionalen Verbundkörpers, aus einer Sickerschicht, die ein-oder zweiseitig mit einem Vlies aus geosynthetischen Textilfasern verbunden ist.
Die Sickerschicht besteht aus robusten, schlingenförmig übereinanderliegenden synthetischen Filamenten, die an ihren Berührungspunkten miteinander verschweißt sind. Daraus ergibt sich ein Produkt mit einer besonders durchlässigen Struktur, deren Hohlraumgehalt 95% beträgt. Dieses Produkt ist umweltverträglich und besonders dauerhaft in seiner Funktion.

Einsatzgebiete

Vertikal
- Kellerwände
- Stützwände
- Verlorene Schalungen
- Dehnungsfugen

Horizontal
- Parkdecks
- Dachgärten
- Begrünte Dächer
- Druckentlastungsschichten in Tiefgeschossen

Mülldeponien
- Wasserdränung
- Gasdränung
- Leckagekontrolle
- Dränung von kontaminiertem Wasser

Straße und Tiefbau
- Strassenranddränung
- Findrain
- Böschungsdränung
- Tunneldränung

Enkadrain als Schutz, Filter und Dränung

- Schützt wasserdichte Beschichtungen und Membranen vor Beschädigung beim Wiederanfüllen
- Verhindert eine Verschlammung des Sammeldräns
- Bildet eine Luftschicht zwischen Wand und Boden
- Hohe Durchlässigkeit aufgrund der offenen Struktur
- Durch geringes Gewicht leicht zu handhaben
- Außerordentlich flexibel
- Problemlos zu installieren
- Der Einbau kann bei jedem Wetter erfolgen, sogar bei Frost
- Kann mit einer Schere oder einem Taschenmesser zugeschnitten werden
- Geringer Verschnitt
- Verrottungssicher, daher besteht kein Risiko einer Verunreinigung des darunterliegenden Erdreiches
- Beständig gegenüber im Boden befindlichen Chemikalien
- Einstufung des Brandverhaltens bis Brandklasse B2

Glanzstoffstr. 1·D-63784 Obernburg ·Tel.: +49(0)6022-812020 · Fax: +49(0)6022-812800
· E-mail: enkadrain@colbond.com · www.colbond.com

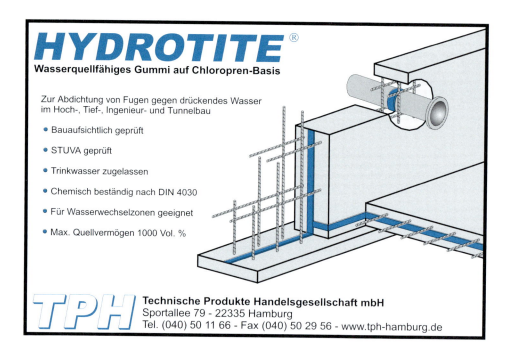

HYDROTITE®
Wasserquellfähiges Gummi auf Chloropren-Basis

Zur Abdichtung von Fugen gegen drückendes Wasser im Hoch-, Tief-, Ingenieur- und Tunnelbau

- Bauaufsichtlich geprüft
- STUVA geprüft
- Trinkwasser zugelassen
- Chemisch beständig nach DIN 4030
- Für Wasserwechselzonen geeignet
- Max. Quellvermögen 1000 Vol. %

TPH Technische Produkte Handelsgesellschaft mbH
Sportallee 79 - 22335 Hamburg
Tel. (040) 50 11 66 - Fax (040) 50 29 56 - www.tph-hamburg.de

---

DELTA SystemPlus

Die Marke vom Fach für Keller und Dach.

Der Maßstab für perfekten Grundmauerschutz!

- Zuverlässiges Schutz- und Dränagesystem im Hochbau.
- 3 Schichten als kompakte, vertikale Verlegeeinheit: Gleitfolie, Noppenbahn und filterstabiles Geotextil.
- Von der Rolle schnell verlegt.
- Verarbeitung ohne Bodenaustausch.
- Hohe Druckfestigkeit und überproportionale Dränagekapazität.
- Durch die Additive absolut verrottungssicher.
- Mindestens 25-jährige Materialbeständigkeit.

Dazu gibt es selbstverständlich perfektes System-Zubehör.
Für druckbelastbare horizontale Untergründe empfehlen wir DELTA-GEO-DRAIN TP.

Dörken GmbH & Co. KG · Wetterstraße 58 · 58313 Herdecke
bvf@doerken.de · www.doerken.de

Dörken • Vorsprung durch Kompetenz

PREMIUM-QUALITÄT

DELTA-GEO-DRAIN
CE
0799-CPD-13
ist konform
den Anforderungen
der EN 13252

F   Polyethylen-Noppenbahnen und Flächendränsysteme

Karl-Friedrich Emig

1   Vorbemerkung

Nach dem Auslaufen der bauaufsichtlichen Zulassung durch das Institut für Bautechnik in Berlin für Abdichtungsstoffe zum 31.12.1988 war auch für die erteilten Flächenabdichtungen aus Noppenbahnen der Firmen Dörken AG und Isola-Platon GmbH eine Verlängerung nicht mehr möglich und notwendig. Erst mit der Forderung eines Brauchbarkeitsnachweises im Rahmen der Landesbauordnungen sind solche bauaufsichtlichen Prüfungszeugnisse wieder notwendig, um nicht gegen die LBO zu verstoßen.

Etwa zeitgleich wurde die Aufnahme neuer Abdichtungsstoffe in die DIN 18195-2000 diskutiert, die bezüglich Einbau und Verarbeitung als alleinige Abdichtung wirtschaftlich vergleichbar sind mit einer reinen Noppenbahn-Abdichtung. Daher verzichteten beide vorgenannten Firmen auf die Beantragung eines solchen Prüfzeugnisses. Technisch gesehen ist aber die Noppenabdichtung entsprechend der damaligen Zulassung auch aus heutiger Sicht noch voll einsetzbar. Nur die Firma Dörken erweiterte den Einsatzbereich ihres Bahnensystems, das sich in der Praxis bewährt und durchgesetzt hatte, im Sinne der neuen DIN 18195-2000.

Dennoch und aus den vorstehend erläuterten Gründen haben die Verfasser die Noppenbahnen nicht mehr als alleinige Abdichtung im Gegensatz zur ersten Ausgabe dieses Buches behandelt, sondern sind auf die Weiterentwicklungen eingegangen. Hier wird man erkennen, dass die Noppenbahnen einen wesentlichen Bauhilfsstoff darstellen, der nach derzeitigem Kenntnisstand durch kein gleichwertiges Produkt ersetzt werden kann.

2   Schutzschichten ohne bzw. mit Dränung

Zum Schutz von Bauwerksabdichtungen gegen Bodenfeuchte sowie nichtdrückendes Wasser, vorwiegend in Form von Sickerwasser, kann auch eine Bahn mit fabrikmäßig angeformten Noppen unterschiedlicher Höhe aus Spezial-Polyethylen als Grundelement eingesetzt werden (Bild F1).

Diese PE-HD-Bahnen können je nach Beanspruchungsart mit unterschiedlich angeformten 8 mm oder 20 mm hohen Noppen versehen sein. Sie müssen für die jeweiligen Aufgaben, aber auch auf die unterschiedliche Härte bzw. Festigkeit der angrenzenden Schichten mit Filtervliesen und/oder Trenn- bzw. Gleitfolien kaschiert sein, wie es die Bilder F2a bis F2c erkennen lassen.

Die nicht kaschierten Noppenbahnen – wie in Bild F1 dargestellt – waren als Abdichtungssysteme bereits seit Anfang der 80er-Jahre untersucht und geprüft worden. Sie waren

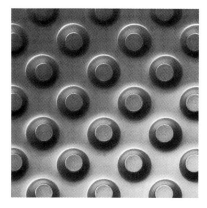

Bild F1
Noppenbahn [F301] als Grundmauerschutz oder als Sauberkeitsschicht

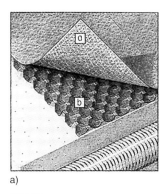 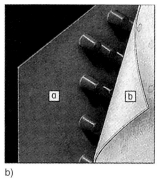 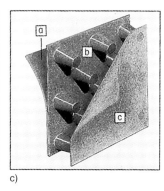

a)　　　　　　　　　　　b)　　　　　　　　　　　c)

Bild F2
Noppenbahnen zum Schutz der Abdichtung und gleichzeitig zur Wasserableitung [F301 bis F303]
a) bei mineralischem Untergrund als Grundmauerschutz mit doppelseitiger Noppenanordnung
b) bei druckstabilem Untergrund, z.B. Beton
c) bei weichem Untergrund

bis Ende 1988 bauaufsichtlich vom Institut für Bautechnik in Berlin als Abdichtungssystem gegen Bodenfeuchte und nichtdrückendes Wasser bis 4 m Eintauchtiefe zugelassen worden. Die wesentlichen Einzelheiten der hierfür notwendigen Systemteile aus dem damaligen Zulassungsbescheid für die Firma Dörken zeigen die Bilder F3a bis F3e. Sie stellen auch heute noch die Grundformen für die weitergehenden Anwendungsbereiche dar.

Seit mehr als 10 Jahren haben sich die Anforderungen an die Bauwerksabdichtungen – insbesondere durch die Neufassung der DIN 18195-2000 „Bauwerksabdichtungen" [F2] – einschließlich der Neuentwicklung mehrerer Abdichtungsstoffe unterschiedlichster Qualitäten so verändert, dass ein Abdichtungssystem allein aus PE-HD-Noppenbahnen sich am Markt nicht mehr wirtschaftlich durchsetzen lässt. Um so mehr ist aber die Notwendigkeit einer sicheren und wirtschaftlich vertretbaren Schutzschicht für die jetzt nach Norm zugelassenen Abdichtungsstoffe gegeben.

So wurde, auf den Erkenntnissen für die Zulassung aus den 80er-Jahren aufbauend, das System der Noppenbahnen von der Fa. Dörken so verändert, dass es jetzt für alle weichen

2 Schutzschichten ohne bzw. mit Dränung

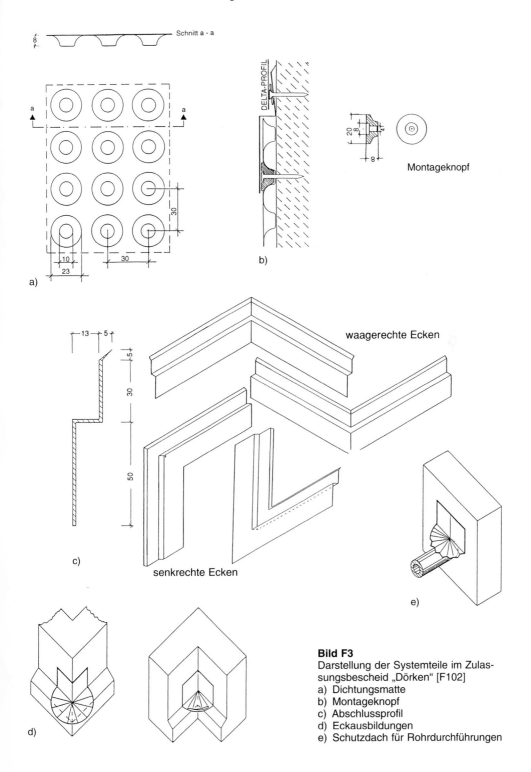

Bild F3
Darstellung der Systemteile im Zulassungsbescheid „Dörken" [F102]
a) Dichtungsmatte
b) Montageknopf
c) Abschlussprofil
d) Eckausbildungen
e) Schutzdach für Rohrdurchführungen

bis festen Abdichtungsstoffe als Schutzschicht dienen kann, die im Bereich der Bodenfeuchte und des nichtdrückenden Wassers zugelassen sind. Damit entfällt nach Auffassung der Verfasser die Notwendigkeit eines Brauchbarkeitsnachweises im Sinne von Landesbauordnungen, da Stoff und Aufbau der Abdichtung nun in den Normen geregelt und solche Noppenbahnen als Schutzschicht in der DIN 18195-10 generell zugelassen sind.

Der Einsatz von PE-HD-Bahnen ohne jede Kaschierung mit ein- oder beidseitiger Noppenanordnung sichert den Abstand zwischen zwei Baukörpern, z.B. Wand und Füllboden, genau um die Noppenhöhe. Es wird ein vollflächiges Luftpolster gebildet. Aufgrund der guten Ma-

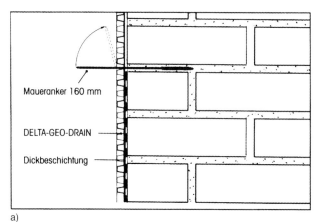

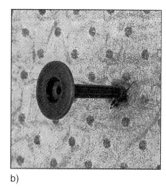

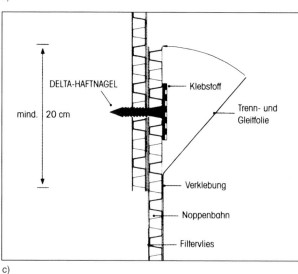

Bild F4
Verarbeitungsbeispiele [F303]
a) Befestigung der Bahnen oberhalb der Abdichtung mit Mauerankern [F303]
b) Befestigung in der Fläche mit Stahlnägeln und Delta-Montageknopf bzw. Scheibenkopfnägeln [F303]
c) Befestigung im Überlappungsbereich, z.B. am Bahnenende

terialeigenschaften der angeformten PE-HD-Platten bleibt dieses Luftpolster im Regelfall auch nach der Verfüllung erhalten. Damit wird die Diffusionsfähigkeit der angrenzenden Wände erhalten und ein gesünderes Raumklima erreicht. Die Passgenauigkeit der Noppen verhindert bei einer etwa 50 cm breiten Überlappung weitgehend den Eintritt von Füllboden. Eine abdichtende Wirkung bei unkaschierten Bahnen wie in Bild F1 kann allerdings nur erreicht werden, wenn die Bedingungen des Zulassungsbescheides vom Institut für Bautechnik, Berlin, Nr. Z-28.3-102 vom 01.08. 1986 sicher gewährleistet werden [F101, F102, F301].

Der Einsatz der Noppenbahnen mit aufkaschierten Filtervliesen und/oder mit Gleit- bzw. Trennlagen als Schutzschichten im Sinne der DIN 18195-10 erfordert im Regelfall keine Sonderausführungen für Durchdringungen oder über Fugen. Denn der wasserundurchlässige Anschluss dieser Detailpunkte muss im Zuge der Abdichtung erfolgen und ist nicht wasserundurchlässig in der Schutzschicht auszubilden.

Die Wasserabführung in der Dränfläche der Noppenbahnen mit aufkaschiertem Filtervlies und ihre Anpassungsfähigkeit an den Untergrund aufgrund der Flexibilität des 0,6 mm dicken PE-HD-Materials sowie die Möglichkeit, bis etwa 2 m Tiefe eine ungestoßene Schutzschicht von der Rolle einzubauen, zählen zu den unbestrittenen technischen Vorteilen dieser Noppenbahnen.

Hinzu kommen die relativ einfachen Verlegungsarbeiten und Befestigungen der Bahnen bei geringem Zeitaufwand und bei nahezu jeder Witterungslage. Die Bilder F4a bis F4c zeigen einige Verarbeitungsbeispiele, die von dem Bahnenhersteller aufgestellt und an der TH Aachen sowie der TU München geprüft wurden [F205, F206]. Zu diesen technischen und verarbeitungsmäßigen Vorteilen zählen außerdem noch die relativ niedrigen Kosten der Noppenbahnen.

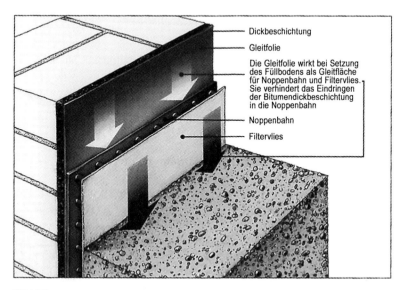

Bild F5
Bauwerksabdichtung mit Bitumendickbeschichtung und DELTA-GEO-DRAIN mit Trenn- und Gleitfolie an senkrechter Wand

Damit steht dem Bauschaffenden eine sichere und leicht einzubauende mehrlagige Schutzschicht bei gleichzeitiger Wasserableitung zur Verfügung. Denn eine Schutzschicht ist nach den Regeln der Technik für Bauwerksabdichtungen (DIN 18195 [F2]) insbesondere bei der Verarbeitung von kunststoffmodifizierten Bitumendickbeschichtungen vorgeschrieben.

Damit stellt die PE-HD-Noppenbahn einschließlich der ganzflächigen Vlieskaschierung mit der Trenn- und Gleitfolie (Bild F5) eine optimale Schutzschicht für alle weichen Abdichtungsflächen dar. Infolge ihrer guten Anpassungsfähigkeit an die Bauwerksgeometrie verhindert sie das Abgleiten von Dichtungsmassen an den Wandflächen. Die Trennlage verhindert außerdem das Eindringen von Material der Weichabdichtung in die Noppenlöcher. Dieser Umstand gewinnt vor allem an senkrechten Flächen an Bedeutung, weil hier eine eventuelle Setzungsbewegung die Abdichtung zusätzlich beanspruchen würde. Denn wenn die Abdichtung sich in den Löchern der Noppenbahn ohne Trennlage verkrallen kann, ist die Gefahr einer Rissbildung bei gewebefreien Dichtungsmaterialien immer gegeben.

Auf die Trenn- und Gleitfolie wird man demgegenüber bei harten Abdichtungsstoffen wie Schlämmen und WU-Beton verzichten können, wenn das Eindrücken von Abdichtungsmaterial in die Noppenlöcher nicht gegeben ist. In vielen Fällen soll ergänzend das Sickerwasser weitgehend von der direkten Benetzung der Bauwerksaußenflächen ferngehalten werden. Schließlich kann auf Deckenflächen bei entsprechend dicker Aufschüttung von mindestens 10 cm Dicke ein Befahren mit Pkws und ab 20 cm Dicke für Feuerwehrfahrzeuge (SLW 30) bei entsprechendem Schichtenaufbau zugelassen werden. Einzelheiten zu diesen Punkten sind den Produktbeschreibungen der Fa. Dörken [F303] zu entnehmen. Derartige Schutzschichten sind wegen des geringeren Eigengewichts bei Sanierungen häufig auch konstruktiv von Bedeutung, weil waagerechte Schutzschichten aus Beton etwa 200 kg/m^2 wiegen und daher oftmals schon statisch nicht tragbar sind.

Sind in der Bauwerksabdichtung Fugen, Durchdringungen und Einbauten nach DIN 18195-8 und -9 [F2] gesondert auszubilden, müssen diese Detailpunkte auch bei einer Schutzschicht aus GEO-DRAIN-Bahnen beachtet werden. Hier muss sichergestellt sein, dass die Bauwerksabdichtung vor allem in den Anschlussbereichen solcher Einbauteile sowie bei Innen- und Außenkanten des Bauwerks ausreichend geschützt wird.

3   Dränschichten bei zweischaligen Baukörpern

Weiterhin können Noppenbahnen auch in Sohl- und Wandbereichen als Flächendränage zum drucklosen Ausgleich von Wasseranlagerungen im Boden und zur Erhaltung von Grundwasserhorizonten angeordnet werden. Bei Baugrubenwänden, Stützmauern und im Hangbereich werden beispielsweise Noppenbahnen zur Ableitung von Schichtenwasser gezielt eingesetzt. Hierfür sollte die Dränkapazität von einem Erd- und Grundbauinstitut unter Berücksichtigung aller angrenzenden Boden- und Wasserverhältnisse untersucht werden. Sie können so das Bauwerk entlasten. Dadurch ergeben sich oftmals bei der Bemessung geringere Querschnitte durch Wegfall oder Minderung des Wasserdrucks, was sich somit kostensparend auswirkt.

3 Dränschichten bei zweischaligen Baukörpern

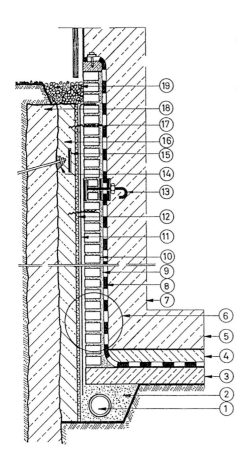

1 Ringdränung
2 Filter nach DIN 4095
3 Unterbeton
4 Schutzbeton
5 Sohlenbeton
6 Detail der Bauwerkswand (siehe Bild F7)
7 Wandbeton
8 Abdichtung auf Voranstrich
9 10 mm Putz, MG II
10 Rücklagenmauerwerk
11 PE-Trennlage, falls erforderlich
12 Gleit- und Sollbruchfuge bei Setzungen >5 mm und/oder Schwindmaß >3 mm
13 Telleranker
14 Baugrubenverankerung
15 Prallplatte
16 Ausgleichsschicht, wasserdurchlässig
17 Drahtanker
18 Schlitz- oder Bohrpfahlwand
19 Spritzwasserschutz aus Grobkies

Bild F6
PE-HD-Noppenbahn als Dränschicht und Ausbildung einer Gleit- und Sollbruchfuge
(vgl. auch Abschnitt B1.5.11)

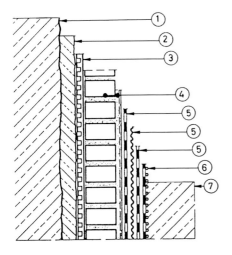

1 Schlitz- oder Bohrpfahlwand
2 Ausgleichsschicht, wasserdurchlässig
3 Gleit- und Sollbruchfuge mit PE-Noppenbahn und PE-Trennlage bei Setzungen >5 mm und/oder Schwindmaß >3 mm
4 Rücklagenmauerwerk mit 10 mm Putz, MG II
5 R 500 N ⎫ Abdichtung
　Cu 0,1　⎬ im Gieß- und Einwalzverfahren
　R 500 N ⎭ auf Voranstrich
6 Haftlage V 13, Besandung zum Beton
7 Wandbeton

Bild F7
Detail der Bauwerkswand

Bild F8
Sollbruchfuge zwischen Baugrubenwand und Bauwerk aus Doppelnoppenbahnen bzw. Noppenbahnen

Die Noppenbahnen sind ferner wesentliche Konstruktionsglieder bei Bauwerken, die ohne Arbeitsraum zwischen steifen Baugrubenwänden im Grundwasser erstellt werden. Unkontrolliert eindringendes Grund- und Tagwasser muss abgeleitet werden, um eine trockene Baugrubenwand für die weiteren Arbeiten zu gewährleisten. Nach dem Betonieren sichert die Noppenbahn die Bewegungsmöglichkeit zwischen Bauwerk und Baugrubenverbau, z. B. bei einer Tiefgarage oder einem Tiefkeller, und verhindert das Aufspalten der Abdichtung infolge der Kriech- und Schwindvorgänge des Betons (Bilder F6 und F7).

In gleicher Weise werden die Noppenbahnen zur Ausbildung von Sollbruchfugen vor Schlitz- und Bohrpfahlwänden eingesetzt [F201, F202]. Die mit den Noppen zur Baugrubenwand einzubauenden PE-HD-Bahnen bilden so eine sichere Dränfläche und schützen den frisch eingebauten Wandbeton vor Auswaschungen bei anfallendem Tag- oder Schichtwasser. Ferner wird die Flexibilität der Bahnen zum Ausgleich der Unebenheiten in der Baugrubenwand ausgenutzt (Bild F8).

Auch im Tunnelbau lassen sich Noppenbahnen zur Dränung zwischen äußerer Tunnelschale und Innenausbau wirtschaftlich und in technisch-konstruktiver Hinsicht vorteilhaft einsetzen. Anwendungsbeispiele zeigt Bild F9.

Bei stark schwankenden oder kurzzeitig hohen Wasserständen können z. B. in Sohlbereichen durch sichere Dränschichten aus 20 mm hohen Noppenbahnen Belastungsspitzen der Bauwerkssohle abgebaut werden (Bild F10). Auch bei Trogbauwerken lassen sich Druckwasserbeanspruchungen eventuell ganz vermeiden, wenn großflächige Wasserableitungen durch Noppenbahnen auf Dauer zuverlässig gegeben sind. In beiden Fällen können u. U. wasserrechtliche Genehmigungen und die Einschaltung von Erd- und Grundbau-Ingenieurbüros erforderlich sein.

3 Dränschichten bei zweischaligen Baukörpern

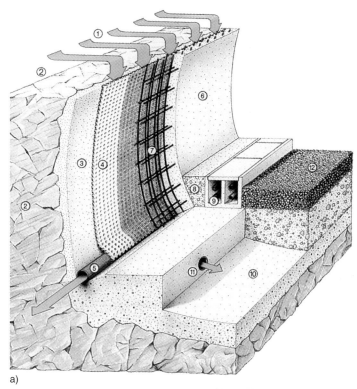

① Kluft- und Schichtenwasser
② Fels- bzw. Lockergestein
③ Spritzbeton
④ DELTA-PT
   Noppenbahn mit aufgeschweißtem Fadengitter
⑤ Ulmendränage
⑥ Innenschale
⑦ Bewehrung der Innenschale
⑧ Füllbeton
⑨ Kabelkanäle
⑩ Sohlgewölbe
⑪ Verbindung zur Sammelleitung
⑫ Schotterbett

a)

b)

Bild F9
Dränung zwischen äußerer Tunnelschale und Innenausbau
a) Schematische Darstellung bei einem Gebirgstunnel [F301]
b) Anwendung in der vierten Röhre des Elbtunnels, Hamburg

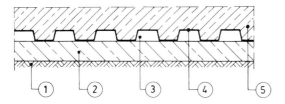

1	Planum
2	Unterbeton
3	Dränquerschnitt
4	Noppenbahn
5	Konstruktive Sohle

Bild F10
Noppenbahn als Dränschicht zwischen Unterbeton und konstruktiver Sohle

4 Sauberkeitsschichten

Im Bereich von schwer zu entwässernden Sohlflächen können PE-HD-Noppenbahnen auch als Ersatz für den sonst erforderlichen Unterbeton eingebaut werden (Bild F11). Aber auch aus Kosten- und Zeitgründen setzen sich Noppenbahnen als Ersatz für Unterbetonschichten durch. Die hierfür eingesetzte Noppenbahn DELTA MS wird mit Breiten bis zu 3 m geliefert und mit 20 cm Überlappung verlegt (Bild F11). Ihre Eignung wurde in der Fachhochschule Münster im Labor für Bodenmechanik, Erd- und Grundbau 1996 geprüft [F207].

5 Hinter- bzw. Unterlüftung von Innenflächen

Ein weiteres Anwendungsgebiet von Noppenbahnen ist die Anordnung vor und an Kellerinnenwänden. Mit dieser gezielten Hinterlüftung zwischen Mauerwerk und der mit einem netzartigen Putzträger kaschierten Noppenbahn einschließlich der Spezialabschlussprofile können feuchtegeschädigte Innenräume wieder einer hochwertigen Nutzung zugeführt werden. Nach Auftragen des Innenputzes wird bei dieser Art der Nutz- und Wertverbesserung aber die Feuchtigkeit nur an der Wandoberfläche durch Luftzirkulation eingeschränkt, nicht aber das Eindringen von Kapillarwasser von außen unterbunden. System und Aufbau dieser DELTA-PT-Noppenbahnen für den Wandbereich zeigen die Bilder F12a und F12b.

Schließlich wird sich die Bedeutung von Noppenbahnen im Innenbereich künftig in vermehrtem Maße dann ergeben, wenn alle Planer erkannt haben, dass ein „wasserundurchlässiger Beton" nur oberflächentrocken sein und bleiben kann, wenn er belüftet wird [F203]. Hier wird sich vorwiegend im Industriebereich noch ein weites Feld für die Anordnung einer Luftschicht zwischen der WU-Betonoberfläche und einem auf Noppenbahnen aufgestellten Estrich als Unterschicht für die Fußbodenbeläge auftun (Bild F13). In zunehmendem Maße ist eine solche Unterlüftung von Kellerfußbodenflächen im Wohnbereich, von Sohlflächen bei Tiefgaragen aus WU-Beton im Bereich drückenden Wassers oder bei Kaufhausuntergeschossen mit Warenabteilungen sowie bei Sanierungsfällen die einzig denkbare Lösung. Klassische Nachbesserungen scheitern oftmals an zu schlechter Altbausubstanz oder zu hohen Kosten. Man darf aber bei derartigen Lösungen nie vergessen, dass die Feuchte – wie bereits erwähnt – innerhalb der Bausubstanz verbleibt. Sie kann nur durch Luftumwälzung verdunsten und muss dann abgeleitet werden, wie es in Bild F14 schematisch dargestellt ist. Solche Lösungen erfordern eine ständige Wartung der Anlage einschließlich der Pumpen.

5 Hinter- bzw. Unterlüftung von Innenflächen

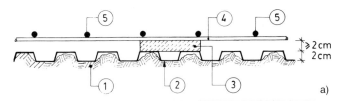

1 Planum
2 Noppenbahn
3 Abstandshalter
4 Verteiler
5 Tragbewehrung

a)

b)

c)

Bild F11
Noppenbahn als Ersatz für Unterbeton
a) Systemdarstellung
b) Ausführungsbeispiel: untere Bewehrungslage
c) Ausführungsbeispiel: untere Bewehrungslage auf der Noppenbahn, Bewehrungsböcke für obere Bewehrungslage

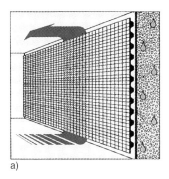 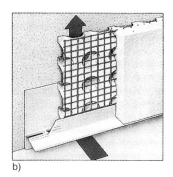

Bild F12
DELTA-PT-Noppenbahn [F301]
a) System und Wirkungsweise der Hinterlüftung
b) Fußpunkt der PT-Bahn einschließlich Fußprofil mit Lüftungsschlitzen

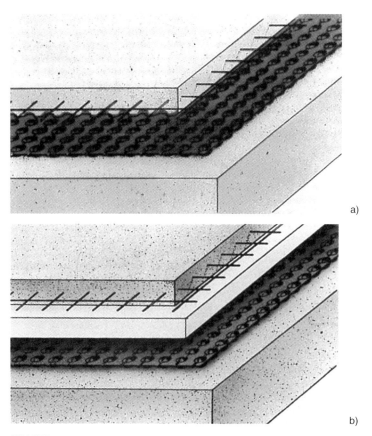

Bild F13
Anordnung einer Luftschicht zwischen WU-Betonsohle und Estrich
a) ohne Wärmedämmung
b) mit Wärmedämmung

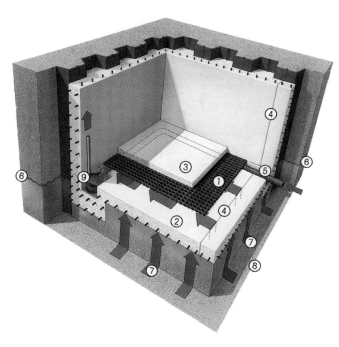

1 DELTA-MS 20
2 Sohlplatte mit Gefälle
3 Aufbeton oder bewehrter Estrich
4 Arbeitsfuge
5 Randdränage
6 zeitweiliger Grundwasserstand
7 zeitweilig drückendes Wasser
8 gewachsener Boden
9 Pumpensumpf

Bild F14
Sickerschicht aus Noppenbahnen zwischen Bauwerkssohlplatte und Innensohle; Abpumpen des gesammelten Wassers aus dem Pumpensumpf [F301]

6 Strukturmatten

Auf die verschiedenen Ausführungen von Flächendränungen geht Hilmer in Abschnitt A3 allgemein ein.

Bei der Materialauswahl für bahnenartige Flächendränungen ist von entscheidender Bedeutung, dass ein ständig verbleibender Hohlraumanteil auch nach Einbau des Verfüllbodens für eine ausreichende Wasserleitkapazität bei einem Geotextil zur Dränung auf Dauer zur Verfügung steht. Hierfür haben sich Strukturmatten auf Nylonbasis mit ein- oder beidseitiger Vliesbeschichtung bewährt (Bild F15). So werden Bodenpartikel über 40 µm zurückgehalten und kleinere Schwebstoffe in die am Wandfußpunkt anzuordnende, spülfähige Dränung abgeleitet [F204].

Die Matten passen sich weitgehend den Unebenheiten der Baukörper an. Sie werden mithilfe von Rondellen angeschossen. Die Strukturmattenkörper sind stumpf zu stoßen, die Vliese überlappen sich an den Stößen um mindestens 10 cm. Die Matten sind entsprechend Bild F16 bis über die Filterpackung des Dränrohres zu führen [A207, F204] und nach Bild F17 zu montieren.

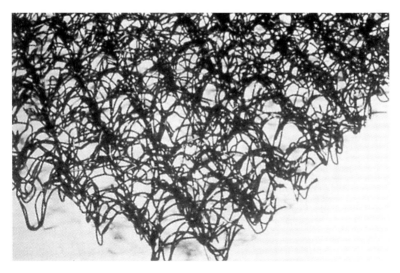

Bild F15
Strukturmattenkörper [F204]

Bild F16
Fußpunktausbildung eines Flächendräns mit vlieskaschierter Strukturmatte [F204]

6 Strukturmatten 289

Bild F17
Fußpunktausbildung eines Flächendräns mit vlieskaschierter Strukturmatte [F204]

MAPOTRIX
System-Dehnfugen
nach DIN 18195 für nutzbare Abdichtungsflächen

Flughafen Hamburg, Terminal 4
Vorfahrt und Parkflächen
Hanseatische Luftbild GmbH, Hamburg
Nr.: CD 93/525

MAPOTRIX System-Dehnfugen sind hochwertige, wasserdichte und robuste Übergangskonstruktionen geeignet für alle Belagsaufbauten

z.B. auf Brücken, Rampen, Parkdecks und Ladehöfen, in Parkhäusern, Tiefgaragen und Fußgängerzonen

Beratung • Planung und Entwicklung • Fertigung • Montage

Fugenkonstruktionen • Fugenprofile • Fugenbänder • Abdichtungskonstruktionen

Robuste Dehnfugensysteme für starke Beanspruchungen

Industriestraße 5 - 21493 Schwarzenbek - Telefon 04151-8400-0 - Telefax 04151-840099
E-Mail: info@mapotrix.de - Internet: www.mapotrix.de

G Wasserundurchlässiger Beton

Alfred Haack (Abschnitt 1–6), *Jörg de Hesselle* (Abschnitt 6),
Ute Hornig (Abschnitt 6)

1 Allgemeines

Konstruktionen aus wasserundurchlässigem Beton, im Folgenden kurz WU-Beton (WUB) oder WUB-KO genannt, werden häufig auch als „Weiße Wannen" bezeichnet. Er stellt eine anerkannte Möglichkeit dar, Bauwerke im Gründungsbereich gegen Durchfeuchtungen und Wassereintritt sowohl bei nichtdrückendem als auch bei drückendem Wasser zu schützen. In diesem Zusammenhang müssen Planer und Bauherren aber wissen, dass Bauwerksteile aus Beton sehr wohl wasserundurchlässig hergestellt werden können, aber eine Wasserdampfdiffusion bei dieser Bauweise generell nicht ausgeschlossen ist [G202, G229]. Aus diesem Grund wird der wasserundurchlässige Beton z. B. von der Deutschen Bahn AG für wasserbelastete Außenflächen bei Räumlichkeiten ausgeschlossen, die dem dauernden Personenaufenthalt dienen [G106, G233]. Auf diesen u. U. wesentlichen Nachteil sollte der Bauherr für den Gründungsbereich von Wohngebäuden, bei denen die Möglichkeit einer höherwertigen Nutzung auf Dauer nicht ausgeschlossen werden kann, vom Planer unbedingt hingewiesen werden. In der Praxis erfordert dies ein ständiges Ablüften (Hinter- bzw. Unterlüften) der Innenflächen erdberührter Bauteile oder eine Raumklimatisierung. Der Nachteil einer eventuellen Wasserdampfdiffusion kann unter Umständen auch durch eine nachträglich angeordnete Außenabdichtung aus Bitumenwerkstoffen, Kunststoff-Dichtungsbahnen oder Dichtungsschlämmen wenigstens im Wandbereich weitgehend ausgeschlossen werden. Einzelheiten zur Abdichtungstechnik mit diesen Stoffen sind in den Kapiteln B, C, D und E ausgeführt. Eine solche Maßnahme erfordert jedoch das nochmalige Freilegen der Außenwandflächen. In der Sohle ist eine derartige Lösung im Nachhinein nicht mehr realisierbar. In Sonderfällen könnten jedoch in Abhängigkeit von der Bodenzusammensetzung Gelschleierinjektionen angedacht werden (vgl. Abschnitt G6). Der Aufwand für entsprechende Nachbesserungen kann in zeitlicher und finanzieller Hinsicht ein erhebliches Ausmaß annehmen. Denkbar ist diesbezüglich beispielsweise auch das Einziehen eines unterlüfteten Estrichs im Bereich des Kellerfußbodens (vgl. Abschnitt F4).

Interessant ist in diesem Zusammenhang das Ergebnis einer Untersuchung des Aachener Instituts für Bauschadensforschung und angewandte Bauphysik aus dem Jahr 1988 [G222]. Es ist in Bild G1 wiedergegeben und lässt erkennen, dass die Abdichtung eines Wohnhauskellers bei Einsatz eines WU-Betons ca. 5 bis 7% billiger ist im Vergleich zu einer Abdichtung aus Bitumenbahnen, sofern eine geringerwertige Nutzung vorgesehen ist. Wird stattdessen jedoch eine Wohnraumnutzung für den Keller geplant, kehren sich die Verhältnisse komplett um. Die WUB-KO-Lösung ist dann um ca. 10 bis 12% teurer als die Abdichtung aus Bitumenbahnen.

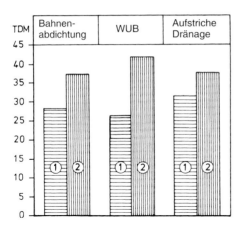

Bild G1
Beispielhafte Kostenzusammenstellung unterschiedlicher Abdichtungsmaßnahmen für einen verschiedenartig genutzten Keller [G222]
(1) Abstellraum, untergeordnete Nutzung
(2) Wohnraum, hochwertige Nutzung

Auch für die „Weiße Wanne" gelten die Planungsgrundlagen nach DIN 18195 [B16], soweit es die Wasserbeanspruchungsarten betrifft. Baulich muss die Oberkante der „Weißen Wanne" bis mindestens 30 cm über Gelände bzw. über den höchsten zu erwartenden Wasserstand (HGW) geführt werden (vgl. Abschnitt B1.2). Alle Fugen, An- und Abschlüsse sowie Durchdringungen sind insbesondere im Bereich möglicher Stauwasserbildung und von Grundwasser unbedingt wasserundurchlässig auszuführen.

Grundsätzlich müssen zur Herstellung einer Konstruktion aus wasserundurchlässigem Beton bestimmte planerische und stoffliche Voraussetzungen erfüllt werden. Hierüber wird ausführlich in der einschlägigen Fachliteratur [G205, G207, G211, G214, G221, G223 u. a.] referiert. In speziellen Merkblättern des Bundesverbandes der Deutschen Zementindustrie [G107, G108] oder des Deutschen Beton-Vereins [G112] werden die einzelnen Schwerpunkte, wie z. B. wasserundurchlässiger Beton, Arbeitsfugen oder Betondeckung, gesondert abgehandelt. Außerdem erarbeitet der Deutsche Ausschuss für Stahlbeton (DAfStb) zurzeit (Entwurf Oktober 2001) eine entsprechende Richtlinie. Diese Unterlagen bilden wesentliche Grundlagen für die Planung und Ausführung für Bauteile im Gründungsbereich aus wasserundurchlässigem Beton. Die dort aufgeführten Anforderungen sind aber generell auch mit zusätzlichen Kosten verbunden, die oftmals unterschätzt oder sogar gänzlich übersehen werden. Neben den für „Normalbeton" bekannten Aufwendungen sind ergänzende betontechnologische Maßnahmen zu beachten, in vielen Fällen größere Betonteildicken zu wählen, detaillierte Fugenplanungen und -ausbildungen vorzunehmen, längere Ausschalfristen und Nachbehandlungszeiten einzuräumen sowie ggf. die Planung von Sollbruchstellen vorzunehmen. Darüber hinaus entstehen im Allgemeinen wesentliche Mehraufwendungen an Stahl infolge der notwendigen Rissbreitenbegrenzung (DIN 1045-1, Abschnitt 11.2 [G1]). Darum ist die vielfach anzutreffende Meinung, man könne das Bauwerk aus wasserundurchlässigem Beton etwa zu den gleichen Kosten wie für den normalerweise im Rohbau verarbeiteten Beton erstellen und die Baukosten für die sonst erforderliche Abdichtung einfach sparen, falsch. Der Bauherr muss vielmehr wissen:

Im Allgemeinen liegt der Mehraufwand für WUB gegenüber „Normalbeton" im Wohnungs- und Industriebau etwa in der gleichen Höhe wie die Kosten für eine Hautabdichtung (Bild G1). Je nach Schwierigkeitsgrad machen die Kosten für die Abdichtungsmaßnahmen weitgehend unabhängig vom gewählten Abdichtungsprinzip (WUB oder Hautabdichtung) etwa 3 bis 5% der Rohbaukosten aus (vgl. Abschnitt B1.1).

Um bei wasserundurchlässigem Beton Fehleinschätzungen und Fehlentscheidungen zu vermeiden, soll im Folgenden auf die wesentlichsten Grundvoraussetzungen für eine fachlich einwandfreie Planung und Bauausführung im Gründungsbereich hingewiesen werden. Da erfahrungsgemäß Fehlstellen meist im Fugenbereich und an den Durchdringungen auftreten, werden diese Punkte besonders eingehend behandelt.

2 Sohlen- und Wandflächen

Für die Ausbildung von wasserundurchlässigem Beton in Sohlen- und Wandflächen muss Beton mindestens der Druckfestigkeitsklasse C25/30 eingesetzt werden. Die Baustelle ist nach den Vorgaben für Überwachungsklasse 2 zu führen (siehe DIN 1045-2 und -3 [G1]). Sie unterliegt damit einer besonderen Güteüberwachung und Qualitätssicherung.

Bei der Bauausführung von wasserundurchlässigem Beton muss beachtet werden, dass es sich nach DIN 1045-1 um einen Beton handelt, der besonderen Umgebungsbedingungen ausgesetzt ist. Damit sind neben Eignungsprüfungen auch Güte- und Fremdüberwachungen im Sinne von DIN 1045-3 entsprechend Überwachungsklasse 2 erforderlich. In Ausnahmefällen kann der wasserundurchlässige Beton aber auch nach Überwachungsklasse 1 ausgeführt werden, sofern es sich lediglich um eine Beanspruchung durch Sickerwasser bzw. zeitweilig aufstauendes Sickerwasser handelt. Der Wasserzementfaktor ist auf einen Größtwert von 0,6 bei Bauteildicken bis 40 cm begrenzt bei einem Zementgehalt von 280 kg/m^3 und einer Mindestdruckfestigkeitsklasse C25/30. Die Wassereindringtiefe darf nach bisherigem Erfahrungsstand höchstens 5 cm betragen. Vergleiche hierzu im Einzelnen DIN 1045-2, Abs. 5.5.3 [G1] und EN 206, Abs. 5.5.3 [G21] sowie die zurzeit (2001) in Bearbeitung befindliche Richtlinie über WUB des DAfStb und DIN 1045-3, Tabelle 3 sowie Anhänge A, B, C.

Größte Sorgfalt beim Fördern, Einbringen und Verdichten des Betons muss ein Entmischen ausschließen sowie durch Rütteln ein dichtes Betongefüge gewährleisten. Eine fachgerechte Nachbehandlung muss sicherstellen, dass die benötigte Menge Abbindewasser auch an der Bauteiloberfläche nicht durch Witterungseinflüsse (Sonne, Wind) verloren geht. Diese verhindert auch ein zu rasches Abkühlen des durch Hydratation erwärmten jungen Betons. Bei fehlender Nachbehandlung muss, z. B. durch Schwinden und Temperaturbeeinflussung, mit erhöhter Rissbildung gerechnet werden. Zu den Maßnahmen der Nachbehandlung zählen: das ausreichend lange Belassen des Betons in der Schalung, das Abdecken seiner Oberfläche je nach Witterung und Jahreszeit mit Folien oder wärmedämmenden Matten oder in besonderen Fällen das kontinuierliche Besprühen mit Wasser. Die Dauer der Nachbehandlung wird durch die Umgebungsbedingungen und die Bauteilabmessungen bestimmt.

Die Mindestdicke für die Sohle und für die Wände sollte 25 cm betragen. Im Übrigen ist sie in Abhängigkeit vom hydraulischen Gradienten festzulegen. Generell müssen ein einwandfreies Einbringen des Betons in die Schalung und ein sattes Ummanteln der Fugenbänder sichergestellt sein [G211]. Ferner gehören als konstruktive Voraussetzung auch eine ebene Unterfläche der Sohlenplatte sowie allgemein bei eng liegender Bewehrung die Anordnung ausreichend breiter Betoniergassen (DIN 1045-3, Abs. 6.4 (4) [G1]) zum ordnungsgemäßen Einbau des wasserundurchlässigen Betons.

Größere Bauteillängen sind bei Wänden möglich (sog. fugenlose Bauweise), sofern geeignete Maßnahmen zur Rissbreitenbegrenzung vorgesehen werden. Besondere Regelungen gelten bei Stützwänden. Hier richtet sich der Abstand von Bewegungs- und Scheinfugen (siehe Abschnitt G3.1) nach der Wanddicke und liegt bei Scheinfugen im Allgemeinen zwischen 4 und 8 m.

Die Nachbesserung von Betonflächen oder Betonbauteilen wird nicht immer auszuschließen sein. Sie kann nach dem Leitfaden „Instandsetzen von Stahlbetonoberflächen" [G215] erfolgen, nach der ZTV SIB 90 [G102] oder auch nach den Richtlinien des DAfStb für Schutz und Instandsetzung von Betonbauteilen [G118] geregelt werden. Soweit erforderlich, sollten zementgebundene Baustoffe bevorzugt werden. Die Sorgfalt der Ausführung bestimmt den Erfolg bei Einsatz der so genannten Betonersatzsysteme (BE) einschließlich der immer erforderlichen, vorlaufend aufzubringenden Haftbrücke. Bei dem meist gebräuchlichen Betonersatzsystem auf der Basis von PCC-Mörtel (Polymer-Cement-Concrete) handelt es sich um einen kunststoffmodifizierten Zementmörtel bzw. einen Beton mit Kunststoffzusätzen. Er kann 1 bis 10 cm dick und großflächig eingebaut werden. Ein Betonersatzsystem aus PC-Mörtel (Polymer-Concrete) ist dagegen ein Mörtel oder Beton aus einem Reaktionsharz als Bindemittel im Gemisch mit mineralischen Zuschlägen. Es kann erst ab 8 mm Dicke eingesetzt und sollte aus Kostengründen im Allgemeinen nur bis zu einer Flächengröße von etwa 1 bis 2 m^2 verwendet werden. Ein PC-System stellt beim Einbau im Allgemeinen deutlich höhere Anforderungen an die Umgebungsbedingungen (Temperatur, relative Luftfeuchte, Feuchtegehalt des Untergrundes etc.) als ein PCC-System. Deshalb wird auf den Baustellen in der Regel ein PCC-System bevorzugt. Der Einsatz von PC-Systemen bleibt dagegen auf Sonderfälle beschränkt.

Das Füllen von Rissen wird mit der ZTV-RISS [G105] und der Rili SIB [G118] geregelt. Das kraftschlüssige Füllen trockener Risse mit Epoxidharzen erfolgt durch Fluten oder Verpressen. Begrenzt dehnfähige Verbindungen der Rissflanken zur Beseitigung von Undichtigkeiten können mit Polyurethanen ausgeführt werden. Besonders geringe Rissbreiten können zu Abdichtungszwecken den Einsatz von gelartig aushärtenden Reaktionsharzen erfordern. Solche Harze zeichnen sich während der Verarbeitung durch extrem niedrige, wasserähnliche Fließeigenschaften aus und gelangen daher bei entsprechend gesteuertem Verpressdruck, auch gegen anstehendes Wasser, noch in feinste Haarrisse.

Sind Risse in feuchtem oder nassem Zustand kraftschlüssig zu schließen, ist hierauf ausdrücklich hinzuweisen und dies zwischen den Vertragsparteien gesondert zu vereinbaren.

Generell sollte man zusätzlich zur DIN 1045 im Bauvertrag bei Bauwerken aus wasserundurchlässigem Beton für die Beseitigung von Mängeln die ZTV-SIB [G102] und die ZTV-RISS [G105] sowie die Rili SIB [G118] von vornherein vereinbaren. Dann kann bei einer eventuell anstehenden Mängelbeseitigung auch von einschlägigen Vorschriften ausgegangen werden.

Bevor in den nachstehenden Abschnitten auf einige wichtige Detaillösungen im Zusammenhang mit Baukonstruktionen aus wasserundurchlässigem Beton näher eingegangen wird, sei ganz allgemein Folgendes angemerkt:

Die konstruktiven Erfordernisse beeinflussen ein aus wasserundurchlässigem Beton herzustellendes Bauteil weit mehr als einen mit Hautabdichtung zu versehenden Baukörper im Gründungsbereich. Daher müssen vom Planer gemeinsam mit dem Statiker rechtzeitig die hier nur in den wesentlichsten Punkten angedeuteten Einzelheiten beachtet und geklärt werden.

3 Bauwerksfugen

3.1 Einfluss der Bauwerksgeometrie auf Art und Lage der Fugen

In jedem Fall müssen bei wasserundurchlässigem Beton neben den betontechnologischen Voraussetzungen die Fugen schon in einem sehr frühen Stadium geplant und festgelegt werden (vgl. hierzu die zurzeit in Bearbeitung befindliche DAfStb-Richtlinie zum WUB). Dabei ist in erster Linie zwischen Arbeitsfugen und Fugen zur Aufnahme von Bewegungen (Bild G2) zu unterscheiden. Zu ihrer Definition ist zu bemerken [G224]:

3.1.1 Arbeitsfugen

Arbeitsfugen ergeben sich immer dann, wenn der Betoniervorgang an einem statisch als Einheit wirkenden Baukörper aus arbeitstechnischen Gründen unterbrochen werden muss. Ihre Lage und Gestaltung richten sich nach dem Arbeitsablauf, der Leistung der Betonanlage, der Art und Beanspruchung des Bauteils und bei sichtbaren Außenflächen nach den Anforderungen, die an das Aussehen gestellt werden. Vom statischen Gesichtspunkt aus sind die Arbeitsfugen somit ungewollt. Eine Bewegung zwischen den Bauwerksabschnitten und damit eine Öffnung der Fuge ist nicht beabsichtigt. Sie muss vielmehr durch eine möglichst kraftschlüssige und dichte Verbindung der benachbarten Bauabschnitte vermieden werden.

Auch bei guter Ausführung bilden Arbeitsfugen in abdichtungstechnischer Hinsicht immer Schwachstellen im Betonkörper, die die einheitliche Wirkung beeinträchtigen. Deshalb sind sie in ihrer Zahl nach Möglichkeit einzuschränken und an weniger beanspruchte Stellen zu legen.

Arbeitsfugen können bei schachbrettartigem Betonieren bzw. Betonieren mit Lücke und späterem Ergänzen ggf. zum Abbau von Zusatzspannungen aus Hydratationswärme und Schwinden herangezogen werden.

Fugenart			Darstellung (schem.)	Zweck	Anordnung
		Arbeitsfuge (AF)	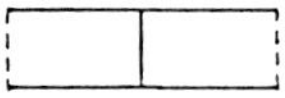	Abgrenzung von Betonierabschnitten. Ggf. Abbau von Zusatzspannungen (Temp. und Schwinden) durch Betonieren mit Lücken und Ergänzen. Alle Schnittkräfte können übertragen werden.	Anordnung bzw. Abstand abhängig vom Arbeitsablauf und der Betonierkapazität
Fugen zur Aufnahme von Bewegungen	Raumfugen	Bewegungsfuge (BF)	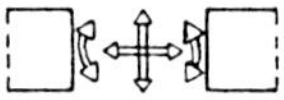	Gegenseitige Bewegungsmöglichkeit der getrennten Bauteile in mehreren Richtungen einschließlich evtl. Verdrehung ohne Zwängungsbeanspruchung.	Allein oder in Ergänzung zur AF, SchF, PF, SchwF. Die Abstände sind von Fall zu Fall gesondert festzulegen.
		Dehnungsfuge (DF)	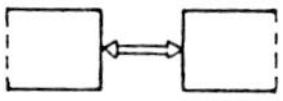	Überwiegend Bewegungsmöglichkeiten der getrennten Bauteile senkrecht zur Fugenebene ohne Zwängungsbeanspruchung (Öffnen und Schließen der Fuge). Querbewegungen ggf. durch Verzahnung ganz vermeidbar.	
		Setzungsfuge (SF)	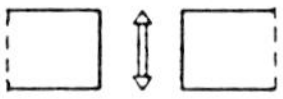	Überwiegend Bewegungsmöglichkeit der getrennten Bauteile in Fugenebene ohne Zwängungsbeanspruchung (Scheren der Fuge)	
	Sonderfugen	Scheinfuge (SchF)	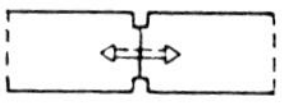	Durch Querschnittsschwächung außen oder innen „Vorzeichnung" der Risse (Sollrissstellen). Bewegungsmöglichkeit bei Bauteilverkürzungen (Rissöffnung). Abbau von Zwängungsspannungen (Temp. und Schwinden). Je nach Ausbildung Querkraftübertragung möglich.	In Ergänzung zu AF und DF. Abstand abhängig von der Konstruktionsdicke.
		Pressfuge (PF)	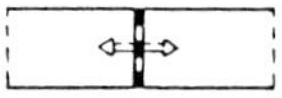	Abgrenzung von statischen Einheiten. Bewegungsmöglichkeit (Öffnen der Fuge) bei Verkürzungen. Druckübertragung bei Ausdehnung. Querverschiebung der Fugenflanken gegeneinander durch Verzahnung vermeidbar.	In Ergänzung zu AF oder SchF und DF. Bewegung und Verformung benachbarter Bauteile sollen „gleichgerichtet" sein.
		Schwindfuge (SchwF)	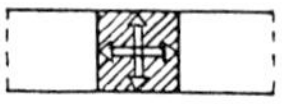	Abbau von Bauteilbewegungen, die im Wesentlichen aus dem Abbindevorgang, dem Schwinden und evtl. auch aus Bauteilsetzungen entstehen. Durch nachträgliches Schließen können Schnittkräfte übertragen werden.	Wenn andere Fugenarten nicht zweckmäßig sind.

Bild G2
Übersicht über Fugenarten, Zweck und Anordnung nach Klawa/Haack [G224]

3.1.2 Fugen zur Aufnahme von Bewegungen

Fugen zur Aufnahme von Bewegungen sind so anzuordnen und auszubilden, dass Bewegungen, hervorgerufen durch innere und/oder äußere Kräfte, in den angrenzenden Bauteilen keine schädlichen Risse erzeugen können. In Abhängigkeit von der Art der zu erwartenden Bewegungen werden folgende Fugentypen unterschieden:

- **Raumfugen; Bewehrung unterbrochen**

– Bewegungsfugen (BF)
   Bewegungsfugen dienen zur Aufnahme von Bewegungen aus verschiedenen Richtungen, z. B. von Setzungen, Dehnungen, Schiefstellungen und Verdrehungen. Außerdem werden sie angeordnet bei wiederholt auftretenden Bewegungen, wie sie z. B. bei Beanspruchung aus dynamischen Verkehrslasten auf Brücken, Parkdecks oder Hofkellerdecken vorkommen.

– Dehnungsfugen (DF)
   Dehnungsfugen dienen zum Ausgleich von Formänderungen bei Schwinden, Quellen, Kriechen und Temperaturänderungen. Die wiederholt auftretenden Bewegungen verlaufen bis auf die Bewegungen durch Temperaturänderungen langsam und hauptsächlich in Richtung der Hauptabmessungen des Bauwerks bzw. Bauteils. Mögliche Querbewegungen in der Fuge können durch Verzahnung der Bauteile vermieden werden (Querkraftfuge).

– Setzungsfugen (Trennfugen) (SF)
   Setzungsfugen dienen zur Unterteilung von Bauwerken, wenn z. B. ungleichmäßiger Baugrund vorliegt oder wenn unterschiedliche statische Beanspruchungen unterschiedliche Setzungen hervorrufen können (beachte auch Ausführungen zu Bild G3). Die Setzungsbewegungen treten meist langsam, einmalig und lotrecht gerichtet auf und steigern sich von Null auf den Maximalwert. Jede Setzungsfuge ist gleichzeitig auch Dehnungsfuge.

- **Sonderfugen**

– Scheinfugen (SchF); Bewehrung ganz oder teilweise durchlaufend
   Scheinfugen sind z. T. äußerlich einer „normalen" Raumfuge ähnlich, durchtrennen jedoch im Gegensatz zu dieser den Betonquerschnitt nur teilweise (etwa 1/3). Sie werden an Stellen angeordnet, an denen beim Auftreten hoher Spannungen der Beton reißen

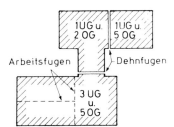

Bild G3
Abhängigkeit der Fugenanordnung im Grundriss von den Gründungs- und Belastungsverhältnissen

soll („Sollrissstelle"). Konzipiert sind sie für den gezielten Abbau der Betonspannungen während des Abbinde- und Erhärtungsvorgangs infolge Temperaturabnahme (Hydratationswärme) und Betonschwindens (Volumenverringerung des Betons).

Je nach Ausbildung der Scheinfuge können Querkräfte auch nach dem Reißen des Betons in der Fuge übertragen werden.

– Pressfugen (PF); Bewehrung unterbrochen
  Pressfugen entstehen, wenn zwei Bauteile oder Bauabschnitte gegeneinander betoniert werden, jedoch (im Gegensatz zur Arbeitsfuge) eine homogene Verbindung beider Teile nicht erwünscht ist. Die Bewehrung ist dementsprechend unterbrochen. In Abhängigkeit von der Art der Trennschicht (z. B. Anstrich, Ölpapier, Kunststofffolie oder nackte Bitumenbahn R 500 N) haben die Pressfugen nur geringe Bewegungsmöglichkeiten. Bei Verkürzungen der angrenzenden Bauteile öffnet sich die Fuge. Ausdehnungen werden durch Druck übertragen. Eine Querverschiebung der Fugenflanken gegeneinander kann durch Verzahnung der Bauteile vermieden werden.

– Schwindfugen (SchwF); Bewehrung durchlaufend
  Schwindfugen (zunächst in einem Bauteil belassene Aussparungen von etwa 1 bis 2 m Breite) dienen im Wesentlichen zum Abbau von Bauteilbewegungen aus dem Abbindevorgang und dem Schwinden, ggf. auch aus Bauteilsetzungen. Nach weitgehendem Abklingen der Bewegungen erfolgt das Schließen dieser Fugen und die kraftschlüssige Verbindung der Bauabschnitte.

Die Anzahl der Arbeits- und Bewegungsfugen ist zu minimieren. Sie richtet sich nach der Grundrissform des Baukörpers, den Bodenverhältnissen im Gründungsbereich und dem statischen Gründungskonzept. Markante Wechsel in der Gebäudeauflast infolge Veränderung der Geschosszahl von einem Gebäudeabschnitt zum anderen können die Fugenanordnung ebenfalls beeinflussen (Bild G3).

Bei Abmessungen deutlich über 30 m Länge sollten im Allgemeinen Fugen vorgesehen werden, sofern nicht besondere Maßnahmen im Sinne einer sog. fugenlosen Bauweise ergriffen werden. Dies gilt vor allem auch bei stark variierenden Gründungsverhältnissen oder Geometrien des Bauwerks, wenn die Baugrundbelastung aus den einzelnen Baukörpern unterschiedlich groß ist.

Querschnittsformen im Grund- und Aufriss sollten möglichst einfach und geradlinig verlaufen. Häufige Versprünge im Querschnitt, wie in Bild G4a, führen zu einer großen Anzahl von Arbeitsfugen. Auch sind Setzungen im Verfüllbereich unterhalb auskragender Bauteile nicht auszuschließen. Sie führen je nach dem statischen System in abdichtungstechnischer Hinsicht zu einer erhöhten Anfälligkeit der Konstruktionsglieder. Auskragende Baukörper sollten daher besser bis auf eine erweiterte Sohlplatte heruntergeführt werden, um einfache Schalungsverhältnisse zu schaffen (Bild G4b). In beiden Fällen ist selbstverständlich für eine ausreichende Entwässerung der Lichtschächte Sorge zu tragen.

Sehr deutlich zeigt Bild G5 den Einfluss der Bauwerksgeometrie auf den Arbeitsablauf sowie die Sicherheit in abdichtungstechnischer Hinsicht auf. In der Darstellung G5a ist eine stark zergliederte Sohle mit verschiedenen Höhenlagen für Schächte, Kanäle, Streifenfundamente und Betonböden zu erkennen. Im Detail G5b sind für diese Lösung die ver-

3 Bauwerksfugen

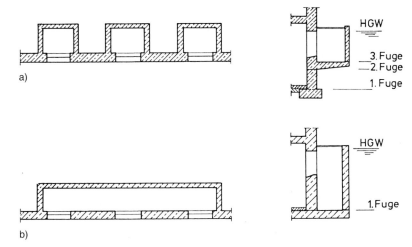

Bild G4
Grundriss und Aufriss bei unterschiedlich tief reichenden Kellerlichtschächten
a) Hoch liegende Einzellichtschächte mit Kragplatten
b) Tief reichender Lichtschacht mit durchgehenden Sohl- und Wandflächen

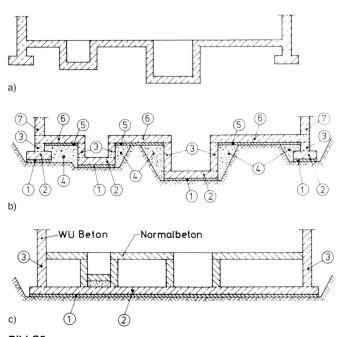

Bild G5
Vertikalschnitt durch eine Bauwerkssohle mit Schächten und Kanälen [nach G211]
a) Zergliederte Sohle
b) Zeitlich getrennte Arbeitsgänge für Lösung a)
c) Vereinfachte und daher sicherere Ausführung mit erheblich verringerter Anzahl an Arbeitsfugen

(1) bis (7): erforderliche Arbeitsschritte

schiedenen Arbeitsschritte gekennzeichnet, um die WUB-Außenhaut zu erstellen. Abgesehen von der komplizierten Formgebung des Planums muss zunächst der Unterbeton für die Streifenfundamente und die Kanal- bzw. Schachtsohlen eingebracht werden (1). Es folgt dann das Betonieren der Streifenfundamente sowie der Sohlplatten (2). Anschließend sind die Wandabschnitte (3) herzustellen. Danach muss zur Schaffung eines neuen, höher gelegenen Planums Boden in die entstandenen Gräben gefüllt werden (4). Erst dann kann der Unterbeton für die weiter oben gelegenen Sohlenabschnitte eingebracht werden (5). Mit Schritt (6) folgt die Herstellung der hoch gelegenen Sohlenabschnitte und schließlich mit Schritt (7) das Betonieren der aufgehenden Außenwände. Diese Vorgehensweise bedingt zahlreiche horizontal verlaufende Arbeitsfugen, die jede für sich durch Bleche oder Arbeitsfugenbänder abdichtungstechnisch gesichert werden müssen. Demgegenüber zeigt die durch Herunterziehen der Bauwerkssohle auf die untere Ebene vereinfachte Ausführung eine erheblich verringerte Anzahl von Arbeitsfugen. Bei dieser Lösung sind lediglich drei zeitlich voneinander getrennte Arbeitsgänge erforderlich. Die wasserbenetzten Sohlen- und Wandflächen können jeweils in einem einzigen Arbeitsgang hergestellt werden. Damit verringert sich die Zahl der möglichen Fehlerquellen ganz erheblich. Außerdem ist die Lösung nach Bild G5c auch in wirtschaftlicher Hinsicht deutlich günstiger zu bewerten.

3.2 Fugenabdichtung

3.2.1 Grundlagen

Für die Funktion eines Bauwerks aus wasserundurchlässigem Beton kommt es neben der richtigen Betonrezeptur, der Rissbreiten begrenzenden Bewehrungsanordnung, der konstruktiven Durchbildung und den gezielten Maßnahmen beim Einbringen und Nachbehandeln des Frischbetons ganz entscheidend auch auf die fachgerechte Abdichtung der Arbeits- und Bewegungsfugen an. Dafür stehen in erster Linie Fugenbänder zur Verfügung und für Arbeitsfugen außerdem auch Fugenbleche oder Injektionsschlauchsysteme.

Für Planung und Ausführung einer Fugenabdichtung mit Fugenbändern bei Bauwerken aus wasserundurchlässigem Beton sollten die einschlägigen Normen DIN 18541 [G14] für thermoplastische und DIN 7865 [G10] für elastomere Fugenbänder berücksichtigt werden (Fugenbandformen siehe Bild G6). Nur so sind bei den unvermeidlichen Fugenbandstößen Anpassungsschwierigkeiten in den Kontaktflächen infolge abweichender geometrischer Profilabmessungen und unterschiedlicher Stoffqualitäten sicher zu vermeiden. Eine fachgerechte Fügung von Werks- und Baustellenstößen durch Warmgasschweißung oder mithilfe eines Schweißschwertes bei Thermoplasten sowie durch Vulkanisieren bei Elastomeren muss sichergestellt werden. Kleber, Klebebänder oder ähnliche solcher Hilfsstoffe sollten grundsätzlich nicht verwendet werden. Fehlerquoten im Stoßbereich, bei einigen Baumaßnahmen bis über 50 %, lassen die Forderung verständlich erscheinen, nur rechtwinklig zur Bandachse verlaufende Stöße auf der Baustelle zuzulassen. Alle anderen Formstücke, wie z. B. Winkel, T- oder Kreuzstöße, müssen werkseitig gefügt sein. Das hierfür eingesetzte Personal muss über eine entsprechende Schulung verfügen. Im Übrigen sind alle Dicht- und Ankerrippen, auch bei werksmäßig vorgefertigten Formteilen, in den verschiedenen Ebenen eines Fugenbandknotens mit- und untereinander wasserdicht zu verbinden.

3 Bauwerksfugen

Form	Beschreibung	Darstellung	Anwendung
FM	innenliegendes Fugenband mit Mittelschlauch		Bewegungsfuge
FMS	innenliegendes Fugenband mit Mittelschlauch und Stahllaschen		oder
AM	außenliegendes Fugenband mit Mittelschlauch		Pressfuge*
F	innenliegendes Fugenband ohne Mittelschlauch		
FS	innenliegendes Fugenband ohne Mittelschlauch mit Stahllaschen		Arbeitsfuge
A	außenliegendes Fugenband ohne Mittelschlauch		

* im Pressfugenbereich ist ein Bewegungspuffer z.B. in Form eines passgerechten Schaumgummiprofiles anzuordnen

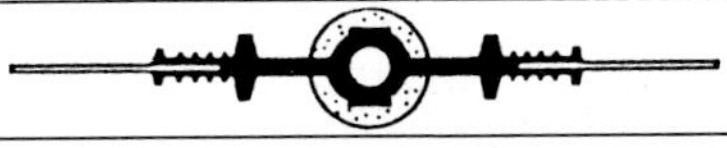

a)

Form	Beschreibung	Darstellung	Anwendung
D	innenliegendes Dehnfugenband		Bewegungsfuge
DA	außenliegendes Dehnfugenband	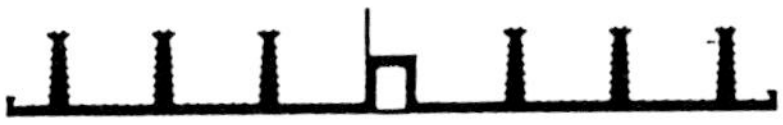	oder
FA	Fugenabschlussband (u. a. für Deckenbereich)		Pressfuge*
A	innenliegendes Arbeitsfugenband		Arbeitsfuge
AA	außenliegendes Arbeitsfugenband	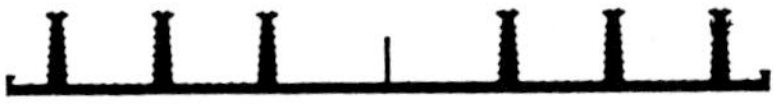	

* im Pressfugenbereich ist ein Bewegungspuffer z.B. in Form eines passgerechten Schaumgummiprofiles anzuordnen

b)

Bild G6
Fugenbandformen nach DIN 7865 und DIN 18541 [G10, G14, G109]
a) Elastomer-Fugenbänder nach DIN 7865; ergänzend werden auch die nicht in der Norm geregelten elastomeren Fugenabschlussbänder von einigen Herstellern unter Beachtung der Werkstoff-Anforderungen nach DIN 7865-2 gefertigt
b) Thermoplastische Fugenbänder nach DIN 18541

a)

b)

Bild G7
Verwahren von Fugenbändern während des Bauzustandes
a) Falsche Lösung
b) Fachgerechte Lösung

Pentaflex® KB
Bodenplatte / Wandanschluß

Pentaflex® FTS
für Dreifachwände

PENTAFLEX®
Abdichten mit System

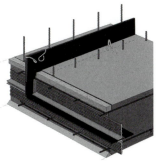

Pentaflex® ABS
Abschalelemente
Boden/Boden, Wand/Wand

Pentaflex® Transwand
Wanddurchführungen

- Bauaufsichtliches Prüfzeugnis
- min. Einbindetiefe 3,0 cm
- Wasserdicht bis 6,0 bar

www.jp-bautechnik.de

J & P: Die Baupartner

...autechnik ...os-GmbH ...traße 51 ...h 44 05 49 ...05 Berlin t www.jp-bautechnik.de	Pfeifer Seil- und Hebetechnik GmbH Dr.-Karl-Lenz-Straße 66 D-87770 Memmingen Tel. +49 (0) 83 31/937-290 Fax +49 (0) 83 31/937-342 E-Mail bautechnik@pfeifer.de Internet www.pfeifer.de	**H-BAU Technik GmbH** **Am Güterbahnhof 20** **D-79771 Klettgau** **Tel. +49 (0) 77 42/92 15-20** **Fax +49 (0) 77 42/92 15-90** **E-Mail info.klettgau@h-bau.de** **Internet www.h-bau.de**	Deutsche Kahneisen GmbH Nobelstraße 51-55 D-12057 Berlin Tel. +49 (0) 30/6 82 83-02 Fax +49 (0) 30/6 82 83-497 E-Mail info@jordahl.de Internet www.jordahl.de

Anwendungsbeispiele
und Kommentare zur DIN 1045

Beispiele zur Bemessung nach DIN 1045-1
Band 1: Hochbau
Hrsg.: Deutscher Beton- und Bautechnik-Verein E.V.
2001. XIII, 316 Seiten.
Gb., € 55,–* / sFr 92,–
ISBN 3-433-02537-1

Die neue Beispielsammlung geht neben DIN 1045-1 auf die Grundlagen der Tragwerksplanung sowie auf die Lastannahmen ein. Der Vergleich mit der bisherigen Bemessungspraxis wird durch die Auswahl bewährter Aufgabenstellungen erleichtert. Der vorliegende Band umfasst Beispiele aus dem Hochbau, die die grundlegenden Nachweise an den Grundelementen der Betontragwerke, d.h. Platte-Balken-Stütze aufzeigen.

Aus dem Inhalt:
- Vollplatte, einachsig gespannt
- Vollplatte, zweiachsig gespannt
- Vollplatte mit grosser Dicke
- Punktförmig gestützte Platte
- Einfeldbalken - Fertigteil
- Zweifeldriger Durchlaufbalken mit Kragarm
- Plattenbalkendecke mit Fertigplatten und statisch mitwirkender Ortbetonschicht
- Vorgespannter Dachbinder
- Hochbau - Innenstütze
- Hochbau - Randstütze
- Blockfundament
- Köcherfundament

Beispiele zur Bemessung nach DIN 1045-1
Band 2: Ingenieurbau
Hrsg.: Deutscher Beton- und Bautechnik-Verein E.V.
2003. Ca. 300 Seiten.
Gb., ca. € 85,–*/
sFr 142,–
ISBN 3-433-02835-4
Erscheint: Januar 2003

* Der €-Preis gilt ausschließlich für Deutschland

Ernst & Sohn
Verlag für Architektur und
technische Wissenschaften GmbH & Co. KG

Für Bestellungen und Kundenservice:
Verlag Wiley-VCH
Boschstraße 12
69469 Weinheim
Telefon: (06201) 606-152
Telefax: (06201) 606-184
Email: service@wiley-vch.de

www.ernst-und-sohn.de

Im Vergleich zum ersten werden im zweiten Band der DBV-Beispielsammlung komplexere Anwendungsbeispiele vorgestellt. Die neuen Beispiele werden in bewährter Form behandelt. In der Kommentarspalte werden DIN-Zitate und Erläuterungen, sowie Anmerkungen aus der Praxis gegeben. Es werden Deckenplatten nach Plastizitätstheorie, Flachdecken mit Kragarm, Flachdecken mit Vorspannung, Straßenbrücken, mehrgeschossiger Skelettbau, eine Bunkerwand sowie gekoppelte Stützen mit nichtlinearen Verfahren nachgewiesen.

07412066_my   Änderungen vorbehalten.

Dies gilt auch für die Verbindung zwischen Bewegungs- und Arbeitsfugenbändern. Die allgemein gültige Abdichtungsregel: Jedes System ist nur so gut wie seine schwächste Stelle, gilt hier in ganz besonderem Maße.

In jedem Bauzustand muss darauf geachtet werden, dass noch nicht einbetonierte Fugenbandabschnitte keine mechanischen Beschädigungen durch Bewehrungsarbeiten oder unsachgemäße Lagerung erfahren. So dürfen Fugenbänder, z. B. im Übergang von der Sohle zur Wand oder von einem tiefer gelegenen Wandabschnitt zu dem nächst höher gelegenen, nicht einfach über die vertikalen Anschlusseisen gehängt werden (Bild G7a). Die Enden solcher Anschlusseisen sind im Allgemeinen außerordentlich scharfkantig und bergen daher für das Fugenbandprofil eine hohe Perforationsgefahr. Daher kommt es auf eine fachgerechte Verwahrung der Fugenbänder während solcher Bauzustände an. Empfehlenswert ist in diesem Zusammenhang beispielsweise eine Lösung nach Bild G7b, bei der die Anschlusslängen der Bewegungsfugenbänder mit einer entsprechend zugeschnittenen Holzlasche am Baugrubenverbau aufgehängt sind.

3.2.2 Arbeitsfugen

Arbeitsfugen sollten vor allem im Gründungsbereich von Wohngebäuden möglichst oberhalb des Bemessungswasserstandes angeordnet werden. Ist das nicht möglich, so können sie in Sonderfällen sowohl im Übergang zwischen Sohle und Wänden, aber auch innerhalb von Sohlen bzw. Wänden durch aufwendigere Schalverfahren vermieden werden. Im Regelfall werden aber zur Erleichterung des Bauablaufs Arbeitsfugen angeordnet. Deren unterschiedlichste Ausbildung wird beispielhaft in den Bildern G8a bis G8f dargestellt. Im Übergangsbereich Sohle/Wand können je nach Beanspruchung durch das Wasser von der einfachen Betonprofilierung im Wandbereich bis hin zur Lösung mit einem vorab eingelegten Verpressschlauch verschiedenste in der Praxis bewährte Ausführungen eingesetzt werden. Fachgerecht eingebaut, stellen sie in Abhängigkeit von der Beanspruchung durch das Wasser geeignete funktionstüchtige Möglichkeiten dar.

Im Einzelnen lassen sich die in Bild G8 dargestellten Lösungen folgendermaßen charakterisieren und bewerten:

Betonaufkantung (Bild G8a)

Die Wanddicke muss mindestens 30 cm betragen. Die Höhe der Aufkantung ist mit 10 cm zu wählen, ihre Breite zu etwa 1/3 der Wanddicke. Diese Lösung ist schalungstechnisch arbeitsaufwendig. Außerdem bleibt die Verdichtung im Bereich der Betonaufkantung in der Praxis häufig unzureichend. Die Lösung ist nur bei einer Wasserbeanspruchung durch nichtdrückendes Wasser zu empfehlen. Bereits bei nur vorübergehend aufstauendem Wasser bietet die Betonaufkantung allein im Allgemeinen keine ausreichende Dichtigkeit.

Innen liegender Blechstreifen bei hoch liegender Arbeitsfuge (Bild G8b)

Die Abdichtung der Arbeitsfuge erfolgt mithilfe eines innenliegenden Blechstreifens, dessen Höhe bei nichtdrückendem Wasser mindestens 200 mm, bei drückendem Wasser mindestens 300 mm betragen sollte. Die Blechdicke ist mit mindestens 1 mm, bei größeren,

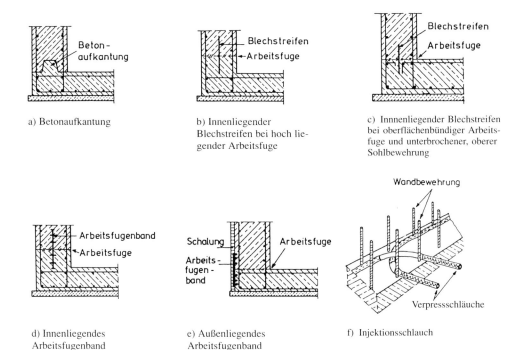

Bild G8
Arbeitsfugenausbildung im Übergang von der Sohle zur Wand [G109, G211, G224]

freien Längen und bei erforderlichen Schweißstößen mindestens 1,5 mm zu wählen, da der Blechstreifen sonst keine ausreichende Steifigkeit für das Einpassen und während des Betoniervorgangs aufweist. Lösung b) setzt eine hoch liegende Arbeitsfuge voraus, damit der Blechstreifen oberhalb der durchlaufenden Bewehrungsoberlage aus der Sohle angeordnet werden kann. Dies erfordert naturgemäß einen größeren Schalungsaufwand bei der Herstellung des Sohlenbetons. Für das Herstellen der Querstöße ergeben sich grundsätzlich die in Bild G9 dargestellten Ausführungsmöglichkeiten. Werden die Arbeitsfugenbleche lediglich überlappt, so muss von einem bleibenden möglichen Sickerweg ausgegangen werden. Diese Lösung empfiehlt sich daher nur für eine Beanspruchung durch nichtdrückendes Wasser. Die Überlappungslänge sollte mindestens 30 cm betragen, der Abstand zwischen den Blechstreifen mindestens 5 cm, um ein sicheres allseitiges Einbetten auch bei größeren Betonzuschlägen beim Betonieren der Wand zu gewährleisten. Zuverlässiger sind die gefalzten, geschweißten oder geklemmten Stoßverbindungen. Sie eignen sich auch für Beanspruchungen durch drückendes Wasser. Beim Schweißstoß sollte auf eine vierseitige Nahtführung geachtet werden. Die Blechüberlappung sollte in diesem Fall mindestens 3, besser 5 cm betragen. Dünne Bleche mit 1 mm Dicke lassen sich nur schwer mit den handelsüblichen Mantelelektroden verschweißen. Es besteht die Gefahr des Locheinbrandes. Für sie empfiehlt sich daher eher eine Schutzgasschweißung. Bleche mit 2 mm Dicke können dagegen bei fachgerechter Vorgehensweise auch mit Mantelelektroden verschweißt werden.

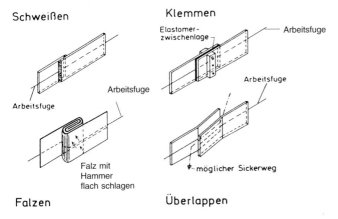

Bild G9
Verbinden von Arbeitsfugenbändern aus Stahlblech [G224]

Innenliegender Blechstreifen bei oberflächenbündiger Arbeitsfuge (Bild G8c)

Die Anordnung eines innenliegenden Blechstreifens bei oberflächenbündiger Arbeitsfuge im Übergang Sohle/Wand setzt entsprechende Vorkehrungen bei der Bewehrungsoberlage der Sohle voraus. Im Allgemeinen ist eine Auswechslung der Bewehrung nicht erforderlich. Es reicht vielmehr, die oben liegenden Bewehrungsstäbe im geplanten Lagebereich des Arbeitsfugenbleches nach unten abzuwinkeln. Die Stoßverbindung der Arbeitsfugenbleche erfolgt wiederum nach den Lösungen des Bildes G9. Dabei kommt das Überlappen lediglich für solche Arbeitsfugen in Betracht, die ausschließlich durch nichtdrückendes Wasser beansprucht werden. Die drei anderen in Bild G9 aufgezeigten Bauarten sind auch bei zu erwartendem vorübergehendem Stauwasser bzw. im Bereich von drückendem Wasser anwendbar.

Innenliegendes Arbeitsfugenband (Bild G8d)

Ähnlich wie für die Lösung in Bild G8b ausgeführt, erfordert die Anordnung eines innenliegenden Arbeitsfugenbandes die aufwendige Herstellung einer hoch liegenden Arbeitsfuge, sofern nicht die Auswechslung der Bewehrungsoberlage für die Sohle in Kauf genommen wird.

Das Arbeitsfugenband muss mit Bindedraht gegen die Wandanschlussbewehrung in seiner Lage gesichert und fixiert werden. Hierbei muss unbedingt auch an den Rüttelvorgang während des Betonierens gedacht werden. Die Stöße des Arbeitsfugenbandes sind stoffgerecht durch Schweißen bei thermoplastischen Fugenbändern bzw. Vulkanisieren bei elastomeren Fugenbändern zu fügen. Dabei ist vor allem auf eine Passgenauigkeit der Dicht- und Ankerrippen zu achten.

Außenliegendes Arbeitsfugenband (Bild G8e)

Das außenliegende Arbeitsfugenband wird an der Außenschalung befestigt. Die Nagelung darf in keinem Fall im Bereich des Dehnteils bzw. der Dichtteile erfolgen, sondern ausschließlich in den hierfür vorgesehenen seitlich angeformten Nagellaschen. Diese Art der

Bandfixierung unmittelbar an der Außenschalung ergibt eine einfachere Handhabung der Lösung nach Bild G8e auf der Baustelle. Die Höhe der Dicht- und Ankerrippen ist unbedingt auf die Betonüberdeckung der Bewehrung abzustimmen. Die Rippenhöhe beläuft sich in der Regel auf 30 bis 35 mm. In Sonderfällen weicht sie nach unten oder oben ab. Auch bei dieser Lösung ist eine systemkonforme Fügung der Bandstöße erforderlich, wie sie zu Bild G8d beschrieben wurde. Nachteilig bei der Verwendung außenliegender Arbeitsfugenbänder ist das Risiko einer leichten Bandbeschädigung beim Ausschalen der Wandbauteile, insbesondere wenn die heute vielfach übliche Großflächenschalung zum Einsatz gelangt. Auch beim maschinellen Bodeneinbau können die nach dem Ausschalen ungeschützt freiliegenden Fugenbandprofile leicht beschädigt werden.

Injektionsschlauch (Bild G8f)

Bildet ein Injektionsschlauch die alleinige Dichtungsmaßnahme einer Arbeitsfuge (z.B. Sohle/Wand), so sind alle damit verbundenen Kosten einschließlich der Verpressung vom Bauherrn zu tragen. Die Verpressung muss spätestens bis zur Bauabnahme erfolgen, sofern sie nicht im Zusammenhang mit dem Überbauen der Verpressdosen bereits vorher notwendig wird. Bei Einsatz von Mehrfach-Verpressschläuchen ist vom Bauherrn lediglich die Erstverpressung und je nach Schlauchsystem das anschließende Vakuumieren als Voraussetzung für weitere Verpressvorgänge zu vergüten.

Der Injektionsschlauch wird auf den Sohlbeton zwischen den Stäben der Wandanschlussbewehrung verlegt. Seine Regellänge beträgt nach [G114] 8 bis 10 m. Dabei ist auch zu beachten, ob der Schlauch waagerecht oder senkrecht verläuft. Er wird in der Regel mit aufgeschossenen Klammern gegen Aufschwimmen beim Betonieren der Wand gesichert. Um als Voraussetzung für ein u. U. erforderliches nachträgliches Dichtpressen der Arbeitsfuge den auf gesamter Schlauchlänge benötigten Berührungskontakt zum Sohlenbeton sicherzustellen, sollte der Klammerabstand nicht größer als 20 bis 25 cm gewählt werden. Im Bedarfsfall oder zum vertraglich vereinbarten Zeitpunkt kann nach Erhärten des Betons Kunstharz, Gel oder Mikrozement in den Schlauch gepresst werden, um eventuelle Undichtigkeiten in der Arbeitsfuge zu beseitigen. Seit Ende der 80er-Jahre gibt es Verpressschlauch-Systeme, die ein mehrmaliges Verpressen ermöglichen. Sie weisen naturgemäß erhebliche Vorteile gegenüber solchen Schlauchsystemen auf, die nur ein einziges Mal genutzt werden können. Sollte bei den letztgenannten Schlauchsystemen nach erfolgter Erstverpressung ein nochmaliges Öffnen der Arbeitsfuge infolge Bauteilverformungen auftreten, bleibt in diesen Fällen lediglich das aufwendige Bohren und Setzen von Packern, während bei dem erstgenannten Schlauchsystem problemlos ein zweites Mal oder öfter an gleicher Stelle linienhaft verpresst werden kann. Allerdings setzt dies voraus, dass das Verpressgut unmittelbar nach der Erstverpressung und vor dem Erhärten aus dem Verpressschlauch entfernt wird.

Quellband

In den letzten Jahren werden häufig vor allem im Zusammenhang mit drückendem Wasser ergänzend zu den Maßnahmen der Bilder G8a bis G8c und G8f in Arbeitsfugen nahe der Wasserseite Bänder oder Profile aus quellfähigem Material ausgelegt. Zur Anwendung gelangen dabei Werkstoffe auf Basis von Bentonit [G306, G309] oder extrudiertem Chloropren, mit Wasser aufnehmendem Harz kombiniert [G305]. Der Quellvorgang wird durch

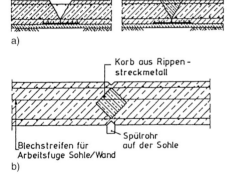

a)

b) Blechstreifen für Arbeitsfuge Sohle/Wand — Korb aus Rippenstreckmetall — Spülrohr auf der Sohle

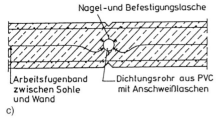

c) Arbeitsfugenband zwischen Sohle und Wand — Nagel- und Befestigungslasche — Dichtungsrohr aus PVC mit Anschweißlaschen

d)

Bild G10
Beispiele für die Ausbildung von Arbeitsfugen in Sohlen und Wänden [G109, G224, G230]
a) Arbeitsfugenausbildung in der Sohle durch v-förmige Aussparung und Absperrung mit Streckmetall und außenliegendem Arbeitsfugenband
b) Rhombenförmiger Streckmetallkorb in der Wand als Querschnittsschwächung
c) Dichtungsrohr aus PVC mit Dicht- und Anschweißlaschen für den wasserdichten Anschluss des horizontalen Arbeitsfugenbandes im Mittelbereich der Wand
d) Beispiel aus der Praxis für die Ausführung nach c)

Wasserzutritt ausgelöst und unterstützt so die Dichtwirkung. Bei Durchdringungen kann Bentonit in Pastenform für die Abdichtung des Ringspalts zwischen Rohrdurchführung und Rohbauwand eingesetzt werden.

Das Einlegen von Quellbändern oder Quellprofilen als alleinige Abdichtungsmaßnahme in einer Arbeitsfuge gegen drückendes Wasser erscheint nach dem heutigen Stand der Technik als nicht ausreichend.

Generell sind die Anschlussflächen der Arbeitsfugen vor dem Einbringen des Zweitbetons sorgfältig vorzubereiten. Dies ist eine Grundvoraussetzung für das Erzielen einer ausreichenden Dichtfunktion. Einzelheiten zu den vorbereitenden Maßnahmen enthält das Zement-Merkblatt Nr. 17 „Arbeitsfugen" [G108]. Vor allem geht es darum, Ansammlungen von Zementschlämpe an der Sohlenoberfläche im Arbeitsfugenbereich zu vermeiden. Auch darf die Betonoberfläche im Fugenbereich nicht zu rau sein oder gar Unterschneidungen aufweisen. Dies gilt insbesondere im Zusammenhang mit dem Einlegen von Verpressschläuchen. Diese hätten dann nämlich keinen durchgängig ausreichenden Kontakt zum Erstbeton, um eventuell offene Sickerwege nachträglich verpressen zu können. Als ideal ist die Oberfläche in der Arbeitsfuge dann anzusehen, wenn die Zuschlagkörner mit ihren Kuppen, ähnlich wie bei Waschbeton-Gehwegplatten, freiliegen und etwas hervorstehen. Vor Einbringen des Zweitbetons sind die Arbeitsfugenflächen sorgfältig zu reinigen (Druckluft) und vorzunässen.

Auch für die Abdichtung von Arbeitsfugen in Sohlen und Wänden haben sich in der Vergangenheit bestimmte Ausführungsformen herausgebildet. Sie sind im Einzelnen in den Bildern G10a bis G10c dargestellt. Etwa eine Woche nach dem Betonieren sind die Aussparungen (siehe Bilder G10a und G10b) nachzubetonieren. Das am Fußpunkt liegende Spülrohr ermöglicht das notwendige Ausspülen des ausgesparten Querschnitts vor dessen Verfüllung. Die Ausbildung der Arbeitsfugen im Wandbereich nach den Lösungen der Bilder G10b bis G10d dienen auch der Verringerung der Rissgefahr infolge Abbau der Hydratationswärme und als Ausgleichsfugen für den Schwindvorgang. Sie sind allerdings ungeeignet für den Einsatz im Bereich von drückendem Wasser. Generell können Arbeitsfugen im Sohlen- und Wandbereich auch mit Blechen oder mit elastomeren bzw. thermoplastischen Fugenbandprofilen analog zu den Bildern G8 und G9 abgedichtet werden.

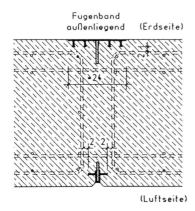

Bild G11
Scheinfugen in Widerlagern und Stützwänden
[G113, Fug 2]

Außenliegende Arbeitsfugenbänder sollten in Sohlen nur bei dünnen Bauteilen eingesetzt werden. Bei dicken Sohlen sind dagegen innenliegende Bleche oder Fugenbänder (sinngemäß wie in Bild G28) vorzuziehen.

Eine Möglichkeit speziell der Ausbildung von Scheinfugen in Widerlagern und Stützwänden wird in den Richtzeichnungen des Bundesministers für Verkehr [G113] angegeben. Hier wird der Betonquerschnitt durch Fugeneinlagen von beiden Seiten um insgesamt etwa 30% eingeschnürt, die Bewehrung entsprechend ausgewechselt und die Fuge durch Fugenabschluss- oder Außenfugenbänder abdichtungstechnisch gesichert (Bild G11).

3.2.3 Bewegungsfugen

Bewegungsfugen können mit unterschiedlichen Arten von Bewegungsfugenbändern sicher gedichtet werden; die verschiedenen Möglichkeiten zeigt Bild G12. Die Bewegungsfugenbänder sind in ihren Bezeichnungen und Abmessungen genormt ([G10, G14], vgl. auch Bild G6). Auch die Mindestanforderungen für die Dehn- und Dichtteile, Ankerrippen sowie Randverstärkungen wurden damit einheitlich festgelegt.

Wesentlich für die Auswahl der Dehnfugenbänder ist die Erkenntnis, dass bei den im Grundriss abgewinkelten, nicht geradlinig verlaufenden Fugen mit einer zweidimensionalen Beanspruchung der Fugenbänder bei Horizontalbewegung gerechnet werden muss. Tritt in einem Fugenteil die Beanspruchung rechtwinklig zur Fugenachse auf, so ergibt sich in dem abgewinkelten Bereich eine Beanspruchung diagonal, bei einem 90°-Winkel parallel zur Fuge. Ähnliche Verhältnisse ergeben sich für ein Fugenband bei einer Abwinkelung aus der Sohlen- in die Wandebene bzw. aus der Wand- in die Deckenebene. Dies bedeutet, dass je nach Bandführung im Allgemeinen ein dreidimensionaler Spannungs- und Verformungszustand zu beachten ist.

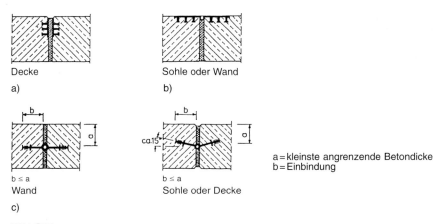

Bild G12
Verschiedene einbetonierte Fugenbänder [G106, G109, G224]
a) Fugenabschlussband
b) Außenliegendes Fugenband, erdseitig
c) Innenliegendes Fugenband

Bei der Bauausführung sollte ein Durchhängen der einzubetonierenden Fugenbänder durch sorgfältiges Abspannen ausgeschlossen werden. Die Lagefixierung der Fugenbänder hat mithilfe von Fugenbandklammern und Bindedraht zu erfolgen. Der Klammerabstand ist abhängig von der Steifigkeit des Fugenbandes. Bei den weicheren thermoplastischen Fugenbändern ist er kleiner zu wählen als bei den Elastomerprofilen. Im Einbaubereich von Fugenbändern sind übermäßige Bewehrung, Einbauten oder Aussparungen zu vermeiden. Stets ist bereits bei der Planung der Bewehrung darauf zu achten, dass der Fugenbandbereich für ein intensives Verdichten des Frischbetons ausreichend zugänglich bleibt. Nötigenfalls sind gezielt so genannte Rüttelgassen freizuhalten. Fugenbänder sind vor dem Einbetonieren zu säubern. Dies gilt bei Jahreszeiten mit Nachtfrostgefahr insbesondere auch im Hinblick auf Eisbildung zwischen den Dicht- und Ankerrippen horizontal laufender Fugenbandabschnitte. Die Fugenbänder müssen grundsätzlich auf voller Länge in ihrer Lage ausreichend gesichert sein, damit sie sich beim Betonieren und insbesondere beim Rütteln nicht unzulässig verschieben. Nach jedem abgeschlossenen Betoniervorgang sind an den noch freiliegenden Fugenbandabschnitten sämtliche anhaftenden Betonreste sofort zu entfernen. Liegen Fugenbandanschlüsse über einen längeren Zeitraum frei, so sind sie vor Verunreinigung und Beschädigung z. B. durch Holzkästen zu schützen [G211].

Das Aufnageln von außenliegenden Fugenbändern ist nur an den hierfür vorgesehenen Nagellaschen zulässig [G106, Abs. 80].

Bei horizontalem Einbau innenliegender Fugenbänder in Decken- oder Sohlenflächen sollen die Seitenbahnen mit einem Anstellwinkel von etwa 10° bis 15° nach oben fixiert werden (Bild G12c), um eine einwandfreie Entlüftung im Rippenbereich an der Bandunterseite sicherzustellen. Nur so kann eine gefährliche Nester- bzw. Kanülenbildung und damit eine Umläufigkeit vermieden werden.

Verschmutzungen am Fugenband (z. B. Sägespäne, Sand, Beton- und Schlämmereste, Öle, Fette, Flüssigkunststoffe) verhindern ein sattes Umschließen mit Beton und verursachen so Undichtigkeiten. Insbesondere Eisbildung zwischen den Dicht- und Ankerrippen bei waagerecht verlaufenden, aber auch senkrecht geführten Fugenbändern ist unbedingt vor dem Betonieren zu entfernen [G17].

Bei innenliegenden Fugenbändern nach Bild G12 muss die Betondeckung (a) jeweils eine Mindestdicke entsprechend der Einbindebreite (b) des Fugenbandes (etwa halbe Fugenbandbreite) aufweisen. Außen liegende Fugenbänder dürfen nur an der Wasserseite angeordnet werden. Im Deckenbereich sind sie zur Sicherstellung einer einwandfreien Entlüftung der Kanäle zwischen den Dicht- und Ankerrippen durch Abschlussbänder zu ersetzen (Bild G13). In Bild G13 ist für den Übergang vom außenliegenden Fugenband zu einem Fugenabschlussband von einem fabrikmäßigen Formstück ausgegangen worden. Die Anzahl der Verankerungsrippen muss bei den Außenfugenbändern und dem Fugenabschlussband übereinstimmen. Die Kontaktflächen sind stoffgerecht zu verbinden (Schweißen bzw. Vulkanisieren). Wenn das dargestellte Formstück mit der kreisartigen Umlenkung der Dicht- und Ankerrippen des außenliegenden Fugenbandes nicht lieferbar ist, kann ein entsprechendes Werkstück auch über Gehrungsstoß gefertigt werden. Das darf jedoch in keinem Fall auf der Baustelle erfolgen.

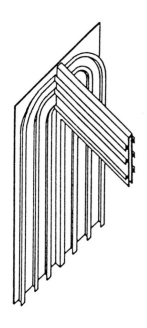

Bild G13
Übergang Wand–Decke bei außenliegendem Dehnungsfugenband

Bei der Wahl von Fugenabschlussbändern ist zu beachten, dass für nichtdrückendes Wasser nur solche mit beidseitig je zwei, für den Bereich drückenden Wassers dagegen nur Profile mit beidseitig je drei Dicht- und Ankerrippen in Betracht kommen [G17]. Profile mit beidseitig jeweils nur einer Dicht- und Ankerrippe sind für Abdichtungszwecke ungeeignet [G109] und dienen lediglich dem architektonischen Verschluss einer Fuge in Ansichtsflächen.

Generell sollten Fugenbänder zur Abdichtung von Arbeitsfugen und insbesondere von Dehnfugen nicht zu schmal gewählt werden. Die in Verbindung mit schmaleren Fugenband-Profilen erzielten Einsparungen an Beschaffungskosten stehen in keinem Verhältnis zu dem erhöhten Risiko und dem möglichen Kostenaufwand zur Beseitigung eventueller Undichtigkeiten. Die Hamburger Normalien [G109] geben in dieser Hinsicht folgenden Anhalt für die Mindestbreiten von Fugenbändern:

- bei nichtdrückendem Wasser grundsätzlich:
  - für innenliegende Fugenbänder ≥ 240 mm
  - für außenliegende Fugenbänder ≥ 240 mm
- bei drückendem Wasser:
  - für innenliegende Fugenbänder:
    Form FM ≥ 350 mm, Form FMS ≥ 400 mm oder Form D ≥ 320 mm
    Form F ≥ 250 mm, Form FS ≥ 270 mm oder Form A ≥ 240 mm
  - für außenliegende Fugenbänder:
    Form AM ≥ 350 mm oder Form DA ≥ 320 mm
    Form A ≥ 250 mm oder Form AA ≥ 240 mm

312 G Wasserundurchlässiger Beton

Zu den oben genannten Fugenbandformen enthält Bild G6 erläuternde Hinweise und Darstellungen.

Künftig regelt DIN 18197: Abdichtung von Fugen in Beton mit Fugenbändern [G17] die Mindestbreiten für die einzelnen Fugenbandprofile in Abhängigkeit vom Fugenbandmaterial, der resultierenden Verformung im Fugenspalt und vom Wasserdruck. Die im Hinblick

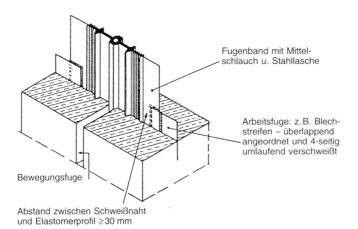

Bild G14
Anschluss eines Arbeitsfugenblechs an ein elastomeres Dehnfugenband mit Stahllaschen
a) Prinzip eines geschweißten Anschlusses [G109]
b) Beispiel eines genieteten Anschlusses

3 Bauwerksfugen

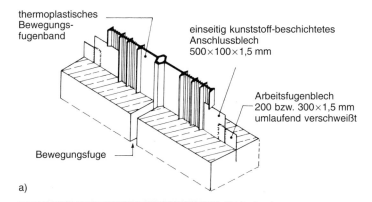

a)

b)

Bild G15
Anschluss eines Arbeitsfugenblechs an ein thermoplastisches Dehnfugenband
a) Prinzip
b) Beispiel aus der Praxis

auf wechselnde Umgebungstemperaturen unterschiedlichen Leistungsfähigkeiten thermoplastischer Fugenbänder einerseits und elastomerer andererseits sind in den Auswahldiagrammen bereits berücksichtigt. Zur Erläuterung der richtigen Handhabung dieser Auswahldiagramme sind in einem informativen Anhang zur DIN 18197 drei Bemessungsbeispiele ausgeführt.

Um ein dichtes Bauwerk herzustellen, kommt es bei größeren Baukörpern darauf an, ein insgesamt lückenloses Fugendichtsystem zu erreichen. Dies setzt die wasserdichte Verbindung zwischen den Abdichtungen der Arbeitsfugen mit denen der Bewegungsfugen voraus. Hierzu geben die Bilder G14 bis G16 einige in der Praxis bewährte Beispiele an. Dabei wird in Bild G14 der Anschluss eines Arbeitsfugenblechs an ein elastomeres Dehnfugenband mit Stahllaschen aufgezeigt. Die Verbindung zwischen dem Arbeitsfugenblech und den Stahllaschen des Fugenbandes erfolgt in der Regel durch Schweißen, in Sonderfällen auch durch Nieten (Bild G14b) oder Klemmen. Nicht zur Anwendung gelangen sollte eine Verbindung über Falzen oder ein bloßes Überlappen. Die Schweißung ist, wie zu den Bildern G8b und G8c ausgeführt, vierseitig umlaufend vorzunehmen. Das Beispiel in Bild G15 zeigt, wie ein Arbeitsfugenblech an ein thermoplastisches Dehnfugenband angeschlossen werden kann. In einem solchen Fall ist zunächst ein einseitig kunststoffbeschichtetes Blech mit dem Fugenbandprofil zu verschweißen. Hierzu muss vorab ein flächiges Anliegen des kunststoffbeschichteten Blechs auf dem thermoplastischen Fugenband sichergestellt werden. Das erfordert ein entsprechendes Entfernen der Profilrippen im unmittelbaren Fügebereich. Anschließend kann dann die Verschweißung des Arbeitsfugenbleches mit der vorbereiteten Blechlasche erfolgen. Im Bereich der Metallverschweißung sollte vorweg die einseitige Kunststoffkaschierung des Laschenblechs entfernt werden. In den beiden Fällen der Bilder G14 und G15 ist unbedingt darauf zu achten, dass das Fugenbandprofil durch die Metallschweißung nicht beschädigt wird. Dies setzt einen Abstand der innenliegenden Schweißnaht von mindestens 30, besser 50 mm zum Fugenbandwerkstoff voraus.

Ähnlich wie in Bild G15 für ein thermoplastisches Dehnfugenband dargestellt, erfolgt der Anschluss eines Arbeitsfugenblechs an ein elastomeres Dehnfugenband vom Typ FM (vgl. Bild G6). Entweder wird ein ca. 50 cm langer Ausschnitt des Randstreifens von einem Stahllaschen-Fugenband des Typs FMS an die Flanke des Bandes vom Typ FM anvulkani-

Bild G16
Klemmanschluss eines Arbeitsfugenblechs an ein elastomeres Dehnfugenband ohne Stahllaschen

siert und daran dann das Arbeitsfugenblech angeschweißt oder das Arbeitsfugenblech wird direkt an das FM-Band angeklemmt (Bild G16).

Bei der Verbindung eines horizontal laufenden Arbeitsfugenbandes (Lösung nach Bild G8d bzw. G8e) mit einem vertikal laufenden Dehnfugenband kommt es darauf an, dass beide Bänder als Voraussetzung für eine einwandfreie Fügung die gleiche Stoffbasis aufweisen. Mit anderen Worten, ein elastomeres Arbeitsfugenband kann nicht mit einem thermoplastischen Dehnfugenband funktionsgerecht über Schweißen oder Vulkanisieren verbunden werden. Außerdem müssen beide Profile vom gleichen Grundtyp sein. Das heißt, es sollte ein außenliegendes Arbeitsfugenband nur mit einem ebenfalls außenliegenden Dehnfugenband kombiniert werden und ein innenliegendes Arbeitsfugenband nur mit einem innenliegenden Dehnfugenband. In allen Fällen muss schließlich dafür Sorge getragen werden, dass die Profilrippen des Arbeitsfugenbandes mit den jeweils entsprechenden

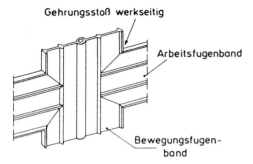

Bild G17
Verbindungsknoten von innenliegenden Bewegungs- und Arbeitsfugenbändern; Prinzip [G224]

Bild G18
Beispiel für einen Verbindungsknoten zwischen zwei außenliegenden Arbeitsfugenbändern

Profilrippen des Dehnfugenbandes passgerecht verbunden werden (Bild G17). Dies gilt auch für die Verbindung zwischen zwei kreuzenden Dehn- bzw. Arbeitsfugenbändern (Bild G18). Solche Gehrungsstöße dürfen nicht auf der Baustelle ausgeführt werden ([G17]; vgl. auch Abschnitt G3.2.1).

3.2.4 Ausführungshinweise

Für den Einsatz von Fugenbändern enthält DIN 18197 [G17] Beispielskizzen zur fachgerechten Anordnung von Arbeitsfugenbändern (Bilder G19 und G20). Für das innenliegende Arbeitsfugenband zeigt Bild G19 im Einzelnen auf, dass der Abstand zwischen dem Fugenband und der Bewehrung mindestens 50 mm betragen muss, um ein einwandfreies Verdichten des Betons im Fugenbandbereich sicherzustellen. Sinngemäß ist diese Beispielskizze auch für Arbeitsfugenbleche anzuwenden.

Bei Ausbildung von stufenförmigen Arbeitsfugen zur besseren Querkraftübertragung sollten ebenfalls Mindestmaße für die Betonnocken eingehalten werden, um eine ausreichende Verdichtbarkeit zu gewährleisten. Entsprechende Beispiele sind in Bild G21 aufgetragen.

In vielen Fällen wird vor allem im Ingenieurbau bei der Abdichtung von Dehnungs- und Arbeitsfugen mittels Fugenbändern bzw. Arbeitsfugenblechen eine zusätzliche Absicherung mit Injektionsschläuchen und Quellprofilen vorgenommen. Dabei ist darauf zu ach-

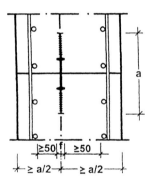

Bild G19
Innenliegendes Arbeitsfugenband in Wandfuge
(Maße in mm) [G17]
f = Höhe der Ankerrippe

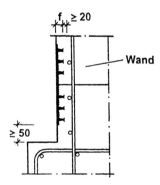

Bild G20
Außenliegendes Arbeitsfugenband in Wandfuge
(Maße in mm) [G17]
f = Höhe der Ankerrippe

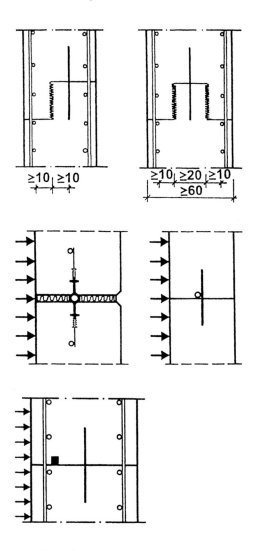

Bild G21
Ausbildung einer Arbeitsfuge mit Schubnocke
(Maße in cm) [G235]

Bild G22
Zusätzliche Absicherung von Fugenbändern
und Arbeitsfugenblechen mit Injektionsschläuchen [G235]

Bild G23
Zusätzliche Absicherung einer Arbeitsfuge
mit Quellprofil [G235]

ten, dass die Injektionsschläuche jeweils wasserseitig angeordnet werden, wie im Einzelnen aus den Bildern G22 und G23 ersichtlich. Sie müssen in jedem Fall planmäßig verpresst werden, um Umläufigkeiten durch den Schlauch selbst zu vermeiden. Von ihrer Funktion her erfordern Dehnungsfugen die Anordnung von zwei Injektionsschläuchen, während für die zusätzliche Absicherung einer Arbeitsfuge ein Injektionsschlauch ausreicht.

Sind in den Fugen Injektionsschläuche bereits in der Planung durch den Bauherrn zusätzlich zu sonstigen Abdichtungsmaßnahmen (Fugenbänder, Fugenbleche) gefordert und ausgeschrieben, so sind die Kosten für die Schläuche, die erste Verpressung und ggf. die erste Vakuumierung durch den Bauherrn zu tragen. Alle eventuellen weiteren Verpressarbeiten gehen zulasten des Auftragnehmers und zählen zur Gewährleistung. Die Erstverpressung muss in jedem Fall bis zur Bauabnahme erfolgen, weil sonst eine Wasserführung im bzw.

am Schlauch nicht auszuschließen ist. Hinweise zur Wahl eines geeigneten Zeitpunkts für das Verpressen enthält [G114].

Baut dagegen der Auftragnehmer Injektionsschläuche zu seiner eigenen Sicherheit ohne Anordnung durch den Bauherrn, aber mit dessen Einwilligung zusätzlich ein, müssen diese in jedem Fall verpresst werden, wobei der Auftragnehmer dann alle Kosten zu tragen hat.

In einigen Fällen werden Arbeitsfugen auch durch die Anordnung von Injektionsschläuchen als alleinige Maßnahme gesichert. Einzelheiten zu ihrer fachgerechten Verlegung sind in einem DBV-Merkblatt [G114] zusammengetragen. Eine mangelfreie Verlegung erfordert die Ausarbeitung objektspezifischer Verlegepläne, die systematische Unterscheidung der einzelnen Verpressabschnitte durch farbliche Kennzeichnung der Füll- und Entlüftungsschläuche sowie deren Zusammenfassung in so genannte Verwahrdosen. Auf dem Markt befinden sich unterschiedliche Schlauchsysteme. Eine informative Übersicht hierzu hat Brux in [G238] zusammengestellt.

Bei der prinzipiellen Auslegung eines Injektionsschlauches kommt es vor allem darauf an, über die gesamte Länge und den Umfang des Schlauches einen lückenlosen Austritt des jeweils eingesetzten Verpressgutes sicherzustellen. Empfehlenswert sind mehrfach nutzbare Schlauchsysteme, wie sie in den letzten Jahren in unterschiedlichen Konzepten entwickelt wurden. Bei der Ausbildung von Stößen bzw. Überlappungen der Injektionsschläuche sind bestimmte Mindestabstände einzuhalten, um eine gegenseitige vorzeitige und ungewollte Beeinflussung der benachbarten Schlauchabschnitte sicher auszuschließen. Einzelheiten hierzu sind in Bild G24 aufgezeigt.

Quellprofile zur Sicherung von Arbeitsfugen (Bild G23) gibt es ebenfalls in verschiedensten Ausfertigungen. Bei ihnen ist darauf zu achten, dass sie nicht infolge Niederschlag oder durch den Baugrubenverbau zulaufender Restwässer vorzeitig aktiviert werden.

Für die Planung von Dehnungsfugen sind bestimmte bauliche Erfordernisse zu beachten, die in DIN 18197 [G17] zusammengefasst sind. Danach muss der Fugenverlauf insbesondere bei komplizierteren Bauwerken ein geschlossenes System ergeben (Bild G25). Die Fugen müssen über möglichst große Abschnitte geradlinig, übersichtlich und ohne Ver-

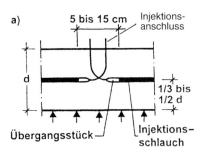
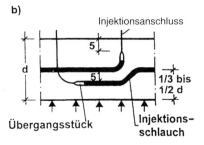

Bild G24
Fachgerechte Verlegung von Injektionsschläuchen [G114]
a) Stöße
b) Überlappung

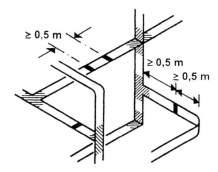

Bild G25
Beispiele für die Anordnung von Werk- und Baustellenstößen [G235] nach [G17]

sprünge verlaufen. Die Zahl der Fugenbandstöße und insbesondere der Baustellenstöße soll möglichst gering gehalten werden. Unvermeidliche Stöße sind in Bereichen mit möglichst geringer Beanspruchung anzuordnen. Der Schnittwinkel zwischen verschiedenen Fugen soll möglichst rechtwinklig geplant werden. Der Abstand zwischen zwei Baustellenstößen sowie zwischen einem Baustellenstoß und einem Werkstoß (Achsmaß) darf 0,5 m nicht unterschreiten.

Zu Kehlen, Kanten und Einbauteilen sollten die Fugen wiederum möglichst rechtwinklig verlaufen und ansonsten einen Abstand von mindestens 0,5 m einhalten (vgl. Bild G25). Bei Richtungsänderungen im Fugenverlauf sind Mindestradien einzuhalten. Dabei wird zwischen innenliegenden Dehn- und Arbeitsfugenbändern einerseits sowie außenliegenden Fugenbändern andererseits unterschieden. Einzelheiten hierzu sind aus Bild G26 ersichtlich. Wenn der genannte Radius nicht eingehalten werden kann, ist ein geschweißter bzw. vulkanisierter Eckstoß mit Gehrungsschnitt als Werkstoß vorzusehen.

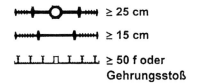

Bild G26
Zulässige Biegeradien bei Fugenbändern
f = Höhe der Dicht- und Ankerrippen unter Einbeziehung der Fugenbandgrundplatte

Für die Fügetechnik bei der Ausführung von Baustellenstößen fordert DIN 18197 Umgebungstemperaturen von mindestens +5 °C. Elastomere Fugenbänder nach DIN 7865 [G10] dürfen nur durch Vulkanisation gestoßen werden, thermoplastische Fugenbänder nach DIN 18541 [G14] nur durch eine thermische Schweißung. Für den Übergang zwischen thermoplastischen Fugenbändern verschiedener Hersteller aus unterschiedlichen Werkstoffen ist vorweg die Verträglichkeit nachzuweisen. Deshalb sollten grundsätzlich in ein und demselben Bauabschnitt nur Fugenbänder eines Fabrikats eingebaut werden. Die Verklebung von Fugenbändern in Baustellen- oder Werkstößen wird grundsätzlich ausgeschlossen.

Die in der Praxis auf den Baustellen immer wieder kontrovers erörterte Thematik von Handhabung und Einbau der Fugenbänder auf der Baustelle wird in DIN 18197 ebenfalls ausführlich abgehandelt. Im Einzelnen wird auf die Erfordernisse eines schonenden Transports und Einbauvorgangs hingewiesen. Die zur Baustelle angelieferten Fugenbänder sind

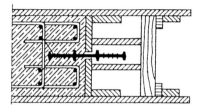

Bild G27
Beispiel einer Stirnschalung für innenliegendes Fugenband [G211]

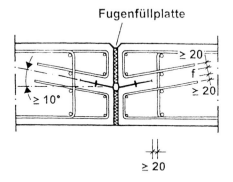

Bild G28
Innenliegendes Dehnfugenband in Boden- oder Deckenfuge (Maße in mm) [G17]
f = Höhe der Ankerrippe

insbesondere bei einer längeren Zwischenlagerung vor Schädigungen durch Witterung oder mechanische Beanspruchung zu schützen. Hierfür empfiehlt sich eine Lagerung in Containern oder Schuppen. Die Bänder sind genau und lagestabil in der Schalung zu positionieren. Dabei ist vor allem auch an mögliche Verschiebungen durch den Rüttelvorgang zu denken. Schließlich müssen bei innenliegenden Fugenbändern die Stirnschalungen statisch ausreichend bemessen sein ([G17], Bild G27). Die Befestigungsabstände an Schalung bzw. Bewehrung sollten ein Maß von 25 cm nicht überschreiten. Die Fugenbänder müssen unbedingt ohne Falten und Verwerfungen verlegt werden. Sie sind in allen Bauzuständen fachgerecht zu verwahren.

Verlegearbeiten von Fugenbändern dürfen bei Materialtemperaturen unter $\pm 0\,°C$ nicht ausgeführt werden. Bei tieferen Temperaturen müssen die Fugenbänder vorgewärmt sein, z. B. durch Lagerung in einem beheizten Container oder Schuppen. Unbedingt sind lichte Mindestabstände zwischen Bewehrung und Fugenbandrippen einzuhalten (Bild G28).

4 Durchdringungen

Nicht immer werden sich Durchdringungen für Rohrleitungen, Kabel u. a. Leitungen in Wänden aus wasserundurchlässigem Beton vermeiden lassen. Auch diese Durchdringungen sind wasserundurchlässig herzustellen. Zu empfehlen ist, entweder Mantelrohre oder Flanschrohre mit Mittelkranz vorzugsweise aus Stahl einzubetonieren (Bild G29a). Der Mittelkranz sorgt für eine mechanische Verankerung. Zugleich verlängert er den Sickerweg und stellt so eine einwandfreie Dichtung sicher. Es kann daher kein Wasser zwischen Rohr und Beton direkt durchsickern. Bei Mantelrohren wird die Ver- oder Entsorgungsleitung später durchgeschoben und der Zwischenraum mit Dichtungsmaterial verstopft sowie

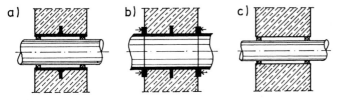

Bild G29
Rohrdurchführungen bei Wänden aus wasserundurchlässigem Beton [G109, G211]
a) Mantelrohr mit Ringraumdichtung
b) Flanschrohr mit starrem Rohranschluss
c) Kernbohrung mit Abdichtung durch Ringraumdichtung

abgedichtet. Bei Flanschrohren wird die Leitung unmittelbar dichtend angeflanscht (Bild G29b). Nachträgliches Aufstemmen für das Einsetzen von Durchdringungen muss abgelehnt werden. Stattdessen sind sauber geschnittene Kernbohrungen möglich, wobei der Ringraum zwischen Leitung und Bohrwandung wie bei Mantelrohren abgedichtet werden muss (Bild G29c). Hierbei sind nötigenfalls und abhängig vom Wasserdruck gesonderte Maßnahmen zur Vermeidung einer Wasserumläufigkeit durch den Beton zu ergreifen (z. B. Epoxidharzbeschichtung der Kernbohrwandung auf 10 cm Länge).

Für das Andichten der Medienrohre an die Mantelrohre oder Bohrwandungen eignen sich selbst bei hohen Wasserdrücken Neoprene-Ringraumdichtungen [G301] (Bild B87). Diese sind nachstellbar und erforderlichenfalls auch gasdicht sowie feuerbeständig, z. B. im Rahmen des Zivilschutzes, auszuführen. Eine weitere Möglichkeit zum Abdichten kann durch Rollring-Dichtungen gegeben sein. Kein ausreichend zuverlässiger Schutz gegen Durchfeuchtungen ergibt sich durch Ausschäumen der Hohlräume oder durch den Einsatz von offenzelligen Schaumstoff-Kompressionsbändern.

Flanschrohre mit starr angeschlossenen Medienrohren können nur dort eingesetzt werden, wo Setzungen und Aufgrabungen im Gründungsbereich sicher auszuschließen sind.

5 Sonderlösungen mit Bentonitpanels

In einigen speziellen Fällen wurden und werden Betonkonstruktionen unter Erdgleiche zum Schutz gegen eindringende Feuchte oder Grundwasser mit einer Lage Bentonitpanels anstelle einer Hautabdichtung auf Bitumen- oder Kunststoffbasis versehen (Bild G30). Das Prinzip dieser besonderen Art der Abdichtung besteht darin, dass stark quellfähiger Natrium-Bentonit in Granulatform in Wellpappen, Wirrvliese oder eine Kombination von oberseitigem Kunststoffnetz, Vlies und unterseitiger HDPE-Folie eingefüllt und so als Flächengebilde transportiert und an den abzudichtenden Bauwerksflächen montiert werden kann. Das Bentonitmineral weist eine Plättchenstruktur auf. In Anwesenheit von Feuchtigkeit wird Wasser zwischen die Plättchen eingelagert und das Volumen der Trockenmasse vergrößert (innerkristallines Quellvermögen). Der Quellvorgang ist im Wesentlichen reversibel. Wird Bentonit im abgeschlossenen Raum gequollen, so übt er auf die Umfassung einen Quelldruck aus. Das Quellen kommt zum Stillstand, wenn der durch die Wasseraufnahme entstehende Quelldruck mit den von der Umschließung aufzubringenden Kräften

a)

b)

Bild G30
Sonderfall einer Abdichtung aus Bentonitpanels
a) Gesamtansicht mit schlagregengeschützten Bentonitpanels und außenliegenden thermoplastischen Fugenbändern
b) Detail

im Gleichgewicht ist. Der Quelldruck kann bis zu 0,2 MN/m^2 betragen und muss ggf. statisch berücksichtigt werden.

Das System wird als Abdichtung erst wirksam, wenn der Bentonit ausreichend gequollen ist und sich ein Quelldruck aufgebaut hat. Der zeitliche Verlauf dieses Vorgangs ist vom Wasserangebot abhängig. Es kann deshalb einige Stunden, aber auch einige Tage oder Wochen dauern, bis das System als Abdichtung wirkt. Einmal aufgequollen, verliert es seine abdichtende Wirkung erst, wenn der Bentonit wieder ausgetrocknet ist oder der Quelldruck, z. B. durch Abgrabungen, entfällt. Stehen Wasser und Böden mit Salzeinlagerungen an, die das Quellvermögen beeinträchtigen können, so sind besondere Maßnahmen, z. B. in Form einer Vorbenetzung mit Leitungswasser, erforderlich.

Im Bereich der Arbeits- und Bewegungsfugen erhalten die Bauwerke eine zusätzliche Abdichtung aus elastomeren oder thermoplastischen Fugenbändern, so wie für WUB-Konstruktionen üblich. Allerdings empfiehlt sich im Zusammenhang mit den Bentonitpanels der Einsatz von außenliegenden Fugenbändern, damit die Panels über den Fugen zugleich gegen den Wasser- und Erddruck gestützt werden. Eine andere Lösung besteht darin, im Arbeits- und Bewegungsfugenbereich eine größere Menge an Bentonit anzuordnen. Dies geschieht durch Einlegen von vorgefertigten Bentonitwülsten in entsprechend ausgebildete Nutaussparungen. Das Bentonitmaterial wird als Dreikant-, Vierkant- oder Rundprofil angeliefert und in der Bauphase durch Wellpappe oder Gelatineschläuche in Form gehalten.

Um ein vorzeitiges Aufquellen des Bentonits, z. B. während des Betoniervorgangs oder infolge von Niederschlägen, auszuschließen, werden die Panels durch Baufolien oder aufgesprühte Schutzfilme auf der jeweils gefährdeten Seite vor Wasserzutritt geschützt. Es muss allerdings sichergestellt sein, dass im Endzustand Grundwasser bzw. Sickerwasser an das Bentonitmaterial gelangen kann, damit dann der für die Dichtwirkung erforderliche Quellvorgang einsetzen kann.

Mitte der 80er-Jahre wurde für derartige Abdichtungen aus Bentonitpanels unter dem damaligen Fabrikatsnamen „Volclay Panels" eine allgemeine bauaufsichtliche Zulassung durch das Institut für Bautechnik, Berlin, erteilt [G307]. In diesem Zusammenhang wurden vom zuständigen Sachverständigenausschuss auch Prüfbedingungen erarbeitet. Im Zulassungsbescheid wurde der Anwendungsbereich für die oben beschriebene Bentonit-Abdichtung wie folgt eingegrenzt:

> Abdichtungen mit Bentonitpanels sind nur zulässig für die Herstellung von Abdichtungen gegen drückendes Wasser (vgl. DIN 18195-6, Absatz 1, Ausgabe August 1983) bei Eintauchtiefen bis zu 10 m. Oberhalb des niedrigsten bekannten Grundwasserstandes ist ein anderes Abdichtungssystem zu wählen.
>
> Das Abdichtungssystem darf nur für die Abdichtung von Bauwerken und Bauteilen angewendet werden, bei denen die durch das Bauteil hindurchdiffundierende Feuchtigkeit hinnehmbar ist.
>
> Die Anwendung von „Volclay-Panels" ist nicht zulässig für
> – die Abdichtung von Bauten, bei denen Risse ≥2,0 mm zu erwarten sind,
> – die Abdichtung von Behältern,
> – Abdichtungen im Überkopfbereich bei Innenabdichtungen,

- Abdichtungen im Bereich Beton angreifender Wässer und Böden, die nach DIN 4030 [G5] als stark oder sehr stark angreifend einzustufen sind,
- Abdichtung von Bauteilen, die gegen Einwirkung von Erdbeben zu bemessen oder die im Bereich von Maschinenfundamenten ständigen Schwingungen ausgesetzt sind.

Bentonitpanels und neuere Entwicklungen, bei denen sich das Bentonitgranulat in einem Wirrvlies befindet, das seinerseits auf einer 1 mm dicken Polyethylenbahn aufkaschiert ist, sind generell gut geeignet für den Einsatz bei der Sanierung von Abdichtungsschäden. Häufig werden diese Materialien auch eingesetzt, um Fugenabdichtungen von der Bauwerksinnenseite her, z. B. gegen kontaminiertes Löschwasser, zu schützen. Schließlich wird Bentonit in Form von Profilstäben auch als zusätzliche Sicherung in Arbeitsfugen bei Beanspruchung durch drückendes Wasser eingesetzt. Hierauf wurde bereits in Abschnitt G3.2.2 näher eingegangen.

Der obere Abschluss einer Abdichtung aus Bentonitpanels erfolgt ähnlich wie bei einer mehrlagigen Bitumenabdichtung (siehe Abschnitt B1.7.2). Zum Einsatz gelangen dabei z. B. Aluminium- oder Kunststoff-Flachprofile, die im Abstand von maximal 50 cm auf dem Abdichtungsuntergrund befestigt werden [G308]. An ihrem oberen Rand werden die Flachprofile mit Bentonitpaste keilförmig verspachtelt.

Systemskizzen zu den Abdichtungen mit Bentonitpanels liegen bei den Herstellerfirmen vor [G308]. Hieraus sind die Einsatzmöglichkeiten und Verlegedetails zu entnehmen. Dies gilt für die Überlappungen im Sohlen- und Wandbereich und auch für die Übergänge in Kehlen und Kanten einschließlich der hier erforderlichen Verstärkungen.

6 Nachträgliche Bauwerksabdichtung durch Gelinjektion

6.1 Allgemeines

Versagt eine Abdichtung durch Überbeanspruchung, Alterung bzw. Verschleiß oder treten Schäden infolge Herstellungs- oder Verarbeitungsfehler auf oder ändern sich die Umgebungsbedingungen, kann Wasser bzw. Feuchte in das Bauwerk eintreten. Es muss nachträglich abgedichtet werden. Bisher übliche Verfahren setzen voraus, dass die Leckstelle bekannt ist und die in aller Regel unter der Erde befindlichen Bauwerksteile freigeschachtet werden können. Auf die freigelegte Bauwerksaußenseite wird eine neue Abdichtungsschicht aufgebracht, wobei die nachträgliche Abdichtung der Bodenplatte und des Überganges zwischen Bodenplatte und Wand ein nur schwer beherrschbares Problem darstellt.

Bei vielen Bauwerken, insbesondere bei enger städtischer Bebauung (Bild G31), tief gelegenen Tiefgaragen sowie bei Tunneln ist ein Freischachten nicht mehr möglich. Bei Anwendung traditioneller Verfahren muss in diesem Fall eine neue Abdichtung auf der Innenseite des betreffenden Bauteils hergestellt werden. Dieses auch als Negativabdichtung bekannte nachträgliche Abdichtungsverfahren wird nur selten erfolgreich angewendet, da meist Einbauten und Innenwände eine durchgängige Abdichtung erschweren und die notwendige Vorlage gegen das Ablösen der Dichtung vom Untergrund insbesondere bei drückendem Wasser von außen eine deutliche Verringerung des früheren Nutzraumes verursacht.

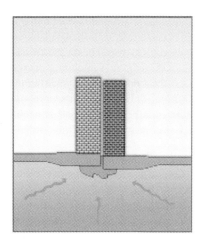

Bild G31
Vergelung einer Fuge bei einer Nachbarbebauung [G312]

Aus Kenntnis dieser Tatsachen und aufgrund des bestehenden hohen Sanierungsbedarfs von nassen Kellern und Tiefgaragen bis hin zu Tunnelbauwerken und Gewölbebrücken wird seit einigen Jahren die Gelinjektion für die nachträgliche Abdichtung von Bauwerken angewendet, die nicht mehr von außen zugänglich sind. Dabei handelt es sich um ein Sonderverfahren, bei dem ein Hydrogel an die Bauwerksaußenseite injiziert wird. Dort entsteht unter Vermischung mit dem anstehenden Baugrund eine neue äußere Abdichtung, der Gelschleier. Die Gelschleierinjektion eignet sich neben der nachträglichen Abdichtung nicht mehr zugänglicher Bauwerke bei fachgerechter Ausführung auch für die behutsame Instandsetzung feuchtegeschädigter historischer Bausubstanz. Durch ihre Besonderheiten und die fehlenden allgemein gültigen technischen Vorschriften sollte die Anwendung bei größeren Abdichtungsvorhaben immer Spezialfirmen in Zusammenarbeit mit fachkundigen Planern überlassen werden.

6.2 Grundlagen

6.2.1 Vorbemerkung

Unter Injektionen im Grund- und Tiefbau wird das Einpressen von Injektionsmaterialien (Injektionsmittel) in den Untergrund zur Abdichtung und/oder Verbesserung der Tragfähigkeit verstanden. Grundsätzlich werden zwei Arten von Injektionen unterschieden: die Injektion ohne und die Injektion mit Baugrundverdrängung [G18]. Abdichtungsinjektionen zählen zur Gruppe der Injektionen ohne Baugrundverdrängung, bei denen der für den Wassertransport zugängliche Porenraum des Baugrundes mit dem Injektionsmittel gefüllt wird. Grundlage ist der Gedanke, dass mit der Füllung der vorhandenen Porenräume des Untergrundes eine Abdichtung mit oder ohne Verfestigung verbunden ist, wenn das Injektionsmittel nach seinem flüssigen, pumpfähigen Ausgangszustand aushärtet [G239]. Derartige Injektionen werden auf sehr unterschiedlichem Niveau bereits seit Jahrzehnten mit mehr oder weniger großem Erfolg durchgeführt.

6.2.2 Planung und Voruntersuchungen

Nachträgliche Bauwerksabdichtungen müssen grundsätzlich geplant werden, da falsch angewendete Abdichtungsverfahren und -stoffe neben der nicht erreichten Abdichtung erhebliche Folgeschäden an Bauwerken hervorrufen können. Insbesondere bei Abdichtungsinjektionen sollte immer ein Fachplaner hinzugezogen werden, da das Injektionsergebnis von einer Vielzahl von Randbedingungen abhängig ist. Hinweise für Planung und Ausführung von Injektionen im Bereich der Deutschen Bahn AG sind in einer Richtlinie enthalten [G115].

Den ersten Planungsschritt stellt eine gründliche Bauwerksanalyse dar. Es ist unvermeidlich, sich vorab über den genauen Aufbau der Konstruktion des geschädigten Bauwerks Gewissheit zu verschaffen. Sofern Bauwerksunterlagen vorhanden sind, sind diese zu sichten und einer stichprobenartigen Untersuchung zu unterziehen, ob die Planungsunterlagen mit der tatsächlichen Ausführung übereinstimmen. Sollten keine Unterlagen über das Bauwerk vorhanden sein, muss sich der Planungsingenieur durch entsprechende Zustandsuntersuchungen Gewissheit über Art und Zustand der Konstruktion verschaffen.

Im Rahmen der Zustandsuntersuchungen sind die vorhandenen Schadstellen und Undichtigkeiten zu erkunden und ihre Ursachen festzustellen. Erst wenn die Ursachen der Undichtigkeiten bekannt sind, kann eine sinnvolle und dauerhafte Instandsetzung erfolgen. Andernfalls werden nur die Erscheinungsformen bekämpft und keine dauerhafte nachträgliche Abdichtung erzielt. In diesem Zusammenhang ist zu prüfen, inwieweit die festgestellten Schäden die Funktion des Bauwerks beeinträchtigen. Neben den Bauzustandsuntersuchungen sind Erkundungen der Baugrundverhältnisse in der unmittelbaren Umgebung der abzudichtenden Konstruktion vorzunehmen bzw. die bereits vorhandenen Informationen zusammenzustellen. Sehr bewährt hat sich im Zusammenhang mit den Vorerkundungen das Setzen eines Pegels im Bauwerk oder in dessen unmittelbarer Nähe. Damit besteht die Möglichkeit, Aussagen über den aktuellen Wasserstand und seine Auswirkungen auf das Schadensbild zu erhalten und diese Informationen in das Abdichtungskonzept einzubeziehen.

Sofern keine Möglichkeit besteht, in Vorbereitung der Schleierinjektion Informationen über den umgebenden Baugrund zu gewinnen, sollten der abdichtenden Injektion immer Vorinjektionen mit Wasser vorangestellt werden. Durch diese Vorgehensweise können Aussagen über den zu injizierenden Baugrund gewonnen werden [G240]. Diese Vorgehensweise ist besonders für kleinere Bauvorhaben zu empfehlen, bei denen die Kosten einer nachträglichen Baugrunderkundung den geplanten Kostenrahmen übersteigen würden.

Nachdem die erkundenden Untersuchungen abgeschlossen sind, erfolgt in Auswertung der Ergebnisse sowie unter Berücksichtigung der zusätzlichen Randbedingungen die Instandsetzungsplanung. Sofern eine konventionelle nachträgliche Abdichtung in Anlehnung an DIN 18195 nicht möglich oder unwirtschaftlich ist, müssen die vorhandenen Gegebenheiten auf die Ausführbarkeit von Injektionen überprüft werden. Dazu muss vor allem Klarheit darüber bestehen, welche Beanspruchungen auf die Abdichtung des Bauwerks einwirken.

6.2.3 Injektionsmaterialien

Für die hier behandelte spezielle Form der nachträglichen Bauwerksabdichtung werden ausschließlich Hydrogele eingesetzt. Unter diesem Begriff werden alle anorganischen und organischen Gele zusammengefasst, bei denen das Dispersionsmittel aus Wasser besteht. Die wichtigsten Gelbildner sind fadenförmige Makromoleküle in wässriger oder nichtwässriger Lösung. Wichtigster Ausgangsstoff der anorganischen Gele ist die Kieselsäure [G242]. Ausgangsstoffe für organische Gele sind neben Polyurethan vor allem Gele auf der Basis der Metacrylatsäure. Die Gele sind im Endzustand weitmaschig vernetzte makromolekulare Verbindungen. Ihre Struktur ist von einem Kapillarsystem durchzogen, in das Wasser eingebettet werden kann. Sie besitzen im ausreagierten Zustand eine große Elastizität und ähneln in ihren mechanischen Eigenschaften den Elastomeren.

Die bekanntesten Gele, die für Abdichtungsinjektionen im Grundbau bereits seit längerem angewendet werden, sind die Silikatgele. Ausgangsstoff für das Silikatgel ist Wasserglas (Natrium- oder Kaliumsilikat), das in wässriger Lösung mit unterschiedlicher Wichte, Alkalität und Kieselsäuregehalt geliefert werden kann. Zur Gelbildung werden der wässrigen Lösung Reaktive zugesetzt. Gebräuchlich hierfür sind anorganische Härter, meist Natriumaluminatlauge, seltener auch organische Härter (Ester). Je nach Wasserglasgehalt und dem verwendeten Härter entsteht ein organisches oder ein anorganisches Weichgel bzw. Hartgel. Letzteres wird vor allem für Verfestigungsinjektionen angewendet und kommt für Abdichtungsinjektionen nicht in Betracht. Häufigstes Anwendungsgebiet der Weichgele ist die Herstellung von Weichgelsohlen, d.h. die Herstellung künstlich dichtender Horizonte unterhalb von Baugruben. Dabei wird bevorzugt die so genannte klassische Weichgelkombination auf der Basis von Natriumsilikat und Natriumaluminatlauge verwendet. Erst in letzter Zeit werden auch Weichgele einzeln oder in Kombination mit Acrylatgelen für nachträgliche Bauwerksabdichtungen mit Gelschleiern eingesetzt.

Als Injektionsgele für Schleierinjektionen stehen zurzeit neben den silikatischen Gelen zwei weitere Materialien zur Verfügung, die sich neben ihren Eigenschaften zum Teil auch in ihren Anwendungsmöglichkeiten unterscheiden:

a) Gele auf Polyurethanbasis sind bereits seit den 50er-Jahren bekannt. Zur Herstellung dieser Gele werden polyfunktionelle NCO-Prepolymere (Isocyanate) eingesetzt, die bei Wasserzugabe unter Bildung von CO_2 sofort reagieren und aushärten. Je nach Wasseranteil entsteht ein mehr oder weniger festes, flexibles, wasserundurchlässiges Hydrogel. Neben der Beeinflussung der Produkteigenschaften lässt sich über die Variation des Wassergehaltes begrenzt die Reaktionszeit des Materials beeinflussen.
Bei einem Verhältnis der Polymerkomponente zu Wasser von 1:10 und mehr bildet sich aufgrund des geringen Polymeranteils ein sehr weiches Gel mit geringer mechanischer Stabilität. Vor jeder Anwendung ist sorgfältig das erforderliche Injektionsverhältnis an die Baugrundsituation und die hydrologischen Gegebenheiten anzupassen, um eine Verdünnung des Injektionsmittels bei der Injektion zu vermeiden. Sofern keine Informationen vorhanden sind, ist immer anhand von Vorinjektionen die Verwendbarkeit des Materials zu testen.

b) Das für Schleierinjektionen am häufigsten eingesetzte Material, für das auch die meisten Erfahrungen vorliegen, ist das Acrylatgel. Die Acrylatgele bestehen aus mehreren

Komponenten, die in einem vorgegebenen Verhältnis vermischt werden müssen. In der Regel besteht die A-Komponente aus einem Prepolymer auf Metacrylatbasis bzw. auf der Basis von Metacrylatsäureverbindungen. Die Gelbildung beginnt, wenn die gleiche Menge an B-Lösung, bestehend aus Wasser mit einem vorgegebenen Prozentsatz Härtersalz, z. B. Natriumperoxiddisulfat, mit der A-Komponente vermischt wird. Die Reaktionszeit bis zur Umwandlung der Flüssigkeiten in den abdichtenden Festkörper ist in starkem Maß von dem verwendeten Material abhängig. Während der Reaktionszeit, die produktabhängig zwischen wenigen Sekunden bis zu 60 Minuten liegen kann, steigt die Viskosität des anfangs sehr dünnflüssigen Materials stark an.

Bezüglich des zugegebenen Härtersalzes ist zu beachten, dass im nicht ausreagierten Zustand des Injektionsmaterials korrosive Eigenschaften hinsichtlich der Bewehrung vorliegen können. Nach der Polymerisation ist – ein richtiges Mischungsverhältnis vorausgesetzt – eine Korrosionsgefahr für den Beton und seine Bewehrung in der Regel nicht mehr gegeben.

Die Eigenschaften der Gele lassen sich entweder durch die Variation der Mischungsverhältnisse oder durch Änderungen der Zusammensetzung einstellen. Für den Verarbeiter ist insbesondere die Reaktionszeit von großem Interesse, damit er seine Technologie darauf abstimmen und Risiken einer Entmischung oder Verdünnung des Materials mit dem anstehenden Wasser bei der Injektion minimieren kann.

Für die Reaktionszeit von Gelen – sie wird auch als Gelzeit oder Topfzeit (Gebindeverarbeitungszeit) bezeichnet – gibt es keine einheitliche Definition. Allgemein kennzeichnet diese Größe den Übergang vom flüssigen in den festen Zustand, in dem das Material nicht mehr injizierbar (verarbeitbar) ist. Die Bestimmung kann visuell über die Beobachtung des Materialverhaltens beim „Umtopfen" erfolgen, wobei die Topf- oder Gelzeit der Zeitpunkt der Entstehung einer zusammenhängenden gelartigen Masse ist. Durch zahlreiche Variationsmöglichkeiten lassen sich Acrylatgele mit sehr unterschiedlichen Eigenschaften herstellen. In Tabelle G1 ist eine Unterteilung nach der Reaktionszeit und dem potenziellen Anwendungszweck vorgenommen.

Tabelle G1
Beispiel einer Klassifizierung von Acrylatgelen

Reaktionszeit	Eigenschaften	Anwendung
30–60 s	Sehr schnell unter starker Wärmeentwicklung reagierendes Material; sehr flexibel, geringe mechanische Stabilität	Blitzgel, bei starkem Wasserdurchfluss sowie Vorinjektionen bei Schleierinjektionen, nicht als langlebige Abdichtung geeignet; Nachinjektion erforderlich
60–1800 s (1–30 min)	Elastisches und mechanisch sehr stabiles, wasserundurchlässiges Material	Schleierinjektionen
30–90 min	Relativ lange fließfähiges, meist klebriges Material mit geringer mechanischer Stabilität, aber sehr guter Haftung	Injektionsschlauch- und Rissinjektionen, Injektionen in Mauerwerk

Der Übergang zwischen den einzelnen Materialien ist fließend und wird oft nur durch Veränderung einer Komponente erreicht. Eine Klassifizierung ist daher mit großen Schwierigkeiten verbunden, da eine Vielzahl von Modifikationen allein durch die Variation der Mengenanteile möglich ist.

Die Zusammensetzung und indirekt auch die Reaktionszeit wirken sich auf die Ausbildung der Netzwerkstruktur aus, von der letztlich die mechanischen Eigenschaften in Bezug auf Elastizität und mechanische Stabilität abhängen. Im ausreagierten Zustand weisen die Gele Parallelen zu anderen hochpolymeren Werkstoffen auf und unterscheiden sich grundlegend von den für das Bauwesen typischen mineralischen Baustoffen. Festigkeits- und Verformungseigenschaften sind zeit-, temperatur- und wassergehaltsabhängig.

Für den Einsatz als Abdichtungsmaterial von besonderer Bedeutung sind die Quell- und Dichtigkeitseigenschaften der Acrylatgele. Die Materialien sind im reinen Zustand praktisch wasser- und gasdicht [G244]. Bedingt durch die Struktur der Gele als kohärente Systeme mit spezieller Hohlraumstruktur sind diese Materialien in der Lage, begrenzte Mengen an Wasser aufzunehmen: Sie quellen. Dieser Prozess ist reversibel, d.h., bei Trocknung wird sowohl das zusätzlich eingelagerte als auch das im Gel systembedingt enthaltene Wasser abgegeben. Das Material schrumpft somit unter Volumenverringerung. Bild G32 zeigt einen typischen Quellverlauf für Acrylatgele.

Durch das den Gelen eigene Quellvermögen können z.B. Fehlstellen aufgrund bereichsweise nicht optimal erfolgter Injektion teilweise kompensiert werden. Das Gel quillt dann in den noch vorhandenen restlichen Hohlraum und dichtet diesen ab. Alle qualitativ hochwertigen Gele auf dem Markt sind in ihrem Quellvermögen begrenzt (auf maximal

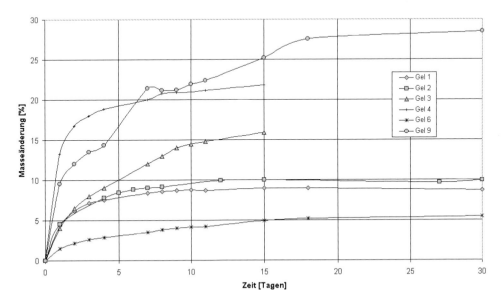

Bild G32
Quellverhalten von Acrylatgelen bei Wasserlagerung [G240]

15 Vol.-%), d.h., sie nehmen nur begrenzt Wasser auf, ohne dass die Netzwerkstruktur zerstört wird. Man bezeichnet sie in diesem Fall als „stabilisierte Gele". Diese Eigenschaft ist wichtig, damit sich das Material bei ständigem Wasserangebot nicht unendlich ausdehnt und so die für die Dichtungswirkung erforderlichen mechanischen Eigenschaften verliert. Das Quellvermögen ist typisch für jedes Material und dient u.a. als Unterscheidungsmerkmal zwischen unterschiedlichen Produkten.

Das Schrumpfen der Materialien über den Ausgangszustand hinweg tritt im Boden normalerweise nicht auf, da die dazu erforderliche Verdunstung des Wassers durch die im Erdreich vorhandene Feuchtigkeit in unseren Breiten im Allgemeinen nicht möglich ist. Es ist unter den verhältnismäßig gleichbleibenden Bedingungen im umgebenden Baugrund daher nicht mit Rissbildungen und daraus folgenden Undichtigkeiten des Gelschleiers zu rechnen. Bei allseitigem Raumabschluss entwickeln Gele durch die Behinderung der Volumenvergrößerung beim Quellen einen Quelldruck. Der entstehende Quelldruck kann sich im Baugrund allerdings nicht in der Höhe aufbauen, dass Beeinträchtigungen des Bauwerks eintreten.

Für die beschriebene spezielle Art der nachträglichen Bauwerksabdichtung sollten nur geprüfte Gele zum Einsatz kommen. Damit liegt neben dem Nachweis der Funktionsfähigkeit unter verschiedenen Randbedingungen auch der Nachweis vor, dass die eingesetzten Materialien die erforderliche Umweltverträglichkeit besitzen. Für die verwendeten Acrylatgele müssen diesbezüglich folgende Prüfzeugnisse vorliegen:

1. Eignungsprüfung nach Richtlinie der Deutschen Bahn AG [G115] einschließlich der Nachweise über die Beständigkeit unter Einwirkung von Beton angreifenden Flüssigkeiten nach DIN 4030 [G5]
2. Trinkwasserzulassung nach KTW-Empfehlungen [G117]
3. Mikrobiologischer Sterilitätstest
4. Verträglichkeitsuntersuchungen bei Kontakt mit Fugenbändern und Bewehrungsstahl [G241]
5. Chemische Beständigkeit bei Einwirkung von Benzin, Dieselkraftstoff, Mineralöl und Bitumen [G241]

Zusätzlich zu diesen Grundprüfungen wird dringend empfohlen, von den Herstellern den Nachweis zu verlangen, dass die Gelherstellung einer ständigen Qualitätskontrolle über Eigen- und Fremdüberwachung unterliegt. Nur so können funktionsbeeinflussende Qualitätsschwankungen bzw. Abweichungen von den Feststellungen der Prüfzeugnisse weitestgehend ausgeschlossen werden. Generell sollten akzeptable Injektionsmittel die folgenden Eigenschaften aufweisen:

– geringe Anfangsviskosität von maximal 20 mPas (zum Vergleich: Wasser besitzt eine dynamische Viskosität von 1 mPas)
– gute Verarbeitbarkeit (Mischfehler sollten ausgeschlossen sein)
– Mischungsstabilität
– ausreichende Haftfestigkeit am Untergrund
– ausreichende Eigenfestigkeit im polymerisierten Zustand
– hohe Dauerbeständigkeit

6.2.4 Injektionstechnik

Für Gelschleierinjektionen sollten ausschließlich leistungsstarke 2-K-Pumpen (Zwei-Komponenten-Pumpen) eingesetzt werden. Der Einsatz von 1-K-Pumpen ist auf kleine Teilbereiche bis etwa maximal 10 m^2 Bauteilfläche zu begrenzen. Pumpen und Zubehörteile bestehen zweckmäßigerweise aus Edelstahl, sodass es beim Kontakt mit den flüssigen, zum Teil sehr korrosiven Einzelbestandteilen der Gele (Härtersalze; vgl. Abschnitt G6.2.3 b) nicht zu Beschädigungen kommt. Die eingesetzte Pumpentechnik muss dabei die nachfolgend aufgeführten Anforderungen erfüllen:

– Zwangsgleichförderung der einzelnen Pumpen, damit Veränderungen im eingestellten Mischungsverhältnis ausgeschlossen werden. Maximal akzeptable Abweichungen vom Mischungsverhältnis ohne Risiko gravierender Eigenschaftsänderungen sind vom Material abhängig. Als Richtwert sollten nur Abweichungen von ±5% zugelassen werden;
– Einsatz einer gesonderten Reinigungspumpe; in keinem Fall sollte die B-Komponente wegen ihrer Korrosivität als Spülmittel verwendet werden;
– gezielt einstellbarer Förderstrom;
– Druckregulierung;
– Mengen- und Druckmessung (für Qualitätssicherung und Mengenkontrolle).

Zum Einsatz kommen gegenwärtig vor allem Kolben- oder Membranpumpen, deren Vorteil darin besteht, dass auch kleine Materialmengen zuverlässig injiziert werden können. Bild G33 zeigt das Werksfoto einer Kolbenpumpe mit Zwangsgleichförderung und integrierter Reinigungspumpe.

Die Vermischung der beiden Komponenten erfolgt an der Zusammenführung der Injektionsschläuche in der Regel in einem T-Stück, bevor das vermischte Material in den Packer injiziert wird. Aufgrund der meist erheblichen Viskositätsunterschiede der beiden zu vermischenden Komponenten muss nach der Zusammenführung der beiden Komponenten das

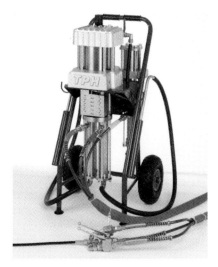

Bild G33
Injektionspumpe [G310]

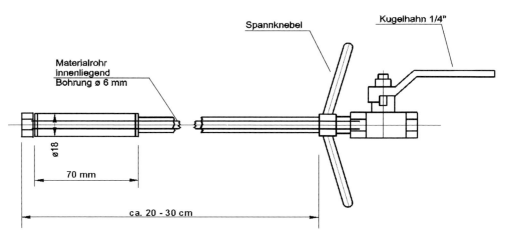

Bild G34
Packer für Gelschleierinjektionen

Gemisch durch einen Statikmischer gefördert werden, da der Mischvorgang in der Zusammenführung der Schläuche unzureichend ist.

Die Injektion der Gelmischung hinter oder auch unter das Bauwerk erfolgt über Packer, die dicht in den rasterartig angeordneten Bohrungen im Bauteil sitzen. Von den Herstellern derartiger Packer gibt es eine breite Palette unterschiedlicher Formen und Materialien. Die Auswahl für einen bestimmten Einsatz wird durch das zu injizierende Bauwerk bestimmt. Bedingt durch die Besonderheit bei nicht baugrundverdrängenden Abdichtungsinjektionen müssen die für Gelschleierinjektionen eingesetzten Packer so gestaltet sein, dass sich kein hoher Druck aufbauen kann. Das bedeutet neben dem Einsatz von Pumpen, die auch mit geringen Drücken von etwa 5 bar fördern können, relativ große Durchflussquerschnitte und bereits bei geringem Druck öffnende Ventile oder Verschlussnippel an den Packern.

Diese Randbedingungen sollten zur Bevorzugung von Injektionspackern führen, wie sie üblicherweise für Zementinjektionen verwendet werden, d.h. Packer mit einer Austrittsöffnung von größer als 6 mm Durchmesser. Als Verschluss können Kugelhähne oder Schiebeschnellverschlüsse dienen. Beide erfordern keinen Injektionsdruck zur Öffnung. Bild G34 zeigt schematisch einen bei Schleierinjektionen bewährten Packer.

6.2.5 Anwendungsgrenzen

Die Anwendungsgrenzen für die Gelschleierinjektion werden gegenwärtig durch die Injizierbarkeit des Baugrundes, d.h. seine Durchlässigkeit gegenüber dem eingesetzten Injektionsmittel, bestimmt. Injektionsgele sind Lösungen ohne Feststoffgehalt. Sie eignen sich im Gegensatz zu Zementsuspensionen daher auch gut für Injektionen in feinkörnigen, relativ gering durchlässigen Baugrund.

Durch ihre anfänglich nach dem Mischvorgang wasserähnlich niedrige Viskosität ist es möglich, bei geeigneter Injektionstechnologie Böden mit Durchlässigkeitsbeiwerten bis herunter zu 10^{-7} oder 10^{-8} m/s zu injizieren. Auch in diesen schwach durchlässigen Böden (vgl. DIN 18130-1 [G19]) wird noch ein ausreichend großer Anteil der Poren mit Gel gefüllt, um die Abdichtungsfunktion des Gelschleiers zu gewährleisten. Bei Vorliegen eines Baugrundes mit Durchlässigkeitsbeiwerten von kleiner als 10^{-8} (sehr schwach durchlässig; DIN 18130-1) gelten für die Gelschleierinjektion andere Gesetzmäßigkeiten. Es kommt in diesem Fall nicht mehr zu einer Vermischung des Gels mit dem Baugrund. Unter Umständen bildet sich stattdessen eine Haut aus reinem Gel entlang der Bauwerksgrenzfläche (Kontaktfläche Bauwerk – Boden) aus. Ihre vollflächige Ausbildung bei ausreichender Dicke ist jedoch meist nicht gewährleistet. Die Ausbildung eines vollflächigen Gelschleiers lässt sich in solchen sehr schwach durchlässigen Böden auch nicht durch die Erhöhung des Injektionsdruckes erzwingen. Damit würde im Gegenteil ein Aufreißen der Bodenstrukturen hervorgerufen, und es käme nicht zur Ausbildung eines geschlossenen Gelschleiers.

Sind Korngrößenverteilung, Durchlässigkeit sowie Porengrößen und Porenanteil des zu injizierenden Bodens bekannt, lassen sich in Kenntnis des einzusetzenden Injektionsmittels die Injizierbarkeit des Bodens, die Reichweite der Injektion und die Form des entstehenden Injektionskörpers abschätzen (s. Bild G35). Die genannten Informationen stellen die Voraussetzung für die Festlegung der Injektionstechnologie dar. Man muss sich jedoch darüber im Klaren sein, dass es sich in sehr vielen Fällen bei den Böden in der unmittelbaren Umgebung von Bauwerken nicht um gewachsenen Baugrund handelt, sondern um inhomogenes Auffüllmaterial. Eine Aussage über die tatsächlichen Bodenverhältnisse, die ringsum für alle zu injizierenden Bereiche eines Bauwerks gültig ist, lässt sich daher nur über eine entsprechend umfangreiche Probennahme erreichen, die aber in der Regel mit einem erheblichen Aufwand verbunden sein dürfte.

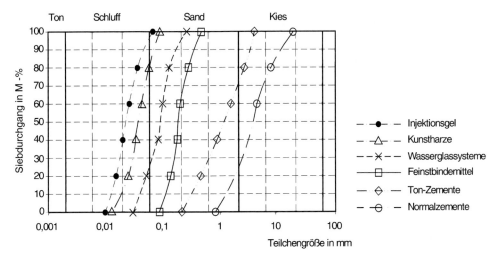

Bild G35
Anwendungsbereiche von Injektionsmitteln [G256]

Eine wirtschaftlich effektive Alternative zu umfangreich erkundenden Baugrunduntersuchungen besteht in der Durchführung von Probeinjektionen mit Wasser, für die die ohnehin erforderlichen Bohrungen in den Bauteilen genutzt werden können. Mit dieser Methode lassen sich mit vergleichbar geringem Aufwand Informationen zum Baugrund in den unmittelbar von der Injektion erfassten Bereichen gewinnen. Eine hohe Dichte der Untersuchungsstellen lässt sich wegen der geringen Zusatzkosten ohne weiteres realisieren.

6.3 Schleierinjektion

6.3.1 Prinzip

Die Gelschleierinjektion unterscheidet sich durch eine Reihe von Besonderheiten von der „normalen", in der Regel verfestigenden Baugrundinjektion im Grundbau und kann daher auch nur teilweise auf die in diesem Bereich vorliegenden Erfahrungen und Kenntnisse zurückgreifen. Zum einen handelt es sich bei dem von der Injektion erfassten Baugrund meist um aufgefülltes Material. Dieses Material ist durch unterschiedliche Verdichtung, stark wechselnde Eigenschaften sowie teilweise durch Hohlräume und Fremdkörper bestimmt. Zum anderen erfolgt die Injektion nicht in einen quasi unendlichen Raum, sondern in einen Halbraum, der durch die Wand des Bauwerks begrenzt ist. Die Reichweite der Injektion soll sich auf die unmittelbare Nähe der abzudichtenden Bauwerkswand beschränken, eine Verfestigung des angrenzenden Erdreiches ist nicht angestrebt und auch nicht notwendig.

Das Prinzip der Schleierinjektion besteht darin, dass das undichte Bauteil von innen nach außen durchbohrt wird. Das Bohrraster ist von der Bauwerksgeometrie, dem anstehenden Baugrund und der gewählten Technologie (Ein- oder Mehrstufeninjektion, Fördermenge, Injektionsdruck etc.) abhängig. Bei durchlässigen ($k = 10^{-4}$ bis 10^{-6} m/s) und schwach durchlässigen ($k = 10^{-6}$ bis 10^{-8} m/s; DIN 18130-1 [G19]) Böden haben sich in der Vergangenheit Bohrpackerabstände von 30 bis 50 cm bewährt, bei stark oder sehr stark durchlässigen Böden ($k > 10^{-4}$ m/s) bis zu 1 m. In die Bohrungen werden Packer eingesetzt, durch die das Abdichtungsmaterial an die Bauwerksaußenseite in den Baugrund injiziert wird. Die Injektion erfolgt mit einer 2-K-Pumpe, mit der das vorgemischte Material als

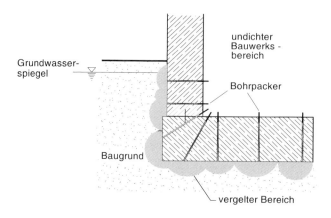

Bild G36
Prinzip der Gelschleierinjektion

A- und B-Komponenten erst am Packer zusammengeführt wird. Das anfangs sehr niedrigviskose, flüssige Material breitet sich in dem zugänglichen Porengefüge aus. Es verdrängt wegen des Überdrucks (Injektionsdruck) das dort vorhandene Wasser und bildet nach einer produktabhängigen Reaktionszeit einen elastischen Injektionskörper. In Bild G36 ist das Prinzip schematisch dargestellt.

In sehr durchlässigem, feinkörnigem Sand bilden sich um die Austrittsstelle halbkugelförmige Injektionskörper aus Gel-Sand-Gemisch. Durch die zwingend erforderliche Überlappung der Einflussbereiche der einzelnen Injektionen entsteht an der Außenseite des Bauwerks ein Gelschleier, der die Funktion der Abdichtung gegen Bodenfeuchte, nichtdrückendes oder drückendes Wasser übernimmt. In Bild G37 ist die annähernd ideal halbkugelförmige Gelschleierausbildung bei der Gelinjektion in Sand mit $k = 10^{-4}$ m/s dargestellt.

Die Bohrpackerabstände müssen so gewählt werden, dass der Gelschleier (Gel-Sand-Gemisch) im abzudichtenden Bereich eine Mindestdicke von 10 cm aufweist. Bei geprüften Materialien ist für diese Schleierdicke in einer Eignungsprüfung die Dichtigkeit bei einer Wasserdruckbeanspruchung von 1 bar nachgewiesen [G115].

Der generelle Vorteil dieses Injektionsverfahrens für die nachträgliche Bauwerksabdichtung besteht darin, dass aufwendige Aufgrabungen entfallen, keine genaue Lokalisation der Leckstelle erforderlich ist und die Nutzung des abzudichtenden Bauwerks während der Bauzeit nicht oder nur in geringem Maß beeinträchtigt wird. Von Nachteil ist dagegen, dass die herzustellende Dichtung weder bei der Herstellung noch im fertigen Zustand sichtbar ist. Dadurch sind Maßnahmen zur Qualitätskontrolle nur indirekt durchführbar. Da die Gelschleierinjektion rein empirisch entstanden ist und nur in Ansätzen auf die Kenntnisse der Baugrundinjektionen zurückgreifen kann, bedarf sie in jedem Fall einer eingehenden vorlaufenden Fachplanung.

Auf die Entstehung und Funktionsfähigkeit der Gelschleierabdichtung hat neben dem Gel und seinen speziellen Eigenschaften eine Reihe weiterer Faktoren einen entscheidenden

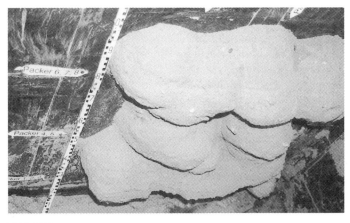

Bild G37
Bildung eines Gelschleiers

Tabelle G2
Einflussfaktoren zur Ausbildung eines Gelschleiers [G240]

Baugrund	Stahlbeton-konstruktion	Injektions-technologie	Material (Injektat)	Belastung der Dichtung
Bodenart Porenanteil, Porengrößen, Durchlässigkeit, Wassergehalt, Temperatur, Korngrößen-verteilung, Schichtenfolge, Lagerungsdichte	*Haftung des Injektionsguts an:* Ortbeton, Stahlbeton-Fertigteile, Mauerwerk, alte Abdichtungen *Bauteilgeometrie* Mehrschaligkeit, Versprünge, Risse, Festigkeit der Bausubstanz, lose Bestandteile	*Pumpe* Fördermenge, Förderkonstanz, Konstanz des eingestellten Mischungs-verhältnisses, Volumenstrom, Injektionsdruck *Packer* Austrittsöffnung, Packerabstände, Verschlussart Injektionsdauer, Anzahl der Stufen	*flüssiger Zustand* Reaktionszeit Viskosität als Funktion der Zeit Fließverhalten *ausreagierter Zustand* Verformbarkeit Festigkeit Dichtigkeit *sonstige Eigenschaften* Quellfähigkeit, Schrumpfung, Synärese, Beständigkeit, Oberflächen-spannung, Permeabilität	*Wasser-beanspruchung* chemische Beschaffenheit, Pegelstand, Pegelschwankung, Strömungsge-schwindigkeit des Grundwassers *Erddruck* *Mikrobiologie*

Einfluss. Das ergibt sich u. a. aus der Besonderheit der Injektion durch das abzudichtende Bauteil hindurch in den angrenzenden Baugrund. Die unmittelbar an das Bauwerk angrenzende Baugrundschicht wird wegen der Penetration mit dem injizierten Gel Bestandteil der neuen Dichtung. In Tabelle G2 sind die unter diesem Gesichtspunkt für die Ausbildung eines Gelschleiers maßgebenden Faktoren zusammengestellt.

Während Baugrund, Injektionstechnologie und Materialeigenschaften sich in erster Linie auf die Ausbildung des Gelschleiers auswirken, haben die Konstruktion und mechanische Belastung des Dichtkörpers vor allem Bedeutung für die Funktionsfähigkeit und Dauerhaftigkeit der Abdichtung. Nach bisherigem Erkenntnisstand spielt die Oberflächenspannung der Injektionsmaterialien in Bezug auf den erreichbaren Porenfüllgrad im Boden eine große Rolle. Der Einfluss ist jedoch noch nicht quantifizierbar.

6.3.2 Injektionstechnologie

Die Wahl der Injektionstechnologie ist für jede Injektion auf das konkrete Objekt abzustimmen, da die Vielzahl der möglichen Einflussfaktoren die neue Abdichtung unterschiedlich beeinflusst. Je nach den vorliegenden Gegebenheiten sind durch den Planer, möglichst in Zusammenarbeit mit der ausführenden Spezialfirma, die folgenden Parameter festzulegen:

- Injektionsmaterial
- Bohrlochabstände (vgl. Abschnitt G6.3.1)
- Packergeometrie
- erforderliche Reaktionszeit des Materials (vgl. Tabelle G1)
- Verpressmengen
- Ein- oder Mehrstufeninjektion
- Injektionsdruck

In Abhängigkeit vom Baugrund können sich unterschiedliche Gelschleierformen ausbilden. Die Bilder G38a bis G38c zeigen mögliche Formen, wie sie an der Bauwerksaußenseite entstehen können.

Die gegenwärtig vorliegenden Erkenntnisse zur Gelausbreitung bei bekannten Baugrundeigenschaften lassen gezielte technologische Vorgaben zu, nach denen bereits vor der Injektion die erforderlichen Materialmengen ziemlich genau abgeschätzt und damit auch kalkuliert werden können. Leider werden Voruntersuchungen und Planungsleistungen insbesondere bei kleineren Bauwerken häufig aus Kostengründen gestrichen, ohne zu berücksichtigen, dass der so unkalkulierbare Materialaufwand häufig die damit „eingesparten" Kosten weit übersteigt. Vor jeder Injektion sollten unabhängig von der Größe des abzudichtenden Bauwerks oder Bauteils Informationen über vorhandene Dränage- oder Ver- und Entsorgungsleitungen beschafft werden. Art und Lage solcher Leitungen sind bei der Injektion zu berücksichtigen. In der Regel sind besondere Schutzmaßnahmen für die Leitungen zu treffen, damit diese nicht unbeabsichtigt mit Gel gefüllt werden.

Sofern mit der vorgegebenen Technologie gewissermaßen im ersten Arbeitsgang keine vollflächige neue Abdichtung entstanden ist, sind generell die dann erforderlichen Nachinjektionen möglich. Jedoch sollte vor jeder Nachinjektion die Ursache für das unzureichende Ergebnis der Erstverpressung geklärt werden. So kann der Fall eintreten, dass lokal unterschiedliche Gegebenheiten vorhanden sind, die für die Nachinjektion eine andere Vorgehensweise erfordern. Hier ist vorher in jedem Fall der Planer gefordert, da unter Umständen eine Änderung in der Vorgehensweise erforderlich wird (Wahl eines anderen Materials, Einstellung einer veränderten Reaktionszeit, Vorinjektion von Hohlräumen etc.).

6.3.3 Besondere Anforderungen

Nicht zuletzt durch die Vielzahl der bestehenden, sich gegenseitig beeinflussenden Faktoren stellt die Gelschleierinjektion ein Sonderverfahren dar. Sie wird auch in Zukunft speziellen Anwendungen vorbehalten bleiben, für die keine anderen Alternativen bestehen. Grund sind vergleichsweise hohe Herstell- und Materialkosten sowie die fehlenden verfahrenstechnischen Regelungen, die die Vielzahl der möglichen Einflussfaktoren berücksichtigen. Deshalb sollten Bauherren unbedingt auf speziell ausgebildete und erfahrene Fachplaner in Zusammenarbeit mit Fachfirmen zurückgreifen, die über ausreichende und langjährige Erfahrungen mit Gelschleierinjektionen verfügen, damit letztlich eine funktionsfähige nachträgliche Abdichtung hergestellt wird.

Bild G38
Unterschiedliche Gelschleierformen in Abhängigkeit vom Baugrund
a) Typische Halbkugeln aus Gel-Erdstoff-Gemisch; gleichmäßige Ausbreitung des Gels in gut durchlässigen Böden bei Einfachinjektion in einen Packer
b) Unregelmäßig ausgebreitetes Gel-Erdstoff-Gemisch mit geringer Tiefenausbreitung, aber relativ großer Breitenausdehnung
c) „Gelhaut"; Gelschleier aus reinem Gel, entsteht bei der Injektion in relativ undurchlässigen Boden, keine Vermischung mit dem anstehenden Erdstoff

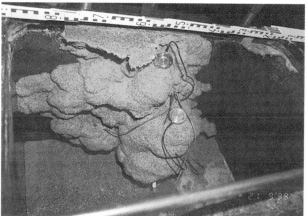

6.4 Anwendungen

6.4.1 Vorbemerkung

Das beschriebene Sonderverfahren der Gelschleierinjektion eignet sich bei fachgerechter Anwendung für nachträgliche Bauwerksabdichtungen gegen nichtdrückendes und drückendes Wasser. Es wird bereits seit einigen Jahren trotz fehlender Regelwerke mehr und mehr erfolgreich angewendet. Über systematische anwendungsbezogene Untersuchungen wird etwa ab Mitte der 80er-Jahre berichtet. Vorreiter dieser Entwicklung ist die Deutsche Bahn AG, die für die nachträgliche Abdichtung undichter Ingenieurbauwerke mit der Gelschleierinjektion eine Richtlinie erarbeitet hat [G115]. Über nachträgliche Abdichtungen von Gewölbebrücken und Überführungen im Einzugsbereich der Deutschen Bahn AG unter Anwendung der in der vorgenannten Richtlinie gebündelten Vorgaben für eine qualitätsgerechte Injektion wird in mehreren Veröffentlichungen berichtet [G246 bis G254].

Derartige abdichtende Injektionen stellen eine innovative Technik dar, mit der bei sorgfältiger und fachgerechter Ausführung gute Abdichtungsergebnisse erzielt werden können. Sie zählen allerdings noch nicht generell zu den allgemein anerkannten Regeln der Technik. Insbesondere die hierzu erforderliche allgemeine Bekanntheit ist unter den am Bau Beteiligten noch nicht gegeben. Der Bauherr muss hierüber vom Fachplaner oder dem Sachverständigen im Vorweg aufgeklärt werden.

Hinsichtlich der Raumnutzung ist im Zusammenhang mit derartigen Injektionsabdichtungen zu beachten, dass sie keine dampfsperrende Wirkung erbringen. Insofern sind bezüglich des Raumklimas ähnliche Verhältnisse anzunehmen wie bei Bauwerken aus wasserundurchlässigem Beton. Bei Anwendung von Injektionsabdichtungen im Sohlbereich ursprünglich plangemäß undichter Bauwerke, z. B. historischer oder älterer Bauwerke mit wasserdurchlässiger Sohle, ist vorab in statischer Hinsicht zu überprüfen, ob der nach erfolgter Abdichtung auftretende hydrostatische Druck aufgenommen werden kann. Eventuell muss eine Notdränung angeordnet werden.

6.4.2 Flächenabdichtung von undichten Bauwerken

Flächenabdichtungen mit außenliegendem Gelschleier sind grundsätzlich für alle Bauwerke bzw. Bauteile möglich, die im erdberührten Bereich Undichtigkeiten aufweisen und wenn die örtlichen Gegebenheiten (siehe Tabelle G2) eine Schleierinjektion zulassen. Sie sollte unter sorgfältiger Abwägung des Kosten–Nutzen-Verhältnisses nur dann angewendet werden, wenn die vorhandenen Randbedingungen (angrenzende Bebauung, Verkehrsflächen, die ständige Nutzung oder Probleme bei der Wasserhaltung etc.) den Aufwand für die systemgerechte Sanierung einer herkömmlichen Abdichtung unvertretbar erscheinen lassen bzw. diese in technischer Hinsicht gar nicht möglich ist.

Der Vorteil der Schleierinjektionen besteht u. a. darin, dass mit geeignetem Material auch partielle Vergelungen außerhalb von Fugen oder im Bereich von Wasser führenden Rissen möglich sind. Durch die Haftung der Gelschicht an der Bauwerksaußenseite treten keine Umläufigkeiten auf. Nicht für partielle Vergelungen geeignet sind Bauwerke, an deren

Außenseite teilweise oder flächig Schwarzabdichtungen vorhanden sind, da auf diesen Materialien in der Regel keine Haftung erzielt wird.

Anwendungen von Schleierinjektion sind aus den folgenden Bereichen bekannt und bereits erfolgreich durchgeführt worden:

- flächige Erneuerung der Brückenabdichtung von Gewölbebrücken bei laufendem Zugverkehr im Einzugsbereich der Deutschen Bahn AG
- nachträgliche Abdichtung von Tunnelbauwerken bei Wasserdrücken von bis zu 6 bar
- Abdichtung von undichten Wand-Boden-Anschlüssen in weißen Wannen (Tiefgaragen bei drückendem Wasser)
- nachträgliche Abdichtung von Kellerräumen gegen drückendes Wasser, geplant und errichtet für trockenen Baugrund
- nachträgliche Flächenabdichtung unterhalb von wasserdurchlässigen Stahlbetonbodenplatten oder zur Sanierung bei unzureichender WU-Betonqualität
- partielle Vergelung außerhalb von undichten Dehnungsfugen

6.4.3 Flächenabdichtung in der Konstruktion

Eine weitere Möglichkeit zur nachträglichen Abdichtung besteht darin, ursprünglich nicht für Abdichtungszwecke vorgesehenen Konstruktionsteilen nachträglich die Funktion der Abdichtung zuzuweisen. Durch eine flächenhafte Injektion geeigneter Materialien kann das für den Wassertransport verantwortliche Porensystem im Baustoff abgedichtet werden. Auch bei diesem als Flächeninjektion in der Konstruktion bezeichneten Verfahren ist der Erfolg von der Durchführung geeigneter Voruntersuchungen sowie von einer fachkundigen Planung und Ausführung abhängig.

Im Gegensatz zur Schleierinjektion wird nicht das den Baukörper umgebende Erdreich als Stützkörper für die Abdichtung genutzt, sondern das Bauteil selbst. Voraussetzung für die Flächeninjektion in der Konstruktion ist ein Bauwerk, bei dem der Wassereintritt flächig über Fugen, Risse, Hohlräume bzw. über das Porensystem erfolgt. Mit der Gelinjektion in das Bauwerk werden Kiesnester, Hohlräume und/oder Risse gefüllt und somit die Wasser führenden Wege im Bauteil abgedichtet. Sofern technisch ausführbar, ist die Flächeninjektion innerhalb des Baukörpers wirtschaftlicher als die Schleierinjektion im angrenzenden Baugrund, da weniger Material verbraucht wird. Im Gegensatz zur Schleierinjektion wird das Bauwerk bei den Bohrarbeiten nicht komplett durchstoßen. Die Bohrkanäle werden vielmehr nur so weit wie möglich, d. h. bis einige Zentimeter, an die Außenseite des Bauwerks herangeführt. Die rasterförmig angelegten Bohrkanäle (vgl. Abschnitt G6.3.1 bei allerdings engerem Bohrraster, abgestimmt auf den Porenanteil des Baustoffs) sollten grundsätzlich immer in einem flachen Winkel geführt werden, damit der Bohrkanal möglichst lang und somit die Anzahl der erfassten Risse, Fehlstellen und für den Wassertransport zur Verfügung stehenden Poren und Hohlräume möglichst groß ist. Raster und Bohrlochtiefe sind vom abzudichtenden Bauteil abhängig und werden vom Planer festgelegt [G116].

Das niedrigviskose Material wird unter mäßigem Druck, in der Regel unter 10 bar, in die Packer injiziert und verteilt sich im Bauteil. Dabei wird aufgrund des Injektionsdrucks das vorhandene Wasser aus den Fehlstellen verdrängt. Eine Aufweitung der Risse und Fehlstellen ist unter allen Umständen zu vermeiden, um nicht in die Statik des Bauwerks einzugreifen. Für diese Injektionen werden vor allem spezielle Acrylatgele eingesetzt, die durch ihre sehr niedrige Viskosität selbst in feine Risse (Rissweiten bis herunter zur Größenordnung von 0,1 mm), Poren und Fehlstellen eindringen können und diese verstopfen. Durch die meist sehr gute Haftung des Gels an den Rissflanken oder Porenwandungen, d. h. am jeweiligen Baustoff, lässt sich eine stabile Abdichtung erreichen. Häufig lassen sich Schleierinjektion und Injektion in der Konstruktion nicht voneinander trennen. Insbesondere bei der Schleierinjektion durch hohlraumreiches Mauerwerk im dahinterliegenden sehr schwach durchlässigen Baugrund werden parallel zur Gelschleierentstehung auch die Fehlstellen in der Konstruktion selbst mit Gel gefüllt.

6.4.4 Rissinjektionen

Dringt die Feuchte nicht flächig, sondern über Risse in das Bauwerk, kann die nachträgliche Abdichtung durch Füllen der Risse mit einem geeigneten Injektionsmittel erfolgen. Üblicherweise werden für die abdichtende Injektion Wasser führender Risse Polyurethane verwendet. Materialien, Technologie und Anwendungsgrenzen sind in der ZTV-RISS beschrieben [G105]. Dieses ursprünglich nur für Verkehrsbauwerke, und zwar vorwiegend für den Bereich von Brückenbauwerken konzipierte Regelwerk findet auch im allgemeinen Ingenieurbau eine breite Anwendung, sofern kein drückendes Wasser ansteht. Die Verwendung von Injektionsstoffen auf Acrylatbasis ist in diesem Regelwerk derzeit nicht vorgesehen. Dennoch hat sich in den zurückliegenden 10 bis 15 Jahren bei der Rissinjektion insbesondere feiner, Wasser führender Risse eine Reihe von Acrylaten bewährt.

Beim Einsatz von Acrylatgelen für Rissinjektionen kommt dem Planer eine besondere Verantwortung zu, da ebenso wie für die Schleierinjektion und die Flächeninjektion in die Konstruktion für eine solche Rissinjektion noch keine technischen Regelwerke vorliegen.

Von besonderer Bedeutung ist die Materialauswahl. Es ist darauf zu achten, dass nur Materialien verwendet werden, die nachweislich für Rissinjektionen geeignet sind. Diese Materialien zeichnen sich vor allem durch gute Haftung auch an den nassen Rissflanken und

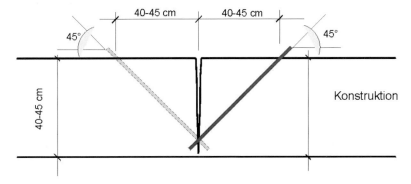

Bild G39
Bohrlochanordnung Rissinjektion

niedrige Anfangsviskosität aus. Sie dürfen nachweislich keine Bestandteile enthalten, die den Beton oder die Bewehrung angreifen.

Durch eine fachgerechte Anordnung der Bohrungen im äußeren Drittel der Risse ist ein vollflächiges Verfüllen der Risse möglich (Bild G39). Das Austrocknen der Acrylatgele ist nur an der Luftseite der Konstruktion und dort nur im vorderen Bereich des Risses zu erwarten. Dort wird sich eine feste Grenzschicht ausbilden, die die weitere Austrocknung des dahinter, weiter außen befindlichen Materials verhindert. Durch die auf der Wasserseite immer vorhandene Feuchte wird sich in dem übrigen Material eine Ausgleichsfeuchte ausbilden, die die Funktionsfähigkeit der Rissfüllung sicherstellt und ein Schrumpfen des Materials mit der Folge erneuter Undichtigkeit ausschließt.

6.4.5 Spezialanwendungen

Neben den bereits beschriebenen Anwendungen gibt es eine Reihe von Spezialanwendungen, für die die Gelschleierinjektion eingesetzt werden kann und bereits wird. Wie von Weichgelsohlen bekannt, eignen sich Acrylatgele auch für temporäre Abdichtungen im Bauzustand. In [G243] wird beispielsweise die erfolgreiche Ausführung der vorübergehenden Sicherung des Vortriebes beim Austausch einer Schildschwanzdichtung (S1-Dichtung) im Verlauf des Auffahrens eines U-Bahn-Tunnels in Berlin durch Schleierinjektion mit Acrylatgel beschrieben: Während des Vortriebes kam es nach der Durchfahrung von Bereichen mit nicht eindeutig identifizierten Stahlteilen im Boden zu erheblichen Mörtel- und Wasserzutritten. Bei einer daraufhin durchgeführten exakten Kontrolle wurden erhebliche Beschädigungen der S1-Dichtungen festgestellt, die in Einzelfällen bis zum Totalverlust von einigen Segmenten reichten. Für die geplante Dauer der Reparaturarbeiten (4 bis 6 Wochen) wurde zur temporären Gebirgssicherung eine Vergelung anstehenden Sandes gewählt, wofür ein neu entwickeltes, modernes Acrylatgel zum Einsatz kam. Das mit der Planung der Gebirgsvergelung beauftragte Ingenieurbüro entwickelte zusammen mit der Bau-Arge ein Vergelungskonzept. Damit wurde es möglich, die Maschine innerhalb des vergelten Gebirgsringes noch 60 cm weiter nach vorne zu fahren, um so den notwendigen Platz zum Einbau der neuen Bürstendichtung zu schaffen.

Die Gebirgssicherung mit Acrylatgel hat sich als ein relativ kostengünstiges und vor allen Dingen sehr schnell umsetzbares Verfahren zur temporären Sicherung des Gebirges an der Ortsbrust gegen das Eindringen von Wasser erwiesen.

Es sind auch andere Spezialanwendungen bekannt, insbesondere im Kanalisationsnetz zur Sanierung von undichten Muffenverbindungen.

6.5 Qualitätssicherung und Umweltschutz

Die Qualitätssicherung bei der Gelschleierinjektion stellt hohe Anforderungen an Planer und Ausführende, da der Gelschleier weder bei der Herstellung noch im fertigen Zustand sichtbar ist. Deshalb ist besonderer Wert auf eine sorgfältige Planung der Abdichtungsmaßnahmen zu legen. Im Rahmen der Planung sollten die für den konkreten Anwendungsfall erforderlichen Materialeigenschaften festgelegt und in einer beschränkten Ausschreibung die Firmen ausgewählt werden, die sowohl über die erforderliche Fachkompetenz verfügen als auch eine enge Zusammenarbeit zwischen Planer, Bauherrn und Verarbeiter ermöglichen.

Insbesondere für größere Bauvorhaben sind im Sinne der Qualitätssicherung bei der Ausführung die Überwachung und Dokumentation der Injektionsarbeiten auf der Baustelle erforderlich. Nur so kann auf Abweichungen bei gleichzeitiger Gewährleistung einer wirtschaftlichen Vorgehensweise gezielt reagiert werden. Die Bilder G40 und G41 zeigen Möglichkeiten zur Qualitätskontrolle und Dokumentation von Rissverpressungen.

Die Umweltverträglichkeit von Acrylatgelen muss sowohl aus Arbeitsschutzgründen als auch durch das angewendete Abdichtungsverfahren, bei dem das Gel in den Baugrund injiziert wird und mit dem Grundwasser in Kontakt treten kann, für alle eingesetzten Materialien gewährleistet sein. Der Schutz der Menschen vor gefährlichen Stoffen ist durch Schutzkleidung und entsprechendes Verhalten möglich. Die Umwelt, insbesondere das Grundwasser, kann nur durch die Verwendung nichttoxischer, umweltverträglicher Injektionsmaterialien geschützt werden. Das bedeutet, dass für Gelschleierinjektionen ausschließlich Injektionsmittel verwendet werden dürfen, für die der Nachweis der physiologischen Unbedenklichkeit erbracht wurde [G117]. Der Einsatz toxischer Gele kann nur durch die Forderung nach Vorlage von Unbedenklichkeitsbescheinigungen ausgeschlossen werden.

Bild G40
Digitale Aufnahme der Risse [G312]

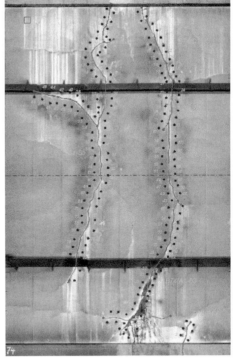

Bild G41
Dokumentation der digitalisierten Risse [G312]

Bei der Gelschleierinjektion werden in der Regel zwei flüssige Komponenten erst kurz vor dem Austritt des Injektionsmaterials vermischt und reagieren im Baugrund zu einem festen Gel aus. Sofern durch Mischungsfehler ein Überangebot einer Komponente vorliegt, kann unvollständig ausreagiertes Material in den Baugrund gelangen. In diesem Fall kann nicht ausgeschlossen werden, dass einzelne Komponenten in nicht ausreagierter Form zu einer temporären Beeinträchtigung des Grundwassers führen. Die meisten der heute gebräuchlichen Acrylatgele sind frei von stark toxischen Stoffen wie Acrylamid und Formaldehyd oder anderen Lösungsmitteln. In der Regel lassen sich die Gele mit ihren Einzelbestandteilen in die Wassergefährdungsklasse WGK 1 einstufen. Trotzdem sollte bei der Injektion ausgeschlossen werden, dass sich größere Mengen nicht ausreagierter einzelner Bestandteile mit dem Grundwasser vermischen. In gleichem Maße muss sichergestellt sein, dass im Beanspruchungszustand einzelne Bestandteile aus dem Gelschleier herausgelöst und ins Grundwasser transportiert werden. Die Materialien müssen so formuliert, d.h. zusammengesetzt sein, dass eine hohe Anwendungssicherheit gegeben ist, zumal das Abdichtungsprodukt nach der Injektion nicht sichtbar und kontrollierbar ist.

Die Forderung der DIN 4093 [G18], nur Injektionsmittel einzusetzen, die die vorgeschriebenen Unbedenklichkeitsnachweise entsprechend Abschnitt G6.2.3 besitzen, ist ein Weg in die richtige Richtung. Leider enthalten diese Nachweise nur Aussagen über das Verhalten des ausreagierten Materials. Der Nachweis, dass die Injektionsmittel während der Injektion, d.h. im noch nicht ausreagierten Zustand, das Grundwasser nicht beeinträchtigen, ist gegenwärtig noch nicht vorgeschrieben. Konsequenterweise sollte dieser Nachweis zukünftig zusätzlich gefordert werden, um in Bezug auf die Umweltverträglichkeit zu einer höheren Anwendungssicherheit zu kommen. Möglichkeiten für derartige Prüfungen werden bereits in Forschungsarbeiten [G256] sowie in Firmenveröffentlichungen [G251] beschrieben.

Brückenbauwerke im Überblick

Sven Ewert
Brücken
Die Entwicklung der Stannweiten und Systeme
2002. Ca. 250 Seiten, ca. 120 Abbildungen.
Gb., ca. € 47,90* / sFr 82,-
ISBN 3-433-01612-7
Erscheint: Oktober 2002

Das Werk beschreibt die Entwicklung der wichtigsten Tragstrukturen, zeigt Unterschiede hinsichtlich System, Konstruktion und Montage, geht auf richtungsweisende Schadensfälle ein, verweist auf beteiligte Personen und beschreibt die jeweils am weitesten gespannten Bauwerke mit vielen Bildern, tabellarischen Zusammenstellungen und grafischen Größenvergleichen.

Eine wertvolle, aktuelle Zusammenstellung aller möglichen Brückensysteme, interessant sowohl für Fachleute und für an Brücken interessierte Laien, da das Buch einen aktuellen Überblick über den gesamten Brückenbau gibt.

* Der €-Preis gilt ausschließlich für Deutschland

Ernst & Sohn
Verlag für Architektur und
technische Wissenschaften GmbH & Co. KG

Für Bestellungen und Kundenservice:
Verlag Wiley-VCH
Boschstraße 12
69469 Weinheim
Telefon: (06201) 606-152
Telefax: (06201) 606-184
Email: service@wiley-vch.de

Ernst & Sohn
A Wiley Company

www.ernst-und-sohn.de

Fachplanung für Injektionstechnologie und Bauwerksabdichtung

IBE

INGENIEURBÜRO FÜR BAUWERKSERHALTUNG

Dipl.-Ing. Jörg de Hesselle

- Bauschadensgutachten
- Beratung
- Planung
- Überwachung

Mecklenburger Straße 6
53773 Hennef
Tel. +49 (0) 22 42 / 86 76 51
Fax +49 (0) 22 42 / 86 76 52
E-Mail: i-b-e@t-online.de
Internet: www.i-b-e.de

Objekt-Begrünungs-Systeme

- ✓ **Extensive Dachbegrünung**
  einfach und dauerhaft

- ✓ **Intensive Dachbegrünung**
  anspruchsvoll und hochwertig

- ✓ **Begehbare Dachflächen**
  stabil und sicher

- ✓ **Befahrbare Dachflächen**
  funktionssicher und belastbar

- ✓ **GreenLiner ®**
  intelligente Randabgrenzungssysteme

- ✓ **Garten- und Schwimmteiche**
  natürlich Wasser erleben

www.obs.de

OBS GmbH
Alfred-Nobel-Str. 8, 59423 Unna
Tel.: +49 (0) 23 03 · 25 00 2 · 0
Fax: +49 (0) 23 03 · 25 00 2 · 22
E-Mail: info@obs.de

Infos anfordern!

Was Sie schon immer über Baustatik wissen wollten!

Karl-Eugen Kurrer
Geschichte der Baustatik
2002. Ca. 400 Seiten.
Gb., ca. € 79,–* / sFr 132,–
ISBN 3-433-01641-0
Erscheint: November 2002

Was wissen Bauingenieure heute über die Herkunft der Baustatik? Wann und welcherart setzte das statische Rechnen im Entwurfsprozess ein? Beginnend mit den Festigkeitsbetrachtungen von Leonardo und Galilei wird der Herausbildung einzelner baustatischer Verfahren und ihrer Formierung zur Disziplin der Baustatik nachgegangen. Erstmals liegt der internationalen Fachwelt ein geschlossenes Werk über die Geschichte der Baustatik vor. Es lädt den Leser zur Entdeckung der Wurzeln der modernen Rechenmethoden ein.

* Der €-Preis gilt ausschließlich für Deutschland

Ernst & Sohn
Verlag für Architektur und
technische Wissenschaften GmbH & Co. KG

Für Bestellungen und Kundenservice:
Verlag Wiley-VCH
Boschstraße 12
69469 Weinheim
Telefon: (06201) 606-152
Telefax: (06201) 606-184
Email: service@wiley-vch.de

Ernst & Sohn
A Wiley Company
www.ernst-und-sohn.de

H   Begeh- und befahrbare Nutzbeläge

Christian Michalski (Abschnitt 1), *Alfred Haack* (Abschnitt 2),
Karl-Friedrich Emig (Abschnitt 3)

1   Beläge aus Asphalt

1.1   Allgemeines

Ziel dieses Abschnitts ist, dem Leser Anschauung über den Baustoff „Asphalt" sowie andere bitumengebundene Baustoffe zu vermitteln. Asphalt ist ein natürlich vorkommendes oder technisch hergestelltes Gemisch aus Bitumen oder bitumenhaltigen Bindemitteln und Mineralstoffen sowie ggf. weiteren Zuschlägen und/oder Zusätzen [H101]. Je nach Zusammensetzung können Asphalte mit unterschiedlichen Eigenschaften hergestellt werden. Die Auswahl eines Asphalts für einen bestimmten Anwendungszweck, beispielsweise als Parkdeckbelag, richtet sich nach den Beanspruchungen durch Verkehr, Temperatur und Witterung, Beschaffenheit der Unterlage sowie dem möglichen Einsatz von Einbaugeräten.

Asphalt ist ein umweltfreundliches, wiederverwendbares Produkt, von dem weder Gefahren für Menschen noch für die Umwelt ausgehen. Beim Verarbeiten sind keine besonderen Schutzmaßnahmen erforderlich; lediglich in geschlossenen Räumen ist für eine ausreichende Lüftung zu sorgen [H201].

In den nachfolgenden Abschnitten werden zunächst die Asphaltkomponenten – Bitumen und Mineralstoffe – und später die hier in Betracht kommenden Asphalte behandelt.

1.2   Die Komponenten des Asphalts

1.2.1   Bitumen

Bitumen ist ein nahezu nichtflüchtiges, klebriges und abdichtendes erdölstämmiges Produkt, das bei Umgebungstemperatur in Toluen vollständig oder nahezu vollständig löslich ist und auch in Naturasphalt vorkommt [H28]. Bitumen, das beim Bau und bei der Erhaltung von Verkehrsflächen verwendet wird, wird als Straßenbaubitumen bezeichnet [H28]. Der Begriff „bituminöse Bindemittel" umfasste Bitumen, Straßenpech und andere Bindemittel auf Bitumen- oder Pechbasis [H101]. Er ist veraltet und wurde durch „Kohlenwasserstoff-Bindemittel" ersetzt [H28].

Die Eigenschaften des Bitumens hängen von der Temperatur und der Belastungsdauer bzw. der Belastungsfrequenz ab. Bei hohen Temperaturen und/oder langen Belastungszeiten bzw. niedrigen Belastungsfrequenzen verhält sich Bitumen flüssigkeitsähnlich, d. h.

viskos, bei niedrigen Temperaturen und/oder kurzen Belastungszeiten bzw. hohen Belastungsfrequenzen festkörperähnlich, d.h. elastisch. Im Übergangsbereich treten beide Eigenschaften kombiniert in Erscheinung, was zum viskoelastischen bzw. zum elastoviskosen Verhalten des Bitumens führt [H102].

Die elastoviskosen Eigenschaften werden vereinfacht durch das in Bild H1 dargestellte Maxwell-Modell veranschaulicht. Unter Belastung treten an Dämpfer und Feder unterschiedliche Verformungen auf. Dabei steht der Dämpfer für das viskose, die Feder für das elastische Verhalten des Bitumens.

Bitumen kann sehr geringe Mengen (0,001% bis 0,01%) Wasser aufnehmen. Diese Wasseraufnahme ist praktisch bedeutungslos. Die Wasserdampfdurchlässigkeit ist ebenfalls sehr niedrig. Die Diffusionskonstante beträgt etwa 10^{-15} kg/m·s·Pa [H202]. Bitumen hat sich als ausgezeichneter Stoff für Abdichtungen bewährt und kann praktisch als wasserdicht bezeichnet werden. Bitumen ist durch eine ausgeprägte Kohäsion (innerer Zusammenhalt) sowie Adhäsion (Klebkraft) in Bezug auf Mineralstoffe gekennzeichnet.

Für die Herstellung von Asphalten kommen im Regelfall Straßenbaubitumen in Betracht. Sie werden nach DIN EN 12591 [H27] in Sorten, die durch Anforderungen gekennzeichnet sind, unterteilt. In Deutschland kommen die Sorten 20/30, 30/45, 50/70, 70/100 und 160/220 mit enger gefassten Anforderungen (freiwillige Verpflichtung der Mitgliedsfirmen in der Arbeitsgemeinschaft der Bitumen-Industrie e.V.) zur Anwendung. Ihre Eigenschaften entsprechen weitestgehend den „alten" Bitumensorten B25, B45, B65, B80 und B200 nach DIN 1995, Teil 1 [H7] (Teil 1: Straßenbaubitumen wurde ersetzt durch DIN EN 12591 [H27]). Die Zahlen in den Sortenbezeichnungen nach DIN EN 12591 [H27] geben den unteren und oberen Grenzwert der Nadelpenetration [H24] an. Hierunter versteht man die Einsinktiefe in Zehntelmillimetern, um die eine Prüfnadel unter festgelegten Versuchsbedingungen in das zu prüfende Bitumen eindringt. Je härter das Bitumen, umso geringer die Nadelpenetration und damit auch die Kennzahlen der Bitumensorte. Die Härte der Bitumen nimmt von der Sorte 160/220 zur Sorte 20/30 zu.

Eine gebräuchliche Kennzahl für Bitumen ist der Erweichungspunkt Ring und Kugel. Dieser Kennwert gibt die Temperatur an, bei welcher unter festgelegten Prüfbedingungen eine Bitumenschicht, die sich in einem Ring befindet, von einer aufgelegten Kugel durchdrungen wird. Bei dieser Temperatur geht – definitionsgemäß – das Bitumen vom plastischen in den flüssigen Zustand über. Die Bestimmung des Erweichungspunktes ist in DIN EN 1427 [H25] beschrieben. Die Härte eines Bitumens steigt mit zunehmendem Erweichungspunkt.

Der Übergang vom plastisch verformbaren in den spröden Zustand wird durch den Brechpunkt nach Fraaß charakterisiert. Darunter versteht man die Temperatur, bei der ein Bindemittelfilm unter vorgegebenen Prüfbedingungen beim Biegen bricht. Die Versuchsbeschreibung enthält DIN EN 12593 [H26]. Die Temperaturdifferenz zwischen dem Erweichungspunkt Ring und Kugel und dem Brechpunkt nach Fraaß wird als Plastizitätsspanne bezeichnet [H101]. Die Plastizitätsspanne kennzeichnet den Gebrauchstemperaturbereich für ein Bitumen. Sie beträgt für Straßenbaubitumen etwa 60 K.

Wo es erforderlich ist, besonders harte Bitumen zu verwenden, beispielsweise in Gussasphaltestrichen im Hochbau, kommen „harte Straßenbaubitumen" (Sorten 10/20, 15/25 und 20/30) sowie „Hartbitumen" [H28] zum Einsatz.

1 Beläge aus Asphalt

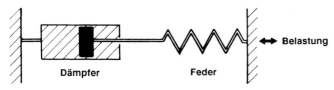

Bild H1
Maxwell-Modell zur Veranschaulichung der Elastoviskosität

Bitumen, dessen rheologische Eigenschaften wesentlich durch Reaktion mit Luft bei erhöhten Temperaturen gezielt modifiziert wurden, wird als Oxidationsbitumen bezeichnet [H28]. Zur Charakterisierung der Oxidationsbitumen benutzt man im Regelfall ihre mittleren Erweichungspunkte und mittleren Nadelpenetrationen. So bedeutet beispielsweise die Bezeichnung 100/25, dass es sich um ein Oxidationsbitumen mit einem mittleren Erweichungspunkt von 100 °C und einer mittleren Nadelpenetration von 25/10 mm handelt. Oxidationsbitumen zeichnen sich durch eine große Plastizitätsspanne aus. Sie kann mehr als 100 K betragen. Da die Oxidationsbitumen erst bei hohen Temperaturen erweichen und bei niedrigen Temperaturen (weit unter dem Nullpunkt) in einen spröden Zustand übergehen, sind diese Stoffe für die Herstellung von Dach- und Dichtungsbahnen, Klebemassen, Schall- und Wärmedämmstoffen sowie Bauten- und Korrosionsschutzmitteln gut geeignet. Für die Herstellung von Asphalten haben sich Oxidationsbitumen wegen Rissbildung nicht bewährt. Dies ist auf die Gelstruktur von Oxidationsbitumen im Vergleich zur Solstruktur [H203] der Destillationsbitumen im Gebrauchstemperaturbereich zurückzuführen.

Verkehrslasten und Temperaturänderungen führen in Asphaltbefestigungen zu Spannungen. Können die Spannungen durch Fließvorgänge im Bitumen nicht schnell genug abgebaut werden, so kommt es beim Überschreiten der Zugfestigkeit zu Rissbildungen im Asphalt. Der Abbau von Spannungen im Bitumen bzw. im Asphalt durch Fließvorgänge wird als Relaxation bezeichnet [H102]. Er kann am Maxwell-Modell (Bild H1) veranschaulicht werden. Bei einer gleich bleibenden aufgezwungenen Dehnung werden die Rückstellkräfte der Feder durch das Nachgeben des Dämpfers, der die Fließeigenschaften des Materials darstellt, abgebaut.

Mit einem oder mehreren organischen Polymeren modifizierte Bitumen werden als polymermodifizierte Bitumen – PmB – bezeichnet [H28]. Die Technischen Lieferbedingungen für polymermodifizierte Bitumen in Asphaltschichten im Heißeinbau (TL-PmB [H103]) unterscheiden zwischen drei PmB-Sorten: PmB A, PmB B und PmB C. PmB A und PmB B sind durch Elastomere, PmB C ist durch Thermoplaste modifiziert. In der Praxis kommen bevorzugt PmB A zum Einsatz. Sie zeichnen sich gegenüber vergleichbaren Straßenbaubitumen u. a. durch eine ausgeprägtere Elastizität und eine größere Plastizitätsspanne aus.

Eine praxisorientierte Beschreibung des Werkstoffs „Bitumen" ist in [H205, H206] enthalten.

1.2.2 Mineralstoffe

Mineralstoffe sind ein Gemenge fester anorganischer, meist kristalliner Verbindungen. Je nach Entstehung wird zwischen natürlichen und künstlichen Mineralstoffen unterschieden [H101]. Die Mineralstoffe werden in Aufbereitungsanlagen zerkleinert und in Korngruppen (Lieferkörnungen) [H101] zerlegt. Für die Herstellung von Asphalten kommen aus einzelnen Korngruppen zusammengesetzte Mineralstoffgemische zum Einsatz. Für die Baupraxis sind die Zusammensetzungen der Mineralstoffgemische durch Sieblinienbereiche [H101] in den Technischen Regelwerken – z.B. [H109] – vorgegeben.

Die Eigenschaften von Mineralstoffgemischen sind praktisch temperaturunabhängig. Bezüglich der Belastungsdauer (Belastungsfrequenz) zeigen Mineralstoffgemische im Vergleich mit Bitumen entgegengesetzte Eigenschaften. Sie verhalten sich unter statischer Last quasielastisch und bei dynamischer Beanspruchung u.U. im geringen Maße quasiplastisch. Die folgenden Betrachtungen sollen diese Aussage erläutern.

Wird auf die Oberfläche eines verdichteten Mineralstoffgemisches ein Stempel aufgebracht und dieser statisch belastet (Bild H2), so findet eine (geringe) Verformung des Gemisches statt. Sie setzt sich aus einem plastischen (bleibenden) und einem elastischen (reversiblen) Anteil zusammen.

Der plastische Anteil kommt durch Nachverdichtungsprozesse und einen geringen Materialtransport aus der belasteten Zone unter dem Stempel in nicht belastete Bereiche zustande. Durch die Nachverdichtung wird das Mineralstoffgemisch konsolidiert. Die elastische Verformung ist auf die Elastizität der Körper zurückzuführen. Die Größe der Verformung bleibt unabhängig von der Belastungsdauer und der Temperatur konstant. Das Mineralstoffgemisch verhält sich diesbezüglich festkörperähnlich – nämlich quasielastisch.

Wird der Stempel durch eine äußere Kraft dynamisch belastet, so ist zwischen den Vorgängen während der Be- und Entlastung zu unterscheiden. Während der Belastung werden die Teilchen elastisch verformt und das Mineralstoffgemisch nachverdichtet (konsolidiert). Es findet – zumindest während der ersten Belastung – ein sehr geringer Materialtransport aus der Belastungszone unter dem Stempel in die unbelasteten Bereiche statt. Während der Entlastung kehren die einzelnen Teilchen mit entsprechender Geschwindigkeit in ihre Ursprungsform zurück und versetzen dabei durch Korn-zu-Korn-Kontakt ihre Nachbarn in

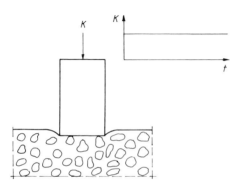

K – äußere Kraft
t – Zeit

Bild H2
Quasielastisch verformtes Mineralstoffgemisch bei statischer Belastung durch einen Stempel. Die Verformung ist unabhängig von Belastungsdauer und Temperatur

1 Beläge aus Asphalt

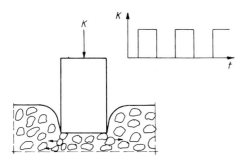

K – äußere Kraft
t – Zeit

Bild H3
Quasiplastisches Verhalten eines Mineralstoffgemisches bei dynamischer Belastung. Die Pfeile deuten den Teilchentransport aus dem belasteten Stempelbereich in die unbelastete Umgebung an. Die Verformung nimmt mit der Anzahl der Lastwechsel zu

Bewegung. Dadurch findet eine Auflockerung des Mineralstoffgemisches in der belasteten Zone statt. Bei der nachfolgenden Belastung kann je nach vorangegangener Auflockerung nur eine erneute Nachverdichtung oder eine Nachverdichtung und eine Teilchenverschiebung aus der belasteten in die unbelastete Zone eintreten. Im letztgenannten Fall sinkt der Stempel mit der Anzahl der Lastwechsel immer tiefer in das Mineralstoffgemisch ein. Das Mineralstoffgemisch verhält sich quasiplastisch (Bild H3). Mineralstoffgemische sind wasserdurchlässig und verfügen über keinen inneren Zusammenhalt (Kohäsion).

Die Anforderungen an Mineralstoffe für den Straßenbau, die Güteüberwachung sowie die anzuwendenden Prüfverfahren sind in Regelwerken festgelegt [H104, H105, H106]. Für die Verwendung von Mineralstoffen in Brückenbelägen gelten [H107, H108].

1.3 Asphalte

1.3.1 Allgemeines

Die Eigenschaften der Asphalte werden durch die Eigenschaften der Komponenten – Bitumen und Mineralstoffgemisch – bestimmt. Je nach Zusammensetzung treten bei den Asphalten entweder die Eigenschaften des Bitumens oder des Mineralstoffgemisches stärker in Erscheinung.

Eine der wesentlichen Bitumeneigenschaften, die das Verhalten der Asphalte prägt, ist die Fähigkeit zur Relaxation (siehe Abschnitt H1.2.1). Diese Eigenschaft ermöglicht es, große Flächen aus Asphalt fugenlos zu bauen.

1.3.2 Einteilung der Asphalte

Asphalte lassen sich in zwei Gruppen einteilen. Die Gruppen werden entweder

– nach der Anzahl der stofflichen Phasen oder
– nach der Verarbeitung

benannt.

Solange die Hohlräume des Mineralstoffgemisches nicht vollständig mit Bitumen ausgefüllt sind, besteht der Asphalt aus drei Phasen, nämlich

- der festen Phase: dem Mineralstoffgemisch,
- der flüssigen Phase: dem Bitumen, und
- der gasförmigen Phase: der Luft in den Hohlräumen.

Gemische dieser Art werden als „dreiphasige Asphalte" bezeichnet.

Bei dreiphasigen Asphalten dominieren im unverdichteten Zustand die Mineralstoffgemisch-Eigenschaften. Ein dreiphasiges Asphaltmischgut (einbaufähiges Asphaltgemisch [H101]) ist wie ein Mineralstoffgemisch rieselfähig und auf Lkws transportierbar (Bild H4).

Zur Herstellung einer gebrauchsfähigen Schicht muss das dreiphasige Asphaltmischgut verdichtet werden. Dies erfolgt im Regelfall mithilfe von Walzen. Deshalb werden dreiphasige Asphalte auch als „Walzasphalte" bezeichnet. Im verdichteten Zustand treten je nach Zusammensetzung und Verdichtungsgrad (Definition siehe [H101] und Abschnitt H1.3.3.3) entweder die Eigenschaften des Mineralstoffgemisches oder die des Bitumens in den Vordergrund.

Übersteigt das Bindemittelvolumen das Hohlraumvolumen im Mineralstoffgemisch, so entstehen praktisch hohlraumfreie, fließfähige zweiphasige Asphalte. Sie bestehen lediglich aus

- der festen Phase: dem Mineralstoffgemisch, und
- der flüssigen Phase: dem Bitumen.

Bei zweiphasigen Asphalten treten die Bitumeneigenschaften in den Vordergrund. Die Herstellung von gebrauchsfähigen Schichten aus zweiphasigen Asphalten erfolgt durch

Bild H4
Transport von rieselfähigem Walzasphalt-Mischgut auf einem Lastkraftwagen

1 Beläge aus Asphalt

„Gießen". Deshalb werden zweiphasige Asphalte auch als „Gussasphalte" bezeichnet. Ein weiterer Vertreter zweiphasiger Asphalte ist der Asphaltmastix.

1.3.3 Walzasphalte

Für Brückenbeläge und in Sonderfällen auch für Parkdecks kommen zwei Arten von Walzasphalten, nämlich Asphaltbeton und Splittmastixasphalt, in Betracht.

1.3.3.1 Asphaltbeton

Als Asphaltbeton wird ein mit Straßenbaubitumen gebundenes Mineralstoffgemisch abgestufter Körnung zur Herstellung von Deckschichten bezeichnet [H101].

a) Herstellung und Einbau

Asphaltbetone werden in Mischanlagen hergestellt, auf Lastkraftwagen zur Baustelle transportiert, mit Fertigern eingebaut und durch Walzen verdichtet (Bilder H4 bis H6). Die Verdichtung ist erforderlich, um das Mischgut in einen gebrauchsfähigen Zustand zu überführen. Durch den Verdichtungsprozess wird aus den im Mischgut locker gelagerten Mineralstoffteilchen und dem fließfähigen Bitumenmörtel (hier: Gemisch aus Bitumen und feinen Mineralstoffteilchen) ein tragfähiges Korngerüst mit fester Teilchenverklebung erzeugt.

Moderne Fertiger verfügen über Verdichtungswerkzeuge in Form von Stampfern, Pressleisten bzw. Vibrationsbohlen, mit denen ein hoher Grad an Vorverdichtung erreicht wird. Auf kleinen Flächen kann die Verteilung des Mischgutes von Hand erfolgen. Die Anforde-

Bild H5
Walzasphalteinbau mit einem Fertiger

Bild H6
Verdichten von Walzasphalt

Tabelle H1
Niedrigste und höchste zulässige Temperaturen des Mischgutes in °C[1)] (entnommen aus [H109])

Art und Sorte des Bindemittels im Mischgut	Asphalt-binder	Asphalt-beton	Splittmastix-asphalt	Guss-asphalt	Asphalt-mastix
20/30				200–250	
30/45	130–190			200–250	180–220
50/70	120–180	130–180	150–180	200–250	180–220
70/100	120–180	130–180	150–180		180–220
160/220		120–170	120–170		170–210

[1)] Die unteren Grenzwerte gelten für das abgeladene Mischgut beim Einbau; die oberen Grenzwerte gelten für das Mischgut beim Verlassen des Mischers bzw. des Silos. Bei polymermodifizierten Straßenbaubitumen (PmB) entsprechen die zulässigen Mischguttemperaturen den jeweiligen Grenzwerten, die für Straßenbaubitumen angegeben sind. Bei Splittmastixasphalt mit PmB 45 beträgt die niedrigste und höchste zulässige Temperatur des Mischguts 150 °C bzw. 180 °C.

rungen an den Verdichtungsgrad (Definition siehe [H101] und Abschnitt H1.3.3.3) und die Ebenflächigkeit [H109] sind dabei nicht immer zu erfüllen. Es besteht Entmischungsgefahr.

Fertiger und Walzen zeichnen sich je nach Einbauleistung und Verdichtungswirkung durch große Abmessungen und hohe Gewichte aus. Dadurch ist es häufig nicht möglich, diese Geräte auf Parkdecks, in Tiefgaragen oder in Innenräumen einzusetzen. Eine ordnungsgemäße Verlegung von Walzasphalten auf bzw. in den zuvor genannten Objekten scheidet deshalb im Regelfall aus.

1 Beläge aus Asphalt

In manchen Fällen ist es jedoch möglich oder, wie z. B. auf Rampen, sogar erforderlich, Walzasphalte einzubauen. Dies gilt besonders dann, wenn der Asphalt entweder im starken Gefälle (größer 6%) oder in großen Dicken zu verlegen ist.

Die Einbautemperaturen hängen von der verwendeten Bitumensorte ab. In Tabelle H1 sind die Einbautemperaturen in Abhängigkeit von der Bitumensorte enthalten.

b) Aufbau und Eigenschaften

Im Mineralstoffgemisch eines Asphaltbetons sind die einzelnen Korngruppen im ausgewogenen Verhältnis zueinander vertreten. Die Sieblinie verläuft stetig (Bild H7). Gemische dieser Art nennt man korngestuft [H101]. Korngestufte Gemische aus Splitt und Sand wurden früher als Mineralbeton [H101] bezeichnet. Es ist anzunehmen, dass daraus der Begriff Asphaltbeton entstanden ist. In Bild H8 ist ein korngestuftes Mineralstoffgemisch schematisch dargestellt. Die Teilchen des Mineralstoffgemisches bilden ein Korngerüst. Das Korngerüst besteht aus einer Vielzahl von Zellen – den kleinsten Einheiten sich gegenseitig abstützender Teilchen.

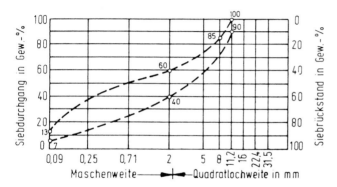

Bild H7
Sieblinienbereich für einen Asphaltbeton 0/11 S (aus [H109])

Im Mineralstoffgemisch ist die Anzahl der eine Zelle bildenden Teilchen gering. Im günstigsten Fall kann eine Zelle aus drei Teilchen bestehen. In Bild H8 ist eine Zellenstruktur aus den Teilchen A, B und C schematisch dargestellt. Die Größe der eine Zelle bildenden Teilchen kann verschieden sein. Ein Teilchen ist im Regelfall an mehreren Zellen beteiligt. Die aus kleinen und kleinsten Teilchen gebildeten Zellen sind in Bild H8 nicht dargestellt.

Beim Einwirken von äußeren Spannungen, beispielsweise durch Verkehrslasten, werden im Mineralstoffgemisch die Kräfte von Korn zu Korn auf die Unterlage übertragen. Dabei können instabile Zellen zusammenbrechen, was zur Erhöhung der Lagerungsdichte führt – das Mineralstoffgemisch konsolidiert.

Setzt man einem erhitzten, korngestuften Mineralstoffgemisch durch Mischen geringe Mengen an heißflüssigem Bitumen zu, so kann vereinfacht angenommen werden, dass um

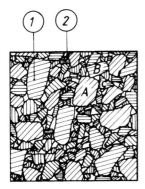
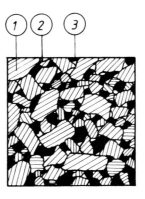
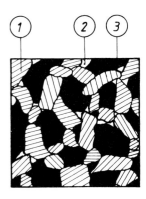

Bild H8
Mineralstoffgemisch eines
Asphaltbetons
(schematisch)
1 Mineralstoffteilchen des
  Korngerüstes
2 Hohlräume
A, B, C – am Aufbau einer
Zelle beteiligte Teilchen

Bild H9
Hohlraumreicher Asphalt-
beton mit geringem Binde-
mittelgehalt (schematisch)
1 Mineralstoffteilchen
  des Korngerüstes
2 Hohlräume
3 Mörtel

Bild H10
Hohlraumarmer Asphalt-
beton mit hohem Binde-
mittelgehalt (schematisch)
1 Mineralstoffteilchen
  des Korngerüstes
2 Hohlräume
3 Mörtel

die Teilchen annähernd gleichmäßig dicke Bindemittelfilme entstehen. Je kleiner das Teilchen, desto größer ist die Filmdicke im Verhältnis zu seiner Größe.

Spätestens nach beendetem Mischvorgang fließen die relativ dicken Bitumenfilme kleiner Teilchen (Sande und Füller) zu größeren Gebilden zusammen. Auf diese Art entstehen im Mischgut fließfähige Bereiche aus Bitumen und kleinen Feststoffteilchen. Diese Bereiche werden im Folgenden als „Mörtel" bezeichnet.

Während der Verdichtung entsteht ein stabiles Korngerüst aus größeren Teilchen, wobei der Mörtel in die Hohlräume der Zellen des Korngerüstes verdrängt wird (Bild H9). Mit steigendem Bindemittelgehalt – steigender Dicke der Bindemittelfilme – werden sukzessiv immer größere Mineralstoffteilchen in den Mörtel eingebunden, wodurch das Mörtelvolumen deutlich stärker als das Bindemittelvolumen zunimmt. Die in den Mörtel eingebundenen Teilchen gehen zum größten Teil für den Aufbau des Korngerüstes verloren. Mit steigendem Bindemittelgehalt wird das Korngerüst aus immer weniger Teilchen gebildet, wobei die mittlere Korngröße dieser Teilchen steigt. Das bedeutet für die einzelne Zelle, dass mit steigendem Bindemittelgehalt die Anzahl der am Aufbau einer Zelle beteiligten Teilchen, ihre mittlere Korngröße sowie das Zellvolumen wachsen (Bilder H9 und H10).

In den Bildern H9 und H10 ist vereinfacht die Entwicklung der Zellenstrukturen in einem Asphaltbeton bei steigendem Bindemittelgehalt dargestellt. Die Stabilität der Zellen sinkt mit steigender Anzahl der am Aufbau einer Zelle beteiligten Teilchen. Je mehr Teilchen eine Zelle bilden, desto leichter kann diese bei äußeren Belastungen deformiert werden (zusammenbrechen). Dies führt zu einer steigenden Beanspruchung des Mörtels in den Zellen. Im belasteten fließfähigen Mörtel bilden sich je nach Belastungsdauer und Temperatur hydrostatische Zustände aus, die zu Fließvorgängen und somit zu Verformungen des Asphalts führen.

1 Beläge aus Asphalt

Die entwickelten Modellvorstellungen erlauben, die in der Praxis beobachteten Eigenschaften der Asphaltbetone zu erklären. Sie werden bei gleicher Zusammensetzung des Mineralstoffgemisches und gleicher Bindemittelsorte primär vom Bindemittelgehalt und von der Temperatur bestimmt.

- **Die Verformbarkeit**

Bei geringen Bindemittelgehalten liegt im Asphaltbeton ein Korngerüst aus vielen stabilen Zellen vor, die nur aus wenigen, vorwiegend kleineren Teilchen bestehen (Bild H9). Die Eigenschaften des Asphalts werden deutlich durch die Eigenschaften des Mineralstoffgemisches geprägt. Asphaltbetone mit geringem Bindemittelgehalt sind schwer verformbar, oder anders ausgedrückt standfest. Die Verformbarkeit wird durch die Temperatur relativ schwach beeinflusst.

Bei hohen Bindemittelgehalten (hohen Mörtelvolumen) besteht das Korngerüst aus einer geringen Anzahl von instabilen Zellen, die aus mehreren (vielen), vorwiegend großen Teilchen aufgebaut sind (Bild H10). Dadurch kommen die Bitumeneigenschaften stärker zur Geltung. Die Standfestigkeit von Asphaltbetonen mit hohen Bindemittelgehalten ist gering. Sie nimmt mit steigender Temperatur stark ab.

Die Mineralstoffzusammensetzung übt ebenfalls einen Einfluss auf die Standfestigkeit der Asphaltbetone aus. Sie nimmt mit steigendem Splittgehalt und Brechsandanteil zu. Bei höheren Splittgehalten stehen mehr grobe Teilchen für den Zellenaufbau zur Verfügung. Dadurch können im Korngerüst bei höheren Bindemittelgehalten mehr Zellen aus einer geringen Anzahl grober Teilchen entstehen. Die Substitution von kugelförmigem Natursand durch scharfkantigen Brechsand führt zu stabileren Zellen im Korngerüst und erhöht die Viskosität des Mörtels.

Alle drei genannten Effekte – der Aufbau von stabileren Zellen aus einer geringeren Anzahl grober Teilchen, stabilere Zellenstrukturen durch scharfkantige Brechsandteilchen, Zunahme der Mörtelviskosität – führen zu einem Anstieg der Standfestigkeit. Die aufgeführten Modellvorstellungen sind ausführlich in [H207] beschrieben. Der Einfluss der Mineralstoffzusammensetzung auf die Verformbarkeit von Asphalten geht aus [H208, H209], der Einfluss der Bindemittelmenge und -härte aus [H210] hervor.

Die Verformbarkeit von Asphalten nimmt mit steigender Härte des Bitumens ab. Die Steigerung der Bindemittelhärte ist jedoch wegen der Rissbildungsgefahr [H211] begrenzt. Für die Herstellung von Walzasphalten kommen im Regelfall Bitumen der Sorten 70/100 und 50/70 zum Einsatz.

Der Hohlraumgehalt von Walzasphalten hängt ebenfalls vom Bindemittelgehalt ab. Er kann bei Asphaltbetonen als grobes Maß für die Standfestigkeit gelten. Asphaltbetone mit Hohlraumgehalten von mehr als 3 Vol.-% können im Regelfall als ausreichend standfest betrachtet werden [H209, H210].

Auf Parkdecks, besonders wenn diese überdacht sind, und in Tiefgaragen kann ein bindemittelreicheres, leichter verdichtbares Mischgut mit einem geringeren Hohlraumgehalt zum Einsatz gelangen. Der Hohlraumgehalt sollte nach Auffassung des Verfassers jedoch nicht weniger als 2,5 Vol.-% am Marshall-Probekörper betragen.

Verallgemeinert kann man sagen, dass mit der Abnahme des Bindemittelgehaltes und der Temperatur sowie mit dem Anstieg der Bitumenhärte, des Splitt- und Brechsandanteils der Verformungswiderstand der Asphalte zunimmt.

- **Der Verschleißwiderstand**

Als Verschleiß oder Abnutzung bezeichnet man den Substanzverlust der Deckschicht von Fahrbahnoberflächen infolge mechanischer und/oder witterungsbedingter Beanspruchung in Form von Ausbruch und Abrieb [H101].

Bei geringen Bindemittelgehalten ist der Hohlraumgehalt der Asphalte groß; die Teilchen des Mineralstoffgerüstes sind nur schwach miteinander verklebt. Die Kohäsion solcher Asphaltbetone ist gering. Dementsprechend treten die Eigenschaften des Mineralstoffgemisches deutlicher in Erscheinung. Unter dynamischer Beanspruchung durch Verkehrslasten können durch Auflockerungsvorgänge (Abschnitt H1.2.2) die aus Bitumen bzw. Mörtel bestehenden Verklebungsstellen des Mineralstoffgerüstes (Bilder H9 und H10) brechen, was zu Substanzverlusten an der Oberfläche führt. Die gleiche Wirkung haben tangential zur Oberfläche wirkende Kräfte, die beispielsweise in Kurven sowie beim Bremsen und Beschleunigen auftreten.

Bei hohem Hohlraumgehalt können Atmosphärilien, Wasser und Tausalze in den Asphalt eindringen und zur Verhärtung des Bindemittels sowie zum Ablösen des Bindemittels von den Mineralstoffoberflächen führen. Beide Effekte tragen zum beschleunigten Verschleiß des Asphalts bei. Mit steigendem Bindemittelgehalt rücken die Bitumeneigenschaften immer stärker in den Vordergrund. Die Stärke der Teilchenverklebung (Kohäsion) steigt, während der Hohlraumgehalt abnimmt. Beide Effekte führen zu einem Anstieg des Verschleißwiderstandes.

Zusammenfassend kann gesagt werden, dass mit zunehmendem Bindemittelgehalt der Verschleißwiderstand eines Asphaltbetons wächst.

- **Die Wasserdurchlässigkeit**

Die Wasserdurchlässigkeit nimmt mit fallendem Hohlraumgehalt ab.

Gemäß den Anforderungen der ZTV BEL-B 2/87 [H107] darf in Schutzschichten aus Asphaltbeton der Hohlraumgehalt im eingebauten Zustand 4 Vol.-% nicht überschreiten. Solche Asphalte werden als „wasserundurchlässig" bezeichnet. Bei wasserundurchlässigen Asphalten kann u. U. flüssiges Wasser in die Poren des Asphaltes eindringen. Die Fließgeschwindigkeit ist jedoch so gering, dass auf einer freiliegenden wasserabgewandten Oberfläche pro Zeiteinheit mehr Wasser verdunsten würde als in flüssiger Form durch die Poren nachfließen kann. Die Oberfläche bliebe trocken.

c) Anwendungsbereich

In Brückenbelägen auf Beton kommen Schutzschichten aus Asphaltbeton nur auf Dichtungsschichten aus zweilagig aufgebrachten Bitumendichtungsbahnen (ZTV BEL-B 2/87 [H107]) in Betracht.

1 Beläge aus Asphalt

In Brückenbelägen auf Stahl sind Schutzschichten aus Asphaltbeton nicht vorgesehen [H108].

Für die Herstellung von Deckschichten dürfen in Brückenbelägen auf Beton Asphaltbetone angewendet werden. Ihre Zusammensetzung entspricht den Regelwerken für den Asphaltstraßenbau [H109]. In Brückenbelägen auf Stahl kommen Deckschichten aus Asphaltbeton nur in Sonderfällen, beispielsweise bei großem Gefälle oder temperaturempfindlichen Bauwerken, in Betracht.

Beim Einsatz von Asphaltbetonen für die Herstellung von Parkdeckbelägen sind die Regelwerke für Brückenbeläge [H107] zu beachten.

1.3.3.2 Splittmastixasphalt

Splittmastixasphalt ist ein mit Straßenbaubitumen gebundenes Mineralstoffgemisch mit Ausfallkörnung und mit stabilisierenden Zusätzen [H101]. Unter dem Begriff Ausfallkörnung versteht man bei der Dosierung bewusst weggelassene Körnung bzw. Körnungen, um eine unstetige Kornverteilungssummenkurve zu erzielen [H101].

a) Herstellung und Einbau

Die Herstellung und der Einbau von Splittmastixasphalten erfolgt auf die gleiche Art wie bei Asphaltbetonen. Splittmastixasphalte müssen im Regelfall stabilisierende Zusätze, beispielsweise in Form von Faserstoffen, enthalten. Dies ist erforderlich, um ein Ablaufen des Mörtels vom Splitt während des Transports zu verhindern. Bei falscher Auswahl der Zusätze bzw. einer Unterdosierung kann es zu Entmischungserscheinungen kommen, die stellenweise zu Mörtelanreicherungen und konsequenterweise an anderen Stellen zu übermäßigen Hohlräumen in der verlegten Schicht führen.

b) Aufbau und Eigenschaften

Bild H11 zeigt den Sieblinienbereich für einen Splittmastixasphalt 0/11 S (S: für besondere Beanspruchungen) nach ZTV-Asphalt-StB 01 [H109]. In Splittmastixasphalten liegen stabile Korngerüste vor, deren Zellen aus nur wenigen großen Teilchen bestehen (Bild H12). In den Zellen befinden sich Hohlräume und Mörtel, der hier fast ausschließlich aus Bitumen, Füller (Korngrößen <0,09 mm) und Sand besteht. Solange das Mörtelvolumen das Hohlraumvolumen des Körngerüstes nicht übersteigt, werden die Verformungseigenschaften von Splittmastixasphalten vorwiegend durch die stabile Korngerüststruktur geprägt; die Verformbarkeit wird durch Änderungen des Bindemittelgehalts (des Mörtelvolumens) nur wenig beeinflusst; bei einem Temperaturanstieg fällt der Verformungswiderstand nicht wesentlich ab. Da die stabile Struktur des Korngerüstes auch bei höheren Bindemittelgehalten (geringeren Hohlraumgehalten) bestehen bleibt, ist es möglich, aus Splittmastixasphalten standfeste, wasserundurchlässige Deckschichten mit hohem Verschleißwiderstand zu erzeugen.

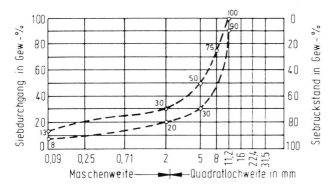

Bild H11
Sieblinienbereich für einen Splittmastixasphalt 0/11 S (aus [H109])

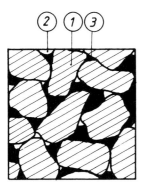

Bild H12
Schematische Darstellung des Aufbaus eines Splittmastixasphalts
1 Mineralstoffteilchen des Korngerüstes
2 Hohlräume
3 Mörtel

c) **Anwendungsbereich**

In Brückenbelägen auf Beton [H107] sind Schutzschichten aus Splittmastixasphalt nicht vorgesehen. In Brückenbelägen auf Stahl [H108] kann in besonderen Fällen, beispielsweise zur Vermeidung unverträglicher thermischer Beanspruchungen des Bauwerks, die Schutzschicht aus Splittmastixasphalt bestehen. In Brückenbelägen auf Beton [H107] dürfen Deckschichten aus Splittmastix eingesetzt werden. In Brückenbelägen auf Stahl kommen Deckschichten aus Splittmastixasphalt nur in Sonderfällen, beispielsweise bei Schutzschichten aus Splittmastixasphalt, zur Ausführung [H108].

1.3.3.3 Praktische Aspekte bei der Anwendung von Walzasphalten

Brückenbeläge nach der ZTV-BEL-B [H107] und frei bewitterte Parkdeckbeläge [H212] bestehen aus einer Abdichtung und einer Deckschicht. Die Abdichtung setzt sich aus der Dichtungs- und der Schutzschicht zusammen (Bild H13). Es gilt der Grundsatz:

Die Abdichtung enthält immer zwei wasserdichte Schichten bzw. Lagen.

1 Beläge aus Asphalt

Bild H13
Schematische Darstellung eines Brückenbelages auf Beton nach ZTV-BEL-B [H107]

Schichten werden als „wasserdicht" bezeichnet, wenn in diese kein Wasser in flüssiger Form eindringen kann. Walzasphalte gelten lediglich als wasserundurchlässig (siehe Abschnitt H1.3.3.1 b). Gussasphalt, Bitumen-Schweißbahnen sowie Bitumendichtungsbahnen gelten als wasserdicht. Entsprechend dem zuvor genannten Grundsatz muss bei der Verwendung von Walzasphalten als Schutzschicht (ZTV-BEL-B 2/87 [H107]) im Regelfall die Dichtungsschicht aus zwei wasserdichten Bitumendichtungsbahnen bestehen.

Zum Verdichten sind auf Brücken und Parkdecks nur statisch wirkende Walzen einzusetzen. Die Verwendung schwerer Glattradmantelwalzen für die Hauptverdichtung ist zu empfehlen.

Befindet sich auf einer Dichtungsschicht eine Schutzschicht aus Walzasphalt, so sollte die darüber liegende Deckschicht ebenfalls aus Walzasphalt bestehen. Die ZTV BEL-B 2/87 [H107] sowie die ZTV-BEL-St [H108] erlauben, auf einer Walzasphaltschutzschicht auch eine Deckschicht aus Gussasphalt zu verlegen. Bei dieser Schichtenfolge ist die hohlraumhaltige Walzasphaltschutzschicht sowohl von der Unter- als auch von der Oberseite in praktisch gas- und wasserundurchlässige Schichten eingebunden. Es besteht die Gefahr der Blasenbildung zwischen Schutz- und Deckschicht, was zu Beulen in der Deckschichtoberfläche führen kann. Aus diesem Grund ist diese Anordnung der Schichten nicht zu empfehlen. Aus den gleichen Überlegungen heraus sollte in Brückenbelägen der Hohlraumgehalt einer Walzasphaltdeckschicht stets größer sein als derjenige der darunter liegenden Schutzschicht aus Walzasphalt.

Bei mehr als zweilagigem Einbau von Walzasphalten, der gelegentlich für einen Höhenausgleich herangezogen wird, ist der oben erwähnte Grundsatz beizubehalten. Für Brücken- und Parkdeckbeläge gilt: Die jeweils darüber liegende Walzasphaltschicht sollte stets einen größeren Hohlraum aufweisen als die darunter angeordnete.

Die Gebrauchseigenschaften von Walzasphaltschichten hängen wesentlich vom Verdichtungsgrad ab. Der Verdichtungsgrad ist der Quotient aus der Raumdichte eines Ausbaustückes und der Raumdichte von Probekörpern nach Marshall, die aus der zugehörigen Mischgutprobe normgerecht hergestellt wurden [H8]. Nach der ZTV BEL-B 2/87 [H107] soll der Verdichtungsgrad in Schutzschichten aus Asphaltbeton etwa 100% betragen. Die ZTV-BEL-St [H108] fordert für Schutzschichten aus Splittmastixasphalt keinen Mindestverdichtungsgrad; die Verdichtung ist so vorzunehmen, dass der Hohlraumgehalt der fertigen Schicht 4,0 Vol.-% nicht übersteigt. Für Deckschichten aus Walzasphalten gelten die Anforderungen der ZTV Asphalt-StB 01 [H109]. Danach ist ein Verdichtungsgrad von mindestens 97% gefordert.

Es sei angemerkt, dass die Abnahme des Verdichtungsgrades um 1% einen Anstieg des Hohlraumgehalts von etwa 1 Vol.-% zur Folge hat, was bei einer Beurteilung der Wasserundurchlässigkeit (siehe Abschnitt H1.3.3.1b) von Bedeutung sein kann.

1.3.4 Gussasphalt

1.3.4.1 Herstellung, Einbau, Aufbau, Eigenschaften und Kenngrößen

Gussasphalt ist eine dichte, in heißem Zustand gieß- und streichbare Masse aus Splitt, Sand, Füller und Bitumen, deren Mineralstoffgemisch hohlraumarm zusammengesetzt ist [H101, H204]. Gussasphalt bedarf beim Einbau keiner Verdichtung.

a) Herstellung und Einbau

Gussasphalte werden im Regelfall in Mischanlagen hergestellt und in beheizbaren Rührwerkskochern zur Baustelle transportiert. Je nach Lage der Rührwerkswelle unterscheidet man zwei Kochertypen:

Kocher mit liegender Welle (Bild H14)
Kocher mit stehender Welle (Bild H15)

Die Kocher mit liegender Welle entsprechen der älteren Bauart. Bei jeder Umdrehung der Welle wird Material vom Boden des Kochers zur Oberfläche transportiert, sodass eine intensive Durchmischung und Homogenisierung des Materials stattfindet. Früher wurde

Bild H14
Gussasphalt-Kocher mit liegender Rührwerkswelle

1 Beläge aus Asphalt

Bild H15
Gussasphalt-Kocher mit stehender Rührwerkswelle

Gussasphalt in solchen Kochern hergestellt. Diese Möglichkeit kann zur Aufbereitung kleiner Mengen von Gussasphalt genutzt werden, wenn eine Versorgung durch ein Mischwerk nicht gewährleistet oder unwirtschaftlich ist, wie etwa bei der Herstellung kleiner Gussasphaltmengen mit spezieller Zusammensetzung.

Als Nachteile dieser Bauart sind die relativ großen Kocherlängen und das Risiko einer thermischen Schädigung des Gussasphalts zu nennen. Bei einer unvollständigen Bedeckung der Schaufeln des Rührwerks wird in den Gussasphalt Luft eingemischt. Die eingeführte Luft kann eine oxidative Verhärtung des Bitumens verursachen. Bei geringer Kocherfüllung wird außerdem der Gussasphalt durch die Rührarme über die heißen Wandungen verteilt, was ebenfalls zu einer oxidativen Verhärtung des Bindemittels und zu Verbrennungsrückständen führen kann. Die Gefahr der Rissbildung im Gussasphalt nimmt mit steigender Bitumenverhärtung zu.

Kocher mit stehender Welle zeichnen sich durch eine kompakte Bauweise und eine geringere Rührintensität aus. Sie ist jedoch ausreichend, um im Regelfall den Gussasphalt ohne nennenswerte Absetzerscheinungen zur Baustelle zu transportieren. Bei der horizontalen Drehbewegung der Rührarme wird weder Luft im überschüssigen Maße in den Gussasphalt eingerührt, noch wird dieser bei geringer Kocherfüllung an den Wandungen hochgetragen. Kocher mit stehender Welle sind für die Herstellung von Gussasphalten ungeeignet. Sie sind jedoch bei längeren Standzeiten auf der Baustelle zu bevorzugen.

Die Mischguttemperatur von Gussasphalten mit Straßenbaubitumen (20/30, 30/45, 50/70) ist mit 200 bis 250 °C angegeben [H109]. Die obere Temperaturgrenze ist jedoch je nach Verweilzeit des Mischguts im Kocher eingeschränkt. So darf bei einer Verweilzeit von mehr als 2 Stunden die Temperatur des Gussasphalts maximal 240 °C und bei mehr als

6 Stunden höchstens 230 °C betragen. Die Zeit vom Herstellen des Mischguts bis zum Entleeren des Kochers ist auf 12 Stunden begrenzt [H109].

Für polymermodifizierte Bitumen (PmB) gelten die für Straßenbaubitumen entsprechenden Werte. Durch Überhitzen können die dem Bitumen zugesetzten Polymere abgebaut (zerstört) werden, wodurch die geforderten Eigenschaften, beispielsweise die Elastizität bei elastomermodifizierten Bitumen, verloren gehen.

Der Einbau von Gussasphalten erfolgt entweder maschinell mithilfe von Bohlen oder von Hand (Bilder H16 und H17).

Die Oberflächen von Gussasphaltschichten sind durch die Mörtelanreicherung glatt. Zur Herstellung einer ausreichenden Griffigkeit wird die Gussasphaltoberfläche entweder mit hellem, leicht bitumierten (mit etwa 0,5 Masse-% Bitumen) Splitt der Körnung 2/5 oder 5/8 abgestreut oder mit Quarzsand von etwa 0,2 bis 0,5 mm Korngröße abgerieben. Der Abstreusplitt bzw. der zum Abreiben verwendete Sand dient außerdem als Schutz vor UV-Strahlung. Bei fehlendem UV-Schutz versprödet das Bitumen, was nachfolgend zu Rissen im Bereich der Oberfläche führt.

Bild H16
Maschineller Einbau von Gussasphalt

1 Beläge aus Asphalt

Bild H17
Einbau einer Schutzschicht aus Gussasphalt von Hand

Das Absplitten kommt auf frei bewitterten Flächen und Gefällestrecken in Betracht. Die Menge des Abstreusplitts beträgt 5 bis 8 kg/m². Der Splitt sollte in den Gussasphalt eingedrückt werden, was beispielsweise mit einer Gartenwalze erfolgen kann. Durch die Anwendung von hellem Splitt wird das Reflexionsvermögen der Gussasphaltoberfläche erhöht, was im Sommer zu niedrigeren Temperaturen (gegenüber nicht aufgehellten Deckschichten etwa 10 K [H219]) und somit zu geringeren Verformungen im Gussasphalt führt.

Das Abreiben mit Sand ist auf nicht frei bewitterten Flächen vorzuziehen. Sandabgeriebene Gussasphaltoberflächen sind im eisfreien Zustand ausreichend griffig. Sie sind bequem zu begehen, mit Kinder- und Einkaufswagen gut befahrbar und leicht zu reinigen.

Wasserläufe werden grundsätzlich mit Sand abgerieben. Durch das Abreiben mit Sand entsteht eine geschlossene, narbenfreie und vor UV-Strahlung geschützte Oberfläche.

Auf Flächen mit starkem Gefälle (>6%) kann das Abfließen des Gussasphalts während des Einbaus durch das Einmischen von Kunststoffen, wie beispielsweise Ethylen-Copolymer-Bitumen (ECB), reduziert bzw. vermindert werden.

Die Dicke einer Gussasphalt- bzw. Estrichlage sollte aus Verarbeitungsgründen ein gewisses Maß nicht unterschreiten und wegen der möglichen Ausbildung einer zu dicken Mörtelschicht an der Oberfläche auch nicht überschreiten. Die Grenzen der Einbaudicken sind in den Technischen Regelwerken [H107, H108, H109] sowie in Normen [H21] enthalten. Für Asphalte kann als Faustregel gelten, dass die Dicke einer Lage etwa das Dreifache der maximalen Korngröße betragen soll.

Eine kurze, praxisorientierte Zusammenfassung der wichtigsten Aspekte bei der Anwendung von Gussasphalt auf Parkdecks ist in [H212] enthalten.

Tabelle H2
Schichtdicken für Gussasphalte nach ZTV-BEL-B, Teil 1 und Teil 3 [H107] sowie für Gussasphaltestriche nach DIN 18560, Teil 7 [H21] in Abhängigkeit vom Größtkorn

Mischgutart	Größtkorn [mm]	Richtwerte (R) für Mindestdicken[1] und Nenndicken (N)[2] [mm]
Gussasphalt	11,2 8,0	≥35 (R) ≥30 (R)
Gussasphaltestrich	16,0 11,2 8,0 5,0	≥35 (N) ≥30 (N) ≥25 (N) ≥25 (N)

[1] Bei Deckschichten einschl. Abstreumaterial
[2] Mindestwerte der mittleren Estrichdicken

b) Aufbau und Eigenschaften

Im Gussasphalt übersteigt das Bindevolumen das Hohlraumvolumen der Mineralstoffmasse, sodass eine Feststoffverteilung in einer Flüssigkeitsmatrix (Bitumen) vorliegt.

Bild H18 enthält den Sieblinienbereich für einen Gussasphalt 0/11 S und 0/11. Bild H19 zeigt schematisch die Struktur einer verlegten Gussasphaltschicht. Die Messergebnisse aus Spurbildungsversuchen [H214] weisen darauf hin, dass im erkalteten Gussasphalt ein weitmaschiges Korngerüst aus groben Teilchen vorliegt, welches durch Sedimentation dieser Teilchen in der heiß verlegten Gussasphaltschicht entstanden ist. Durch das Absinken der groben Teilchen entsteht an der Gussasphaltoberfläche, wie in Bild H19 dargestellt, eine an groben Teilchen verarmte dünne Mörtelschicht.

Durch das Verdampfen von Restfeuchte der Mineralstoffe, beispielsweise der Restfeuchte aus kalt zugesetztem Füller während der Herstellung, können im Gussasphalt kleine, in sich abgeschlossene Hohlräume entstehen. Die während der Verarbeitung eingeschlossene

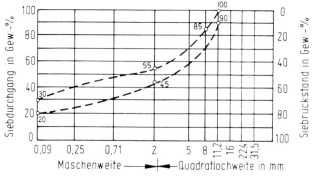

Bild H18
Sieblinienbereich für Gussasphalt 0/11 S und 0/11 (aus [H109])

1 Beläge aus Asphalt   365

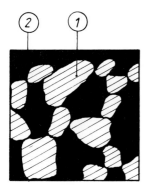

Bild H19
Struktur einer Gussasphaltschicht in schematischer Darstellung
1 Mineralstoffteilchen des Korngerüstes
2 Mörtel

Luft kann ebenfalls zu kleinen abgeschlossenen Hohlräumen im Gussasphalt führen. Der auf diese Art entstandene Hohlraumgehalt bewegt sich in der Größenordnung von etwa 0,3 Vol.-% und hat keinen Einfluss auf die Gebrauchseigenschaften der Gussasphalte. Sie können deshalb als Zweiphasengemische aufgefasst werden.

Aus den dargestellten Modellvorstellungen lassen sich einige Eigenschaften der Gussasphalte ableiten.

● **Die Verarbeitbarkeit**

Ein Asphalt geht vom rieselfähigen in den fließfähigen Zustand über, wenn die Hohlräume des Mineralstoffgemisches mit Bindemittel ausgefüllt sind. Das über die Hohlräume des Mineralstoffgemisches hinausgehende Bindemittelvolumen wird als „Bindemittelüberschuss" bezeichnet. Die experimentelle Bestimmung des Bindemittelüberschusses ist schwierig [H215].

Mit steigendem Bindemittelüberschuss nehmen die Bindemittelfilmdicken zwischen den Mineralstoffteilchen zu, was zu einer Abnahme der gegenseitigen Teilchenbehinderung bei Fließvorgängen führt. Mit steigendem Bindemittelüberschuss werden die Fließeigenschaften des Gussasphalts immer deutlicher ausgeprägt, wodurch dieser leichter zu verarbeiten ist. Letzteres ist besonders beim Handeinbau von Bedeutung.

Bei Fließvorgängen gleiten kleine Teilchen mit glatter und runder Oberfläche leichter aneinander vorbei als grobe mit rauer Oberfläche und scharfen Kanten. Hierdurch ergibt sich, dass die Verarbeitung von Gussasphalt mit steigendem Brechsand- und Splittanteil immer schwerer wird.

Die Mineralstoffgemische von Gussasphalten zeichnen sich gegenüber denen von Walzasphalten durch einen höheren Filleranteil (Korngrößen <0,09 mm) aus. Bei Walzasphalt liegt er in der Größenordnung um 10 Masse-%, bei Gussasphalt bei etwa 25 Masse-% (vgl. Bild H18 mit den Bildern H7 und H11).

Der hohe Filleranteil ist primär erforderlich, um bei den hohen Transport- und Verarbeitungstemperaturen (etwa 240 °C) ein zähflüssiges (hochviskoses) Bitumen-Füller-Gemisch zu erzeugen. Durch dieses zähflüssige Gemisch wird ein Entmischen des Gussasphalts während des Transports (Absetzen von Splitt im Kocher) und während der Verarbeitung vermieden.

Durch die Zugabe von Trinidad-Naturasphalt wird die Verarbeitbarkeit von Gussasphalten verbessert. Der aus dem Trinidad-Naturasphalt in geringen Mengen entweichende Wasserdampf bildet im heißen Gussasphalt kleine Bläschen. Die Wirkung des Bläschenvolumens entspricht der eines zusätzlichen Bindemittelvolumens [H216]. Beim Abkühlen schrumpfen die Bläschen zusammen, sodass die Gebrauchseigenschaften des Gussasphalts nicht beeinträchtigt werden.

Der Zusatz geringer Mengen von speziellen Wachsen [H302] oder Mikroparaffinen [H303] kann die Verarbeitung ebenfalls erleichtern bzw. die Verarbeitungstemperatur und die damit verbundenen Emissionen verringern. Diese Stoffe gehen innerhalb einer geringen Temperaturspanne vom festen in den flüssigen Zustand über und führen bei Verarbeitungstemperaturen zu einem Anstieg des Bindemittelvolumens und einem Abfall der Bindemittelviskosität.

- **Die Verformbarkeit**

Durch äußere Spannungen, beispielsweise Radlasten, finden im Gussasphalt Fließvorgänge statt, die zu Verformungen führen. Die Verformbarkeit eines Gussasphalts hängt von seinen Fließeigenschaften im Gebrauchstemperaturbereich ab. Diese werden primär durch den Bindemittelüberschuss und die Bindemittelviskosität (Bindemittelhärte) bestimmt. Die Verformbarkeit sinkt, die Standfestigkeit steigt, wenn der Bindemittelanteil fällt und die Bindemittelhärte zunimmt. Die Härte des Bindemittels ist wegen der Rissbildungsgefahr begrenzt.

Die Zusammensetzung des Mineralstoffgemisches übt einen sekundären, jedoch nicht zu vernachlässigenden Einfluss auf die Verformbarkeit aus. Mit wachsenden Anteilen an Füller und Brechsand nehmen die Fließeigenschaften der Gussasphalte ab und dementsprechend ihre Verformungswiderstände zu.

Die Fließvorgänge im Gussasphalt werden im Gebrauchstemperaturbereich durch das aus groben Teilchen gebildete Korngerüst (Bild H19) ebenfalls behindert. Außerdem dürfte das Korngerüst in der Lage sein, einen Teil der Belastungen auf die Unterlage abzutragen. Mit diesen Vorstellungen kann der Anstieg des Verformungswiderstandes von Gussasphalt mit steigendem Splittgehalt gedeutet werden [H207].

Der Einfluss der Zusammensetzung auf den Verformungswiderstand von Gussasphalten wurde labormäßig im Spurbildungstest durch Kast [217] systematisch untersucht. Die Zunahme des Verformungswiderstandes muss im Regelfall mit einem erschwerten Einbau erkauft werden. So kann beispielsweise eine Verringerung des Bindemittelüberschusses nur soweit erfolgen, wie es der Einbau zulässt, was vor allem beim Verlegen von Hand zu berücksichtigen ist.

Der Zusatz der zuvor genannten speziellen Wachse [H302] und Mikroparaffine [H303] erleichtert nicht nur den Einbau, sondern erhöht auch die Standfestigkeit, was auf einen Anstieg der Bindemittelsteifigkeit im Gebrauchstemperaturbereich zurückzuführen ist. Das Tieftemperaturverhalten (Brechpunkt) wird dadurch nicht signifikant beeinflusst.

1 Beläge aus Asphalt

Entsprechend den ausgeprägten Bitumeneigenschaften ist Gussasphalt für eine lang anhaltende statische Beanspruchung durch schwere Verkehrslasten bei höheren Temperaturen ungeeignet. Es treten deutliche Verformungen durch Fließvorgänge auf. Die Belastung durch parkende Pkws kann von einem entsprechend zusammengesetzten Gussasphalt auch bei höheren Außentemperaturen im Regelfall schadlos aufgenommen werden.

Die Abnahme der Bitumenviskosität mit steigender Temperatur macht sich im deutlichen Anstieg der Verformbarkeit von Gussasphalten bemerkbar. Bis etwa 40 °C zeigen Gussasphalte gegenüber Walzasphalten eine höhere Verformungsbeständigkeit. Ab etwa 50 °C nimmt der Verformungswiderstand mit der Temperatur jedoch deutlich ab [H207, H214].

- **Die Rissanfälligkeit**

Bei Abkühlungsvorgängen ist die Kontraktion einer Gussasphaltschicht entweder durch die Verklebung oder durch die Reibung mit der Unterlage behindert, was zum Aufbau von Zugspannungen im Gussasphalt führt. Die Relaxationsfähigkeit harter Bitumen und damit auch die von Gussasphalten ist bei tiefen Temperaturen nur schwach ausgeprägt (siehe Abschnitt H1.2.1). Werden temperaturbedingte (kryogene) Zugspannungen nicht schnell genug durch Fließvorgänge abgebaut, so kann eine Überlagerung von verkehrsbedingten (mechanogenen) Zugspannungen zu einer Überschreitung der Zugfestigkeit und somit zur Rissbildung führen. Deshalb ist nach ZTV Asphalt-StB 01 [H109] (die auch für Brückenbeläge gilt) der Erweichungspunkt Ring und Kugel des rückgewonnenen Bindemittels auf 71 °C begrenzt (bei Straßenbaubitumen 20/30 auf 75 °C). Nach Schellenberg [H218] sollte bei Brücken- und Parkdeckbelägen der Erweichungspunkt Ring und Kugel des rückgewonnenen Bindemittels 62 °C nicht überschreiten.

Für Gussasphaltestriche in nicht beheizten Räumen und im Freien darf nach DIN 18560-7 [H21] der Brechpunkt des Bindemittels nach Fraaß [H26] maximal 0 °C betragen.

Der Bindemittelüberschuss/Bindemittelgehalt hat ebenfalls Einfluss auf die Rissbildung in Gussasphalten. Die Rissanfälligkeit nimmt mit steigendem Bindemittelüberschuss/Bindemittelgehalt zu [H215, H218]. Zur Vermeidung von Rissen sollten demnach Gussasphalte mit relativ weichem Bindemittel und geringem Bindemittelüberschuss verwendet werden.

Nach Schellenberg [H218] sind im Gegensatz zum Straßenbau auf Brücken und Parkdecks keine extrem harten Gussasphalte einzusetzen. Er empfiehlt weiterhin, die Deckschicht weicher als die Schutzschicht auszubilden, da die Deckschicht stärkeren Temperaturwechselbeanspruchungen als die Schutzschicht ausgesetzt ist. In der Praxis wird häufig umgekehrt verfahren. Um Verformungen zu vermeiden, wird die durch Verkehrslasten stärker beanspruchte Deckschicht härter ausgebildet als die Schutzschicht.

- **Der Verschleißwiderstand**

Der Verschleißwiderstand von Gussasphalten ist sehr groß. Infolge des Bindemittelüberschusses (ausgeprägter Bitumeneigenschaften) weisen Gussasphalte eine hohe Kohäsion auf und sind wasserdicht. Sie setzen somit den mechanischen Beanspruchungen durch den Verkehr sowie dem Angriff durch Wasser, Tausalze und Atmosphärilien einen hohen Widerstand entgegen.

• Die Wasserdichtheit

Zweiphasige, praktisch hohlraumfreie Asphalte, in denen ein Wassertransport durch Poren nicht stattfinden kann, werden als „wasserdicht" bezeichnet. Im Gussasphalt befindet sich lediglich ein geringer Volumenanteil kleiner, in sich abgeschlossener Hohlräume. Diese Hohlräume sind für flüssiges Wasser unzugänglich. Gussasphalt gilt deshalb als wasserdicht.

• Die Optimierung der Eigenschaften

Aus den vorangegangenen Betrachtungen geht hervor, dass es nicht möglich ist, alle Eigenschaften des Gussasphalts gleichzeitig zu maximieren. So wird beispielsweise mit zunehmender Bitumenhärte einerseits die Standfestigkeit verbessert, andererseits das Risiko der Rissbildung erhöht.

Zusammensetzung und Bindemittelhärte müssen so gewählt werden, dass für die vorgesehenen Beanspruchungen ein Optimum an Gebrauchseigenschaften erreicht wird.

c) Gussasphalt-Kenngrößen

Die wichtigste Kenngröße ist die Eindringtiefe mit einem ebenen Stempel. Die Beschreibung der Prüfmethode ist in der DIN 1996, Teil 13, enthalten [H8]. Zur Bestimmung der Eindringtiefe wird ein Gussasphaltwürfel mit einer Kantenlänge von 70,7 mm (Grundfläche: 5000 mm^2) bei 40 °C mit einem Stempel von 500 mm^2 und einer Prüfkraft von 525 N belastet. In Bild H20 ist die Apparatur zur Bestimmung der Eindringtiefe schematisch dargestellt. Bild H21 zeigt die Abhängigkeit der Eindringtiefe von der Zeit für zwei Guss-

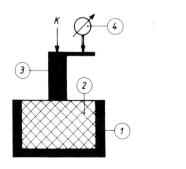

Bild H20
Gerät zur Bestimmung der Eindringtiefe an Gussasphalt (schematisch)
1 Form
2 Gussasphalt
3 belasteter Prüfstempel mit Messuhr-Auflage
4 Messuhr

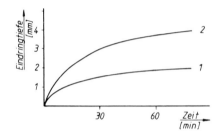

Bild H21
Schematische Darstellung der Abhängigkeit der Eindringtiefe von der Belastungsdauer
1 Kurvenverlauf für einen Gussasphalt mit geringem Bindemittelüberschuss
2 Kurvenverlauf für einen Gussasphalt mit hohem Bindemittelüberschuss

asphalte mit gleicher Mineralstoffzusammensetzung und unterschiedlichem Bindemittelüberschuss.

Der zeitliche Verlauf der Eindringtiefe hängt vom Bindemittelüberschuss ab. Die in Bild H21 dargestellte Kurve 1 entspricht einem Gussasphalt mit geringem, Kurve 2 einem Gussasphalt mit hohem Bindemittelüberschuss. Aus dem Verlauf der Eindringtiefe-Kurven können einige der im vorangegangenen Abschnitt beschriebenen Eigenschaften von einem erfahrenen Fachmann abgeschätzt werden.

Als Kenngrößen werden die Eindringtiefe nach einer Prüfdauer von 30 Minuten sowie die Zunahme der Eindringtiefe nach weiteren 30 Minuten angegeben. Durch diese beiden Werte sind die in Bild H21 dargestellten Kurvenverläufe weitestgehend charakterisiert.

Für Gussasphaltestriche kommen die Anforderungen und Prüfbedingungen der DIN 18560-1 [H21] zur Anwendung.

Als weitere Gussasphalt-Kenngröße kommt die Raumdichte in Betracht. Sie hängt vom Bindemittelgehalt und der Rohdichte der verwendeten Mineralstoffe ab. Die Raumdichte wird lediglich zur Bestätigung der Zusammensetzung herangezogen. Die Raumdichte der meisten Gussasphalte beträgt etwa 2,4 g/cm^3.

1.3.4.2 Praktische Aspekte der Gussasphaltanwendung

a) Auswahl und Zusammensetzung von Gussasphalten

Schichten aus Gussasphalt sind gebrauchsfähig ohne Verdichtung und wasserdicht. Diese beiden Merkmale machen Gussasphalt zu einem bevorzugten Baustoff für Beläge auf Brücken, Parkdecks sowie im Industrie- und Hochbau oder auf ähnlichen Flächen.

Für Brückenbeläge kommen Gussasphalte nach der ZTV Asphalt-StB 01 [H109] zur Anwendung. Die Auswahl der Sorte sowie zusätzliche Anforderungen und Einschränkungen gegenüber der ZTV-Asphalt gehen aus der ZTV-BEL-B [H107] und ZTV-BEL-St [H108] hervor. Im Industrie- und Hochbau werden Gussasphaltestriche nach DIN 18560 [H21] angewendet.

Sowohl die elastischen Eigenschaften als auch das Kälteverhalten können durch den Einsatz polymermodifizierter Bitumen verbessert werden. Gussasphalte mit polymermodifizierten Bitumen kommen beispielsweise in Brückenbelägen auf Stahl [H108] zum Einsatz. Zu empfehlen sind elastomermodifizierte Bitumen PmB A (Polymermodifizierte Bitumen nach Tabelle A der TL PmB [H103]).

b) Schrumpfen von Gussasphaltschichten bei Temperaturwechselbeanspruchungen

Besondere Aufmerksamkeit verdienen Gussasphalte bzw. Gussasphaltestriche, die auf einer Trennschicht (beispielsweise aus Glasvlies) oder schwimmend auf einer Dämmschicht verlegt und starken Temperaturwechselbeanspruchungen (beispielsweise durch Sonneneinstrahlung oder Heizkörper) unterworfen sind. Unter diesen Bedingungen können Gussasphalte schrumpfen, was zur Öffnung von Fugen und Wandanschlüssen führt (Bilder H22 und H23).

Bild H22
Geöffnete Fuge in einem Parkdeckbelag. Der Gussasphalt ist mit polymermodifiziertem Bitumen hergestellt und auf einer Dämmschicht verlegt

Bild H23
Nahaufnahme einer geöffneten Fuge in Bild H22

Die auf Schönian [H220] zurückgehende Erklärung dieses Phänomens soll hier in modifizierter Form wiedergegeben werden. Bei Gussasphaltschichten auf einer Trenn- oder Dämmschicht ist eine thermisch bedingte Ausdehnung bzw. Kontraktion in horizontaler Richtung möglich. Sie wird jedoch durch die Reibung zwischen der Schicht und ihrer Unterlage behindert. Während der Erwärmungsphase nimmt das Volumen einer Gussasphaltschicht infolge thermischer Ausdehnung zu. Da bei höheren Temperaturen die viskosen Eigenschaften des Bitumens stärker ausgeprägt sind als die elastischen (siehe Abschnitt

H1.2.1), verhält sich der Gussasphalt flüssigkeitsähnlich. Dadurch werden thermisch bedingte Schubspannungen zwischen der Gussasphaltschicht und der Unterlage durch Fließvorgänge abgebaut. Die Reibungskräfte reichen aus, um eine Ausdehnung des Gussasphalts in horizontaler Richtung durch Gleiten auf der Unterlage einzuschränken oder sogar zu verhindern. Die Volumenzunahme läuft bevorzugt in Richtung Oberfläche ab.

Vereinfacht kann angenommen werden, dass während der Erwärmung die Dicke der Gussasphaltschicht zunimmt, während Länge und Breite nahezu unverändert bleiben.

In der Abkühlungsphase findet eine thermisch bedingte Volumenkontraktion statt. Bei niedrigen Temperaturen nehmen die Fließeigenschaften des Bitumens ab, während die elastischen Eigenschaften in den Vordergrund treten. Der Gussasphalt verhält sich festkörperähnlich. Dadurch wird beim Abkühlen des Gussasphalts die Reibung mit der Unterlage weitestgehend überwunden, und die Kontraktion verläuft bevorzugt in horizontaler Richtung.

Durch die geschilderten Vorgänge hat der Gussasphalt nach Ablauf eines Tageszyklus seine horizontalen Ausdehnungen verkürzt und die Dicke vergrößert. Eine Vielzahl solcher Vorgänge führt zum horizontalen Schrumpfen des Gussasphalts und zum Anstieg seiner Dicke.

Es liegen Anhaltspunkte vor, die auf ein stärkeres Schwinden von Gussasphalten mit polymermodifizierten Bitumen im Vergleich zu Gussasphalten mit nicht modifizierten Straßenbaubitumen hindeuten [H221] (Bilder H22 und H23).

Die Erfahrung hat gezeigt, dass bei Gussasphaltschichten, die auf einer Trennlage verlegt und starken Verkehrsbelastungen ausgesetzt sind, nur ein geringes bzw. gar kein Schrumpfen stattfindet. Diese Beobachtung ist durch Fließvorgänge im Gussasphalt unter der Last rollender Reifen bei höheren Temperaturen zu erklären. Sie führen zu einer horizontalen Ausdehnung sowie einer Dickenabnahme der Gussasphaltschicht und wirken den Schrumpfprozessen entgegen.

c) Rissbildung und deren Ursachen

Ist die Gussasphaltschicht mit der Unterlage verklebt, so wird während der Abkühlungsphase die horizontale Kontraktion durch die Verklebung behindert, wodurch Zugspannungen im Asphalt entstehen. Bei unzureichender Relaxation können die Zugspannungen die

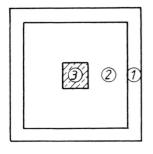

Bild H24
Schematische Darstellung der Draufsicht auf den Boden eines Parkhaus-Zwischengeschosses
1 Gussasphaltestrich auf Bitumenschweißbahn
2 Gussasphaltestrich auf einer Trennschicht aus Glasvlies
3 Stütze

Zugfestigkeit überschreiten und zu Rissen im Gussasphalt führen. Auf verkehrsbeanspruchten Flächen kommen zu den thermisch induzierten Spannungen noch solche aus Verkehrsbelastungen hinzu. Die Rissbildungsgefahr wächst (siehe Abschnitt H1.3.4.1b).

In Zwischengeschossen von Parkhäusern werden gelegentlich die Ränder eines Gussasphaltestrichs mit der Betonunterlage über eine Schweißbahn verklebt, wobei die Innenflächen auf einer Trennschicht aus Glasvlies verlegt sind (Bild H24). Bei Abkühlungsvorgängen ist die Kontraktion der Innenfläche (2) durch den verklebten Rand (1) behindert. In der Innenfläche treten hohe Zugspannungen an Stellen mit geringeren Schichtdicken, unterschiedlicher Reibung zwischen Gussasphalt und Unterlage sowie an einspringenden Ecken – z. B. an Aussparungen von Pfeilern – auf. Überschreiten die Zugspannungen die Zugfestigkeit, so entstehen Risse. In Bild H25 ist der beschriebene Schadensfall dargestellt.

Dicke kunstharzgebundene Beschichtungen auf der Betonunterlage können ebenfalls zu Rissen im Gussasphalt führen. Die Beschichtung verhält sich wie ein elastischer Festkörper, der Gussasphalt wie eine zähe Flüssigkeit. In der Beschichtung auftretende Risse, z. B. infolge thermisch bedingter Kontraktionen oder von Schrumpfvorgängen, werden auf den Gussasphalt übertragen (Bild H26).

Bild H25
Risse im Gussasphaltestrich bei einem Aufbau entsprechend Bild H24

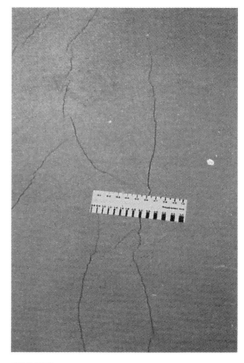

Bild H26
Risse in einem Gussasphaltestrich infolge von Schrumpfrissen in der kunstharzgebundenen Betonbeschichtung

1 Beläge aus Asphalt

Risse im Gussasphalt (und auch im Walzasphalt) können ebenfalls durch Markierungen aus Kaltplastikmassen oder Farben, besonders von Zweikomponentenfarben, entstehen. Deshalb ist zu empfehlen, auf Deckschichten aus Asphalt Markierungen aus Heißplastikmassen [H113] zu applizieren. Für Farbmarkierungen sind Farben mit geringen Schrumpfeigenschaften in begrenzter Dicke (Nassfilmdicke 0,3 bis 0,4 mm) zu verwenden [H222].

d) Wachsende Blasen

Ein weiteres Phänomen, das bei Gussasphalten auftreten kann, sind wachsende Blasen. Hierunter sind Hohlräume im Gussasphalt oder in der Grenzschicht zwischen dem Gussasphalt und seiner Unterlage zu verstehen, die zu Aufwölbungen (Beulen) in der Oberfläche führen. Diese Blasen entstehen langsam, sie wachsen und können erst Monate, manchmal sogar erst Jahre nach dem Einbau in Erscheinung treten.

Voraussetzung für die Bildung einer wachsenden Blase ist das Vorhandensein eines Blasenkeims (Blasenkeim = Anfangshohlraum) im Gussasphalt oder in der Grenzschicht zwischen Gussasphalt und seiner Unterlage, der mit der Umgebung durch eine oder mehrere Kapillaren verbunden ist (Bilder H27 und H28). Die Funktion der Kapillaren kann von engen Kanülen, Poren, Spalten usw. übernommen werden. Die geschilderten Voraussetzungen sind beispielsweise bei Gussasphalten anzutreffen, die direkt auf Beton oder auf Asphaltbinderschichten mit Hohlraumgehalten zwischen 3 und 7 Vol.-% aufgebracht sind.

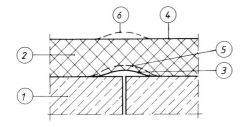

Bild H27
Vorgänge bei der Bildung von wachsenden Blasen auf trockener Unterlage in der Erwärmungsphase

1 – Beton mit Kapillare
2 – Gussasphalt
3 – Oberfläche des Blasenkeims im Ausgangszustand
4 – Oberfläche des Gussasphalts im Ausgangszustand
5 – Oberfläche des Blasenkeims während der Erwärmungsphase
6 – Gussasphaltoberfläche während der Erwärmungsphase
7 – Oberfläche des Blasenkeims nach einem Temperaturzyklus
8 – Oberfläche des Gussasphalts nach einem Temperaturzyklus

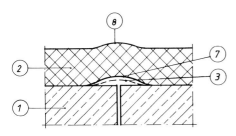

Bild H28
Blasenkeim auf trockener Unterlage nach einem Temperaturzyklus

Das System Blasenkeim/Kapillare (mit horizontalem Verlauf) kann auch zwischen der Schweißbahn und der Grundierung bei Brückenbelägen auftreten, wenn entweder die Abstreuung im Überschuss aufgebracht worden ist und/oder eine nicht vollflächige Verklebung zwischen der Schweißbahn und der Unterlage vorliegt.

Wachsende Blasen können sowohl auf trockenen als auch auf feuchten Gussasphaltunterlagen entstehen. Die hier stark vereinfacht dargestellten Abläufe sind ausführlich in [H223] beschrieben. Betrachten wir zunächst die Vorgänge auf trockener Unterlage.

Die Vorgänge laufen in zwei Phasen ab, nämlich in einer Erwärmungs- und in einer Abkühlungsphase. Während der Erwärmungsphase in den Morgen- bzw. Vormittagsstunden steigt die Temperatur des Gussasphalts und der Luft im Blasenkeim an. Dadurch nimmt einerseits die Viskosität des Gussasphalts ab, andererseits der Druck im Blasenkeim zu. Dem thermisch bedingten Druckanstieg wirkt ein durch kapillare Strömung verursachter Druckabbau entgegen. Bei enger und/oder langer Kapillare ist der Druckabbau gering. Der Druck im Blasenkeim kann so weit ansteigen, dass er den Außendruck (Summe aus Auflastdruck, Atmosphärendruck und Kapillardruck des Bitumens) übersteigt und eine Zunahme des Blasenvolumens verursacht (Bild H27).

Während der Abkühlung in den Abend- und Nachtstunden nimmt die Temperatur des Gussasphalts ab, wodurch seine Viskosität steigt. Mit abnehmender Temperatur des Gussasphalts sinkt auch die Temperatur der Luft im Blasenkeim, was zu einem Druckabfall im Blasenkeim führt. Wegen der behinderten kapillaren Strömung kann der Druckausgleich nur langsam erfolgen, sodass im Blasenkeim ein Unterdruck gegenüber der Außenluft entsteht. Eine Kontraktion des Blasenkeims auf sein ursprüngliches Volumen kommt wegen der angestiegenen Viskosität des Gussasphalts jedoch nicht zustande (Bild H28). Im Verlauf der Nacht findet ein Druckausgleich zwischen der Luft im Blasenkeim und der Umgebung statt.

Am nächsten Morgen setzt erneut die Erwärmungsphase an dem bereits vergrößerten Blasenkeim ein. Durch eine ständige Wiederholung der Vorgänge während der Erwärmungs- und Abkühlungsphasen kann der Blasenkeim wachsen. Das Resultat ist eine wachsende Blase.

Liegt ein geschlossener Blasenkeim vor (Kapillardurchmesser gleich Null), so nimmt das Blasenkeimvolumen, wie zuvor beschrieben, während der ersten Erwärmungsphase zu und in der Abkühlungsphase ab. Der Unterdruck im Blasenkeim kann jedoch in den Nachtstunden durch kapillare Strömung nicht ausgeglichen werden. Zu Beginn des zweiten Temperaturzyklus liegt im Blasenkeim in Bezug auf den Ausgangszustand ein Unterdruck vor. Infolge dieses Unterdruckes fällt im zweiten Zyklus der Volumenanstieg in der Erwärmungsphase geringer und die Volumenverminderung in der Abkühlungsphase größer als im ersten Zyklus aus. Nach einigen Temperaturzyklen ist das Blasenkeimvolumen so weit angestiegen – der mittlere Innendruck so weit abgefallen –, dass die Volumenzunahme während der Erwärmungsphase der Volumenabnahme während der Abkühlungsphase gleich ist. Es herrscht Gleichgewicht. Ein weiteres Blasenwachstum findet nicht statt.

Bei Anwesenheit von Feuchtigkeit im kapillarporösen System können je nach Länge und Durchmesser der Kapillare unterschiedliche Vorgänge ablaufen. Im einfachsten Fall kann flüssiges Wasser bis an das Ende der Kapillare hochsteigen und den Blasenkeim verschließen. Während der Erwärmungsphase nimmt der Innendruck im Blasenkeim infolge des

1 Beläge aus Asphalt

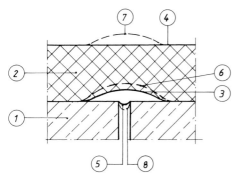

Bild H29
Vorgänge bei der Bildung wachsender Blasen in der Erwärmungsphase bei Anwesenheit von Wasser

1 – Beton
2 – Gussasphalt
3 – Oberfläche des Blasenkeims im Ausgangszustand
4 – Oberfläche des Gussasphalts im Ausgangszustand
5 – Wasseroberfläche im Ausgangszustand
6 – Oberfläche des Blasenkeims während der Erwärmungsphase
7 – Oberfläche des Gussasphalts während der Erwärmungsphase
8 – Wasseroberfläche während der Erwärmungsphase
9 – Oberfläche des Blasenkeims nach einem Temperaturzyklus
10 – Oberfläche des Gussasphalts nach einem Temperaturzyklus
11 – Wasseroberfläche nach einem Temperaturzyklus

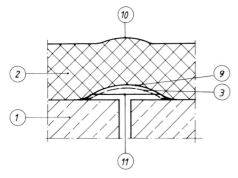

Bild H30
Blasenkeim nach einem Temperaturzyklus bei Anwesenheit von Wasser

steigenden Luftdrucks und der Zunahme des Sättigungsdampfdrucks des Wassers zu, wodurch der Blasenkeim wächst. Der Druckanstieg im Blasenkeim führt nicht zu einer Verdrängung des Wassers aus der Kapillare, sondern zu einer stärkeren Krümmung der Wasseroberfläche (Bild H29).

Während der Abkühlungsphase entsteht im Blasenkeim ein Unterdruck, der zum Schrumpfen des Blasenkeims und zum Ansaugen von Wasser in den Blasenkeim führt. Infolge der angestiegenen Gussasphaltviskosität wird das Ausgangsvolumen des Blasenkeims nicht erreicht, was einer Zunahme des Blasenkeimvolumens während des Temperaturzyklus entspricht (Bild H30).

In der nachfolgenden Erwärmungsphase findet erneut eine Zunahme des bereits angestiegenen Blasenkeimvolumens statt und eine Verdrängung des Wassers aus dem Blasenkeim bis an das obere Kapillarende. Eine Vielzahl solcher Zyklen führt ebenfalls zu einem Blasenwachstum.

Wird das Wasser aus dem Blasenkeim während der Erwärmungsphase nicht vollständig verdrängt, so tritt ein Blasenwachstum bei teilweiser Wasserfüllung der Blase ein.

Bild H31
Wachsende Blasen im Gussasphalt
a) Gesamtansicht einer Brücke
b) Detail zu a)
c) Parkdeck
d) Parkdeck mit wassersaugender Abklebung der Fugen in der Schutzschicht

Wachsende Blasen können Durchmesser von 40 cm und Höhen bis zu 8 cm erreichen. Bild H31 zeigt wachsende Blasen in Belägen auf einer Brücke und auf Parkdecks. Zur Vermeidung wachsender Blasen kamen in der Vergangenheit Brückenbeläge auf Beton mit einer Dampfdruckentspannungsschicht zur Anwendung (Merkblatt für bituminöse Brückenbeläge auf Beton, Ausgabe 1976, Forschungsgesellschaft für Straßen- und Verkehrs-

1 Beläge aus Asphalt

c)

d)

wesen). Die Dampfdruckentspannungsschicht wurde durch das Verlegen von Rohglasvlies oder Lochglasvlies-Bitumenbahnen auf dem Beton der Fahrbahntafel erzeugt. Die fehlende vollflächige Verklebung des Brückenbelags mit dem Beton führte aber zu Wasserunterläufigkeiten. Deshalb wurden diese Bauweisen für Betonbrücken im Zuge von Bundesfernstraßen untersagt [H114].

Nach der ZTV-BEL-B [H107] ist der Brückenbelag mit der Unterlage voll verklebt. Durch die Grundierung bzw. Versiegelung des Betons mit Epoxidharz ist die Verbindung zwischen den bitumengebundenen Schichten und der kapillarporösen Unterlage unterbrochen. Bei Anwendung geprüfter Systeme und ordnungsgemäßer Verarbeitung sind keine wachsenden Blasen zu erwarten.

Der Dampfdruck eingeschlossener Flüssigkeiten wie beispielsweise von Wasser, Dieselkraftstoff, Ölen sowie Trennmitteln für Gussasphalt-Transportgefäße kann zu Blasen führen. Diese Blasen sind häufig zwischen der Schutz- und der Deckschicht anzutreffen. Sie können u. U. wachsen (Bild H31d).

1.3.5 Asphaltmastix (Mastix)

Asphaltmastix (Mastix) ist eine dichte, in heißem Zustand gieß- und streichbare Masse aus Sand und Füller mit Straßenbaubitumen oder Straßenbaubitumen mit Naturasphalt als Bindemittel [H101].

a) Herstellung und Einbau

Asphaltmastix kann wie Gussasphalt entweder in stationären Mischanlagen oder in Kochern mit liegender Welle hergestellt werden. Die Verteilung auf der Einbaufläche wird im Regelfall mit Schiebern, Verteilerrahmen oder sonstigen Verteilergeräten vorgenommen.

b) Eigenschaften und Anwendung

Asphaltmastix ist praktisch hohlraumfrei und somit wasserdicht. Der Einbau kann in Dicken von etwa 1 cm erfolgen. In den Technischen Regelwerken ist Mastix u. a. als Teil der Dichtungsschicht in Brückenbelägen auf Stahl [H108] und zur Herstellung von Deckschichten aus Asphaltmastix [H109] vorgesehen.

Auf wärmegedämmten Parkdecks wird Asphaltmastix nach der ZTV-Asphalt 01 [H109] sowohl unter der Wärmedämmung als fugenlose Dampfsperre als auch über der Wärmedämmung als Abdichtungsunterlage eingesetzt [H212, H301]. Für die Egalisierung von Unebenheiten oder für die Wiederherstellung der Griffigkeit von Deckschichten kommt ebenfalls Asphaltmastix in Betracht.

1.4 Fugen, Fahrbahnübergänge aus Asphalt, Nähte und Anschlüsse

1.4.1 Allgemeines

Zum Zeitpunkt der Überarbeitung dieses Kapitels H gelten für Brückenbeläge die ZTV-BEL-B [H107] sowie die ZTV-BEL-St [H108]. Bitumenhaltige Fugenvergussmassen sind durch die TL bit Fug 82 [H115] und Fahrbahnübergänge aus Asphalt durch die ZTV-BEL-FÜ [H118] geregelt. In der ZTV-BEL-B Teil 1 [H107] wird bei Fugenvergussmassen auf die ZTV Fug 1-StB [H111] verwiesen. Dieses Regelwerk lag jedoch zum Zeitpunkt der Überarbeitung dieses Kapitels noch nicht vor.

1.4.2 Fugen

Der Begriff Fuge ist für Brückenbeläge in den technischen Regelwerken (ZTV-BEL-B [H107], ZTV-BEL-St [H108]) nicht definiert. In Anlehnung an die Definition für Fugen in Asphaltbefestigungen von Verkehrsflächen [H101] soll hier für Brücken-, Parkdeck- und vergleichbare Beläge unter dem Begriff Fuge Folgendes verstanden werden:

Eine Fuge ist ein vorgesehener oder arbeitsbedingter Zwischenraum in oder zwischen Schichten aus Asphalt bzw. zwischen Schichten aus Asphalt und anderen Bauteilen.

Fugen werden im Regelfall mit bitumenhaltigen Vergussmassen verfüllt (vergossen). Die ZTV-BEL-B, Teil 1 [H107] und die ZTV-BEL-St [H108] unterscheiden zwischen Fugenvergussmassen mit überwiegend plastischen und überwiegend elastischen Eigenschaften. Dabei verweist die ZTV-BEL-B, Teil 1, auf die ZTV Fug 1-StB (siehe Abschnitt H1.4.1); nach der ZTV-BEL-St [H108] gelten für Fugenvergussmassen mit überwiegend plastischen Eigenschaften die TL bit Fug 82 [H115] und für Fugenvergussmassen mit überwiegend elastischen Eigenschaften eine US-Spezifikation [H116].

Fugenvergussmassen mit überwiegend plastischen Eigenschaften kommen beim Verfüllen von Fugen in Schutzschichten (außer vor Einbauten) und von überrollten Fugen in der Deckschicht zum Einsatz. Fugenvergussmassen mit überwiegend elastischen Eigenschaften werden für die Füllung von Fugen vor Einbauten in der Schutzschicht und nicht überrollten Fugen in der Deckschicht verwandt. Eine umfassende Abhandlung über Fugen und Fugenkonstruktionen ist in [H224] zu finden. Praktische Aspekte über die Ausbildung von Fugen auf Parkdecks enthält [H212].

In den Teilen 2 und 3 der ZTV-BEL-B ist lediglich die Fugenvergussmasse nach TL bit Fug vorgesehen. Das Problem der dauerhaft dichten Verfüllung von Fugen ist noch nicht hinreichend gelöst.

Funktionsfähige Fugenvergussmassen, auch kurz Vergussmassen genannt [H101], müssen sowohl elastische als auch viskose Eigenschaften (Fließeigenschaften) aufweisen. Die Kombination beider Eigenschaften wird Viskoelastizität bzw. Elastoviskosität genannt [H102]. Die elastoviskosen Eigenschaften verdeutlicht das in Bild H1 dargestellte Maxwell-Modell. Schnell ablaufende Bewegungen der Fugenflanken, wie sie bei Belastungen durch rollenden Verkehr auftreten, werden von der Fugenvergussmasse elastisch aufgenommen, was im Maxwell-Modell einer Dehnung bzw. Stauchung der Feder entspricht. Bei langsam ablaufenden Bewegungen der Fugenflanken kommen die viskosen Eigenschaften der Fugenvergussmasse zum Tragen. Bei einer Vergrößerung der Breite des Fugenspalts [H101, H117] durch tages- bzw. jahreszeitlich bedingte Temperaturänderungen werden die auf die Fugenflanken wirkenden Rückstellkräfte durch Fließvorgänge in der Fugenvergussmasse abgebaut. Dieser als Relaxation [H101, H102] bezeichnete Vorgang kann durch die Dehnung des Dämpfers im Maxwell-Modell veranschaulicht werden. Die Funktionsfähigkeit von Fugenvergussmassen hängt weitestgehend von der gegenseitigen Abstimmung der elastischen und der viskosen Eigenschaften ab.

Das Zusammenwirken der elastoviskosen Eigenschaften mit den temperaturbedingten Volumenänderungen kann zu Ablösungen der Fugenvergussmasse von den Flanken des

Fugenspalts führen. Dies ist besonders dann der Fall, wenn die elastischen Eigenschaften zu stark und die viskosen Eigenschaften zu schwach ausgeprägt sind.

In den Bildern H32 bis H35 ist das Verhalten der Vergussmasse in einem Fugenspalt während eines Jahrestemperaturzyklus modellmäßig dargestellt. Bild H32 zeigt die im Frühjahr verfüllte Fuge. Während der anschließenden warmen Jahreszeit (Sommer) nimmt das Volumen des Fugenspalts infolge der thermischen Dehnung der Bauteile ab. Gleichzeitig steigt das Volumen der Fugenvergussmasse an. Dem angestiegenen Volumen der Fugenvergussmasse steht somit ein verringertes Volumen des Fugenspalts zur Verfügung, wodurch die Vergussmasse den Fugenspalt höher ausfüllt oder sein Volumen übersteigt

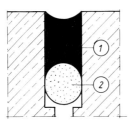

Bild H32
Im Frühjahr verfüllter Fugenspalt mit konkaver Oberfläche der Vergussmasse bei einer Temperatur T_1, einem Fugenspaltvolumen V_{S1} und einem Vergussmassevolumen V_{M1}
1 Fugenvergussmasse
2 Unterfüllung

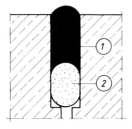

Bild H33
Fuge aus Bild H32 in der anschließenden warmen Sommerzeit bei einer Temperatur T_2, einem Fugenspaltvolumen V_{S2} und einem Vergussmassevolumen V_{M2}.
Es gilt im Vergleich zu Bild H32: $T_2>T_1$, $V_{S2}<V_{S1}$, $V_{M2}>V_{M1}$

Bild H34
Fuge aus Bild H33 in der nachfolgenden kalten Winterzeit bei einer Temperatur T_3, einem Fugenspaltvolumen V_{S3} und einem Vergussmassevolumen V_{M3}.
Es gilt im Vergleich zu den Bildern H32 und H33: $T_3<T_1<T_2$, $V_{S3}>V_{S1}>V_{S2}$, $V_{M3}<V_{M1}<V_{M2}$

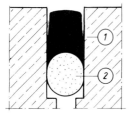

Bild H35
Fuge aus Bild H32 nach einem Jahrestemperaturzyklus mit konvexer Oberfläche der Vergussmasse und teilweise gestörtem Verbund mit den Fugenflanken bei einer Temperatur T_1, einem Fugenspaltvolumen V_{S1} und einem Vergussmassevolumen V_{M1}

1 Beläge aus Asphalt

(Bild H33). Da bei höheren Temperaturen die Fließeigenschaften der Fugenvergussmasse deutlich ausgeprägt sind (die Viskosität der Dämpferflüssigkeit in Bild H1 nimmt ab), werden elastische Rückstellkräfte, die bei einer Dehnung der Fuge die Masse in ihre ursprüngliche Form zurückdrängen könnten, abgebaut.

In den nachfolgenden kühlen und kalten Jahreszeiten (Herbst und Winter) nehmen die Fließeigenschaften der Vergussmassen ab. Dies kann mit der angestiegenen Viskosität der in Bild H1 dargestellten Dämpferflüssigkeit veranschaulicht werden. Bei tiefen Temperaturen kann die Viskosität so hoch ansteigen, dass die Funktion des Dämpfers weitestgehend blockiert ist. Mit abnehmender Beweglichkeit des Dämpfers werden die Längenänderungen im Maxwell-Modell zunehmend vom Federelement übernommen. Entsprechend diesen Vorstellungen treten bei Fugenvergussmassen die elastischen Eigenschaften mit fallender Temperatur immer deutlicher hervor. Bei sinkender Temperatur findet außerdem eine Zunahme des Fugenspaltvolumens und eine Abnahme des Vergussmassevolumens statt. Durch die gegenläufigen Volumenänderungen und den Anstieg der Elastizität treten Zugspannungen an den Fugenflanken auf. Sie können bei Fugenvergussmassen mit schwach ausgeprägten Fließeigenschaften hohe Werte erreichen, da ihr Abbau durch Relaxationsprozesse nur langsam erfolgt. Überschreiten die infolge elastischer Rückstellkräfte erzeugten Zugspannungen die Haftfestigkeit, so reißt die Vergussmasse von den Fugenflanken ab (Bild H34). Dieser Vorgang ist im Regelfall irreversibel, da Schmutz und Feuchtigkeit ein erneutes Verkleben der Vergussmassen mit den Fugenflanken in der warmen Jahreszeit verhindern.

Nach Ablauf eines Jahreszyklus haben der Fugenspalt und die Vergussmasse wieder ihr Ausgangsvolumen erreicht, wobei die Form der Oberfläche sich geändert und die Größe der Verbindungsfläche mit den Fugenflanken abgenommen hat (Bild H35).

Durch mehrere der beschriebenen Vorgänge, d.h. über Jahre hinweg, kann es zur vollständigen Ablösung der Vergussmasse von den Fugenflanken kommen. Die Anzahl der bis zur vollständigen Flankenablösung benötigten Jahrestemperaturzyklen hängt von den Eigenschaften der Vergussmasse, der Geometrie des Fugenspalts, den Temperaturbeanspruchungen, der Verkehrsbeanspruchung und der Verarbeitung ab. Die in den Bildern H32 bis H35 skizzierten Vorgänge finden in verringertem Umfang auch während der Tagestemperaturzyklen statt.

Der Ablauf der Vorgänge in einem im Sommer oder im Herbst verfüllten Fugenspalt ist im Prinzip der gleiche wie zuvor beschrieben. In den Bildern H36 bis H38 sind die verschiedenen Fugenzustände eines im Sommer verfüllten Fugenspalts schematisch dargestellt.

Der Fugenspalt darf nicht bis zur Oberkante verfüllt werden (Bilder H32 und H36). Bei einem zu hohen Ausfüllungsgrad des Fugenspalts tritt im Sommer die Vergussmasse über die Fugenflanken (Bild H33). Die warme Vergussmasse bleibt an den Fahrzeugreifen haften, was sowohl zu Schäden an der Fugenfüllung als auch zur optischen Beeinträchtigung der Fahrbahnoberfläche führt.

Bei befahrenen Längsfugen dringen die Reifenprofile in den Fugenspalt ein und üben auf die Vergussmasse Druckspannungen aus. Durch diese Beanspruchung wird die Vergussmasse gegen die Fugenflanken gepresst und damit ein Abreißen unterdrückt. Hierin ist der

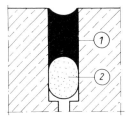

Bild H36
Im Sommer verfüllter Fugenspalt mit konkaver Oberfläche der Vergussmasse bei einer Temperatur T_1, einem Fugenspaltvolumen V_{S1} und einem Vergussmassevolumen V_{M1}
1 Fugenvergussmasse
2 Unterfüllung

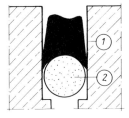

Bild H37
Fuge aus Bild H36 in der nachfolgenden Winterzeit bei einer Temperatur T_2, einem Fugenspaltvolumen V_{S2} und einem Vergussmassevolumen V_{M2}.
Es gilt im Vergleich zu Bild H36: $T_2 < T_1$, $V_{S2} > V_{S1}$, $V_{M2} < V_{M1}$

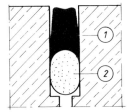

Bild H38
Fuge aus Bild H36 nach einem Jahrestemperaturzyklus mit deformierter Oberfläche der Vergussmasse und teilweise gestörtem Verbund mit den Fugenflanken bei einer Temperatur T_1, einem Fugenspaltvolumen V_{S1} und einem Vergussmassevolumen V_{M1}

Bild H39
Dichter Fugenspalt im Kappenbereich nach 12-jähriger Liegedauer. Die Fugenvergussmasse ist durch geringe elastische Rückstellkräfte und ausgeprägte Fließeigenschaften auch bei niedrigen Temperaturen gekennzeichnet

1 Beläge aus Asphalt

Grund für die Anwendung von relativ harten Fugenvergussmassen mit überwiegend plastischen Eigenschaften bei ständig überrollten Fugen zu sehen.

In nicht befahrenen Längsfugen, beispielsweise im Bereich von Kappen, sind Fugenvergussmassen mit überwiegend elastischen Eigenschaften vorgesehen. Sie sind relativ weich und üben deshalb nur geringe Rückstellkräfte auf die Fugenflanken aus. Da diese Fugen nicht befahren werden, besteht im Sommer keine Gefahr, die weiche Fugenvergussmasse durch Fahrzeugreifen abzutragen.

In Bild H39 ist eine Fuge im Kappenbereich, verfüllt mit einer Vergussmasse mit geringen Rückstellkräften und ausgeprägten Fließeigenschaften, dargestellt. Die auf die Fugenflanken wirkenden Rückstellkräfte hängen ebenfalls vom Querschnitt der Vergussmasse im Fugenspalt ab. Die Vergusstiefe soll das 1,5 fache der Fugenspaltbreite betragen [H107].

Mit Hilfe der nachfolgend dargestellten Bilder H40 bis H45 kann der Einfluss des Fugenspaltquerschnitts auf die Rückstellkräfte und somit auch auf das Abreißen der Fugenvergussmasse von den Flanken erklärt werden. Zur besseren Verdeutlichung der Vorgänge ist der Fugenspalt im Ausgangszustand (Bilder H40 und H43) als ebenflächig verfüllt dargestellt. Die thermisch bedingten Volumenänderungen der Fugenvergussmasse werden aus dem selben Grund vernachlässigt.

Bild H41 zeigt den erweiterten Fugenspalt infolge abnehmender Temperatur der Bauteile. Das Volumen des Fugenspalts hat um ΔV zugenommen. Bei einer starren (schwer verformbaren) Vergussmasse würden, entsprechend der Volumenzunahme, an den Fugenflanken Abrisse entstehen.

Kann die Vergussmasse ohne abzureißen den Bewegungen der Fugenflanken durch elastische Dehnungen bzw. Fließvorgänge folgen, so entsteht bei einer Dreiflankenhaftung an der Oberfläche eine Einschnürung (Bild H42).

Das Volumen der Einschnürung entspricht (vereinfacht betrachtet) der Volumenzunahme des Fugenspalts ΔV und ist für einen bestimmten Anstieg der Fugenspaltbreite der Vergusstiefe T direkt proportional. Große Vergusstiefen führen zu großen Volumenzunahmen des Fugenspalts und somit zu starken Einschnürungen.

Bei elastischen Fugenvergussmassen wirken auf die Fugenflanken Rückstellkräfte. Sie sind an der eingeschnürten – stark gedehnten – Oberfläche besonders groß und nehmen dort u. a. mit steigender Einschnürung zu. Überschreiten die Rückstellkräfte die Abreißfestigkeit, so löst sich die Vergussmasse von der Fugenflanke.

In viskosen Vergussmassen kommt es bei einer Volumenzunahme des Fugenspalts zu Fließvorgängen. Die dadurch erzeugten Zugspannungen an den Fugenflanken steigen mit der Fließgeschwindigkeit an. Letztere ist an der Oberfläche infolge des Entstehens der Einschnürung relativ groß, was dort zu höheren Zugspannungen im Vergleich zu anderen Bereichen führt. Die an der Oberfläche wirkenden Zugspannungen nehmen unter sonst gleich bleibenden Randbedingungen mit steigender Einschnürung zu.

Ist die Viskosität der Vergussmasse niedrig und die Einschnürung gering, so können die Fließvorgänge entsprechend der Dehngeschwindigkeit des Fugenspalts ablaufen, ohne dass es zur Ausbildung von kritischen Zugspannungen an den Fugenflanken kommt (Bild H42).

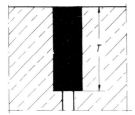

Bild H40
Schematische Darstellung eines ebenflächig verfüllten Fugenspalts ohne Unterfüllung

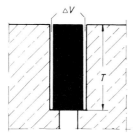

Bild H41
Fugenspalt mit starrer Vergussmasse und Abrissen an den Fugenflanken infolge thermisch bedingter Volumenzunahme des Fugenspalts um ΔV

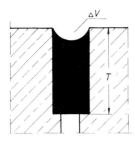

Bild H42
Gedehnter Fugenspalt mit elastisch oder viskos bzw. elastoviskos verformbarer Vergussmasse

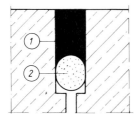

Bild H43
Ebenflächig verfüllter Fugenspalt mit Unterfüllung
1 Fugenvergussmasse
2 Unterfüllung

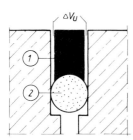

Bild H44
An den Fugenflanken abgerissene starre Vergussmasse nach einer thermisch bedingten Volumenzunahme des Fugenspalts um ΔV_U oberhalb der Unterfüllung
1 Fugenvergussmasse
2 Unterfüllung

1 Beläge aus Asphalt

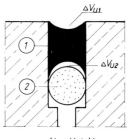

Bild H45
Verhalten einer elastisch verformbaren und/oder viskos fließenden Vergussmasse in einem unterfüllten Fugenspalt. Die Zunahme des Fugenspaltvolumens ΔV_U oberhalb der Unterfüllung wird auf das Volumen der Einschnürungen ΔV_{U1} an der Oberseite und das Volumen ΔV_{U2} an der Unterseite aufgeteilt
1 Fugenvergussmasse
2 Unterfüllung

Nimmt die Viskosität bei niedrigen Temperaturen so stark zu, dass eine Einschnürung nicht mehr entsprechend der Fugendehngeschwindigkeit stattfinden kann, so kommt es zu den in Bild H41 dargestellten Vorgängen. Die Vergussmasse reißt von den Fugenflanken ab.

Bei den durchgeführten Betrachtungen wurde von einer Dreiflankenhaftung der Vergussmasse im Fugenspalt ausgegangen. Die Einschnürung fand nur an der Oberfläche statt. Mithilfe von Unterfüllungen können sowohl eine geringere Vergusstiefe als auch eine Zweiflankenhaftung erreicht werden.

Bei einer starren Vergussmasse würde eine thermisch bedingte Volumenzunahme des Fugenspalts oberhalb der Unterfüllung um ΔV_U (U = Unterfüllung) wiederum zu Abrissen an den Fugenflanken führen (Bild H44).

Bei elastisch verformbaren bzw. fließfähigen Fugenvergussmassen kann bei einer Unterfüllung die Einschnürung sowohl an der Oberfläche als auch an der Unterseite erfolgen. Die Volumenzunahme des Fugenspalts oberhalb der Unterfüllung um ΔV_U wird auf das Einschnürvolumen ΔV_{U1} an der Oberseite und das Einschnürvolumen ΔV_{U2} an der Unterseite aufgeteilt (Bild H45).

Durch die geringeren Einschnürungen bei einer Zweiflankenhaftung im Vergleich zur Dreiflankenhaftung werden hohe Zugspannungen an den Flanken vermieden.

Da Vergussmassen sowohl elastische als auch viskose Eigenschaften aufweisen (Elastoviskosität), können durch die Zweiflankenhaftung gegenüber der Dreiflankenhaftung sowohl größere als auch schneller ablaufende thermische Dehnungen bei niedrigeren Temperaturen aufgenommen werden.

Voraussetzung für das Zustandekommen einer Zweiflankenhaftung ist die weitestgehend unbehinderte Verformbarkeit der Unterseite der Fugenvergussmasse. Dies ist nur dann möglich, wenn entweder eine Trennung zwischen der Vergussmasse und der Unterlage stattfindet oder die Unterfüllung die Verformungsvorgänge in der Vergussmasse nur wenig behindert. Aus diesem Grund sollten Unterfüllungen, an denen die Vergussmasse haftet, weichelastisch und der Breite des Fugenspalts angepasst sein. Ein starkes Einpressen ist zu vermeiden.

Zusammenfassend kann gesagt werden, dass für eine lange Funktionsfähigkeit einer Fugenfüllung folgende Punkte zu beachten sind:

- Die Fugenvergussmasse sollte nur geringe Rückstellkräfte auf die Fugenflanken ausüben. Dies kann bei nicht befahrenen Fugen durch den Einsatz weichelastischer Vergussmassen mit ausgeprägten Fließeigenschaften im Gebrauchstemperaturbereich erreicht werden. In befahrenen Fugen werden die Rückstellkräfte durch die knetende Wirkung der überrollenden Reifen weitestgehend abgebaut.
- Der Fugenspalt ist mit Vergussmasse nicht voll zu verfüllen (Untermaß: 3 mm).
- Die Vergusstiefe soll das 1,5fache der Fugenspaltbreite, jedoch mindestens 12 mm betragen.
- Die Fugenvergussmasse sollte nur durch eine Zweiflankenhaftung mit dem Fugenspalt verbunden sein.
- Die Zweiflankenhaftung ist entweder durch fehlenden Verbund zwischen Vergussmasse und Unterfüllung oder durch eine leicht verformbare und im Fugenspalt bewegliche Unterfüllung zu gewährleisten.

1.4.3 Fahrbahnübergänge aus Asphalt

Fahrbahnübergänge sind Konstruktionen, die das störungsfreie Überqueren von Bewegungsfugen in einer Fahrbahn durch Fahrzeuge ermöglichen [H226]. Ein Fahrbahnübergang muss in der Lage sein, Beanspruchungen aus Bewegungen der Fuge sowie aus überrollenden Verkehrslasten schadlos aufzunehmen. Unter anderem sind die Wasserdichtigkeit, die Anpassung an die angrenzende Fahrbahnoberfläche sowie die Möglichkeit eines leichten Austausches als wünschenswerte Eigenschaften eines Fahrbahnübergangs zu nennen.

Es sind verschiedene Konstruktionen von Fahrbahnübergängen bekannt [H226]. Vor etwa 25 Jahren wurde in England ein Fahrbahnübergang aus Asphalt entwickelt und zum Patent angemeldet [H306]. Er war für horizontale Bewegungen von etwa ±15 mm des Fugenspalts vorgesehen und kam weltweit – in Deutschland in den 80er-Jahren [H227, H228] – unter der Bezeichnung „Thorma-Joint" zum Einsatz. Die schnelle Verbreitung von Fahrbahnübergängen aus Asphalt machte es erforderlich, die Bauweise in Technische Regelwerke zu fassen. Sie wurden als ZTV-BEL-FÜ, TL-BEL-FÜ und TP-BEL-FÜ 1998 fertig gestellt und veröffentlicht [H118]. Die schadlos aufzunehmenden, vorwiegend langsam ablaufenden Längenänderungen werden mit 25 mm Dehnweg und 12,5 mm Stauchweg angegeben [H118].

Bild H46 enthält die schematische Darstellung eines Fahrbahnübergangs aus Asphalt. Die dort verwendeten Nummern zur Kennzeichnung der einzelnen Elemente entsprechen denen in der ZTV-BEL-FÜ [H118]. Die folgenden Erläuterungen sind diesem Regelwerk entnommen:

Abdeckstreifen (2)
Der Abdeckstreifen wird über dem Fugenspalt angeordnet. Er verhindert, dass Teile der Muldenfüllung in den Fugenspalt eindringen. Je nach Baustoff – Metall oder Kunststoff oder Bitumen-Schweißbahnen – kann er last- und/oder bewegungsverteilend wirken.

Fixierstift (4)
Der Fixierstift sichert die Lage von steifen Abdeckstreifen aus Metall oder vergleichbaren Materialien.

1 Beläge aus Asphalt

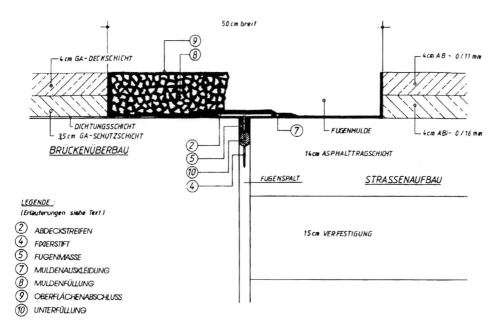

Bild H46
Schematische Darstellung eines Fahrbahnübergangs aus Asphalt

Fugenmulde
Die Fugenmulde ist die mittig über dem Fugenspalt angeordnete Aussparung im Fahrbahnbelag und dient der Aufnahme des Fahrbahnübergangs aus Asphalt.

Fugenspalt
Der Fugenspalt ist der planmäßig hergestellte Raum (Raumfuge) zwischen den angrenzenden Bauteilen unterhalb des Fahrbahnübergangs aus Asphalt.

Fugenmasse (5)
Die Fugenmasse ist ein heiß oder kalt zu verarbeitender Stoff auf Bitumen- oder Kunststoffbasis zum Verschließen des Fugenspalts (im Regelfall besteht die Fugenmasse aus Tränkmasse; Anm. des Verf.).

Muldenauskleidung (7)
Die Muldenauskleidung (Bild H47) ist die Behandlung der Flächen der Fugenmulde z.B. mit Tränkmasse. Sie dient der Verbesserung des Verbundes in den Kontaktflächen zwischen Fugenmulde und Muldenfüllung.

Muldenfüllung (8)
Die Muldenfüllung ist ein lagenweise hergestellter dehn- und stauchbarer hohlraumfreier befahrbarer Asphaltkörper aus Splitt und Tränkmasse (Bild H48), ggf. mit dehnungsverteilenden Einlagen.

Bild H47
Mit elastoviskosem Bindemittel ausgekleidete Fugenmulde und Abdeckstreifen über dem Fugenspalt

Bild H48
Herstellen der Muldenfüllung durch Verfüllen der Hohlräume des heißen Splitt-Korngerüstes mit Tränkmasse

Oberflächenabschluss (9)
Mit dem Oberflächenabschluss wird die Oberfläche des Fahrbahnübergangs an die Oberfläche der angrenzenden Flächen hinsichtlich Griffigkeit und im befahrenen Bereich auch an die Helligkeit angepasst.

Tränkmasse
Die Tränkmasse besteht aus polymermodifiziertem Bitumen mit Füllstoffen und ggf. weiteren Zusätzen. Mit ihr werden die Hohlräume des Splitt-Korngerüstes getränkt.

Unterfüllung (10)
Die Unterfüllung verschließt den Fugenspalt auf die vorgesehene Vergusstiefe und verhindert ein Abfließen der Fugenmassen.

Auf Parkdecks können Fahrbahnübergänge aus Asphalt über Fugen von Fertigteilplatten eingesetzt werden. Bei geringen Dehnwegen (bis etwa ±5 mm) ist es vertretbar, die Breite der Fugenmulde auf 30 cm zu begrenzen. Die Dicke des Fahrbahnübergangs aus Asphalt sollte 5 cm nicht unterschreiten. Beträgt die Dicke des Parkdeckbelages weniger als 5 cm, so ist es möglich, durch Anrampungen eine entsprechend tiefe Fugenmulde zu erzeugen (Bild H49).

1 Beläge aus Asphalt

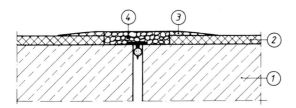

1 Beton
2 Gussasphalt
3 Anrampung
4 Fahrbahnübergang aus Asphalt

Bild H49
Schematische Darstellung eines Fahrbahnübergangs aus Asphalt auf einem Parkdeck bei unzureichender Dicke des Belages

1.4.4 Anschlüsse

Anschlüsse sind Kontaktflächen

- zwischen Mischgutarten mit unterschiedlichen Eigenschaften (z. B. Walzasphalt/Gussasphalt),
- zwischen Asphaltschichten bzw. Asphaltlagen und Einbauten (z. B. Bordsteine, Pflaster o. Ä.) [H119].

In Brückenbelägen sind Anschlüsse im Regelfall als Fugen auszubilden. Anschlüsse von Schutz- und Deckschichten aus Walzasphalt dürfen mit Bitumendichtungsbändern hergestellt werden [H107, Teil 2].

Die Ausbildung von Anschlüssen durch schmale (etwa 20 cm breite) Fahrbahnübergänge aus Asphalt ohne Abdeckstreifen hat sich in einigen Sonderfällen bewährt. Diese Art von Anschlüssen ist durch technische Regelwerke nicht erfasst.

1.4.5 Nähte

Nähte sind Kontaktflächen, die beim bahnenweisen Einbau von Asphaltmischgut mit vergleichbaren Eigenschaften nebeneinander (Längsnähte) sowie bei längeren Arbeitsunterbrechungen hintereinander (Quernähte) entstehen [H119]. Der Einbau von Asphaltbahnen kann entweder „heiß an heiß" oder „heiß an kalt" erfolgen. Ausführliche Hinweise über die Ausführung von Nähten enthält das MSNAR [H119].

Für Nähte in Brücken- und Parkdeckbelägen gelten folgende Regeln:

- Arbeitsnähte sind möglichst zu vermeiden [H108].
- Quernähte und Längsnähte sind in der Schutzschicht und in der Deckschicht gegeneinander versetzt anzuordnen [H107, H108]. Der Versatz soll mindestens 10 cm betragen [H107, Teil 1].
- Nähte in der Schutzschicht sind:
  - im Regelfall „heiß an heiß" auszuführen [H107, Teil 1],
  - nicht in den Bereich von Rollspuren zu legen [H107, Teile 1 und 3],
  - gegenüber Längsüberlappungsstößen der Bitumenschweißbahn versetzt anzuordnen [H107, Teil 1],

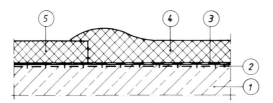

1 Konstruktionsbeton
2 Grundierung, Versiegelung oder Kratzspachtelung
3 Bitumenschweißbahn
4 heißer Gussasphalt
5 kalter Gussasphalt

Bild H50
Anwärmen des kalten Gussasphalts im Nahtbereich durch eine heiße Gussasphalt-Wulst

- bei unvermeidbarer Ausführung „heiß an kalt" im Gussasphalt als Fuge und im Walzasphalt als Naht – hergestellt mithilfe von Kantenschrägformer am Fertiger und Kantenandrückrolle an der Walze [H119] – ohne Beschädigung der Bitumendichtungsbahn herzustellen.
- Nähte in der Deckschicht können sowohl „heiß an heiß" als auch „heiß an kalt" nach MSNAR [H119] ausgeführt werden. Der Einbau „heiß an heiß" ist anzustreben.

Eine in der Praxis angewandte Methode zur Nahtherstellung in der Gussasphalt-Schutzschicht beim Einbau heiß an kalt beruht auf dem Anwärmen des kalten Nahtbereichs durch eine heiße Gussasphalt-Wulst (Bild H50).

Einige Minuten nach dem Verlegen wird die Wulst mit Hilfe eines Spachtelholzes abgeschoben, der heiße Gussasphalt durch Kneten an die erwärmte Flanke angearbeitet und danach die Oberfläche geglättet. Der Vollständigkeit halber sei erwähnt, dass diese Methode in der ZTV-BEL-B [H107] nicht aufgeführt ist.

2 Betonbeläge

2.1 Flächen

In zahlreichen Fällen wird der Fahrbelag von Parkdecks oder Hofkellerdecken aus direkt befahrenen Betonplatten gefertigt (Bild H51, [H31]) und nicht aus Gussasphalt. Die Herstellung solcher Beläge erfordert die Einschaltung von Spezialfirmen. Wegen der für ein Parkdeck anzunehmenden Beanspruchungen in mechanischer, thermischer und chemischer Hinsicht (Einzelheiten siehe Abschnitt B2.2.1) ist in jedem Fall von einem besonderen Beton unter Berücksichtigung der speziellen Expositionsklasse nach DIN 1045-1, Abschnitt 6.2, Tabelle 3 [H4] auszugehen. Dies ergibt sich sowohl aus der Forderung nach einem hohen Frost- und Tausalzwiderstand als auch nach einem hohen Verschleißwiderstand an der Belagsoberfläche. Darüber hinaus ist für eine weitgehende Rissefreiheit durch entsprechend bemessene Bewehrung und eine schwindreduzierende Ausgangsmischung, ergänzt durch eine ausreichende Nachbehandlung, Sorge zu tragen. Nur so lässt sich eine Korrosionsgefährdung der Bewehrung insbesondere vor dem Hintergrund der praktisch unvermeidlichen Tausalzbeanspruchung ausschließen. Hinzu kommt, dass selbst Haarrisse als optisch störend empfunden werden, wenn sie sich nach Niederschlägen auf den abtrocknenden Betonbelägen deutlich abzeichnen (Bild H52).

2 Betonbeläge 391

a)

b)

Bild H51
Ansicht eines Parkdecks mit direkt befahrenem Ortbeton (Max de Bour GmbH, Hamburg)
a) Quadratische Rasterteilung
b) Beton-Fahrbelag mit Auflockerung durch eingelegtes Pflaster

Bild H52
Deutliche Abzeichnung von Haarrissen auf einem abtrocknenden Betonbelag

Bild H53
Zu geringe Betondeckung der Bewehrung an der Unterseite eines 8 cm dicken Belages

Bei Parkdecks, die ausschließlich für eine Nutzung durch Pkws bestimmt sind, reicht im Allgemeinen eine Plattendicke von 10 cm bei einlagiger, mittiger Bewehrungsanordnung. Ausgehend von einer Mattenbewehrung wird bei dieser Plattendicke eine Betondeckung ober- und unterseitig von mind. 40 mm eingehalten. Dieses Maß hat sich in der Praxis bewährt. Die Forderungen der neuen DIN 1045-1 in Abschnitt 6.3, Tabelle 4, nach 50 bis 55 mm Betondeckung werden dabei jedoch nicht eingehalten. Dies erscheint aber akzeptabel, da es sich bei dem Beton-Fahrbelag nicht um das Primär-Tragwerk handelt. Das genannte Maß

2 Betonbeläge

von 40 mm muss sowohl an der Oberseite des Fahrbelages als auch an dessen Unterseite eingehalten werden. Von daher ergibt sich die oben erwähnte Mittellage der Bewehrung. Dabei ist bezüglich der Plattenunterseite davon auszugehen, dass tausalzangereichertes Niederschlagswasser bis unmittelbar auf die Abdichtung bzw. Trennlage gelangt, denn der Beton-Fahrbelag ist nicht von vornherein als wasserundurchlässig anzusehen, und häufig sind die Fugen zwischen den Betonplatten nicht wasserdicht verschlossen. Demzufolge wird der Fahrbelag eindeutig auch auf seiner Unterseite durch Tausalz beansprucht. Früher häufiger auch nur 8 cm dick ausgeführte Betonbeläge sind mit den Vorgaben zur Mindestüberdeckung der Bewehrung eindeutig nicht vereinbar (Bild H53). Sie gewähren auch in anderer Hinsicht keine ausreichende Sicherheit. Sie sind nämlich in aller Regel zu wenig biegesteif, wenn man an die Einzelradbelastung einer elastisch gebetteten Platte denkt. Die elastische Bettung ergibt sich aus der Bitumenabdichtung, vor allem aber bei wärmegedämmten Parkdeckaufbauten aus der Dämmunterlage [H229 bis H234 sowie H249 und H301].

Wenn in besonderen Fällen das Parkdeck bzw. die Hofkellerdecke auch für die Nutzung durch Lkws vorgesehen oder ein gelegentliches Befahren durch Feuerwehr-, Müll- oder schwere Lieferfahrzeuge zu berücksichtigen ist, muss die Belagsdicke mindestens 15 cm betragen und entsprechend statisch nachgewiesen werden. Es ist dann immer von einer ober- und unterseitigen Bewehrung auszugehen. Bezüglich der Mindest-Betondeckung an der Belagsunterseite gelten auch hier die für Pkw-Decks angestellten Überlegungen unverändert.

Im Hinblick auf die anzustrebende weitgehende Rissefreiheit des Betonbelags kommt es darauf an, Schwindvorgänge möglichst gering zu halten. Zu diesem Zweck ist die Ausgangsmischung des Betons mit einem Wasser-Zement-Wert von höchstens 0,5 zu wählen. Empfehlenswert sind Mischungen mit einem WZ-Wert von etwa 0,47 bis 0,48. Die ausreichende Verarbeitbarkeit wird dann durch entsprechenden Zusatz von Fließmitteln erreicht,

Bild H54
Verdichten des Frischbetons mit einer Rüttelbohle

Bild H55
Anwendung des Vakuumverfahrens beim Herstellen eines direkt befahrenen
Betonbelags (Max Poburski & Söhne GmbH & Co., Hamburg)

Bild H56
Glätten des Frischbetons mit Flügelglätter

sodass sich eine Konsistenz analog zu einem WZ-Wert von etwa 0,5 ergibt. Der Zementgehalt sollte auf etwa 300 bis 320 kg/m^3 begrenzt sein.

In vielen Fällen wird zur nachträglichen Reduzierung des WZ-Werts auch das Vakuumverfahren angewandt. Dabei werden großflächige Vakuummatten auf den fertig abgezogenen,

Bild H57
Besenstrichstruktur zur Erzielung einer erhöhten Griffigkeit

mit Rüttelbohle verdichteten Frischbeton des Fahrbelags ausgelegt (Bilder H54 und H55), um das für die chemische Bindung nicht benötigte überschüssige Anmachwasser wieder abzusaugen. Erst im Anschluss daran erfolgt das Glätten an der Oberfläche mit Flügelglättern (Bild H56). Das Aufbringen einer Besenstrichstruktur (Bild H57) sollte nur dort erfolgen, wo eine erhöhte Griffigkeit erforderlich ist, z. B. im Bereich von Rampen.

Einige Firmen haben mit dem Vakuumieren des Fahrbetons negative Erfahrungen gemacht. Durch das vor allem auf die Oberfläche konzentrierte zu frühe Absaugen des überschüssigen Anmachwassers kommt es dort zu einer Anreicherung von Feinstanteilen der Betonausgangsmischung. Bei Zusatz von Fließmitteln können sich unter dem Einfluss des Vakuums auch Luftporen an der Belagsoberfläche konzentrieren [H234]. Beides wirkt sich vor allem bei frei bewitterten Parkdeckflächen wegen der häufigeren Frostbeanspruchung bei gleichzeitiger Tausalzbeaufschlagung und mechanischer Belastung nachteilig aus und kann zu vorzeitigen Oberflächenschäden führen.

Um Rissefreiheit zu erreichen, müssen auch Zwangsspannungen jeglicher Art, z. B. aus Schwinden und Temperaturänderungen, möglichst ausgeschlossen werden. Dies geschieht zum einen durch Anordnung einer Trennlage zwischen Abdichtung und Fahrbeton, zum anderen durch eine ausreichende Fugengliederung. Als Trennlage werden in der Regel PVC-P- oder PE-Baufolien von 0,2 bis 0,3 mm Dicke zweilagig, in den Stößen auf halbe Bahnenbreite versetzt lose ausgelegt. Bei dieser Lösung kann es jedoch auf Bitumenabdichtungen nach wie vor zu einer für diese nachteiligen Verzahnung mit dem Fahrbeton kommen. Sie beruht auf einer Falten- oder Wellenbildung in den Trennfolien (Bild H58), auf der nahezu uneingeschränkten Abzeichnung der Nahtverbindungen in der Decklage der Bitumenabdichtung oder auf der unmittelbaren Konturenübertragung der unvermeidlichen Dickenunterschiede im Bitumendeckaufstrich. Wesentlich wirksamer ist daher eine

Bild H58
Rissbildung in der Bitumendeckmasse als Folge einer unzureichenden Trennwirkung doppelt verlegter Baufolien

Bild H59
Kombinierte Trennlage aus Baufolie und geschlossenzelliger Schaumstoffbahn
(Max Poburski & Söhne GmbH & Co., Hamburg)

Trennlage aus einer Kombination zwischen einer Lage Baufolie und einer oben liegenden geschlossenzelligen Schaumstoffbahn mit etwa 5 mm Ausgangsdicke (Bild H59). Es versteht sich von selbst, dass diese Schaumstoffbahn gegen Tausalze sowie die Alkalien des Frischbetons beständig sein muss. Bei wärmegedämmten Parkdecks, bei denen nach dem Prinzip des Umkehrdaches die Abdichtung unterhalb der Wärmedämmung liegt, wird die Trennlage unmittelbar auf der Wärmedämmung ausgelegt.

Der Abstand der Plattenfugen beläuft sich bei Ortbetonbelägen im Allgemeinen auf 2 bis 5 m. Um übermäßigen Schwindvorgängen vorzubeugen und eine ausreichende Biegesteifigkeit vor allem auch bezogen auf die Plattenecken sicherzustellen, sollte der Fugen-

2 Betonbeläge

a)

b)

Bild H60
Aufgeschüsselte Plattenecken bei 8 cm Belagsdicke
a) Höhendifferenz von ca. 20 mm zwischen zwei benachbarten Platten
b) Aufgeschüsselte Platte

abstand nicht größer als die 25- bis 30fache Plattendicke sein. Dies bedeutet für ein Pkw-Parkdeck mit 10 cm dickem Betonbelag, dass der Fugenabstand bis zu 3 m betragen kann.

Ein großes Problem ergibt sich zuweilen aus dem Aufschüsseln und Trampeln von Betonplatten für die darunter befindliche Abdichtung und – wo vorhanden – für die Wärmedämmung. Vom Aufschüsseln spricht man, wenn durch übermäßige Schwindverkürzungen an der

Plattenoberfläche im Vergleich zu deren Unterseite eine Aufwölbung der Plattenecken erfolgt (Bild H60). Bei jedem Überrollvorgang insbesondere der Plattenecken kommt es dann zu dem so genannten Trampeln (oder Wippen) der Gesamtplatte. Dies kann zu örtlichen Beschädigungen der Abdichtung oder durch lokales Überschreiten der Druckfestigkeit auch zur Zerstörung der Wärmedämmung führen. Auch bei zu klein gewählten Plattengrößen kann es zu Trampelerscheinungen kommen, selbst wenn die Plattenecken nicht aufgeschüsselt sind. Die Plattengröße ist daher so zu wählen, dass sie ein gewisses Gegengewicht zu einer auf dem Plattenrand angenommenen Einzelradlast darstellt. Von daher gesehen erscheint für Pkw-Parkdecks ein Fugenabstand von mindestens 2 m (bei 10 cm Belagsdicke) erforderlich.

Eine Sicherung gegen Trampeln lässt sich durch die Anordnung von Dübeln zwischen den Platten erreichen. Die Verdübelung bewirkt eine Lastverteilung zwischen den benachbarten Plattenfeldern. Um die mit Temperaturänderungen verbundenen Längenänderungen der Platten und damit die Öffnungen und Stauchungen in den Plattenfugen zwängungsfrei zu ermöglichen, müssen die Dübel jeweils in einer der beiden benachbarten Platten gleitend gelagert sein. Als Gleitfilm dient in der Regel ein Bitumenaufstrich oder Folienstreifen. Bei Pkw-Parkdecks wird meist auf die Anordnung von Dübeln verzichtet. Wenn Dübel eingebaut werden, sollten sie einen Mindestdurchmesser von 20 mm aufweisen. Wenn die Nutzung durch Lkws nicht ausgeschlossen werden kann, erscheint eine Verdübelung der Platten untereinander unumgänglich (vgl. auch Abschnitt B2.6). Ein Beispiel hierzu zeigt Bild H61.

Im Regelfall wird der direkt befahrene Betonbelag einschichtig hergestellt. Diese Verfahrensweise ist in ihrem Erfolg aber sehr empfindlich gegen Witterungseinflüsse bis zum endgültigen Erhärten. Vor allem plötzliche Niederschläge können die Belagsoberfläche schädigen. Deshalb hatten einige Firmen die für Waschbeton übliche Herstellweise auf den Fahrbelag übertragen. Dabei wird auf das Auswaschen der Feinteile in der Oberfläche

Bild H61
Verdübelung der Plattenfelder bei einem Parkdeck mit zeitweiliger Lkw-Nutzung

verzichtet, wenn keine besonderen Ansprüche an die Optik und die Griffigkeit gestellt werden. Zunächst wird bei dieser Verfahrensweise ein in der Regel werksgemischter Beton mit hohem Widerstand gegen Frost-/Tausalzeinwirkung als Basisbeton eingebracht und darauf frisch in frisch eine ca. 1 bis 1,5 cm dicke Verschleißschicht mit Zuschlägen z. B. aus Granitsplitt aufgebracht. Diese Verschleißschicht wird zum besseren Verbund mit dem Unterbeton und zur Verdichtung eingewalzt und geglättet. Hierdurch erhält man eine besonders widerstandsfähige Betonoberfläche, die durch die Struktur der Verschleißschicht außerdem sehr griffig ist [H234]. Eine solche Lösung entspricht auch vollumfänglich der DIN 1075, Abs. 5.2.2 [H5], wonach die oberen 1,5 cm einer unmittelbar befahrenen Betonplatte als Verschleißschicht zu bewerten sind. In den letzten Jahren hat sich aber zunehmend eine Bauweise durchgesetzt, bei der der Betonbelag über die Gesamtdicke einschichtig aus einer Sondermischung als Splittbeton hergestellt wird. Dieser ist weniger empfindlich gegen die genannten Witterungseinflüsse.

Generell muss der frisch hergestellte Betonfahrbelag richtig nachbehandelt werden, damit er die angestrebten Eigenschaften erhält. Art und Dauer der Nachbehandlung hängen von den jeweils herrschenden Witterungsbedingungen ab. Zumindest muss die Betonoberfläche je nach Witterungslage und Jahreszeit so schnell wie möglich nach Herstellung mit einer Folie oder einer wärmedämmenden Matte abgedeckt werden. So lassen sich die Frischbetonoberflächen vor zu schnellem Austrocknen infolge Wind- und Sonneneinwirkung schützen. Diese Abdeckung sollte wenigstens 7 Tage liegen bleiben. In Abhängigkeit von der Witterung kann es außerdem notwendig sein, die Betonoberfläche über gewisse Zeit feucht zu halten und zu wässern. Niedrige Temperaturen können das Abdecken mit Strohmatten oder anderen warmhaltenden Matten erfordern.

Damit thermische Längenausdehnungen im Oberbelag schadlos aufgenommen werden, sind die Fugen zwischen den einzelnen Betonfeldern als Raumfugen bis auf die Trenn-

Bild H62
Trapezförmige Fugenabstellschienen (Max Poburski & Söhne GmbH & Co., Hamburg)

oder Gleitschicht auszuführen. Um dies zu gewährleisten, wird als Schalung ein Stahlschienenraster verwendet. Die Schienen sind im Querschnitt trapezförmig auszubilden, d.h. oben etwas breiter als unten, sodass sie nach dem Erhärten des Betons leichter und ohne Gefahr von Kantenausbrüchen wieder zu entfernen sind (Bild H62). Bei den Stahlschienen handelt es sich um ein steifes Schalungsmaterial. Dadurch wird im Gegensatz zur Verwendung anderer Schalungen ein geradliniger Fugenverlauf erreicht.

Die sich so ergebenden Fugen werden im oberen Drittel mit einer tausalz-, treibstoff- und ölbeständigen Masse elastisch verfugt (Bild H63). Diese Verfugung hat keinerlei abdichtende Funktion. Sie soll lediglich vermeiden, dass sich Schmutz und Ablagerungen im Laufe der Zeit in dem Fugenhohlraum absetzen. Die unteren zwei Drittel des Fugenraumes verbleiben als Hohlraum, damit Wasser, welches im Fugenbereich eindringt, möglichst schnell zu den Entwässerungspunkten abgeführt wird. Aus diesem Grund sollte das Fugennetz auch immer an die Entwässerungspunkte angeschlossen sein (Bild H64). Eine

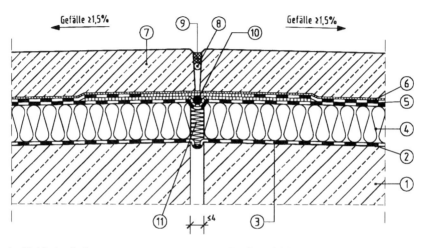

1 Stahlbetondecke
2 Voranstrich
3 Dampfsperre
4 Wärmedämmung aus Foamglas
5 Abdichtung
6 Trenn- und Gleitschicht
7 Betonfahrbelag
8 Unterfüllprofil
9 Elastische Verfugung
10 Dehnfugenprofil, Fertigteil
11 Weichfaserdämmstoff

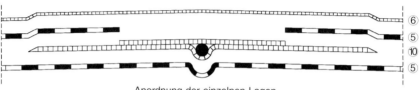

Anordnung der einzelnen Lagen

Bild H63
Beispiel einer Dehnfugenausbildung bei direkt befahrenem Betonbelag für kleinere Bewegungen (System Max de Bour GmbH, Hamburg)

2 Betonbeläge

Bild H64
Punktentwässerung der Fläche mit Anschluss der Fahrbelagsfugen bei direkt befahrenem Betonbelag

zuverlässigere und schneller wirksame Entwässerung lässt sich durch Anordnung von Rinnen erreichen (Bild H65). Voraussetzung hierfür ist jedoch eine ausreichende hydraulische Bemessung aller Entwässerungseinzelteile wie insbesondere auch der Fallrohre [H6, H16]. Aus statischer Sicht muss für eine ausreichende Steifigkeit der Rinnenabdeckungen in Abhängigkeit von den Radlasten Sorge getragen werden.

Die Entwässerungsanlagen sind unbedingt regelmäßig zu warten [H212]. Ein Beispiel für mangelhafte Wartung eines Ablaufes zeigt Bild H66.

2.2 Gebäudefugen

Unbedingt müssen Gebäudefugen im Plattenraster übernommen werden. Dabei ist die Ausgangsfugenspaltweite auf die zu erwartenden Fugenbewegungen abzustimmen. Für die konstruktive Ausbildung zeigen die Bilder H63, H67 und H68 verschiedene Beispiele. Im Falle des Bildes H63 wird eine Lösung für kleinere Bewegungen (bis etwa 5 mm) gezeigt. Die auf der Wärmedämmung befindliche zweitägige Abdichtung wird über der Gebäudefuge unterbrochen und durch ein w-förmiges Elastomerprofil ersetzt. Im direkt befahrenen Betonbelag wird die Raumfuge – wie oben ausgeführt – geschalt und im oberen Drittel verfugt. Das Entwässerungsgefälle läuft zu beiden Seiten mit mindestens 1,5% weg. Ebenfalls für kleinere Verformungen bis etwa 10 mm ist das Beispiel des Bildes H67 ausgelegt. Die Abdichtung unmittelbar über der Gebäudefuge erfolgt mithilfe eines elastomeren Doppelschlaufenbandes, das beiderseits der Fuge jeweils mit Polymerbitumen in die wiederum oberhalb der Wärmedämmung angeordnete zweilagige Flächenabdichtung eingeklebt wird. Demgegenüber ist das Beispiel des Bildes H68 in der Lage, auch größere

Bild H65
Rinnenentwässerung (System Max Poburski & Söhne GmbH & Co., Hamburg)
a) Bauzustand vor dem Betonieren
b) Gebrauchszustand

Fugenbewegungen aufzunehmen. Hier wird die auf der Wärmedämmung angeordnete Flächenabdichtung von einer Los- und Festflanschkonstruktion gefasst. Die Abdichtung der Fuge selbst erfolgt wie im Beispiel des Bildes H67 durch ein elastomeres Doppelschlaufenband, das in diesem Fall allerdings eingeklebt und eingeklemmt wird. Der direkt befahrene Betonbelag wird an seinen Fugenflanken durch den winkelartig ausgebildeten Losflansch gegen Kantenabbrüche gesichert. Oberflächenbündig ist ein elastomeres Spezialprofil angeordnet, das die Raumfuge vor dem Eindringen von Schmutz sichert. Dieses Profil kann nötigenfalls ausgewechselt werden.

2 Betonbeläge

Bild H66
Mangelhaft gewarteter Ablauf

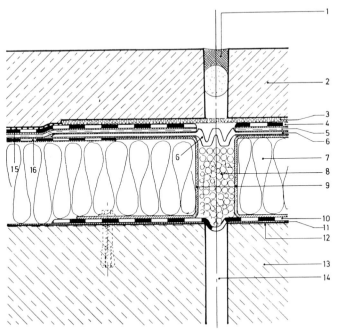

1 Fugenverguss auf Unterfüllprofil
2 Fahrbelag
3 Schutzstreifen im Dehnfugenbereich extrudierter Polyethylenschaum, 5 mm
4 Dachdichtungsbahn, z.B. PV 200 DD
5 Dichtungsbahn mit verstärkter Einlage, z.B. PYE PV 200
6 Dehnfugenprofil aus Neoprene (Fa. Mapotrix)
7 Wärmedämmung (Schaumglas)
8 Lose Wärmedämmung
9 Gekantetes Stahlblech, ≥1,5 mm; feuerverzinkt oder Edelstahl WS 1.4301
10 Dampfsperre, polymere Schweißbahn
11 Bitumenschicht
12 Biitumenvoranstrich
13 Rohbetondecke (Gefälle 2%)
14 Dehnfuge in der Konstruktion, Breite ca. 3 cm
15 Doppelte Trennlage
16 Dachdichtungsbahn

Bild H67
Dehnfugenausbildung bei direkt befahrenem Betonbelag zur Aufnahme kleinerer Bewegungen (System Max Poburski & Söhne GmbH & Co., Hamburg) [H236]

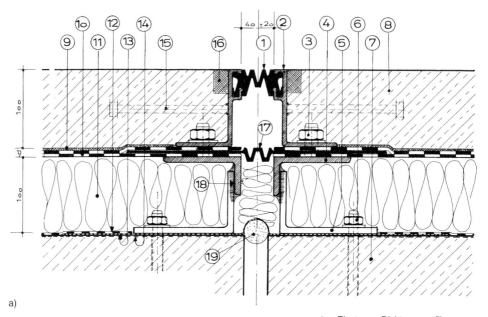

a)

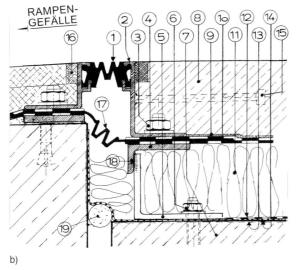

b)

1 Elastomer Dichtungsprofil MAPOTRIX®
2 Stahl-Klemmprofil-Losflansch
3 Schweißbolzen M 16×40, e = 150 mm
4 Festflansch ∟ 100/50/10 aufgeständert
5 Stützwinkel e = 450 mm, mit Klebeanker auf Rohdecke
6 Verbundanker M 12×160, e = 450
7 Konstruktionsbeton
8 Beton-Fahrbahnbelag
9 Trennlage: geschäumte Folie
10 Abdichtung nach DIN 18195, Teil 5
11 Wärmedämmung
12 Bitumen-Dampfsperre – verklebt
13 Resistit-Dampfsperre – verklebt
14 Voranstrich
15 Kopfbolzen ⌀ 10×200, e = 300 nach Erfordernis
16 Vergussfuge 20/30 mm
17 Dehnfugenband MAPOTRIX® verklebt
18 Höhenverstellung durch örtliche Anschweißung
19 Schaumstoff Rundprofil

Bild H68
Dehnfugenausbildung bei direkt befahrenem Beton- oder Asphaltbelag zur Aufnahme größerer Bewegungen (System Mapotrix, Schwarzenbek) [H312]
a) Beidseitig direkt befahrener Betonbelag mit Wärmedämmung
b) Höhenversatz in der Abdichtungsebene bei Übergang von einem wärmegedämmten Betonbelag auf einen dünneren, ungedämmten Gussasphaltbelag

Die Entwässerung eines Parkdecks mit direkt befahrenem Beton erfordert ebenso wie ein Gussasphaltbelag ein Mindestgefälle. Wie in Tabelle B9 ausgeführt, sollte das Mindestgefälle 1,5% betragen. Einige Hersteller fordern sogar ein Mindestgefälle von 2%. Das Gefälle sollte bereits mit der Rohbaukonstruktion erreicht werden und keineswegs mithilfe eines zusätzlich unterhalb der Abdichtung angeordneten Gefällebetons. Auf die mit einer solchen Lösung verbundenen erheblichen Nachteile im Falle eines Abdichtungsschadens wurde in Abschnitt B2.2.3 ausführlich hingewiesen.

Je nach Art der Gefälleanordnung erfolgt die Entwässerung punktförmig über Abläufe oder linienförmig durch Anordnung von Rinnen. Bei punktförmiger Entwässerung wird die Flächenabdichtung und gegebenenfalls auch die Dampfsperre der Wärmedämmung mit Flanschen an den Ablauf angeschlossen (siehe Bild H69). Ein Beispiel für die Rinnenentwässerung ist in Bild H70 aufgezeigt (vgl. auch Bild H65). Dabei wird die Rinne durch die an dieser Stelle entsprechend tiefer geführte zweilagige Flächenabdichtung gebildet. Die Abstellung des Fahrbetons erfolgt durch ein speziell abgekantetes feuerverzinktes Stahlblech, das in der Fahrebene durch eine Lochung die Aufnahme des Niederschlagswassers gewährleistet. Dieses Abdeckprofil kann auch aus Edelstahl gefertigt werden. Zum Schutz der eigentlichen Flächenabdichtung an der Sohle der Rinne wird ein zusätzlicher Streifen aus Bitumen-Dichtungsbahn aufgebracht. Dies ist erforderlich, damit bei Reinigungsarbeiten die Flächenabdichtung vor mechanischen Beschädigungen gesichert wird. Das in den Rinnen gefasste Niederschlagswasser wird durch Abläufe in einem Abstand von maximal 15 m abgeleitet. Die in den Bildern H65 und H70 erkennbare Rinnenabdeckung mit dem Lochblech stellt eine sehr nutzerfreundliche Lösung dar, wenn

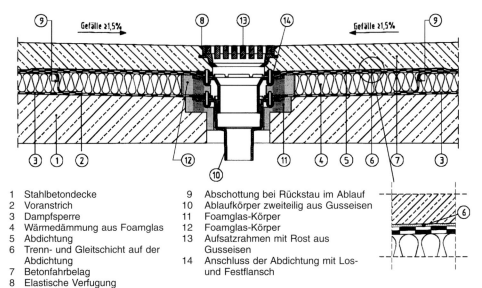

1 Stahlbetondecke	9 Abschottung bei Rückstau im Ablauf
2 Voranstrich	10 Ablaufkörper zweiteilig aus Gusseisen
3 Dampfsperre	11 Foamglas-Körper
4 Wärmedämmung aus Foamglas	12 Foamglas-Körper
5 Abdichtung	13 Aufsatzrahmen mit Rost aus Gusseisen
6 Trenn- und Gleitschicht auf der Abdichtung	14 Anschluss der Abdichtung mit Los- und Festflansch
7 Betonfahrbelag	
8 Elastische Verfugung	

Bild H69
Punktentwässerung mit Rückstausicherung bei einem direkt befahrenen Betonbelag
(System Max de Bour GmbH, Hamburg) [H235]

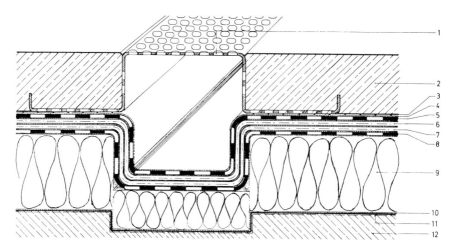

1 Lochblechrinne
2 Fahrbelag
3 Doppelte Trennlage
4 Bitumendeckaufstrich
5 Bitumenschweißbahn G 200 S5 + AL 0,1
6 Dachdichtungsbahn
7 Dachdichtungsbahn mit verstärkter Einlage
8 Glasvliesbahn (V13)
9 Wärmedämmung (Schaumglas)
10 Bitumenschicht
11 Bitumenvoranstrich
12 Rohbetondecke im Gefälle

Bild H70
Rinnenentwässerung bei einem direkt befahrenen Betonbelag
(System Max Poburski & Söhne GmbH & Co., Hamburg) [H236]; vgl. auch Bild H65

man beispielsweise an das Überfahren mit Einkaufswagen bei Parkdecks in Verbindung mit Einkaufszentren denkt. Bei der Rinnenlösung nach Bild H70 ist darauf zu achten, dass die Verankerungsaufkantung am Rand des Auflagerflansches nicht zu hoch gewählt wird. Es besteht dann nämlich die Gefahr einer Rissbildung im Fahrbeton parallel zur Entwässerungsrinne mit der Folge von Kantenausbrüchen.

Im Zusammenhang mit der elastischen Versiegelung der Plattenfugen ist ausdrücklich darauf hinzuweisen, dass hierfür eine regelmäßige Wartung erforderlich ist. Selbst wenn diese Versiegelung, wie oben ausgeführt, keine Abdichtungsfunktion zu übernehmen hat, so kommt ihr doch eine wichtige Aufgabe zu. Sie verhindert das Eindringen von Schmutz in den Fugenraum und damit Zwängungsspannungen bei temperaturbedingten Plattenbewegungen. In gewissem Maße dient sie aber auch einer Lagesicherung der einzelnen Plattenfelder. Bei verschiedenen Schadensfällen war zu beobachten, dass bei Belägen mit großenteils herausgerissenen Fugenversiegelungen die Plattenfelder sich in ihrer Ebene zueinander verschoben hatten. Dies kann im Extremfall zu einem direkten Kontakt zwischen zwei benachbarten Plattenfeldern führen mit der Folge von Zwängungsspannungen, die sich bei Plattenerwärmung ergeben. In solchen Fällen kann es zu erheblichen Schäden durch Kantenabbrüche kommen. Vor diesem Hintergrund ist dringend zu empfehlen, für die Instandhaltung der Plattenfugen einen Wartungsvertrag mit einer einschlägig erfahrenen Fachfirma abzuschließen.

2 Betonbeläge

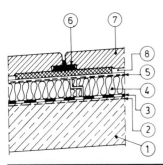

1 Betonkonstruktion
2 Voranstrich
3 Abdichtung nach DIN 18195-5 [H12]
4 Wärmedämmung aus extrudiertem Polystyrol, in den Stößen mit Stufenfalz
5 Polyestervlies 140 g/m²
6 Elastomer-Stelzenlager mit Zentrierelement
7 Betonplatten 900×900×80 mm (Fertigteile)
8 Luftschicht

a)

b)

c)

Bild H71
Wärmegedämmtes Umkehrdach mit vorgefertigten direkt befahrenen Betonplatten [H311]
a) Prinzip
b) Bauausführung
c) Detail zur Bauausführung

Im Zusammenhang mit wärmegedämmten Parkdecks ergibt sich eine interessante Alternativlösung durch die Ausbildung eines Umkehrdachs (Bild H71). Dabei befindet sich die Flächenabdichtung nicht oberhalb der Wärmedämmung, sondern unterhalb. Sie wird unmittelbar auf den Rohbeton nach dessen entsprechender Vorbereitung aufgebracht. Aus abdichtungstechnischer Sicht ist ein solcher Aufbau vorteilhaft, da eventuelle Verformungen der Wärmedämmung unter Druckbelastung keinerlei Auswirkungen mehr auf die Abdichtungshaut haben. Andererseits wird aber die Wärmedämmung beim Umkehrdach nicht vor dem Zutritt von Niederschlagswasser geschützt. Dies ist bei der Auswahl der Dämmstoffe unbedingt zu beachten. Da die Wärmedämmsysteme in der Regel zumindest in den Stoßfugen zwischen den einzelnen Dämmplatten Wasser aufnehmen, ist ein entsprechender Zuschlag bei der Bemessung der Wärmedämmung vorzunehmen. Er dient als Ausgleich für die reduzierte Wärmedämmwirkung bei Vorhandensein von Wasser im Dämmsystem. Wärmedämmungen aus Hartschaumplatten nach DIN 18164-l [H11] bedürfen bei Verwendung im Rahmen eines Umkehrdaches unbedingt einer oberseitigen Belüftung. Andernfalls nehmen sie im Laufe der Zeit immer mehr Wasser auf (bis zum Sättigungsgrad) und verlieren erheblich an Dämmwirkung. Dies haben in der Vergangenheit einige Schadensfälle deutlich aufgezeigt [H237]. Ein Beispiel für die Ausbildung einer ausreichenden Belüftungsfuge oberhalb der Wärmedämmung ist in Bild H71 dargestellt. Die vorgefertigten, bei ausschließlicher Pkw-Nutzung unbewehrten Betonplatten weisen Abmessungen von 0,9 m×0,9 m bei 8 cm Dicke auf. An den Ecken werden die Platten auf ausreichend standfesten Stelzlagern gelagert. Diese sind aus Gummischnitzeln gefertigt und greifen in entsprechende Aussparungen der Betonplatten. Die Höhenverstellbarkeit der Zentrierelemente erfolgt durch Unterlegen verschieden hoher Gummischnitzelplatten. Zur Verspannung der Platten untereinander und gegen die Parkdeckränder enthalten die Zentrierelemente konusartige Verschraubungsteile. Dieses System [H311] bietet den Vorteil eines möglichen späteren Nachspannens sowie des jederzeitigen Auswechselns einzelner Betonplatten. Die Fugen zwischen den Platten bleiben offen, sodass eine schnelle Oberflächenentwässerung der Parkdeckfläche gewährleistet ist. Dieser Effekt wird noch unterstützt durch eine Gefälleausbildung von 1,5 bis 2%. Auch bei dieser Bauweise sollte das Gefälle unbedingt bereits mit der tragenden Konstruktion erreicht werden und nicht durch einen nachträglich aufgebrachten Gefällebeton. Die Hauptentwässerungsebene liegt bei der in Bild H71 aufgezeigten Lösung in der Oberfläche der mindestens zweilagig ausgebildeten Abdichtung. Hier sind daher entsprechende Abläufe anzuordnen.

3 Pflaster- und Plattenbeläge

3.1 Allgemeines

Immer häufiger und auch großflächiger werden Pflaster- und Plattenbeläge im Bereich von Parkdecks und Hofkellerdecken eingesetzt. Einerseits kann hiermit eine optisch ansprechende Flächengestaltung erreicht werden, andererseits sind Pflasterflächen und Plattenbeläge immer dann angebracht, wenn z.B. Leitungs- und Kabelarbeiten noch nicht abgeschlossen oder später zu erwarten sind. Im Übrigen sind Pflaster- und Plattenbeläge unabhängig von der Art des Deckenaufbaus (mit oder ohne Wärmedämmung oder aber mit einer Schutzschicht der Abdichtung aus Asphalten oder Beton) bei einer 3 cm hohen Mindestbettungsdicke vielseitig einsetzbar. So können zwischen Abdichtungsschutzschicht und einem Belag aus Natursteinpflaster, Betonwerksteinen oder Pflasterklinkern in nahezu jeder beliebig dicken Auffüllung unter der Sand- oder Splittbettung Kabel und Leitungen angeordnet werden. Hierbei sind allerdings die erforderlichen Mindestüberdeckungen für Rohrleitungen, z.B. bei Wasser (Frostgefahr) und Gas (Bruchsicherheit), zu beachten. Dies führt bei Decken zu einer größeren Belastung der Tragkonstruktion und damit zu höheren Kosten. Daher müssen Planer und Ausführende, insbesondere bei der heute oft anstehenden Vergabe an einen Generalunternehmer, bei der Wahl dieser Beläge zusätzliche Punkte im Auge behalten. So sind für die vorgesehene Nutzung ein bequemes Begehen, ein gefahrloses Befahren mit Kinderwagen, Einkaufswagen, rollbaren Koffern, Fahrrädern und die Vermeidung lauter Fahrgeräusche bei Nutzung durch Kraftfahrzeuge zu berücksichtigen. Hierzu sollten Pflastersteine und Platten mit ebener, feinrauer Oberfläche gewählt werden, die mit möglichst engen Fugen und eventuell schräg zur Fahrtrichtung verlegt werden können. Zusammenfassend sind die Anforderungen in der DIN 18299 [14] und in der DIN 18318: Verkehrswegebauarbeiten, Pflasterdecken, Plattenbeläge, Einfassungen [H14] erfasst. Zusätzlich sind im Merkblatt für Flächenbefestigungen mit Pflaster- und Plattenbelägen, Ausgabe 1994, der Forschungsgesellschaft für das Straßen- und Verkehrswesen (FGSV) [H127] in den Hauptabschnitten Betonsteinpflaster, Klinkerpflaster, Natursteinpflaster und Plattenbeläge mit ausführlichen Erläuterungen behandelt.

3.2 Stoffe

Die Anforderungen an alle zum Einsatz kommenden Stoffe sind in Stoffnormen erfasst [H1 bis H4, H6, H10, H17 bis H20, H29 und H30].

3.2.1 Betonsteinpflaster [H241]

Für Betonsteinpflaster dürfen nur Betonpflastersteine verwendet werden, die den Anforderungen der DIN 18501 [H18] entsprechen. Entsprechend ihrer Form werden z.B. Quadrat-, Rechteck- und Sechseckpflastersteine sowie zahlreiche Arten von Verbundpflastersteinen angeboten. Sind die Kanten gebrochen, so spricht man von gefasten Steinen.

Verbundpflastersteine sind solche, deren besondere Formgebung einen Verbund der Steine untereinander bewirken und ein Loslösen von Einzelsteinen in der Pflasterebene durch das Einwirken von horizontalen Verkehrslasten vermeiden soll. Zur Ausbildung von Kurven bei Fahrbahnen und Wegen können nötigenfalls besondere Kurvensteine verwendet werden. Betonsteinpflaster wird hersteller- und formabhängig in einer großen Farbvielfalt angeboten.

Einen Überblick über verschiedene Systeme gibt Bild H72. Die Aufstellung erhebt keinen Anspruch auf Vollständigkeit, stellt jedoch einen repräsentativen Querschnitt des Angebots dar. Einige Formate haben nur regionale Bedeutung. Wegen der Formenvielfalt, der Anpassungsfähigkeit der Steinformate und des vergleichsweise niedrigen Preises beträgt der verarbeitete Anteil von Betonsteinpflaster etwa 90% aller Pflasterdecken.

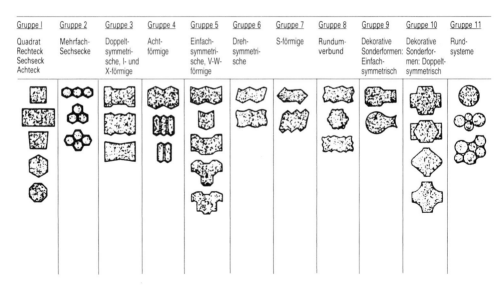

Bild H72
Übersicht über Formate der Betonpflastersteine [H241]

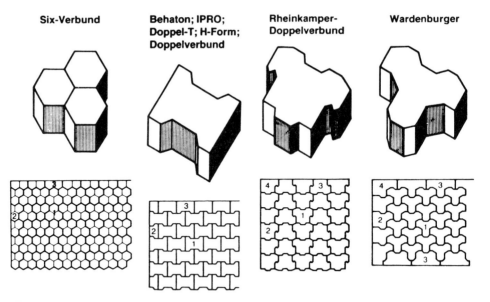

Bild H73
Beispiele von Verbundpflastersteinen [H243]

Die Steinformate schwanken überwiegend, je nach Hersteller und geplanter Nutzung in den Dicken zwischen 6 und 14 cm, in der Länge zwischen 10 und 30 cm. Die Breiten ergeben sich dann aus der Form des Steines (Bild H73).

3.2.2 Naturpflastersteine [H241]

Die Abmessungen (Breite, Länge und Höhe) der Naturpflastersteine sind in DIN EN 1342 [H19] festgelegt. Nach den Abmessungen wird aufgrund der Größen nach Großpflastersteinen, Kleinpflastersteinen und Mosaikpflastersteinen unterschieden. Die Güteklassen werden sowohl nach der Einhaltung der Abmessungen in den einzelnen Größen als auch nach dem äußeren Erscheinungsbild (Farbe, Bruchflächigkeit, Rauigkeit und Einhaltung rechter Winkel) bestimmt.

Natursteinpflaster werden hauptsächlich aus Granit, Basalt, Basaltlava, Diorit, Grauwacke und Melaphyr hergestellt. Es dürfen nur solche Gesteine verwendet werden, die den Anforderungen im Hinblick auf die Witterungsbeständigkeit und Festigkeit den TL Min-StB 2000 [H104] entsprechen. Mit den Formaten Kleinsteinpflaster (Kantenlängen 80 bis 100 mm) und Mosaikpflaster (Kantenlängen 40 bis 60 mm) lassen sich schwierige Anschlüsse leicht herstellen (Bild H74).

Bild H74
Natursteinpflaster – Vorfahrt Terminal 4, Flughafen Hamburg

3.2.3 Pflasterklinker [H241]

Für Klinkerpflaster dürfen nur Pflasterklinker verwendet werden, die den Anforderungen der DIN 18503 [H20] entsprechen. Der Einsatz von Klinkerpflaster ist regional bedingt und im Nordosten der Bundesrepublik häufiger anzutreffen. Die Klinker werden aus Lehm, Ton und tonigen Massen mit oder ohne Zusatzstoffe geformt und bei Temperaturen über 1000 °C hart gebrannt. Der Brand gibt ihnen ihre große Festigkeit und Lebensdauer, die Frost- und Wetterbeständigkeit sowie ausreichende Resistenz gegen chemische Angriffe und vor allem die Farbechtheit. Sie haben vorwiegend rechteckige Formen; andere Formen sind möglich, wenn die Pflasterklinker die technologischen Anforderungen der Norm erfüllen (Bild H75). Längen- bzw. Breitenmaße sind in der Norm nicht festgelegt; lediglich die Mindestdicke ist mit 40 mm angegeben.

Pflasterklinker im Rechteck- oder Quadratformat werden für Fugenraster von 100 bis 300 mm hergestellt. Die Herstellmaße richten sich nach der Verlegeart und sind vor der Lieferung zu vereinbaren. Dabei ist zu berücksichtigen, ob die Pflasterklinker für engfugige Verlegung E (Fugenbreite ca. 3 mm) oder zur Verlegung breiter Fugen F (Fugenbreite 8 bis 10 mm) vorgesehen sind.

Neben Rechteck- und Quadratformaten sowie Mosaik gibt es eine große Anzahl von Sonderformaten wie Dreieck- und Fünfeckklinker, Verbundklinker in verschiedenen Formen und Rasengittersteine.

Bild H75
Pflasterklinker und Pflasterkante aus Formsteinen mit angrenzendem Mosaikpflaster

3.2.4 Platten

Platten können aus Beton, Klinker oder Naturstein bestehen. Plattenbeläge sind nach der RStO86 (89) [H125] nur für Geh- und Radwege zugelassen.

Betonplatten müssen die Anforderungen der DIN 485 (Gehwegplatten aus Beton) [H3] erfüllen. Abweichend hiervon dürfen auch Betonplatten mit anderen Formen und Maßen verwendet werden, wenn sie im Übrigen den Anforderungen der DIN 485 entsprechen.

Klinkerplatten müssen die Anforderungen der DIN 18503 [H20] erfüllen.

Zur Herstellung von Flächen aus Natursteinplatten dürfen nur solche Platten verwendet werden, die den Anforderungen im Hinblick auf die Witterungsbeständigkeit und Festigkeit der TL Min-StB 2000 [H104] und der DIN EN 1341 [H29] entsprechen. Die Länge von Natursteinplatten sollte aus statischen Gründen das 1,5fache der Breite nicht überschreiten.

3.2.5 Bordsteine, Rinnen, Mulden und sonstige Betonerzeugnisse für Flächenbefestigungen

Für diese Formteile sind in der DIN 18318 [H14] sowie im Grundwissen Bau [H238] und im Elsner-Taschenbuch 1994 [H241] die jeweiligen Materialnormen und, soweit erforderlich, auch die grundsätzlichen Verlegehinweise enthalten. Allgemein muss aber darauf hingewiesen werden, dass infolge der abgedichteten Deckenflächen bei Parkgaragen und Hofkellerdecken kein Oberflächenwasser mehr direkt in den Untergrund versickert. Planer und Ausführende müssen darum durch Wasser ableitende Maßnahmen dafür Sorge tragen, dass ein Wasserstau auf der Fläche und vor Einbauteilen sicher vermieden wird. Mit anderen Worten, nur bei einer sicheren Ableitung des über die Pflasterfugen in die Bettungs- und Dränschicht eindringenden Wassers können die Pflaster- und Plattenbeläge auf Dauer funktionsgerecht liegen. Grundsätzliche Hinweise zur Entwässerung sind in Abschnitt H3.4.1 zu finden.

3.3 Aufbau der Pflaster- und Plattenbeläge

3.3.1 Ausführungsgrundlagen

Die Dicke der Beläge auf Hofkellerdecken und Parkflächen richtet sich im Grundsatz nach den Richtlinien für die Standardisierung des Oberbaues von Verkehrsflächen in der überarbeiteten Fassung von 1989 [H125] unter Berücksichtigung der erhöhten Achslasten im Rahmen der EG-Harmonisierung. In diesen Grundlagen ist auch für Parkflächen eine Bemessung nach Bauklassen vorgegeben. Es wird unterschieden sowohl zwischen einer ständigen und gelegentlichen Benutzung als auch zwischen Lkws und Bussen einerseits oder reinem Pkw-Verkehr andererseits oder aber einer Mischung aus beiden Nutzungsarten. Danach muss für die Ausführung zwischen den Bauklassen IV bis VI gewählt werden (siehe Tabelle H3). Ferner ist das Merkblatt der FGSV [H127] zu beachten. In der RStO

[H125] wird im Abschnitt Konstruktion und Ausführung sowie in den entsprechenden Tafeln eine Regeldicke von mindestens 8 cm zuzüglich 3 cm für die verdichtete Bettung genannt. Sollte die Möglichkeit der Nutzung durch Feuerwehrfahrzeuge und Lkws konstruktiv nicht ausgeschlossen sein, so sind mindestens 10 cm dicke Beläge zu empfehlen.

Ausnahmen bilden nur reine Rad- und Gehwege mit Plattendicken von 6 cm bei mindestens 3 cm Bettung. All diese Angaben gelten für Deckschichten im Straßenbereich auf den meist üblichen drei Tragschichten und den erforderlichen Entwässerungseinrichtungen.

Daher können für Pflaster und Plattenbeläge auf abgedichteten Bauwerksflächen aus der RStO [H125] lediglich die Dickenmaße übernommen werden. Zusätzliche Anforderungen sind bei Parkdecks und Hofkellerdecken an das Gefälle (Quer- und Längsgefälle), an die

Tabelle H3
Zuordnung von Bauklassen gem. RStO 86 [H125]

	Verkehrsfläche		Bauklasse
Straßentypen	Hauptverkehrsstraße Industriestraße Fußgängerzone mit schwerem Ladeverkehr		III
	Sammelstraße Fußgängerzone mit Ladeverkehr		IV
	Anliegerstraße Fußgängerzone		V
	Anliegerstraße Befahrbarer Wohnweg		VI
Busflächen	Fahrgassen in Busbahnhöfen		III
	Haltestreifen in Busbahnhöfen		IV
	Busbuchten		IV
Parkflächen	Ständig benutzte Parkflächen	für Lkw- und Busverkehr	IV
		für Pkw-Verkehr und geringen Lkw- und Busverkehr	V
		Pkw-Verkehr	VI
	Gelegentlich benutzte Parkflächen	für Lkw- und Busverkehr	V
		für Pkw-Verkehr und geringen Lkw- und Busverkehr	VI
Nebenanlagen und Nebenbereiche an Bundesfernstraßen	Zufahrten zu Lkw-Abstellflächen und bei überwiegendem Schwerverkehr		III
	Verkehrsflächen für Pkws und Lkws		IV
	Verkehrsflächen für Pkws		VI

Tabelle H4
Anhaltswerte für die Dicke von Pflastersteinen [H246]

Verkehrsbelastung	Mindestdicke in cm		Anwendungsbereich
	Pflasterstein nach DIN 18501	Verbund-Pflasterstein	
leicht, nicht oder nur gelegentlich durch Pkws befahren	8	6	Gehwege, Radwege, Pkw-Parkplätze
mittelschwer, gelegentlich Lkw- und Busverkehr	10	8	Siedlungsstraßen, Pkw-Parkplätze, Einfahrten, Fußgängerstraßen, Hofbefestigungen u. dgl.
schwer, Lkw-Busverkehr	12	10	alle Straßen, Bushöfe und -spuren, Industrieflächen, Panzerstraßen u. dgl.

Tabelle H5
Erforderliche Überhöhung eines Pflasterbetts aus Sand [H246]

Steinart	Überhöhungsmaß [cm]
Betonsteine nach DIN 18501 Steinhöhe ≥ 12 cm	3
Steinhöhe < 12 cm	2
Verbundsteine	1 bis 2

Pflasterbettung und das Verlegen, an die Belagsfugen sowie die Entwässerung mit der Wasserableitung auf der Schutzschicht zu stellen. Anhaltswerte für die erforderliche Dicke von Pflastersteinen aus Beton und Verbundpflaster gibt Tabelle H4, für die erforderliche Überhöhung des Pflasterbetts aus Sand (vor Verdichtung) Tabelle H5.

3.3.2 Gefälle

Das Mindestgefälle muss nach DIN 18318 [H 14]

– bei Pflasterdecken aus Naturstein 3%
– bei Pflasterdecken aus Betonstein 2,5%
– bei Plattenbelägen 2% betragen (vgl. auch Tabelle B9)

Abweichungen vom Gefälle in der Fläche dürfen nicht über 0,4% betragen. Das Längsgefälle von Rinnenbahnen muss bei mindestens 0,5% liegen.

Zur sicheren Wasserabführung sind möglichst kurze Entfernungen von den Hochpunkten zu den Abläufen sowohl bei Linienentwässerungen (Rinnen) als auch Punktentwässerungen (Abläufe) zu planen. Hierzu können die Angaben in der DIN 1986 [H6] als Planungshilfe angesehen werden.

Die Forderung nach einem ausreichenden Gefälle gilt auch bereits für die Schutzschicht der Abdichtung bzw. für die Betonoberfläche der konstruktiven Decke bei wasserundurchlässigem Beton.

3.3.3 Pflasterbettung und -verlegung

Das Bettungsmaterial und dessen Steifigkeit tragen weitgehend zur sicheren Lage des Belages bei. Nach DIN 18318 [H14] müssen alle Materialien der TL Min-StB 2000 [H104] bzw. DIN 4226, Teil 1 [H9] entsprechen. Der nach der DIN 18318 zulässige Anteil von abschlämmbaren Bestandteilen ist mit 5% sicherlich immer dann zu hoch, wenn die Fugen wasserdurchlässig verfüllt werden und über die Bettung Wasser abgeleitet wird. In solchen Fällen sollte Splitt, z. B. der Körnung 1/3 oder 2/5 mm, bzw. kornabgestuftes Brechsand-Splitt-Gemisch eingesetzt werden. Das Bettungsmaterial soll profilgerecht abgezogen auch im verdichteten Zustand mindestens 3 cm, aber maximal 5 cm dick sein. Hierbei kann man von einem Überhöhungsmaß (vor Verdichtung) von 1 bis 2 cm bei Steindicken bis 12 cm nach Tabelle H5 ausgehen.

Eine Stabilisierung der Pflasterbettung mithilfe eines Zementzusatzes sollte nur dann erwogen werden, wenn nachweislich keine Bindemittelbestandteile ausgewaschen werden können. Dies gilt auch für Spezialzemente, wie z. B. Trass. Denn Auswaschungen schränken auf Dauer nicht nur die Filterwirkung der Dränschicht ein, sondern führen durch Ablagerungen zu erheblichen Schäden in den Abflussleitungen. Dies zeigt sich vorwiegend dann, wenn die Mindestfließgeschwindigkeit von 0,5 m/s infolge eines zu geringen Gefälles (<2%) nicht erreicht wird und die Rohrquerschnitte oft noch unter dem Mindestquerschnitt von 150 mm Durchmesser liegen. Aus den vorab beschriebenen Gründen muss im Allgemeinen von einer Kalkvermörtelung über abgedichteten Flächen dringend abgeraten werden.

Alle mineralisch gebundenen Bettungen für Pflaster- und Plattenbeläge erfordern nach DIN 18318 [H14] Dehnungsfugen im Abstand von 8 m. Für nicht mineralisch gebundene Bettungen werden dagegen in der Norm keine Dehnfugen gefordert.

Zur Frage der Kornzusammensetzung und über den Einfluss von Bettung und Fugen auf das Verhalten von Decken aus Betonsteinpflaster äußert sich in einer experimentellen Untersuchung Shakel vom National Institute for Transport and Road Research (NITRR) in Pretoria, Südafrika. Diese Untersuchung wurde von Soller und Schmincke [H246] übersetzt und ausgewertet.

In der Zusammenfassung dieser Untersuchung heißt es auszugsweise wörtlich:

Für Pflaster aus Betonverbundsteinen wird nach DIN 18318 [H14] eine Pflasterbett-Dicke nach der Verdichtung von mindestens 3 cm vorgeschrieben.

Eine Sieblinie ist für die Bettungssande grundsätzlich nicht vorgeschrieben. Aus wirtschaftlichen Gründen sollte man davon auch absehen. Bei einer möglichen Auswahl zwischen verschiedenen Sanden sollte man darauf achten, dass er

- *gemischtkörnig ist,*
- *einen großen inneren Reibungswinkel besitzt,*
- *einen geringen Anteil an abschlämmbaren Bestandteilen hat und*
- *seine Feuchtigkeit beim Einbau etwa seiner Proktorfeuchte entspricht.*

Entscheidend für die Zusammendrückung der Pflasterbettung ist ihre Einbaudicke. Da die geringen Maßtoleranzen der Verbundsteine ein genaues Arbeiten ermöglichen, sollte man die Dicke des Pflasterbettes auf ein Minimum begrenzen. 3 cm im verdichteten Zustand bei 1 cm Überhöhung (Einbaudicke also 4 cm) sollten dafür ausreichen.

Da ein feiner Fugensand der Pflasterdecke eine bessere Stabilität verleiht, sollte man zum Verfüllen der Fugen möglichst feinkörnige Sande verwenden.

Wichtig ist die Ableitung des Oberflächenwassers. Da bis zu 25% des Regenwassers in die Pflasterfugen eindringen können, sollte in einer gebundenen Tragschicht unter dem Pflasterbett eine Entwässerungsmöglichkeit vorhanden sein. Das gilt vor allem für flächenhafte Befestigungen über 3 m Breite.

Da auch die Steinhöhe einen nicht unerheblichen Einfluss auf die Verformung der Pflasterfläche unter dem Verkehr hat – ein 80 mm hoher Stein hat gegenüber dem 60 mm hohen Stein eine um mehr als 50% geringere Einsenkung –, sollte man höhere Steine bevorzugen. Die Mehrkosten im Betonpflasterstein-Material sind dabei unerheblich gegenüber dem Gewinn an Lebensdauer der Pflasterdecke.

Um das über die Fugen eindringende Regenwasser sicher abzuleiten, empfiehlt sich die Anordnung einer Wasser abführenden Schicht aus Splitt 3/8 mm in einer Dicke von mindestens 30 mm unterhalb der eigentlichen Pflasterbettung. Diese Schicht sollte aber durch ein Filtervlies (etwa 200 g/m^2) gegen Verunreinigungen aus der oberen gemischtkörnigen Bettungsschicht geschützt werden, damit die Filter- und Dränwirkung auf Dauer erhalten bleibt (Bild H76c). Das Filtervlies sollte nicht wesentlich dicker gewählt und muss faltenfrei verlegt werden, damit für den Pflasterbelag keine schädlichen Federeffekte mit der Gefahr von Kantenabplatzungen auftreten (Bild H77). Aus diesem Grund sollten weniger dick auftragende Filterschichten aus Noppenbahnen oder Schlüter-Troba-Matten mit geschlitzten Noppen nur in Verbindung mit hydraulisch gebundener und damit besser lastverteilender Pflasterbettung zum Einsatz gelangen.

Fasst man die vorstehenden Grundlagen zusammen (Bild H76), so ergibt sich eine Aufbauhöhe von mindestens 11 bis 13 cm ohne gesonderte Filterschicht, bei dem qualitativ höherwertigen Aufbau mit Filterschicht eine Dicke von 14 bis 17 cm. Demgegenüber steht die Regelausführung einer Gussasphalt-Deckschicht mit 3,5 cm Dicke. Klinkerpflaster kann bei hochformatiger Anordnung gegenüber dem Beton- oder Natursteinpflaster weitere 3 cm in der Höhe erfordern. Eine Betonschutzschicht auf der Abdichtung von mindestens 5 cm Dicke nach DIN 18195-10 auf einer zweilagigen Deckenabdichtung nach DIN 18195-5 [H12] würde eine Gesamtaufbauhöhe mit Pflasterbelag von insgesamt etwa 17 cm ergeben.

Beispiele für eine sichere Ausführung des Abdichtungsabschlusses mit den verschiedenen Möglichkeiten infolge unterschiedlich hoher Wände oder Randbalken zeigen die Bilder H78a bis H78c.

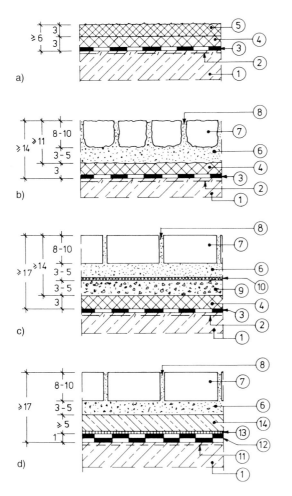

1 Konstruktionsbeton
2 Grundierung
3 metallfreie Schweißbahn
4 Gussasphalt-Schutzschicht 0/8, ≥25 mm dick
5 Gussasphalt-Deckschicht 0/11, 30 mm dick
6 Bettung, 3 bis 5 cm dick
7 Pflaster ≥8 cm
8 Fugenverfüllung
9 Dränschicht, Splitt 3/8, d≥30 mm
10 Filtervlies, ≥200 g/m²
11 Voranstrich
12 2 Lagen Dichtungsbahnen
13 Deckaufstrich
14 Betonschutzschicht, d≥50 mm

Bild H76
Mindestdicken bei Pflaster- und Belagsarbeiten auf abgedichtetem Park- und Hofkellerdecken-System
a) Abdichtung nach ZTV-BEL-B mit Gussasphalt-Deckschicht
b) Abdichtung nach ZTV-BEL-B mit Pflaster und Bettung
c) Abdichtung nach ZTV-BEL-B mit Pflaster und Bettung mit Dränschicht
d) Abdichtung nach DIN 18195-5 [H12] mit Betonschutzschicht und Pflaster mit Bettung

Die in Bild H76 genannten Maße für Pflaster- und Plattenbeläge mit ihrer Bettung sowie eventuelle Dränschichten müssen auch auf wärmegedämmten Parkdeck- und Hofkellerdecken angesetzt werden. Aus dieser Sicht sollte der Planer den Belagsaufbau vor Beginn der Ausführungsplanung nochmals kritisch überdenken. Denn mit der Gesamtbauhöhe werden auch die Treppenaus- oder -antritte, Brüstungs- und Rampenhöhen beeinflusst, ebenso wie die Türaustritte. Mit der Bauhöhe nach Bild H78 einher gehen die Gewichte. Größere Werte führen zu Mehrkosten in der Tragkonstruktion.

Schwerwiegende Fehler können später durch bewusste Abminderung der Dickenabmessung mit dem Ziel einer Preisminimierung entstehen. Beim Betonpflaster sowie bei der Schutzschicht bestehen diese Tendenzen häufig. Sie führen aber, wie Zimmermann in einem Schadensbericht [H245] beschreibt, zu entscheidenden Mängeln insbesondere dann, wenn auch noch weiche Schutzschichten für die Abdichtung, z.B. Bautenschutzplatten, eingebaut werden. Es müssen dann infolge der Federwirkung ein Auswandern bei nicht

Bild H77
Abplatzungen bei nicht abgefasten Kanten an der Oberfläche von Betonverbundsteinen

fest verzahnten bzw. vermörtelten Einzelsteinen sowie die bereits erwähnten Kantenabplatzungen befürchtet werden.

Daher wird dringend empfohlen, die Steinanordnung, d.h. den vorgesehenen Verband der Einzelsteine, zuerst unter dem Gesichtspunkt der Lagesicherung auszuwählen [H245]. Hierbei können sich die einzelnen Steinformen sehr positiv auswirken und durch die richtige Fugenverfüllung in ihrer festen Lage unterstützt werden. Bei fehlendem Verband treten schädigende Verschiebungen vor allem in Kurvenfahrten, vor Rinnen und im Bereich von Gefällewechseln an Rampen auf (Bild H79).

Bei der Verlegung größerer Flächen sollte auch immer bedacht werden, ob eine maschinelle Verlegung bei dem gewählten Steinformat möglich ist. Geht man bei der Handarbeit von etwa 60 m^2 pro Tag/Mann Verlegeleistung aus, kann man mit Handverlegegeräten etwa 135 m^2 pro Tag/Mann oder bei Motorverlegegeräten etwa 200 m^2 pro Tag/Mann ansetzen.

Bei der Steinauswahl sollten auch die Oberflächenbeschaffenheit und die Art der Kantenausführung, z.B. abgefast oder scharfkantig, bedacht werden. An der Oberfläche nicht kantengefaste Betonpflastersteine neigen vor allem bei Fahrverkehr zu Abplatzungen (vgl. Bild H77). Bei der Wahl der Belagsoberfläche ist neben dem Einhalten der zulässigen Höhentoleranz für die Anschlüsse an Einbauteile von 2 bzw. 5 mm entscheidend, ob sie auch für das problemlose Überrollen durch die im Allgemeinen kleinen Räder von Einkaufswagen oder die Rollen von Koffern geeignet ist.

Aber auch zu große Rillen bei abgefasten Kanten können hinderlich und wenig vorteilhaft sein und ebenso wie Kantenabbrüche zu einem negativen Erscheinungsbild bei scharfkantigen Formsteinen führen. So müssen in jedem Einzelfall – auch im Zusammenhang mit

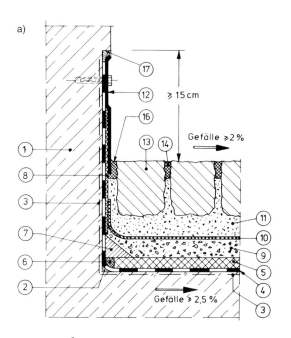
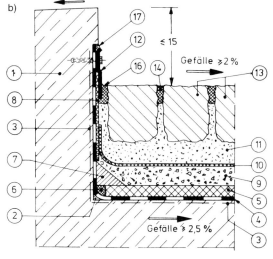
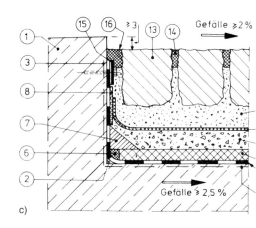

1 Betonkonstruktion
2 Hohlkehle
3 Grundierung
4 Schweißbahn
5 Gussasphalt-Schutzschicht
6 evtl. Vergussfuge in Schutzschicht
7 Gussasphalt-Keil oder Keil aus extrudiertem Hartschaum, mindestens aber Schutz durch Gummigranulatplatten
8 Schutzlage aus Bitumenbahn oder Gummigranulatplatten
9 Dränschicht, Splitt 3/8
10 Polyestervlies, ≥ 200 g/m²
11 Pflasterbettung, ≥ 30 mm
12 Klemmleiste, ≥ 180 mm bzw. 80 mm hoch, einschließlich Halterung und Schutz der Abdichtung
13 Kleinpflaster
14 Fugenfüllung, erforderlichenfalls als Verguss, kehrmaschinenfest
15 Klemmschiene, 50×5 mm, Schlüsselschraube, Durchmesser 8, $e \leq 200$ mm
16 Bitumen-Vergussfuge
17 Bitumen-Spachtelmasse

Bild H78
Abdichtungsabschluss einer gepflasterten Park- und Hofkellerdecke; System
a) Regelanschluss an aufgehender Wand mit mechanischem Schutz, z. B. Alu-Strangprofilen
b) Sonderausführung bei niedriger Aufkantung bis 15 cm Höhe
c) Abdichtungsabschluss bei nicht vorhandener Aufkantungshöhe

3 Pflaster- und Plattenbeläge 421

a)

b)

c)

Bild H79
Schäden im Bereich fehlender bzw. unzureichender Verbundwirkung
a) Betonpflastersteine
b) Betonplatten bei Gefällewechsel
c) Betonrechtecksteine und Verbundpflaster

3 oder 8 mm breiten Fugen – die Nutzungsaspekte und das optische Gestaltungsbild der Belagsfläche insgesamt genau bedacht werden.

Einige Beispiele für das Verlegen von Rechtecksteinen und Verbundpflaster zeigen die Bilder H80 bis H83. Weitere Einzelheiten, auch zur dekorativen Flächengestaltung, werden in „Straßenbau heute" [H243] für alle wesentlichen Gruppen der Verbundpflastersteine beschrieben.

Auf einigen Verkehrsflächen werden sich auch bei Pflasterbelägen Kurvenfahrten nicht völlig ausschließen lassen, so z. B. bei Ein- und Ausparkvorgängen und an Rampenanschlüssen. Bei Klein- und Mosaikpflaster können hier mit handwerklicher Geschicklichkeit ausreichend schubfeste Beläge erzielt werden. Bei Betonpflastersteinen können bestimmte Steinformate erforderlich werden. Nicht selten ist ein Pflasterbelag im Bogen zu

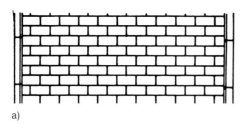

a)

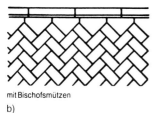

mit Bischofsmützen

ohne Bischofsmützen

b)

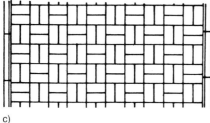

c)

d)

Bild H80
Verlegemuster von Quadrat- und Rechtecksteinen (Seitenverhältnis 1:2) [H243]
a) Klassischer Läuferverband mit Rillen und ganzen Steinen
b) Fischgrätverband
c) Blockverband
d) Mittelsteinverband

erstellen. Hierfür sind besondere Kurvensteine notwendig (Bild H84). Man kann aber auch mit entsprechender Fugenanordnung die gestellten Aufgaben lösen. Einzelheiten hierzu sind in [H243] ausführlich erläutert. Kurvensteine haben bei Umpflasterungen allerdings den Nachteil, dass sie oft nicht wieder vollständig und korrekt eingebaut werden können.

Im Zusammenhang mit der Begrünung von Tiefgaragendecken werden bei Wohn- oder Bürokomplexen oftmals Feuerwehrzufahrten auf so genannten Rasensteinen auszuführen sein. Hier muss der Planer in der Regel eine größere Steinhöhe als bei normalen vollflächigen Verbundpflastersteinen ansetzen. Die Regelhöhe der Rasensteine liegt bei ≥ 10 cm,

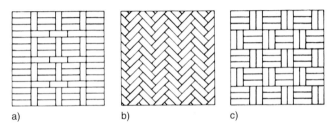

Bild H81
Verlegemuster mit Rechtecksteinen (Seitenverhältnis 1:3) [H243]
a) Variierter Parkettverband
b) Fischgrätverband
c) Parkettverband

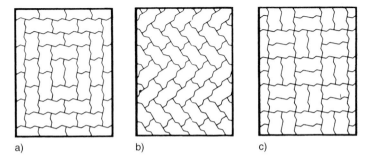

Bild H82
Verlegemuster für Verbundpflaster [H243]
a) Kassette
b) Fischgrät-Doppel
c) Parkettverband

Bild H83
Beispiel für ein Verbundpflaster

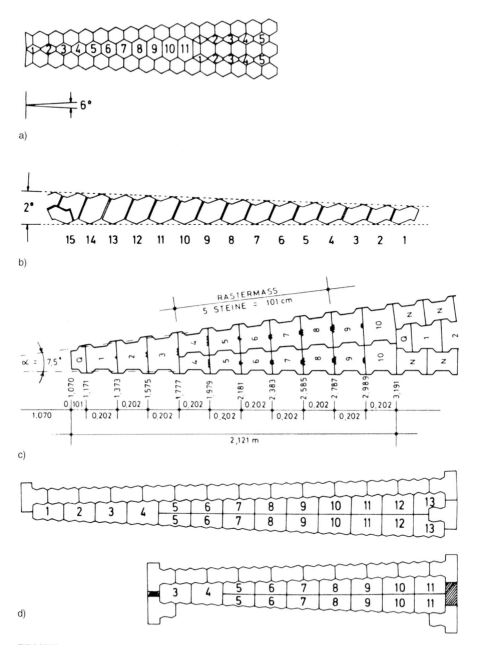

Bild H84
Beispiele für Kurvensätze [H243] verschiedener Pflastersteinformate
a) Kurvensatz für Sechsecksteine $a=6°$; 21 Teile (11 Größen), b $\cong$ 3,20 m
b) SF-Verbund(ESKOO)-Kurvensatz; $a=2°$; 0,45 m^2; b $\cong$ 2,70 m
c) Doppel-T-Verbund-Kurvenkeil; 18 Teile (11 Größen); b=2,12; $a=7,5°$
d) HBI-Verbund-Kurvensatz; $a=4°$; 22 Teile (13 Größen); 0,55 m^2; b $\cong$ 2,86 m

3 Pflaster- und Plattenbeläge

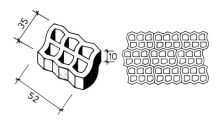

Bild H85
Rasenkammer-Verbundstein

die Länge kann ≥50 cm betragen wie z. B. in Bild H85. Unter der normalen Sandbettung von 3 bis 5 cm Dicke ist bei Rasensteinen zusätzlich ein mindestens 20 cm dickes Kies-Schotterbett empfehlenswert. Dadurch können beim Einsatz von Rasensteinen für Feuerwehrzufahrten Aufbauhöhen über der Abdichtungsschutzschicht von über 33 cm erforderlich werden. Einzelheiten hierzu sind zweckmäßigerweise mit dem Garten- bzw. Landschaftsgestalter zu vereinbaren. Abmessungen mehrerer Fabrikate können [H243] entnommen werden.

Um beim Rasendurchwuchs einen gesamtflächig gleichmäßigen Eindruck zu erhalten, können Abstandshalter zwischen den Steinen notwendig werden. Sie gewährleisten so breite Fugen, dass bei fachgerechter Bodenverfüllung auch im Stoßbereich der Rasensteine eine gute Durchwurzelung gegeben ist.

3.3.4 Pflasterfugen

Beim Verlegen sind die Fugenbreiten zum Teil vom Steinmaterial und der Rasteranordnung abhängig. Im Regelfall (Betonstein- und Klinkerpflaster) kann man von 3 bis 5 mm Fugenbreite ausgehen. Nur bei Natursteinpflaster (Klein- und Mosaikpflaster) liegt die Fugenbreite zwischen 6 und 10 mm. Die geringen Fugenbreiten sind optisch überaus empfindlich. Es empfiehlt sich daher, mithilfe von Abstandshaltern gleiche Breitenmaße sicherzustellen.

Einige wenige Hersteller versehen die Seitenflächen mit so genannten Noppen oder Nasen und sichern bei der Verlegung so von vornherein einen gleichmäßigen Fugenabstand sowie gleichzeitig eine Schubkraftübertragung von Stein zu Stein.

Pflasterfugen müssen zügig beim Verlegevorgang verfüllt werden. Im Regelfall kommt ungebundenes Material zum Einsatz. In den einschlägigen Regelwerken werden Sande 0/2 oder 0/4 mm angegeben, aber auch Splitte 1/3 oder 2/5 mm. Ein Brechsand-Splittgemisch sollte aus 0/5 mm bestehen. Empfehlenswert erscheinen auf abgedichteten Flächen Splitte 1/3 mm. Durch Einfegen und Einschlämmen werden die Fugenspalte vor dem Verdichten verfüllt. Nach dem Abrütteln der Fläche müssen die Fugen nachverfüllt werden. Immer häufiger werden nach Inbetriebnahme Pflasterbeläge mechanisch gereinigt und die Abfallstoffe maschinell aufgesaugt. Dabei werden häufig auch die Fugenverfüllstoffe mit angesaugt. Die Fuge liegt bald frei, und die Beläge verschieben sich mit größter Wahrscheinlichkeit in kürzester Zeit. Als Folge nehmen im Allgemeinen auch die Überrollgeräusche erheblich zu, sodass lautere Fahrgeräusche nicht zu vermeiden sind. Daher sind heute oftmals die Fugen zu vergießen oder zu vermörteln. Sollen die Fugen vergossen oder vermörtelt werden, so ist von einer Mindestbreite von 5 bzw. 8 mm je nach Art des Füllmaterials auszugehen. Vor dem Vergießen bzw. Verfüllen müssen die Fugenspalte mindestens 3 cm tief freigekratzt und soweit erforderlich auch gereinigt und genässt werden.

Als Füllmaterial werden in DIN 18318 [H 14] mineralische Stoffe, d.h. Zement- oder Kalkmörtel, genannt. Sie werden ähnlich wie aus Bild H87 ersichtlich eingebaut. Außerdem werden als Fugenverguss auch Bitumen nach TL bit Fug 82 [H115] und elastische, plastische oder elastoplastische Fugenmassen nach DIN 18540 [G13] zugelassen.

Bei allen Fugenfüllstoffen muss eine sichere Flankenhaftung gewährleistet sein. Allgemein liegen für 3 cm tiefe Fugen und Fugenmassen nach DIN 18540 die Kosten sehr hoch. Hier können durch Einlegen eines richtig dimensionierten Fugenunterfüllstoffs die Breiten- bzw. Tiefenverhältnisse optimiert werden. Dadurch lässt sich anschließend eine einwandfreie und langfristig funktionstüchtige Fugenverfüllung herstellen. Allgemein ist anzumerken, dass lange nicht alle Fugenmassen nach DIN 18540 gleichwertig sind. Im Pflasterbereich werden besonders hohe Ansprüche gestellt. Hier handelt es sich um waagerechte Flächen, die durch Niederschläge und darin gelöste Schadstoffe sowie durch Temperaturschwankungen stark belastet sind. Daraus resultiert die wesentlich höhere Beanspruchung gegenüber senkrechten Flächen. Es sollte daher bei der Stoffauswahl mit größter Sorgfalt vorgegangen werden.

Bitumenvergussmassen sind langjährig bewährt, erfordern jedoch eine saubere Verarbeitung beim Vergießen, damit die Verschmutzung durch seitliches Übergießen nicht zu optisch unschönen Belagsflächen führt.

Wesentlich leichter sind die heute auf dem Markt befindlichen Pflasterfugenmörtel einzubauen. Für Fugenbreiten ab 5 mm und Tiefen von 30 mm werden diese vorgemischten Zwei-Komponenten-Reaktionsharz-Mörtel in Säcken oder Großgebinden geliefert [H313]. Die nicht angebrochenen Gebinde sind etwa 12 Monate haltbar und ergeben nach dem Anmachen der mitgelieferten und mengenmäßig abgestimmten zweiten Komponente hoch abriebfeste, weitgehend chemikalienbeständige und frostsichere Fugenfüllungen. Der in einem Zwangsmischer angemachte Fugenmörtel wird auf die vorgenässten Flächen gekippt und mit Gummischiebern (Bild H86) oder Besen in die Fugen eingebracht. Das überschüssige Material kann bald danach abgekehrt werden und hinterlässt keine Rückstände auf den Pflasterflächen, sofern man sich an die angegebenen Verarbeitungszeiten hält (Bild H87).

Sind Parkflächen in Grünanlagen angeordnet und will man bei einer Pflasterbettung mit funktionsfähigen Dränschichten z.B. eine Pfützenbildung auch bei Kleinpflaster im Fugenbereich zuverlässig vermeiden, so sollte man wasserdurchlässige Fugenverfüllungen anordnen. Ein fester, aber wasserdurchlässiger Fugenmörtel sichert die Wasserabführung in die Bettung und Dränschicht. Bei diesem Zwei-Komponenten-Epoxidharz-Mörtel handelt es sich um ein lösungsmittelfreies, einbaufertiges Quarzsandgemisch. Er ist speziell auf Wasserdurchlässigkeit geprüft und erfordert keine zusätzlichen Arbeitsgänge gegenüber den vorgenannten dichten Fugenmörteln. Die Bilder H88 und H89 zeigen den porigen Fugenmörtel in einer Pflasterdecke.

Bild H86
Einbringen einer 2-Komponenten-Reaktionsharz-Fugenvermörtelung (GftK Gebr. von der Wettern mbH, Rheinbach-Flerzheim) [H313]

Bild H87
Abkehren des Überschussmaterials (GftK Gebr. von der Wettern mbH, Rheinbach-Flerzheim) [H313]

Bild H88
Pflasterfugenmörtel aus Epoxidharz mit Dränagewirkung (Romex GmbH, Euskirchen) [H314]

Bild H89
Detail Pflasterfugenmörtel aus Epoxidharz mit Dränagewirkung

Die in Säcken oder Großgebinden gelieferten Fertigmörtel für die Pflasterverfugung werden von verschiedenen Herstellern für die unterschiedlichsten Anforderungen angeboten. Daher empfiehlt es sich, eine anwendungsorientierte Fachberatung seitens der Hersteller wahrzunehmen.

3.3.5 Konstruktive Bewegungsfugen in Pflasterbelägen

Sind in einer Betontragschicht oder in Tragkonstruktionen Bauwerksfugen ausgebildet, so müssen diese auch in den Nutzbelägen aus Pflaster oder Platten ausgebildet werden. Auf diese Planungsnotwendigkeit wird in DIN 18318 im Abschnitt 3.2.5 [H14] ausdrücklich hingewiesen, und zwar parallel zur ZTV-BEL-B [H107], die auch die konstruktive Fugenausbildung in den Deckschichten fordert. Damit wird im Sinne der „anerkannten Regeln der Technik" die ausreichende und schadlose Aufnahme eines möglichen Verschiebeweges aus einer Bauwerksbewegung allein in der nach Norm mindestens 3 cm dicken Bettung unter dem Pflasterbelag verneint. Aus diesem Grund müssen Bewegungsfugen in der Belagsfläche konstruktiv ausgebildet werden. Hierfür eignen sich aber nur solche Konstruktionen, die in der Höhe variabel gestaltet und durch Knotenbleche so versteift ausgeführt werden können, dass die auf das Pflaster wirkenden Anfahr- und Bremskräfte von der Konstruktion sicher aufgenommen werden können. In Bild H90 ist eine solche Dehnfugenausbildung dargestellt. Sie ist auch für den nachträglichen Einbau geeignet und lässt sich allen erforderlichen Höhensituationen anpassen. Hierbei wird die Flächenabdichtung von der Stahlbetondecke auf den bei Neubauten einbetonierten oder bei Instandsetzungen nachträglich aufgesetzten Festflansch geführt. Die im Klemmbereich stumpf zu stoßende Abdichtung wird mit dem Dehnfugenband über der Fuge durch die Flanschkonstruktion

3 Pflaster- und Plattenbeläge

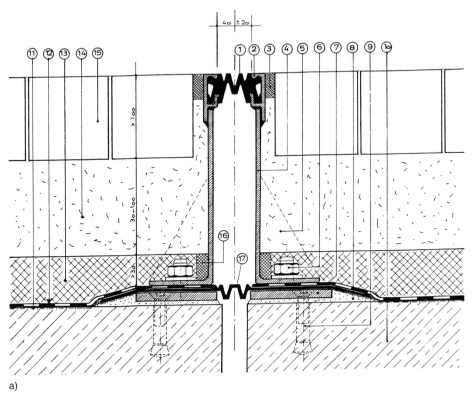

1 Elastomer-Dichtungsprofil MAPOTRIX®
2 Stahl-Klemmprofil
3 Bitumen-Fugenverguss
4 Randprofil-Losflansch t≥6 mm, h=variabel
5 Knotenblech gem. Statik
6 Schweißbolzen M 16×40, e=150 mm
7 Festflansch ⌑ 100/10
8 Kunststoffvergüteter Mörtelausgleich
9 Spreizdübel M 12/40, e=300
10 Konstruktionsbeton
11 Grundierung oder Versiegelung
12 Abdichtung nach ZTV-BEL-B
13 Gussasphalt-Schutzschicht
14 Sandbettung
15 Pflaster- oder Plattenbelag
16 Bitumen-Fugenverguss
17 Dehnfugenband MAPOTRIX® – verklebt

Bild H90
Fugenkonstruktion bei Pflaster- oder Plattenbelägen auf Sandbettung und Abdichtung nach ZTV-BEL-B [H107], System für nachträglichen Einbau mit variablen Höhen (Mapotrix, Schwarzenbek bei Hamburg)
a) Prinzip, b) Bauausführung

zuverlässig dichtend verbunden. Der aufgehende Stahlwinkel muss durchgehend dicht und daher in seinen Stößen verschweißt sein. Mithilfe von Knotenblechen muss er zur Aufnahme von Bremskräften erforderlichenfalls verstärkt werden. Aufgrund seiner Steifigkeit ist eine sehr genaue Anpassung an den Festflansch erforderlich. Überlappungen im Nahtbereich der Abdichtung sind nicht zulässig. Die Abdichtung muss daher im Klemmbereich mindestens zweilagig, mit versetzten Stumpfstößen ausgebildet sein. Im Bereich von begehbaren oder befahrbaren Belagsoberflächen wird an der Oberseite ein Dichtungsprofil mit Vorspannung eingeklemmt, das im Bedarfsfall auch auswechselbar ist.

Werden keine Fugenausbildungen in der Planung angeordnet, sind Rissbildungen wie in Bild H91 die Folge. Auf dem hier dargestellten Parkdeck, das auch einen bis zu 12 t schweren Lkw aufzunehmen hat, stellte sich der Riss über der Fuge erst nach dem zweiten Winter ein. Eine Fugenausbildung im Belag fehlte. Von der Planungs- und Ausführungsseite ging man davon aus, dass innerhalb der Pflasterbettung von 3 cm Hochofenschlacke 0/5 mm mit einem 3 bis 4 mm dicken Vlies und einer darunter liegenden 10 cm dicken Hochofenschlackenschicht 0/18 mm eine ausreichende Bewegungsmöglichkeit der Stahlbetontragkonstruktion im Bereich der Fuge gegeben ist. In der Praxis hatte sich aber herausgestellt, dass das Wasser nur im Vlies abgeleitet wird und die Schlacke auf 6 bis 8 cm anstatt auf plangemäß 13 cm Dicke verdichtet war. Sie war so verhärtet und verdichtet, dass sie nur mit dem Meißel entfernt werden konnte. Diese Fakten ergaben eine unzureichende Wasserabführung und zeigten schließlich ein Rissbild der im Läuferverband verlegten Betonpflastersteine entsprechend Bild H91.

Bild H91
Riss im Pflasterbelag infolge fehlender Fugenkonstruktion oberhalb einer Bauwerksfuge

3 Pflaster- und Plattenbeläge

Bild H92
Setzungen im Verbundpflaster oberhalb einer Gebäudefuge infolge teilweisen Verlustes an Bettungsmaterial bei fehlender Belagsfugenausbildung

Ein weiteres Schadensbild bei fehlender Fugenausbildung im Pflasterbelag oberhalb einer Gebäudefuge zeigt Bild H92. Hier haben relative Bauteilbewegungen zu einem teilweisen Verlust des Bettungsmaterials geführt und entsprechende Setzungen im Pflaster hervorgerufen.

3.4 Einbauteile

3.4.1 Entwässerung

Für die Einbauteile wie Bordsteine und Einfassungen mit den dazugehörigen Fundamenten einschließlich Rückenstützen im Bereich von Pflaster- und Plattenbelägen werden die grundsätzlichen Anforderungen in DIN 18318 in Abschnitt 3.7 (Einfassungen) [H14] geregelt. Es müssen aber bei abgedichteten Parkdecks und Hofkellerdecken zusätzlich die Auswirkungen der Wasserdurchlässigkeit der Pflasterfugen besonders beachtet werden. Alle Entwässerungsmaßnahmen müssen auf diesen Tatbestand ausgerichtet sein.

Die Planung der Entwässerung von Pflaster- und Belagsflächen über den abgedichteten Decken wird durch die Menge des eindringenden Wassers und dessen sichere Ableitung bestimmt. Man sollte bei der Planung davon ausgehen, dass bis zu 25% des Niederschlagswassers nach [H246], oftmals aber auch geringere Mengen durch die Fugen in die unteren Schichten dringen können. Diese nicht unerheblichen Wassermengen sickern durch die Bettung, das Vlies und die Dränschicht auf die Schutzschicht der Abdichtung oder die wasserundurchlässige Betondecke. Sie müssen dann dem Gefälle folgend auf kürzestem Weg zu den Abläufen gelangen. Daher sollten bei der Planung der Entwässerung die nachstehenden grundsätzlichen Punkte beachtet werden. So lässt sich verhindern, dass ein Pflasterbelag auf abgedichteten Flächen „aufschwimmt" und später hochfriert.

1. Das Gefälle auf der Belagsfläche muss auch auf der Abdichtungsschutzschicht vorhanden und zu den Tiefpunkten, d. h. den Abläufen, gerichtet sein. Es sollte bei Gussasphaltschutzschichten mindestens 2% betragen. Regionale Unterschiede in der Niederschlagsmenge und die Regenhäufigkeit müssen genauso beachtet werden wie die Entfernung und die Art der Wasserzuführung zu den einzelnen Abläufen. Hierbei kann auch die Rinnentiefe im Pflaster bedeutsam sein oder das Heben und Fallen der Wasserläufe (wechselndes Gefälle) bei ansonsten fast waagerechten Flächen.

2. Die Belagsbettung mit Vlies und darunter befindlicher Dränschicht muss dauerhaft funktionsfähig bleiben. Aufgrund zahlreicher Schäden kann davon ausgegangen werden, dass auch auf Dauer Pflasterfugen immer wasserdurchlässig bleiben. Daher sollte die Dränschicht mit einem möglichst geringen Anteil abschlämmbarer Bestandteile ($\leq 3\%$) kornabgestuft geplant und der Einbau überwacht werden.

3. Das anstehende Wasser muss über stabile, meist gusseiserne Abläufe bzw. Ablaufteile von jeder Wasser führenden Schicht sicher abgenommen werden. Aufgrund der größeren und unterschiedlichen Bauhöhen sind bei der Planung und Ausführung evtl. auch mehrteilige Abläufe einzusetzen. Brückenabläufe D400, wie z. B. solche des Typs HSD 2, erfordern wegen der notwendigen Höhenverstellbarkeit von mehr als 160 mm Sonderausführungen. Infolge der Brems- und Anfahrkräfte in der Belagsebene und deren Übertragung in einzelne Steine muss eine punktartige Seitenbelastung beachtet werden. Es sollten daher pultförmige, im Grundriss rechteckige/quadratische gusseiserne und 140 bis 160 mm hohe Aufsätze gewählt werden, die auch entsprechende Radlasten sicher abtragen (Bilder H93 und H94). Denn vor allem bei Hofkellerdecken sind Einzellasten z. B. aus Hubfahrzeugen, Feuerwehr-, Müll- und Umzugswagen heutzutage oft nicht auszuschließen. In diesem Zusammenhang muss auf die ausreichende Dimensionierung der evtl. erforderlichen Ausgleichsstücke unter den Aufsätzen hingewiesen werden, unabhängig davon, ob Fertigteile, Mauerwerk oder Ortbeton eingesetzt wird (Bild H95a). In ihren Seitenflächen müssen diese Einbauteile über ausreichend große Öffnungen zur Entwässerung der Bettungs- und Dränschichten verfügen. Mithilfe von Filtervliesen und Dränpackungen sind diese Sickerschlitze vor ungewolltem „Verstopfen" zu schützen. Bei gemauerten Zwischenteilen reichen offene Stoßfugen von 2 bis 3 cm Weite nicht aus; sie sind innerhalb kürzester Zeit nicht mehr ausreichend durchlässig.

An den Abläufen selbst müssen für Bahnenabdichtungen Klemmringe am Ablaufkörper vorhanden sein. Bei Deckenflächen aus WU-Beton können diese entfallen. Allerdings muss der Ablaufkörper wasserdicht im Konstruktionsbeton eingebettet sein (siehe Bild H95b). Auch sollte die Ablaufebene wenige Millimeter unter der angrenzenden Wasser führenden Schicht liegen.

Generell ist die Wartung von Abläufen erforderlich. Sie kann für die Haltbarkeit des gesamten Belages ausschlaggebend sein. Schließlich sollte aufgrund der Flächennutzung die Art der Ablaufabdeckung bedacht werden. Es dürfen keine zu großen Schlitze, im Regelfall bis 16 mm Breite, oder Löcher gewählt werden, um das Hängenbleiben von Kinder- oder Einkaufswagen bzw. Kofferrollen zu verhindern. Solche Über-

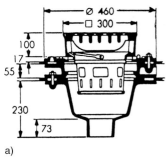

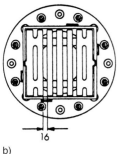

Parkdeck-Bodenablauf DN 100
aus Gusseisen für unterkellerte Hofflächen
stufenweise höhenverstellbar mit Pressdichtungsflanschen
und Sickeröffnungen;
Eimer: Stahl verzinkt

Klasse B 125
entspr. DIN EN 124/DIN 1229

Klasse M 125
entsprechend DIN EN 1253

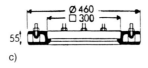

Bild H93
Bodenablauf-System Klasse B125 für Pkw-Parkflächen und unterkellerte Hofflächen mit 16 mm Schlitzweite [H317]
a) Schnitt, b) Draufsicht, c) Zwischenring

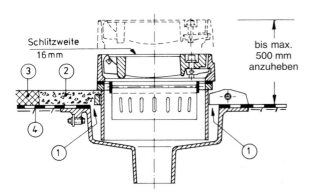

1 Sickerschlitz
2 Dränschicht, voll umlaufend, aus Einkornbeton, kunststoffgebunden, Körnung 8/16 mm
3 Gussasphalt-Schutzschicht
4 Abdichtung gem. ZTV-BEL-B 1 [H107]

Bild H94
Ablauf Klasse D400, HSD-2, mit 16 mm Schlitzweite und Anschluss der Abdichtung einschließlich Sickeröffnungen; System einer Sonderausführung für stufenlose Höhenverstellbarkeit bis 500 mm über Abdichtung für Pflasterdecken [H317]

legungen sind auch bei Muldenrinnen oder bei Rinnen aus speziellen Muldensteinen im Belag mit Einzelabläufen notwendig. Hier werden Vertiefungen über 30 mm beim Überfahren oder Überrollen als störend angesehen.

Aus diesen wenigen Hinweisen ist die Vielzahl der bei Abläufen zu beachtenden Punkte zu erkennen. Die Hersteller von Entwässerungselementen verfügen über ein breites Angebot und beraten Planer und Ausführende.

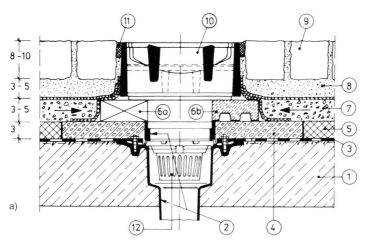

1 Konstruktionsbeton
2 Ablaufkörper mit Aufsatzring
3 Abdichtung: Schweißbahn gemäß ZTV-BEL-B 1 [H107]
4 Einkornbeton, kunststoffgebunden, umlaufend, Körnung 8/16 mm, etwa 25 cm breit, wasserdurchlässig und standfest
5 Gussasphalt-Schutzschicht
6 Ausgleichsstücke
6a Auflagerring oder -stein mit ≥3 cm breiten Fugen und Vliesabdeckung
6b Auflager für Ablaufaufsatz auf 2 cm hoher Noppenbahn und Ausgleichsbeton mit Vliesabdeckung
7 Dränschicht mit Vliesabdeckung
8 Pflasterbettung
9 Pflaster
10 gusseiserner Aufsatzkörper, pultförmig, mit 16 mm Schlitzweite
11 Vergussfuge
12 Eimer aus verzinktem Stahl

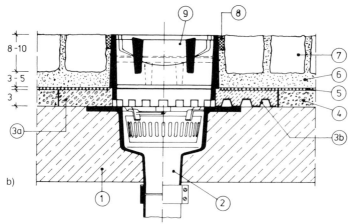

1 Konstruktionsbeton
2 Ablaufkörper mit Anschlussrand und Sickeröffnungen einschließlich Eimer
3a Einkornbeton, umlaufend, kunststoffgebunden, Körnung 8/16 mm, etwa 25 cm breit und zum gleichzeitigen Höhenausgleich
3b Dränkörper aus 20 mm hohen Noppenbahnen mit Betonauffüllung
4 Dränschicht
5 Vliesabdeckung
6 Pflasterbettung
7 Pflaster
8 Vergussfuge
9 gusseiserner Aufsatzkörper, pultförmig, mit 16 mm Schlitzweite

Bild H95
Entwässerungsaufsatz Klasse C250 [H317]
a) Ablaufkörper bei abgedichteter Fläche und Pflasterbelag
b) Ablaufkörper mit Anschlussrand und Sickeröffnungen bei WU-Betondecken

3 Pflaster- und Plattenbeläge

4. Bei der Anordnung von fabrikgefertigten tief liegenden Rinnen sollte gewährleistet sein, dass sich vor ihnen das Wasser aus der Dränschicht des Pflasters nicht aufstauen kann. In solchen Fällen ist die Dichtungsschicht unter der Rinne durchzuführen (Bild H96). Weitere Einzelheiten zur Rinnenentwässerung sind in [H212], [H315] und [H316] angegeben. Die mindestens 5 cm dicke Schutzschicht wird wasserdurchlässig aus Einkornbeton hergestellt. Sie reicht seitlich jeweils etwa 10 cm über die Rinnenaußenkante und ermöglicht so den Abfluss des über die Fugen eingedrungenen Wassers aus der Dränschicht. Dieser Einkornbeton bildet gleichzeitig das Rinnenfundament. Das in der Rinne gesammelte Oberflächenwasser wird über Stutzen zum Ablaufkörper geleitet, in den auch der Einkornbeton entwässert. Dies ist aus Bild H96 ersichtlich. Der Ablaufkörper muss bei einer Bahnenabdichtung über fachgerechte Klemmflansche verfügen. Der große Vorteil solcher Rinnen liegt im Stauraum für das Oberflächenwasser, vor allem bei Sturzregen. Als vorteilhaft haben sich an den Rinnenstößen die Ausbildung von Falzen oder die Anordnung von Dichtungsprofilen erwiesen. Dadurch wird ein unkontrolliertes Abfließen des gesammelten Wassers weitgehend ausgeschlossen.

5. Abläufe erfordern wegen der ständig notwendigen Wartung eine gute Zugänglichkeit. Im Grundriss zu kleine Ausführungen der Kammern über den Rosten sind wartungsunfreundlich. Wenn irgend möglich, sind Eimer anzuordnen. Sie erleichtern die Wartung. Denn Parkflächen sind neben dem Blätterbefall einer zusätzlichen starken Verschmutzung durch die Nutzer ausgesetzt, wie beispielsweise durch Wegwerfen von Papier- und Obstresten.

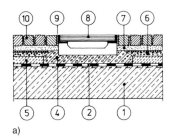

a)

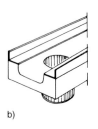

b)

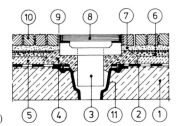

c)

1	Konstruktionsbeton
2	Abdichtung nach DIN 18195-5 [H12] oder ZTV-BEL-B1 [H107]
3	Anschlussstutzen an das Fallrohr
4	Wasserdurchlässiger Einkornbeton, kunststoffgebunden, Körnung 8/16 mm
5	Schutzschicht, Beton oder Gussasphalt, abhängig von der Art der Abdichtung
6	Dränschicht mit Vliesabdeckung
7	Pflasterbett
8	Abdeckrost
9	Vergussfuge
10	Pflaster
11	einbetonierter gusseiserner Ablaufkörper mit Pressdichtungsflansch

Bild H96
Spezielle Entwässerungsrinne für Parkdecks [H315]
a) Rinnenquerschnitt in der Fläche mit Einkornbetonbettung
b) Integrierter Ablaufstutzen in der Rinne
c) Rinnenquerschnitt im Ablaufbereich

3.4.2 Sonstige Durchdringungen

Wie bei allen anderen Belägen zählen auch in gepflasterten Flächen vor allem Regenfallrohre, Lichtmaste, Pfosten für Leit- und Signaleinrichtungen sowie Rohr- und Kabeldurchführungen zu den sonstigen Durchdringungen.

Mantelrohre oder die Einbauteile selbst, wie z. B. Lichtmaste, müssen nach DIN 18195-9 [H12] mit mindestens einem Klebeflansch von 100 mm Breite an die Abdichtung angeschlossen werden. Sonderlösungen sehen das Einkleben von Manschetten aus thermoplastischen Kunststoff-Dichtungsbahnen mit Spezialkleber nach dem System „Kölner Dicht®" [H318] vor. Mit diesem Verfahren lassen sich auch Abdichtungsanschlüsse an Brüstungen, bodenständige Glasfassaden, Türzargen etc. bei zu geringen Anschlusshöhen im Sinne der DIN 18195-5 [H12] funktionsgerecht anschließen (Bild H97).

In jüngerer Zeit werden für Anschlüsse an aufgehende Bau- und Einbauteile speziell bei extrem geringen Abmessungen gewebe- oder vliesverstärkte Flüssigkunststoff-Beschichtungen eingesetzt. Weitere Einzelheiten hierzu und bildliche Darstellungen sind in Abschnitt E3.3 enthalten.

Los- und Festflanschkonstruktionen sind immer dann zu empfehlen, wenn durch Stoß- und Windbeanspruchung Bewegungen im Anschlussbereich Flansch/Abdichtung nicht auszuschließen sind. Lichtmaste erfordern oftmals gesonderte Anschlüsse, weil sie auswechselbar bleiben müssen, ohne die Abdichtung zu zerstören.

Mantelrohre sind bis mindestens 15 cm über die Wasser führende Schicht zu führen. Der Spalt zwischen Mantel- und Medienrohr ist regensicher zu verschließen, z. B. durch Kappleisten, Rollringe oder Ringraumdichtungen.

Bild H97
Anschluss eines Mantelrohrs nach dem Verfahren „Kölner Dicht®" [H318]

Alle über die Pflasterebene hinausreichenden Bauteile und die Abläufe sollten besonders sorgfältig mithilfe von Formsteinen dem Gesamtbild der Fläche angepasst werden. Bei Natursteinpflaster kann sich die Verwendung von Mosaikpflaster in solchen Fällen als optisch günstig erweisen. Letztlich sollten die Anschlussfugen an Durchdringungen wenn möglich nicht mineralisch hart verfugt werden. Denn alle Durchdringungen müssen immer leicht zugänglich bleiben, um eventuelle Nacharbeiten ohne große Aufwendungen ausführen zu können.

Instandhaltung von Kanalisationen
Stein & Stein = Innovation + Fachkompetenz

Erstmalig steht dem Anwender ein völlig neues Arbeitsmittel zur Verfügung, das durch die visuelle Darstellung die technischen Sachverhalte anschaulicher macht. Intelligent vernetzte Daten, bestehend aus Texten, Bildern, Videos, Animationen und Internetseiten, ermöglichen eine schadensorientierte Auswahl der Sanierungsverfahren. Mit der integrierten Suchmaschine hat der Nutzer schnellen Zugriff auf alle Informationsbausteine.

Dietrich Stein/Robert Stein
Fachinformationssystem Instandhaltung von Kanalisationen
CD-Rom für Windows 95/98/NT
€ 389,–* / sFr 654,–
ISBN 3-433-02530-4
Auch in englischer Version erhältlich.

Dietrich Stein
Instandhaltung von Kanalisationen
1998
960 S., 900 Abb., 179 Tabellen
Gebunden.
€ 189,–* / sFr 317,–
ISBN 3-433-01315-2
Auch in englischer Version erhältlich.

Das Buch gibt einen umfassenden Überblick über den aktuellen Stand der Technik und Normung auf dem Gebiet der Instandhaltung von Kanalisationen mit den Schwerpunkten Wartung, Reinigung, Inspektion und Sanierung.

Gut gegründet

Das vorliegende Buch ist eine umfassende Darstellung der möglichen Hochbaugründungen. Das Werk befaßt sich mit der Schnittstelle zwischen Bauwerk und Baugrund und ist damit eine Ergänzung zu den Standardwerken des Stahlbetonbaus sowie der Bodenmechanik und des Grundbaus.
Für Tragwerksplaner, Baugrundgutachter und Architekten als auch Studierende beider Fachrichtungen.

Achim Hettler
Gründung von Hochbauten
2000. 458 Seiten, 450 Abbildungen, 132 Tabellen
Gb., € 109,–* / sFr 183,–
ISBN 3-433-01348-9

Ernst & Sohn
Verlag für Architektur und technische Wissenschaften GmbH & Co. KG

Für Bestellungen und Kundenservice:
Verlag Wiley-VCH
Boschstraße 12
69469 Weinheim
Telefon: (06201) 606-152
Telefax: (06201) 606-184
Email: service@wiley-vch.de

Aus dem Inhalt:
- Planung
- Flachgründungen
- Baugrund- und Baugrundmodelle
- Tiefgründungen
- Grundlagen der Bemessung
- Baugruben
- Einzel- und Streifenfundamente
- Unterfangungen
- Plattengründungen
- Sicherung von Böschungen

www.ernst-und-sohn.de

* Der €-Preis gilt ausschließlich für Deutschland

I Leitfaden für die Aufstellung von Leistungsbeschreibungen für Drän-, Abdichtungs- und Belagsarbeiten

Karl-Friedrich Emig, Alfred Haack

1 Bauaufsichtliche Aspekte

Die Bauordnung (BO) fordert das Bauen nach anerkannten Regeln der Technik. Diese sind vorzugsweise in Form von Normen und Richtlinien dargestellt. Allgemein sind die Normen so angelegt, dass sie die bauüblichen Risiken durch ausreichende Sicherheitsreserven abdecken. Außerdem müssen alle Normvorgaben für jeden Facharbeiter handwerklich sicher umsetzbar sein.

DIN 18195 [I3] als wichtigste Beurteilungsgrundlage für alle Abdichtungen mit Ausnahme des wasserundurchlässigen Betons ist zurzeit (2001) baupolizeilich nicht als Einheitliche Technische Baubestimmung (ETB) eingeführt. Sie muss daher in jedem Bauvertrag gesondert vereinbart werden. Dadurch werden für die Praxis und insbesondere im Streitfall Unsicherheiten weitgehend vermieden. Es werden so vor allem die zum Zeitpunkt der Ausschreibung bestehenden Regeln der Technik Vertragsbestandteil.

Bei Bauwerken, die nach der VOB, Teil C, DIN 18336, Ausgabe 2000 [I9], ausgeschrieben und abgedichtet werden, sind bezüglich der Abdichtungsarbeiten auch die jeweiligen Teile der Ausführungsnorm DIN 18195 [I3] (Bauwerksabdichtungen) von vornherein vertraglich eingebunden.

Ingenieurbauwerke der Deutschen Bahn AG und solche Bauvorhaben, für die die zusätzlichen Technischen Vorschriften für Kunstbauwerke (ZTV-K) [I103] gelten, werden grundsätzlich nach der Ril 835 [I105] abgedichtet, d.h. nach der Vorschrift für die Abdichtung von Ingenieurbauwerken (AIB, in überarbeiteter Fassung gültig seit dem 1. Juni 1990). Die Ril 835 wurde auf der Grundlage der DIN 18195 aufgestellt und enthält ausführliche Erläuterungen zu den einzelnen Absätzen.

Dementsprechend kann davon ausgegangen werden, dass Abdichtungen, die nach den einschlägigen Normen und den darin aufgezeichneten Regeln sachgerecht unter Verwendung genormter Stoffe geplant und ausgeführt werden, ausreichend sicher auch im Sinne der Bauordnung sind.

Für neue Baustoffe und neue Bauweisen, die noch nicht allgemein gebräuchlich und bewährt und somit nicht genormt sind, müssen die Eignung und die Einhaltung der erforderlichen Sicherheit nachgewiesen werden. Bis Ende 1988 war dieses durch eine „Allgemeine Bauaufsichtliche Zulassung" oder eine „Zustimmung im Einzelfall" durch das Institut für Bautechnik in Berlin möglich. Ab 1989 kann dieser Nachweis gegenüber der baugenehmigenden Behörde oder dem Bauherrn z.B. durch eine Prüfung bei einer anerkannten und unabhängigen Materialprüfanstalt geführt werden. Nur „selbst bauende Verwaltungen" können für ihren Amtsbereich Zulassungen bzw. Zustimmungen aussprechen.

Die Prüfung ist im eigenen Interesse der Firmen oder auf Verlangen der baugenehmigenden Behörden bzw. des Bauherrn bei den Prüfinstituten zu beauftragen. Die Prüfzeugnisse für neue Bauweisen sollten sich zumindest auf die Eignung der Stoffe, deren Handhabung, den Anwendungsbereich und die Überwachung beziehen. Sie werden üblicherweise für eine begrenzte Zeit bei der Bauausführung ausgesprochen. Die anerkannten Prüfzeugnisse entbinden die örtliche Bauaufsicht von der Prüfungspflicht hinsichtlich der Eignung und Brauchbarkeit der betreffenden Bauweise oder des Baustoffes. Der Bauherr hat die Gewissheit, dass der Prüfgegenstand den bauaufsichtlichen Anforderungen gerecht wird. Eine Aussage über die Bewährung des Prüfgegenstandes in der Praxis kann ein Prüfzeugnis im Allgemeinen jedoch nicht enthalten. In keinem Fall wird mit einer durchgeführten Prüfung dem Planer etwas von seiner Verantwortlichkeit genommen.

2 Sicherheit, Prüfung und Überwachung bei der Ausführung

Bei Baumaßnahmen, bei denen die Kosten für die Abdichtung nur einen geringen Anteil an den Gesamtkosten ausmachen, wie z. B. im Wohnungsbau, obliegen Sicherheit, Prüfung und Überwachung der Ausschreibung und Ausführung dem Planer bzw. Architekten. Er muss sich dabei auf die anerkannten Regeln der Technik bzw. bei Einsatz neuer Stoffe und Bauweisen auf die Aussagen von anerkannten Prüfzeugnissen stützen. Weitergehende Kontroll- und Prüfmaßnahmen sind im Gegensatz zum Ingenieurbau kostenmäßig nicht zumutbar. In aller Regel ist es kostengünstiger, keinesfalls aber verteuernd, wenn in diesem Bereich „alte", bewährte Verfahren zur Abdichtung eingesetzt werden. Sie erfordern keine vorlaufenden, meist teuren, auf den Einzelfall bezogenen Eignungsprüfungen und können sich im Allgemeinen auf eine langjährige handwerkliche Erfahrung stützen. Für Planer und Bauherrn ergeben sich daher geringere Risiken. Die Bauüberwachung erstreckt sich in erster Linie auf die Übereinstimmung der gelieferten Stoffe mit den Vorgaben der Ausschreibung und auf die Einhaltung der Verarbeitungsrichtlinien.

Bei Ingenieurbauwerken gehören zu einer einwandfreien Ausführung der Abdichtung vor allem eine sorgfältige Prüfung und Überwachung der Materialien vor dem Einbau sowie die Entnahme und Untersuchung von Proben der fertigen Abdichtung am Bauwerk.

Bei Bitumenabdichtungen kann sich die Prüfung u. a. auf folgende Punkte erstrecken: Einbaugewicht des Abdichtungspakets, Art der Einlagen, Klebemassen gefüllt oder ungefüllt. Die Einzelheiten richten sich nach den gestellten Anforderungen im Bauvertrag. Auf der Baustelle muss die fertige Abdichtung auf hohlraumfreie Verklebung vor allem im Nahtbereich und ggf. auf einen in sich geschlossenen Deckaufstrich überprüft werden. Die an den Rändern der Bahnen bei fachgerechter Ausführung des Gieß- und Einwalzverfahrens heraustretende Klebemasse muss vor dem Aufbringen der nächsten Lage abgeglättet sein. Nur so können die Nähte sicher und vollflächig überklebt werden. Damit sind Wasserwege im Überlappungsbereich ausgeschlossen.

Bei Kunststoff-Dichtungsbahnen müssen insbesondere die für die lose Verlegung bestimmten Dichtungsbahnen im Herstellwerk sorgfältig auf Fabrikationsfehler wie Lunker, Löcher und Schwachstellen überprüft werden. Die Einhaltung der normmäßig festgelegten Eigenschaften muss durch Eigen- und Fremdüberwachung sichergestellt sein. Alle Baustellennähte müssen lückenlos geprüft werden, und zwar sowohl hinsichtlich der Wasserundurchlässigkeit als auch der mechanischen Beanspruchbarkeit der Naht. Es werden verschiedene Prüfmethoden angewendet [I3, I202, I203, I206 sowie I105]:

– optische Prüfung durch Inaugenscheinnahme;
– Reißnadelprüfung durch Abtasten der Schweißnahtkante mit einer Reißnadel;
– Anblasprüfung durch Anblasen der Nahtkante mit der Heißluftdüse;
– Vakuumprüfung, bei der eine mit speziellem Gummiprofil dicht auf den zu prüfenden Abdichtungsbereich gesetzte durchsichtige Glocke bis auf einen festgelegten Unterdruck vakuumiert wird;
– Druckluftprüfung bei schlauchartig ausgebildeten Doppelnähten.

Bei WU-Beton und Abdichtungen mit Dichtungsschlämmen ist besonderes Augenmerk auf die zur Abdichtung der Fugen eingesetzten Fugenbänder zu richten. Elastomere Fugenbänder (DIN 7865) [G10] müssen miteinander durch Vulkanisation verbunden werden, solche aus thermoplastischen Werkstoffen (DIN 18541) [G14] wie PVC-P durch Verschweißen mit Heizschwert oder Heizkeil bzw. Heißluft. Die homogene Verbindung von elastomeren und thermoplastischen Fugenbändern untereinander ist nicht möglich. Eine Klebeverbindung erscheint zu unsicher und ist daher nicht zulässig. In Sonderfällen können Klemmverbindungen erforderlich werden. Diese müssen gesondert geplant werden und sind in der Regel sehr teuer.

Im eingebauten, aber noch nicht einbetonierten Zustand dürfen die Fugenbänder bzw. deren Dehn- und Ankerteile nicht durchhängen oder sich so verformen, dass beim Betonieren Lufteinschlüsse möglich werden.

Generell ist für alle sonstigen Abdichtungsarbeiten auch im Bereich der Bodenfeuchte (z. B. Dränmaßnahmen, Dichtungsschlämmen, Anordnung von Flächendränsystemen u. a.) zu empfehlen, vor Baubeginn die Einzelheiten der Prüfung und Überwachung hinsichtlich Art, Umfang und Vergütung vertraglich zu vereinbaren. Dabei ist auch festzulegen, unter welchen Bedingungen eine Prüfung als nicht bestanden angesehen wird und in welcher Art die Mängelbeseitigung zu erfolgen hat. Die rechtzeitige sorgfältige Aushandlung dieser Fragen erspart Bauherrn und Ausführenden unangenehme Auseinandersetzungen und Rechtsstreitereien.

3 Hinweise für die Erstellung einer Leistungsbeschreibung

3.1 Allgemeines

Die VOB unterscheidet im Teil A, § 9 [I1] zwei Möglichkeiten der Beschreibung einer Leistung (siehe Bild I1):

- Leistungsbeschreibung mit Leistungsverzeichnis
- Leistungsbeschreibung mit Leistungsprogramm

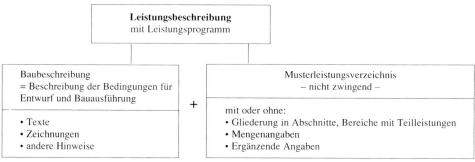

Bild I1
Prinzip der Leistungsbeschreibung nach VOB, Teil A [I1]

a) Im ersten Fall (Leistungsbeschreibung mit Leistungsverzeichnis) fertigt der Auftraggeber die Leistungsbeschreibung für die Bauausführung auf der Grundlage eines bereits vorliegenden Entwurfes an. Im Einzelnen besteht dabei die Leistungsbeschreibung aus:

1. Baubeschreibung; das ist eine Darstellung der Bauaufgabe durch
   – Texte
   – Zeichnungen und erforderlichenfalls
   – andere ergänzende Hinweise

2. Leistungsverzeichnis zur Ausführung der Bauaufgabe in Form einer detaillierten, unmissverständlichen Erläuterung der einzelnen Teilleistungen. Sie sind in Abschnitte (Titel), Unterabschnitte und Bereiche gegliedert und darin durch Ordnungszahlen (Positionen) gekennzeichnet.
   Ergänzt werden kann das Leistungsverzeichnis z. B. durch „Ergänzende Angaben", das sind Anforderungen an Teilleistungen, die mit der Textfolge des Leistungsverzeichnisses nicht zu beschreiben sind. Dieses Problem tritt bei der Anwendung standardisierter Leistungstexte auf.

b) Der zweite Fall (Leistungsbeschreibung mit Leistungsprogramm) bildet die Ausnahme. Der Auftraggeber fertigt hierbei lediglich die Leistungsbeschreibung für die Aufstellung des Entwurfes und für die Bauausführung auf der Grundlage einer allgemein gefassten Aufgabenstellung an. Die Leistungsbeschreibung besteht dann aus:

1. Baubeschreibung mit Angabe aller für die Entwurfsbearbeitung und für die Bauausführung maßgebenden Bedingungen mithilfe von
   – Texten
   – Zeichnungen und erforderlichenfalls
   – weitergehenden anderen Hinweisen

2. Musterleistungsverzeichnis, nicht zwingend
   – mit oder ohne Erläuterung von Teilleistungen, gegliedert in Abschnitte bzw. Bereiche
   – mit oder ohne Mengenangaben
   – mit oder ohne „Ergänzende Angaben"

Im Folgenden sind stichwortartig, gewissermassen als Checkliste, Übersichten für die Leistungsverzeichnisse der zuvor behandelten unterschiedlichen Abdichtungssysteme zusammengestellt. Dabei ist zu unterscheiden zwischen Arbeiten, die von den Rohbaufirmen als Voraussetzung für die sachgerechte Ausführung der Abdichtung zu erbringen sind, und solchen, die im Regelfall vom Abdichter geleistet werden. Nachstehend wurde daher eine entsprechende Aufteilung vorgenommen.

Im Allgemeinen stellt für Bauwerksabdichtungen gegen von außen drückendes Wasser ein Aufbau aus nackten Bitumenbahnen und Metallbändern die wirtschaftlichste Lösung dar. Das gilt auch im Vergleich mit Ingenieurbauwerken aus WU-Beton, sofern die geltenden Normen eingehalten werden. Leider wird hiervon im Rahmen des Wohnungsbaus oftmals abgewichen, auch bei voller Erkenntnis möglicher Durchfeuchtungsrisiken. Dies führt dann zu falschen Preisvergleichen und folglich zu Fehlentscheidungen.

Im Bereich des nichtdrückenden Wassers gelangen häufig Dränagen als alleinige Abdichtungsmaßnahme oder in Kombination mit Bitumenwerkstoffen zur Anwendung. Aber auch fabrikfertige Bitumen-Spachtelmassen, fabrikbeschichtete Bitumenbahnen oder Kunststoffbahnen kommen zur Anwendung. Schweißbahnen eignen sich vor allem für den einlagigen Einbau unter befahrenen Flächen oder für Sonderaufgaben auch mehrlagig, wie z.B. im Überkopfbereich bei geschlossenen Bauweisen des Tunnelbaus.

Lose verlegte Kunststoffbahnen finden vorwiegend Anwendung im Industrie-, Stollen- und Behälterbau. Ihre Verlegung erfordert große Sorgfalt bei der fachgerechten Ausführung durch speziell für solche Arbeiten geschulte Arbeitskräfte.

Für den WU-Beton sind nachfolgend im Wesentlichen die Fugenabdichtungen erfasst und die notwendigen Hinweise für die Schlämmenabdichtungen aufgenommen. Auch die sonstigen weiter oben abgehandelten Abdichtungssysteme einschließlich der mit ihnen zusammen auszuschreibenden Schichten und Beläge sind bei den Stichworten für ein Leistungsverzeichnis berücksichtigt.

Die Leistungen im Baugewerbe, u.a. auch die für Rohbauarbeiten und Bauwerksabdichtungen, sind in den letzten Jahren in Leistungsbüchern bzw. Standard-Leistungskatalogen zusammengestellt und für eine EDV-mäßige Bearbeitung aufbereitet worden. Es wird daher an dieser Stelle darauf verzichtet, einzelne Leistungen voll auszuformulieren. Stattdessen sollen nachstehende Übersichten dem Planenden und Ausschreibenden helfen, die erforderlichen Leistungen in vollem Umfang zu erfassen. In Sonderfällen sind spezielle Leistungen in freien Texten auszuformulieren. Hierfür sollten abdichtungstechnisch erfahrene Sonderfachleute eingeschaltet werden.

Voraussetzung für eine vollständige und fachgerechte Beschreibung der Teilleistungen ist die Beachtung folgender Einzelheiten:

– Zeichnungen: Lagepläne, Längs- und Querschnitte;
– Höhenangaben zur Geländeoberfläche, zum normalen, zum bekannten/erwarteten Höchstwasserstand, zum tiefsten Abdichtungspunkt;
– Angaben zu den Bodenverhältnissen, u. a. zur Wasserdurchlässigkeit des Bodens;
– kleinste und größte rechnerisch ermittelte Flächenpressungen;
– Bewegungsmaße im Fugenbereich;
– Bewegungen zum Baugrubenverbau bei fehlendem Arbeitsraum oder bei unmittelbar angrenzender Nachbarbebauung aufgrund von Setzen, Schwinden, Kriechen, Temperaturveränderungen;
– Temperaturbeanspruchungen im Bau- und Nutzzustand;
– andere nutzungsbedingte Beanspruchungen chemischer und mechanischer Art.

Für die Bemessung und stoffliche Auswahl der Abdichtung sind folgende Kriterien maßgebend:

– Art der Beanspruchung durch das Wasser, ggf. Eintauchtiefe;
– zu erwartende Flächenpressung;
– Art der Bauwerksnutzung;
– objektbezogene Möglichkeiten für den Einbau der Abdichtung.

3.2 Beschreibung der Teilleistungen (Stichworte zur Aufstellung des Leistungsverzeichnisses)

Die im Folgenden aufgeführten Stichworte und Hinweise erfassen nur die wesentlichsten Leistungen im Zusammenhang mit abdichtungstechnischen Maßnahmen. Sie erheben keinerlei Anspruch auf Vollständigkeit und müssen in jedem Fall bauwerksspezifisch überprüft, ergänzt und nötigenfalls verändert werden.

3.2.1 Rohbauarbeiten

Die Hinweise beziehen sich nur auf abdichtungstechnisch relevante Einzelheiten:

1. Unterbeton herstellen; m^3 oder m^2
2. Schutzschicht der Sohle herstellen; m^3 oder m^2
3. Vorläufigen Schutzbeton herstellen, abbrechen; m^3 oder m^2
4. Schutzschicht der Decke herstellen; m^3 oder m^2
5. Wannenmauerwerk herstellen; m^2

6. Wannenmauerwerk entfernen; m^2
7. Schalkasten aufstellen und entfernen; m^2
8. Wandschutzschicht, 1/2 Stein dick, herstellen; m^2
9. Abdichtungsrücklage entsprechend Zeichnung Nr. ... ausbilden; m^2
10. horizontale Gleitschicht herstellen; m
11. Brunnentöpfe gemäß Zeichnung Nr. ... einbauen; Stück
12. Telleranker gemäß Zeichnung Nr. ..., vom Abdichtungsunternehmer geliefert, einbauen; Stück
13. Rohrdurchführung einbauen; Stück
14. Mantelrohre aus ... bis ... mm Außendurchmesser mit Kreisringmanschette einbauen; Stück
15. Los- und Festflanschkonstruktion gemäß Zeichnung Nr. ... liefern und Festflansch einbauen; Stück oder m
16. Abschlussprofil ... oder ... einbauen; m
17. Kunststoff-Einbetonierprofil als Abschluss für lose verlegte Kunststoff-Dichtungsbahnen einbauen; m
18. Abläufe HSD ... einbauen; Stück
19. Abläufe gemäß Zeichnung Nr. ... einbauen; Stück
20. Fußplatten für Lichtzeichenanlage, Maste, Schranken u. a. Aufbauten ... × ... groß gemäß Zeichnung Nr. ... mit Klebe-/Los- und Festflansch einbauen; Stück
21. Fugenkonstruktion, wasserdicht gemäß Zeichnung Nr. ... begehbar/befahrbar mit Korrosionsschutz ... einbauen, m

3.2.2 Abdichtung durch Dränung

1. Baustelleneinrichtung; pauschal
2. Dränleitung, Durchmesser ... mm in ... % Gefälle verlegen; m
3. Dränschicht, Dicke ... als Stufen-/Mischfilter herstellen; m^2 oder m^3
4. Sickerschicht, waagerecht/senkrecht herstellen; m^2 oder m^3
5. Filterfeste Sickerschicht (Mischfilter) herstellen; m^2 oder m^3
6. Dränelemente aus ... verlegen; Stück, m oder m^2
7. Trennschicht verlegen; m^2
8. Kontrollschacht, Durchmesser ... mm, mit/ohne Sandfang, mit/ohne Reduzierstück bis zu einer Tiefe von ... m herstellen; Stück
9. Spülschacht, Durchmesser ... mm, bis zu einer Tiefe von ... m herstellen; Stück
10. Dränmatte verlegen; m^2
11. Dränvlies ... g/m^2 waagerecht/senkrecht verlegen; m^2
12. Kontrollrohr, Durchmesser ... mm, verlegen; m
13. Spülrohr, Durchmesser ... mm, verlegen; Stück oder m
14. Übergabeschacht, Durchmesser ... mm, bis zu einer Tiefe von ... m herstellen; Stück

3.2.3 Bitumenverklebte Abdichtungen

1. Baustelleneinrichtung; pauschal
2. Voranstrich, waagerecht/senkrecht, ... g/m² aufbringen; m²
3. Sohlenabdichtung herstellen; m²
4. Haftbahn einbauen; m²
5. Wandabdichtung mit Arbeitsraum herstellen; m²
6. Wandabdichtung ohne Arbeitsraum herstellen; m²
7. Deckaufstrich, waagerecht/senkrecht, ... g/m² aufbringen; m²
8. Sollbruchfuge herstellen; m²
9. Deckenabdichtung herstellen; m²
10. Wandschutzschicht aus Bitumen-Dichtungsbahnen herstellen; m²
11. Vorläufige Fugenabdichtung herstellen; m
12. Geriffeltes Kupferband, 0,1 mm, einkleben; m²
13. Geriffeltes Kupferband, 0,1 mm, 30 cm breit, zur Verstärkung einarbeiten; m
14. Geriffeltes Kupferband, 0,2 mm, ... cm breit über den Bewegungsfugen einbauen; m
15. Trennlage zwischen Abdichtung und ... bestehend aus ... herstellen; m²
16. Fugenverguss aus gefüllter Bitumen-Klebemasse in Schutzschichten einbauen; m
17. Los- und Festflanschkonstruktion gemäß Zeichnung Nr. ... anschließen; m
18. Brunnentöpfe gemäß Zeichnung Nr. ... anschließen; Stück
19. Rohrstutzen, Durchdringungen bis ... mm Außendurchmesser anschließen; Stück
20. Entwässerungsabläufe/-rinnen anschließen; Stück
21. Telleranker einarbeiten; Stück
22. Klemmschiene/Klemmleiste, ... mm hoch, einbauen; m
23. Dichtungsaufstrich herstellen; m²
24. Kunststoffgrundierung nach ZTV-BEL-B, Teil 1 herstellen; m²
25. Kunststoffversiegelung nach ZTV-BEL-B, Teil 1 herstellen; m²
26. Kratzspachtelung nach ZTV-BEL-B, Teil l herstellen; m²
27. metallfreie Schweißbahnabdichtung nach ZTV-BEL-B, Teil 1, Anhang 2 herstellen; m²
28. metallkaschierte Schweißbahnabdichtung nach ZTV-BEL-B, Teil 1, Anhang l herstellen; m²
29. Gussasphaltschutzschicht, ... mm dick, nach ZTV-BEL-B, Teil 1, Anhang l herstellen; m²
30. Fugen, ... mm breit, in Gussasphaltschutzschicht herstellen; m
31. Wärmedämmung, Art ..., Dicke ... mm, Druckfestigkeit ... kg/m², einbauen; m²
32. Entnahme von 1 m² großen Ausbaustücken zur Prüfung der Flächenabdichtung
33. Labortechnische Untersuchung der Ausbaustücke; Stück

Gussasphaltdeckschichten und andere Beläge sowie die jeweils zugehörigen Positionen siehe Abschnitt I3.2.9.

3.2.4 Abdichtungen mit lose verlegten Kunststoff-Dichtungsbahnen

1. Baustelleneinrichtung; pauschal
2. Sohlen-/Deckenabdichtung einschließlich Schutzlagen herstellen; m^2
3. Wandabdichtung einschließlich Schutzlagen mit Arbeitsraum herstellen; m^2
4. Wandabdichtung einschließlich Schutzlagen ohne Arbeitsraum herstellen; m^2
5. Verstärkung aus 1 Lage Dichtungsbahn einbauen; m^2
6. Fugenblech einbauen; m
7. Einbetonierprofil anschließen; m
8. Außenfugenband anschließen; m
9. Trennlage zwischen Abdichtung und ..., bestehend aus ... herstellen; m^2
10. Los- und Festflanschkonstruktion gemäß Zeichnung Nr. ... anschließen; m
11. Brunnentöpfe gemäß Zeichnung Nr. ... anschließen; Stück
12. Rohrstutzen, Durchdringungen bis ... mm Außendurchmesser anschließen; Stück
13. Telleranker anschließen; Stück
14. Klemmschiene/Klemmleiste, ... mm hoch, einbauen; m
15. Prüfung der Baustellennähte nach dem ...-Verfahren; Stück oder m

3.2.5 Abdichtungen mit Dichtungsschlämmen

1. Baustelleneinrichtung; pauschal
2. Waagerechte Abdichtung in Wänden, Trockenschichtdicke ... mm, aus starrer/flexibler Schlämme in zwei-/dreifacher Beschichtung herstellen; m^2
3. Außenwandabdichtung, Trockenschichtdicke ... mm, aus starrer/flexibler Dichtungsschlämme in zwei-/dreifacher Beschichtung herstellen; m^2
4. Außen-/Innenwandanschluss als Hohlkehle R≥ ... cm einschließlich 10 cm breitem Flächenanschluss aus starrer/flexibler Dichtungsschlämme herstellen; m
5. Spritzwasserschutz mindestens 30 cm über Gelände stoffgerecht herstellen; m^2
6. Sohleninnenabdichtung, Trockenschichtdicke ... mm, aus starrer/flexibler Dichtungsschlämme in zwei-/dreifacher Beschichtung herstellen; m^2
7. Kellerestrich mit/ohne Verbund als mechanischer Schutz der Dichtungsschlämme herstellen; m^2
8. Arbeitsfugensicherung der Betonaußenwände aus Blech ... mm dick, ... mm breit oder thermoplastischem Arbeitsfugenband ... mm breit einbauen; m
9. Fugenabdichtung aus Bitumenvoranstrich, 2 Lg PYE-PV 200 S5, 50 cm bzw. 80 cm breit, auf 10 cm breitem Schleppstreifen in der Sohle/Wand einbauen; m
10. Anschluss der waagerechten Fugenabdichtung der Sohle an die senkrechte Fugenabdichtung im Fundamentbereich herstellen; m
11. Feste senkrechte Schutzschicht für die Fugenabdichtung, 1 m breit, herstellen; m^2
12. Rohrdurchführung gemäß Zeichnung Nr. ... bis ... mm Außendurchmesser herstellen; Stück
13. Bewegungsfuge gemäß Zeichnungen Nr. ..., bestehend aus zwei Los- und Festflanschkonstruktionen einschließlich Fugenband, Fugenfüllstoffen und Fugenverschlussbändern herstellen; m

14. Vorbehandlung von Rissen in waagerechten/senkrechten Flächen, Verfahren …; m
15. Verschließen von Rissen durch …-Verfahren; m
16. Behälter-Innenabdichtung Sohle/Wand, Trockenschichtdicke … mm, aus starrer/flexibler Dichtungsschlämme in zwei-/dreifacher Beschichtung herstellen; m^2

3.2.6 Spritz- und Spachtelabdichtungen

Bitumen

1. Baustelleneinrichtung, pauschal
2. Voranstrich, … g/m^2; m^2
3. Spritzabdichtung, Trockenschichtdicke … mm, in … Arbeitsgängen im …-Verfahren mit/ohne Verstärkungseinlage aus … aufbringen; m^2
4. Spachtelabdichtung, Trockenschichtdicke … mm, in … Arbeitsgängen im …-Verfahren mit/ohne Verstärkungseinlage aus … aufbringen; m^2
5. Gleitschicht/Trennlage aus … aufbringen; m^2
6. Schutzschicht aus … herstellen; m^2
7. Entwässerungsabläufe/-rinnen an die Abdichtung anschließen; Stück/m
8. Einbauteile für … an die Abdichtung anschließen; Stück oder m

Flüssigkunststoff

1. Baustelleneinrichtung; pauschal
2. Grundierung, einfach/zweifach, … g/m^2, herstellen; m^2
3. Kratzspachtelung herstellen; m^2
4. Verbindungsschicht herstellen; m^2
5. Haftbrücke herstellen; m^2
6. Gleit-/Schwimmschicht herstellen; m^2
7. Reparaturmasse für Dichtungsschicht einbauen; kg
8. Gussasphaltschutzschicht, … mm dick, nach ZTV-BEL-B, Teil 3 herstellen; m^2
9. Fugen, … mm breit, in Gussasphaltschutzschicht herstellen; m
10. Schutzschicht, … mm dick, aus … herstellen; m^2
11. Entwässerungsabläufe/-rinnen an die Abdichtung anschließen; Stück/m
12. Einbauteile für … an die Abdichtung anschließen; Stück oder m
13. Polyestervlieseinlage … g/m^2; m^2

Gussasphaltdeckschichten und andere Beläge sowie die jeweils zugehörigen Positionen siehe Abschnitt I13.2.9.

3.2.7 Noppenbahnen und Flächendränsysteme

Nur zum Schutz gegen nichtdrückendes Wasser (Bodenfeuchtigkeit und Sickerwasser)!

1. Baustelleneinrichtung; pauschal
2. Noppenbahnen, unkaschiert, Noppenhöhe … mm, im Sohlen/Wandbereich verlegen; m^2

3. Noppenbahnen mit aufgeschweißtem Filtervlies, Noppenhöhe ... mm, im Wandbereich verlegen; m²
4. Noppenbahnen mit aufgeschweißtem Putzträger, Noppenhöhe ... mm, im Wandbereich verlegen; m²
5. Noppenbahnen, Noppenhöhe ... mm, mit abdichtungsseitiger glatter, punktweise gehefteter Folie und erdseitig aufgeschweißtem Filtervlies als Flächenfilter verlegen; m²
6. Abschlussprofile einbauen; m
7. Belüftungsprofile einbauen; m
8. Schutzdach für Rohr-/Kabeldurchführung einbauen; Stück
9. Flächendrän aus vlieskaschierter Strukturmatte waagerecht/senkrecht einbauen; m²

3.2.8 Wasserundurchlässiger Beton

Nachfolgende Hinweise beziehen sich nur auf abdichtungstechnisch relevante Einzelheiten:

1. Bewehrungsmengen zur Rissbreitenbegrenzung nach DIN 1045 einbauen; t
2. Thermoplastische Fugenbänder nach DIN 18541 einschließlich Einschweißen aller fabrikgefertigten Formteile auf der Baustelle als Mittel-, Außen- oder Fugenabschlussband, Breite ... mm, in Bewegungs-/Arbeits-/Press- oder Scheinfugen, Farbe ..., nach DIN 18197 [I12] planen, anordnen und einbauen; m
3. Elastomere Fugenbänder nach DIN 7865 einschließlich Einvulkanisieren aller fabrikgefertigten Formteile auf der Baustelle als Mittel-, Außen- oder Fugenabschlussband, Breite ... mm in Bewegungs-, Arbeits-, Press- oder Scheinfugen, Farbe ..., nach DIN 18197 [I12] planen, anordnen und einbauen; m
4. Fugenfüllstoff, Material ... Dicke ... cm, Gewicht ... kg/m³, einbauen; m²
5. Vorbereiten der Arbeitsfugenflächen durch Freilegen des Kernbetons nach Verfahren ...; m²
6. Fugenbleche, Abmessungen ... mm dick, ... mm breit, einbauen; m
7. Injektionsschlauch zum einfachen/mehrfachen Verpressen nach DBV-Merkblatt „Verpresste Injektionsschläuche für Arbeitsfugen" [I106] einbauen; m
8. Injektionsschlauch mit ... und ... kg/m verpressen; m
9. Injektionsmaterial aus ... für einen weiteren Verpressvorgang in einer Menge von ... kg/m einbringen; m
10. Quellband auf Stoffbasis von ..., Abmessung .../... mm, einbauen; m
11. Sohlen/Deckenabdichtung waagerecht oder schwach geneigt einschließlich Verstärkungen und Randüberständen mit bentonitgefüllten Pappen/bentonitkaschierten Bahnen abdichten; m²
12. Verstärkungen – waagerecht/senkrecht durch 1/2 Platten-Bahnenbreiten an ein- und ausspringenden Ecken; m
13. Schutzlage/-schicht aus ... herstellen, ... mm dick; m²
14. Wandabdichtung einschließlich Überlappungen und Randüberständen mit bentonitgefüllten Pappen/bentonitkaschierten Bahnen abdichten; m²
15. Verstärkungen aus Bentonit-Bändern, -Stäben oder -Stangen; m
16. obere Randabschlüsse einschließlich Fugenabschluss aus Bentonit-Paste; m

3.2.9 Begeh- und befahrbare Beläge

Baustelleneinrichtung; pauschal

Asphaltbeläge

1. Asphaltbeton waagerecht oder schwach geneigt/ auf … % geneigter Fläche, … mm dick und mit … % Hohlraumgehalt als Schutz-/Zwischen-/Deckschicht mit Fertigern einbauen und maschinell verdichten, Verdichtungsgrad gem. ZTV-BEL-B; m^2
2. Splittmastixasphalt waagerecht oder schwach geneigt/ auf … % geneigter Fläche, … mm dick und mit … % Hohlraumgehalt als Schutz-/Zwischen-/Deckschicht mit Fertigern einbauen und maschinell verdichten, Verdichtungsgrad gem. ZTV-BEL-B; m^2
3. Gussasphalt der Körnung …, GE …, waagerecht oder schwach geneigt/ auf … % geneigter Fläche, … mm dick, als Schutz-/Zwischen-/Deckschicht, im Handeinbau/ maschinell, in kleinen Flächen/ Teilflächen/ ganzflächig einbauen; m^2, t
4. Oberfläche der Gussasphaltschicht bearbeiten, abreiben/ abstreuen; Abstreumaterial, leicht bituminiert … kg/m^2 aufbringen, mit …/ Handwalze andrücken, Edelsplitt … mm/ scharfkantiger Quarzsand, natürliches Aufhellungsgestein, Art …, einbauen; m^2
5. Fugen in Walz-/Gussasphaltflächen … mm breit, … mm tief herstellen, mit Druckluft säubern, mit/ohne Voranstrich, als Vergussfugen mit/ohne Unterfüllstoff, mit Fugenvergussmassen nach TL bit Fug 82/SNV/SS-S-1401 C/ oder …, mit/ohne Fugenabklebung auf der Oberfläche vergießen; m
6. Nähte, Anschlüsse und Randausbildung nach MSNAR in Walz-/Gussasphaltflächen trocknen, durch Einbau von Bitumendichtungsbändern (Schmelzfugenbänder) … mm dick, … mm breit herstellen; m
7. Einbau und Anschluss von Einbauteilen/ Abläufen/ Durchdringungen an Walz-/Gussasphaltflächen, mit/ohne Dränschicht bei Abläufen; Stück
8. Asphalt-Fahrbahnübergang in Gussasphalt-Deckschicht, Breite … mm, Dicke … mm, mit/ohne Anrampung 1:100 aus Gussasphalt nach ZTV-BEL-FÜ einbauen; m
9. Eignungsprüfung für die bauwerksspezifischen Anforderungen erarbeiten und durchführen; Stück
10. Kontrollprüfungen an Rückstellproben der Reaktionsharze/Bitumen-Schweißbahnen/ Asphaltmassen/Fugenmassen durchführen; Stück
11. Kontrollprüfungen an der Dichtungsschicht auf Hohlstellenfreiheit/Blasenfreiheit/Verklebung durchführen; Stück
12. Belagsausbaustücke der Größe … m×… m entnehmen und zum Labor transportieren, einschließlich Prüfung von …; Stück
13. Entwässerungseinrichtungen siehe „Pflaster- und Plattenbeläge".

Betonbeläge

1. Beton-Fahrbahnbelag für Pkw-/SLW-Verkehr (Brückenklasse ...) von ... m×... m aus Splittbeton mit Edelsplitt .../aus ... Beton der Betongüte B25/B35/... an der Oberfläche abgerieben/ mit Besenstrich versehen/ mit Vakuum behandelt, frost- und tausalzbeständig, einlagig/zweilagig bewehrt mit/ohne Verdübelung von ... mm Durchmesser einseitig gleitend ausgebildet in Gefälle von ... % auf Trennlage aus ein/zwei Lagen Baufolie ... mm dick und einer Lage PE-Schaum ... mm dick herstellen; m^2

2. Erschwernis für Herstellung des Beton-Fahrbahnbelags auf einer Rampe mit ... % Neigung; m^2

3. Fugen mit ... mm Breite und ... mm Tiefe für Bewegungen bis ... mm zwischen den Platten des Beton-Fahrbahnbelags ausblasen, haftgrundieren, mit geschlossenzelligem Rundschaumprofil unterfüllen und dauerelastisch, UV-beständig sowie schmier- und kraftstoffresistent verschließen mit einem Material auf Teer-Polyurethan/...-Basis; m

4. Wartung der Belagsfugen in Form einer einmal/ ...-jährlich vorzunehmenden fachtechnischen Überprüfung des Fugenzustands; erforderliche Instandsetzungsaufwendungen werden gesondert nach Aufwand berechnet; m je Jahr

5. Schrammbord/Kappe ... m breit, ... cm hoch aus Beton B25/ ... herstellen einschließlich aller Schalungs- und Bewehrungsarbeiten sowie der erforderlichen Schubverankerungen auf Schrägflächen; m

6. Anrollleisten/ Anprallschutz aus Betonfertigteilen B25, ... cm lang, ... cm hoch, ... cm breit liefern und auf dem Beton-Fahrbahnbelag nach statischen Erfordernissen verdübeln/verkleben; Stück

7. Pflanzkübel/... mit den Außenabmessungen ... cm×... cm×... cm als Stahlbetonfertigteil liefern und nach Angabe aufstellen; Stück

8. Aussparungen im Beton-Fahrbahnbelag zur Aufnahme von Abläufen/Entwässerungsrinnen/Lichtmasten/... herstellen sowie fachgerecht und zwängungsfrei anschließen; Stück

Pflaster- und Plattenbeläge

1. Dränageschicht im verdichteten Zustand 3/4/5/... cm dick aus Splitt 1/3 mm, 2/5 mm/ kornabgestuftem Brechsand-Splitt-Gemisch 0/5 mm, bei abschlämmbaren Bestandteilen von max. 3% mit darüber liegendem Dränagevlies 200/300/... g/m^2, auf WU-Betonflächen/ Abdichtungsschutzschicht aus Beton/ Gussasphalt, ohne/mit ... % Gefälle, fachgerecht einbauen; m^2

2. Parkdeck-/Hofkellerflächen für eine Geh-Radweg/Pkw/12 t/...-Belastung aus Plattenbelägen/Klinker-/Naturstein-/Betonsteinpflaster mit/ohne Verbund, 6/8/10/12 cm dick und ... cm×... cm groß und mit Fugenweiten 3 bis 5 mm/max. 6 mm/max. 8 mm/max. 10 mm, im ... Verband/ nach Zeichnung/ nach Baubeschreibung, als Flach-/Rollschicht/ ... verlegt auf 3/4/5/ ... cm dicker Bettung in verdichtetem Zustand aus Zementmörtel der Mörtelgruppe III im Mischungsverhältnis 1:8 Sand 0/4 mm/ Splitt 1/3 mm, 2/5 mm/ kornabgestuftem Brechsand-Splittgemisch 0/5 mm oder ... bei abschlämmbaren Bestandteilen von max. 3%/... % auf WU-Betonflächen/Dränageschicht/

Abdichtungsschutzschicht aus Beton/Gussasphalt, ohne/mit ... % Gefälle, fachgerecht herstellen; m²

3. Pflaster-/Plattenbelagsfugen der vorgenannten Parkdeck-/Hofkellerflächen etwa 3 cm tief bei Fugenbreiten von 3 bis 5 mm/ 6/8/10 mm von Hand freilegen/ mit Druckluft ausblasen, erforderlichenfalls vornässen. Verfüllen mit Zementmörtel der Mörtelgruppe III, Mischungsverhältnis 1:4/ fabrikfertigem Mörtel auf Kunstharzbasis wasserdurchlässig/ wasserdicht/ Sand 0/4 mm/ Splitt 1/3, 2/5 mm, kornabgestuftem Brechsand-Splittgemisch 0/5 mm/ bituminöser Pflastervergussmasse nach TL bit Fug oder ..., bis Oberkante Belag verfüllen, verdichten, überschüssiges Material abfegen und abtransportieren; m²

4. Pflaster- und Plattenbeläge im Bereich von Kurvenfahrten durch spezielle Kurveneinbausätze/ Schneiden der einzelnen Steine/ Fugenerweiterungen herstellen; Zulage pro m²

5. Einzelabläufe mit Eimern/Rinnen einschließlich Ablauf mit Eimern einbauen und an die Dränschichten der Pflasterflächen unter Berücksichtigung der Höhenverhältnisse anschließen; Angabe von Hersteller und Bauteilnummer für die Ablaufkörper, Beachtung der sicheren Vorflut jeder einzelnen Schicht; Stück bzw. m

6. Einbau von Durchdringungen und Einbauteilen/ Lichtmasten/Schranken/Automatenfüßen/Entlüftungen/ ... Anarbeiten der Beläge durch Formsteine einschließlich aller Zuschnitte und Fugenausbildungen; Stück

7. Bauwerksfugen der Tragwerkskonstruktion in der Abdichtungsebene bzw. im WU-Beton, die an die Flächenabdichtung mit Los- und Festflanschkonstruktion angeschlossen sind, durch vorgefertigte Fugenkonstruktionen bis in die Belagsebene ... mm hochführen und wasserdicht ausbilden; die Fugen zwischen Übergangskonstruktion und Belag standfest verfüllen; m

K Stichwortsammlung zur Erfassung und Dokumentation von Abdichtungsschäden (beispielhaft für eine mehrlagige, heiß verklebte Bitumenabdichtung)

Alfred Haack, Karl-Friedrich Emig

1 Allgemeine Projektangaben

Bauvorhaben:

Bauherr:

Auftragnehmer: Rohbau:
                        Abdichtung:

Standort:

Bauzeit:

Nutzung:

		nein	ja	unbekannt	Bemerkung
2	**Bodenverhältnisse**				
2.1	**Beurteilung des Baugrundes**				
2.1.1	Liegt ein Bodengutachten vor?	○	○	○	
2.1.2	Liegt eine Baugrundkarte vor?	○	○	○	
2.1.3	Wurden Baugrunduntersuchungen durchgeführt?	○	○	○	
2.1.4	Sind betonangreifende Bodenbestandteile nach DIN 4030 vorhanden?	○	○	○	
2.1.5	Kann eine Beurteilung der Tragfähigkeit des Bodens ohne 2.1.1 und 2.1.2 vorgenommen werden?	○	○	○	

			nein	ja	unbekannt	Bemerkung

2.2 Zulässige Belastung des Baugrundes nach DIN 1054

2.2.1	Auffüllung – Art:	... MN/m²	○
2.2.2	Stark durchlässiger Boden ($k > 10^{-4}$ m/s) – Art:	... MN/m²	○
2.2.3	Wenig durchlässiger Boden ($k \leq 10^{-4}$ m/s) - Art:	... MN/m²	○
2.2.4	Organischer Boden – Art:	... MN/m²	○
2.2.5	Fels – Art:	... MN/m²	○

2.3 Geländeoberfläche

2.3.1	waagerecht	○	○	○
2.3.2	in Bauwerkslängsachse geneigt	○	○	○
2.3.3	quer zur Bauwerkslängsachse geneigt	○	○	○

3 Wasserverhältnisse

3.1 Sind die Grundwasserstände aus langjähriger Beobachtung ermittelt? ○ ○ ○

3.1.1	Geländeoberfläche	... mNN	○
3.1.2	Bemessungswasserstand	... mNN	○
3.1.3	Eintauchtiefe (UK Konstruktion)	... m	○

3 Wasserverhältnisse   455

		nein	ja	unbekannt	Bemerkung
3.2	**Wasserbeschaffenheit, untersucht auf betonangreifende Eigenschaft nach**				
3.2.1	DIN 4030	O	O	O	
3.2.2	Sind ohne 2.1.2, 2.1.3 und 2.1.4 Angaben zum betonangreifenden Wasser möglich?	O	O	O	
3.3	**Grad der Aggressivität des Wassers (im Sinne von DIN 4030)**				
3.3.1	nicht angreifend	O	O	O	
3.3.2	schwach angreifend	O	O	O	
3.3.3	stark angreifend	O	O	O	
3.3.4	sehr stark angreifend	O	O	O	
3.4	**Wasserangriff durch**				
3.4.1	Bodenfeuchte (DIN 18195-4; früher DIN 4117)	O	O	O	
3.4.2	nichtdrückendes Oberflächen- und Sickerwasser (DIN 18195-5; früher DIN 4122)	O	O	O	
3.4.3	drückendes Wasser (DIN 18195-6; früher DIN 4031) bis 4 m von 4 m bis 9 m über 9 m	O O O	O O O	O O O	

		nein	ja	unbekannt	Bemerkung
3.5	**Dränage**				
3.5.1	Wurde Dränage nach DIN 4095 geplant?	○	○	○	
3.5.2	Ist eine geeignete Vorflut vorhanden?	○	○	○	
3.5.3	Ist die Absenkung des Grundwassers möglich?	○	○	○	
3.5.4	Ist ständiger Pumpeneinsatz erforderlich?	○	○	○	
3.5.5	Ist eine wasserrechtliche Genehmigung erforderlich?	○	○	○	
3.5.6	Liegt eine wasserrechtliche Genehmigung zum Einbau einer Dränung vor?	○	○	○	
4	**Baugrube**				
4.1	**Offene Bauweise**	○	○	○	
4.1.1	Mit Arbeitsraum	○	○	○	
	a) Breite des Arbeitsraumes … m				
	b) Verbauart: …………				
	c) Wurde Abdichtung vom Arbeitsraum aus hergestellt?	○	○	○	
	d) Verfüllung mit: ……			○	
	e) Verdichtung mit: ……			○	
	f) Prüfung der Verdichtung mit: ……			○	

4　Baugrube   457

		nein	ja	unbekannt	Bemerkung
4.1.2	Ohne Arbeitsraum	○	○	○	
	a) Voraussichtliche Bewegungen des Bauwerkes gegenüber Baugrubenverbau bzw. Nachbarbebauung				
	vertikal … cm			○	
	horizontal … cm			○	
	b) Sollbruchfuge, gesondert ausgebildet	○	○	○	
	c) Sollbruchfuge, unmittelbar mit Abdichtung kombiniert	○	○	○	
	d) Besondere Fuge im Unterbeton/Sohle gegenüber Baugrubenverbau	○	○	○	
	e) Dränung der Wandfläche	○	○	○	
	der Sohle	○	○	○	
	f) Dränung	○	○	○	
	g) Ausgleichsschicht aus … Höhe … m			○	
4.2	**Geschlossene Bauweise**				
4.2.1	Einschaliger Tübbingausbau	○	○	○	
	a) Material des Tübbings …				
	b) Elastomerabdichtung	○	○	○	
	Anpressdruck der Bänder je m			○	
	Querfuge … kN/m			○	
	Längsfuge … kN/m			○	
	e) Bleiabdichtung	○	○	○	
	d) Bleiabdichtung kombiniert mit Elastomerabdichtung	○	○	○	
	e) Sonstige Abdichtungen: …	○	○	○	

		nein	ja	unbekannt	Bemerkung
	f) Fugen:				
	dicht	○	○	○	
	nass	○	○	○	
	feucht	○	○	○	
	g) Leckwassermenge l/d×10 m	○	○	○	
4.2.2	Zweischaliger Ausbau	○	○	○	
	a) Abdichtungsrücklage (Außenschale) vorhanden	○	○	○	
	aus …			○	
	b) Abdichtungsrücklage:				
	trocken	○	○	○	
	feucht	○	○	○	
	nass	○	○	○	
	c) Fugen: dräniert – trocken	○	○	○	
	dräniert – feucht	○	○	○	
	dräniert – nass	○	○	○	
	d) Innenschale aus …			○	
	e) Sohle: gewölbt	○	○	○	
	flach	○	○	○	
	f) Schutzschicht in der Sohle:				
	Putz … cm dick			○	
	Beton … cm dick			○	
	Vlies … g/m²			○	
	Schutzplatte aus … mm dick			○	
	g) Temperatur an der Abdichtung				
	im Bauzustand des Bauwerkes … °C			○	
	im Gebrauchszustand des Bauwerkes … °C			○	
	h) Innenschale hinterpresst	○	○	○	
	Abstand der Verpressstellen … m			○	
	Art des Injektionsgutes …			○	

	nein	ja	unbekannt	Bemerkung

i) Leckwassermenge ...
   l/d×10 m   ○

k) Lage der Schadstelle ...   ○

l) Bisherige Sanierungsmaß-
   nahmen ....   ○
   ausgeführt im Jahre ......   ○

5 Bauwerk

5.1 Baustoffe

5.1.1 Beton B ...   ○

5.1.2 Stahlbeton B ...   ○

5.1.3 Stahlbetonfertigteile B ...   ○

5.1.4 Mauerwerk
      Sorte ... Dicke ...   ○
      vollfugig in MG III   ○   ○   ○
      MG II mit Zementputz   ○   ○   ○

5.2 Konstruktion

5.2.1 Liegt statische Berechnung vor
      für

      a) Bauwerkssohle?
         Dicke ... cm   ○   ○   ○

      b) Bauwerkswände?
         Dicke ... cm   ○   ○   ○

      c) Bauwerksdecke?
         Dicke ... cm   ○   ○   ○

      d) Wurde Wasserdruck berück-
         sichtigt?   ○   ○   ○

      e) Berücksichtigte Eintauchtiefe
         ... m?   ○

	nein	ja	unbekannt	Bemerkung
f) Berücksichtigter Bemessungswasserstand (DIN 18195-1) ... mNN?			○	
g) Art der Wandkonstruktion (gemauert, massiv, Sandwich) ...?			○	
5.2.2 Wand-Sohlen-Anschluss biegesteif	○	○	○	
abgedichtet durch ...			○	
5.2.3 Sind besondere Beanspruchungen der Abdichtung zu erwarten?	○	○	○	
a) aus Punktlasten?	○	○	○	
b) aus unbeabsichtigten Einspannungen und/oder Zwängungen?	○	○	○	
c) aus Öffnungen?	○	○	○	
d) aus Vor- und Anbauten?	○	○	○	
e) aus unterschiedlichen Setzungen?	○	○	○	
f) aus			○	
5.2.4 Welche Fugen sind ausgebildet?				
a) Arbeitsfugen Lage	○	○	○	
b) Dehnungsfugen, Bewegungsgröße $x = ...$ cm $y = ...$ cm	○	○	○	
c) Bewegungsfugen, Bewegungsgröße $x = ...$ cm $y = ...$ cm $z = ...$ cm	○	○	○	

5 Bauwerk   461

		nein	ja	unbekannt	Bemerkung
	d) Trennfugen zwischen Bauteilen mit dynamischer Belastung	○	○	○	
	e) Setzungsfugen im Fundament maximale Setzung = ... cm	○	○	○ ○	
5.2.5	Gibt es Durchdringungen?				
	a) in Sohlen	○	○	○	
	b) in Wänden	○	○	○	
	c) für Ver- und/oder Entsorgungsleitungen ohne Stopfbuchse mit Stopfbuchse	○ ○	○ ○	○ ○	
	d) Sind diese Durchdringungen oberhalb der Abdichtung angeordnet?	○	○	○	
	e) Ist die Abdichtung angeschlossen? über Klebeflansch Los- und Festflansch Schelle Manschette	○ ○ ○	○ ○ ○	○ ○ ○	
	f) Telleranker, ... Stck/m^2	○	○	○	
	g) Brunnentöpfe Art ... Art der Deckelabdichtung ...	○	○	○ ○ ○	
	h) Sind die Abmessungen der Los- und Festflanschkonstruktion normgerecht? bezüglich Flanschdicke bezüglich Flanschbreite bezüglich Bolzendurchmesser bezüglich Bolzenabständen bezüglich Bolzenrandabständen	○ ○ ○ ○ ○	○ ○ ○ ○ ○	○ ○ ○ ○ ○	
5.2.6	Die Sohle des Bauwerkes liegt: waagerecht geneigt ... ° (Grad) oder ...% treppenförmig	○ ○ ○	○ ○ ○	○ ○ ○	

	nein	ja	unbekannt	Bemerkung
a) Schachtvertiefungen in der Sohle vorhanden	○	○	○	
b) Fundamentvertiefungen in der Sohle vorhanden	○	○	○	
c) Sonstige Merkmale				
der Sohle ...	○	○	○	
der Wände ...	○	○	○	
der Decken ...	○	○	○	

5.2.7 Gleitsicherung durch:

	nein	ja	unbekannt	Bemerkung
a) Deckennocken:				
quer	○	○	○	
längs	○	○	○	
b) Sohlennocken:				
quer	○	○	○	
längs	○	○	○	
c) Telleranker	○	○	○	

5.2.8 Wärmedämmung für Bauteile geplant

	nein	ja	unbekannt	Bemerkung
Wärmedämmung für Bauteile geplant	○	○	○	
Art der Wärmedämmung ...			○	
Dicke der Wärmedämmung ... mm	○	○	○	

5.2.9 Sind die abzudichtenden Räume für dauernden Aufenthalt von Menschen bestimmt?

	nein	ja	unbekannt	Bemerkung
Sind die abzudichtenden Räume für dauernden Aufenthalt von Menschen bestimmt?	○	○	○	

5.2.10 Wenn ja, sind bauphysikalische Maßnahmen geplant und berechnet worden?

	nein	ja	unbekannt	Bemerkung
Wenn ja, sind bauphysikalische Maßnahmen geplant und berechnet worden?	○	○	○	
a) Wärmedämmung	○	○	○	
b) Dampfsperre	○	○	○	

6 Konstruktive und bautechnische Fragen

		nein	ja	unbekannt	Bemerkung
6.1	**Ist eine statische und konstruktive Bearbeitung für die Abdichtung erfolgt?** durch	○	○	○	

6.2 Maximale und minimale rechnerisch ermittelte Beanspruchung der Abdichtung in MN/m^2

6.2.1	bei Bauzuständen allgemein max ... min ...			○	
6.2.2	bei Umsteifvorgängen max ... min ...			○	
6.2.3	an bereits vorhandenen Abdichtungen max ... min ...			○	
6.2.4	im Endzustand max ... min ...			○	
6.2.5	Ist mit einer klaffenden Fuge an der Abdichtung zu rechnen?	○	○	○	
	a) In welchem Gebäudebereich?			○	
	b) Verursacht durch:			○	
	c) Bei extremen Lastfällen wie: Kantenpressungen max ... min ...			○	
	Überflutung max ... min ...			○	
	Erdbeben max ... min ...			○	
	Sonderbeanspruchung durch .... max ... min ...			○	

			nein	ja	unbekannt	Bemerkung
6.3		**Berechnungsansätze zur Beurteilung von Abdichtungen**				
6.3.1		Aktiver Erddruck	○	○	○	
6.3.2		Passiver Erddruck	○	○	○	
6.3.3		Welche Erddruckverteilung			○	
6.3.4		Erddruck aus seitlicher Bebauung	○	○	○	
		a) Flachgründung	○	○	○	
		b) Pfahlgründung	○	○	○	
6.3.5		Wasserdruck voll angesetzt oder mit ... %	○	○	○ ○	
6.3.6		Mit welchen Setzungsdifferenzen ist zu rechnen? ... cm			○	
6.3.7		Mit welchen maximalen Durchbiegungen von Balken, Decken ist zu rechnen? 1/... der Länge			○	
6.3.8		Maximale Abbindewärme des Betons ... °C			○	
6.3.9		Zugbeanspruchung an der Abdichtung:				
		durch Schwinden des Betons Schwindmaß ... cm	○	○	○ ○	
		durch Gleiten der Abdichtung	○	○	○	
		durch Gleiten von Massivbauteilen	○	○	○	
		durch Ausweichen der Klebemasse	○	○	○	
		a) Wird die Abdichtung nur statisch/quasistatisch beansprucht?	○	○	○	

6 Konstruktive und bautechnische Fragen

	nein	ja	unbekannt	Bemerkung
b) Wird die Abdichtung auch dynamisch beansprucht?	○	○	○	
durch Fahrzeugverkehr?	○	○	○	
durch Maschinenschwingungen?	○	○	○	
durch Sonderlastfälle wie ...?			○	

7 Erforderliche Angaben zur Dokumentation von Abdichtungsschäden bei mehrlagigen, heiß verklebten Bitumenabdichtungen (Beispiel)

	Sohle						Decke						Wand						Bemerkung
	eingebaut			beschädigt			eingebaut			beschädigt			eingebaut			beschädigt			
	ja	nein	un-bek.	ja	nein	un-bek.	ja	nein	un-bek.	ja	nein	un-bek.	ja	nein	un-bek.	ja	nein	un-bek.	
7.1 Klebeschichten																			
7.1.1 Voranstrich																			
7.1.2 B 25																			
7.1.3 B 45																			
7.1.4 Geblasenes Bitumen 85/25																			
7.1.5 Gefüllte Masse mit … Gew.-% Füllstoff a) Füllerarten… b) Erweichungspunkt R. u. K. …°C c) Penetration bei +25°C beträgt …mm×10⁻¹																			
7.1.6 Deckaufstrich																			
7.2 Bahnen für die Abdichtung																			
7.2.1 Nackte Bitumenbahnen R 500 N																			
7.2.2 Bitumen-Dachbahnen																			

7 Erforderliche Angaben von Abdichtungsschäden bei Bitumenabdichtungen

7.2.3 Bitumen-Dichtungsbahnen nach DIN 18190	7.2.4 Bitumen-Schweißbahnen nach DIN...	7.2.5 Bitumen-Schweißbahnen nach ZTV-BEL-B, Teil 1	7.2.6 Lochglasvlies-Bitumenbahnen	7.2.7 Sollbruchfuge aus:....	7.2.8 PVC-P-Bahnen Fabrikat: zwischen nackten Bitumenbahnen verlegt, Bahnendicke...mm Nähte verschweißt bitumenverklebt	7.2.9 PIB-Bahnen, Fabrikat:... Bahnendicke...mm, zwischen nackten Bitumenbahnen verlegt Nähte quellverschweißt bitumenverklebt	7.2.10 ECB-Bahnen, Fabrikat:... zwischen nackten Bitumenbahnen verlegt, Bahnendicke...mm Nähte warmluftverschweißt heizkeil-verschweißt bitumenverklebt

	Sohle							Decke							Wand							Bemer-kung
	eingebaut			beschädigt			eingebaut			beschädigt			eingebaut			beschädigt			
	ja	nein	un-bek.	ja	nein	un-bek.	ja	nein	un-bek.	ja	nein	un-bek.	ja	nein	un-bek.	ja	nein	un-bek.	
7.2.11 EVA-Bahnen, Fabrikat:..., zwischen nackten Bitumenbahnen verlegt, Bahnendicke...mm Nähte verschweißt bitumenverklebt																			
7.2.12 Elastomer (EPDM)-Bahnen, Fabrikat:..., zwischen nackten Bitumenbahnen verlegt, Bahnendicke...mm Nähte verschweißt bitumenverklebt																			
7.2.13 Cu 0,1 mm, unbeschichtet einlagig zweilagig																			
7.2.14 Cu 0,2 mm, unbeschichtet einlagig zweilagig																			
7.2.15 Alu 0,2 mm, beschichtet einlagig zweilagig																			

7 Erforderliche Angaben von Abdichtungsschäden bei Bitumenabdichtungen

7.2.16 Alu 0,2 mm, unbeschichtet einlagig zweilagig	7.2.17 Sonstige Einlagen: Art:...... a) Lagenzahl.... b) Lagenfolge.... c) Überlappung.../...cm (längs/quer)	**7.3 Fugenverstärkungen aus:**	7.3.1 Cu 0,2 mm, zweilagig Breite:...cm	7.3.2 Cu 0,2 mm, dreilagig Breite:...cm	7.3.3 Stahlblech....mm dick Breite:...cm	7.3.4 PVC-P, Dicke:...mm Lagenzahl... Breite:...cm	7.3.5 Elastomer: Art:...... Dicke:...mm Breite:...cm	7.3.6 Sonderkonstruktion Art:......

	Sohle						Decke						Wand						Bemer-kung
	eingebaut			beschädigt			eingebaut			beschädigt			eingebaut			beschädigt			
	ja	nein	un-bek.	ja	nein	un-bek.	ja	nein	un-bek.	ja	nein	un-bek.	ja	nein	un-bek.	ja	nein	un-bek.	
7.4 Schutzschichten																			
7.4.1 Bitumen-Schutz-schicht Bahnenart																			
7.4.2 Gemauerte Schutz-schicht																			
7.4.3 Betonschutzschicht																			
7.4.4 Sonstiges Art:.......																			
7.4.5 Fugen in Schutz-schicht?																			
7.4.6 Gleitschichten a) unterhalb Schutzmauer-werk b) oberhalb Schutzmauer-werk c) Art																			

7 Erforderliche Angaben von Abdichtungsschäden bei Bitumenabdichtungen

7.5 Prüfen der Abdichtung				
7.5.1 Eigenüberwachung durch:.......				
7.5.2 Fremdüberwachung durch:.......				
7.5.3 Wurden Proben entnommen? a) Klebemassen b) Bindemittel c) Füller d) Bahnen oder Einlagen e) Deckaufstrich f) Fertiges Abdichtungspaket Sohle, Größe...m², Anzahl Wände, Größe...m², Anzahl Decke, Größe...m², Anzahl				
7.6 Bauablauf				
7.6.1 Freie Stand-/Liegezeit in Sohle...Tage in Wand...Tage in Decke...Tage				

8 Vertragliche Grundlagen

	Sohle						Decke						Wand						Bemerkung
	eingebaut			beschädigt			eingebaut			beschädigt			eingebaut			beschädigt			
	ja	nein	un-bek.	ja	nein	un-bek.	ja	nein	un-bek.	ja	nein	un-bek.	ja	nein	un-bek.	ja	nein	un-bek.	
8.1 VOB																			
8.1.1 Gewährleistung... Jahre																			
8.1.2 DIN 18336																			
8.1.3 DIN 18337 (vor 1988)																			
8.1.4 Kommentar zur DIN 18336 (vor 1988)																			
8.2 Ausführungsnormen																			
8.2.1 DIN 4117 (vor 1983)																			
8.2.2 DIN 4122 (vor 1983)																			
8.2.3 DIN 4031 (vor 1983)																			
8.2.4 DIN 18195 (ab 1983)																			
8.2.5 DIN 18195 (ab 2000)																			
8.2.6 AIB (DS 835; ab 1983)																			
8.2.7 AIB (DS 835; ab 1990)																			
8.2.8 AIB (Ril 835; ab 1999)																			

8 Vertragliche Grundlagen

	Sohle						Decke						Wand						Bemerkung
	eingebaut			beschädigt			eingebaut			beschädigt			eingebaut			beschädigt			
	ja	nein	unbek.	ja	nein	unbek.	ja	nein	unbek.	ja	nein	unbek.	ja	nein	unbek.	ja	nein	unbek.	
8.3 Sonstiges																			
8.3.1 RA (Berlin)																			
8.3.2 Normalien für Abdichtungen, Ausgabe ....(FHH)																			

9   Teilnehmer an dem Orientierungsgespräch

1. _____
2. _____
3. _____
4. _____
5. _____
6. _____
7. _____
8. _____

Datum und Unterschschrift des Gutachters

L   Begriffe, Stoffe und Anwendungstechnik

In der Abdichtungstechnik wurden im Laufe der Zeit zahlreiche Fachbegriffe geprägt. Immer wieder zeigt es sich, dass diese regional verschieden ausgelegt werden. Das kann vor allem in Vertragsfragen zu folgenschweren Missverständnissen führen. Es werden daher nachfolgend die wichtigsten Begriffe zusammengestellt und erläutert. Dabei dienten als Grundlage für die einzelnen Definitionen die zurzeit gültigen Fachnormen und Vorschriften sowie das einschlägige Schrifttum (siehe Abschnitt M11). Die Begriffe aus DIN 18195-1, Absatz 3, sind mit *, die Begriffe aus DIN 4095, Absatz 2, mit **, die in Anlehnung aus DIN 18541-1, Absatz 2, entnommenen Begriffe mit + gekennzeichnet.

Neben der eigentlichen Begriffsklärung soll die Aufstellung vor allem auch einen detaillierten Überblick über die verschiedenen Abdichtungsstoffe, ihre physikalisch-chemischen Eigenschaften sowie die mit der Anwendungstechnik zusammenhängenden Fragen vermitteln.

Abdeckband
Einseitig selbstklebendes Kunststoff- oder Elastomerband verschiedener Breite zur Abdichtung von Anschlüssen, Abschlüssen, Stößen und Nähten.

Abdichtung
Bautechnische Maßnahme zum Schutz von Bauwerken, Bauwerksteilen und Flachdächern gegen Feuchtigkeitseinwirkung, Oberflächenwasser, Grundwasser und klimatische Einflüsse.

Abdichtungslage*
Flächengebilde aus Abdichtungsstoffen. Eine oder mehrere vollflächig untereinander verklebte oder im Verbund hergestellte Abdichtungslagen bilden die Abdichtung.

Abdichtungsrücklage*
Festes Bauteil, auf das eine Abdichtung für senkrechte oder stark geneigte Flächen aufgebracht wird, wenn die Abdichtung zeitlich vor dem zu schützenden Bauwerksteil hergestellt wird.

Abdichtungsuntergrund; Untergrund*
Fläche, auf die die Abdichtung unmittelbar aufgebracht wird.

Ablauf
Bauteil zur Entwässerung von Flächen und zur Ableitung von Wasser, z. B. in die Entsorgungsleitung/-anlage (DIN 19599).

Ablüftzeit
Zeit zwischen Auftrag von lösungsmittelhaltigem Klebstoff bzw. Dispersionsklebstoff und Zusammenfügen der zu verbindenden Teile. In der temperaturabhängigen Ablüftzeit, bei

Dispersionsklebstoff auch als Abtrockenzeit bezeichnet, muss das zur Verarbeitung des Klebstoffes notwendige Lösungsmittel bzw. Wasser verdunsten.

Abreißfestigkeit
Haftung von Lagen und Schichten auf dem Untergrund bei Einwirkung äußerer Kräfte.

Abschluss*
Das gesicherte Ende oder der gesicherte Rand einer Bauwerksabdichtung.

Abschlussprofil*
Einbauteil (Formteil) aus einem flanschartigen Querschnitt, mit dem Abschlüsse von Bauwerksabdichtungen unmittelbar an abzudichtende Bauwerksteile angeklemmt werden, sodass eine durchgehende Anpressung entsteht.

Abschottung
Abschnittsweise Unterbrechung der Umläufigkeit insbesondere bei loser Verlegung von Kunststoff-Dichtungsbahnen. Hierzu dienen z. B. luftseitig wassersperrend einbetonierte Kunststoffprofilbänder, auf die die Dichtungsbahn wasserdicht geschweißt wird, oder unmittelbar auf der Dichtungsbahn luftseitig aufgearbeitete Rippen (Stege).

Aktivierung des Wasserdrucks
Bei der Ermittlung der Einpressung (siehe dort), z. B. im Zusammenhang mit einer Abdichtung aus nackten Bitumenbahnen, darf der Wasserdruck bei den zurzeit gültigen Normen im Allgemeinen nicht in Rechnung gestellt werden. Durch Einkleben von Metallbändern (z. B. Kupferriffelband) oder geeigneten Kunststoffbahnen wird der Wasserdruck aufgrund deren Wasserundurchlässigkeit aktiviert. Er presst die Metallbänder bzw. Kunststoffbahnen gegen die folgenden Abdichtungslagen und bewirkt einen Flächendruck.

Aluminiumband geriffelt; Aluminiumriffelband
(ab 1999 nicht mehr Stand der Technik)
Geprägtes Aluminiumband ohne Deckschicht als Trägereinlage in der Bitumenabdichtung zur mechanischen Verstärkung und/oder zur Aktivierung des Wasserdrucks, um die Einpressung zu erreichen oder zu erhöhen. Die in der Regel 60 cm breiten Bänder sind in ungeprägtem Zustand 0,2 mm dick und weisen ein Flächengewicht von ca. 0,55 kg/m^2 auf; Werkstoffnummer 3.0255, DIN 1712, Teil 3. Die Prägung ist überwiegend riffelig. Das Band muss poren- und rissefrei sowie plan sein. Die Kanten müssen gradlinig und parallel verlaufen. Zum Einbau darf grundsätzlich nur gefüllte Klebemasse verwendet werden. Nutzung erfolgt auch als beidseitig beschichtete Dichtungsbahn (z. B. nach DIN 18190-4).

Aluminiumkaschierung
Siehe Metallkaschierung

Ankerrippen (Fugenband)
Siehe Profilierungen

Anschluss*
Die Verbindung von Teilbereichen einer Abdichtungslage oder mehrerer Abdichtungslagen miteinander, die zu verschiedenen Zeitabschnitten hergestellt werden, z. B. bei Arbeitsunterbrechungen.
Ein Anschluss ist auch die Verbindung einer Abdichtungslage oder mehrerer Abdichtungslagen an Einbauteile.

Anschweißflansch
Siehe Klebeflansch

Arbeitsfuge
Trennung zwischen zwei Fertigungsabschnitten eines Bauteils ohne zugeordnete horizontale oder vertikale Bewegung. Bei Stahlbetonbauteilen wird die Bewehrung nicht unterbrochen.

Arbeitsnaht, Naht
Durch Arbeitsunterbrechung oder durch die Einbaubreite des Gerätes quer oder längs zur Straßenachse entstehender Ansatz in bituminös gebundenen Schichten.

Arbeitsraum
Lichter Raum zwischen Baugrubenkonstruktion, z. B. Trägerbohlwand, und konstruktivem Baukörper, der für das Aufbringen der Abdichtung auf die Bauwerkswand benötigt wird.
Für die Arbeitsraumbreite gilt bei Verwendung von maximal 60 cm breiten Bahnen, sofern sie nicht nach dem Bürstenstreichverfahren eingebaut werden, z. B. in Hamburg in der Regel
– bei fester Schutzschicht (siehe dort) = 80 cm
– bei Schutzschicht aus Bitumen-Dichtungsbahnen (siehe dort) = 70 cm
An örtlichen Zwangspunkten, z. B. fehlgerammten Bohlträgern, können auf kurzer Abschnittslänge Sonderregelungen getroffen werden.
Bei Anwendung des Bürstenstreichverfahrens oder Verarbeitung breiterer Bahnen muss der Arbeitsraum größer gewählt werden.

Asphalt
Natürliches oder künstlich hergestelltes Bitumen-Mineral-Gemisch; in der Abdichtungstechnik für Schutzschichten aus Gussasphalt verwendet, z. B. auf Brücken, Hofkellerdecken und Terrassen.

Asphaltbeton
Mit Straßenbaubitumen (Heißeinbau) bzw. Fluxbitumen (Warmeinbau) als Bindemittel gebundenes Mineralstoffgemisch abgestufter Körnung zur Herstellung von Deckschichten. ZTV bit.

Asphaltbinder
Mit Straßenbaubitumen als Bindemittel gebundenes Mineralstoffgemisch abgestufter Körnung zur Herstellung einer standfesten Binderschicht, deren Lagerungsdichte und Korngrößenverteilung sich unter dem Verkehr nur wenig verändert. ZTV bit.

Asphaltbord
Als Hoch- oder Tiefbord verwendete Randeinfassung, die im Gleitschalungsverfahren aus Asphalt hergestellt wird.

Asphaltdecke
Decke mit Straßenbaubitumen als Bindemittel.

Asphaltmastix*
Gemisch aus Bitumen, Gesteinsmehl und Sand mit einem Massenanteil an Bitumen von 13 bis 16%.

Ausgleichsschicht
Feste, ausgleichende, in sich ebene, nicht geglättete Beton- oder Mörtelschicht auf Baugrubenwänden, Spritzbeton- oder Felsausbruchflächen oder Tübbingschalen zum Aufbringen der Abdichtung, erforderlichenfalls mit Sollbruchfuge (siehe dort) und fester Schutzschicht.

Außenabdichtung
Abdichtung auf der Außenseite des konstruktiven Bauwerks.

Außen liegendes Arbeitsfugenband⁺
Ein außenliegendes Arbeitsfugenband ist ein Fugenband, das wie ein außenliegendes Dehnfugenband, jedoch ohne Hohlkörper oder Schlaufe ausgebildet ist. Es wird so eingebaut, dass seine Außenfläche mit der Oberfläche des Betonbauteils bündig abschließt.

Außen liegendes Dehnfugenband⁺
Ein außenliegendes Dehnfugenband ist ein Fugenband mit einer unprofilierten, glatten Außenseite, das auf der Innenseite mit einem in der Längsachse angeordneten, schlauchförmigen Hohlkörper oder mit einer Schlaufe sowie mit parallelen Profilierungen an den Dichtteilen versehen ist. Es kann mit Nagellaschen für die Befestigung an der Betonschalung versehen sein und wird so eingebaut, dass seine Außenfläche mit der Oberfläche des Betonbauteils bündig abschließt.

Bauteiltemperatur*
Temperatur der Bauteiloberfläche, mit der die Abdichtung bei ihrem Einbau direkt in Berührung kommt.

Bautenschutzmatte
Matte aus verklebtem Gummigranulat oder geschnitzeltem gummiartigem Material als Schutzlage für die Abdichtung, in der Regel 6 bis 20 mm dick; nimmt Feuchtigkeit auf; nicht geeignet für Flächen mit dynamischer Verkehrsbelastung wegen der Gefahr einer federnden Verformung.

Bemessungswasserstand*
Der höchste, nach Möglichkeit aus langjähriger Beobachtung ermittelte Grundwasserstand/Hochwasserstand. Bei von innen drückendem Wasser: der höchste planmäßige Wasserstand.

Berliner Bauweise (Berliner Verbau)
Baugruben ohne seitlichen Arbeitsraum; ursprünglich entwickelt für den U-Bahn-Bau in Berlin bei Baugrubensicherung mit Trägerbohlwänden. Die Wandabdichtung wird hierbei vor Erstellung der Bauwerkswände auf eine Wandrücklage (Ausgleichsschicht) aufgebracht.

Beschichtung
Flächiges Auftragen z. B. eines Flüssigkunststoffes (Reaktionsharz) gemäß ZTV-BEL-B Teil 3; die so auf der Unterlage entstehende Schicht folgt allen Unebenheiten bzw. gleicht diese weitgehend aus.

Besenstrich
Überkehren einer frischen Fahrbahnoberfläche aus Beton zur Erzielung größerer Anfangsgriffigkeit. ZTV Beton.

Betondeckung
Betonschicht über der Bewehrung mit einer Dicke nach DIN 1045, Ziffer 13.2.2 und Tabelle 10. Zusätzlich ist zu beachten: Beim Betonieren senkrechter Wände gegen die Abdichtung muss die Betondeckung ≥5 cm betragen, um ein Festsetzen der Zuschlagstoffe zwischen Abdichtung und Bewehrung und damit eine Nesterbildung zu vermeiden. Die Verteiler der Tragbewehrung sollten innen angeordnet werden.

Betonpflasterstein
Werkmäßig hergestellter Pflasterstein aus Beton. DIN 18501.

Bettung
Siehe Pflasterbettung

Bewegungsfuge
Ein Zwischenraum zwischen zwei Bauwerksteilen oder Bauteilen, der ihnen unterschiedliche Bewegungen ermöglicht.

Bitumen
Bei der schonenden Aufarbeitung von Erdöl gewonnenes dunkelfarbiges, halbfestes bis springhartes, schmelzbares, hochmolekulares Kohlenwasserstoffgemisch.

Bitumenbahn
Mit Bitumen getränkte Rohfilzpappe (nackte Bitumenbahn, DIN 52129) oder mit Bitumen getränkte und zusätzlich ein- oder beidseitig mit Bitumendeckschichten versehene Trägereinlagen (Dichtungsbahn, DIN 18190, oder Dachbahnen, DIN 52143) aus Glas- oder Kunststoffgewebe, Metallbändern oder Kunststofffolien.
Bitumenbahnen werden mit heißer Bitumen-Klebemasse eingebaut (siehe DIN 18195-3).

Bitumendickbeschichtung
Siehe Kunststoffmodifizierte Bitumendickbeschichtung

Bitumen-KSK-Bahn (kaltselbstklebende Bitumen-Dichtungsbahn)
Dichtungsbahn aus einem kunststoffmodifizierten, selbstklebenden Bitumen, das einseitig auf einer reißfesten HDPE-Trägerfolie aufgebracht ist.

Bitumen-Latex (BL)
Bitumengemisch mit 15 bis 20 Vol.-% Zusatz von Kautschuklatex vorwiegend auf Chloroprenbasis zur Verbesserung der mechanischen Eigenschaften des Bitumens. BL-Abdichtungen werden in der Regel als Emulsion in mehreren Schichten übereinander aufgespritzt. Als Trägereinlagen dienen Kunststoffbahnen, z.B. auf CSM-Basis (siehe dort).

Bitumenlösung
In organischen Lösemitteln gelöstes Bitumen (DIN 55946).

Bitumenrohfilzbahn
Siehe Nackte Bitumenbahn

Bitumen-Schweißbahn (DIN 52131, DIN 52133)
Bitumen-Dichtungsbahn mit ein- oder beidseitiger Bitumendeckschicht von jeweils ca. 1,5 bis 2,5 mm Dicke; Gesamtbahndicke 4 bis 5 mm; Einlagen aus Glas-, Jute- oder Kunststoffgeweben, Metallbändern oder Kunststofffolien; Einbau nach dem Schweißverfahren.
Spezial-Schweißbahnen nach ZTV-BEL-B 1, metallkaschiert nach Anhang 1, nicht kaschiert nach Anhang 2, sind zum unmittelbaren Aufbringen von Gussasphalt geeignet. Schweißbahnen erfordern für den Einbau im Gegensatz zu den Bitumenbahnen keine zusätzliche Bitumen-Klebemasse.

Bituminös
Natürliche oder technisch hergestellte Stoffe mit einem beliebigen Prozentsatz an Bitumen, Steinkohlenteerpech und/oder Steinkohlenteer. Begriff ist seit Mitte der 80er-Jahre nicht mehr gebräuchlich, da aus arbeitsmedizinischen Gründen der Einsatz von Teerprodukten im Regelfall nicht statthaft ist.

Blasenbildung
Örtlich begrenzte kalottenförmige Hebung der Verkehrsfläche bitumengebundener Decken, verursacht durch Erwärmung von z.B. hermetisch eingeschlossener Luft, Wasser, Öl oder Lösemittel.

Blockfuge
Trennung zweier Bauwerkskörper durch Einlagen oder Anstrich, in der Regel als Bewegungsfuge ausgeführt.

Bodenfeuchte (Bodenfeuchtigkeit, Erdfeuchtigkeit, Kapillarfeuchte)
Im Boden vorhandenes, kapillar gebundenes und durch Kapillarkräfte auch entgegen der Schwerkraft fortleitbares Wasser (Saugwasser, Haftwasser, Kapillarwasser), nicht tropfbarflüssig, unabhängig vom Grund- oder Sickerwasser in unseren Breiten immer vorhanden.

Bohlträger (Rammträger, Bohrträger)
Lotrecht oder mit geringer Neigung gerammte oder in Bohrlöchern versetzte H-, HE-, HE-B- oder HE-M-Profile als vertikales Tragelement einer Baugrubenwand; dient zur Aufnahme und Abstützung der in der Regel hölzernen Verbohlung.

Brechpunkt (nach Fraaß)
Temperatur, bei der eine auf ein Stahlblech aufgeschmolzene Bitumenschicht bricht oder Risse bekommt, wenn dieses nach festgelegten Bedingungen gebogen wird – Prüfung nach DIN 1995, U 6.

Brunnentopf
Mantelrohrartige Durchdringung der Abdichtung, in der Regel aus Metall, zur Durchführung von Rohrbrunnen für die Grundwasserhaltung oder von Hilfskonstruktionen, z. B. Mittelträgern. Die Abdichtung wird mittels Los- und Festflanschkonstruktion angeschlossen. Der Brunnentopf wird nach dem Ziehen der Rohre bzw. Mittelträger mit einem Blindflansch (Deckel) wasserdicht geschlossen.

Butylkautschuk (IIR)
Vulkanisierbares Mischpolymerisat von Isobutylen und Isopren zur Herstellung von elastomeren, bitumenverträglichen Dach- und Dichtungsbahnen (DIN 7864).

Bürstenstreichverfahren (Streichverfahren, BSTV)
Auftragen und Einbau der heißen Bitumenklebemasse mit einer Bürste.

Chloropren-Kautschuk (CR)
Siehe Polychloropren-Kautschuk

Chlorsulfoniertes Ethylen (CSM)
Anfangs thermoplastischer, in wenigen Monaten ohne äußere Einwirkung zu einem Elastomer vernetzender Kunststoff; für Abdichtungszwecke mindestens 1,0 mm dick. Nur im unvernetzten Zustand schweißbar; Heißluftschweißung im Allgemeinen bei 210 bis 250 °C. Quellschweißung mit Tetrahydrofuran, Toluol oder Trichlorethylen möglich. Anwendung bei Abdichtungen unter Geländeoberfläche bisher nur in Sonderfällen, z. B. als Verstärkung und Bewehrung von Bitumen-Latex-Beschichtungen.

Dampfdruckausgleichsschicht*
Eine zusammenhängende Luftschicht zum Ausgleich örtlich entstehender Dampfdruckunterschiede.

Dampfsperrschicht
Eine vollflächige Schicht unterhalb der Wärmedämmung, z. B. Bitumendach- oder -dichtungsbahnen, die das Eindringen von Wasserdampf in die Wärmedämmschicht und damit deren Durchfeuchtung mit der Folge einer Minderung des Wärmedämmwertes verhindert. Der erforderliche μ-Wert (Dampfdiffusionswiderstandszahl für den Vergleich Luft zu Baustoff) richtet sich nach der raumseitig anfallenden Wasserdampfmenge und dem Diffusionsgefälle.

Deckaufstrich*
Ein in sich geschlossener Aufstrich aus Deckaufstrichmitteln.

Deckschicht (Deckmasse)
Ein- oder beidseitig fabrikmäßig auf Trägereinlagen aufgebrachte Bitumenschicht in einer Dicke von etwa 1 bis 3 mm, mit Füllstoffgehalt und an der Außenseite mineralisch abgestreut oder talkumiert.

Deckschicht (Fahrbahndecke)
Widerstandsfähige und verkehrssichere oberste Schicht einer Fahrbahndecke oder eines Brückenbelages. Besteht aus Asphaltbeton oder Teerasphaltbeton, aus Gussasphalt, Asphaltmastix oder aus Splittmastixasphalt. Im ländlichen Wegebau auch die ohne Bindemittel aus Sand, Kies-Sand- oder Splitt-Sand-Gemischen hergestellte oberste Schicht einer Befestigung. ZTV bit, ZTV-LW.

Dehn-/Dehnungsfuge
Siehe Bewegungsfuge

Dehnteil⁺
Der Dehnteil ist der mittlere Bereich eines Fugenbandes, der die Fugenbewegung aufnimmt. Er wird bei innenliegenden Fugenbändern durch Ankerrippen und bei außenliegenden Fugenbändern und Fugenabschlussbändern durch Sperranker von den Dichtteilen abgegrenzt.

Destilliertes Bitumen (Destillationsbitumen)
Siehe Primärbitumen

Dichtrippen (Fugenband)
Siehe Profilierungen

Dichtteil⁺
Die Dichtteile sind die äußeren, jeweils beidseitig an den Dehnteil anschließenden Bereiche eines Fugenbandes, die bei der Bewegung der Fugenflanken zueinander im Wesentlichen unverformt bleiben. Sie sind mit Profilierungen versehen.

Dichtungsbahn (Dichtungsträgerbahn, D)
Bei Bitumenabdichtungen: siehe Bitumenbahn.
Bei Kunststoffabdichtungen: fügbare Bahn, im Allgemeinen von 1 bis 3 mm Dicke; in einigen Fällen mit einseitiger Kunststoff-Vlieskaschierung und erforderlichenfalls zum Schutz gegen Verklebung bei Lieferung in Rollen mit dünner Trennschicht, z. B. aus Silikonpapier oder Kunststofffolie, versehen.

Dichtungsputz
Siehe Wasserundurchlässiger Putz

Dichtungsschicht
Ein- oder mehrlagige Schicht aus wasserundurchlässigen Abdichtungsstoffen, z.B. Schweißbahnen, oder in wärmegedämmten Bereichen Dichtungsbahnen mit Klebemasse.

Dichtungsschlämme
Zementgebundene mineralische Beschichtung, starr oder flexibel (Kunststoffzusatz), jeweils in mindestens zwei Arbeitsgängen aufgetragen, Gesamtdicke ca. 2 bis 5 mm; Dichtwirkung wird in gleicher Weise erreicht wie bei Sperrbeton (siehe dort); Dichtungsschlämmen sind bisher durch die Normung nicht erfasst; Anwendung vorwiegend gegen Bodenfeuchte bei verformungsarmen Bauteilen; feste Verbindung mit dem Untergrund; bei starren Dichtungsschlämmen (DS) praktisch keine Überbrückung von Rissen im Untergrund, die nach dem Erhärten der Schlämme entstehen; flexible Dichtungsschlämme (FS) können Risse im Untergrund bis zu 0,2 mm Breite überbrücken.

Drän**
Drän ist der Sammelbegriff für Dränleitung und Dränschicht.

Dränanlage**
Eine Dränanlage besteht aus Drän, Kontroll- und Spüleinrichtungen sowie Ableitungen.

Dränbeton
Einkornbeton mit großem Anteil an untereinander verbundenen, durchgängigen Hohlräumen zum Ableiten von Wasser.

Dränelement**
Dränelement ist das Einzelteil für die Herstellung eines Dräns, z.B. Dränrohr, Dränmatte, Dränplatte, Dränstein.

Dränleitung**
Dränleitung ist die Leitung aus Dränrohren zur Aufnahme und Ableitung des aus der Dränschicht anfallenden Wassers.

Dränrohr**
Dränrohr ist der Sammelbegriff für Rohre, die Wasser aufnehmen und ableiten.

Dränschicht**
Dränschicht ist die wasserdurchlässige Schicht, bestehend aus Sickerschicht und Filterschicht oder aus einer filterfesten Sickerschicht (Mischfilter).

Dränung**
Dränung ist die Entwässerung des Bodens durch Dränschicht und Dränleitung, um das Entstehen von drückendem Wasser zu verhindern. Dabei soll ein Ausschlämmen von Bodenteilchen nicht auftreten (filterfeste Dränung).

Drückendes Wasser (Druckwasser)
Im Boden frei fließendes Wasser, das einen hydrostatischen Druck auf die Abdichtung ausübt. Es füllt die Hohlräume im Boden voll aus.

Durchdringung*
Ein Bauteil, das die Bauwerksabdichtung durchdringt, z. B. Rohrleitung, Geländerstütze, Ablauf, Brunnentopf, Telleranker.

Duroplaste (Duromere)
In der Regel nach Aushärtung harte Mehrkomponentenkunststoffe mit räumlich eng vernetzter Molekularstruktur, z. B. aus ungesättigtem Polyester (UP), Epoxid (EP) oder Polyurethan (PUR); in der Abdichtungstechnik als aufgespritzte Beschichtungen, Platten, Rohre oder Schaumstoffe eingesetzt. Geringe Verformbarkeit, bei Wärmezufuhr nicht plastifizierbar, annähernd bis zur Zersetzungstemperatur starr und daher nicht schweißbar.

ECB
Siehe Ethylencopolymerisat-Bitumen

Edelstahlband (ESt)
Blanke Edelstahleinlage in der Bitumenabdichtung zur Aktivierung des Wasserdruckes und zur Erhöhung der zulässigen Flächenpressung für einen Abdichtungsaufbau. Die in der Regel 60 cm breiten Bänder sind im ungeprägten Zustand 0,1 bis $\geq 0{,}05$ mm dick. Die Prägung ist waffelartig oder kalottiert. Sie wirkt stabilisierend und führt zu einer Verzahnung mit dem Bitumen. Das Band muss poren- und rissefrei sowie plan sein. Die Kanten müssen geradlinig und parallel verlaufen. Die Klebemasse muss gefüllt sein, auch in waagerechten Flächen. Das Gewicht des Bandes bei 0,05 mm Dicke beträgt etwa 0,4 kg/m^2; siehe auch DIN 18195-2, Absatz 3.8, Werkstoffnummer 1.4401; DIN 17440.
Bei Bitumen-Schweißbahnen nach ZTV-BEL-B Teil 1, Anhang 1 auch als oberseitige Kaschierung für den Hitzeschutz unter Gussasphalt.

Einbaugewicht
Summe aller Einzelgewichte von Klebeaufstrichen, Bahnenmaterialien und Deckaufstrich innerhalb eines Abdichtungsaufbaus. Einzelheiten siehe Ril 835 (AIB) [L102] und Hamburger-Normalien für Abdichtungen [L103].

Einbaumenge*
Eine Menge Klebemasse, Asphaltmastix, kunststoffmodifizierte Bitumendickbeschichtung oder Deckaufstrichmittel im eingebauten Zustand.

Einbauteil*
Ein Hilfsmittel zur Herstellung eines wasserdichten Anschlusses an Durchdringungen, bei Übergängen oder bei Abschlüssen, wie z. B. Klebeflansch, Anschweißflansch, Manschette, Klemmschiene, Los- und Festflanschkonstruktionen.

Einbautemperatur*
Temperatur der Abdichtungsstoffe beim Einbau.

Einbettung der Abdichtung*
Die hohlraumfreie Lage der Abdichtung zwischen Abdichtungsuntergrund und Schutzschicht, ohne dass die Abdichtung einen nennenswerten Flächendruck erfährt.

Einpressung der Abdichtung*
Die hohlraumfreie Lage der Abdichtung zwischen zwei festen Bauteilen, wobei die Abdichtung einem ständig wirkenden Flächendruck ausgesetzt ist.

Eintauchtiefe*
Die Höhendifferenz zwischen der tiefsten abzudichtenden Bauwerksfläche und dem Bemessungswasserstand.

Elastomer (E)
Vollelastischer Kunststoff mit räumlich weit vernetzter Molekularstruktur auf der Basis von Naturkautschuk, Chloropren-Kautschuk (CR), Isobutylen-Isopren-Copolymer (IIR), Polysulfid-Kautschuk (ET und PR), Silikon-Kautschuk (Si) oder Styrol-Butadien-Kautschuk (SBR); in der Abdichtungstechnik als Bahnen, Fugenbänder, Profilschnüre, Schläuche, Fugenspritz- oder Vergussmasse eingesetzt; durch Wärme nicht plastifizierbar und daher nicht schweißbar; die Verbindung von Bahnen an den Nähten erfolgt durch Vulkanisation oder in Ausnahmefällen durch Kleben.

Elastomer-Dichtungsbahn mit Selbstklebeschicht*
Bahn aus Elastomeren mit zusätzlicher werkseitiger Selbstklebeschicht zur flächigen Verklebung.

Emulsion (Bitumenemulsion)
Mittels besonderer Zusätze (Emulgatoren) erzielte feine Verteilung von Bitumen in Wasser; Anwendung bei einem Bitumengehalt von mindestens 30 Gew.-% als Voranstrich, Deckaufstrich- oder Anstrichmittel.

Endigung
Dauernde Begrenzung einer Hautabdichtung (siehe auch Verwahrung).

EPDM (Ethylen-Propylen-Diene-Kautschuk)
Thermoplastisches, aber auch vulkanisierbares Mischpolymerisat von Ethylen, Propylen und einer zweifach ungesättigten Verbindung (Dien) zur Herstellung von elastomeren, bitumenverträglichen aber auch nicht vulkanisierten, schweißbaren bitumenverträglichen Dach- und Dichtungsbahnen. Frühere Kurzbezeichnung auch APTK (Äthylen-Propylen-Terpolymer-Kautschuk).

Epoxid (EP, Epoxyd)
Duroplastischer Kunststoff, in der Abdichtungstechnik vorwiegend als Spritzabdichtung eingesetzt. Anwendungsbereich ähnlich wie für Polyester. Unter Bitumen-Schweißbahnen nach ZTV-BEL-B wird Epoxidharz als Grundierung oder Versiegelung eingesetzt, im Sinne von ZTV-SIB auch in Verbindung mit Kratzspachtelungen oder Betonersatzsystemen.

Erdfeuchtigkeit, Erdfeuchte
Siehe Bodenfeuchte

Erweichungspunkt
Maßstab für das Temperaturverhalten von Bitumen, das keinen genau zu bestimmenden Schmelzpunkt hat. Der Erweichungspunkt gibt die Temperatur an, bei der das Bitumen unter festgelegten Bedingungen eine bestimmte Verformung bei langsamer Erwärmung erfährt (übliches Prüfverfahren: Ring- und Kugel-Methode).

Ethylencopolymerisat-Bitumen (ECB)
Thermoplastischer Kunststoff, Bahnen nach DIN 16729; für Abdichtungszwecke mindestens 2 mm dick; Nahtverbindung durch Heißluftschweißung im Allgemeinen bei 145 bis 250 °C; ECB-Bahnen werden im Allgemeinen zwischen Schutzbahnen aus mindestens 2 mm dicken Kunststoffvliesen lose verlegt; diese sind entweder einseitig aufkaschiert oder lose zu verlegen. ECB-Dichtungsbahnen können nach DIN 18195-5 auch mit Bitumen verklebt eingebaut werden.

Ethylen-Vinyl-Acetat-Terpolymer (EVA)
Thermoplastischer Kunststoff, bitumenverträgliche Bahnen nach DIN 18195-2, Tabelle 7 [L2], mindestens 1,2 mm dick.

Extrudieren
Kontinuierliche Verformung von thermoplastisch verarbeitbaren Hochpolymeren zu Bahnen, Rohren oder Profilen. Die Plastifizierung erfolgt durch Druck und Wärme in einem beheizten Zylinder mit innenliegender Schnecke bzw. Doppelschnecke, die das Hochpolymer durch eine Düse presst, die dem Strang die gewünschte Form gibt. Nach der Kalibrierung wird der Strang durch Abkühlung formstabil.

Extrudiertes Polystyrol (EPS)
Im Extrudierverfahren hergestellte Wärmedämmplatten aus Polystyrol (siehe auch unter Polystyrol).

Extrusionsschweißung
Verbindung von zwei Kunststoffbahnen durch Einführen von erhitztem Grundmaterial zwischen die Fügeflächen mithilfe eines Extruders. Das erhitzte Zusatzmaterial schmilzt die Bahnen im Fügebereich oberflächlich an, sodass bei gleichzeitig kurzer Druckeinwirkung die Schweißverbindung eintritt; nur bei bestimmten Kunststoffen (z.B. Polyethylen, siehe dort) anwendbar.

Festes Bauteil*
Ein Bauteil, das ohne größere Formänderung Kräfte aufnehmen oder weiterleiten kann.

Festflansch
Siehe Los- und Festflanschkonstruktion

Filterschicht**
Filterschicht ist der Teil der Dränschicht, der das Ausschlämmen von Bodenteilchen infolge fließenden Wassers verhindert.

Flamm-Schmelz-Klebeverfahren (FSK-Verfahren)
Verfahren zum Einbau von Schweißbahnen (siehe dort).

Flächendränung
Wasser abführende Schicht, z. B. eine Noppenbahn (Platte) aus PE-Folie mit einer aufgeklebten R 500 N, eine Filtermatte mit einseitig aufkaschierter Kunststoffbahn oder eine Stollenschweißbahn, um die Abdichtung auf feuchten oder nassen Abdichtungsunterlagen oder -rücklagen einbauen zu können und anfallende Feuchtigkeit sicher abzuleiten.

Flämmverfahren (FV)
Bei diesem Verfahren wird Bitumenklebemasse aufgespritzt oder mit der Bürste aufgetragen. Für das Einrollen der Bitumen- oder Kunststoffbahnen wird der bereits abgekühlte Bitumenfilm mit einer Propanflamme oder mithilfe von Heißluft wieder erweicht.

Fluxen
Erweichen einer Bitumenklebemasse, z. B. durch Eindringen von öligen Bestandteilen.

Fügefläche
Im Überlappungsbereich zweier Kunststoffbahnen in der Regel mindestens 5 cm breite Randzonen der zueinander weisenden und zu verbindenden Bahnoberflächen.

Fügetechnik*
Die Technik der materialgerechten Naht- und Stoßverbindungen von Abdichtungsbahnen zur Herstellung einer Abdichtungslage.

Füller (Füllstoff)
Zusätze aus nicht quellfähigen, nicht hygroskopischen und nicht wasserlöslichen Materialien wie Schiefermehl und Faserstoffen zur Verbesserung der mechanischen Eigenschaften des Bitumens.

Fugenabschlussband[+]
Ein Fugenabschlussband ist ein Fugenband mit U-förmigem Querschnitt. Es ist mit einseitigen Profilierungen der Dichtteile versehen, mit denen es in den Fugenflanken von Betonbauteilen eingebaut wird.

Fugenblech (Verbundblech, Schleppblech, Folienblech)
Im Allgemeinen Stahlblech von weniger als 1 mm Dicke, in vielen Fällen ein- oder beidseitig kunststoffbeschichtet zur Verstärkung von Abdichtungen aus Kunststoffbahnen im Fugenbereich. Das beschichtete Fugenblech dient auch als Bauhilfsstoff, z. B. bei Abdichtungsendigungen und Kanten- oder Kehlenverstärkungen.
Bei WU Beton: unbeschichtet, in der Regel 1 mm dick und 200 bis 300 mm breit zur Abdichtung von Arbeitsfugen.

Fugendichtungsmasse
In Fugen eingepresste/eingespritzte Masse (DIN 18540) zur Abdichtung gegen das Eindringen z. B. von Feuchtigkeit im Hochbau. Dauerplastische bzw. dauerelastische Masse

aus Ein- oder Zweikomponenten-Material auf Bitumen-, Elastomer- oder Kunststoffbasis in Form von plastisch verarbeitbaren Spritzmassen oder in spachtelfähigem Zustand vorzugsweise zum Schließen von Fugen und Spalten; nicht geeignet zur Fugenabdichtung im Tiefbau, auf Parkdeck- und Brückenflächen.

Fugenkammer*
Eine Verbreiterung einer Bewegungsfuge in ausreichender Tiefe an der Abdichtungsfläche.

Fugentyp
Differenzierung der Beanspruchung von Abdichtungen aus Dichtungsbahnen über Fugen nach
Fugen Typ I: Fugen für langsam ablaufende und einmalige oder selten wiederholte Bewegungen (in der Regel unter Geländeoberfläche); siehe DIN 18195-8
Fugen Typ II: Fugen für schnell ablaufende oder häufig wiederholte Bewegungen (in der Regel oberhalb der Geländeoberfläche); siehe DIN 18195-8

Fugen-Unterfüllstoff
Vorgeformte, hitzebeständige geschlossenzellige und verrottungsfeste Rundprofile aus Synthese-Kautschuk oder Polyurethanschaum (Moosgummi) zur Trennung der Fugenvergussmassen in Schutz- und Deckschichten, z.B. bei Randfugen bitumengebundener Beläge.

Fugenvergussmasse
Mineralisch gefüllte oder kunststoffmodifizierte Bitumenmasse zum Verschließen von Fugen; Spezifikation nach TL bit-Fug 82 (Forschungsgesellschaft für Straßen- und Verkehrswesen).

Fugenverstärkung*
Die Verstärkung einer Abdichtung durch eine oder mehrere zusätzliche Abdichtungslagen im Bereich einer Bewegungsfuge.

Geblasenes Bitumen (Industriebitumen, Oxidationsbitumen)
Wird durch Einblasen von Luft in weiches Primärbitumen bei 250 bis 300 °C hergestellt. Es weist gegenüber nicht geblasenem Bitumen geringere Fließneigung und ein besseres elastoplastisches Verhalten auf. Bezeichnung durch Angabe des Erweichungspunktes Ring und Kugel sowie der Penetration (siehe dort), z.B. Bitumen 85/25.

Gefüllte Klebemasse (Gefüllte Masse)
Reines Bitumen oder Bitumengemisch mit maximal 50 Gew.-% Füllstoffzusatz. Mindesteinbaumenge zwischen zwei Lagen einschließlich der Überlappungen bei 50 Gew.-% Füllstoffanteil 2,5 kg/m^2. Höchste Temperatur im Kessel 230 °C, niedrigste Temperatur am Einbauort 180 °C. Der Kessel muss mit mechanischem Rührwerk ausgerüstet sein. Verwendung grundsätzlich bei Einbau von Metallbändern ohne Deckschichten, allgemein für Bitumenbahnen beim Gieß- und Einwalzverfahren.

Gelochte Glasvlies-Bitumenbahn
Einseitig grob besandete Dichtungsbahn mit Einlage aus Glasvlies als Bauhilfsstoff (Trennschicht, Trennlage). Sie wird dort eingesetzt, wo eine verminderte Haftung zwischen Abdichtung und Klebeuntergrund angestrebt wird, d. h. für die Ausbildung einer Sollbruchfuge oder zum Dampfdruckausgleich.

Geotextil
Oberbegriff für aus synthetischen Fasern hergestellte, wasserdurchlässige Vliesstoffe, Gewebe und Verbundstoffe für den Erd-, Grund- und Wasserbau. RAS-Ew.

Gieß- und Einwalzverfahren (Gieß- und Walzverfahren, GEV)
Einbauverfahren für gefüllte Klebemasse mit hoher Sicherheit für eine hohlraumfreie Verklebung. Die Klebemasse wird in den Zwickel zwischen der zu dichtenden Fläche und der auf festen Hülsen aufgerollten Bahn eingegossen, die Bahn beim Abrollen in die wulstartig verlaufende Klebemasse eingewalzt. Anwendung nach den Normen zwingend für geriffelte unbeschichtete Metallbänder vorgeschrieben, sonst häufig bevorzugt für alle Flächen, die stärker als 1:3 geneigt und länger als 0,5 m sind. Die Bahnbreite beträgt 70 cm.

Gießverfahren (Gieß- und Einrollverfahren, Rollverfahren, GV)
Einbauverfahren für ungefüllte Klebemassen auf waagerechten oder wenig geneigten Flächen, bei dem das Bitumen auf den Untergrund gegossen wird und unmittelbar anschließend die Bitumenbahnen eingerollt werden. Die Bahnbreite beträgt auf waagerechten und schwach geneigten Flächen im Allgemeinen 1 m.

Gleitsicherung
Maßnahmen, um das Abgleiten einer Abdichtung auf einer schrägen/vertikalen Bauteilfläche bzw. eines Bauteiles auf einer geneigten Abdichtungsfläche zu verhindern.

Grundierung
Erster Materialauftrag aus lösemittelfreiem Epoxidharz zur Porenfüllung an der Oberfläche des Betonuntergrundes mit eingestreutem Quarzsand zur Haftvermittlung unter der Bitumenabdichtung befahrener Flächen.

Grundwasser (GW)
Siehe Drückendes Wasser

Gussasphalt (GA)
Mischung aus Bitumen, Gesteinsmehl, Natursand und ggf. Brechsand sowie Edelsplitt; die Mineralstoffe müssen frost- und witterungsbeständig sowie ausreichend schlagfest sein. Der Bitumengehalt ist so bestimmt, dass der Gussasphalt im erkalteten Zustand keine Hohlräume aufweist, bei Verarbeitungstemperatur hingegen ein für die Verarbeitbarkeit erforderlicher geringerer Bindemittelüberschuss gegeben ist. Gussasphalt erfordert keine Verdichtung. Er wird als Schutzschicht für die Abdichtung und/oder als Fahrbahnbelag eingesetzt und ist unmittelbar der Verkehrsbeanspruchung ausgesetzt.

Haftbahn (Haftlage)
Bitumendachbahn, einseitig besandet, zur Verbesserung der Haftung zwischen Abdichtung und nachträglich hergestellten Bauteilen; Anwendung vor allem beim Kehranschluss, auf der Luftseite eingebaut.

Hamburger Bauweise (Hamburger Verbau)
Baugruben mit seitlichem Arbeitsraum für den Einbau der Wandabdichtung auf das fertige Bauwerk; ursprünglich entwickelt für den U-Bahn-Bau in Hamburg bei Baugrubensicherung mit Trägerbohlwänden.

Hangwasser (Schichtwasser)
Im Hangbereich und/oder auf einfallenden geologischen Schichten unterirdisch abfließendes Wasser; ist abdichtungstechnisch im Allgemeinen wie Grundwasser zu bewerten und erfordert eine wasserdruckhaltende Abdichtung.

Heißluftschweißung (Heißgasschweißung, DIN 1910)
Verfahren zur Verbindung von thermoplastischen Kunststoffbahnen durch Plastifizieren der sauberen und trockenen Fügeflächen mittels erhitzter Gase, in der Regel heißer Luft, und anschließend aufgebrachten Druck. Die erforderliche Schweißtemperatur ist abhängig vom Werkstoff und der Bahndicke; der für die Schweißung geeignete Temperaturbereich ist unterschiedlich groß und kann bei bestimmten Stoffen sehr klein sein, z. B. bei Polyethylen ca. 20 °C. Die Nahtverbindung ist nach Erkalten sofort belastbar. Zu hohe Temperaturen führen zu Verbrennungs- bzw. Zersetzungserscheinungen und ebenso wie zu niedrige Temperaturen zu einer fehlerhaften Nahtverbindung.

Heizelementschweißung (Heiz-Keilschweißung, DIN 1910)
Verfahren zur Verbindung von thermoplastischen Kunststoffbahnen durch Plastifizieren der sauberen und trockenen Fügeflächen mittels zwischenliegendem, beweglichem, im Allgemeinen elektrisch beheiztem Keil. Weitere Einzelheiten siehe unter Heißluftschweißung.

Hinterläufigkeit
Siehe Umläufigkeit

Hochfrequenzschweißen
Thermisches Schweißverfahren, bei dem die Fügeflächen zwischen zwei Schweißelektroden durch ein Hochfrequenzfeld erwärmt und durch Druck verbunden werden. Wird im Allgemeinen nur in der Werkstatt zum Fertigen von Planen angewandt, nicht auf der Baustelle.

Innenabdichtung
Abdichtung auf der Bauwerksinnenseite, z. B. bei Behältern, Schwimmbädern.

Innen liegendes Arbeitsfugenband[+]
Ein innen liegendes Arbeitsfugenband ist ein Fugenband, das wie ein innen liegendes Dehnfugenband, jedoch ohne Hohlkörper oder Schlaufe ausgebildet ist. Es wird im Innern eines Betonquerschnitts angeordnet.

Innen liegendes Dehnfugenband[+]
Ein innen liegendes Dehnfugenband ist ein Fugenband mit einem in der Längsachse angeordneten, schlauchförmigen Hohlkörper oder mit einer Schlaufe sowie mit beidseitig ausgebildeten, parallelen Profilierungen an den Dichtteilen. Es kann mit Nagellaschen zur Befestigung an der Betonschalung versehen sein und wird im Innern eines Betonquerschnitts angeordnet.

IIR
Siehe Butylkautschuk

Kaltselbstklebende Bitumen-Dichtungsbahn (KSK)*
Dichtungsbahn aus einem kunststoffmodifizierten, selbstklebenden Bitumen, das einseitig auf einer reißfesten HDPE-Trägerfolie aufgebracht ist.

Kantenstoß
Stoß im Übergang von der Wand- zur Deckenabdichtung.

Kaschierung
Werkseitiges Aufbringen von Metallbändern an der Oberseite einer Dichtungsbahn, um das Aufkochen der Klebemasse beim nachfolgenden Einbau von Gussasphalt oder Walzasphalt zu verhindern, das Verlegen zu erleichtern und einen mechanischen Schutz zu verleihen; gilt nicht als Trägerlage.

Kehlenstoß
Stoß im Übergang von der Sohlen- zur Wandabdichtung.

Kehranschluss
Anschluss der Wandabdichtung von außen an die vor dem Betonieren von innen auf die Abdichtungsrücklage geklebte untere Wandabdichtung. Bei diesem Anschluss kehrt sich die Einbaufolge der Lagen um.

Klappstoß
Siehe Umklappen

Klebeaufstrich
Bitumenaufstrich zum Auf- und Verkleben der einzelnen Lagen, in der Regel aus ungefülltem Bitumen, in Wandflächen auch mit Füllstoffzusatz (≤ 50 Gew.-%) möglich.

Klebeflansch, Anschweißflansch*
Ein flächiges Einbauteil, das mit der Durchdringung einer Abdichtung wasserdicht und fest verbunden ist und zum wasserdichten Auf- oder Einkleben einer Abdichtung bzw. zum Anschweißen einer Abdichtung aus Kunststoff-Dichtungsbahnen geeignet ist.

Kleinpflasterstein
Würfelförmiger Pflasterstein aus Naturstein oder Beton mit einer Kantenlänge zwischen 8 und 10 cm. DIN 18502.

Klemmschiene (Klemmleiste)*
Ein Einbauteil aus einem flanschartigen Metallprofil, mit dem Abschlüsse von Bauwerksabdichtungen unmittelbar an Bauwerksteile angeklemmt werden.

Klemmprofil*
Einbauteil (Formteil) mit einem profilierten Metallquerschnitt, hergestellt durch Strangpressung oder mehrfache Kantung, mit dem Abschlüsse von Bauwerksabdichtungen unmittelbar an abzudichtende Bauwerksteile angeklemmt werden.

Klinkerpflaster
Befestigung von Verkehrsflächen mit Pflasterklinkern.

Kluftwasser (Spaltenwasser)
In Gebirgsklüften oder -spalten abfließendes Oberflächenwasser; ist abdichtungstechnisch wie Grundwasser zu bewerten und erfordert eine wasserdruckhaltende Abdichtung.

Kratzspachtelung
Materialauftrag aus lösungsmittelfreiem Epoxidharz mit Sandfüllung zur Verminderung größerer Rautiefen unter der Bitumenabdichtung befahrener Flächen.

Kreuzstoß
Verbindung von vier Bahnen einer Lage an einer Stelle; ist durch entsprechende Nahtaufteilung, z.B. durch zwei T-Stöße, zu vermeiden.

Kunststoffe (Plaste)
Chemische Werkstoffe aus makromolekularen organischen Verbindungen. Ihre Grundmoleküle werden aus Erdöl, Kohle, Erdgas, Kalk, Wasser und Luft technisch gewonnen. Durch Polymerisation, Polykondensation oder Polyaddition, d.h. unterschiedliche Herstellverfahren bzw. chemische Reaktionsformen, bilden sich aus den Monomeren hochmolekulare, im Allgemeinen langkettige Polymere.

Kunststoffmodifizierte Bitumendickbeschichtung (KMB)*
Kunststoffmodifizierte, ein- oder zweikomponentige Masse auf Basis von Bitumenemulsion.

Kupferband, geriffelt oder kalottiert (Kupferriffelband, Cu)
Geprägtes Kupferband ohne Deckschicht als Trägerlage in der Bitumenabdichtung zur mechanischen Verstärkung und/oder zur Aktivierung des Wasserdrucks. Die Bänder sind in ungeprägtem Zustand 0,1 oder 0,2 mm dick und weisen ein Flächengewicht von 0,9 bzw. 1,8 kg/m^2 auf; Werkstoffnummer 2.0090, DIN 1708. Zum Einbau darf grundsätzlich nur gefüllte Klebemasse verwendet werden. Die Nutzung erfolgt auch als Trägereinlage in ein- oder beidseitig beschichteten Dichtungsbahnen, z.B. nach DIN 18190-4.

Lage
Die in der Abdichtung nebeneinander angeordneten und überdeckt verbundenen Bahnen oder Trägereinlagen, bei Bitumenabdichtungen im Allgemeinen mit Klebe- bzw. Deckauf-

strichen versehen, bilden eine Lage. Jede einzelne Lage muss als in sich geschlossene Abdichtungshaut dicht sein.

Lehnwand
Siehe Wandrücklage

Los- und Festflanschkonstruktion*
Eine im Regelfall aus Stahl bestehende Konstruktion zum Einklemmen einer Abdichtung, um durch Anpressen eine wasserdichte Verbindung herzustellen.

Lose Verlegung
Verlegung von Bitumen- oder Kunststoff-Dichtungsbahnen ohne vollflächige Verklebung mit dem Bauteil, auf das die Abdichtung aufgebracht wird; bei Bitumenabdichtungen im Allgemeinen nur bei Bodenfeuchte auf waagerechten oder schwach geneigten Flächen; bei Kunststoffabdichtungen allgemein und auch im Wandbereich. Die Bahnen werden in den Nähten wasserdicht miteinander verbunden und insbesondere an der Wand nur stellenweise mechanisch befestigt oder aufgeklebt.

Luftseite
Die nicht dem Wasserangriff ausgesetzte Seite der Abdichtung.

Manschette*
Ein tüllenförmiges, an die Durchdringung einer Abdichtung angeformtes Einbauteil, das wasserdicht an die Durchdringung angeschlossen wird, z. B. mit einer Schelle, und mit der Abdichtung wasserdicht verbunden ist, in Sonderfällen auch aus der Abdichtung selbst hergestellt.

Mastix
Siehe Asphaltmastix

Mechanische Befestigung
Verbindung mindestens zweier Bauteile bzw. zweier Baumaterialien unter Verwendung von Metallbändern, Schrauben, Nägeln, Bolzen, Nieten, Ankern u. a. m.

Metallkaschierung
Aus Aluminium, mindestens 320 g/m^2, oder Edelstahl, mindestens 400 g/m^2, oberseitig auf Bitumenschweißbahnen nach ZTV-BEL-B Teil 1, TL-BEL-B, Teil 1 aufgearbeitet; verhindert das Aufkochen von Bitumen aus der Abdichtung in die Gussasphaltschutzschicht.

Mischfilter**
Mischfilter ist ein Teil der Dränschicht, bestehend aus einer gleichmäßig aufgebauten Schicht abgestufter Körnung. Anmerkung: Dieser kann auch die Funktion der Sickerschicht übernehmen.

Mittelträger (Ramm- oder Bohrträger)
Lotrecht eingebaute HE-B- (frühere Bezeichnung: IPB) oder HE-M(IPBv)-Profile bei breiten Baugruben zur Lastabtragung und Stützung der Aussteifung.

Modifikation
Veränderung eines Werkstoffes, um bestimmte Eigenschaften zu erhalten, z. B. kann Bitumen durch Einmischung von Kunststoffen oder Elastomeren in seinen Eigenschaften verbessert werden.

Mosaikpflasterstein
Würfelförmiger Pflasterstein aus Naturstein oder Beton mit einer Kantenlänge zwischen 4 und 6 cm. DIN 18502.

Nachbehandlung
Maßnahmen zum Schutz gegen frühzeitiges Austrocknen des Betons sowie gegen schädliche Witterungseinflüsse. Zu unterscheiden ist die Nassnachbehandlung und die Verwendung von Nachbehandlungsfilmen. ZTV Beton.

Nackte Bitumenbahn (R 500 N) nach DIN 52129 (früher: Nackte Pappe)
Mit weichem Destillationsbitumen getränkte Rohfilzpappe. Bezeichnung erfolgt nach dem Material der Einlage (hier: Rohfilzbahn=R), dem Gewicht der ungetränkten Einlage (hier: 500 g/m^2) und der Beschichtung (hier: nackt=N). Das Gesamtgewicht der fertigen Bahn beträgt mindestens 1 kg/m^2, die Breite 0,5 bis 1,0 m. Die Ware wird in Rollen von etwa 20 m geliefert. Nackte Bitumenbahnen erfordern im Einbauzustand eine dauerhafte Einpressung von mindestens 10 kN/m^2, sofern sie nicht in Kombination mit Metallriffelbändern zum Einsatz gelangen.

Naht*
Die Verbindung zweier Bahnen einer Abdichtungslage an ihren Längs- oder Querrändern.

Nahtabklebung
Siehe Abdeckband

Nahtprüfung
Überprüfung der Verbindung zwischen Kunststoffbahnen. Sie ist bei einlagigen, lose verlegten Abdichtungen bei allen auf der Baustelle gefertigten Nähten (Baustellennähten) und Stößen außer bei Bodenfeuchte zwingend erforderlich.
Verfahren: Optische Prüfung, Reißnadelprüfung, elektrische Durchschlagprüfung, Vakuumprüfung, Druckprüfung mit Prüfmedien Wasser oder Luft, Ultraschallprüfung. Die Prüfung muss neben der Aussage über den einwandfreien lückenlosen Kontakt zwischen den zu verbindenden Bahnen auch zu einer Beurteilung der mechanischen Festigkeit der Naht führen.

Nahtsicherung
Zusätzliches Aufbringen von angelöstem Grundmaterial der jeweils verwendeten Kunststoff-Dichtungsbahn an der Nahtkante oder gleichwertige Maßnahmen.

Nahtüberdeckung
Überdeckung der Bahnenränder (Nahtüberlappung) zur Erzielung der Nahtverbindung durch Schweißen, Kleben oder Vulkanisieren.

Nassraum*
Innenraum, in dem nutzungsbedingt Wasser in solcher Menge anfällt, dass zu seiner Ableitung eine Fußbodenentwässerung erforderlich ist. Bäder im Wohnungsbau ohne Bodenablauf zählen nicht zu den Nassräumen.

Natursteinpflaster
Befestigung von Verkehrsflächen mit Pflastersteinen aus Naturstein. DIN 18502.

Nichtdrückendes Wasser (Sickerwasser)
Wasser in flüssiger Form, z.B. Niederschlagswasser, Sickerwasser, Brauchwasser, Anstaubewässerung bis etwa 10 cm Höhe, das keinen oder nur vorübergehend einen geringfügigen hydrostatischen Druck ausübt; Unterscheidung in mäßige und hohe Beanspruchung, siehe hierzu DIN 18195-5.

Nitril-Butadien-Kautschuk (NBR)
Vulkanisierbares Copolymerisat von Butadien und Acrylnitril zur Herstellung von elastomeren, bitumenverträglichen und besonders öl- und treibstoffverträglichen Dachbahnen (DIN 7864).

Nocke (Sporn)
Linienförmige Stahlbetonkonsole zur Aufnahme und Übertragung von Schubkräften in den Baugrund.

Noppen-Schweißbahn
Dichtungsbahn mit einseitig in der Bitumen-Klebeschicht fabrikmäßig angeformten Noppen, dient, z.B. bei Sollbruchfugen, zum Dampfdruckausgleich bzw. zur Dränung.

Notabdichtung
Schnell wirksame, in der Regel provisorische Abdichtung zur bestmöglichen Vermeidung von Schäden durch Niederschlagswasser während der Bauarbeiten, insbesondere auch bei Sanierungen.

Oberflächenwasser
Trifft als Niederschlag oder Brauchwasser unmittelbar auf die Abdichtung und fließt drucklos ab; übt keinen hydrostatischen Druck aus.

Oxidationsbitumen
Siehe Geblasenes Bitumen

PC (Polymer-Concrete)
Mörtel/Beton aus Zuschlagstoffen und Reaktionsharzen als Bindemittel; Einzelheiten sind in ZTV-SIB 90 geregelt.

PCC (Polymer-Cement-Concrete)
Zementmörtelbeton mit Kunststoffzusatz; Einzelheiten sind in ZTV-SIB 90 geregelt.

Penetration
Eindringtiefe einer mit 100 g belasteten Norm-Nadel in das Bitumen bei 25 °C nach fünf Sekunden Einwirkzeit, gemessen in Zehnteln eines Millimeters.

Pflaster
Aus Pflastersteinen bestehender oberer Teil der Pflasterdecke.

Pflasterbettung, Bettung
Auf der Tragschichtoberfläche hergestellte Schicht aus Sand, Splitt oder einem Brechsand-Splitt-Gemisch, ggf. unter Einschlämmen von Mörtel; untere Schicht einer Pflasterdecke oder eines Plattenbelags.

Pflasterdecke
Decke aus Pflaster einschließlich der Pflasterbettung. RStO.

Pflasterklinker
Aus Lehm, Ton oder tonigen Massen mit oder ohne Zusatzstoff geformter und bis zur Sinterung gebrannter vorwiegend rechteckiger Formstein. DIN 18503.

Pflasterplatte
Platte für Flächenbefestigungen aus Klinker oder Naturstein, deren Dicke wesentlich geringer als Länge und Breite ist.

Pflasterstein
Von Hand oder maschinell hergestellter Stein bestimmter Größe und Form aus Beton, Naturstein, Klinker oder Kupferschlacke.

Pflasterverband
Besondere Anordnung der Pflastersteine zueinander.

Pflastervergussmasse
Gemisch aus Bitumen-Bindemittel und Füllstoffen zum Vergießen von Pflasterfugen.

Plattenbelag
Decke aus Pflaster- bzw. Gehwegplatten einschließlich der Pflasterbettung.

Polychloropren-Kautschuk (CR)
Vulkanisierbares Polymerisat von Chlorbutadien zur Herstellung von elastomeren, bitumenverträglichen Dach- und Dichtungsbahnen (DIN 7864) sowie von Fugenprofilen.

Polyethylen (PE)
Thermoplastischer Kunststoff als Bahnen und Platten, bitumenbeständig; für Bauwerksabdichtungen außer gegen Bodenfeuchte mindestens 1,5 mm dick; Nahtverbindung durch Warmgas-, Heizelement- oder Extrusionsschweißung; keine Quellschweißung möglich. Das Hochdruck-PE (PE-LD) oder speziell modifizierte PE ist weniger steif und daher bei der Abdichtung von Ingenieurbauwerken im Allgemeinen besser verarbeitbar als das

Niederdruck-PE (PE-HD). Für Bauwerksabdichtungen zurzeit (1994) anwendungstechnisch nicht genormt.

Polyisobutylen (PIB)
Thermoplastischer Kunststoff für Bahnen nach DIN 16935, bitumenbeständig, für Abdichtungszwecke außer gegen Bodenfeuchte mindestens 1,5 mm dick; Nahtverbindung durch Quellschweißung, in Sonderfällen Heißluftschweißung im Allgemeinen bei 170 bis 200 °C; PIB-Bahnen werden nicht lose verlegt, sondern vorwiegend zwischen nackten Bitumenbahnen eingeklebt.

Polymerbitumen (PmB)
Bitumen, das zur Veränderung des elastoviskosen Verhaltens mit Thermoplasten oder Elastomeren modifiziert ist.

Polystyrol (PS)
Thermoplastisches Polymerisat von Styrol, das in Kombination mit Treibmitteln zur Herstellung von Wärmedämmstoffen (DIN 18164) verwendet wird; unter befahrenen Flächen ist das Stauchverhalten der Wärmedämmplatten zu beachten.

Polyurethan (PUR)
Polyaddukt von Polyolen mit Isocyanaten zur Herstellung von Wärmedämmstoffen (DIN 18164) und Fugenfüllprofilen. Unter befahrenen Flächen ist das Stauchverhalten der Wärmedämmplatten zu beachten.

Polyvinylchlorid, weichmacherhaltig (PVC-P)
Thermoplastischer Kunststoff für Bahnen nach DIN 16937, bitumenbeständig, und Bahnen nach DIN 16938, nicht bitumenbeständig; für Bauwerksabdichtungen außer gegen nichtdrückendes Wasser im Bereich mäßiger Beanspruchung mindestens 1,5 mm dick; Nahtverbindung durch Heißluftschweißung im Allgemeinen bei 180 bis 300 °C oder Quellschweißung. PVC-P-Bahnen nach DIN 16937 können zwischen Bitumenbahnen eingeklebt werden. Bahnen nach DIN 16938 werden in der Regel lose verlegt, sie dürfen nicht mit Bitumen verklebt werden. Je nach Anwendungsfall müssen sie speziell eingestellt werden, z. B. UV-beständig oder physiologisch unbedenklich (Trinkwasser).

Pressfuge
Vorgebildeter Fugenspalt, der Bauteile bzw. Platten aus Beton in ganzer Dicke trennt, aber keinen Raum für eine Ausdehnung des Betons über die ursprüngliche Lage hinaus bietet. Die Bewehrung ist zu unterbrechen.

Primärbitumen (Destillationsbitumen)
Weiches bis mittelhartes Straßenbaubitumen nach DIN 1995; durch fraktionierte Destillation des Erdöls gewonnen; Bezeichnung durch Angabe der Penetration, z. B. Bitumen B25.

Mindesteinbaugewicht zwischen zwei Lagen einschließlich der Überlappungen bei $p = 1,0$ g/cm³ : $1,3$ kg/m² (Gießverfahren) / $1,5$ kg/m² (Streichverfahren)
höchste Temperatur im Kessel: 220 °C
niedrigste Temperatur am Einbauort: 180 °C

Primer
Voranstrich für Kunststoffspritz- und -spachtelmassen sowie für kunststoffmodifizierte Mörtel.

Profilierungen⁺
Profilierungen sind Rippen und Verstärkungen, die in der Längsrichtung des Fugenbandes angeordnet sind. Nach ihrer Funktion werden unterschieden:
a) Ankerrippen, die das Fugenband im Beton verankern,
b) Dichtrippen, die das Umlaufen von Wasser zwischen Beton und Fugenband erschweren,
c) Sperranker, die sowohl die Funktion von Ankerrippen als auch von Dichtrippen übernehmen und die ihrerseits mit Dichtrippen und Verstärkungen versehen sein können,
d) Randverstärkungen, die die Steifigkeit des Fugenbandes verbessern und den Einbau erleichtern.

Quellschweißung
Verbindung von zwei Kunststoffbahnen durch Anlösen der Fügeflächen ohne Wärmezufuhr bei gleichzeitig kurzer Druckeinwirkung; erfolgt z.B. bei PIB mithilfe von Testbenzin, bei PVC-P mithilfe von Tetrahydrofuran (THF). Nicht für geschlossene Räume ohne ausreichende Belüftung (Sicherheitsvorschriften beachten) geeignet, kann erst nach ausreichender Ablüftung des Lösungsmittels überdeckt bzw. belastet werden. Die Fügeflächen müssen trocken und sauber sein.

Quetschfuge
Mörtelfuge zwischen Abdichtung und Schutzmauerwerk; Mörtel wird mit jedem einzelnen Stein beim Mauern gegen die Abdichtung gequetscht; Gefahr von Hohlraumbildung nicht ausgeschlossen.

Randverstärkungen (Fugenband)
Siehe Profilierungen

Rasengitterstein
Zur Befestigung von Verkehrs- und Böschungsflächen dienende Betonformsteine oder -platten mit durchgehenden Öffnungen, die nach Verfüllung mit Oberboden der Ansaat von Rasen dienen. RAS-LG2.

Raumfuge
Breiter, vorgebildeter Fugenspalt, der Bauteile bzw. Platten aus Beton in ganzer Dicke trennt und deren Ausdehnung ermöglicht.

Rautiefe
Quotient aus dem Volumen der Vertiefungen der Fahrbahnoberfläche und der zugehörigen Fläche; Messung erfolgt nach dem so genannten Sandfleckverfahren (ZTV-SIB 90, Anhang 4).

Regenfestigkeit*
Zeitpunkt, zu dem die kunststoffmodifizierte Bitumendickbeschichtung so weit abgebunden ist, dass sie durch darauf einwirkenden Regen nicht geschädigt wird.

Relative Luftfeuchte
Die in der Atmosphäre vorkommende Luft enthält Wasser in Gasform (Wasserdampf). Das Aufnahmevermögen der Luft steigt mit zunehmender Temperatur. Zu jeder Lufttemperatur gehört ein ganz bestimmtes Maximum Wasserdampf, das Sättigungsmenge genannt wird. Das Verhältnis der tatsächlich bei einer bestimmten Temperatur in 1 m^3 Luft enthaltenen Wasserdampfmenge zu der bei dieser Temperatur maximal möglichen Sättigungsmenge wird als relative Luftfeuchte bezeichnet.

Ring- und Kugel-Methode (Erweichungspunkt RuK)
Prüfmethode zur Ermittlung des Erweichungspunktes, bei der das Bitumen durch Auflegen einer Stahlkugel unter festgelegten Bedingungen eine bestimmte Verformung erfährt.

Rücklage
Siehe Abdichtungsrücklage

Rückläufiger Stoß
Auf dem Abdichtungsuntergrund, z. B. Unterbeton, über die Bauwerksaußenkante nach außen gezogener, lagenweise abgestufter Anschluss für den Übergang von der Sohlen- zur Wandabdichtung.

Sandfleckverfahren, Sandflächenverfahren
Verfahren zur Bestimmung der Rautiefe mithilfe einer festgelegten, in die Vertiefungen eines kreisförmigen Bereiches der Fahrbahnoberfläche verteilten Normsandmenge.

Schalkasten
Hölzerne Hilfskonstruktion für die Herstellung des Kehranschlusses der Abdichtung im Wandbereich; ersetzt die oberen Schichten eines Wannenmauerwerks (Wandrücklage), die zur Fortführung der Wandabdichtung nach Erstellung der Bauwerkswand vorsichtig entfernt werden müssen; vereinfacht das Freilegen eines Kehranschlusses.

Schaumglas (SG)
Anorganischer Dämmstoff aus aufgeschäumtem Glas (DIN 18174), druckfest und stauchungsfrei, wird bei der Verlegung vollflächig in Bitumen-Klebemasse eingeschwommen.

Scheinfuge
Kerbe zur Querschnittsverringerung an den Außenseiten eines Betonteils, damit dort der Beton nach Überschreiten der Betonzugfestigkeit gezielt reißt. Bewehrung läuft durch.

Schelle*
Eine ringförmig zu schließende Spannvorrichtung zum wasserdichten Anschluss von Abdichtungen und Manschetten an durchdringende Bauteile mit kreisförmigem Querschnitt.

Schleppstreifen

Zur Schaffung eines unverklebten Bereiches bei darüberliegenden geklebten Schichten, z.B. über Plattenfugen, werden vorwiegend Metallbänder oder andere geeignete bahnenförmige Materialien lose eingelegt oder auf einer Seite der Fuge befestigt. Beim Überkleben der nächsten Lage ist darauf zu achten, dass die Unterseite des Schleppstreifens unverklebt bleibt. Der Einsatz von Vliesen als Schleppstreifen ist wegen der möglichen Gefahr einer Dochtwirkung nicht empfehlenswert.

Schlitzdruckprüfung (DIN 16726)

Dient zur Prüfung von Dichtungsbahnen. Die Probe wird unmittelbar vom Wasserdruck belastet und gegen eine mit Schlitzen bestimmter Abmessung versehene Scheibe gedrückt. Die Prüfbedingungen können in zeitlicher und thermischer Hinsicht verändert werden.

Schmelzfugenband (schmelzbares Bitumen-Fugenband)

Bandartiges Bitumenprofil zur Ausbildung von Nähten und Vergussfugen insbesondere in Gussasphalt-Schutzschichten; in Zusammensetzung und Eigenschaften etwa vergleichbar mit Bitumen-Fugenvergussmassen.

Schutzbahn (Schutzplatte, Schutztafel)

Bei Kunststoffabdichtungen ein- oder beidseitig zur Dichtungsbahn angeordnete Vliese, Bahnen oder Platten zu deren Schutz gegen mechanische Beschädigung, z.B. durch nachfolgende Bauarbeiten oder Perforation; ersetzt nicht die mineralische Schutzschicht; bei PVC-P-Abdichtungen häufig aus dem gleichen, aber härter eingestellten PVC-Material gefertigt. Die Schutzbahn muss dauerhaft mit der Kunststoff-Dichtungsbahn verträglich sein.

Schutzbeton

Siehe Schutzschicht, fest

Schutzlage*

Zusätzlicher Schutz einer Abdichtung, der jedoch keine Schutzschicht ersetzt. Eine Schutzlage zählt nicht als Abdichtungslage.

Schutzmaßnahme*

Eine bauliche Maßnahme zum vorübergehenden Schutz einer Abdichtung während der Bauarbeiten.

Schutzschicht*

Ein Bauteil zum dauernden Schutz einer Abdichtung gegen mechanische und thermische Beanspruchung.
Eine Schutzschicht kann auch als Dränschicht im Sinne von DIN 4095 ausgebildet sein.

Schutzmauerwerk

Siehe Schutzschicht, fest

Schutzschicht, fest
Waagerechte feste Schutzschichten sind 5 bis 10 cm dick aus Ortbeton (Betongüte B 10) oder, soweit erforderlich, bewehrt (Betongüte B 15). Die Verwendung von Beton-, Keramik- oder Werksteinplatten, z. B. auf Terrassen oder Hofkellerdecken, ist möglich.
Stark geneigte oder lotrechte, auf der Wasserseite befindliche Schutzschichten können aus einem halben Stein dicken Mauerwerk mit vollflächig ausgefüllter Mörtelfuge (empfohlene Fugendicke 4 cm; siehe Stampffuge) zur Abdichtung hin oder aus Beton bis 10 cm Dicke bestehen. Eine ausreichende Anzahl richtig angeordneter waagerechter und lotrechter (Abstand ≤7 m) Trennfugen mit Einlagen muss im Wandbereich die Übertragung des Erddrucks auf die Abdichtung bzw. deren Einbettung sicherstellen.

Schutzschicht aus Bitumen-Dichtungsbahnen (Schutzschicht, weich)
An den Wänden unterhalb eines möglichen Aufgrabungsbereichs auf der Wasserseite im Gieß- und Einwalzverfahren eingebaute Dichtungsbahn mit 0,2 mm Aluminiumeinlage; Voraussetzung für die Verwendung einer solchen Schutzschicht ist die Arbeitsraumverfüllung mit Sand in Schichten von 30 bis 50 cm Höhe und der Einsatz von kantengeschützten Verdichtungsgeräten.

Schutzschicht-Gussasphalt
Gussasphalt als waagerechte Schutzschicht wird 2,5 bis 3,5 cm dick verarbeitet, z. B. auf Brücken oder Parkdecks. Kurze Abkühlungszeiten ermöglichen ein unverzügliches Belasten.

Schweißbahn (FSK-Bahn)
Siehe Bitumen-Schweißbahn

Schweißverfahren (FSK-Verfahren, SV)
Verfahren zum Einbau von Bitumen-Schweißbahnen. Mithilfe einer Propangasflamme oder Heißluft wird die Deckschicht angeschmolzen und die Bahn wie beim Gieß- und Einwalzverfahren eingewalzt. Dies erfordert vor allem im Wandbereich besondere handwerkliche Fähigkeiten.

Selbstklebeverfahren (KSKV)
Siehe Kaltselbstklebende Bitumen-Dichtungsbahn

Sicherung
Vorübergehende Begrenzung einer Hautabdichtung (Bauzustand); Schutz vor Wasserumläufigkeit, Aufspalten der Abdichtung und mechanischer Beschädigung, z. B. durch Anordnen von Schutzmauerwerk, Schalkasten oder eines vorläufigen Schutzbetons.

Sickerschicht**
Sickerschicht ist der Teil der Dränschicht, der das Wasser aus dem Bereich des erdberührten Bauteils ableitet.

Sickerschicht
Durchlässige, verwitterungsbeständige und gegenüber dem angrenzenden Boden filterstabile Schicht zum Auffangen und Weiterleiten von ungebundenem Bodenwasser.

Sickerwasser
Unter Einwirkung der Schwerkraft frei abfließendes Niederschlags- und/oder Brauchwasser; übt auf die Abdichtung im Allgemeinen keinen, höchstens vorübergehend einen geringfügigen hydrostatischen Druck aus; füllt, soweit im Boden vorhanden, dessen Hohlräume nur teilweise aus und liegt im Gegensatz zur Bodenfeuchtigkeit in tropfbar-flüssiger Form vor.

Sickerwasser, aufstauend*
Unter Einwirkung der Schwerkraft frei abfließendes Niederschlags- und/oder Brauchwasser, das auf wenig durchlässigen Bodenschichten zeitweise aufstauen kann.

Sollbruchfuge (Gleitfuge)
Fuge zur Vermeidung eines Aufspaltens der Abdichtung und/oder ihrer Trennung vom Bauwerk. Wird erforderlich im Bereich starrer, im Boden verbleibender Baugrubenwände, z.B. Bohrpfahl-, Schlitz- oder Spundwand.

Spachtelmasse
In der Regel hochgefülltes, oftmals auch modifiziertes Bitumen, mit Spachtel aufzutragen; Anwendung im Flächenbereich und an Endigungen in Verbindung mit Klemmschienen; je nach Zusammensetzung heiß oder kalt zu verarbeiten.

Sperranker (Fugenband)
Siehe Profilierungen

Sperrbeton, Sperrmörtel, Sperrputz
Siehe Wasserundurchlässiger Beton

Splitt
Gebrochener Mineralstoff mit Kleinstkorn 2 mm und Größtkorn 32 mm sowie mindestens 90% bruchflächigen Körnern.

Splittmastixasphalt
Mit Straßenbaubitumen gebundenes Mineralstoffgemisch mit Ausfallkörnung und mit stabilisierenden Zusätzen. Ein hoher Splittgehalt ergibt ein in sich abgestütztes Splittgerüst, dessen Hohlräume mit Asphaltmastix weitgehend ausgefüllt sind. ZTV bit.

Stampffuge (Mörtelfuge)
Etwa 4 cm dicke Mörtelfuge zwischen Abdichtung und nachträglich erstelltem Schutzmauerwerk; der Mörtel wird alle ein bis zwei Mauerschichten lagenweise eingefüllt und durch Stampfen verdichtet; sicherste Methode der hohlraumfreien Hinterfüllung von Schutzmauerwerk.

Stauwasser
Auf wenig oder nicht durchlässigen Bodenschichten zeitweise aufstauendes Sickerwasser; ist abdichtungstechnisch bei Bildung eines vorübergehend geringfügigen hydrostatischen Drucks wie Sickerwasser, sonst wie Grundwasser zu bewerten.

Steinkohlenteerpech
Bei Raumtemperatur plastische bis feste Rückstände der Destillation von Steinkohlenteeren. In der Abdichtungstechnik Vorläufer des Bitumens; heute aufgrund arbeitsmedizinischer Risiken nicht mehr angewandt. Bei Anschlüssen neuer an alte Gebäudeteile (Bauzeit im Allgemeinen vor 1930), z.B. im U-Bahn-Bau, empfiehlt sich im Übergang von der alten Steinkohlenteerpech-Abdichtung zur neu aufzubringenden Bitumenabdichtung die Trennung durch ein Metallband oder durch Einsatz von Spezialklebemasse, um ein Fluxen auszuschließen.

Stoß*
Der Bereich einer Abdichtung, in dem Nähte oder Anschlüsse der einzelnen Abdichtungslagen übereinander liegend oder um Überlappungsbreite versetzt in der Abdichtung angeordnet sind.

Stufenfalz
Stufenförmige Randausbildung von Wärmedämmplatten zur Vermeidung durchgehender Fugen.

Stufenfilter**
Stufenfilter ist ein Teil der Dränschicht, bestehend aus mehreren Filterschichten unterschiedlicher Durchlässigkeit.

T-Stoß
Verbindung von drei Bahnen einer Lage an einer Stelle. Schnittpunkt von zwei rechtwinklig aufeinander treffenden Nähten.

Taupunkt
Temperatur, bei der die vorhandene Luft 100% relative Luftfeuchtigkeit erreicht und bei deren Unterschreitung die überschüssige Feuchtigkeit als Tauwasser ausfällt.

Telleranker*
Ein Einbauteil, in der Regel aus Stahl, zur Verankerung zweier Bauteile, die durch eine Abdichtung getrennt sind und das im Allgemeinen eine dauerhafte Einbettung der Abdichtung sicherstellt.

Tetrahydrofuran (THF)
Niedrigsiedendes Lösungsmittel, das zum Quellschweißen, z.B. von PVC-P und CSM, verwendet wird.

Thermoplast
Kunststoff aus langen, fadenförmigen Makromolekülen ohne gegenseitige chemische Verbindungen, z.B. auf der Basis von Polyvinylchlorid (PVC), Polyethylen (PE), Polyisobutylen (PIB) oder Ethylencopolymerisat-Bitumen (ECB); in der Abdichtungstechnik z.B. als Dichtungsbahnen, Fugenbänder, Profilschnüre und -leisten oder Schläuche eingesetzt; durch Wärme plastifizierbar, daher thermisch schweißbar; in einigen Fällen auch quellschweißbar, z.B. PVC und PIB.

Topfzeit (Kippzeit)
Zeitspanne, die für die Verarbeitung eines Mehrkomponenten-Gemisches, z. B. Duroplaste, nach dessen Anmischen zur Verfügung steht. Sie wird begrenzt durch die chemisch bedingte Änderung des Aggregatzustandes von flüssiger, pastöser oder teigiger Form in eine festere.

Trägereinlage*
Zur Herstellung der Abdichtungslage oder einzelner Dichtungsbahnen verwendete flächenhafte Bahnen, Folien, Gewebe oder Vliese u. a. aus Rohfilz, Jute, Glas oder Kunststoff sowie Metallbändern. Sie tragen die jeweils erforderlichen Bitumenaufstriche (Klebe- oder Deckaufstriche) bzw. bei Dichtungsbahnen und Bitumen-Schweißbahnen die Deckschichten und dienen zur Aufnahme der mechanischen Beanspruchung.

Trennschicht; Trennlage*
Ein Flächengebilde zur Trennung einer Abdichtung von angrenzenden Bauteilen.

Trennschicht**
Trennschicht ist die Schicht zwischen Bodenplatte und Dränschicht, die das Einschlämmen von Zementleim in die Dränschicht verhindert.

Tübbing
Element eines in der Regel ringförmigen Ausbaus bei unterirdisch hergestellten Tunnelbauwerken. Einzelsegmente aus Stahl, Gusseisen oder Stahlbeton werden untereinander verbunden und die Horizontal- und Radialfugen mit Elastomerprofilen abgedichtet.

Überdeckung; Überlappung*
Der Bereich, in dem zwei Bahnen einer Abdichtungslage zur Herstellung von Nähten und Stößen übereinander liegen.

Übergang*
Die Verbindung unterschiedlicher Abdichtungssysteme.

Überhangstreifen*
Winkelartiges Blechprofil, das einerseits in eine ausreichend tief in die Wandfläche eingeschnittene Kerbe wasserumlaufsicher eingelassen ist und andererseits Klemmschiene bzw. Klemmprofil überdeckt.

Umgelegter Stoß
Übergang von der Wand- zur Deckenabdichtung bei fehlendem Arbeitsraum (siehe auch Umklappen).

Umklappen (Umlegen)
Bei Bitumenabdichtungen: Arbeitsvorgang, bei dem die Abdichtung im Anschlussbereich lagenweise gelöst und in der Regel aus der Senkrechten um eine Kante in die Waagerechte geklappt (umgelegt) wird. Der umzuklappende Abdichtungsstreifen darf nur mit ungefülltem Bitumen geklebt werden und sollte nicht breiter als 25 bis 30 cm sein, der An-

schluss muss daher in der Regel als Stoß ausgebildet werden. Das Umklappen ist auf Zwangspunkte zu beschränken; hierfür sind nicht alle Bitumen-Dichtungsbahnen geeignet. Bei Kunststoffabdichtungen: sinngemäß wie bei Bitumenabdichtungen, jedoch auch von der Waagerechten in die Senkrechte möglich; hierfür sind alle Kunststoff-Dichtungsbahnen geeignet.

Umläufigkeit (Hinterläufigkeit, Unterläufigkeit)
Eindringen und Abfließen von Wasser zwischen Abdichtung und zu schützendem Bauteil (Luftseite), z. B. infolge mangelhafter Endigung oder Verwahrung; Umläufigkeit führt bei mehrlagig verklebten Abdichtungen zur Ablösung vom Untergrund mit der Gefahr von Beulen oder Wassersackbildung oder zur Aufspaltung im Paket, wenn eine vollflächige Einbettung bzw. Einpressung fehlt; eine feldweise Abschottung (siehe dort) ist daher zwingend notwendig. Bei einer Umläufigkeit ist es schwer, eine eventuelle Schadstelle in der Abdichtung festzustellen, da ihre Lage meist nicht identisch ist mit der Wasseraustrittsstelle auf der Luftseite.

Ungefüllte Klebemasse
Klebemasse aus Bitumen ohne Füllerzusatz.

Unterbeton
In sich ebener, fester, nicht geglätteter Abdichtungsuntergrund zum Aufbringen der Sohlenabdichtung; muss mindestens 5 cm, bei Schrägflächen 10 cm dick sein; bei Anordnung von Bewehrung aus B 15, sonst B 10.

Überschüttung
Die oberhalb des Baukörpers einzubauenden Massen, z. B. Boden.

Verbrauchsmenge
Kalkulatorischer Mengenansatz von Bitumen-Klebemassen, d. h. im Regelfall Einbaumenge zuzüglich 25% Verlust.

Verbundblech
Siehe Fugenblech

Verbundpflasterstein
Pflasterstein, dessen besondere Formgebung den Verband der Steine untereinander verbessert und dadurch ein Loslösen von Einzelsteinen durch die Einwirkung von Verkehrslasten und -kräften vermeiden soll.

Verfingerung
Das Ineinandergreifen der Trägerlagen oder Dichtungsbahnen an einem Stoß.

Versiegelung
Zusätzliches Aufbringen von Epoxidharz auf der abgestreuten Epoxidharz-Grundierung.

Verstärkung
Örtlich begrenzte Einlage im Abdichtungspaket zur Aufnahme mechanischer Kräfte und ggf. zur Aktivierung des Wasserdrucks an Kanten, Kehlen, in Flächen und über Fugen (siehe Fugenverstärkung) aus zusätzlich eingebauten Materialien, z. B. aus Metallriffelbändern und/oder Kunststoffbahnen.

Verstärkungseinlage*
Flächenhaftes Gewebe- oder Vliesbahnmaterial, welches vor Ort hohlraumfrei in die Abdichtung eingebettet wird.

Verwahrung*
Die Sicherung der Ränder von Abdichtungen gegen Abgleiten und das Hinterlaufen von Wasser.

Viskosität (Zähigkeit)
Widerstand, den ein plastisch verformbarer Stoff, z. B. Bitumen, einem Verschieben seiner Teilchen entgegensetzt. Je höher die Viskosität, umso mehr ähnelt der Stoff einem festen Körper, je geringer die Viskosität, umso ausgeprägter sind seine Fließeigenschaften. Die Viskosität des Bitumens ist stark temperaturabhängig; bei tiefer Temperatur (hoher Viskosität) ist es springhart, bei hoher Temperatur, z. B. im Kocher (niedrige Viskosität), dünnflüssig.

Vlies
Bahnenförmige, rollbare Schicht aus Glasfasern oder Kunststofffasern bzw. -fäden, die entweder mechanisch (vernadelt), thermisch (verschweißt) oder durch Klebung verfestigt sind. Kunststoffvliese, z. B. Polyestervliese, finden Verwendung als Trenn- oder Schutzlagen und als unterseitige Kaschierung bei Kunststoffbahnen. Glasvliese (V) oder Kunststoffvliese finden auch Verwendung als Verstärkung bei Dach- und Dichtungsbahnen.

Voranstrich (VA)
Dünnflüssiger Bitumenanstrich auf Lösungsmittel- oder in Sonderfällen Emulsionsbasis; wird zur Haftverbesserung vor Einbau der Abdichtung vorwiegend im Wandbereich aufgestrichen, aufgerollt oder aufgespritzt; im Regelfall nicht unter Schweißbahnabdichtungen in befahrenen Flächen einsetzbar.
Parkdeckabdichtungen nach ZTV-BEL-B, Teil 1 lassen einen Voranstrich nicht zu, sie erfordern eine Grundierung.

Vulkanisation
Umwandlung von frischem, noch plastischem Kautschuk in elastischen Gummi durch Vernetzung der Kautschukmoleküle mit z. B. Schwefel oder Schwefelverbindungen bei höheren Temperaturen (Heißvulkanisation), aber auch ohne Wärmezufuhr (Kaltvulkanisation).

Wandrücklage (Negativbeton, Negativfläche)
Siehe Abdichtungsrücklage

Wanne (untere Wandabdichtung)
Gemauerte und geputzte Wandflächen oder Schalkasten mit der Unterbetonkonstruktion, zur Aufnahme der Sohlen- und Wandabdichtung.

Wannenmauerwerk
Gemauerte und geputzte Wandfläche; dient zur Ausbildung der Sohlen- und Wandkehle und ggf. zur Aufnahme des Kehranschlusses; bildet zusammen mit dem Unterbeton eine wannenartige Konstruktion.

Warmgasschweißung
Siehe Heißluftschweißung

Wasserundurchlässiger Beton (WU-Beton, WUB), wasserundurchlässiger Mörtel, wasserundurchlässiger Putz
Konstruktiver Beton mit begrenzter Rissweite und besonderen Eigenschaften nach DIN 1045 bzw. Mörtelauftrag oder Putz mit dichtenden Eigenschaften. Dichtwirkung beruht auf geringem Wasserzementfaktor, geeigneter Kornabstufung, ausreichender Zementzugabe, Beimischung von Zusatzmitteln zur Verbesserung der Verarbeitbarkeit sowie guter Verdichtung und Nachbehandlung; Anwendung setzt verformungsarme Baukonstruktionen voraus. Wasserundurchlässiger Mörtel oder wasserundurchlässiger Putz (Mindestdicke 2 cm) sind starr mit dem Untergrund verbunden. Nachträglich am Bauwerk entstehende Risse werden nicht überbrückt.

Wärmedämmschicht
Schicht aus Wärmedämmstoff zum Schutz gegen Kälte und Wärme, z.B. aus extrudiertem Polystyrol, Polyurethan (DIN 18164), Kork, Mineralfaser oder Schaumglas (DIN 18174).

Wurzelfest
Sicherung der Trägereinlagen und Bitumenmassen durch Zugabe von Wurzeldurchwuchs hemmenden Stoffen.

Zementschlämmanstrich
Anstrich der fertigen Abdichtung mit Zementschlämme zum Schutz gegen Wärmeeinwirkung bei Sonnenbestrahlung und zur besseren Überprüfung auf mechanische Beschädigungen; besser geeignet als der früher angewandte, aber trennende Kalkanstrich.

Zulagen
Bitumenbahnen, die z.B. im Fugenbereich als Verstärkung angeordnete Kupferriffelbänder abdecken; sie werden nicht in die Lagenzahl einer Abdichtung eingerechnet.

Zwischenabdichtung
Abdichtung zwischen zwei statisch tragenden Bauteilen (bei Tunneln z.B. zwischen Außenschale zur Aufnahme des Gebirgsdrucks und Innenschale zur Aufnahme des Wasserdrucks); erfordert in der Regel die Anordnung einer Sollbruchfuge (siehe dort).

M Literatur*

1   Kapitel A: Baugrund und Dränung

Normen

[A1]   DIN 1054-100: Sicherheitsnachweise im Erd- und Grundbau

[A2]   DIN 4020: Geotechnische Untersuchungen für bautechnische Zwecke

[A3]   DIN 4021: Aufschluss durch Schürfen und Bohrungen sowie Entnahme von Proben

[A4]   DIN 4022: Baugrund und Grundwasser
  Teil 1:   Benennen und Beschreiben von Boden und Fels; Schichtenverzeichnis für Bohrungen ohne durchgehende Gewinnung von gekernten Proben im Boden und im Fels
  Teil 2:   Benennen und Beschreiben von Boden und Fels; Schichtenverzeichnis für Bohrungen im Fels (Festgestein)
  Teil 3:   Benennen und Beschreiben von Boden und Fels; Schichtenverzeichnis für Bohrungen mit durchgehender Gewinnung von gekernten Proben im Boden (Lockergestein)

[A5]   DIN 4030: Beurteilung betonangreifender Wässer, Böden und Gase

[A6]   DIN 4049: Teil 1: Hydrologie; Begriffe quantitativ

[A7]   DIN 4094: Erkundung durch Sondierungen

[A8]   DIN 4095: Baugrund; Dränung zum Schutz baulicher Anlagen; Planung, Bemessung und Ausführung

[A9]   DIN 18195: Bauwerksabdichtungen
  Teil 1:   Grundsätze, Definitionen, Zuordnung der Abdichtungsarten
  Teil 2:   Stoffe
  Teil 3:   Anforderungen an den Untergrund und Verarbeitung der Stoffe
  Teil 4:   Abdichtungen gegen Bodenfeuchte (Kapillarwasser, Haftwasser) und nichtstauendes Sickerwasser an Bodenplatten und Wänden, Bemessung und Ausführung
  Teil 5:   Abdichtungen gegen nichtdrückendes Wasser auf Deckenflächen und in Nassräumen, Bemessung und Ausführung
  Teil 6:   Abdichtungen gegen von außen drückendes Wasser und aufstauendes Sickerwasser, Bemessung und Ausführung

---

* Allgemeiner Hinweis: Durch die Aktualisierung von Normen, Vorschriften, Richtlinien, Merkblättern, Fachliteratur und Firmenunterlagen im Zuge der Neubearbeitung sind die Quellen nicht immer fortlaufend nummeriert.

	Teil 7:	Abdichtungen gegen von innen drückendes Wasser, Bemessung und Ausführung
	Teil 8:	Abdichtungen über Bewegungsfugen
	Teil 9:	Durchdringungen, Übergänge, Abschlüsse
	Teil 10:	Schutzschichten und Schutzmaßnahmen

[A10] DIN 18336 (VOB): Allgemeine technische Vertragsbedingungen für Bauleistungen (ATV): Abdichtungsarbeiten

[A11] Schweizer Norm SNV 640342: Dränage

[A12] Schweizer Norm SNV 640389: Entwässerung und Hinterfüllung

[A13] DIN 18130-1: Bestimmung des Wasserdurchlässigkeitsbeiwerts
Teil 1: Laborversuche

Vorschriften, Richtlinien, Merkblätter

[A101] RAS: Richtlinien für die Anlage von Straßen
Teil: Entwässerung; Forschungsgesellschaft für Straßen- und Verkehrswesen, Köln, 1987

[A102] Kontrolle und Wartung von Entwässerungseinrichtungen zur Sicherung von Erdbauwerken; Merkblatt der Forschungsgesellschaft für Straßen- und Verkehrswesen, Köln

[A103] DS 836: Vorschrift für Erdbauwerke (VE); Deutsche Bundesbahn

[A104] Vorschrift 107/86: Bauwerksdränagen; Staatliche Bauaufsicht des Ministeriums für Bauwesen, Bauakademie der DDR; Bauinformation Sonderheft 1987, Nr. 1

[A105] DVWK-Schriften 76: Anwendung und Prüfung von Kunststoffen im Erdbau und Wasserbau; Empfehlung des Arbeitskreises 14 der Deutschen Gesellschaft für Erd- und Grundbau e. V.; Verlag Paul Parey, Hamburg und Berlin, 1986

[A106] Empfehlungen des AK 11, DGEG: Geotechnik der Deponien und Altlasten – GDA; Verlag Ernst & Sohn, Berlin, 1990

[A107] TA Abfall: Zweite allgemeine Verwaltungsvorschrift zum Abfallgesetz (TA Abfall), Teil 1: Techn. Anleitung zur Lagerung, chemisch/physikalischen, biologischen Behandlung, Verbrennung und Ablagerung von besonders überwachungsbedürftigen Abfällen vom 12. März 1991, GMBl, 42. Jg. (1991) Heft 8, Seite 139, Köln, Carl Heymanns, 1991

[A108] TA Siedlungsabfall: Dritte Allgemeine Verwaltungsvorschrift zum Abfallgesetz (TA Siedlungsabfall), Techn. Anleitung zur Verwertung, Behandlung und sonstigen Entsorgung von Siedlungsabfällen; Bekanntmachung des BMU vom 14. 5. 1993; Banz Nr. 99a vom 29. 5. 1993

[A109] ATV Arbeitsblatt A 138 (2000): Planung, Bau und Betrieb von Anlagen zur Versickerung von Niederschlagswasser

1 Kapitel A

Fachliteratur

[A201] Davidenkoff, R.: Deiche und Erddämme; Werner Verlag, Düsseldorf, 1964

[A202] Probst, R.: Außenwände im Boden – Dichtung und Dränung; Das Bauzentrum (1968) 2, S. 61–63

[A203] Muth, W.: Dränung zum Schutz von Bauteilen im Erdreich; Aachener Bausachverständigentage 1977; Forum Verlag Stuttgart, S. 115–127

[A204] Schild, E.: Untersuchung der Bauschäden an Kellern, Dränagen und Gründungen; Aachener Bausachverständigentage 1977; Forum Verlag Stuttgart, S. 49–67

[A205] Rogier, D.: Schäden und Mängel am Dränagesystem; Aachener Bausachverständigentage 1977; Forum Verlag Stuttgart, S. 68–75

[A206] Rieß, R.: Grundwasserströmung – Grundwasserhaltung; Grundbautaschenbuch, 5. Auflage, Teil 2 (1996), S. 365–497; Verlag Wilhelm Ernst & Sohn, Berlin, München

[A207] Muth, W.: Dränung erdberührter Bauteile; Eigenverlag Wilfried Muth, Versuchsanstalt für Wasserbau, Fachhochschule Karlsruhe, 1981

[A208] Muth, W./Schürloff, H.J.: Langzeitverhalten von Dränmatten; Kunststoffe im Bau 18 (1983) S. 116–119

[A209] Herth, W./Arndt, E.: Theorie und Praxis der Grundwasserabsenkung; Verlag Ernst & Sohn, Berlin, 1994

[A210] Muth, W.: Mischfilter aus Kiessand für die Bauwerksdränung; Tiefbau – Ingenieurbau – Straßenbau, Heft 12 (1987), S. 746–749

[A211] Muth, W.: Zeitstandverhalten von Dränelementen; K-GEO 88, Hamburg, Kongreßband der DGEG, Essen, S. 31–40, 1988

[A212] Brauns, J./Schulze, B.: Long-term effects in drainage systems of slopes; Proceedings of the XII International Conference on Soil Mechanics and Foundation Engineering, Rio de Janeiro, Vol. 3, 21/5 (1989), S. 1549–1554

[A213] Hilmer, K./Weißmantel, R./Grimm, G.: Baukostensenkung durch wirtschaftliche Bemessung von Dränanlagen; Veröffentlichungen des Grundbauinstitutes der LGA Bayern, Heft 58, 1990

[A214] Wilmes, K. u. a.: Kosten-Nutzen-Optimierung in der Bauteilabdichtung; Aachener Institut für Bauschadensforschung und angewandte Bauphysik; Bauforschungsbericht des Bundesministers für Raumordnung, Bauwesen und Städtebau; IRB-Verlag Stuttgart, 1990

[A215] Hilmer, K.: Ermittlung der Wasserbeanspruchung bei erdberührten Bauwerken; Aachener Bausachverständigentage 1990; Bauverlag, S. 69–79

[A216] Hilmer, K.: Dränung zum Schutz baulicher Anlagen; Planung, Bemessung und Ausführung; Kommentar zur DIN 4095 (Ausgabe Juni 1990); Geotechnik 13 (1990) 4, S. 196–210

[A217]　Smoltczyk, U.: Baugrundgutachten; Grundbautaschenbuch, Teil 1 (1990); Verlag Wilhelm Ernst & Sohn, Berlin, S. 45–52

[A218]　Emig, K.-F.: Abdichtungsschäden im Gründungsbereich; Aus: Schäden im Gründungsbereich; Verfasser: K. Hilmer; Verlag Ernst & Sohn, Berlin (1991), S. 193–256

[A219]　Hilmer, K.: Dränung zum Schutz baulicher Anlagen; Aus: Schäden im Gründungsbereich; Verfasser: K. Hilmer; Verlag Ernst & Sohn, Berlin (1991), S. 257–291

[A220]　Weißmantel, R./Hilmer, K.: Messung von Wassermengen bei der Bauwerksdränung; Bautechnik 69 (1992) 5, S. 246–254

[A221]　Hilmer, K.: Wasserbeanspruchung erdberührter Bauwerke; Bundesbaublatt (1998) 12, S. 28–31

[A222]　Muth, W.: Schäden an Dränanlagen; Schadenfreies Bauen, Band 17, 1997, IRB-Verlag

[A223]　Braun, E./Hilmer, K.: Abdichtung mit Bitumen gegen zeitweise aufstauendes Sickerwasser (DIN 18195-6:2000-08) dargestellt am Beispiel eines Pilotprojekts; Das Mauerwerk 4 (2000) 5, S. 185–193

Firmenunterlagen

[A301]　Katalog PWE/TIC 35 (1987): Bauwerksdränagen im Industriebau – Projektierungsgrundlagen; VEB Bau- und Montagekombinat Chemie, Halle

2　Kapitel B: Bitumenabdichtungen

Normen

[B1]　DIN 1045: Tragwerke aus Beton, Stahlbetonbau und Spannbeton
　　　Teil 1:　Bemessung und Konstruktion
　　　Teil 2:　Beton – Festlegung, Eigenschaften, Herstellung und Konformität
　　　Teil 3:　Bauausführung
　　　Teil 4:　Ergänzende Regeln für die Herstellung und Konformität von Fertigteilen

[B2]　DIN 1055: Lastannahmen für Bauten

[B3]　DIN 1072: Straßen- und Wegebrücken, Lastannahmen

[B4]　DIN 1995: Bitumen und Steinkohlenteerpech; Anforderungen an die Bindemittel

[B5]　DIN 1996: Prüfung von Asphalt

[B6]　DIN 4108: Wärmeschutz im Hochbau

[B7]   DIN 7864: Elastomerbahnen für Abdichtungen

[B8]   DIN 7865: Elastomer-Fugenbänder zur Abdichtung von Fugen in Beton
       Teil 1: Form und Masse
       Teil 2: Werkstoff-Anforderungen und Prüfung

[B9]   DIN 16726: Kunststoff-Dach- und Dichtungsbahnen, Prüfung

[B10] DIN 16729: Dichtungsbahnen aus Ethylencopolymerisat-Bitumen (ECB); Anforderungen

[B11] DIN 16935: Kunststoff-Dichtungsbahnen aus Polyisobutylen (PIB); Anforderungen

[B12] DIN 16937: Kunststoff-Dichtungsbahnen aus weichmacherhaltigem Polyvinylchlorid (PVC-P), bitumenverträglich; Anforderungen

[B13] DIN 18164: Schaumkunststoffe als Dämmstoffe für das Bauwesen; Dämmstoffe für die Wärmedämmung

[B14] DIN 18174: Schaumglas als Dämmstoff für das Bauwesen; Dämmstoffe für die Wärmedämmung

[B15] DIN 18190: Dichtungsbahnen für Bauwerksabdichtungen; Begriff, Bezeichnung, Anforderungen
       Teil 4: Dichtungsbahnen mit Metallbandeinlage; Begriff, Bezeichnung, Anforderungen

[B16] DIN 18195: Bauwerksabdichtungen
       Teil 1: Grundsätze, Definitionen, Zuordnung der Abdichtungsarten
       Teil 2: Stoffe
       Teil 3: Anforderungen an den Untergrund und Verarbeitung der Stoffe
       Teil 4: Abdichtungen gegen Bodenfeuchte (Kapillarwasser, Haftwasser) und nichtstauendes Sickerwasser an Bodenplatten und Wänden, Bemessung und Ausführung
       Teil 5: Abdichtungen gegen nichtdrückendes Wasser auf Deckenflächen und in Nassräumen, Bemessung und Ausführung
       Teil 6: Abdichtungen gegen von außen drückendes Wasser und aufstauendes Sickerwasser, Bemessung und Ausführung
       Teil 7: Abdichtungen gegen von innen drückendes Wasser, Bemessung und Ausführung
       Teil 8: Abdichtungen über Bewegungsfugen
       Teil 9: Durchdringungen, Übergänge, Abschlüsse
       Teil 10: Schutzschichten und Schutzmaßnahmen

[B17] DIN 18202: Toleranzen im Hochbau; Bauwerke

[B18] DIN 18218: Frischbetondruck auf lotrechte Schalung

[B19] DIN 18299: Allgemeine Regelungen für Bauarbeiten jeder Art; VOB Verdingungsordnung für Bauleistungen, Teil C: Allgemeine Technische Vertragsbedingungen für Bauleistungen

[B20] DIN 18318: Verkehrswegebauarbeiten – Pflasterdecken, Plattenbeläge, Einfassungen; VOB, Teil C: ATV

[B21] DIN 18331: Beton- und Stahlbetonarbeiten; VOB, Teil C: ATV

[B22] DIN 18336: Abdichtungsarbeiten; VOB, Teil C: ATV

[B23] DIN 18338: Dachdeckungs- und Dachabdichtungsarbeiten; VOB, Teil C: ATV

[B24] DIN 18354: Gussasphaltarbeiten; VOB, Teil C: ATV

[B25] DIN 18540: Abdichtungen von Außenwandfugen im Hochbau mit Fugendichtungsmassen; Konstruktive Ausbildung der Fugen

[B26] DIN 18541: Fugenbänder aus thermoplastischen Kunststoffen zur Abdichtung von Fugen in Ortbeton
Teil 1: Begriffe, Formen, Maße
Teil 2: Anforderungen, Prüfung, Überwachung

[B27] DIN 18560: Estriche im Bauwesen

[B28] DIN 19599: Abläufe und Abdeckungen in Gebäuden, Klassifizierung, Bau- und Prüfgrundsätze, Kennzeichnung

[B29] DIN 52129: Nackte Bitumenbahnen; Begriff, Bezeichnung, Anforderungen

[B30] DIN 52130: Bitumen-Dachdichtungsbahnen; Begriff, Bezeichnung, Anforderungen
Teil 1: Bitumen-Dachdichtungsbahnen
Teil 2: Bitumen-Schweißbahnen

[B31] DIN 52131: Bitumen-Schweißbahnen; Begriff, Bezeichnung, Anforderungen

[B32] DIN 52132: Polymerbitumen-Dachdichtungsbahnen; Begriffe, Bezeichnung, Anforderungen

[B33] DIN 52133: Polymerbitumen-Schweißbahnen; Begriffe, Bezeichnung, Anforderungen

[B34] DIN 52143: Glasvlies-Bitumendachbahnen; Begriff, Bezeichnung, Anforderungen

[B35] DIN 18316: Verkehrswegebauarbeiten – Oberbauschichten mit hydraulischen Bindemitteln; VOB, Teil C: ATV

[B36] DIN 18317: Verkehrswegebauarbeiten – Oberbauschichten aus Asphalt; VOB, Teil C: ATV

Vorschriften, Richtlinien und Merkblätter

Vorbemerkung: Die nachstehend aufgelisteten, vom Bundesministerium für Verkehr, Bau- und Wohnungswesen (BMVBW) eingeführten zusätzlichen Technischen Vertragsbedingungen und Richtlinien (ZTV) werden z.Z. umstrukturiert und künftig (voraussichtlich frühestens ab 2002) in der ZTV-ING als Loseblattsammlung herausgegeben.

[B101] ZTV K 96: Zusätzliche Technische Vertragsbedingungen für Kunstbauten, Ausgabe 1989; Bundesminister für Verkehr; Bonn/Deutsche Bahn AG

[B102] ZTV Asphalt-StB 94, Fassung 1998: Zusätzliche Technische Vertragsbedingungen und Richtlinien für den Bau von Fahrbahndecken aus Asphalt; Bundesminister für Verkehr, Abt. Straßenbau, Bonn

[B103] TL bit-Fug 82: Technische Lieferbedingungen für bituminöse Fugenvergussmassen, Ausgabe 1982; Forschungsgesellschaft für Straßen- und Verkehrswesen, Köln

[B104] ZTV-BEL-B: Zusätzliche Technische Vertragsbedingungen und Richtlinien für die Herstellung von Brückenbelägen auf Beton; Bundesministerium für Verkehr, Bau- und Wohnungswesen, Abteilung Straßenbau, Bonn
Teil 1: Dichtungsschicht aus einer Bitumen-Schweißbahn (Ausgabe 1999)
Teil 2: Dichtungsschicht aus zweilagig aufgebrachten Bitumen-Dichtungsbahnen (Ausgabe 1987)
Teil 3: Dichtungsschicht aus Flüssigkunststoff (Ausgabe 1995)
TL-BEL-EP: Technische Lieferbedingungen für Reaktionsharze für Grundierungen, Versiegelungen und Kratzspachtelungen unter Asphaltbelägen auf Beton
TP-BEL-EP: Technische Prüfvorschriften
TL-BEL-B, Teil 1: Technische Lieferbedingungen für die Dichtungsschicht aus einer Bitumen-Schweißbahn zur Herstellung von Brückenbelägen auf Beton nach den ZTV-BEL-B, Teil 1 (Ausgabe 1999)
TP-BEL-B, Teil 1: Technische Prüfvorschriften für Brückenbeläge auf Beton mit Dichtungsschicht aus einer Bitumen-Schweißbahn nach den ZTV-BEL-B, Teil 1 (Ausgabe 1999)
TL-BEL-B, Teil 3: Technische Lieferbedingungen für Baustoffe zur Herstellung von Brückenbelägen auf Beton und Dichtungsschicht nach den ZTV-BEL-B, Teil 3 (Ausgabe 1995)
TP-BEL-B, Teil 3: Technische Prüfvorschriften für Baustoffe zur Herstellung von Brückenbelägen auf Beton und Dichtungsschicht nach den ZTV-BEL-B, Teil 3 (Ausgabe 1995)

[B105] ZTV-BEL-ST 92: Zusätzliche Technische Vertragsbedingungen und Richtlinien für die Herstellung von Brückenbelägen auf Stahl; Ausgabe 1992; Forschungsgesellschaft für Straßen- und Verkehrswesen, Köln
TL-BEL-ST: Technische Lieferbedingungen für Baustoffe der Dichtungsschichten für Brückenbeläge auf Stahl
TP-BEL-ST: Technische Prüfvorschriften für die Prüfung der Dichtungsschichten und der Abdichtungssysteme für Brückenbeläge auf Stahl

[B106] ZTV-M 84: Zusätzliche Technische Vorschriften und Richtlinien für Markierungen auf Straßen – Ausgabe 1984; Bundesminister für Verkehr, Abt. Straßenbau, Bonn

[B107] ZTV-SIB 90: Zusätzliche Technische Vorschriften und Richtlinien für Schutz und Instandsetzung von Betonbauteilen; Ausgabe 1990; Bundesminister für Verkehr, Abt. Straßenbau, Bonn

[B108] TP-BE-PC: Technische Prüfvorschriften und TL-BE-PC: Technische Lieferbedingungen für Betonersatzsysteme aus Reaktionsharzmörtel mit Reaktionsharzbeton (PC); 1987; Bundesminister für Verkehr, Abt. Straßenbau, Bonn

[B109] TP-BE-PCC: Technische Prüfvorschriften und TL-BE-PCC: Technische Lieferbedingungen für Betonersatzsysteme aus Zementmörtel, Beton mit Kunststoffzusatz (PCC); 1987; Bundesminister für Verkehr, Abt. Straßenbau, Bonn

[B110] ZTV-RISS 93: Zusätzliche Technische Vertragsbedingungen und Richtlinien für das Füllen von Rissen in Betonbauteilen; Bundesminister für Verkehr, Abt. Straßenbau, Bonn; Deutsche Bundesbahn

[B111] Richtzeichnungen für Brücken- und sonstige Ingenieurbauwerke; Bundesminister für Verkehr, Abt. Straßenbau, Bonn (werden nach Bedarf aktualisiert)

[B112] Richtlinien und Richtzeichnungen für Abdichtungs- und Belagsarbeiten, Ausgabe 1991; Herausgeber: Baubehörde der Freien und Hansestadt Hamburg, Tiefbauamt (FHH-Dicht 1991)

[B113] Normalien für Abdichtungen: Ausgabe 1991; Freie und Hansestadt Hamburg, Baubehörde Hamburg, Tiefbauamt

[B114] ZTV/St-Hmb. 92: Zusätzliche Technische Vertragsbedingungen und Richtlinien für Straßenbauarbeiten in Hamburg; Ausgabe 1992; Freie und Hansestadt Hamburg, Baubehörde Hamburg, Tiefbauamt

[B115] Merkblatt für bituminöse Brückenbeläge auf Beton: Herausgeber: Forschungsgesellschaft für das Straßenwesen, Köln, Ausgabe 1976 (überholt durch ZTV-BEL-B)

[B116] Ril 835.9101: Geschäftsrichtlinie: Ingenieurbauwerke abdichten: Hinweise für die Abdichtung von Ingenieurbauwerken (AIB); Fassung vom 1. 1. 1997; Deutsche Bahn AG

[B117] Flachdach-Richtlinien: Richtlinien für die Planung und Ausführung von Dächern mit Abdichtungen; Ausgabe 1997; Helmut Gros Fachverlag, Berlin

[B118] Zulassungsbescheid: Außenliegende Wärmedämmung erdberührter Gebäudeflächen mit den Schaumglasplatten „Foamglas-Platten T2" u. a.; Deutsches Institut für Bautechnik, Berlin, Nr. Z-23.5-103 vom 17. 5. 1994

[B119] Zulassungsbescheid: Lastabtragende Wärmedämmung unter Gründungsplatten mit den Schaumglasplatten „Foamglas-Platten Typ F" u. a.; Institut für Bautechnik, Berlin, Nr. Z-34.6-1 vom 20. 2. 1992

[B120] Richtlinie für Schutz und Instandsetzung von Betonbauteilen:
Teil 1: Allgemeine Regelungen und Planungsgrundsätze
Teil 2: Bauplanung und Bauausführung; Herausgeber: Deutscher Ausschuss für Stahlbeton, August 1990

[B121] Merkblatt für Flächenbefestigungen mit Pflaster und Plattenbelägen; Forschungsgesellschaft für Straßen- und Verkehrswesen e.V., Köln, Ausgabe 1989, erg. Fassung 1994

[B122] ZTV-P-StB 2000: Zusätzliche Technische Vertragsbedingungen und Richtlinien für den Bau von Pflasterdecken und Plattenbelägen; Forschungsgesellschaft für Straßen- und Verkehrswesen e.V., Köln, Ausgabe 2000

[B123] ZTV-BEL-FÜ: Zusätzliche Technische Vertragsbedingungen und Richtlinien für die Herstellung von Fahrbahnübergängen aus Asphalt in Belägen auf Brücken und anderen Ingenieurbauwerken aus Beton; Forschungsgesellschaft für Straßen- und Verkehrswesen, Köln, 1998

[B124] ZTV-Fug1-StB: Zusätzliche Technische Vertragsbedingungen und Richtlinien für Fugenfüllungen in Verkehrsflächen Teil 1: Fugenfüllungen mit heißverarbeitbaren Fugenmassen, Ausgabe 2000; Bundesministerium für Verkehr, Bau- und Wohnungswesen

[B125] Richtlinie für die Planung und Ausführung von Abdichtungen erdberührter Bauteile mit kunststoffmodifizierten Bitumendickbeschichtungen; Herausgeber: Deutsche Bauchemie e.V., Deutscher Holz- und Bautenschutzverband e.V. u.a., Eigenverlag, Frankfurt/Main, 1997

[B126] Fachregel für Dächer mit Abdichtungen – Flachdachrichtlinien; Herausgeber: Zentralverband des Deutschen Dachdeckerhandwerks – Fachverband Dach-, Wand- und Abdichtungstechnik e.V. – und Hauptverband der Deutschen Bauindustrie e.V. – Bundesfachabteilung Bauwerksabdichtung; Sept. 2001, Rudolf Müller Verlag, Köln

[B127] Fachregel für Metallarbeiten im Dachdeckerhandwerk; Herausgeber: Zentralverband des Deutschen Dachdeckerhandwerks – Fachverband Dach-, Wand- und Abdichtungstechnik e.V., Febr. 1999, Rudolf Müller Verlag, Köln

[B128] Merkblatt Wärmeschutz bei Dächern; Herausgeber: Zentralverband des Deutschen Dachdeckerhandwerks – Fachverband Dach-, Wand- und Abdichtungstechnik e.V., Sept. 1997, Rudolf Müller Verlag, Köln

[B129] Merkblatt Blitzschutz auf und an Dächern; Herausgeber: Zentralverband des Deutschen Dachdeckerhandwerks – Fachverband Dach-, Wand- und Abdichtungstechnik e.V. in Zusammenarbeit mit dem Ausschuss Blitzschutz und Blitzforschung (ABB) im VDE Verband der Elektrotechnik Elektronik Informationstechnik e.V., Sept. 1999, Rudolf Müller Verlag, Köln

[B130] DBV-Merkblatt Hochdruckwasserstrahltechnik im Betonbau; Herausgeber: Deutscher Beton- und Bautechnik-Verein, Berlin, Juni 1999

Fachliteratur

[B201] Emig, K.-F.: Die bituminöse Abdichtung im Bereich von Los- und Festflanschen; Bitumen 32 (1970) H. 2, S. 43–50 und Bitumen 34 (1972) H. 4, S. 96–104

[B202] Braun, E./Metelmann, P./Thun, D./Vordermeier, E.: Die Berechnung bituminöser Bauwerksabdichtungen; Herausgeber: Arbeitsgemeinschaft der Bitumen-Industrie e.V., 1976

[B203] Schild, E.: Untersuchung der Bauschäden an Kellern, Dränagen und Gründungen; Aachener Bausachverständigentage 1977; Forum Verlag Stuttgart, S. 49–67

[B204] Haack, A.: Bauwerksabdichtung – Hinweise für Konstrukteure, Architekten und Bauleiter; Bauingenieur 57 (1982) 11, S. 407–412

[B205] Lufsky, K.: Bauwerksabdichtung; Teubner-Verlag Stuttgart, 4. Auflage, 1983

[B206] Abdichtung von Bauwerken Schriftenreihe der Bundesfachabteilung Bauwerksabdichtung, Band 6 (1984); Hauptverband der Deutschen Bauindustrie e.V., Wiesbaden, Bonn

[B207] Emig, K.-F./Spender, O.: Theoretische Untersuchung zum nachträglichen wasserdichten Anklemmen von Elastomer-Dichtungsbändern; Straßen- und Tiefbau 39 (1985) 10, S. 21–26; Giesel Verlag für Publizität GmbH & Co. KG

[B208] Haack, A.: Wasserundichtigkeiten bei unterirdischen Bauwerken – Erforderliche Dichtigkeit, Vertragsfragen, Sanierungsmethoden; Tiefbau-Ingenieurbau-Straßenbau 28 (1986) 5, S. 245–254

[B209] Haack, A.: Parkdecks und befahrbare Dachflächen mit Gußasphaltbelägen; Vortrag anläßlich der Aachener Bausachverständigentage 1986; veröffentlicht beim Bauverlag, Wiesbaden, S. 76–92 und 134–140

[B210] Schreyer, J./Löschnig, P.: Anwendungstechnische Prüfung von Hilti-Verbundankern – z.Zt. unveröffentlichter Prüfungsbericht, der STUVA; 5. 8. 1986

[B211] Haack, A. und Referenten: Bauwerksabdichtungen, Parkhäuser und Parkdecks; Fachtagung Reinartz Asphalt, 10./11. Dezember 1987, Köln, Eigenverlag Reinartz Asphalt GmbH, Aachen

[B212] Haack, A.: Gebäudefugen: Voraussetzungen für eine funktionsgerechte Abdichtung; Straßen- und Tiefbau 41 (1987) 2, S. 17–20

[B213] Emig, K.-F.: Abdichtungen über Bauwerksfugen nach DIN 18195; Tiefbau-Ingenieurbau-Straßenbau 29 (1987) 3, S. 104–114

[B214] Beläge auf Betonbrücken unter Verwendung von Gußasphalt: Informationen über Gußasphalt 18/1987; Beratungsstelle für Asphaltverwendung e.V., Bonn

[B215] Emig, K.-F.: Sollbruchfugen: Konstruktiver Bestandteil der Schlitzwandbauweise bei abzudichtenden Baukörpern; Tiefbau-Ingenieurbau-Straßenbau 30 (1988) 7, S. 389–393

[B216] Parkhausbeläge: Information über Gußasphalt 20/1989; Beratungsstelle für Asphaltverwendung e.V., Bonn

[B217] Kakrow, H.: Lehrbrief – Bauwerksabdichtung; Herausgeber: Hauptverband der Deutschen Bauindustrie e.V., Frankfurt/Main, 1995

[B218] Klawa, N./Haack, A.: Tiefbaufugen: Fugen- und Fugenkonstruktionen im Beton- und Stahlbetonbau; Herausgeber: Hauptverband der Deutschen Bauindustrie und STUVA; Verlag Ernst & Sohn, Berlin, 1990

[B219] Doose, W.: Abdichtung für Parkflächen mit Wärmedämmung und einer Schichtenfolge nach System Reinartz Asphalt; Auszug aus Patentanmeldung beim DPA-München, 1990

[B220] Haack, A./Emig, K.-F.: Abdichtungen von Parkdecks, Brücken und Trögen mit Bitumenwerkstoffen; Grundlagen – Planung – Bemessung – ausgewählte Details; ARBIT-Schriftenreihe, Heft 62, 2001

[B221] Haack, A./Emig K.-F.: Abdichtungen; Grundbau-Taschenbuch, Bd. 2, Verlag Ernst & Sohn, Berlin, 6. Auflage, 2001

[B222] Braun, E.: Bitumen: Anwendungsbezogene Baustoffkunde für Dach- und Bauwerksabdichtungen; Rudolf Müller Verlag, Köln, 2. Auflage, 1991

[B223] Emig, K.-F.: Abdichtungsschäden im Gründungsbereich; Beitrag in Buchveröffentlichung „Schäden im Gründungsbereich"; Herausgeber: K. Hilmer; Verlag Ernst & Sohn, Berlin, 1991; S. 193–256

[B224] abc der Bitumenbahnen Technische Regeln 1997; Herausgeber: vdd Industrieverband Bitumen-Dach- und Dichtungsbahnen e.V., Frankfurt/Main

[B225] Braun, E.: Abdichten von Bauwerken; Sonderdruck aus Betonkalender 2001; Verlag Ernst & Sohn, Berlin

[B226] Emig, K.-F./Haack, A.: Abdichtung mit Bitumen – Ausführungen unter Geländeoberfläche; ARBIT-Schriftenreihe, Heft 61, 2000

[B227] Asphaltkalender 2001
Herausgeber: Beratungsstelle für Gußasphaltverwendung e.V., Bonn

[B228] Schneider, K. H./Hoim, A./Kroth, M.: Zur Ausbildung bituminös abgedichteter Parkdecks mit Wärmedämmung und Betonfahrbahn; Bautechnik 69 (1992) 7, S. 354–361

[B229] Schlee, J.-P./Uhr, W.: Fahrbahnplatten auf Wärmedämmung; Baugewerbe 72 (1992) 3, S. 24–28

[B230] Bogner, H.: Richtig Feuchtigkeitsschäden erkennen und beheben; Compact Verlag, München; 1993

[B231]   Bangerter, H.: Bemessungstafeln für elastisch auf Dämmstoffen gebettete Nutzbeläge und Fahrbahnplatten unter Lasten; Herausgeber und Verlag: WEDER + BANGERTER AG – Kloten-Zürich-Wädenswil, 1993

[B232]   Cziesielski, E.: Wassertransport durch Bauteile aus wasserundurchlässigem Beton: Schäden und konstruktive Empfehlungen; in: Erdberührte Bauteile und Gründungen (= Vorträge Aachener Bausachverständigentage 1990); hrsg. von E. Schild und R. Oswald, S. 91–100

[B233]   Planck, A.: Dringlichkeit und Schwierigkeiten bei der Bauwerksprüfung; Seminarvortrag 1985, S. 29–41; Bundesanstalt für Materialprüfung, Berlin

[B234]   Haack, A. und Referenten: Parkhäuser und Parkdecks mit Wärmedämmung; 2. Fachtagung Reinartz Asphalt, 30. November/1. Dezember 1995, Köln; Eigenverlag Reinartz Asphalt GmbH, Aachen

[B235]   Doose, W.: Abdichtung für Parkflächen mit Wärmedämmung und einer Schichtenfolge nach System Reinartz Asphalt; Auszug aus Patentanmeldung beim DPA-München, 1990

[B236]   Haack, A.: Die Abdichtung von Fugen in Flachdächern und Parkdecks aus WU-Beton; Aachener Bausachverständigentage 1997, Tagungsumdruck, S. 101–113, Bauverlag Wiesbaden

[B237]   Bauwerksabdichtungen; Informationen über Gussasphalt, Heft 41 (2000); Beratungsstelle für Gussasphaltanwendung e.V., Bonn

[B238]   Beläge für Parkhäuser, Tiefgaragen, Hofkellerdecken und Rampen; Informationen über Gussasphalt, Heft 42 (2001); Beratungsstelle für Gussasphaltanwendung e.V., Bonn

[B239]   Schlee, J.-P.: Wärmegedämmtes Parkdeck, Hofkellerdecke, wärmegedämmte Verkehrsfläche; 2. Auflage, Fraunhofer IRB-Verlag, Stuttgart, 1999

[B240]   Halter, W./Wruck, R.: Fahrbahnbeläge auf Trog- und Tunnelsohlen aus Beton; Straße + Tiefbau 47 (1993) 11, S. 6–9

[B241]   Sasobit – Produktinformation und Anwendungsempfehlungen, 1999; Schümann/Sasol, Hamburg

[B242]   Braun, E./Hilmer, K.: Abdichtung mit Bitumen gegen zeitweise aufstauendes Sickerwasser (DIN 18195-6:2000-08) dargestellt am Beispiel eines Pilotprojekts; Das Mauerwerk 4 (2000) 5, S. 185–193

[B243]   Gutachten Hansa-Baulabor Hamburg zum Anschluss Neuabdichtung an Bestand bei der Erweiterung des Auswärtigen Amts Berlin im Jahr 2000; GA 20. 09. 98 und GA 01. 01. 99

[B244]   Gutachten Hansa-Baulabor Hamburg zum Anschluss Neuabdichtung an Bestand beim Umbau der Staatsoper Hamburg im Jahr 2002; GA 0232/02

[B245]   Stenner, R.: Vorbereitung und Vorbehandlung des Betonuntergrundes für die Aufnahme von Abdichtungen im Verbund; gussasphalt zeitung (2001), S. 6/7

[B246] Kraus, A./Wruck, R.: Vergleich der ZTV-BEL-B Teil 1, Ausgabe 1999 mit den ZTV-BEL-B1/87; gussasphalt zeitung (2001), S. 10/11

[B247] Peffekoven, W.: Abdichtungen in Verbindung mit Gussasphalt für hoch beanspruchte Flächen in der Neufassung der DIN 18195 – August 2000; gussasphalt zeitung (2001), S. 14/15

Firmenunterlagen

[B301] Der Profi für alle Rohrdurchführungen; Eigenverlag Walter Müller & Co., Postfach 17 25, D-22807 Norderstedt

[B302] Werkblätter zu Phoenix-Dichtungsbahnen; Phoenix-Gummiwerke AG, Hannoversche Straße 88, D-21079 Hamburg

[B303] Druckschriften zu Ring-Raumdichtungen (Link-Seal):
Siegfried Göhner, D-72116 Mössingen
PSI-GmbH, D-72116 Mössingen
Doyma GmbH & Co., D-28876 Oyten

[B304] Werkblätter zu BR-Kabel- und Rohrdurchführungen; Nils Brendel, Winsener Straße 130, D-21077 Hamburg

[B305] Produktinformationen und Werkblätter zu Bituthene-Selbstklebebahnen; Teroson GmbH, Postfach 105620, D-69046 Heidelberg

[B306] Produktinformationen und Werkblätter zu Fahrbahnübergängen und Fugenabdichtungen System Mapotrix®; Mapotrix GmbH, Industriestraße 5, D-21493 Schwarzenbek

[B307] Kölner Dicht® Sonderabdichtungen (Bewegungsfugen, Übergänge, Durchdringungen); Kölner Dicht GmbH, Wurmbenden 13, D-52070 Aachen

[B308] Produktinformationen und Werkblätter zu Wärmedämmung aus Hartschaumplatten der DOW-Vertriebsgesellschaft mbH, Grüneburgweg 102, D-60323 Frankfurt

[B309] Produktinformationen und Werkblätter zu Wärmedämmung aus Schaumglas der Deutschen Pittsburgh Corning GmbH, Rheinische Straße 2, D-42781 Haan

[B310] Produktinformationen und Werkblätter zu Entwässerungsrinnen der Hauraton-Betonwarenfabrik GmbH & Co. KG, Werkstraße 13+14, D-76437 Rastatt

[B311] Produktinformationen und Werkblätter zu Entwässerungsrinnen der ACO drain passavant GmbH, Postfach 320, D-24755 Rendsburg

[B313] Produktinformationen und Werkblätter zu Wärmedämmelementen und GFK-Lichtschächten der Schöck-Bauteile GmbH, Postfach 110163, D-76487 Baden-Baden

[B314] Produktinformationen und Werkblätter zu Dichtbändern der Schaumstofftechnik Illbruck GmbH, Burscheider Straße 454, D-51381 Leverkusen

[B315] Berechnung von Druckverteilungsplatten auf Foamglas®-Dämmung vom Institut für Massivbau und Baustofftechnologie der Universität Karlsruhe; Herausgeber: Deutsche Pittsburgh Corning GmbH, Erzberger Straße 19, D-68165 Mannheim

[B316] Produktinformationen zu Bautenschutzplatten der Berleburger Schaumstoffwerke GmbH, Postfach 1180, D-57319 Bad Berleburg

[B317] Druckschriften und Werkblätter zu fabrikgefertigten Fahrbahnübergängen:
Maurer Söhne, Frankfurter Ring 193, D-80807 München
Migua-Hammerschmidt GmbH, Postfach 1260, D-42489 Wülfrath
Glacier GmbH, Sollinger Hütte, Postfach 1160, D-37170 Uslar
Stog GmbH, Menzinger Straße 97, D-80997 München

[B318] Produktinformationen und Werkblätter zu Wandanschluss- und Dachprofilen der ISO GmbH, Postfach 10 18 23, D-45018 Essen

[B319] Produktinformationen für Wandanschluß- und Dachprofile der Bausysteme Bockenem GmbH, Schlewecker Straße 21, D-31167 Bockenem

[B320] Produktinformationen zu Kabel- und Rohrdurchdringungen der Firma Doyma, Industriestraße 43–45, D-28876 Oyten

[B321] Produktinformationen zu Kabel- und Rohrdurchdringungen der Firma Hauff-Technik, Postfach 1154, D-89542 Herbrechtingen

3 Kapitel C: Bauwerksabdichtungen mit lose verlegten Kunststoff- sowie Elastomer-Dichtungsbahnen

Normen

[C1] DIN 7864: Elastomerbahnen für Abdichtungen; Anforderungen, Prüfung

[C2] DIN 16726: Kunststoff-Dach- und Dichtungsbahnen, Prüfung

[C3] DIN 16729: Kunststoff-Dachbahnen und Kunststoff-Dichtungsbahnen aus Ethylen-Copolymerisat-Bitumen (ECB); Anforderungen

[C4] DIN 16734: Kunststoff-Dachbahnen aus weichmacherhaltigem Polyvinylchlorid (PVC-P) mit Verstärkung aus synthetischen Fasern, nicht bitumenverträglich; Anforderungen

[C5] DIN 16735: Kunststoff-Dachbahnen aus weichmacherhaltigem Polyvinylchlorid (PVC-P) mit einer Glasvlieseinlage, nicht bitumenverträglich; Anforderungen

[C6] DIN 16938: Kunststoff-Dichtungsbahnen aus weichmacherhaltigem Polyvinylchlorid (PVC-P), nicht bitumenverträglich; Anforderungen

[C7]   DIN 18195: Bauwerksabdichtungen
       Teil 1: Grundsätze, Definitionen, Zuordnung der Abdichtungsarten
       Teil 2: Stoffe
       Teil 3: Anforderungen an den Untergrund und Verarbeitung der Stoffe
       Teil 4: Abdichtungen gegen Bodenfeuchte (Kapillarwasser, Haftwasser) und nichtstauendes Sickerwasser an Bodenplatten und Wänden, Bemessung und Ausführung
       Teil 5: Abdichtungen gegen nichtdrückendes Wasser auf Deckenflächen und in Nassräumen, Bemessung und Ausführung
       Teil 6: Abdichtungen gegen von außen drückendes Wasser und aufstauendes Sickerwasser, Bemessung und Ausführung
       Teil 7: Abdichtungen gegen von innen drückendes Wasser, Bemessung und Ausführung
       Teil 8: Abdichtungen über Bewegungsfugen
       Teil 9: Durchdringungen, Übergänge, Abschlüsse
       Teil 10: Schutzschichten und Schutzmaßnahmen

[C8]   DIN 18299: Allgemeine Regelungen für Bauarbeiten jeder Art; VOB Verdingungsordnung für Bauleistungen, Teil C: Allgemeine Technische Vertragsbedingungen für Bauleistungen

Vorschriften, Richtlinien, Merkblätter

[C101] Ril 835.9101: Geschäftsrichtlinie: Ingenieurbauwerke abdichten: Hinweise für die Abdichtung von Ingenieurbauwerken (AIB); Fassung vom 1. 9. 1999; Deutsche Bahn AG

[C102] Ril 853: Eisenbahntunnel planen, bauen und instandhalten; Fassung vom 1.10.1998; Deutsche Bahn AG

[C103] Allgemeine bauaufsichtliche Zulassung für Abdichtungssystem mit PVC-weich-Dichtungsbahnen „Trocal Typ T"; Hüls Troisdorf AG; Zulassung Nr. Z 28.1-102 vom 23. 8. 1983 durch das Institut für Bautechnik Berlin (gültig bis Ende 1988, aber auch heute noch zur Planung herangezogen)

[C104] Empfehlungen Doppeldichtung Tunnel – EDT: Druckwasserhaltende Abdichtungen von Verkehrstunnelbauwerken und anderen Bauwerken mit Doppeldichtungssystemen aus Kunststoff-Dichtungsbahnen; Herausgeber: Deutsche Gesellschaft für Geotechnik e.V. (DGGT); Verlag Ernst & Sohn, Berlin, 1997

Fachliteratur

[C201] Sabi el-Eish, A.: Untersuchung der Möglichkeit zur Nahtprüfung bei einlagigen Kunststoffabdichtungen im Tunnelbau; STUVA-Forschungsbericht 12/79; Köln, 1979

[C202] TAKK-Verlegehinweise Dachbahnen: Orientierungshilfe für Planung und Ausführung über Kunststoff- und Kautschukbahnen für Dachabdichtungen; Herausgeber: TAKK Technischer Arbeitskreis Kunststoff- und Kautschukbahnen e.V., Darmstadt, 1979

[C203] TAKK-Werkstoffblätter Dachbahnen: Zusammenfassende Orientierung über Kunststoff- und Kautschukbahnen für Dachabdichtungen; Herausgeber: TAKK Technischer Arbeitskreis Kunststoff- und Kautschukbahnen e.V., Darmstadt, 1979

[C204] Poyda, F.: Mechanisches Verhalten von PVC-weich-Abdichtungen; Buchreihe „Forschung + Praxis", Bd. 24; Alba-Verlag Düsseldorf, 1980

[C205] Haack, A.: Abdichtungen im Untertagbau; Taschenbuch für den Tunnelbau
Teil 1: 5. Jg. 1981, S. 275–323
Teil 2: 6. Jg. 1982, S. 147–179
Teil 3: 7. Jg. 1983, S. 193–267 Glückauf-Verlag Essen

[C206] Lufsky, K.: Bauwerksabdichtung, 4. Auflage; Teubner Verlag, Stuttgart, 1983

[C207] Haack, A./Poyda, F.: Hinweise und Empfehlungen für die lose Verlegung von Kunststoff- und Elastomerbahnenabdichtungen; STUVA-Forschungsbericht 19/85; Köln, 1985

[C208] TAKK-Fachwörterbuch: Für die Dach- und Bauwerksabdichtung insbesondere unter Verwendung von hochpolymeren Kunststoff- und Kautschukbahnen; Herausgeber: TAKK Technischer Arbeitskreis Kunststoff- und Kautschukbahnen e.V., Darmstadt, 2. Auflage 1985

[C209] Haack, A.: Wasserundichtigkeiten bei unterirdischen Bauwerken – Erforderliche Dichtigkeit, Vertragsfragen, Sanierungsmethoden; Tiefbau-Ingenieurbau-Straßenbau 28 (1986) 5, S. 245–254

[C210] Haack, A.: Gebäudefugen. Voraussetzung für eine funktionsgerechte Abdichtung; Straßen- und Tiefbau 41 (1987) 2, S. 17–20

[C211] Klawa, N./Haack, A.: Tiefbaufugen, Fugen- und Fugenkonstruktionen im Beton- und Stahlbetonbau; Verlag Ernst & Sohn, Berlin, 1990, 452 Seiten

[C212] Haack, A./Emig, K.-F.: Abdichtungen; Grundbau-Taschenbuch, Bd. 2, 6. Auflage; Verlag Ernst & Sohn, Berlin, 2001

[C213] Schlütter, A./Poyda, F.: Carbofol-Doppelabdichtung hält den Saukopftunnel trocken; Straßen- und Tiefbau 45 (1991) 11, S. 14–16

[C214]   DUD-Verlegehinweise Bauwerksabdichtungen; Hinweise für die Planung und Ausführung von Abdichtungen an Ingenieurbauwerken mit Kunststoff- und Kautschukbahnen; 2. Ausgabe 1992; Herausgeber: DUD, Darmstadt

[C215]   Maier, G./Kuhnhenn, K.: Ausführung und Erkenntnisse mit der doppellagigen Abdichtung im Tunnel Gernsbach; Tunnel 15 (1996) 6, S. 31–52

Firmenunterlagen

[C301]   Verlegeanleitung: Problemlösungen für den Tief- und Ingenieurbau, Wasserbau und Umweltschutz; 12/87
Hüls-Troisdorf AG, Kölner Straße 176, D-53840 Troisdorf

[C302]   Verlegeanleitungen für verschiedene Anwendungsbereiche Samafil GmbH, Kapellenstraße 7, D-85622 Feldkirchen

[C303]   Verlegeanleitung und Produktinformationen Sika AG, Tüffenwies 16–22, CH-8048 Zürich, Schweiz

4   Kapitel D: Bauwerksabdichtungen mit Dichtungsschlämmen

Normen

[D1]   DIN 105: Mauerziegel, Vollziegel und Lochziegel

[D2]   DIN 106: Kalksandsteine

[D3]   EN 196: Prüfverfahren für Zement

[D4]   DIN 398: Hüttensteine

[D5]   DIN 1045: Tragwerke aus Beton, Stahlbetonbau und Spannbeton
Teil 1: Bemessung und Konstruktion
Teil 2: Beton Festlegung, Eigenschaften, Herstellung und Konformität
Teil 3: Bauausführung
Teil 4: Ergänzende Regeln für die Herstellung und Konformität von Fertigteilen

[D6]   DIN 1048: Prüfverfahren für Beton
Teil 1: Frischbeton, Festbeton gesondert hergestellter Probekörper
Teil 2: Bestimmung der Druckfestigkeit von Festbeton in Bauwerken und Bauteilen; Allgemeines Verfahren

[D7]   DIN 1053: Mauerwerk

[D8]   DIN 1060: Baukalk

[D9]   DIN 1164: Portland-, Eisenportland-, Hochofen- und Traßzement
Teil 1: Begriffe, Bestandteile, Anforderungen, Lieferung
Teil 2: Überwachung (Güteüberwachung)
Teil 3: Bestimmung der Zusammensetzung
Teil 4: Bestimmung der Mahlfeinheit

	Teil 5:	Bestimmung der Erstarrungszeiten mit dem Nadelgerät
	Teil 6:	Bestimmung der Raumbeständigkeit mit dem Kochversuch
	Teil 7:	Bestimmung der Festigkeit
	Teil 8:	Bestimmung der Hydrationswärme mit dem Lösungskalorimeter
	Teil 100:	Zemente Portlandölschieferzement; Anforderungen, Prüfungen, Überwachung

[D10] DIN 4030: Beurteilung betonangreifender Wässer, Böden und Gase

[D11] DIN 4095: Baugrund; Dränung des Untergrundes zum Schutz von baulichen Anlagen, Planung und Ausführung

[D12] DIN 4165: Porenbeton-Blocksteine und Porenbeton-Plansteine

[D13] DIN 4166: Porenbeton-Bauplatten und Porenbeton-Planbauplatten

[D14] DIN 4227:
Teil 5: Spannbeton; Einpressen von Zementmörtel in Spannkanäle

[D15] DIN ISO 9000: Qualitätssicherung

[D16] DIN 18153: Hohlblocksteine aus Beton

[D17] DIN 18195: Bauwerksabdichtungen
Teil 1: Grundsätze, Definitionen, Zuordnung der Abdichtungsarten
Teil 2: Stoffe
Teil 3: Anforderungen an den Untergrund und Verarbeitung der Stoffe
Teil 4: Abdichtungen gegen Bodenfeuchte (Kapillarwasser, Haftwasser) und nichtstauendes Sickerwasser an Bodenplatten und Wänden, Bemessung und Ausführung
Teil 5: Abdichtungen gegen nichtdrückendes Wasser auf Deckenflächen und in Nassräumen, Bemessung und Ausführung
Teil 6: Abdichtungen gegen von außen drückendes Wasser und aufstauendes Sickerwasser, Bemessung und Ausführung
Teil 7: Abdichtungen gegen von innen drückendes Wasser, Bemessung und Ausführung
Teil 8: Abdichtungen über Bewegungsfugen
Teil 9: Durchdringungen, Übergänge, Abschlüsse
Teil 10: Schutzschichten und Schutzmaßnahmen

[D18] DIN 18299: VOB Verdingungsordnung für Bauleistungen
Teil C: Allgemeine Technische Vertragsbedingungen für Bauleistungen: Allgemeine Regelungen für Bauarbeiten jeder Art

[D19] DIN 18353: VOB-Verdingungsordnung für Bauleistungen – Estricharbeiten

[D20] DIN 18540: Abdichtungen von Außenwandfugen im Hochbau mit Fugendichtungsmassen; Konstruktive Ausbildung der Fugen

[D21] DIN 18550: Putz-Begriffe und Anforderungen

[D22] DIN 18560: Estriche im Bauwesen

Vorschriften, Richtlinien, Merkblätter

Vorbemerkung: Die nachstehend aufgelisteten, vom Bundesministerium für Verkehr, Bau- und Wohnungswesen (BMVBW) eingeführten zusätzlichen Technischen Vertragsbedingungen und Richtlinien (ZTV) werden zurzeit umstrukturiert und künftig (voraussichtlich frühestens ab 2002) in der ZTV-ING als Loseblattsammlung herausgegeben.

[D101] ZTV-SIB 90: Zusätzliche technische Vorschriften und Richtlinien für Schutz und Instandsetzung von Betonbauteilen; Bundesminister für Verkehr, Abt. Straßenbau, Bonn

[D102] ibh Merkblatt: Bauwerksabdichtungen mit zementgebundenen starren und flexiblen Dichtungsschlämmen, 1992; Herausgeber: Industrieverband Bauchemie und Holzschutzmittel e.V.; Eigenverlag, Karlstraße 21, Frankfurt/Main

[D103] Grundsätze für die Prüfung mineralischer Dichtungsschlämmen (DS) Fassung 1982; Institut für Bautechnik, Berlin

[D104] Grundsätze für die Prüfung flexibler mineralischer Dichtungsschlämmen (FS) Fassung 1982; Institut für Bautechnik, Berlin

[D105] Normalien für Abdichtungen Ausgabe 1991; Freie und Hansestadt Hamburg, Baubehörde Hamburg, Tiefbauamt

[D106] ibh-Sachstandsbericht „Verwertung von Verpackungen", Juni 1993; Eigenverlag, Karlstraße 21, D-60329 Frankfurt/Main

[D107] Prüfgrundsätze zur Erteilung von allgemeinen bauaufsichtlichen Prüfzeugnissen für mineralische Dichtungsschlämmen für Bauwerksabdichtungen

[D108] Richtlinie für die Planung und Ausführung von Abdichtungen erdberührter Bauteile mit flexiblen Dichtungsschlämmen; Deutsche Bauchemie e.V., Frankfurt/Main u.a., Januar 1999

[D109] Richtlinie Prüfgrundsätze für die Planung und Ausführung der Abdichtungen von Bauteilen mit mineralischen Dichtungsschlämmen; Deutsche Bauchemie e.V., Frankfurt/Main; Mai 2002

Fachliteratur

[D201] Klopfer, H.: Wassertransport durch Diffusion in Feststoffen; Bauverlag Wiesbaden und Berlin, 1974

[D202] Leers, K.-J.: Prüfung und Beurteilung mineralischer Dichtungsschlämmen für bauaufsichtliche Zulassung; Mitteilungsblatt für amtliche Materialprüfung in Niedersachsen, 22/23, 1982/83

[D203] Guerlin, H.: Gesichtspunkte für das Konstruieren mit Dichtungsschlämmen; Bauphysik 4 (1983)

[D204] Volkwein, A./Petri, R./Springenschmid, R.: Oberflächenschutz von Beton mit flexiblen Dichtungsschlämmen; Betonwerk+Fertigteil-Technik (BFT), 54 (1988) H. 8, S. 30–36; H 9, S. 72–78

[D205] Grube, H./Kind-Barkauskas, F.: Beschichtungen auf Beton; Beton 12 (1991), S. 605–608; Beton-Verlag, Düsseldorf

[D206] Großmann, F.: Betonersatz- und Oberflächenschutzsysteme nach ZTV-SIB 90 – Anforderungen und Gütesicherung; Beton 41 (1991), S. 228–231; Beton-Verlag, Düsseldorf

[D207] Cziesielski, E.: Wassertransport durch Bauteile aus wasserundurchlässigem Beton: Schäden und konstruktive Empfehlungen; in: Erdberührte Bauteile und Gründungen (= Vorträge Aachener Bausachverständigentage 1990); hrsg. von E. Schild und R. Oswald, S. 91–100

[D208] Bogner, H.: Richtig Feuchtigkeitsschäden erkennen und beheben; Compact Verlag, München; 1993

Firmenunterlagen

[D301] Druckschriften zu Ring-Raumdichtungen (Link-Seal):
Siegfried Göhner, D-72116 Mössingen
PSI-GmbH, D-72116 Mössingen
Doyma GmbH & Co., D-28876 Oyten

[D302] Produktinformationen und Werkblätter zu starren und flexiblen Dichtungsschlämmen der Firma Ceresit Henkel Bautechnik GmbH, Postfach 102852, D-40019 Düsseldorf

[D303] Produktinformationen und Werkblätter zu starren und flexiblen Dichtungsschlämmen der Firma Deitermann, Lohrstraße 61, D-45711 Datteln

[D304] Produktinformationen und Werkblätter zu starren und flexiblen Dichtungsschlämmen der Firma MC Bauchemie, Am Kruppwald 7, D-46238 Bottrop

[D305] Produktinformationen und Werkblätter zu starren und flexiblen Dichtungsschlämmen der Firma PCI, Piccardstraße 11, D-86159 Augsburg

[D306] Produktinformationen und Werkblätter zu starren und flexiblen Dichtungsschlämmen der Firma Remmers Chemie, Am Priggenbusch, D-49624 Löningen

[D307] Produktinformationen und Werkblätter zu starren und flexiblen Dichtungsschlämmen der Firma Vandex, Industriestraße 5, D-21493 Schwarzenbek

[D308] Produktinformationen und Werkblätter zu starren und flexiblen Dichtungsschlämmen sowie spritzbaren Dichtmassen der Firma TPH Technische Produkte Handelsgesellschaft mbH, Sportallee 79, D-22335 Hamburg

5 Kapitel E: Spritz- und Spachtelabdichtungen

Normen

[E1]   DIN 1045: Tragwerke aus Beton, Stahlbetonbau und Spannbeton
- Teil 1: Bemessung und Konstruktion
- Teil 2: Beton – Festlegung, Eigenschaften, Herstellung und Konformität
- Teil 3: Bauausführung
- Teil 4: Ergänzende Regeln für die Herstellung und Konformität von Fertigteilen

[E2]   DIN 1053: Mauerwerk

[E3]   DIN 7865: Elastomer-Fugenbänder zur Abdichtung von Fugen in Beton
- Teil 1: Form und Masse
- Teil 2: Werkstoff-Anforderungen und Prüfung

[E4]   DIN 18195: Bauwerksabdichtungen
- Teil 1: Grundsätze, Definitionen, Zuordnung der Abdichtungsarten
- Teil 2: Stoffe
- Teil 3: Anforderungen an den Untergrund und Verarbeitung der Stoffe
- Teil 4: Abdichtungen gegen Bodenfeuchte (Kapillarwasser, Haftwasser) und nichtstauendes Sickerwasser an Bodenplatten und Wänden, Bemessung und Ausführung
- Teil 5: Abdichtungen gegen nichtdrückendes Wasser auf Deckenflächen und in Nassräumen, Bemessung und Ausführung
- Teil 6: Abdichtungen gegen von außen drückendes Wasser und aufstauendes Sickerwasser, Bemessung und Ausführung
- Teil 7: Abdichtungen gegen von innen drückendes Wasser, Bemessung und Ausführung
- Teil 8: Abdichtungen über Bewegungsfugen
- Teil 9: Durchdringungen, Übergänge, Abschlüsse
- Teil 10: Schutzschichten und Schutzmaßnahmen

[E5]   DIN 18541: Fugenbänder aus thermoplastischen Kunststoffen zur Abdichtung von Fugen in Ortbeton
- Teil 1: Begriffe, Formen, Maße
- Teil 2: Anforderungen, Prüfung, Überwachung

[E6]   DIN 18550: Putz-Begriffe und Anforderungen

[E7]   DIN 18560: Estriche im Bauwesen
- Teil 1: Begriffe, Allgemeine Anforderungen, Prüfungen
- Teil 2: Estriche und Heizestriche auf Dämmschichten (schwimmender Estrich)
- Teil 3: Verbundestriche
- Teil 4: Estriche auf Trennschicht
- Teil 5: Hochbeanspruchbare Estriche/Industrieestriche

Vorschriften, Richtlinien, Merkblätter

Vorbemerkung: Die nachstehend aufgelisteten, vom Bundesministerium für Verkehr, Bau- und Wohnungswesen (BMVBW) eingeführten zusätzlichen Technischen Vertragsbedingungen und Richtlinien (ZTV) werden zurzeit umstrukturiert und künftig (voraussichtlich frühestens ab 2002) in der ZTV-ING als Loseblattsammlung herausgegeben.

[E101] Richtlinie für die Planung und Ausführung von Abdichtungen erdberührter Bauteile mit kunststoffmodifizierten Bitumendickbeschichtungen (KMB); 1. Ausgabe, Stand: 06/1997; Deutscher Holz- und Bautenschutzverband e.V., Frankfurt/Main in Zusammenarbeit mit anderen Verbänden; 2. Ausgabe, Stand: 11/2001

[E102] ZTV-BEL-B: Zusätzliche Technische Vertragsbedingungen und Richtlinien für das Herstellen von Brückenbelägen auf Beton; Bundesministerium für Verkehr, Abt. Straßenbau, Bonn
Teil 1: Dichtungsschicht aus einer Bitumenschweißbahn; Ausgabe 1999
Teil 3: Dichtungsschicht aus Flüssigkunststoff; Ausgabe 1995
TL-BEL-EP, Teil 3: Technische Lieferbedingungen für Reaktionsharze für Grundierungen, Versiegelungen und Kratzspachtelungen unter Asphaltbelägen auf Beton
TP-BEL-EP, Teil 3: Technische Prüfvorschriften

[E103] ZTV-SIB 90: Zusätzliche Technische Vertragsbedingungen und Richtlinien für Schutz und Instandsetzung von Betonbauteilen; Ausgabe 1990; Bundesministerium für Verkehr, Abt. Straßenbau, Bonn

[E104] Richtlinie für Schutz und Instandsetzung von Betonbauteilen; Herausgeber: Deutscher Ausschuß für Stahlbeton, Berlin, Beuth-Verlag, 2001
Teil 1: Allgemeine Regeln und Planungsgrundsätze
Teil 2: Bauplanung und Ausführung
Teil 3: Qualitätssicherung der Bauausführung
Teil 4: Lieferbedingungen

Fachliteratur

[E201] Weyer, P.: Bautenschutz mit Flüssigkunststoffen beim Wiederaufbau der Berliner Kongreßhalle; Sonderdruck anläßlich des Deutschen Betontages 1987 vom 23. bis 25. 4. 1987 in Berlin

[E202] Anwendungstechnische Prüfung der aufspritzbaren Abdichtung „Oldopren S 352" im Bereich von Bewegungsfugen; Prüfbericht der STUVA, Köln, Juni 1988

[E203] Gebhardt, R.: Abdichtung von Parkdecks; Das Dachdecker-Handwerk (1990) 20, S. 2–6

[E204] Forschungsbericht über Ermittlung der mechanischen Dauerschwell-Festigkeit von Isolier-Material zwischen Beton und Gleisschotter; Bericht Nr. 14/19 vom 26. 2. 1992; Prüfamt für Bau von Landverkehrswegen (Prof. Dr.-Ing. J. Eisenmann), TU München

[E205] Hoscheid, R./Utsch, R.: Eine neue Lösung für die Abdichtung der Fuge Asphaltbelag – Brückenkappe; Tiefbau Ingenieurbau Straßenbau 35 (1993) 8, S. 548–551

[E206] Utsch, R.: Brückenabdichtung mit Flüssigkunststoffen; Tiefbau Ingenieurbau Straßenbau 35 (1993) 4, S. 218–222

[E207] Krings, J.: Parkdecksanierungen mittels Beschichtungen; Referat zum Seminar „Abdichtung von Tiefgaragen und Parkdecks" der Technischen Akademie Esslingen, Niederlassung Sarnen/Schweiz am 20. 1. 1994

[E208] Haack, A. und Referenten: Bauwerksabdichtungen, Parkhäuser und Parkdecks; Fachtagung Reinartz Asphalt, 10./11. Dezember 1987, Köln, Eigenverlag Reinartz Asphalt GmbH, Aachen

[E209] Kohls, A.: Alter Landtag Düsseldorf, Fundament- und Kellerabdichtung; Bautenschutz, Bausanierung 14 (1991) 7, S. 24–28

[E210] Kohls, A.: Abdichtung von Kellermauerwerk aus großformatigen Kalk-Sandsteinen mit Zweikomponenten-Kunststoff-Bitumenabdichtmassen; Deutsche Bauzeitschrift – DBZ 128 (1994) 3

[E211] Kohls, A.: Abdichtungsdetails – geplant: Abdichtung erdberührter Bauwerke mit kalt verarbeitbaren Kunststoff-/Bitumenabdichtmassen; bauzeitung 48 (1994) 4, S. 50–51

[E212] Kohls, A.: „Schwarze Wanne" für hochwertig genutzte Kellerräume; Baumarkt (1994) 4

[E213] Utsch, R.: Abdichtung von Tunnelbauwerken mit PUR-Flüssigkunststoff-, Straßen- und Tiefbau 48 (1994) 3, S. 6–9

Firmenunterlagen

[E301] Produktunterlagen zur Zweikomponenten-Kunststoff-Bitumenabdichtmasse Superflex-10 der Firma Deitermann, Lohstraße 61, D-45711 Datteln

[E302] Technisches Merkblatt und Prospekt zur Sulfiton-Dickbeschichtung der Firma Remmers-Chemie, D-49624 Löningen; Ausgabe TM 0838-4.84

[E303] Technische Merkblätter der VAT Baustofftechnik GmbH zur EUBIT-Dickbeschichtung, Friedrich-Ebert-Damm 160a, D-22047 Hamburg; Ausgaben TM-CT 4.11 aus 6.90, 4.13 aus 5.92 und 4.15 aus 4.92

[E304] Produktunterlagen zur Baytec-Reaktivbeschichtung der Firma Bayer AG, D-51368 Leverkusen

[E305] Produktinformationen und Datenblätter zur rissüberbrückenden Flüssigkunststoffabdichtung, System BÜFA Oldopren der Firma BÜFA Farben- und Lacke GmbH & Co., Donnerschweerstraße 372, D-26123 Oldenburg

[E306] Produktunterlagen und Datenblätter zur Beschichtung mit Flüssigkunststoffen, System Concretin der Firma Concrete Chemie, Eisenstraße 38, D-65428 Rüsselsheim

[E307] Produktinformation und Datenblätter zum Beschichtungssystem Kemperol der Firma Kemper System GmbH & Co. KG, Holländische Straße 36, D-34246 Vellmar/Kassel

[E308] Produktinformation und Datenblätter zum Beschichtungssystem MC-DUR der Firma MC-Bauchemie Müller GmbH & Co., Am Kruppwald 6–8, D-46238 Bottrop

[E309] Produktinformation und Datenblätter zum Beschichtungssystern VOCATEC der Fa. VOITAC, Rosenstraße 41, D-44575 Castrop-Rauxel

[E310] Produktinformation und Datenblätter zur kunststoffmodifizierten Bitumendickbeschichtung System BITUCOAT der Firma TPH Technische Produkte Handelsgesellschaft mbH, Sportallee 79, D-22335 Hamburg

[E311] Produktinformationen und Werkblätter zur kunstmodifizierten Bitumendickbeschichtung der Firma Vandex, Industriestraße 5, D-21493 Schwarzenbek

6 Kapitel F: Polyethylen-Noppenbahnen und Flächendränsysteme

Normen

[F1] DIN 4095: Baugrund; Dränung des Untergrundes zum Schutz von baulichen Anlagen, Planung und Ausführung

[F2] DIN 18195: Bauwerksabdichtungen
Teil 1: Grundsätze, Definitionen, Zuordnung der Abdichtungsarten
Teil 2: Stoffe
Teil 3: Anforderungen an den Untergrund und Verarbeitung der Stoffe
Teil 4: Abdichtungen gegen Bodenfeuchte (Kapillarwasser, Haftwasser) und nichtstauendes Sickerwasser an Bodenplatten und Wänden, Bemessung und Ausführung
Teil 5: Abdichtungen gegen nichtdrückendes Wasser auf Deckenflächen und in Nassräumen, Bemessung und Ausführung
Teil 6: Abdichtungen gegen von außen drückendes Wasser und aufstauendes Sickerwasser, Bemessung und Ausführung
Teil 7: Abdichtungen gegen von innen drückendes Wasser, Bemessung und Ausführung

Teil 8: Abdichtungen über Bewegungsfugen
Teil 9: Durchdringungen, Übergänge, Abschlüsse
Teil 10: Schutzschichten und Schutzmaßnahmen

Vorschriften, Richtlinien, Merkblätter

[F101] Prüfprogramm für Noppenbahnen: Forschungs- und Materialprüfungsanstalt Baden-Württemberg, Otto-Graf-Institut, Stuttgart

[F102] Zulassungsbescheid des Instituts für Bautechnik, Berlin, Nr. Z-28.3-102 vom 1. 8. 1986: DELTA-MS-Bauwerksabdichtungen; gültig bis 31. 12. 1988

Fachliteratur

[F201] Haack, A./Emig, K.-F.: Abdichtungen; Grundbau-Taschenbuch, Teil 2, 6. Auflage; Verlag Ernst & Sohn, Berlin, 2001

[F202] Emig, K.-F.: Sollbruchfugen: Konstruktiver Bestandteil der Schlitzwandbauweise bei abzudichtenden Baukörpern; Tiefbau-Ingenieurbau-Straßenbau 30 (1988) 7, S. 389–393

[F203] Cziesielski, E.: Wassertransport durch Bauteile aus wasserundurchlässigem Beton: Schäden und konstruktive Empfehlungen; in: Erdberührte Bauteile und Gründungen (=Vorträge Aachener Bausachverständigentage 1990); hrsg. von E. Schild und R. Oswald, S. 91–100

[F204] Herveling, W.: Strukturmatten als Schutz- und Dränschicht im Tunnelbau: Untersuchungsergebnisse und Anwendungsverfahren; Forschung Praxis, Bd. 30, S. 93–96

[F205] Gutachterliche Stellungnahme zu Materialprüfergebnissen am Verbundsystem Mauerwerksabdichtung/Schutz- und Dränagebahn; Nr. W 733, 22. 1. 1992; ibac RWTH Aachen

[F206] Untersuchungsbericht Nr. 3325-21-90: Untersuchung der Bitumen-Dickbeschichtung „PCI-PECIMOR 2S", 9. 1. 1991; TU München, Prüfamt für bituminöse Baustoffe und Kunststoffe

[F207] Prüfbericht Nr. H/D-12/95: Einfluß der Noppenbahn DELTA-MS auf das Setzungsverhalten bei verschiedenen Testböden; FH Münster, Labor für Bodenmechanik, Erd- und Grundbau

Firmenunterlagen

[F301]　DELTA Produkte für Grundmauerschutz, Drainage und Abdichtung, 2001; Herausgeber: E. Dörken AG, D-58313 Herdecke

[F302]　DELTA-Geo-Drain: Schutz- und Dränagesystem für Dickbeschichtungen im Hochbau, 2001; Herausgeber: E. Dörken AG, D-58313 Herdecke

[F303]　Verlegeanleitung und Produktbeschreibung für DELTA-Drain sowie DELTA-Geo-Drain mit bzw. ohne Trennfolie, Ausgabe 3/2000; Herausgeber: E. Dörken AG, D-58313 Herdecke

[F304]　Produktinformationen und Werkblätter der Colbond Geosynthetics GmbH, Kasinostraße 19–21, D-42103 Wuppertal

7　Kapitel G: Wasserundurchlässiger Beton

Normen

[G1]　DIN 1045: Tragwerke aus Beton, Stahlbetonbau und Spannbeton
　　　Teil 1: Bemessung und Konstruktion
　　　Teil 2: Beton Festlegung, Eigenschaften, Herstellung und Konformität
　　　Teil 3: Bauausführung
　　　Teil 4: Ergänzende Regeln für die Herstellung und Konformität von Fertigteilen

[G2]　DIN 1048: Prüfverfahren für Beton
　　　Teil 1: Frischbeton, Festbeton gesondert hergestellter Probekörper
　　　Teil 2: Bestimmung der Druckfestigkeit von Festbeton in Bauwerken und Bauteilen; Allgemeines Verfahren

[G3]　DIN 1084: Überwachung (Güteüberwachung im Beton- und Stahlbetonbau)
　　　Teil 1: Beton II auf Baustellen
　　　Teil 2: Fertigteile
　　　Teil 3: Transportbeton

[G4]　DIN 1164: Portland-, Eisenportland-, Hochofen- und Traßzement
　　　Teil 1:　 Begriffe, Bestandteile, Anforderungen, Lieferung
　　　Teil 2:　 Überwachung (Güteüberwachung)
　　　Teil 3:　 Bestimmung der Zusammensetzung
　　　Teil 4.　 Bestimmung der Mahleinheit
　　　Teil 5:　 Bestimmung der Erstarrungszeiten mit dem Nadelgerät
　　　Teil 6:　 Bestimmung der Raumbeständigkeit mit dem Kochversuch
　　　Teil 7:　 Bestimmung der Festigkeit
　　　Teil 8:　 Bestimmung der Hydrationswärme mit dem Lösungskalorimeter
　　　Teil 100: Zemente Portlandölschieferzement; Anforderungen, Prüfungen, Überwachung

[G5]   DIN 4030: Beurteilung betonangreifender Wässer, Böden und Gase

[G6]   DIN 4095: Baugrund; Dränung des Untergrundes zum Schutz von baulichen Anlagen, Planung und Ausführung

[G7]   DIN 4126: Ortbeton-Schlitzwände; Konstruktion und Ausführung

[G8]   DIN 4226: Zuschlag für Beton; Zuschlag mit dichtem Gefüge; Begriffe, Bezeichnungen, Anforderungen und Überwachung

[G9]   DIN 4235: Verdichten von Beton durch Rütteln
Teil 1: Rüttelgeräte und Rüttelmechanik
Teil 2: Verdichten mit Innenrüttlern
Teil 3: Verdichten bei der Herstellung von Fertigteilen mit Außenrüttlern
Teil 4: Verdichten von Ortbeton mit Schalungsrüttlern
Teil 5: Verdichten mit Oberflächenrüttlern

[G10] DIN 7865: Elastomer-Fugenbänder zur Abdichtung von Fugen in Beton
Teil 1: Form und Masse
Teil 2: Werkstoff-Anforderungen und Prüfung

[G11] DIN 18218: Frischbetondruck auf lotrechte Schalung

[G12] DIN 18299: VOB Verdingungsordnung für Bauleistungen
Teil C: Allgemeine Technische Vertragsbedingungen für Bauleistungen: Allgemeine Regelungen für Bauarbeiten jeder Art

[G13] DIN 18540: Abdichtungen von Außenwandfugen im Hochbau mit Fugendichtungsmassen; Konstruktive Ausbildung der Fugen

[G14] DIN 18541: Fugenbänder aus thermoplastischen Kunststoffen zur Abdichtung von Fugen in Ortbeton
Teil 1: Begriffe, Formen, Masse
Teil 2: Anforderungen, Prüfung, Überwachung

[G15] DIN 18551: Spritzbeton; Herstellung und Güteüberwachung

[G16] DIN 52615: Wärmeschutztechnische Prüfungen, Bestimmung der Wasserdampfdurchlässigkeit von Bau- und Dämmstoffen, Entwurf August 1985

[G17] DIN 18197: Abdichten von Fugen in Beton mit Fugenbändern

[G18] DIN 4093: Baugrund; Einpressen in den Untergrund; Planung, Ausführung, Prüfung

[G19] DIN 18130-1: Bestimmung der Wasserdurchlässigkeitsbeiwerte
Teil 1: Laborversuche

[G20] EN 206-1: Beton – Teil 1: Festlegung, Eigenschaften, Herstellung und Konformität

Vorschriften, Richtlinien, Merkblätter

Vorbemerkung: Die nachstehend aufgelisteten, vom Bundesministerium für Verkehr, Bau- und Wohnungswesen (BMVBW) eingeführten zusätzlichen Technischen Vertragsbedingungen und Richtlinien (ZTV) werden zurzeit umstrukturiert und künftig (voraussichtlich frühestens ab 2002) in der ZTV-ING als Loseblattsammlung herausgegeben.

[G101]   ZTV-K: Zusätzliche technische Vertragsbedingungen für Kunstbauten, Ausgabe 1988; Bundesminister für Verkehr, Bonn/Deutsche Bundesbahn

[G102]   ZTV-SIB 90: Zusätzliche technische Vorschriften und Richtlinien für Schutz und Instandsetzung von Betonbauteilen; Bundesminister für Verkehr, Abt. Straßenbau, Bonn

[G103]   TP-BE-PC: Technische Prüfvorschriften TL-BE-PC: Technische Lieferbedingungen für Betonersatzsysteme aus Reaktionsmörtel mit Reaktionsharzbeton (PC); 1987; Bundesminister für Verkehr, Abt. Straßenbau, Bonn

[G104]   TP-BE-PCC: Technische Prüfvorschriften TL-BE-PCC: Technische Lieferbedingungen für Betonersatzsysteme aus Zementmörtel/Beton mit Kunststoffzusatz (PCC); 1987; Bundesminister für Verkehr, Abt. Straßenbau, Bonn

[G105]   ZTV-RISS 93: Zusätzliche Technische Vertragsbedingungen und Richtlinien für das Füllen von Rissen in Betonbauteilen; Bundesminister für Verkehr, Abt. Straßenbau, Bonn; Deutsche Bundesbahn

[G106]   Ril 835.9101: Geschäftsrichtlinie: Ingenieurbauwerke abdichten: Hinweise für die Abdichtung von Ingenieurbauwerken (AIB); Fassung vom 1. 1. 1997; Deutsche Bahn AG

[G107]   Zement-Merkblatt Nr. 14: Wasserundurchlässiger Beton; Bundesverband der Deutschen Zementindustrie e.V., Köln, Nr. 14, BBL/VO 10.87/20; Betonverlag

[G108]   Zement-Merkblatt Nr. 17: Arbeitsfugen; Bundesverband der Deutschen Zementindustrie e.V., Köln, Nr. 17, BBH/LO 12.88/20; Betonverlag

[G109]   Normalien für Abdichtungen Ausgabe 1991; Freie und Hansestadt Hamburg, Baubehörde Hamburg, Tiefbauamt

[G110]   Richtlinie zur Nachbehandlung von Beton Deutscher Ausschuss für Stahlbeton, DAfStb, Berlin

[G111]   Vorläufige Richtlinie für Beton mit verlängerter Verarbeitbarkeit (Verzögerter Beton) Eignungsprüfung, Herstellung, Verarbeitung und Nachbehandlung (Deutscher Ausschuss für Stahlbeton, DAfStb, Berlin)

[G112]   Merkblatt Betondeckung Sicherung der Betondeckung beim Entwerfen, Herstellen und Einbauen der Bewehrung sowie des Betons; Herausgeber: Deutscher Beton-Verein u. Fachvereinigung Deutscher Betonfertigteilbau, März 1991; Abdruck in: Beton 42 (1992) 5, S. 270–273

[G113] Richtzeichnungen und Richtlinien für Brücken und andere Ingenieurbauwerke; Herausgeber: Bundesministerium für Verkehr, Bonn, Abteilung Straßenbau (werden laufend fortgeschrieben)

[G114] Merkblatt: Verpreßte Injektionsschläuche für Arbeitsfugen; Herausgeber: Deutscher Beton-Verein e.V., Juni 1996, Eigenverlag

[G115] Abdichtung Ingenieurbauwerke (AIB), Ril 835.9201: Hinweise für die Planung und Durchführung von Vergelungsmaßnahmen bei der Deutschen Bahn AG, Oktober 1999 und folgende Ausgaben

[G116] WTA-Merkblatt 4-6-98-D „Nachträgliches Abdichten erdberührter Bauteile", Wissenschaftlich-Technische Arbeitsgemeinschaft für Bauwerkserhaltung und Denkmalpflege e.V., Zürich; Januar 1998

[G117] KTW-Empfehlungen zur Prüfung und Beurteilung von Kunststoffen und anderen nichtmetallischen Werkstoffen für den Trinkwasserbereich; Bundesgesundheitsblatt 20 (1977), S. 10ff, 124ff.

[G118] Richtlinie für Schutz und Instandsetzung von Betonbauteilen
Teil 1: Allgemeine Regelungen und Planungsgrundsätze
Teil 2: Bauplanung und Bauausführung; Deutscher Ausschuss für Stahlbeton (DAfStb), Berlin, Ausgabe 1990, Neubearbeitung 2001

[G119] Richtlinie Wasserundurchlässige Bauwerke aus Beton; Entwurf Oktober 2001; Deutscher Ausschuss für Stahlbeton (DAfStb), Berlin

[G120] DBV-Merkblatt Fugenausbildung für ausgewählte Baukörper aus Beton; Herausgeber: Deutscher Beton- und Bautechnik-Verein e.V., Berlin; April 2001

[G121] DBV-Merkblatt Betonieren im Winter; Herausgeber: Deutscher Beton- und Bautechnik-Verein e.V., Berlin; August 1999

[G122] DBV-Merkblatt Hochdruckwasserstrahltechnik im Betonbau; Herausgeber: Deutscher Beton- und Bautechnik-Verein e.V., Berlin; Juni 1999

Fachliteratur

[G201] Girnau, G./Klawa, N.: Fugen und Fugenbänder; Buchreihe „Forschung + Praxis", Bd. 13; Alba-Verlag, Düsseldorf, 1972

[G202] Klopfer, H.: Wassertransport durch Diffusion in Feststoffen; Bauverlag Wiesbaden und Berlin, 1974

[G203] Girnau, G./Klawa, N.: Neue Fugenbänder; Buchreihe „Forschung+Praxis", Bd. 18; Alba-Verlag, Düsseldorf, 1975

[G204] Engelfried, R.: Carbonatisation von Beton und ihre Beeinflussung durch Beschichtungen; defazet 31 (1977) 9

[G205] Lohmeyer, G.: Die Weiße Wanne – Keller aus wasserundurchlässigem Beton, Bauwirtschaft, Heft 29; Bauverlag GmbH, Wiesbaden, 1981

[G206] Tredopp, R./Rückel, H.: Tiefgarage Rheingarten in Köln – außergewöhnliche Gründung mit Auftriebssicherung; Beton 31 (1981) 5, S. 159–166

[G207] Grube, H.: Wasserundurchlässige Bauwerke aus Beton; Buchreihe „Bauphysik für die Baupraxis"; Otto Elsner Verlagsgesellschaft, Darmstadt, 1982

[G208] Haack, A.: Bauwerksabdichtung – Hinweise für Konstrukteure, Architekten und Bauleiter; Bauingenieur 57 (1982) 11, S. 407–412

[G209] Vinkeloe, R./Wolff, R.: Zwei „Weiße Wannen" in Düsseldorf; Beton-Informationen (1982) 6, S. 60–71

[G210] Skarda, B. C.: Wasserdichter Sichtbeton – Erfahrungsbericht in Stichworten; Beton 33 (1983) 2, S. 69–70

[G211] Brandt, J./Lohmeyer, G./Wolf, H.: Keller richtig gebaut; Bundesverband der Deutschen Zementindustrie e.V., Köln, Beton-Verlag, 1984; 2. überarbeitete Auflage 1990; 3. überarbeitete Auflage 1997

[G212] Lohmeyer, G.: Anforderungen an die Konstruktion von Parkdecks aus wasserundurchlässigem Beton; Vortrag anläßlich der Aachener Bausachverständigentage 1986; veröffentlicht beim Bauverlag, Wiesbaden, S. 63–70 und 134–140

[G213] Volkwein, A.: Anstriche als Korrosionsschutz der Bewehrung bei Sanierungen? 2. Int. Kolloquium Werkstoffwissenschaften und Bausanierung, Technische Akademie Esslingen, Sept. 1986; Herausgeber: F. Wittmann

[G214] Schubert, L.: Zu einigen Problemen bei der Projektierung von Konstruktionen aus wasserundurchlässigem Beton; Bauzeitung (DDR) 40 (1986) 6, S. 259–263

[G215] Luley, H./Kampen, R./Kind-Barkauskas, F./Klose, N./Melcher, H./Preis, W.: Instandsetzen von Stahlbetonoberflächen; Bundesverband der Deutschen Zementindustrie e.V., Köln, Beton-Verlag, 1986

[G216] Volkwein, A./Dorner, H.: Untersuchungen zur Chloridkorrosion der Bewehrung von Autobahnbrücken aus Stahl- oder Spannbeton; Forschung Straßenbau und Straßenverkehrstechnik, Bundesminister für Verkehr, Heft 460, 1986

[G217] Krieger, R.: Güteüberwachung nach Norm – Gedanken zur Qualitätssicherung; Beton 37 (1987), Heft 10, S. 397–400, Beton-Verlag, Düsseldorf

[G218] Volkwein, A.: Schutzschichten; Berichtsband der Fachtagung „Langzeitverhalten und Instandsetzen von Ingenieurbauwerken aus Beton", 10./11. 3. 1987, Baustoffinstitut TU München; Herausgeber: R. Springenschmid

[G219] Haack, A.: Gebäudefugen: Voraussetzungen für eine funktionsgerechte Abdichtung; Straßen- und Tiefbau 41 (1987) 2, S. 17–20

[G220] Kampen, R.: Dauerhaftigkeit und Instandsetzen von Stahlbeton; Straßen- und Tiefbau, Heft 7/8, 1988

[G221]   Simons, H. J.: Konstruktive Gesichtspunkte beim Entwurf „Weißer Wannen"; Der Bauingenieur 63 (1988) 9, S. 429–437

[G222]   Wilmes, K./Dahmen, G./Lamers, R./Oswald, R./Schnapauff, V.: Kosten-Nutzen-Optimierung in der Bauteilabdichtung, Forschungsbericht im Auftrag des Bundesministers für Raumordnung, Bauwesen und Städtebau; Auftragnehmer: AIBau – Aachener Institut für Bauschadensforschung und angewandte Bauphysik, Gemeinnützige GmbH, 1988

[G223]   Bayer, E./Kampen, R./Moritz, H.: Beton-Praxis; Bundesverband der Deutschen Zementindustrie e.V., Köln, 3. Auflage, Beton-Verlag, 1989

[G224]   Klawa, N./Haack, A.: Tiefbaufugen: Fugen- und Fugenkonstruktionen im Beton- und Stahlbetonbau; Herausgeber: Hauptverband der Deutschen Bauindustrie und STUVA; Verlag Ernst & Sohn, Berlin, 1990

[G225]   Grube, H./Kind-Barkauskas, F.: Beschichtungen auf Beton; Beton 12 (1991), S. 605–608; Beton-Verlag, Düsseldorf

[G226]   Großmann, F.: Betonersatz- und Oberflächenschutzsysteme nach ZTV-SIB 90 – Anforderungen und Gütesicherung; Beton 41 (1991), S. 228–231; Beton-Verlag, Düsseldorf

[G227]   Drinkgem, G.: Sorgen um B I-Beton Qualitätssicherung gemäß DIN 1045; Beton 41 (1991), Heft 3, S. 128–130

[G228]   Ebeling, K./Klose, N.: Beton, Herstellung nach Europäischer Norm; Herausgeber: Bundesverband der Deutschen Zementindustrie, Köln; Bauberatung Zement, Beton-Verlag Düsseldorf, 1992

[G229]   Cziesielski, E.: Wassertransport durch Bauteile aus wasserundurchlässigem Beton: Schäden und konstruktive Empfehlungen, in: Erdberührte Bauteile und Gründungen (=Vorträge Aachener Bausachverständigentage 1990); hrsg. von E. Schild und R. Oswald, S. 91–100

[G230]   Wisslicen, H./Hillemeier, B.: Zu den Arbeits- und Scheinfugen in wasserundurchlässigen Stahlbeton-Konstruktionen; Beton- und Stahlbetonbau 85 (1990) 6, S. 141–147

[G231]   Cziesielski, E./Friedmann, M.: Gründungsbauwerke aus wasserundurchlässigem Beton; Bautechnik 62 (1985) 4, S.113–123

[G232]   Falkner, H.: Fugenlose und wasserundurchlässige Stahlbetonbauten ohne zusätzliche Abdichtung; Vorträge auf dem Deutschen Betontag 1983; Herausgeber: Deutscher Betonverein, 1984, S. 548–573

[G233]   Haack, A.: Wasserundichtigkeiten bei unterirdischen Bauwerken Erforderliche Dichtigkeit, Vertragsfragen, Sanierungsmethoden; Tiefbau-Ingenieurbau-Straßenbau 28 (1986) 5, S. 245–254

[G234] Bayer, E. u. a.: Parkhäuser – aber richtig; Ein Leitfaden für Bauherren, Architekten und Ingenieure; Herausgeber: Bundesverband der Dt. Zementindustrie, Köln, Betonverlag, Düsseldorf, 1993

[G235] Haack, A.: Wasserdichte Ausbildung von Dehn- und Arbeitsfugen in Konstruktionen aus WU-Beton; Bauingenieur 73 (1998) 5, S. 221–227

[G236] Lüken, J.: Nachträgliche Abdichtung von Bauwerken mit Injektionsverfahren; Vortrag zu den Nordischen Bausachverständigen-Tagen, 6. 10. 1999, Wismar

[G237] Moosbauer, H.: Schwarze Wannen – Weiße Wannen – Braue Wannen: Abdichtung von Bauwerken gegen Wasserbelastungen; Tiefbau, Ingenieurbau, Straßenbau 42 (2000) 4, S. 221–227

[G238] Brusc, G.: Verpresste Injektionsschläuche für Arbeitsfugen im Betonbau; Tiefbau, Ingenieurbau, Straßenbau 39 (1997) 6, S. 39–45

[G239] Idel, K. H.: Injektionsverfahren, Grundbau-Taschenbuch, Teil 2, 5. Auflage, 1996; Verlag Ernst & Sohn, Berlin, S. 55ff

[G240] Hornig, U./Rudolph, M.: Fließvorgänge von Hydrogelen; SMWK Projekt 7533-70-846-98/3, Abschlussbericht, Juni 2001

[G241] Rudolph, M./Hornig, U./Hegemann, K./Jüling, J.: Zwischenbericht zum Forschungsvorhaben: Prüfmethoden für Gelschleierdichtungen; MFPA Leipzig, Februar 2000

[G242] Dörfler, H.-D.: Grenzflächen- und Kolloidchemie; VCH Verlagsgesellschaft mbH, Weinheim 1994

[G243] Anthes, F./Barrow, U./de Hesselle, J.: Acrylatgelsicherung des Bodens zur Reparatur eines Maschinenschadens; Tunnel 17 (1998) 6, S. 17–23

[G244] Fix, W./de Hesselle, J./Düttmann, M.: Bauwerksabdichtungen mit Gelschleiern; Bautenschutz+Bausanierung 17 (1994) 1, S. 45–47

[G245] Rudolph, M./Hornig, U.: Experimentelle Untersuchungen zur Ausbreitung des Gelschleiers im Baugrund; LACER No. 4, 1999, Universität Leipzig

[G246] Graeve, H.: Abdichtende Injektionen – Kennwerte zur Materialauswahl; Das Bauzentrum 44 (1996) 7, S. 178–182

[G247] de Hesselle, J.: Erfahrungen über Bauwerksabdichtungen mittels Acrylat-Vergelung; IBK – Bau – Fachtagung 245, 15./16. September 1999, S. 6/1–6/4

[G248] Hornig, U./Rudolph, M.: Schleierhaft?; Bautenschutz+Bausanierung 23 (2000) 3, S. 38–43

[G249] Hoeck, T.: Abdichten einer Unterführung durch Vergelungsinjektion; Bautenschutz + Bausanierung 20 (1997) 3, S. 32–37

[G250] Meinzinger, M.: Neue Grundlagen für die Bauerhaltung von Eisenbahnbrücken und sonstigen Ingenieurbauwerken durch Vergelungstechnologie; Bauingenieur 75 (2000) 6, S. 261–268

[G251] Karl, W./ Schössner, H.: Anforderungen an Injektionsmittel zur Bodenverfestigung und -abdichtung; Bautenschutz+Bausanierung 18 (1995) 4, S. 54–56

[G252] Meseck, H.: Vergelungsmaßnahmen im Ingenieurbau, Planung und Ausschreibung bei schadhaften Abdichtungen; Der Eisenbahningenieur 48 (1997) 4, S. 36–44

[G253] Niel-Egid, M. M. G.: Instandsetzen von Mauerwerk; WTA-Schriftenreihe 6/95

[G254] Gross, H.-J./Wack, H.: „Selbstheilendes" Dichtungssystem, Hydrophile Gele vereinfachen durch innovative Konzepte den Kanalbau, Sonderheft Wasser, Luft, Boden 43 (1999), S. 34–368

[G255] Greim, U.: Betrieb eines industriellen Abwassernetzes – Dichtheitsüberprüfungen, Muffenverpressungen, Kanalroboterarbeiten, Dokumentation; Schriftenreihe aus dem Institut für Rohrleitungsbau an der Fachhochschule Oldenburg, 10/96, S. 243–256

[G256] Stein, D./Lühr, H. P./Grunder, H. Th./von Gersum, F.: Entwicklung und Erprobung umweltfreundlicher Injektionsmittel und -verfahren zur Behebung örtlich begrenzter Schäden und Undichtigkeiten in Kanalisationen unter Berücksichtigung des Gewässerschutzes; Forschungsbericht 92-102-04 504 i. A. des Umweltbundesamtes, Mai 1992

[G257] Kabrede, H.-A.: Injizieren, Verpressen und Verfüllen von Beton und Mauerwerk; expert verlag, Renningen-Malmsheim, 2001

[G258] Beddoe, R./Springenschmid, R.: Feuchtetransport durch Bauteile aus Beton; Beton- und Stahlbetonbau 94 (1999) 4, S. 158–166

[G259] Eifert, H./Beddoe, R./ Springenschmid, R.: Feuchtetransport in WU-Bauteilen unter baupraktischen Bedingungen; beton 52 (2002) 2, S. 80–81

Firmenunterlagen

[G301] Druckschriften zu Ring-Raumdichtungen (Link-Seal):
Siegfried Göhner, D-72116 Mössingen
PSI-GmbH, D-72116 Mössingen
Doyma GmbH & Co, D-28876 Oyten

[G302] Der Profi für alle Rohrdurchführungen; Eigenverlag Walter Müller & Co., Postfach 1725, D-22807 Norderstedt

[G303] Produktinformationen und Werkblätter zu Kabel- und Rohrdurchführungen System Hauff-Technik, Postfach 1154, D-89538 Herbrechtingen

[G304] Produktinformationen zu Kabel- und Rohrdurchdringungen der Firma Doyma, Industriestraße 43–45, D-28876 Oyten

[G305] Produktinformationen zu quellfähigen Profilbändern der Firma TPH Technische Produkte Handelsgesellschaft mbH, Sportallee 79, D-22335 Hamburg

[G306] Produktinformationen zu Dichtungsprodukten auf Bentonitbasis und zu Injektionsschläuchen einschließlich der Verpreßmaterialien der Firma Tricosal GmbH, Niederlassung Willich, Hans-Böckler-Straße 22, D-47877 Willich

[G307] Produktinformationen zu VOLCLAY®-Dichtungsmaterialien der Firma Stallbaum GmbH Bauelemente und Bausysteme, Glüsinger Straße 92B, D-21217 Seevetal 2

[G308] „Verarbeitungsrichtlinien für das VOLCLAY®-Abdichtungssystem"; überarbeitete Auflage Januar 1987 der Firma Tricosal GmbH, Niederlassung Willich, Hans-Böckler-Straße 22, D-47877 Willich

[G309] Produktinformation „Dichte Bauwerke", 1/1999 der Firma Con.tec, Südstraße 3, D-32457 Porta Westfalica

[G310] Firmenprospekt TPH Hamburg Injektionspumpe

[G311] Firmenprospekt Desoi Injektionstechnik und Zubehör

[G312] Firmenprospekt Ingenieurbüro für Bauwerkserhaltung IBE, Hennef

[G313] Firmenunterlage Beton- und Monierbau, Niederlassung Kamen

8 Kapitel H: Begeh- und befahrbare Nutzbeläge

Normen

[H1] DIN 482: Bordsteine aus Naturstein

[H2] DIN 483: Bordsteine aus Beton

[H3] DIN 485: Gehwegplatten aus Beton

[H4] DIN 1045: Tragwerke aus Beton, Stahlbetonbau und Spannbeton
Teil 1: Bemessung und Konstruktion
Teil 2: Beton – Festlegung, Eigenschaften, Herstellung und Konformität
Teil 3: Bauausführung
Teil 4: Ergänzende Regeln für die Herstellung und Konformität von Fertigteilen

[H5] DIN 1075: Betonbrücken; Bemessung und Ausführung

[H6] DIN 1986: Entwässerungsanlagen für Gebäude und Grundstücke

[H7] DIN 1995: Bitumen und Steinkohlenteerpech, Anforderungen an die Bindemittel (Teil 1: Straßenbaubitumen ist seit Januar 2000 ersetzt durch DIN EN 12591; siehe [H27])

[H8] DIN 1996: Prüfung von Asphalt
Teil 1: Allgemeines
Teil 2: Probenahme
Teil 3: Vorbereitung der Proben

Teil 4: Herstellung von Probekörpern
Teil 5: Bestimmung des Wassergehaltes
Teil 6: Bestimmung des Bindemittelgehaltes
Teil 7: Bestimmung von Rohdichte, Raumdichte, Hohlraumgehalt und Verdichtungsgrad
Teil 8: Bestimmung von Wasseraufnahme
Teil 9: Quellversuch
Teil 10: Prüfung von Mischgut auf Verhalten bei Lagerung im Wasser
Teil 11: Bestimmung der Marshall-Stabilität und des Marshall-Fließwertes
Teil 12: Druckversuch
Teil 13: Eindringversuch mit ebenem Stempel
Teil 14: Bestimmung der Korngrößenverteilung
Teil 15: Bestimmung des Erweichungspunktes nach Wilhelmi
Teil 16: Bestimmung der Entmischungsneigung
Teil 17: Bestimmung der Formbeständigkeit in der Wärme
Teil 18: Kugelversuch nach Hermann
Teil 19: Fugenmodell nach Rabe (Dehnbarkeit und Haltungsvermögen)
Teil 20: Herstellung von Mischgut im Laboratorium, Walzasphalt-Mischgut

[H9] DIN 4226:
Teil 1: Zuschlag für Beton; Prüfung von Zuschlag mit dichtem Gefüge; Begriffe, Bezeichnung und Anforderung

[H10] DIN 18158: Bodenklinkerplatten

[H11] DIN 18164: Schaumkunststoffe als Dämmstoffe für das Bauwesen; Dämmstoffe für die Wärmedämmung

[H12] DIN 18195: Bauwerksabdichtungen
Teil 1: Grundsätze, Definitionen, Zuordnung der Abdichtungsarten
Teil 2: Stoffe
Teil 3: Anforderungen an den Untergrund und Verarbeitung der Stoffe
Teil 4: Abdichtungen gegen Bodenfeuchte (Kapillarwasser, Haftwasser) und nichtstauendes Sickerwasser an Bodenplatten und Wänden, Bemessung und Ausführung
Teil 5: Abdichtungen gegen nichtdrückendes Wasser auf Deckenflächen und in Nassräumen, Bemessung und Ausführung
Teil 6: Abdichtungen gegen von außen drückendes Wasser und aufstauendes Sickerwasser, Bemessung und Ausführung
Teil 7: Abdichtungen gegen von innen drückendes Wasser, Bemessung und Ausführung
Teil 8: Abdichtungen über Bewegungsfugen
Teil 9: Durchdringungen, Übergänge, Abschlüsse
Teil 10: Schutzschichten und Schutzmaßnahmen

[H13] DIN 18317: Verkehrswegebauarbeiten – Oberbauschichten aus Asphalt; VOB, Teil C: ATV

[H14] DIN 18318: Verkehrswegebauarbeiten – Pflasterdecken, Plattenbeläge, Einfassungen; VOB, Teil C: ATV

[H15]	DIN 18354: Gussasphaltarbeiten; VOB, Teil C: Allgemeine Technische Vorschriften für Bauleistungen
[H16]	DIN 18460: Regenfallleitungen außerhalb von Gebäuden und Dachrinnen; Begriffe, Bemessungsgrundlagen
[H17]	DIN 18500: Betonwerkstein; Anforderungen, Prüfung, Überwachung
[H18]	DIN 18501: Pflastersteine aus Beton
[H19]	DIN EN 1342: Pflastersteine aus Naturstein für Außenbereiche – Anforderungen und Prüfverfahren; Deutsche Fassung EN 1342:2000
[H20]	DIN 18503: Pflasterklinker – Anforderungen, Prüfung, Überwachung
[H21]	DIN 18560: Estriche im Bauwesen Teil 1: Begriffe, Allgemeine Anforderungen, Prüfungen Teil 2: Estriche und Heizestriche auf Dämmschichten (schwimmender Estrich) Teil 3: Verbundestriche Teil 4: Estriche auf Trennschicht Teil 7: Hochbeanspruchbare Estriche/Industrieestriche
[H22]	DIN 19580: Entwässerungsrinnen für Niederschlagswasser zum Einbau in Verkehrsflächen – Klassifizierung, Baugrundsätze, Kennzeichnung, Prüfung und Überwachung
[H23]	DIN 19599: Abläufe und Abdeckungen in Gebäuden, Klassifizierung, Bau und Prüfgrundsätze, Kennzeichnung
[H24]	DIN EN 1426: Bitumen und bitumenhaltige Bindemittel, Bestimmung der Nadelpenetration (Dez. 1999)
[H25]	DIN EN 1427: Bitumen und bitumenhaltige Bindemittel, Bestimmung des Erweichungspunktes, Ring- und Kugel-Verfahren (Dez. 1999)
[H26]	DIN EN 12593: Bitumen und bitumenhaltige Bindemittel, Bestimmung des Brechpunktes nach Fraaß (April 2000)
[H27]	DIN EN 12591: Bitumen und bitumenhaltige Bindemittel, Anforderungen an Straßenbaubitumen (Nov. 1999)
[H28]	DIN EN 12597: Bitumen und bitumenhaltige Bindemittel, Terminologie (Jan. 2001)
[H29]	DIN EN 1341: Platten aus Naturstein für Außenbereiche Anforderungen und Prüfverfahren; Deutsche Fassung EN 1341:2000
[H30]	DIN EN 1343: Bordsteine aus Naturstein für Außenbereiche – Anforderungen und Prüfverfahren; Deutsche Fassung EN 1343:2000
[H31]	DIN 18316: Verkehrswegebauarbeiten – Oberbauschichten mit hydraulischen Bindemitteln; VOB, Teil C: ATV

Vorschriften, Richtlinien, Merkblätter

Vorbemerkung: Die nachstehend aufgelisteten, vom Bundesministerium für Verkehr, Bau- und Wohnungswesen (BMVBW) eingeführten Zusätzlichen Technischen Vertragsbedingungen und Richtlinien (ZTV) werden zurzeit umstrukturiert und künftig (voraussichtlich frühestens ab 2002) in der ZTV-ING als Loseblattsammlung herausgegeben.

[H101]   Begriffsbestimmungen: Teil: Straßenbautechnik, Ausgabe 1990; Forschungsgesellschaft für Straßen- und Verkehrswesen, Köln

[H102]   Merkblatt über die mechanischen Eigenschaften von Asphalt, Ausgabe 1985; Forschungsgesellschaft für Straßen- und Verkehrswesen, Arbeitsgruppe „Asphaltstraßen"

[H103]   Technische Lieferbedingungen für gebrauchsfertige polymermodifizierte Bitumen (TL-PmB), Ausgabe 2001; Forschungsgesellschaft für Straßen- und Verkehrswesen, Arbeitsgruppe „Asphaltstraßen"

[H104]   Technische Lieferbedingungen für Mineralstoffe im Straßenbau, TL Min-StB 2000, Ausgabe 2000; Forschungsgesellschaft für Straßen- und Verkehrswesen, Arbeitsgruppe „Mineralstoffe im Straßenbau"

[H105]   Richtlinien für die Güteüberwachung von Mineralstoffen im Straßenbau, RG Min-StB 93, Ausgabe 1993/2000; Forschungsgesellschaft für Straßen- und Verkehrswesen, Arbeitsgruppe „Mineralstoffe im Straßenbau"

[H106]   Technische Prüfvorschriften für Mineralstoffe im Straßenbau, TP Min-StB, Ausgabe 1999; Forschungsgesellschaft für Straßen- und Verkehrswesen, Arbeitsgruppe „Mineralstoffe im Straßenbau"

[H107]   ZTV-BEL-B
   Teil 1: Zusätzliche Technische Vertragsbedingungen und Richtlinien für das Herstellen von Brückenbelägen auf Beton, Teil 1: Dichtungsschicht aus einer Bitumen-Schweißbahn, ZTV-BEL-B-Teil 1, Ausgabe 1999; Forschungsgesellschaft für Straßen- und Verkehrswesen, Arbeitsgruppe „Asphaltstraßen"
   Teil 2: Vorläufige Zusätzliche Technische Vorschriften und Richtlinien für die Herstellung von Brückenbelägen auf Beton, Teil 2: Dichtungsschicht aus zweilagig aufgebrachten Bitumendichtungsbahnen, ZTV-BEL-B 2/87, Ausgabe 1987; Bund/Länder-Fachausschuss Brücken- und Ingenieurbau/Forschungsgesellschaft für Straßen- und Verkehrswesen
   Teil 3: Zusätzliche Technische Vertragsbedingungen und Richtlinien für das Herstellen von Brückenbelägen auf Beton, Teil 3: Dichtungsschicht aus Flüssigkunststoff, ZTV-BEL-B-Teil 3, Ausgabe 1995; Bund/Länder-Fachausschuss Brücken- und Ingenieurbau

[H108]   Zusätzliche Technische Vertragsbedingungen und Richtlinien für die Herstellung von Brückenbelägen auf Stahl, Ausgabe 1992/1995, ZTV-BEL-ST 92, Forschungsgesellschaft für Straßen- und Verkehrswesen

[H109] Zusätzliche Technische Vertragsbedingungen und Richtlinien für den Bau von Fahrbahndecken aus Asphalt, ZTV-Asphalt-StB 01, Ausgabe 2001; Forschungsgesellschaft für Straßen- und Verkehrswesen, Arbeitsgruppe „Asphaltstraßen"

[H110] Zusätzliche Technische Vertragsbedingungen und Richtlinien für den Bau von Pflasterdecken und Plattenbelägen, ZTV-P-StB 2000; Forschungsgesellschaft für Straßen- und Verkehrswesen

[H111] Zusätzliche Technische Vertragsbedingungen und Richtlinien für Fugenfüllungen in Verkehrsflächen, ZTV-Fug-StB 01

[H113] Technische Lieferbedingungen für weiße Markierungsmaterialien, Ausgabe 1997, TL-M 97; Der Bundesminister für Verkehr, Abteilung Straßenbau

[H114] Allgemeines Rundschreiben Straßenbau Nr. 10/87; betrifft: Bituminöse Brückenbeläge auf Beton; Der Bundesminister für Verkehr, Bonn

[H115] Technische Lieferbedingungen für bituminöse Fugenvergussmassen, TLbit Fug 82, Ausgabe 1982; Forschungsgesellschaft für Straßen- und Verkehrswesen, Arbeitsgruppe „Asphalt- und Teerstraßen" (in Überarbeitung)

[H116] Federal Specification SS-S-1401 C sealant, joint, non-jet-fuel-resistant, hot applied, for Portland Cement and Asphalt Concrete Pavements (zitiert aus [H108])

[H117] Merkblatt für die Fugenfüllung in Verkehrsflächen aus Beton, Ausgabe 1982; Forschungsgesellschaft für Straßen- und Verkehrswesen, Arbeitsgruppe „Betonstraßen"

[H118] Zusätzliche Technische Vertragsbedingungen und Richtlinien für die Herstellung von Fahrbahnübergängen aus Asphalt in Belägen auf Brücken und anderen Ingenieurbauwerken aus Beton, ZTV-BEL-FÜ, Ausgabe 1998 Technische Lieferbedingungen für Baustoffe zur Herstellung von Fahrbahnübergängen aus Asphalt, TL-BEL-FÜ, Ausgabe 1998 Technische Prüfvorschriften für Fahrbahnübergänge aus Asphalt, TP-BEL-FÜ, Ausgabe 1998 Forschungsgesellschaft für Straßen- und Verkehrswesen, Arbeitsgruppe „Asphaltstraßen"

[H119] Merkblatt für Schichtenverbund, Nähte, Anschlüsse und Randausbildung von Verkehrsflächen aus Asphalt, MSNAR, Ausgabe 1998; Forschungsgesellschaft für Straßen- und Verkehrswesen, Arbeitsgruppe „Asphaltstraßen"

[H120] ZTV-SIB 90: Zusätzliche technische Vorschriften und Richtlinien für Schutz und Instandsetzung von Betonbauteilen; Bundesminister für Verkehr, Abt. Straßenbau, Bonn

[H121] ZTV-RISS 93: Zusätzliche Technische Vertragsbedingungen und Richtlinien für das Füllen von Rissen in Betonbauteilen; Bundesminister für Verkehr, Abt. Straßenbau, Bonn; Deutsche Bundesbahn

[H122] Richtlinie zur Nachbehandlung von Beton: Deutscher Ausschuß für Stahlbeton (DAfStb), 1984; Beuth-Verlag, Berlin; entfällt mit Neuerscheinen der DIN 1045 (2001)

[H124]   Merkblatt Betondeckung Sicherung der Betondeckung beim Entwerfen, Herstellen und Einbauen der Bewehrung sowie des Betons; Herausgeber: Deutscher Beton-Verein u. Fachvereinigung Deutscher Betonfertigteilbau, März 1991; Abdruck in: Beton 42 (1992) 5, S. 270–273

[H125]   Richtlinien für die Standardisierung des Oberhaus von Verkehrsflächen – RStO 86; Ausgabe 1986, ergänzte Fassung 1989; Neuausgabe 2001

[H126]   Merkblatt über den Rutschwiderstand von Pflaster und Plattenbelägen für den Fußgängerverkehr; Forschungsgesellschaft für Straßen- und Verkehrswesen e.V., Köln, 1997

[H127]   Merkblatt für Flächenbefestigungen mit Pflaster und Plattenbelägen; Forschungsgesellschaft für Straßen- und Verkehrswesen e.V., Köln, Ausgabe 1989, erg. Fassung 1994

[H129]   Technische Hinweise zur Lieferung von Straßenbauerzeugnissen aus Beton, aufgestellt: Bundesverband Deutsche Beton- und Fertigteilindustrie e.V., Bonn

[H130]   Technische Hinweise zum Einbau von Straßenbauerzeugnissen aus Beton, aufgestellt: Bundesverband Deutsche Beton- und Fertigteilindustrie e.V., Bonn, April 1985

[H131]   Technische Hinweise zur Herstellung von Klinkerpflaster, aufgestellt: Arbeitsgemeinschaft Pflasterklinker, Bonn

Fachliteratur

[H201]   Peffekoven, W.: Bitumenwerkstoffe und Gußasphalt im Umweltverhalten richtig beurteilen; Tiefbau-Berufsgenossenschaft 9 (1992) 602, Amtliches Mitteilungsblatt der Tiefbau-Berufsgenossenschaft, München

[H202]   Fuhrmann, W.: Bitumen und Asphalt Taschenbuch 1969; herausgegeben im Auftrag der Arbeitsgemeinschaft der Bitumenindustrie e.V., Hamburg, S. 40–41

[H203]   Holl, A.: Bituminöse Straßen, Technologie und Bauweisen; Bauverlag GmbH, Wiesbaden und Berlin, 1971, S. 134

[H204]   Asphaltkalender, 2000, Herausgeber: Beratungsstelle für Asphaltverwendung, Bonn

[H205]   Braun, E.: Bitumen, 2. überarbeitete und erweiterte Auflage; Verlagsgesellschaft Rudolf Müller, Köln, 1991

[H206]   Haack, A. und Referenten: Bauwerksabdichtungen, Parkhäuser und Parkdecks; Fachtagung Reinartz Asphalt, 10./11. Dezember 1987, Köln, Eigenverlag Reinartz Asphalt GmbH, Aachen

[H207]   Michalski, C.: Modellvorstellungen zur Beschreibung des Verformungsverhaltens von Asphalten durch einen Kennwert; Aufsatz in: Festschrift, Alexander Gerlach zur Vollendung des 60. Lebensjahres, Mitteilungen aus dem Fachgebiet Konstruktiver Straßenbau im Institut für Verkehrswirtschaft, Straßenwesen und Städtebau der Universität Hannover, Heft 15, Eigenverlag des Instituts, Hannover, 1993

[H208] Peffekoven, W.: Der Einfluß der Mineralstoffzusammensetzung auf den Verformungswiderstand von Asphaltbindermischungen; Bitumen 37 (1975) 4, S. 112–117

[H209] Michalski, C.: Verformungsverhalten bituminöser Gemische; Das stationäre Mischwerk 2 (1980) 9 und 3 (1980) 7

[H210] Peffekoven, W.: Der Einfluß von Bindemittelmenge und -härte auf das Verformungsverhalten von Asphaltmischungen; Bitumen 36 (1974) 4, S. 104–110

[H211] Eulitz, H.-J.: Kälteverhalten von Walzasphalten, Prüftechnische Ansprache und Einfluß kompositioneller Merkmale; Schriftenreihe Straßenwesen des Instituts für Straßenwesen der Technischen Universität Braunschweig, Univ.-Prof. Dr.-Ing. habil. W. Arand, Heft 7, 1987

[H212] Haack, A./Emig, K.-F.: Abdichtungen von Parkdecks, Brücken und Trögen mit Bitumenwerkstoffen; ARBIT-Schriftenreihe, Heft 62, 2001

[H214] Überprüfung der Standfestigkeit von Asphaltbeton, Splittmastixasphalt und Gußasphalt; Gutachten Nr. 2019 der Hansa-Bau-Labor Dr. Michalski GmbH im Auftrag der Freien und Hansestadt Hamburg, Baubehörde – Tiefbauamt, 1992

[H215] Arand, W.: Neue Erkenntnisse und Überlegungen zum Bindemittelüberschuß und seinem Einfluß auf das Kälteverhalten von Gußasphalten; Die Asphaltstraße, Das stationäre Mischwerk 7 (1991) 26

[H216] Schulze, K.-H.: Auswirkung von Trinidad-Naturasphalt auf die Verarbeitbarkeit von Gußasphalt; Das stationäre Mischwerk 5 (1979) 31

[H217] Käst, O.: Standfestigkeit von Gußasphaltdeckschichten unter extrem langsamen und schwerem Verkehr; Schlußbericht zum Forschungsauftrag des Bundesministers für Verkehr, F.A. 7.041 G 76 D, 1978

[H218] Schellenberg, K.: Gußasphalt auf Brücken, Parkdecks und anderen Verkehrsflächen; Die Asphaltstraße, Das stationäre Mischwerk 23 (1991) 1

[H219] v. Stosch, H.-J.: Einfluß des Aufhellungsgrades auf den Verformungswiderstand von bituminösen Deckschichten bei Wärmeeinstrahlung; Bitumen 7 (1968) 197

[H220] Schönian, E.: Gutachterliche Stellungnahme zur Sanierung der Risse auf dem Eiderdamm Nord von Station 0+000 bis 3+139,80; im Auftrag des Amtes für Land- und Wasserwirtschaft, Husum, 7. 12. 1984

[H221] Schellenberg, K.: Verhalten von Gußasphalt im Straßenbau, Brückenbau und auf Parkdecks; Bitumen 43 (1981) 4, S. 109–116

[H222] Schönborn, H. D./Domhan, M.: Handbuch für die Markierung von Straßen, HMS, S. 314; Otto Elsner Verlagsgesellschaft, Darmstadt, 1981

[H223] Michalski, C.: Modellvorstellungen zur Deutung des Blasenwachstums im Gußasphalt und anderen thermoviskosen Stoffen für den Straßenbau; Mitteilungen aus dem Fachgebiet Konstruktiver Straßenbau im Institut für Verkehrswirtschaft, Straßenwesen und Städtebau der Universität Hannover, Heft 14, 1992

[H224] Klawa, N./Haack, A.: Tiefbaufugen: Fugen- und Fugenkonstruktionen im Beton- und Stahlbetonbau; Herausgeber: Hauptverband der Deutschen Bauindustrie und STUVA; Verlag Ernst & Sohn, Berlin, 1990

[H225] Beton+Fertigteil-Jahrbuch 1995; Bauverlag, Wiesbaden u.a., 1995

[H226] Köster, W.: Fahrbahnübergänge in Brücken und Betonbahnen; Bauverlag GmbH, Wiesbaden und Berlin, 1965

[H227] Michalski, C.: Bituminöse Fahrbahnübergänge nach dem Thorma-Joint-Verfahren; Straße und Autobahn 36 (1985) 11, S. 456–562

[H228] Koll, R.-J./Bellwon, D.: Fahrbahnübergänge und Anschlüsse unter Verwendung von Konstruktionsbitumen – Asphaltstraßen; Bitumen 51 (1989) 1, S. 25–26

[H229] Beläge für Parkhäuser, Tiefgaragen, Hofkellerdecken und Rampen; Informationen über Gußasphalt 42/2001; Beratungsstelle für Gußasphaltanverwendung e.V., Bonn

[H230] Wasserdichte Beläge für Parkhäuser, Tiefgaragen und Hofkellerdecken Informationen über Gußasphalt 30/1995; Beratungsstelle für Asphaltverwendung e.V., Bonn

[H231] Bangerter, H.: Bemessungstafeln für elastisch auf Dämmstoffen gebettete Nutzbeläge und Fahrbahnplatten unter Lasten; Eigenverlag: Weder + Bangerter, Zürich, 1994

[H232] Schlee, J.-P.: Wärmegedämmte Parkdächer; Das Dachdecker-Handwerk (1991) 10

[H233] Schlee, J.-P.: Wärmegedämmtes Parkdeck, Hofkellerdecke, wärmegedämmte Verkehrsfläche; 2. Auflage, Fraunhofer IRB-Verlag, Stuttgart, 1999

[H234] Schlee, J.-P./Uhr, W.: Fahrbahnplatten auf Wärmedämmung; Baugewerbe 72 (1992) 3, S. 24–28

[H235] Brosch, M.: Grau-Grün: Kombination von Begrünung und Betonbelag; Vortrag anläßlich der HdT-Fachveranstaltung „Abdichtung und Begrünung von Flachdächern und Decken: Widerspruch oder Ergänzung?" am 22.3.1993 im Eurogress, Aachen

[H236] Poburski, D.: Prinzipieller Aufbau wärmegedämmter Parkdecks mit Beton-Fahrbelag; Vortrag anläßlich der HdT-Fachveranstaltung „Parkdecks, Hofkellerdecken und Terrassen: Wärmedämmung und Abdichtung" am 27./28.11.1990 im Eurogress, Aachen

[H237] Hoefer, G.: Wärmedämmung aus Polystyrolhartschaum; Vortrag anläßlich der HdT-Fachveranstaltung „Parkdecks, Hofkellerdecken und Terrassen: Wärmedämmung und Abdichtung" am 27./28.11.1990 im Eurogress, Aachen

[H238] Batran/Bläsi/Frey/Hühn/Köhler/Kraus/Rothacher/Sonntag: Grundwissen Bau, Abschnitt 16 „Straßenbau", 6. Auflage; Verlag Handwerk und Technik, Hamburg, 1993

[H239] Liebich, R.: Europäische Normen für Pflaster und Plattenbeläge; Straße + Autobahn 44 (1993) 7, S. 413–414

[H240] Sill, O. u. a.: Handbuch für städtisches Ingenieurwesen, Planung – Bau – Betrieb Umweltschutz Stadterneuerung; Band I; Abschnitt 4.2.5: Oberbau für Verkehrsnebenflächen; Abschnitt 8: Straßen- und Gehwegbefestigung; Otto Elsner-Verlagsgesellschaft, Berlin, 1982

[H241] Knoll u. a.: Der Elsner, 1994 und 2001; Handbuch für Straßen- und Verkehrswesen, Planung – Bau – Erhaltung – Verkehr – Betrieb, vorwiegend Teile G und H; Otto Elsner Verlagsgesellschaft, Berlin, 1994 und 2001

[H242] Borgwardt, S.: Wasserdurchlässigkeit von Pflasterfugen – Untersuchungen zur nutzungsbedingten Alterung von ungebundenen Pflasterbettstoffen; Straße + Autobahn 43 (1992) 10, S. 651–657

[H243] „Straßenbau heute, vorgefertigte Betonbauteile", Heft 3, 1990; Herausgeber: Bundesverband der Deutschen Zementindustrie e.V., Köln

[H244] „Die Gestaltung gepflasterter Klinkerflächen"; Herausgeber: Arbeitsgemeinschaft Pflasterklinker e.V., Bonn

[H245] Zimmermann, G.: Betonverbundsteinpflaster auf Gummigranulatmatten – Verschiebung der Betonverbundsteine; Bautechnik 70 (1993) 4, S. 679

[H246] Shakel, B., bearbeitet von Soller, R./Schmincke, P.: Experimentelle Untersuchungen über den Einfluß von Bettung und Fugen auf das Verhalten von Decken aus Betonpflastersteinen; Sonderdruck Betonwerk + Fertigteil-Technik (1984) 1; Bauverlag, Wiesbaden/Köln

[H247] Moritz, H.: Verkehrsflächen aus Betonpflastersteinen; Sonderdruck aus Bundesbaublatt, Heft 11, 1983; Bauverlag, Wiesbaden/Berlin

[H248] Ebeling, K.: Betonsteinpflaster, ein Beitrag zum Umweltschutz; Beton 44 (1994) 10, S. 608–612

[H249] Haack, A. und Referenten: Parkhäuser und Parkdecks mit Wärmedämmung; 2. Fachtagung Reinartz Asphalt, 30. November/1. Dezember 1995, Köln; Eigenverlag Reinartz Asphalt GmbH, Aachen

[H250] Kurth, N.: Schadenprobleme bei Pflasterbelägen auf Parkdecks und Parkplatzflächen; Aachener Bausachverständigentage 1997, Tagungsumdruck, S. 114–118, Bauverlag Wiesbaden

[H251] Kurth, N.: Probleme der Gemeindestraßen: Pflasterbefestigungen, Instandsetzung und Erneuerung von Straßen und Autobahnen, Band 2; VII. Internationale Budapester Straßenkonferenz 1996

[H252]   Setzer, M. J./Auberg, R.: Frost-Tausalz-Widerstand von Betonpflastersteinen – Künftige europäische Normung; Beton + Fertigteil-Technik 63 (1997) 10, S. 44–57

[H253]   Wellner, F./Gleitz, T.: Das Tragverhalten von Pflasterkonstruktionen unter dynamischer Belastung; Straße und Autobahn 1 (1996)

Firmenunterlagen, Patente

[H301]   Deutsches Patentamt; Urkunde vom 15.2.96 über die Erteilung eines Patents Nr. 40 21 209; Bezeichnung: Parkdeck oder sonstige befahrbare Flächen; Patentinhaber: Werner Doose, Frechen

[H302]   Produktinformationen über „Asphaltan®A – das Additive für Gussasphaltverarbeitung"; Romonta GmbH, D-06317 Amsdorf

[H303]   Produktinformation über „Sasobit"; Schümann Sasol GmbH, D-20457 Hamburg

[H306]   Europa-Patent Nr. 0 000 642 „Thorma-Joint", Anmelder: Fa. Thormack Ltd., Redland House, Reigate Surrey RH 2 OsJ (GB)

[H309]   Druckschriften und Werkblätter zu Parkdecks mit direkt befahrenem Ortbeton der Baugesellschaft Max de Bour mbH & Co., Gustav-Adolf-Straße 36, D-22043 Hamburg

[H310]   Druckschriften und Werkblätter zu Parkdecks mit direkt befahrenem Ortbeton der Firma Max Poburski+Söhne GmbH+Co., Randersweide 62–73, D-21035 Hamburg

[H311]   Druckschriften und Werkblätter: Entwässerungssysteme und Schachtabdeckungen für Verkehrsflächen der Firma Aco Drain Passavant GmbH, Postfach 320, D-24755 Rendsburg

[H312]   Druckschriften und Werkblätter zu Parkdecks für Übergangskonstruktionen und Dehnungsfugen Firma Mapotrix GmbH, Industriestraße 5, D-21493 Schwarzenbek

[H313]   Druckschriften und Werkblätter für Pflasterfugenmörtel der Firma Gebr. von der Wettern GmbH, Gesellschaft für technische Kunststoffe, Kottenforstweg, D-53359 Rheinbach

[H314]   Druckschriften und Werkblätter für Pflasterfugenmörtel der Firma Romex GmbH, Weidesheimer Straße 17, D-53881 Euskirchen-Weidesheim

[H315]   Druckschriften und Werkblätter von Entwässerungsrinnen; Firma Hauraton GmbH & Co. KG, Postfach 1661, D-76406 Rastatt

[H316]   Produktinformationen und Werkblätter zu Entwässerungseinrichtungen; Firma ACO-Severin Ahlmann GmbH & Co. KG, Postfach 320, D-24768 Rendsburg

[H317]   Gesamtkatalog zu Entwässerungseinrichtungen; Firma Passavant-Werke AG, D-65326 Aarbergen 7

[H318]   Kölner Dicht® Sonderabdichtungen (Bewegungsfugen, Übergänge, Durchdringungen); Kölner Dicht GmbH, Wurmbenden 13, D-52070 Aachen

9   Kapitel I: Leitfaden für die Aufstellung von Leistungsbeschreibungen für Drän-, Abdichtungs- und Belagsarbeiten

Normen

[I1]   DIN 1960: Allgemeine Bestimmungen für die Vergabe von Bauleistungen; VOB, Teil A

[I2]   DIN 1961: Allgemeine Vertragsbedingungen für die Ausführung von Bauleistungen, VOB, Teil B

[I3]   DIN 18195: Bauwerksabdichtungen
Teil 3: Anforderungen an den Untergrund und Verarbeitung der Stoffe

[I4]   DIN 18299: Allgemeine Regelungen für Bauarbeiten jeder Art; VOB, Teil C: Allgemeine Technische Vertragsbedingungen für Bauleistungen (ATV)

[I5]   DIN 18308: Dränarbeiten; VOB, Teil C: Allgemeine Technische Vertragsbedingungen für Bauleistungen (ATV)

[I6]   DIN 18317: Verkehrswegebauarbeiten – Oberbauschichten aus Asphalt; VOB, Teil C: Verdingungsordnung für Bauleistungen

[I7]   DIN 18318: Verkehrswegebauarbeiten – Pflasterdecken, Plattenbeläge, Einfassungen; VOB, Teil C: Allgemeine Technische Vertragsbedingungen für Bauleistungen (ATV)

[I8]   DIN 18331: Beton- und Stahlbetonarbeiten; VOB, Teil C: Allgemeine Technische Vertragsbedingungen für Bauleistungen (ATV)

[I9]   DIN 18336: Abdichtungsarbeiten; VOB, Teil C: Allgemeine Technische Vertragsbedingungen für Bauleistungen (ATV)

[I10] DIN 18338: Dachdeckungs- und Dachabdichtungsarbeiten; VOB, Teil C: Allgemeine Technische Vertragsbedingungen für Bauleistungen (ATV)

[I11] DIN 18354: Gussasphaltarbeiten; VOB, Teil C: Allgemeine Technische Vertragsbedingungen für Bauleistungen (ATV)

[I12] DIN 18197: Abdichtung von Fugen in Beton mit Fugenbändern

Vorschriften, Richtlinien, Merkblätter

Vorbemerkung: Die nachstehend aufgelisteten, vom Bundesministerium für Verkehr, Bau- und Wohnungswesen (BMVBW) eingeführten Zusätzlichen Technischen Vertragsbedingungen und Richtlinien (ZTV) werden zurzeit umstrukturiert und künftig (voraussichtlich frühestens ab 2002) in der ZTV-ING als Loseblattsammlung herausgegeben.

[I101] Standardleistungsbuch STLB/GAEB
        Nr. 000 Baustelleneinrichtung
        Nr. 010 Drainarbeiten
        Nr. 018 Abdichtungsarbeiten gegen Wasser
        Nr. 021 Dachabdichtungsarbeiten

[I102] Standardleistungskatalog Straßenbau STLK/BMV
        Nr. 101 Einrichtung, Hilfsleistungen, Stundenlohn
        Nr. 108 Baugruben, Leitungsgräben
        Nr. 109 Wasserhaltung
        Nr. 111 Entwässerung für Kunstbauten
        Nr. 115 Pflaster, Platten, Borde, Rinnen
        Nr. 118 Kunstbauten aus Beton und Stahlbeton
        Nr. 123 Abdichtungen und Fugen für Kunstbauten

[I103] ZTV K 88: Zusätzliche Technische Vertragsbedingungen für Kunstbauten, Ausgabe 1989; Bundesminister für Verkehr, Bonn/Deutsche Bundesbahn

[I104] ZTV-BEL-B: Zusätzliche Technische Vertragsbedingungen und Richtlinien für die Herstellung von Brückenbelägen auf Beton; Bundesminister für Verkehr, Abt. Straßenbau, Bonn
Teil 1: Dichtungsschicht aus einer Bitumen-Schweißbahn
Teil 2: Dichtungsschicht aus zweilagig aufgebrachten Bitumen-Dichtungsbahnen
Teil 3: Dichtungsschicht aus Flüssigkunststoff
TP-BEL-EP: Technische Prüfvorschriften und
TL-BEL-EP: Technische Lieferbedingungen für Reaktionsharze für Grundierungen, Versiegelungen und Kratzspachtelungen unter Asphaltbelägen auf Beton

[I105] Ril 835.9101: Geschäftsrichtlinie: Ingenieurbauwerke abdichten: Hinweise für die Abdichtung von Ingenieurbauwerken (AIB); Fassung vom 1. 1. 1997; Deutsche Bahn AG

[I106] DBV-Merkblatt: Verpresste Injektionsschläuche für Arbeitsfugen; Herausgeber: Deutscher Beton-Verein e.V., Wiesbaden, 1996

Fachliteratur

[I201] Haack, A.: Bauwerksabdichtung – Hinweise für Konstrukteure, Architekten und Bauleiter; Bauingenieur 57 (1982), S. 407–412

[I202] Haack, A.: Abdichtungen im Untertagebau; Taschenbuch für den Tunnelbau Teil 3: 7. Jg. 1983, S. 193–267, Glückaufverlag, Essen

[I203] Haack, A./Poyda, F.: Hinweise und Empfehlungen für die lose Verlegung von Kunststoff- und Elastomerbahnenabdichtungen; STUVA-Forschungsbericht 19/85

[I204] Haack, A.: Wasserundichtigkeiten bei unterirdischen Bauwerken – erforderliche Dichtigkeit, Vertragsfragen, Sanierungsmethoden; Tiefbau-Ingenieurbau-Straßenbau 28 (1986) 5, S. 245–254

[I205] Haack, A./Emig, K.-F.: Abdichtungen von Parkdecks, Brücken und Trögen mit Bitumenwerkstoffen; Grundlagen – Planung – Bemessung – ausgewählte Details; ARBIT-Schriftenreihe, Heft 62, 2001

[I206] Haack, A./Emig, K.-F.: Abdichtungen; Grundbau-Taschenbuch, 6. Auflage, 2001, Bd. 2, Abschnitt 2.11 (Kapitel „Sicherheit, Prüfung und Überwachung"), Ernst & Sohn, Berlin

10 Kapitel K: Stichwortsammlung zur Erfassung und Dokumentation von Abdichtungsschäden
(beispielhaft für eine mehrlagige, heiß verklebte Bitumenabdichtung)

Fachliteratur

[K201] Girnau, G./Klawa, N.: Aufspüren von Abdichtungsschäden; Buchreihe „Forschung+Praxis", Bd. 20; Alba-Verlag, Düsseldorf, 1977

[K202] Schild, E./Oswald, R./Rogier, D./Schweikert, H./Schnapauff, V.: Bauschadensverhütung im Wohnungsbau – Schwachstellen – Schäden, Ursachen, Konstruktions- und Ausführungsempfehlungen, Bd. III, 2. neu bearbeitete Auflage; Bauverlag GmbH, Wiesbaden/Köln, 1980

[K203] Arndt, A.: Lerne aus Fehlern – das Verhindern von Abdichtungsschäden; Tiefbau-Ingenieurbau-Straßenbau 22 (1980) 9, S. 774–786

[K204] Lufsky, K.: Bauwerksabdichtungen, 4. Auflage, Teubner-Verlag, Stuttgart, 1983

[K205] Haack, A.: Schäden an wasserdruckhaltenden Bauwerksabdichtungen; Tiefbau-Ingenieurbau Straßenbau
Teil 1: 27 (1985) 2, S. 91–99
Teil 2: 27 (1985) 3, S. 120–130

[K206]   Buss, H.: Feuchteschäden – erdberührte Bauteile; WEKA-Fachverlage GmbH, Kissing 1988

[K207]   Buss, H.: Feuchteschäden – Umfassungswände, Bd. I und II; WEKA-Fachverlage GmbH, Kissing 1988

[K208]   Oswald, R./Schnapauff, V.: Bauschadensfibel für den privaten Bauherrn; Herausgeber: Der Bundesminister für Raumordnung, Bauwesen und Städtebau, Bonn-Bad Godesberg, 3. Auflage, Mai 1990

[K209]   Hilmer, K.: Schäden im Gründungsbereich; Verlag Ernst & Sohn, Berlin 1991

[K210]   Bauschädensammlung – Sachverhalt – Ursachen – Sanierung Bd. 8; Forum-Verlag GmbH, Stuttgart, 1991

[K211]   Schreyer, J./Jackel, G.: Zerstörungsfreies Prüfen von Tunnelauskleidungen; STUVA-Forschungsbericht 26/91, Köln, 1991

[K212]   Zimmermann, K.: Bauschäden-Sammlung. Sachverhalt Ursachen Sanierung; Herausgeber: Karl Zimmermann; Bd. 1–8, Forum-Verlag, Stuttgart; Bd. 9, IRB-Verlag, Stuttgart, 1993

11   Kapitel L: Begriffe, Stoffe, Anwendungstechnik

Normen (soweit daraus Begriffe entnommen)

[L1]   DIN 4095: Baugrund; Dränung des Untergrundes zum Schutz von baulichen Anlagen, Planung und Ausführung

[L2]   DIN 18195: Bauwerksabdichtungen
Teil 1: Grundsätze, Definitionen, Zuordnung der Abdichtungsarten
Teil 2: Stoffe
Teil 9: Durchdringungen, Übergänge, Abschlüsse

[L3]   DIN 18541: Fugenbänder aus thermoplastischen Kunststoffen zur Abdichtung von Fugen in Ortbeton
Teil 1: Begriffe, Formen, Maße

Vorschriften, Richtlinien, Merkblätter

Vorbemerkung: Die nachstehend aufgelisteten, vom Bundesministerium für Verkehr, Bau- und Wohnungswesen (BMVBW) eingeführten Zusätzlichen Technischen Vertragsbedingungen und Richtlinien (ZTV) werden zurzeit umstrukturiert und künftig (voraussichtlich frühestens ab 2002) in der ZTV-ING als Loseblattsammlung herausgegeben.

[L101]   ZTV-BEL-B: Zusätzliche Technische Vertragsbedingungen und Richtlinien für die Herstellung von Brückenbelägen auf Beton; Bundesminister für Verkehr, Abt. Straßenbau, Bonn
Teil 1: Dichtungsschicht aus einer Bitumen-Schweißbahn
Teil 2: Dichtungsschicht aus zweilagig aufgebrachten Bitumen-Dichtungsbahnen
Teil 3: Dichtungsschicht aus Flüssigkunststoff
TP-BEL-EP: Technische Prüfvorschriften und
TL-BEL-EP: Technische Lieferbedingungen für Reaktionsharze für Grundierungen, Versiegelungen und Kratzspachtelungen unter Asphaltbelägen auf Beton

[L102]   Ril 835.9101: Geschäftsrichtlinie: Ingenieurbauwerke abdichten: Hinweise für die Abdichtung von Ingenieurbauwerken (AIB); Fassung vom 1.1.1997; Deutsche Bahn AG

[L103]   Normalien für Abdichtungen: Ausgabe 1991; Freie und Hansestadt Hamburg, Baubehörde Hamburg, Tiefbauamt

Fachliteratur

[L201]   Forschung Straßenbau und Straßenverkehrstechnik Heft 397; Bundesverkehrsministerium, Bonn, 1983

[L202]   Haack, A./Poyda, F.: Hinweise und Empfehlungen für die lose Verlegung von Kunststoff- und Elastomerbahnenabdichtungen; STUVA-Forschungsbericht 19/85; Köln, 1985

[L203]   TAKK-Fachwörterbuch: Für die Dach- und Bauwerksabdichtung insbesondere unter Verwendung von hochpolymeren Kunststoff- und Kautschukbahnen, 2. Auflage; Herausgeber: TAKK Technischer Arbeitskreis Kunststoff- und Kautschukbahnen e.V., Darmstadt, 1985

[L204]   Haack, A./Emig, K.-F.: Abdichtungen von Parkdecks, Brücken und Trögen mit Bitumenwerkstoffen; Grundlagen – Planung – Bemessung – ausgewählte Details; ARBIT-Schriftenreihe, Heft 62, 2001

[L205]   Begriffsbestimmungen Straßenbautechnik; Forschungsgesellschaft für das Straßen- und Verkehrswesen, Köln, 1990

[L206]   Haack, A./Emig K.-F.: Abdichtungen; Grundbau-Taschenbuch, Teil 2, 6. Auflage; Verlag Ernst & Sohn, Berlin, 2001

[L207]   Emig, K.-F./Haack, A.: Abdichtung mit Bitumen – Ausführungen unter Geländeoberfläche; ARBIT-Schriftenreihe, Heft 61, 2000

Stichwortverzeichnis

Die fett gesetzten Seitenzahlen verweisen auf Textstellen, die den Sachverhalt des betreffenden Stichwortes besonders ausführlich behandeln.

A

Abdeckband 475
Abdichtungen 359, 475
– bitumenverklebte 446
– durch Dränung 445
Abdichtungsaufbau, kombinierter 69
Abdichtungslage 475
Abdichtungsrücklage 63, **119**, 475
Abdichtungsuntergrund **179**, 260, 475
Abflussspende 47, **48**
– auf Decken 49
– unter Bodenplatten 49
– vor Wänden 49
Ablauf 64, 106, 108, **110f.**, **199**, 403, 405, **433f.**, 475
Ablaufschema 71, **72**
Ablaufteil 432
Ablüftzeit 475
Abreißfestigkeit 181, **476**
Abschluss 476
Abschlussprofil 476
Abschottung 476
Acrylatgel **327,** 328f., 341f., 344
Aktivierung des Wasserdrucks 68, **476**
Altabdichtungen 70
Aluminiumband, gerieffelt 476
Aluminiumkaschierung 476
Aluminiumriffelband 476
Anblasprüfung 216f.
Anforderungen **57**, 259
Ankerrippen 476
Anordnung 60
Anschluss 68, 389, **477**

Anschweißflansch **155, 477,** 491
Anstaubewässerung 73, 139
Anwendungsgrenzen für die Gelschleierinjektion 332
Anziehmomente 149
Arbeitsfuge 243, 295, **303,** 305, 307f., **477**
Arbeitsfugenband 315f.
– außenliegendes 305, 478
– innenliegendes 305, 490
Arbeitsfugenblech **304,** 305, 312f., 316
Arbeitsnaht 477
Arbeitsraum 87, **119, 477**
Arbeitsschutz 343
Arbeitsschutzmaßnahmen 236
Arbeitsunterbrechung 70, 242, 263
Asphalt **345,** 477
– dreiphasiger 350
– Einbaudicke 363
– zweiphasiger 350
Asphaltbelag 450
Asphaltbeton **351, 477**
– Verformbarkeit 355
– Verschleißwiderstand 356
– Wasserundurchlässigkeit 356
Asphaltbinder 477
Asphaltbord 478
Asphaltdecke 478
Asphaltmastix 201, **378, 478**
Asphaltmischgut 350
Aufschüsseln 397
Auftragsmenge 236, 262
Auftrieb 165

Ausfallkörnung 357
Ausgleichsschicht 478
Außenabdichtung 478
außenliegendes Arbeitsfugenband 478
außenliegendes Dehnfugenband 478
Ausschalfristen 292

B
Balkontüren 103
Bauablauf 471
Baubeschreibung 442
Baugrund **9**, 29, 453
Baugrunduntersuchung 9
bauliche Erfordernisse 61
Baustellennähte 216
Baustellenstoß 319
Bauteiltemperatur 478
Bautenschutzmatte 478
Bauüberwachung 440
Bauwerk 459
Bauwerksfugen 167, 295
Beanspruchung der Abdichtung 463
– hohe 74
– mäßige **74, 129,** 141
– mechanische 176
Befestigungselemente 221
begeh- und befahrbare Beläge 450
Behälterfüllung 71
Bemessung 46, **75 f.**
Bemessungswasserstand **71, 478**
Benetzungsprobe 69
Bentonitpanel 321
Berliner Bauweise **119, 479**
Berliner Verbau 479
Beschichtung 479
Besenstrich 479
Beton
– wasserundurchlässiger 291
Betonbelag **393,** 451
Betondeckung 479
Betonersatz 294
Beton-Oberflächenbehandlung 359
Betonpflasterstein 479
Betonsteinpflaster 409, **416**
Betonuntergrund 268
Bettung **479,** 496

Bewegungsfuge (BF) **124, 249,** 296 f., **309, 428, 479**
Bitumen **345, 479**
– destilliertes 482
– geblasenes 488
– polymermodifiziertes 347
Bitumenbahn 479
Bitumen-Dichtungsbahn (KSK)
– kaltselbstklebende 73, 129, 480, **491**
– selbstklebende 60
Bitumendickbeschichtung 479
– kunststoffmodifizierte 60 f., **73 f.,** 115, **129 f.,** 136, 258, **492**
Bitumenemulsion 258, **485**
Bitumen-KSK-Bahn 480
Bitumen-Latex (BL) 480
Bitumenlösung 480
Bitumenmörtel 351
Bitumenrohfilzbahn 480
Bitumen-Schweißbahn 480
Bitumenvoranstrich 187
bituminös 480
Blasen 187
Blasenbildung 359, **480**
Blockfuge 480
Bodenfeuchte 60, **71, 480,** 485
– nichtstauendes Sickerwasser 71
Bodenfeuchtigkeit 480
Bohlträger 481
Bohrraster 340
Bohrträger **481,** 493
Bordstein 413
Brauchwasser 73
Brechpunkt nach Fraaß **346, 481**
Brückenbelag 359
Brunnentopf 159, 161, **481**
Butylkautschuk (IIR) 481
Bürstenstreichverfahren (BSTV) 481

C
chemische Beanspruchung 178
Chloropren-Kautschuk (CR) 481
chlorsulfoniertes Ethylen (CSM) 481

D

Dämmplatten 105
Dampfdruckausgleichsschicht 481
Dampfsperrschicht 481
Deckaufstrich 88, **482**
Deckeneinläufe 41, 50
Deckmasse 482
Deckschicht 359, **482**
Dehnfuge 400, **482**
Dehnfugenausbildung 403 f.
Dehnfugenband 309, 314
Dehnfugenband, außenliegendes 478
Dehnteil 482
Dehnungsfuge (DF) 296 f., 482
Destillationsbitumen **482**, 497
destilliertes Bitumen 482
Dichtrippen 482
Dichtteil 482
Dichtungsbahn (D) 482
Dichtungsputz 482
Dichtungsschicht 187, 359, **483**
Dichtungsschlämme 447, **483**
– Anwendungsbereich 233
– Ausführung 237
– Untergründe 233
Dichtungsträgerbahn 482
Dochtwirkung 218
Doppelflansch 137
Drän 27, **483**
Dränage 456
Dränanlage 17, 27, 34, **483**
– auf Decken 41
– unter Bodenplatten 41
– vor Wänden 13, 37
Dränbeton 483
Dränelement 28, 40, 47, 51, **483**
Dränleitung 20 f., 28, 38, 41, 48, 50, 52, **483**
Dränmaßnahmen 32
Dränrohr 28, **483**
Dränschicht 28, 37, 41, 47, 119, 122, 199 f., **280 f.**, **483**
Dränsystem 111
Dränung 27, **483**
Dreiflankenhaftung 385
Druckbelastung 260

Druckkräfte 63
Druckluftprüfung 216 f.
Druckverteilungsplatte 194, **201 f.**
Druckwasser 483
drückendes Wasser 130, **483**
Dübel 398
Durchdringung **139, 154, 195, 227, 244, 265, 271, 320, 436,** 484
Durchführung, nachträglich 247
Durchlässigkeitsbeiwerte 12, 13, 30, 42
Duromere 484
Duroplaste 484
dynamische Belastung **177,** 202

E

ECB *siehe* Ethylencopolymerisat-Bitumen 484
Edelstahlband (ESt) 484
Eigenfeuchtigkeit des Betons 188
Eigenüberwachung 470
Eigen- und Fremdüberwachung 441
Einbaugewicht 484
Einbaumenge 65, **484**
Einbauteil 140, **484**
Einbautemperatur 191, **484**
Einbauverfahren 65
Einbettung 61, 63, 88, 162, 164, 166
– der Abdichtung **484**
Einpressung 61, 63, 164, 206, 218
– der Abdichtung **485**
Eintauchtiefe 71, 212, **485**
Einzelablauf 185
Einzugsgebiet 29
Elastomer (E) 485
Elastomer-Bahnen 211
Elastomer-Dichtungsbahn
– mit Selbstklebebeschicht 485
– selbstklebende 60
Emulsion 485
Endigung 485
Entwässerung **183,** 431
Entwässerungsrinne 273
EPDM 485
Epoxid (EP) 485
Epoxyd 485
Erdfeuchte *siehe* Bodenfeuchte

Ersatz für Unterbeton   285
Erscheinungsformen des Wassers   6
Erweichungspunkt   486
– Ring und Kugel   346, **499**
Ethylencopolymerisat-Bitumen (ECB)   486
Ethylen-Propylen-Diene-Kautschuk (EPDM)   485
Ethylen-Vinyl-Acetat-Terpolymer (EVA)   486
extrudieren   486
extrudiertes Polystyrol (EPS)   486
Extrusionsschweißung   486

F
fabrikfertige Sonderkonstruktionen   139
Fahrbahndecke   482
Fahrbahnübergänge aus Asphalt   386
Fahrbahnbelag   390
Fahrbeton   **395,** 405
festes Bauteil   486
Festflansch   486
Festflanschwechsel   152
Filterschicht   28, 54, **486**
Filterstabilität   43
Filtervlies   417
Flächendränsysteme   **275,** 448
Flächendränung   **119,** 286, 289, **487**
Flächeninjektion in der Konstruktion   340
Flächenpressung   75
Flämmverfahren (FV)   487
Flamm-Schmelz-Klebeverfahren   487
Flammstrahlen   183
Flanschkonstruktion   133, **146**
Flanschrohr   320
flexible Dichtungsschlämme   231
Flügelglätter   394
Flüssigkunststoff   448
Fluxen   487
Folienblech   487
Fräsen   **183,** 269
Fremdüberwachung   470
Frost-/Tausalzeinwirkung   399
FSK-Bahn   501
FSK-Verfahren   **487,** 501
Fügebreite   216

Fügefläche   487
Fügetechnik   212, 319, **487**
Fügung   212
Füller   487
Füllstoff   487
Fugen   **192,** 244, **265, 271, 379**
Fugenabschlussband   116, 311, **487**
Fugenarten   296
Fugenband   300 f., **476,** 482, 498, 502
– Mindestbreite   311
Fugenblech   487
Fugendichtungsmasse   487
Fugenkammer   131 f., **488**
Fugenmassen   426
Fugenspaltquerschnitt   383
Fugentyp   488
– Typ I   **128 f.,** 226
– Typ II   **128,** 136 f., 192, 227
Fugen-Unterfüllstoff   488
Fugenverguss   426
Fugenvergussmasse   **379, 488**
Fugenverstärkung   469, **488**
Fußbodenabdichtung   60, **95,** 244

G
geblasenes Bitumen   488
Gefälle   64, 101, 104, **183,** 186, **206 f.,** 271, 401, 405, 408, **415,** 432
Gefällebeton   186
gefüllte Klebemasse   488
gefüllte Masse   488
Gelinjektion   324
gelochte Glasvlies-Bitumenbahn   489
Gelschleier   325, 330, **335,** 336 f.
Gelschleierinjektion   331, **334,** 337 f., 342, 344
geotechnische Kategorien   7
Geotextil   489
geschlossene Bauweise   457
gesonderte Sollbruchfuge   119
Gewebeeinlage   267, 272
Gewebeverstärkung   263
Gieß- und Einrollverfahren   489
Gieß- und Einwalzverfahren (GEV)   68, **489**

Gieß- und Walzverfahren 489
Gießverfahren (GV) 489
Gleit- und Sollbruchfuge 281
Gleitfuge 502
Gleitgefahr 71
Gleitsicherung 101, **489**
Gründächer 139
Grundierung **181,** 187, 189, 269, **489**
Grundmauerschutz 276
Grundwasser (GW) 4, 9, 31, **489**
Grundwasserganglinie 11
Grundwasserstand 454
Gruppendurchführung 157 f.
Gussasphalt (GA) **360, 489**
– Eindringtiefe 368
– manueller Einbau 363
– maschineller Einbau 362
– Öffnung von Fugen 369
– Rissanfälligkeit 367
– Rissbildung 371
– Schrumpfen 369
– Verarbeitbarkeit 365
– Verformbarkeit 366
– Verschleißwiderstand 367
– Verweilzeit im Kocher 361
– Wasserdichtigkeit 368

H
Haftbahn 85, **490**
Haftlage 85, **123, 490**
Haftwasser 4
Haftzugfestigkeit 182
Halbstein-Mauerwerk 167
Hamburger Bauweise 490
Hamburger Verbau 490
Hangwasser 490
Hartschaum 171, **202**
Hartschaumplatten 408
Heißgasschweißen 490
Heißluft-Schweißautomat 214
Heißluftschweißung 490
Heizelementschweißung 216, **490**
Heizkeil-Schweißautomat 215
Heiz-Keilschweißung 490
Hinterläufigkeit 60, 85, 143, 145, 224, **490, 505**

Hinterlüftung 284
Hochdruckwasserstrahlen 183
Hochfrequenzschweißen 490
Hofkellerdecke **174,** 176, 183, 390, 408, 413
hohe Beanspruchung **75,** 129, 141, 179
Hohlkehle 69, 80, 241, 246
Hydrogel 327
hydrogeologische Untersuchungen 7

I
IIR *siehe* Butylkautschuk 491
Industriebitumen 488
Injektionsmaterial 327
Injektionsschlauch **306,** 317 f.
Injektionstechnologie 336
Innenabdichtung 490
innenliegendes Dehnfugenband 491
Instandsetzung 70

K
Kabel- und Rohrdurchführungen 244
Kabeldurchführung **160,** 228
Kaltselbstklebeverfahren 69
Kantenstoß **223 f., 491**
kapillarbrechende Schicht 60, **95**
kapillare Steighöhe 42
Kapillarfeuchte 480
Kapillarwasser 4
Kaschierung 491
Kehlen und Kanten 62
Kehlenstoß **80 f., 491**
Kehranschluss 84, 90, **222 f., 491**
Keilschnittverfahren 265
Kelleraußentreppen 111
Kippzeit 504
Klappstoß 491
Klebeaufstrich 491
Klebeflansch 139, **142 f.,** 155, 196, 200 f., 436, **491**
Klebemasse, ungefüllte 505
Kleinpflasterstein 491
Klemmanschluss 314
Klemmflansch 435
Klemmfugenbänder 152
Klemmkonstruktion 152

Klemmleiste 492
Klemmprofil **145,** 492
Klemmschiene 116, **143,** 227, 492
Klinkerpflaster 417, 492
Klopfen 183
Kluftwasser 492
Kohlenwasserstoff-Bindemittel 345
kombinierter Abdichtungsaufbau 69
kombinierte Sollbruchfuge 122
Kosten 292
Kratzspachtelung **181,** 183, 190, 269, **492**
Kreuzstoß 215, **492**
KSK-Bahn 130
Kugelstrahlen **183,** 269
Kunststoffabdichtungen, aufgespritzte 267
kunststoffbeschichtetes Blech 225, **226**
Kunststoff-Dachdichtungsbahnen 211
– lose verlegte 447
Kunststoff-Dichtungsbahnen 73
Kunststoffe 492
kunststoffmodifizierte Bitumendickbeschichtungen (KMB) **60f., 73f.,** 116, **129f.,** 136, 258, **492**
Kupferband, gerieffelt oder kalottiert 492
Kupferriffelband 492
Kurvensatz 424

L
Längsgefälle 103, **186**
Lage 492
Lehnwand 493
Leistungsbeschreibung 441
Leistungsprogramm 441
Leistungsverzeichnis 441 ff.
Lichtschacht **106,** 110
Linienentwässerung 185
lose Verlegung **211f., 493**
Los und Festflansch 227, 267
Los- und Festflanschkonstruktion **136f.,** 139, **146f.,** 228, 246, 402, 436, **493**
Lückenbebauung 116
Luftseite 493
Lufttemperatur 70

M
Manschette **155,** 196, 246, 436, **493**
Mantelrohr **156f.,** 196, 198, 246f., 267, 320, 436
Mastix 207, **493**
Mastixabdichtungen 60
mechanische Beanspruchung 176
mechanische Befestigung 221, **493**
Mehrfach-Verpressschlauch 306
Mehrlagenprinzip 68
Mehrlagigkeit 65
Metallkaschierung **493**
Mindesttrockenschichtdicke 70
Mineralbeton 353
Mischfilter 28, **493**
Mischguttemperatur
– Gussasphalt 361
– Walzasphalt 352
Mischungsverhältnisse 235
Mittelrammträger 162
Mittelträger 493
Modifikation 494
Mörtelfuge 502
Mosaikpflasterstein 494
Mulde 413
Musterleistungsverzeichnis 443

N
Nachbehandlung 236, 293, 399, **494**
Nachbehandlungszeiten 292
Nachinjektion 337
nackte Bitumenbahn (R500N) 494
nackte Pappe 494
Nadelpenetration 346
Nagelbänder 143
Naht 68, **216, 389,** 477, **494**
Nahtabklebung 494
Nahtprüfung 494
Nahtsicherung **217f., 494**
Nahtüberdeckung 136, 494
Nassraum 231, **253f.,** 258, 268, **495**
Nassschichtdicke **70,** 262
Nassstrahlen 269
Natursteinpflaster **411,** 417, 425, **495**
Negativbeton 506
Negativfläche 506

Nesterbildung 63
nichtdrückendes Wasser **73, 495**
Nitril-Butadien-Kautschuk (NBR) 495
Nocke 63, **99,** 101, **495**
Noppenbahnen 275, **448**
Noppenschweißbahn 122, **495**
Notabdichtung 495

O
Oberflächenhaftzugfestigkeit 268
Oberflächentemperatur 188
Oberflächenwasser 1, **495**
offene Bauweise 456
optische Prüfung 216
Oxidationsbitumen 488, **495**

P
Packer 332
Parkdeck **174,** 176, 183, 390, 408
Parkpaletten 192
PC 495
PC-Mörtel 294
PCC 495
PCC-Mörtel 294
Pendelrinne 185
Penetration 496
Perimeterdämmung **91,** 171, 241, 249
Perimeterwärmedämmung 100
Pflaster **204 f., 496**
Pflasterbeläge 408
Pflasterbettung 416, **496**
Pflasterdecke 496
Pflasterfugen 425
Pflasterfugenmörtel **426,** 428
Pflasterklinker 412, **496**
Pflasterplatte 496
Pflasterstein 496
Pflaster- und Plattenbelag 451
Pflasterverband 496
Pflastervergussmasse 496
Plaste 492
Plastizitätsspanne 346
Platten 413
Plattenbelag 408, **496**
Polychloropren-Kautschuk (CR) 496
Polyethylen (PE) 496

Polyisobutylen (PIB) 497
Polymerbitumen (PmB) 497
Polymer-Cement-Concrete 495
Polymer-Concrete 495
polymermodifizierte Bitumen (PmB) 347
Polystyrol (PUR) 497
Polyvinylchlorid, weichmacherhaltig (PVC-P) 497
Pressdichtungsflansch 143
Pressfuge (PF) 296, 298, 497
Primärbitumen 497
Primer 498
Profilierungen 498
Punktentwässerung 401, 405

Q
Qualitätssicherung 237
Quarzsand 189
Quellband 306
Quellprofil **308,** 317 f.
Quellschweißung **215 f., 498**
Quellvermögen 329
Quergefälle 186
Querschnittsabdichtung 60, **80**
Quetschfuge 63, **498**

R
Rammträger 481, **493**
Rampe 177, 194
Randverstärkungen 498
Rasengitterstein 498
Rasenstein 422
Raumfuge 297, 498
Raumklima 95, 279
Rautiefe **180 f.,** 189, 269, **498**
Regenfestigkeit 70, **258, 499**
Reißnadelprüfung 215 f.
relative Luftfeuchte 499
Reparaturfähigkeit 59
Ringdichtung 247
Ringraumdichtung **158,** 321, 436
Ringspalt 267
Ring- und Kugel-Methode (RuK) 499
Rinne **103, 185,** 274, 401, 405, 413
Rinnenentwässerung 402
Risse 59, 183, 231, 263

Rissinjektion 341
Rissüberbrückung **260,** 267
Rissverpressung 343
Rissweiten 233
Rohbauarbeiten 444
Rohrdurchführung 266
Rohr- und Kabeldurchführung **154,** 156, **245 f.**
Rollverfahren 489
rückläufiger Stoß **84 f., 499**
Rücklage 85, 499
Rüttelgasse 310
ruhende Verkehrslast 177

S
Sandbettung 409
Sandflächenverfahren 499
Sandfleckmethode 181
Sandfleckverfahren 499
Sauberkeitsschicht 276, 284
Schächte 20
Schalkasten 82, **85,** 165, **499**
Schaumglas (SG) 171, **202,** 406, **499**
Scheinfuge (SchF) 116 f., **296,** 297, 308, **499**
Schelle **140, 155, 197, 499**
Schichten, wasserdicht 359
Schichtwasser **4, 490**
Schleierinjektion 326, **334,** 340
Schleppblech 487
Schleppstreifen **129 f.,** 203, **500**
Schleppwasser 176
Schlitzdruckprüfung 500
schmelzbares Bitumen-Fugenband 500
Schmelzfugenband 500
Schnittwinkel von Fugen 194
Schrumpfen 330
Schutzbahn 228, **500**
Schutzbeton 500
Schutzlage 73, **500**
Schutzmaßnahme **164,** 201, 229, **500**
Schutzmauerwerk 500
Schutzplatte 228, **500**
Schutzschicht 28, 88, **166, 201,** 229, 252, 263, 267, 270, 276, 279, 359, 470, **500**
– aus Bautenschutzplatten 170

– aus Bitumendichtungsbahnen 171, **501**
– aus Gussasphalt 170, **501**
– aus Kunststoffschaumplatten 170
– aus Mörtel 169
– aus Ortbeton 167
– aus Platten 169
– aus Trockenmauerwerk 167
– fest 501
– senkrechte 167
– weich 501
Schutztafel 500
Schweißbahn 501
Schweißbolzen und Schraubenmuttern 147
Schweißverfahren (SV) 501
Schwindfuge (SchwF) **296,** 298
Selbstklebeverfahren (KSKV) 501
Setzungsfuge (SF) **296,** 297
Sicherung 501
Sickerschacht **23,** 44, 50
Sickerschicht **28,** 50, 53, 287, **501**
Sickerschlitz **200 f.,** 432 f.
Sickerwasser **4,** 495, **502**
– aufstauendes 502
– zeitweise aufstauendes **79, 131,** 136, 241
Silikatgel 327
Sockel 94
Sollbruchfuge **119,** 121, 282, **502**
Sonderfuge 297
Spachtelmasse 502
Spaltenwasser 492
Sperranker 502
Sperrbeton 502
Sperrmörtel 502
Sperrputz 502
Splitt 502
Splittbettung 409
Splittmastixasphalt **357, 502**
Sporn 63, **495**
Spritz- und Spachtelabdichtungen **257,** 448
Spritzwasserschutz 244
Stampffuge 502
starre Dichtungsschlämme 231
Stauchung 105
Stauwasser **4, 502**

Steinkohlenteerpech 503
Stirnschalung 320
Stoß 68, **503**
Stopfbuchse **156,** 157
Straßenbaubitumen 345
Streichverfahren 481
Strukturmatte 287 f.
Stützwände 94, **116**
Stufenfalz 503
Stufenfilter 28, **503**

T
Taupunkt 503
Tausalz **187,** 206, **393,** 395
Tausalzbeanspruchung 178
Teerpappen 70
Telleranker 63, 121, **162, 503**
Terrassentür 103
Tetrahydrofuran (THF) 503
thermische Beanspruchung 177
Thermoplast 503
Topfzeit 504
Trägerbohlwände 87
Trägereinlage 65, **504**
Trampeln 397
Trennfolie 69
Trennlage 73, **203 f.,** 271, 395, **504**
Trennpapier 69
Trennschicht 28, **504**
Trennsystem 23
Trockenschichtdicke **73 f.,** 259, 262
T-Stoß 503
Tübbing 504

U
Überdeckung 504
Übergang 504
Überhangstreifen 145, **504**
Überlappung 504
Überwachung der Ausführung 440
Überschüttung 505
umgelegter Stoß 504
Umkehrdach 408
Umklappen 504
Umläufigkeit 220, **505**
Umlegen 504

Unterbeton 505
Unterfüllung 385
Untergrund 62, **475**
Untergrundtemperatur 70
Unterläufigkeit **60,** 154, **505**
Unterlüftung 284

V
Vakuumieren 395
Vakuumprüfung 216
Vakuumverfahren 394 f.
Verarbeitung 234
Verarbeitungshinweise 235
Verbrauchsmenge 505
Verbundblech 487, **505**
Verbundpflaster **409 f.,** 421
Verbundpflasterstein 421, 505
Verbundwirkung 421
Verdichtungsgrad 359
Verdübelung 203
Verfingerung 505
Verfüllung 54
Vergussmassen *siehe* Fugenvergussmassen
– Verhalten in einem Fugenspalt 380
Vergusstiefe 383
Verlegemuster 422 f.
Verschleißschicht 399
Versiegelung 181, **189, 505**
Verstärkung 506
Verstärkungseinlage 506
Verstärkungslage 79
Verstärkungsstreifen 274
Verwahrung 225, **506**
Viskosität 506
Vlies 506
Voranstrich (VA) 65, **506**
Vorerkundung 8
Vorflut 31
Vorfluter **23,** 34
Vulkanisation 506

W
wachsende Blasen 373
Wandabdichtung
– untere 507
– waagerechte **80,** 93, **239 f.**

Wärmedämmschicht 507
Wärmedämmung 98, 171, **201,** 207, 398, 402, 408
Walzasphalte 350 f.
Wandrücklage 164, **506**
Wanne 507
Wannenmauerwerk 507
Warmgasschweißung 216, **507**
Wartung 208, 406
Wasserdampfdiffusion 291
Wasserdampfdurchlässigkeit 346
Wassereindringtiefe 293
Wasserläufe **185,** 363
wasserundurchlässiger
– Beton (WUB) 449, **507**
– Mörtel 507
– Putz 507

Wasserundurchlässigkeit 260
Weiße Wanne **291,** 292
Werkstoß 319
Widerlager 63
Winkelstützblech 127
Witterungseinflüsse 234
WU-Beton (WUB) 291, 449, **507**
WUB-KO 291
wurzelfest 507

Z
Zähigkeit 506
Zementschlämmanstrich 165, **507**
Ziehblech **119,** 166
Zulagen 131, 228, **507**
Zweiflankenhaftung 385
Zwischenabdichtung 507